BIBLIOTHÈQUE DE L'ENSEIGNEMENT AGRICOLE
PUBLIÉE SOUS LA DIRECTION DE
M. A. MÜNTZ
Professeur à l'Institut National Agronomique

LES IRRIGATIONS

TOME II

LES CANAUX ET LES SYSTÈMES D'IRRIGATION

PAR

A. RONNA

INGÉNIEUR CIVIL
MEMBRE DU CONSEIL SUPÉRIEUR DE L'AGRICULTURE.

PARIS
LIBRAIRIE DE FIRMIN-DIDOT ET CIE
IMPRIMEURS DE L'INSTITUT
56, RUE JACOB, 56

1889

LIOTHÈQUE DE L'ENSEIGNEMENT AGRICOLE

PRINCIPAUX RÉDACTEURS

MM.

professeur à l'École vétérinaire d'Alfort.

(O. ✻), inspecteur général de l'Enseignement agricole, esseur à l'Institut National Agronomique, membre de la ciété Nationale d'Agriculture.

CORNEVIN (✻), professeur à l'École vétérinaire de Lyon.

GAUWAIN (✻), maître des requêtes au Conseil d'État, professeur à l'Institut National Agronomique.

AIMÉ GIRARD (O. ✻), professeur au Conservatoire des Arts-et-Métiers et à l'Institut National Agronomique, membre de la Société Nationale d'Agriculture.

A.-CH. GIRARD, adjoint des Travaux chimiques à l'Institut Agronomique.

GRANDEAU (O. ✻), doyen de la Faculté des Sciences de Nancy, directeur de la Station Agronomique de l'Est.

LAVALARD (O. ✻), administrateur de la Compagnie Générale des Omnibus, professeur à l'Institut National Agronomique, membre de la Société Nationale Agronomique.

LECOUTEUX (O. ✻), professeur au Conservatoire des Arts-et-Métiers et à l'Institut National Agronomique, président de la Société Nationale d'Agriculture.

MUNTZ (✻), professeur à l'Institut National Agronomique, membre de la Société Nationale d'Agriculture.

PRILLIEUX (O. ✻), inspecteur général de l'Enseignement agricole, professeur à l'Institut National Agronomique, membre de la Société Nationale d'Agriculture.

PULLIAT (✻), professeur à l'Institut National Agronomique, membre de la Société Nationale d'Agriculture.

RISLER (O. ✻), directeur de l'Institut National Agronomique, membre de la Société Nationale d'Agriculture.

RONNA (C. ✻), ingénieur, membre du Conseil supérieur de l'Agriculture.

ROUX (✻), directeur du laboratoire de M. Pasteur.

TISSERAND (G. O. ✻), conseiller d'État, directeur au Ministère de l'Agriculture, membre de la Société Nationale d'Agriculture.

SCHLŒSING (O. ✻), membre de l'Académie des Sciences et de la Société Nationale d'Agriculture, directeur de l'École d'application des Manufactures Nationales, professeur au Conservatoire des Arts-et-Métiers et à l'Institut Agronomique.

SCHRIBAUX, directeur de la Station d'essai de semences à l'Institut Agronomique.

LES
IRRIGATIONS

TYPOGRAPHIE FIRMIN-DIDOT. — MESNIL (EURE).

BIBLIOTHÈQUE DE L'ENSEIGNEMENT AGRICOLE
PUBLIÉE SOUS LA DIRECTION DE
M. A. MÜNTZ
Professeur à l'Institut National Agronomique

LES IRRIGATIONS

TOME II

LES CANAUX ET LES SYSTÈMES D'IRRIGATION

PAR

A. RONNA

INGÉNIEUR CIVIL
MEMBRE DU CONSEIL SUPÉRIEUR DE L'AGRICULTURE

PARIS
LIBRAIRIE DE FIRMIN-DIDOT ET Cie
IMPRIMEURS DE L'INSTITUT
56, RUE JACOB, 56

1889

LES IRRIGATIONS

LIVRE VII.

LES CANAUX

I. PRISES D'EAU EN RIVIÈRE.

Quand le cours d'un ruisseau ou d'une rivière est assez abondant pour suppléer aux besoins d'une irrigation continue, qu'il a peu de pente et qu'il n'est soumis à aucune de ces crues pouvant causer des inondations et endommager les cultures, le moyen le plus simple de dérivation dans un canal, consiste en une martelière formée par des petites vannes que l'on peut ouvrir ou fermer à volonté, ou en une écluse semblable à celles que l'on emploie pour les canaux de navigation.

Mais les rivières et les ruisseaux, surtout à leur descente des montagnes, ont des pentes plus ou moins fortes; leur régime torrentiel les soumet à des crues périodiques et à des troubles tels, que les ensablements ou les atterrissements combleraient toute prise d'eau directe; ou bien ils n'ont pas assez d'eau pour pouvoir suffire à une irrigation de quelque durée. C'est alors à un barrage qu'il faut recourir, soit pour détourner entièrement l'eau courante disponible dans le canal d'irrigation, soit pour élever son niveau et atteindre ainsi des terrains que l'on ne pourrait arroser par la pente initiale; soit enfin pour arrêter les hautes eaux, régler les crues et, par conséquent, la prise d'eau du canal.

a. Prises d'eau directes.

Les prises d'eau directes s'appliquent aux ruisseaux, aux rivières et plus fréquemment aux canaux; elles ont lieu par un simple déversoir, par un aqueduc ouvert, ou par une écluse.

Le déversoir, comme il est établi dans les digues (1), limite le volume d'eau que le canal peut recevoir à l'étiage et s'oppose jusqu'à un certain point à son envasement ou à son ensablement, quand les eaux sont hautes; mais il ne le met pas à l'abri des crues et des inondations.

L'aqueduc couvert offre les mêmes avantages; toutefois les inconvénients sont moindres qu'avec le déversoir.

Nous reviendrons plus loin sur ces deux moyens de dérivation directe, en traitant des ouvrages des canaux.

C'est seulement à l'aide d'écluses, combinées avec un déversoir ou un aqueduc, que l'on est maître de l'eau pour régler son entrée, la suspendre, ou la supprimer. La plus simple des écluses est une martelière dont les vannes constituent les éléments.

(1) Voir tome Ier, pages 472, 487, 494, 514 et suivantes.

1. *Vannes et martelières.*

Vannes. — Une vanne, pelle, ou empèlement de martelière, consiste en bouts de planches en chêne ou en

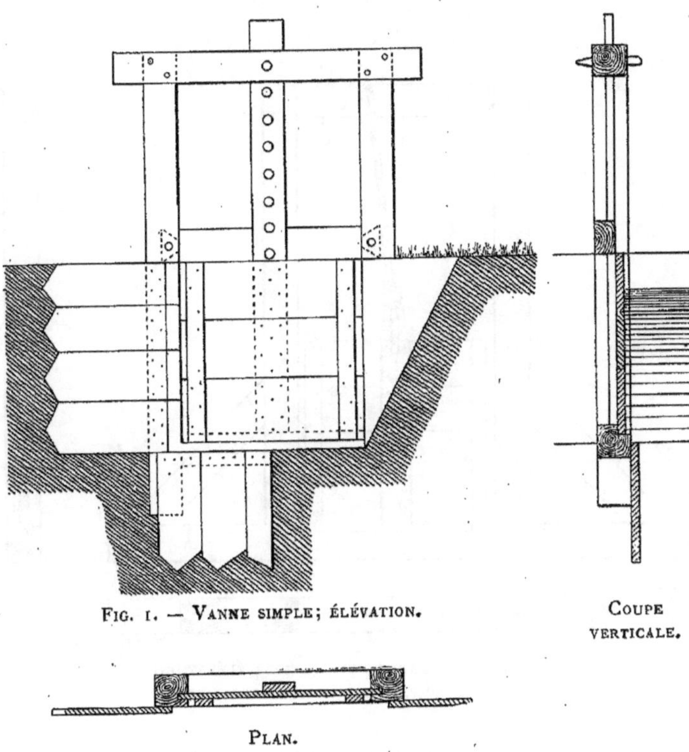

FIG. 1. — VANNE SIMPLE; ÉLÉVATION.

COUPE VERTICALE.

PLAN.

autre bois dur, assemblés ou cloués solidement sur un ou deux montants du même bois, et pouvant glisser facilement dans des rainures verticales que porte le cadre en charpente dans lequel la vanne doit se mouvoir (fig. 1). Il y a plusieurs modèles; ceux où l'on tient la vanne ouverte à la hauteur voulue par une cheville en bois, introduite dans un des trous de la queue de la vanne, et ceux où elle est suspendue par un appareil quelconque permettant de la soulever ou de l'abaisser à volonté.

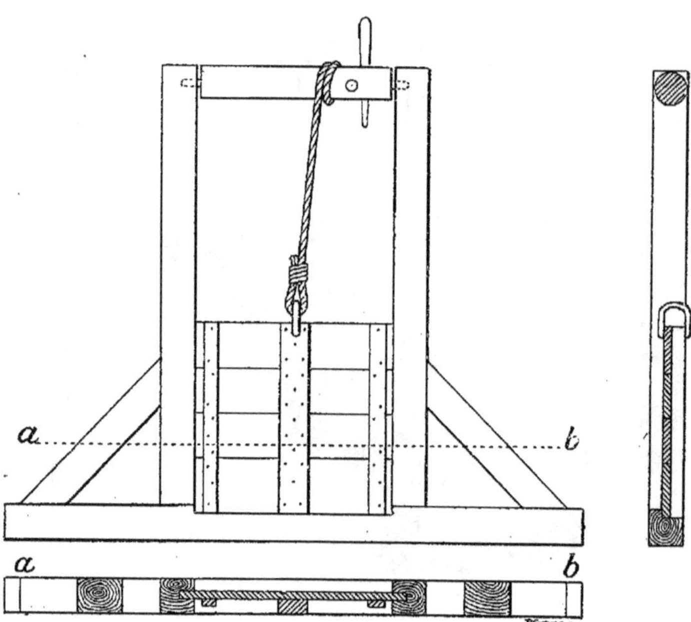

FIG. 2. — VANNE AVEC TREUIL; ÉLÉVATION. PLAN SUIVANT *a b*; COUPE VERTICALE.

Quand il s'agit de prises d'eau de plus grandes dimensions, la vanne (fig. 2) est mue par un treuil, le jeu dans les rainures devant être assez grand pour que la pelle puisse descendre par son propre poids.

Les montants s'établissent quelquefois en maçonnerie, mais sans aucun avantage pour la solidité; ils coûtent plus cher et ne se déplacent pas facilement, au cas où une nouvelle disposition des canaux de distribution l'exigerait.

La tôle peut être également substituée au bois dans la construction de la pelle. La figure 3 montre une ventelle plus moderne, en tôle de 3 millimètres d'épaisseur, renforcée du côté d'amont par des nervures en tôle que raidissent des cornières avec lesquelles elles sont rivées, et du côté d'aval, par des cornières verticales croisant celles de l'autre face (1). La réunion de la ventelle

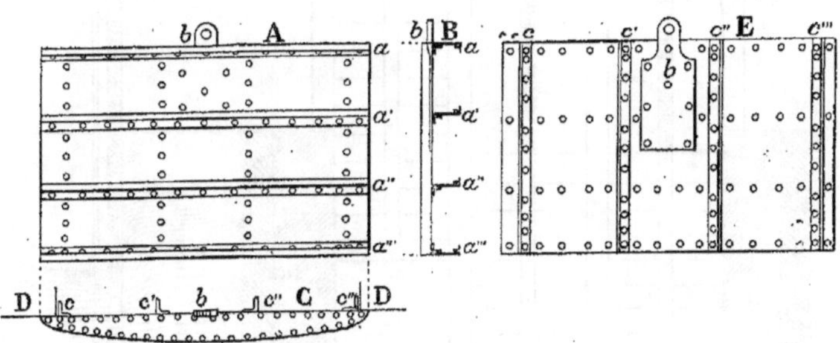

FIG. 3. — VANNE OU VENTELLE EN TOLE.
ÉLÉVATION; COUPE ET PLAN.

à la tige à crémaillère se fait par la pièce *b*. L'inconvénient de pareilles vannes est leur poids qui nécessite de plus forts planchers, des enrochements, des montants en

(1) Dans la figure 3 :

A représente la face d'amont de la ventelle;
B, la coupe verticale;
C, le plan en dessus;
D,D, les montants de la vanne contre lesquels s'appuie la ventelle;
E, la face d'aval;
a. *a*' *a*'' *a*''', les nervures;
c. *c*' *c*'' *c*''', les cornières;
b, la pièce retenant la tige à crémaillère.

fer ou en maçonnerie et des appareils de manœuvre spéciaux. Leur application n'est recommandable que pour des canaux de moyennes dimensions, et encore

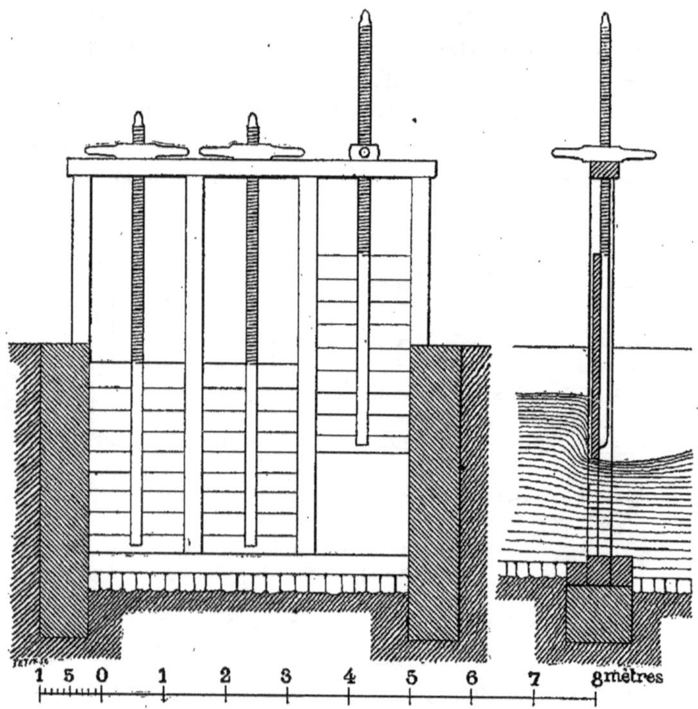

FIG. 4. — MARTELIÈRE A TROIS PELLES; ÉLÉVATION ET COUPE VERTICALE.

peut-on obtenir les mêmes services avec de simples poutrelles, dans les martelières des plus grandes dimensions.

Martelières. — Les martelières formées de plusieurs vannes sont munies d'un chapeau, ou pièce de charpente ayant $0^m,20$ d'équarrissage, qui traverse le canal sur l'avancement supérieur des montants dans lesquels elle est scellée. Le chapeau couronnant l'ouvrage et reliant ces deux montants extrêmes est percé verticalement d'autant de mortaises que l'écluse doit contenir de vannes ou de pelles, afin de recevoir les queues de ces pelles que l'on manœuvre isolément. Cette division permet de fractionner la quantité d'eau tout en diminuant l'effort qu'il eût fallu déployer pour lever une seule vanne de trop grandes dimensions.

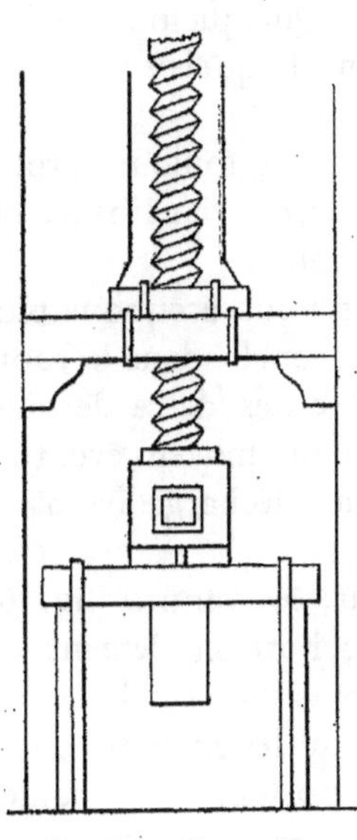

FIG. 5. — MARTELIÈRE ESPAGNOLE.

Le chapeau des martelières est placé assez haut pour que, les vannes étant levées, elles ne trempent pas dans l'eau. La hauteur de l'eau dans le canal limite ainsi celle de l'écluse.

La figure 4 montre un exemple de martelière avec trois empèlements. Nous y joignons le dessin d'une martelière espagnole servant de vanne dans les canaux et réservoirs (fig. 5) pour l'irrigation. Ces vannes sont mues par une grosse vis en bois, qu'un homme armé d'un grand levier manœuvre facilement.

Italie. — Malgré les nombreux systèmes préconisés pour les vannes et les martelières, les Italiens sont restés fidèles aux vannes en bois, généralement en chêne; mais les seuils, les jouées, les potilles et le chapeau sont établis de préférence en pierre. Rarement la dimension des pelles dépasse $0^m,90$ de largeur et $1^m,80$ de hauteur. Pour les plus petites dimensions, quand il y a une certaine profondeur, la partie supérieure est mobile et s'enlève, au besoin, à l'aide de deux petits montants verticaux; la vanne peut alors fonctionner comme déversoir.

La queue de la vanne porte une crémaillère en fer, solidement fixée, et à l'aide d'un levier en fer, le garde la soulève de 0m,10 à chaque coup. Quelquefois aussi la queue est-elle percée de trous dans lesquels s'introduit l'extrémité du levier.

Les vannes des canaux italiens sont toujours protégées, en amont et en aval, par un radier en libages ou en bois, suivant la hauteur de la chute.

Quant aux déversoirs, dont nous nous occupons plus loin, ils ne sont employés qu'au débouché dans le cours d'eau, pour empêcher l'action des crues de ce dernier, ou bien le long des canaux, comme moyen éventuel contre les crues, dans le cas où les déchargeoirs n'auraient pas été ouverts à temps (1).

Dans le canal auxiliaire Cavour, les vannes (fig. 6) ont 3 mètres de hauteur; divisées horizontalement en deux parties, dont la partie la plus basse, de 0m,50 de hauteur, a pour objet de retenir les matières charriées par la Dora-Baltea, elles portent des chaînes avec crocs, au moyen desquelles on soulève, avant le mouvement ascensionnel de la vanne, le levier coudé du mécanisme (fig. 7). Deux crochets placés à l'extrémité du levier sont engagés alternativement dans les trous de la queue de la vanne, de façon à diminuer de moitié l'arc décrit par le bout du levier. Deux loquets avec contrepoids, auxquels ils sont reliés, soutiennent la vanne dans sa position et peuvent la laisser tomber

(1) Herisson, *Rapport sur les irrigations de la vallée du Pô. Ann. Instit. agron.*, 1880-81.

d'un seul coup. Le prix d'une vanne ainsi établie est de 1,420 francs.

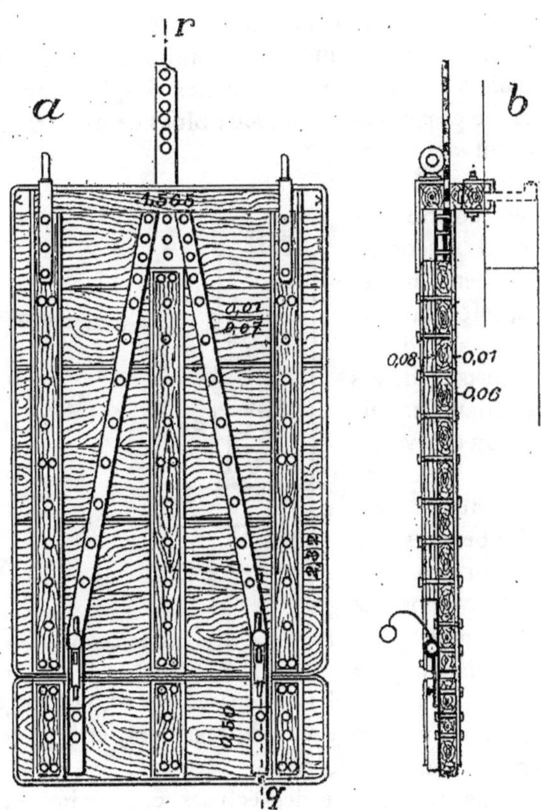

Fig. 6. — Vanne du canal auxiliaire Cavour, *a*, élévation; *b*, coupe.

Sur les ouvrages du canal Cavour proprement dit, les vannes sont d'une seule pièce. La manœuvre s'opère à l'aide d'un levier en bois, de 3 mètres de longueur, terminé par une armature en fer dont la pointe pénètre dans les trous de la queue de la vanne. Une clavette, appuyée sur deux bandes de fer boulonnées à l'extrémité du pilier, empêche la vanne de redescendre.

Chine. — En Chine, les vannes des écluses sont construites d'après un modèle très simple, d'un entretien facile et peu coûteux. Deux blocs de granit, creusés d'une ou deux rainures ou coulisses, adossés contre des culées en maçonnerie, ou en pierres sèches, selon la portée du canal, admettent de forts madriers glissant dans les rainures. On enlève ces madriers les uns après les autres, suivant les besoins. Au cas de fortes crues, ou d'une poussée exceptionnelle des eaux, on dispose dans une seconde coulisse, espacée de $0^m,05$ à $0^m,06$ de la première, un autre plan de madriers, et l'on comble l'intervalle par des pierres.

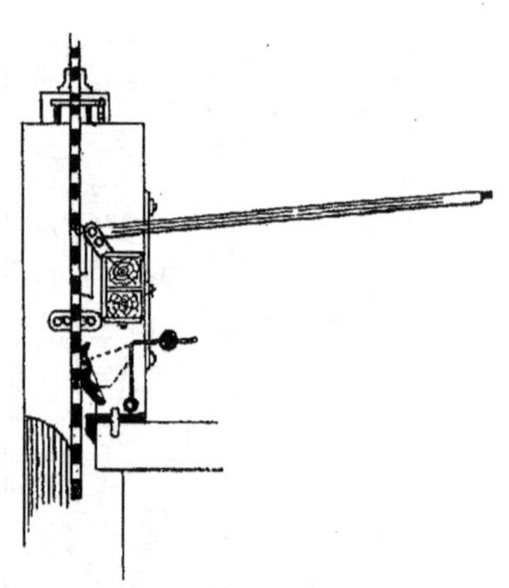

Fig. 7. — Appareil de levage de la vanne.

La plus importante des écluses construites dans la campagne de Cheuson et de Shang Haï, sur un canal de $2^m,50$ de largeur, revient à 150 francs, y compris un pont en bois de 1 mètre de largeur, qui complète l'ouvrage (1).

(1) E. Simon, *Enquête sur les engrais industriels*, 1865, t. I, p. 193.

2. *Écluses et portes.*

Les écluses, faisant fonction de martelières pour retenir ou lâcher les eaux des barrages, des canaux et des rivières, se construisent entièrement en maçonnerie, à l'exception des vantaux qui ferment les pertuis, ou bien avec des montants en fer (1).

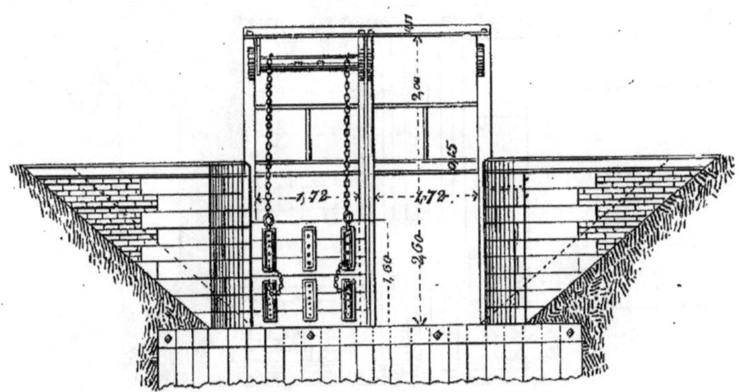

Fig. 8. — Écluse avec montants en fer; élévation du coté d'amont.

Écluse avec montants en fer. — Nous nous bornerons à donner ici un exemple d'écluse avec emploi du fer pour les montants (fig. 8 à 11). L'ouvrage est représenté en élévation du côté d'amont (fig. 8); en plan, pour le radier et les fondations (fig. 9); et en coupe longitudinale (fig. 10).

Le pertuis offrant une largeur de 3^{m},60, avec des vannes de 1^{m},60 de hauteur, le radier d'aval a été établi sur une longueur de 3^{m},50 et celui d'amont sur 1^{m},60 de

(1) Schubert, *Landw. Wasserbau*, Berlin, 1879.

longueur. Sur le terrain solide, les fondations de l'écluse n'ont été descendues qu'à 1 mètre au-dessous du radier, et garanties contre l'affouillement des eaux par des palplanches. Si l'on avait dû recourir à un grillage sur pilotis pour asseoir les fondations, il eût été nécessaire de les protéger de la même manière contre l'action des eaux.

Le massif de maçonnerie est en briques, avec pare-

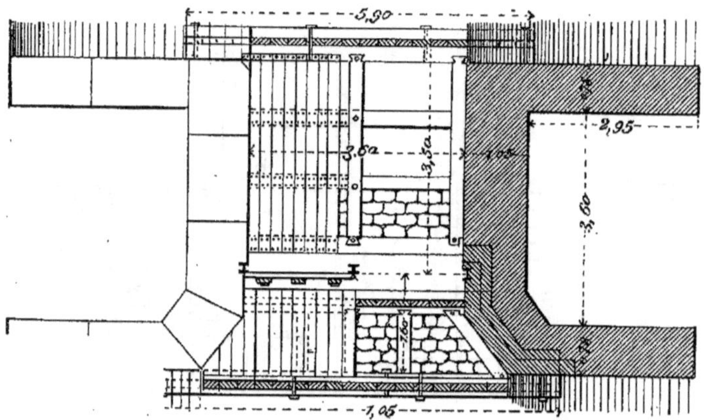

Fig. 9. — Plan du radier et des fondations.

ments en moellons du côté d'amont seulement. Le radier est pavé en pierres que recouvrent des madriers en chêne. La traverse formant le seuil repose sur une fondation en maçonnerie, que protège un revêtement en bois.

Les montants sont établis en fers laminés; celui du milieu comprend deux fers en U boulonnés, entre lesquels est fixé le guidage en fer des vantaux. Cette pièce est remplacée à la partie supérieure par une traverse massive. Au lieu de fers en U, on peut employer, pour plus de simplicité et d'économie, la disposition de fers profilés qui est indiquée en *a*, figure 11; auquel cas, le guidage en fer peut être remplacé par une latte en chêne. La traverse supérieure est fixée aux poteaux par des boulons, de la manière que montre la figure 11, en *b*.

Chaque vantail est formé de deux trappes ou portes horizontales réunies par des chaînes, afin de faciliter la manœuvre au treuil. La porte supérieure, arrivant, en effet, au niveau de la passerelle, est

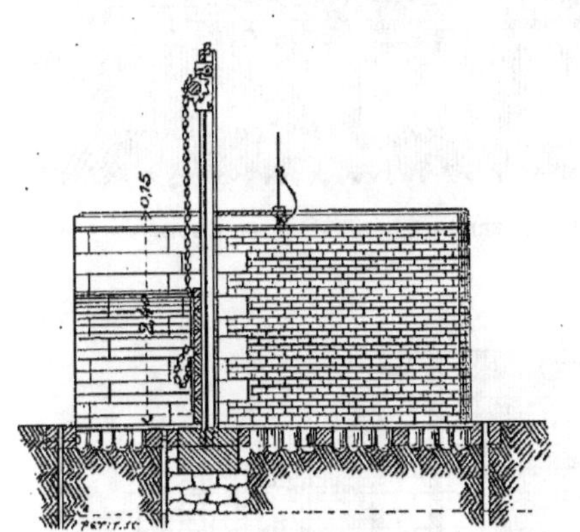

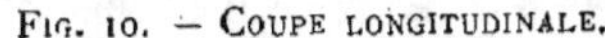

Fig. 10. — Coupe longitudinale.

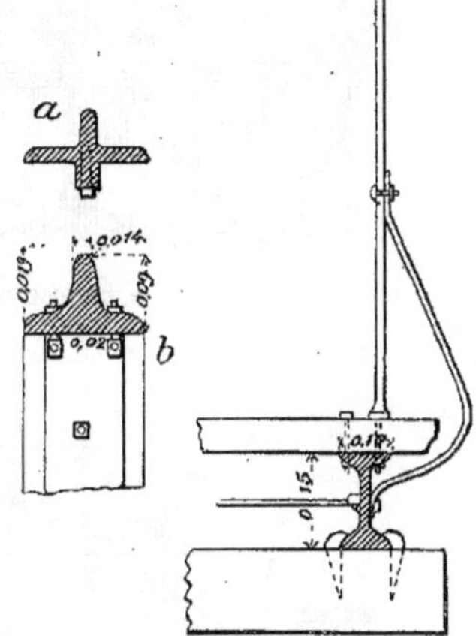

Fig. 11. — Détails d'assemblage.

détachée, de façon que la porte inférieure puisse remonter séparément. Si le vantail est plus haut, on le forme de trois portes horizontales.

Écluse de Sondernheim. — Comme type d'écluse massive, appliquée aux digues des cours d'eau, nous empruntons à Bauernfeind (1) les dessins de l'écluse

(1) Bauernfeind, *Vorlegeblätter zur Wasserbaukunde*, München, 1866; pl. 17 et 18.

de Sondernheim, sur une digue du Rhin (Palatinat).

Cette écluse (fig. 12 à 15) comprend deux pertuis de

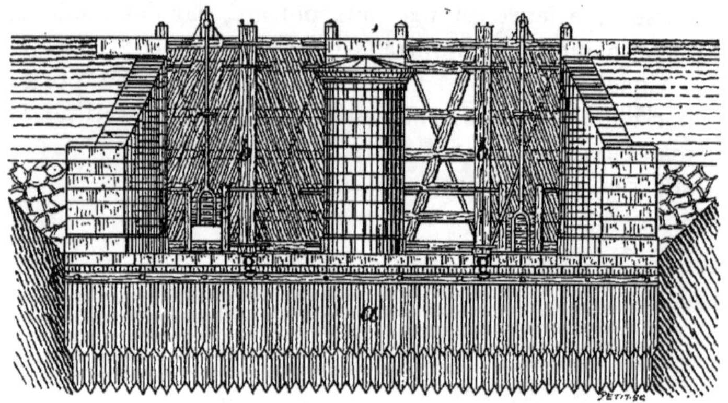

FIG. 12. — ÉCLUSE DE SONDERNHEIM; ÉLÉVATION EN AMONT.

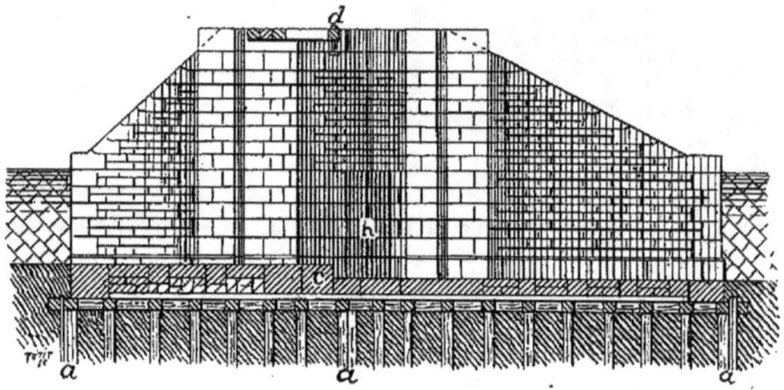

FIG. 13. — COUPE LONGITUDINALE PAR L'AXE.

5 mètres de largeur. Les fondations sont établies à l'aide de pieux et d'un grillage que trois rangées de palplanches de $0^m,10$ d'épaisseur protègent contre l'érosion des eaux. Le radier du canal amont, en communication

avec le fleuve, et celui du canal vers les terres, sont soigneusement pavés, pour éviter les infiltrations.

Les murs des bajoyers ont 3^{m},10 d'épaisseur; ceux des ailes, 1^{m},30, et le pilier central, 2^{m},60 ; ils sont construits en pierre brute avec revêtement en moellons taillés et cimentés.

Les deux vantaux *b b* de chaque pertuis s'appuient l'un sur l'autre sous un angleo btus ; ils buttent, en bas,

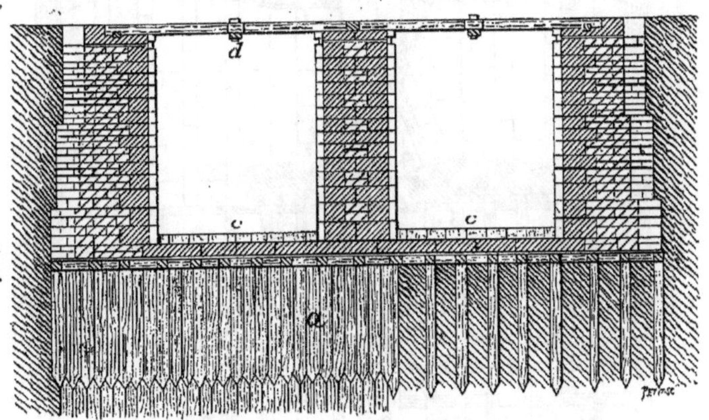

Fig. 14. — Coupe transversale.

contre les seuils *c*; en haut, contre les traverses *d* posant sur les bajoyers et le pilier du milieu (fig. 12 et 15).

Pour supporter les vantaux pendant la rotation autour des axes en chêne *f*, et ménager une pression égale sur ces axes, ils se meuvent sur des galets *gg*. Chaque vantail est muni d'une vannette de 0^{m},75 de largeur servant à vidanger les petites quantités d'eau qui se rassemblent dans le canal de décharge. Les rainures *i i* servent à disposer les planches d'un échafaudage, au cas de réparations.

La figure 12 représente l'élévation du côté du fleuve; la figure 13, la coupe longitudinale par l'axe des pertuis; la figure 14, la coupe transversale, et la figure 15 le plan, dont moitié au niveau du coffrage et moitié au-dessus du radier.

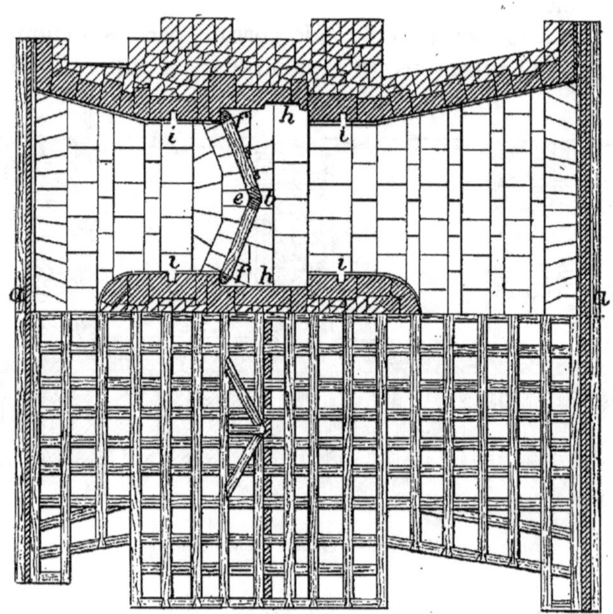

FIG. 15. — PLAN DES FONDATIONS ET DES MAÇONNERIES.

3. *Écluses à sas.*

Beaucoup de canaux d'irrigation sont utilisés aussi pour la navigation, et réciproquement. Si ce double emploi n'est pas le plus fréquent, il est du moins le plus recommandable, quand le volume d'eau d'alimentation est suffisant. C'est pour ce motif que nous avons traité, tome Ier, liv. V, § vi, des réservoirs des canaux navigables et que nous envisageons ici les écluses de navigation. Il est certain que, dans un canal ordinaire d'arrosage, ces coûteux appareils ne sont pas nécessaires; mais il importe d'autant plus de connaître comment ils sont établis et leur mode de fonctionnement, que l'on en trouve de nombreux exemples dans les canaux à deux fins de la haute Italie, et surtout dans l'Inde, et qu'à l'avenir, cette solution mixte de canaux de navigation, adaptés à l'arrosage, pourra faciliter de grandes entreprises.

Comme les canaux ayant une pente continue ne permettraient pas aux bateaux de descendre et encore moins de remonter, et qu'avec des pentes trop fortes, toutes les difficultés s'accumulent pour le tracé, la construction et l'entretien des canaux, il devient indispensable d'avoir recours aux écluses, dans le but de racheter la différence de niveau entre le point de prise ou de partage des eaux et celui où le canal rejoint le cours d'eau dont il dérive.

L'écluse à sas permet d'élever sans danger et presque sans dépense le niveau de l'eau, de manière à composer une suite de parties horizontales, séparées par des chutes que l'écluse aide à franchir. Chaque partie horizontale entre deux écluses s'appelle bief, et chaque écluse correspond à deux biefs, l'un supérieur, ou bief d'amont, et l'autre inférieur, ou bief d'aval.

L'écluse constitue, à proprement parler, un compartiment vide dont le fond est au niveau du plafond du bief d'amont; ce compartiment est isolé de chaque bief par une porte qui, en s'ouvrant, laisse passer le bateau.

Sans nous arrêter à décrire la manœuvre, du reste très simple, des écluses d'un canal, soit qu'on veuille faire monter un bateau du bief inférieur dans le bief supérieur ou inversement le faire descendre, certains canaux d'irrigation sont pourvus d'écluses, non pas dans un but de navigation, mais pour fournir par un canal latéral les eaux de chute nécessaires, comme force motrice, à des usines.

De toutes manières, une écluse comprend trois parties principales :

1° La tête d'amont, formée par les musoirs avec murs en retour, les rainures des poutrelles, les chardonnets, les enclaves et la chambre des portes, le busc, le radier et souvent le mur de chute;

2° Le sas, formé des bajoyers et du radier;

3° La tête d'aval, constituée par les épaulements de fuite, les rainures des poutrelles, les chardonnets, les enclaves et la chambre des portes d'aval, le busc et l'arrière-radier.

Nous n'entrerons pas dans le détail de construction de toutes ces parties d'une écluse, ce sujet étant du ressort des traités d'hydraulique.

Canal de Pavie. — Une des écluses à sas (*conca*), que nous décrivons, se rapporte au canal de Pavie. Ce canal, achevé en 1819, établit une jonction entre le cours supérieur du Tessin et celui du Pô, en passant par Milan, et pourvoit en même temps au roulement de plusieurs usines, ainsi qu'à l'irrigation estivale de 3,600 hectares.

Sur une longueur totale de 33 kilomètres, le canal de Pavie comporte 12 écluses de navigation qui le partagent en autant de biefs, sans compter le dernier grand bassin situé à son embouchure.

Depuis la gare de la porte Ticino, à Milan, jusqu'au débouché au Tessin, la chute totale est de $56^m,610$ sur laquelle les 12 écluses, par leurs pentes partielles, rachètent $52^m,210$; il ne reste donc, comme non rachetée, qu'une pente de $4^m,40$. La pente générale est ainsi réduite à $0^m,13$ en moyenne, par kilomètre.

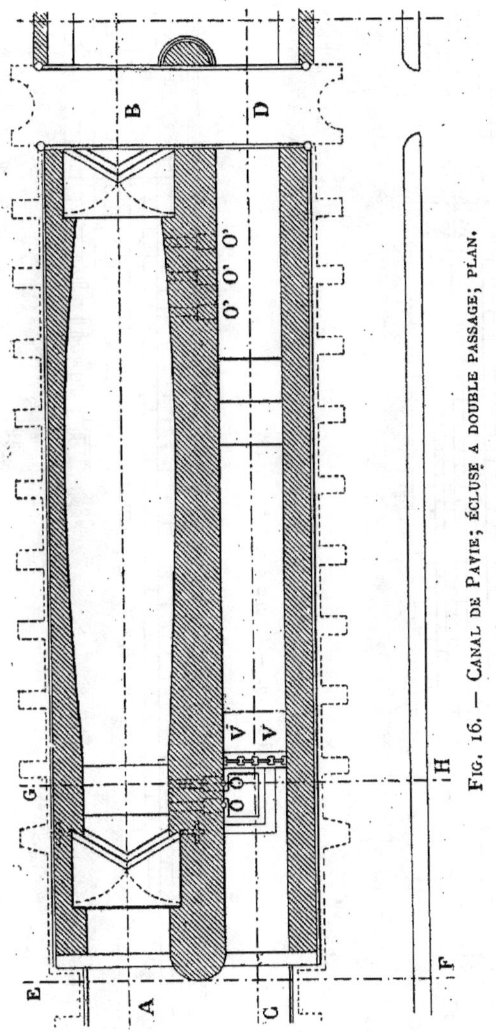

Fig. 16. — Canal de Pavie; écluse à double passage; plan.

Les écluses, qu'elles soient simples ou accolées deux

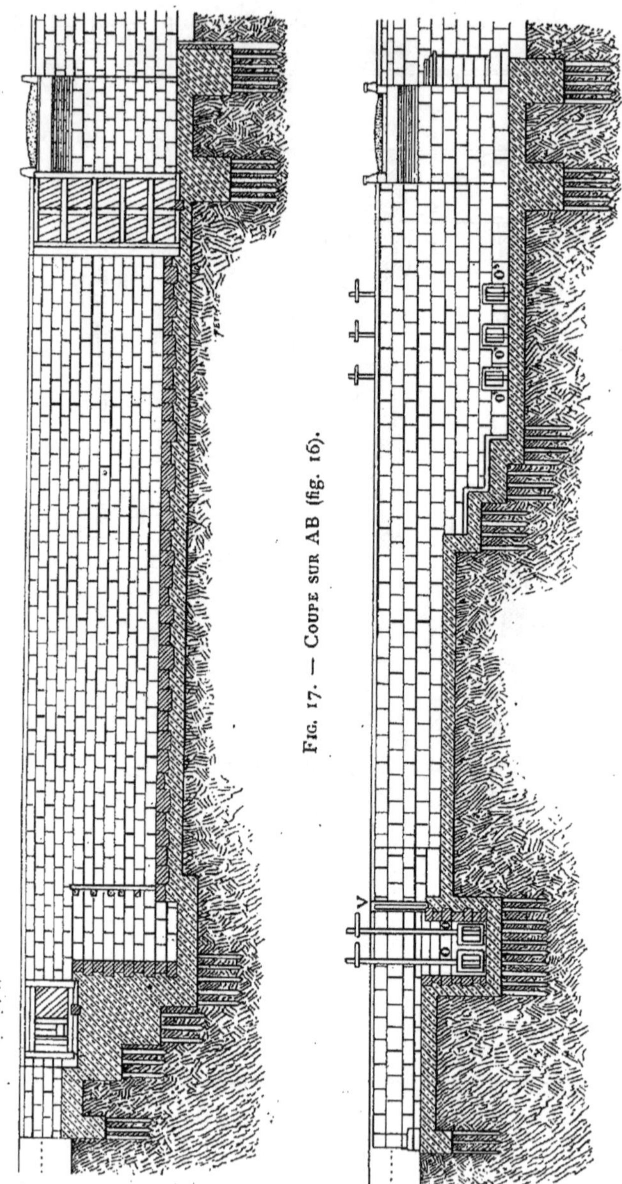

Fig. 17. — Coupe sur AB (fig. 16).

Fig. 18. — Coupe sur CD. (fig. 16).

à deux, ont deux passages distincts : l'un formant le sas proprement dit, dont la longueur entre les buscs d'amont et d'aval est de 33 mètres, et qui est destiné à la navigation; l'autre servant de pertuis, muni en amont de vannes régulatrices à l'aide desquelles on maintient le niveau voulu dans le bief supérieur, et on transmet aux biefs inférieurs l'eau à dépenser pour les irrigations, indépendamment de celle nécessaire à la manœuvre des portes d'écluse et des buscs. Le plus souvent, sur les chutes d'eau ainsi ménagées à côté de chaque écluse, sont établis des moulins à blé, des pilons à riz, etc. De l'une à l'autre rive de l'écluse, un pont en pierre établit la communication, un peu au delà des portes d'aval.

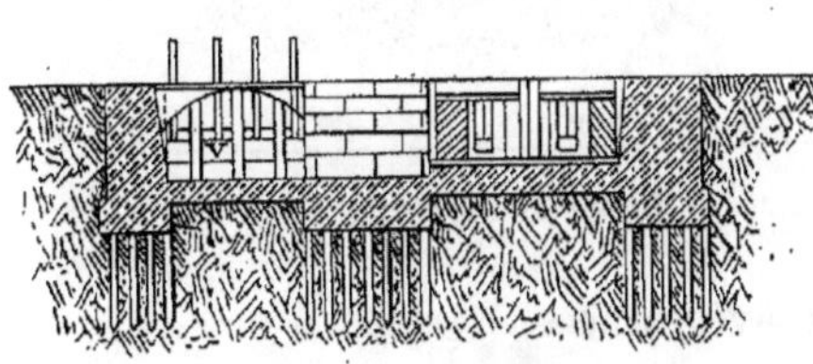

Fig. 19. — Coupe sur EF (fig. 16).

Construites en maçonnerie de briques et de pierre de taille avec radier en libages, dalles et cailloux, les écluses simples ont une longueur totale variant entre 49^{m},50 et 56 mètres, et des largeurs entre les bajoyers, comprises entre 5^{m},06 et 6^{m},26. Les écluses accolées, qui ont un sas plus long de 0^{m},20, n'ont aussi que trois portes busquées au lieu de quatre. Les figures 16 à 21 représentent le plan et les différentes coupes, avec le détail de l'une des portes de l'écluse à double passage du canal de Pavie.

La communication entre le sas et le pertuis se fait, en haut et en bas, par de larges ouvertures qui reçoivent de gros robinets en bois, *O*, *O*, *O' O'*. Les robinets *O O* envoient l'eau du bief supérieur dans le sas, et les robinets *O' O'* permettent l'accès du sas dans le bief inférieur; on manœuvre les uns et les autres du haut de l'écluse (fig. 16).

Les portes sont construites de façon à pouvoir être ouvertes et fermées avec une perche munie d'un croc, quand la pression est égale des deux côtés. En bas de chaque porte se trouve une ouverture rectangulaire que ferme une ventelle, mobile autour d'un axe vertical AB (fig. 21). La partie extérieure étant plus grande que ABC, la ventelle est maintenue contre la porte par la pression de l'eau; de plus, la partie ABC est assujettie par une chaîne à l'un des bajoyers.

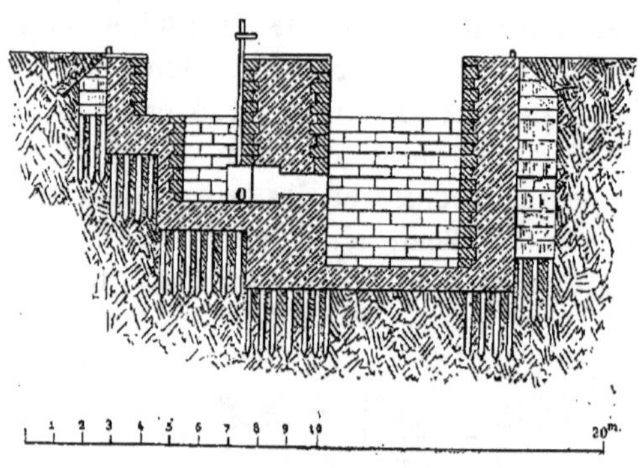

FIG. 20. — COUPE SUR GH (fig. 16).

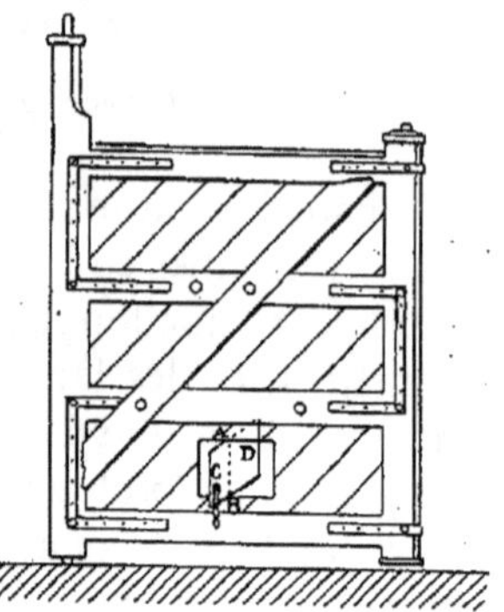

FIG. 21. — DÉTAIL D'UNE PORTE.

En tirant sur la chaîne, la ventelle bascule et se place d'équerre, tandis qu'un taquet l'arrête dans l'autre sens; on ouvre alors les robinets *O O*; l'eau se précipite avec force et se brise contre l'estacade, dans le sas qui se remplit. Le sas plein, on ouvre à la perche les portes supérieures de l'écluse, le bateau entre dans le sas, ou bien en sort. On referme alors les portes, puis les ventelles et les robinets *O O*; et on ouvre les robinets *O' O'*, ainsi que les ventelles des portes inférieures.

La plus grande écluse, même avec la chute maximum de $4^{m},80$, se remplit en quatre minutes et se vide en six, avec l'aide d'un seul homme qui peut être le batelier, sans avoir même besoin de recourir au garde.

4. *Écluses de grande navigation.*

Le type des grandes écluses, à deux vantaux, n'a été appliqué pendant longtemps que dans les échelles fluviales; puis il s'est étendu, en augmentant la hauteur des chutes et la pression de l'eau, aux portes de docks, de bassins à flot, pour lesquels les charges ont été poussées, comme au *Channel Dock* de Liverpool, jusqu'à $15^{m},40$. Pour les canaux très fréquentés, les chutes, avec des portes à deux vantaux s'ouvrant souvent, ne dépassent guère 3 à 4 mètres; seulement faut-il alors sectionner les canaux en biefs de peu de longueur et augmenter le nombre des portes busquées. C'est ainsi que l'escalier de Béziers, sur le canal du Midi, compte sept écluses successives, et l'escalier de Neptune, du canal Calédonien, en compte huit, également résistantes et faciles à manœuvrer.

Les inconvénients que présentent les écluses actuelles, appropriées à des chutes de 3 à 4 mètres au maximum, quand on veut les appliquer à des chutes et à des largeurs plus grandes, se résument ainsi qu'il suit :

Les portes tournantes, à un vantail ou à deux vantaux,

ont forcément un pivot ou tourillon placé au fond de l'eau, qui est inaccessible pour l'entretien et les réparations, à moins qu'on ne les démonte, et exposé à la rupture avec de grands dangers et de graves dommages pour l'ouvrage entier.

Les efforts des deux vantaux, buttant l'un contre l'autre et contre les maçonneries, tendent à l'éclatement des sas, malgré l'épaisseur donnée aux massifs.

La mise en mouvement des portes par des chaînes qui traversent le sas et retombent dans le sas, quand on veut effectuer la traction voulue pour la rotation; ou bien la manœuvre par des bielles qui, sans traverser le pertuis, encombrent les bajoyers, constituent aussi des inconvénients sérieux.

Enfin, la nécessité de démonter la porte avariée, ou de mettre le sas à sec pour les moindres réparations au-dessous du niveau de l'eau, entraîne des interruptions et des chômages préjudiciables au service de la navigation.

Écluses à éventail.— C'est à l'inspecteur général du service des eaux, Blanken, que l'on doit l'invention des écluses à éventail, appliquées en Hollande, qui jouissent de l'avantage de pouvoir s'ouvrir et se fermer à tous les niveaux.

Formées d'une porte busquée ordinaire, ces écluses sont doublées d'une porte, dite en éventail, plus longue que la première et faisant un angle avec elle. Quand l'écluse est ouverte, les deux portes liées ensemble par des moises, se rabattent dans un caisson en quart de cercle, dans lequel la porte-éventail se meut sans laisser aucun jeu. Si l'écluse est fermée, la porte-éventail bouche complètement le caisson. Des conduits, logés dans la maçonnerie de l'écluse, font communiquer cette porte soit avec l'eau à niveau bas de l'intérieur, soit avec l'eau à niveau élevé de l'extérieur. Ces conduits sont fermés par des vannes (1).

Quand l'on admet l'eau haute, par exemple, dans les caissons, les portes-éventails se ferment d'elles-mêmes, par ce que la pression de l'eau est plus forte sur ces portes à surface plus grande que sur celle des portes busquées, et l'écluse est fermée.

Si l'on veut ouvrir les portes du côté des hautes eaux, on n'a qu'à dégager la vanne des conduits du côté des eaux basses, et l'action inverse se produit sur les portes-éventails; de telle sorte que celles-ci retiennent aussi bien l'eau à l'intérieur qu'à l'extérieur des portes busquées, et deviennent très utiles pour les écluses à sas et à inondation.

Écluses oscillantes. — Comme chaque passage par une écluse retire du bief d'amont un volume d'eau qui représente un parallélépipède ayant pour base la section horizontale du sas et pour hauteur la chute de l'écluse, on a cherché à réduire cette dépense d'eau. L'écluse inventée par de Caligny a été établie dans ce but à l'Aubois, sur le canal latéral à la Loire. Quand il s'agit de remplir le sas, l'eau du bief d'amont y remonte en partie, et inversement quand il s'agit de le vider, l'eau du sas remonte dans le bief d'amont.

Ce système, basé sur les propriétés connues des liquides oscillants, comprend un aqueduc bélier débouchant du côté d'aval, dans la chambre des portes d'aval; et du côté d'amont, deux réservoirs distincts, placés à l'arrière de la chambre des portes d'amont. Un fossé d'épargne fait communiquer chacun de ces réservoirs avec les biefs respectifs. Enfin deux tubes verticaux mobiles sont disposés dans la voûte de chaque réservoir.

Lorsque ces tubes reposent sur leurs sièges, l'extrémité d'amont de l'aqueduc est fermée; le tube d'amont vient-il à être soulevé, l'eau du bief d'amont pénètre dans l'aqueduc. Au contraire, le tube d'aval monte-t-il, l'eau du sas sort dans l'aqueduc et entre dans le

(1) Van Kerkwijk, *les Travaux publics dans les Pays-Bas*, 1878, p. 178.

fossé d'épargne. L'inverse a lieu suivant les niveaux respectifs du sas et du bassin (1).

A l'écluse de l'Aubois, sept ou huit oscillations des tubes suffisent pour emplir ou vidanger le sas en 5 ou 6 minutes, avec une épargne : pour le remplissage, des deux cinquièmes à peu près de l'écluse, et pour la vidange, de 0,79.

En utilisant les grandes oscillations finales, l'épargne d'eau peut atteindre 0,90 sans produire ni abaissement dans les biefs courts, ni vitesse trop grande dans les passages étroits.

Ponts écluses. — Dans un des plus récents systèmes d'écluse, le vantail obturateur du pertuis est unique; il est placé du côté d'aval, avec un rebord qui appuie sur la feuillure de la maçonnerie. Formé de poutres horizontales que réunissent à leurs extrémités des poutres mouvantes à âme pleine, le caisson porte à sa partie supérieure des poutres qui dépassent la maçonnerie des bajoyers et s'élèvent dans des plans verticaux. Leurs extrémités sont munies de tourillons dont les axes sont en prolongement l'un de l'autre et autour desquels se fait la rotation du vantail. Vers le bas, en amont, sont fixées des manilles auxquelles s'attachent les chaînes de relevage (au nombre de six au plus), qui opèrent la manœuvre.

Quand le vantail est en place, la charge porte sur les maçonneries, les tourillons sont libres; quand le relevage commence, les tourillons au contraire portent le poids du vantail, mais pour le reporter sur une superstructure métallique qui constitue un pont roulant.

Les poutres du pont mobile sont entretoisées et portées par des séries de galets qui roulent sur des rails fixés à la maçonnerie. Le pont est pourvu des mécanismes nécessaires pour la manœuvre du vantail et de son propre déplacement. Les chaînes relèvent le vantail pour

(1) De Lagrené, *Cours de navigation intérieure*, t. III, p. 124.

l'ouverture et le laissent descendre en place pour la fermeture du pertuis, au moyen d'une presse hydraulique placée sur le plancher supérieur. L'eau est comprimée sous la pression voulue par une batterie de pompes qu'actionnent des machines à vapeur avec leurs générateurs, disposés dans un bâtiment voisin, à l'arrière du pont mobile. Un accumulateur règle d'ailleurs la pression dans les cylindres hydrauliques, de façon à ce que la tension des chaînes soit bien égale.

Pour déplacer le pont mobile, lorsque, le vantail étant relevé, les bateaux doivent passer, une ou plusieurs paires de chaînes de halage dont les extrémités sont fixées aux deux bouts de la course du pont, s'enroulent en sens inverse sur un tambour cannelé, mu par une transmission supérieure. L'enroulement de l'une des chaînes et le déroulement de l'autre opèrent simultanément le déplacement du pont (1).

Le pont-écluse Villard, qui dispense de tout organe fixe ou mobile placé dans l'eau, en offrant un obturateur de pertuis indépendant des maçonneries et amovible à tout instant, donne une solution peut-être coûteuse, mais en tous cas désirable, des écluses à grande dénivellation.

Les figures 22 et 23 représentent une coupe longitudinale et une coupe transversale du pont-écluse Villard, avec la légende suivante :

A. Vantail obturateur.
B. Poutre supérieure de support.
B'. Tourillon pour rotation de vantail.
CC. Chaînes de relevage.
D. Presse hydraulique de manœuvre.
FF. Galets de roulement du pont.
LL. Vannes de vidange du sas.

(1) F. Seyrig, *le Génie civil*, 1888.

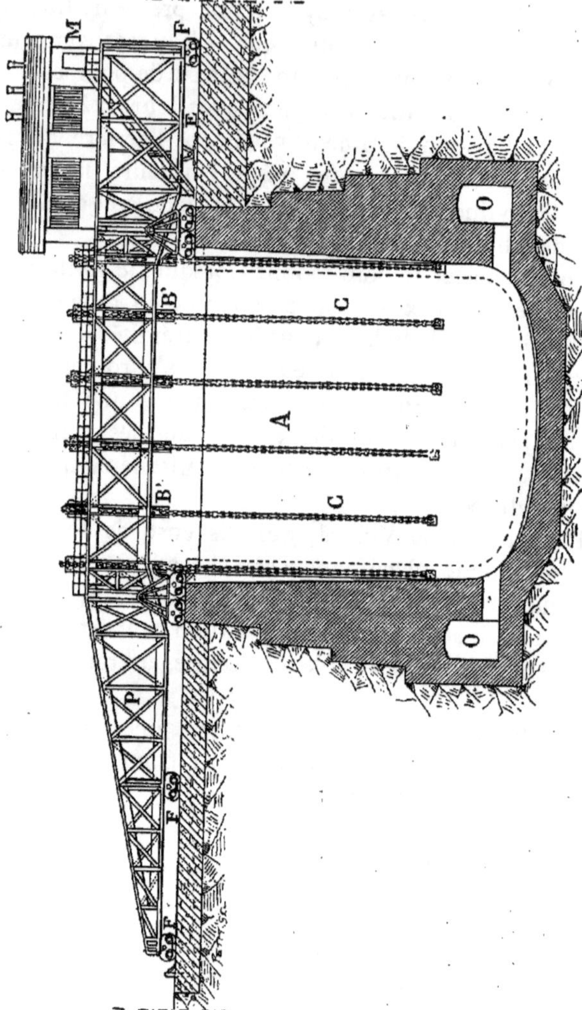

FIG. 22. — PONT-ÉCLUSE A TRAVÉE MOBILE; COUPE TRANSVERSALE.

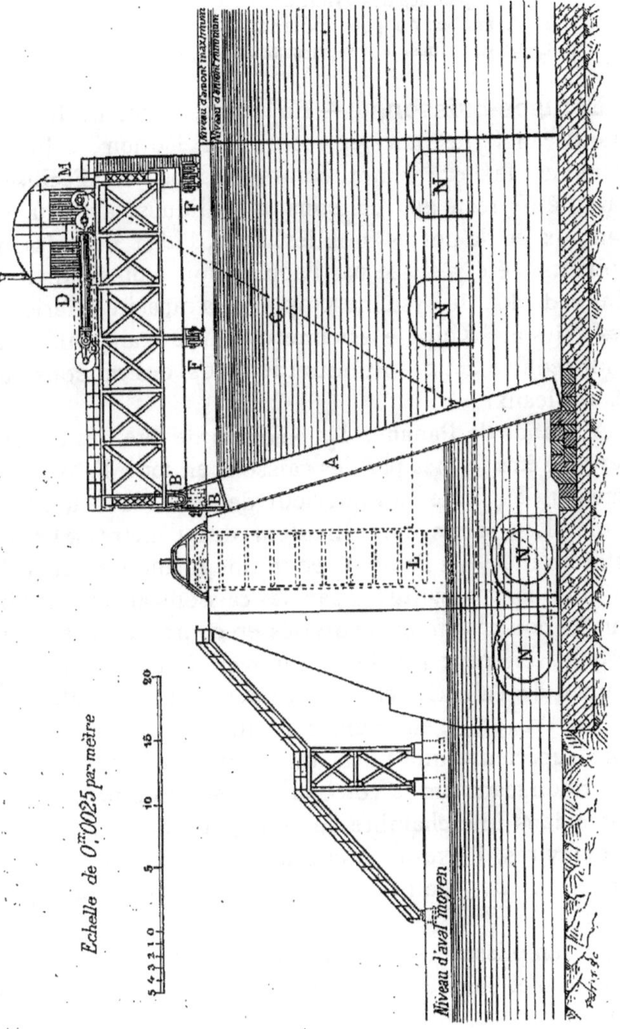

Fig. 23. — Pont-écluse à travée mobile; coupe longitudinale.

M. Bâtiment d'abri des machines.
NN. Acqueducs des vannes.
P. Avant-bec du pont roulant.
OO. Aqueducs de remplissage du sas.

Écluses-caissons. — En ce qui concerne le plus grand canal, jusqu'ici en cours d'exécution, celui de Panama, le dernier mot, comme disposition d'écluses, paraît être resté aux caissons métalliques, au lieu de vantaux et de portes mobiles. Déjà, l'idée de caissons flottants a été réalisée par l'application à plusieurs bassins et docks, du système Knipple. La capacité inférieure des caissons Knipple est une chambre à air, suffisante pour réduire à un minimum le poids des caissons sur les rouleaux.

Au canal de Panama, les bajoyers de tête des écluses devront être fermés par des caissons en fer à T, avec revêtement en fonte, à l'intérieur desquels du béton sera coulé. Les portes d'une hauteur de 21 mètres à l'aval, et de 10 mètres à l'amont, pour une même longueur de $21^{m},60$, sont constituées par des caissons en tôle, raidis par des poutres en fer, et divisés en compartiments dans lesquels on peut à volonté envoyer de l'eau, ou comprimer de l'air. Ces caissons se déplacent normalement à l'axe du canal, en roulant à l'aide de galets sur une voie supérieure que porte un pont tournant. La voie se prolongeant sur le côté, la porte-caisson peut se remiser dans une chambre spéciale pour donner passage aux navires. Portes et ponts tournants se manœuvrent moyennant des chaînes sur cabestans, mus hydrauliquement.

Le remplissage et la vidange des sas s'opère pour chaque bief par deux vannes de surface, correspondant à de grosses conduites de fonte posées sur le radier, percées de trous et qui se recourbent jusqu'à 10 mètres au-dessus du plafond. Ce sont des vannes du même genre que celles qui fonctionnent comme déchargeoirs au canal du Centre et que l'ingénieur Fontaine a décrites (1). On évalue à 15 minutes la durée du transport du sas au bief, ou inversement, des 40,000 mètres cubes d'eau nécessaires pour une éclusée à Panama (2).

En traitant ici des écluses de grande navigation pour des chutes considérables et de grandes largeurs, notre but est d'indiquer seulement des principes qui, soumis à l'étude pour les grands canaux mixtes de navigation et d'irrigation, et aussi pour les barrages des fleuves dont les canaux d'arrosage sont dérivés, pourront trouver d'utiles applications.

Les canaux d'irrigation n'en sont pas encore arrivés à l'application des ponts-écluses, ni des caissons mobiles. Les sables et les graviers qu'entraînent les eaux des montagnes ne permettent déjà pas le fonctionnement des portes marinières et des écluses des déchargeoirs. Cependant l'ingénieur en chef Auriol, pour permettre la chasse des limons et des graviers, au pied des barrages des grands réservoirs, dans des vallées comme celles de la Durance, du Verdon et du Var, a proposé, dès 1862, l'emploi de grands caissons en tôle, capables de résister à d'énormes pressions et dont la manœuvre se ferait à l'aide de presses hydrauliques puissantes.

Comme exemples d'engins hydrauliques puissants, il y a lieu d'indiquer ceux employés en France au pont tournant du bassin de radoub de Marseille, destinés à vaincre un effort de 800 tonnes. Le regretté ingénieur des docks de Marseille, Baret, a étudié la construction d'appareils plus puissants encore, destinés au

(1) *Ann. des Ponts et chaussées*, 1886.
(2) Max de Nansouty, *le Génie civil*, 1888.

port de Honfleur et à l'exploitation mécanique des écluses de la Seine.

Pour les barrages d'Aiguines, dans les gorges du Verdon, l'avant-projet du canal du Var comprenait une porte à compartiments en tôle, du poids de 200 tonnes à vide et de 300 tonnes par déplacement, se mouvant verticalement dans la chambre où aboutit la galerie de décharge, au moyen de quatre presses hydrauliques. Ces appareils étaient calculés de façon à pouvoir déployer une force absolue de 660 tonnes pour la manœuvre de la porte, sous une hauteur d'eau de 30 mètres dans le réservoir, ou de 26 mètres sur le milieu de la porte (1).

b. **Prises d'eau par barrage.**

Les prises d'eau avec barrage présentent une importance très variable, en rapport avec la nature, la portée, le régime et les dimensions des cours d'eau, suivant que le barrage est fixe ou mobile.

1. *Barrages fixes des petits cours d'eau.*

Dans les pays de montagnes, avec des cours d'eau à très forte pente, les barrages s'établissent en vue des irrigations, d'une manière très économique, à l'aide des matériaux dont on dispose sur place. Ces barrages, quoique fixes, ne sont pas d'une grande durée; ils doivent souvent être déplacés à cause du changement incessant du lit des torrents; aussi n'y a-t-il pas lieu de faire des tra-

(1) *Comp. nat. des canaux agricoles; Avant-projet d'un canal du Var*, 1880.

vaux coûteux. Ils se construisent avec des troncs d'arbres, des blocs de pierre et des arbres, ou bien encore avec des chevalets et des fascines; quelquefois en maçonnerie.

Ayant déblayé le terrain jusqu'au roc, on peut employer des blocs et des pierres pour élever la muraille verticale de la digue, que l'on couronne par un tronc

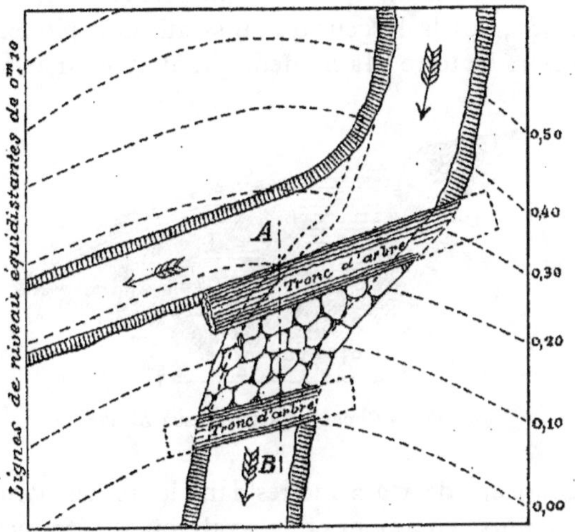

FIG. 24. — PLAN D'UN BARRAGE DE RUISSEAU EN PENTE.

d'arbre. Derrière la muraille, dans le but de la rendre étanche, on pilonne une bonne épaisseur de corroi que l'on dispose en talus vers l'aval. Le corroi est alors recouvert de dalles ou de roches plates et arrêté à sa base par un autre tronc d'arbre (fig. 24 et 25). C'est sur le talus protégé de la sorte que l'eau doit se déverser. On a ainsi un barrage rudimentaire suffisant.

Dans les petits ruisseaux en plaine, les barrages sont le plus souvent installés en ligne droite, perpendiculaire au courant; quand celui-ci est faible, il suffit de piquets et de branchages pour faire une digue résistante.

Nous empruntons à Patzig (1) la description d'une des digues communes en Allemagne, que tout cultivateur peut construire pour arroser ses prairies. Le lit du ruisseau est creusé sur l'emplacement que doit occuper le barrage, à $0^m,35$ de profondeur; et au point le plus élevé on enfonce deux lignes de forts piquets en chêne, distants de $0^m,35$, sur la largeur du ruisseau. Ces piquets s'élèvent hors de terre à la hauteur que doit avoir le barrage,

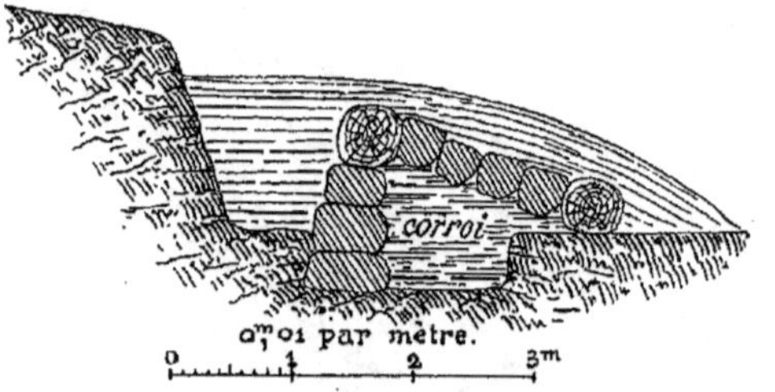

Fig. 25. — Coupe du barrage sur AB (fig. 24).

et s'avancent de 1 à 2 mètres dans le sol des bords. Aux deux points, en amont et en aval, où se termineront les talus, on enfonce également deux lignes de piquets parallèles, mais leurs têtes doivent être taillées à la hauteur du fond du lit. Puis, le talus étant marqué par un cordeau tiré entre les têtes des pieux, on continue à enfoncer des rangées de piquets dont le sommet ne doit pas dépasser le cordeau; sinon faut-il les araser à hauteur. Dès lors on lie tous les piquets entre eux, en long et en travers, par un clayonnage de saule ou de sapin, et l'on dame fortement de la terre dans les intervalles, de façon

(1) Patzig, *Der practische Rieselwirth*, Leipzig, 1840.

à former les talus d'amont et d'aval. La surface est enfin revêtue de bandes de gazon, fixées par des branches de $0^m,60$ de longueur. De même, les parois du lit du ruis-

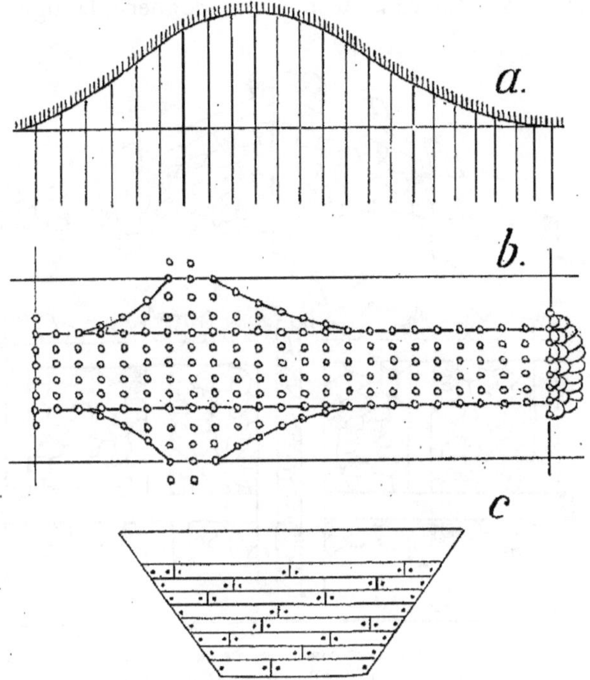

FIG. 26. — BARRAGE D'UN RUISSEAU EN PLAINE AVEC PIQUETS ET GAZONS. *a.* COUPE; *b.* PLAN; *c.* ÉLÉVATION.

seau sont damées et recouvertes de gazon. La figure 26 complète la description de ce petit barrage, qu'il est bon de laisser au repos pendant deux à trois semaines avant d'y faire passer l'eau (1).

(1) Villeroy et Muller, *Manuel des Irrigations*, 2e édit., 1867, p. 57.

Quand le terrain solide est situé trop profondément pour pouvoir y asseoir la digue, on creuse jusqu'à ce que les piquets ou le muraillement entrent dans le lit, et on les fortifie par un corroi revêtu en pierres sèches. Un point essentiel consiste à ne pas donner à la digue une

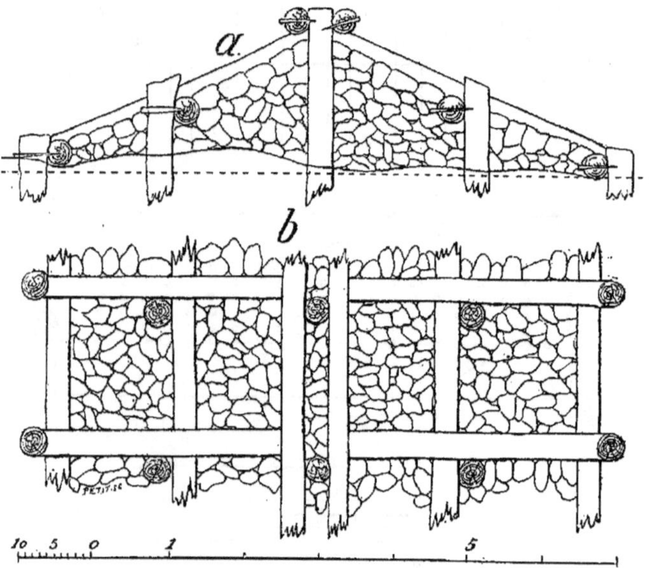

FIG. 27. — BARRAGE AVEC COFFRAGES EN CHARPENTE ET BLOCAILLE ; COUPE ET PLAN. (BRIANÇON ; HAUTES-ALPES.)

paroi verticale du côté d'aval, afin de prévenir les affouillements du pied.

Les systèmes de barrages simples sont nombreux. Tantôt on se borne à jeter des pierres perdues dans le lit; peu à peu les interstices se comblent de gravier et de sable et la digue finit par retenir l'eau; mais comme on emploierait ainsi beaucoup trop de pierres, il est pré-

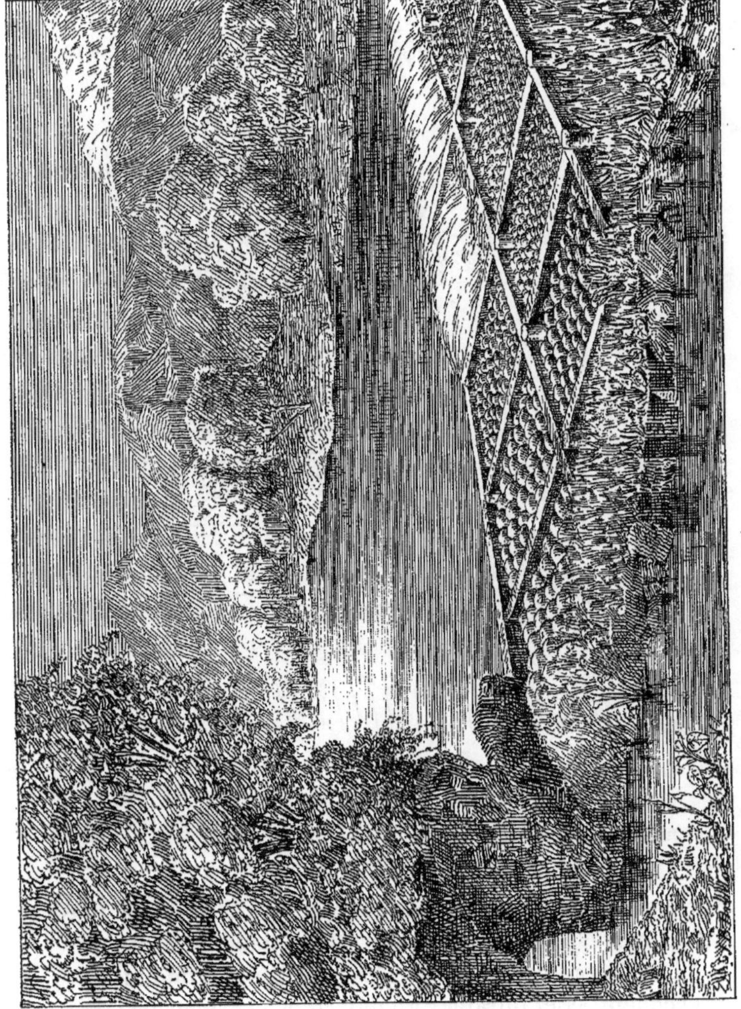

Fig. 28. — Vue d'un barrage en madriers et cailloux.

férable de battre dans le lit deux rangées de pieux reliés par des palplanches et formant un coffrage que l'on remplit de blocaille. Ce coffrage est alors protégé par des ma-

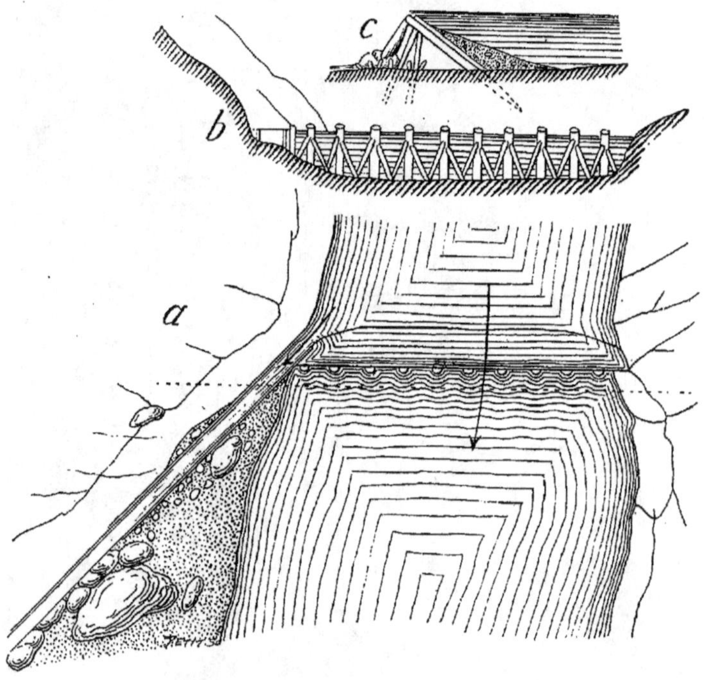

Fig. 29. — Barrage de torrent avec chevalets et fascines (Guilliestre; Hautes-Alpes); *a*, plan; *b*, élévation; *c*, vue oblique.

driers ou des troncs d'arbres (fig. 27). On a une vue d'un barrage en madriers et cailloux dans la figure 28.

Tantôt on constitue un barrage plus économique, cependant assez durable, au moyen de chevalets retenant des couches de fascines et de gravier qui alternent; on les fortifie aussi par des madriers. Dans la figure 29, *a* indique le barrage avec le canal de prise, en plan; *b*, l'élévation du barrage, et *c*, la perspective du chevalet :

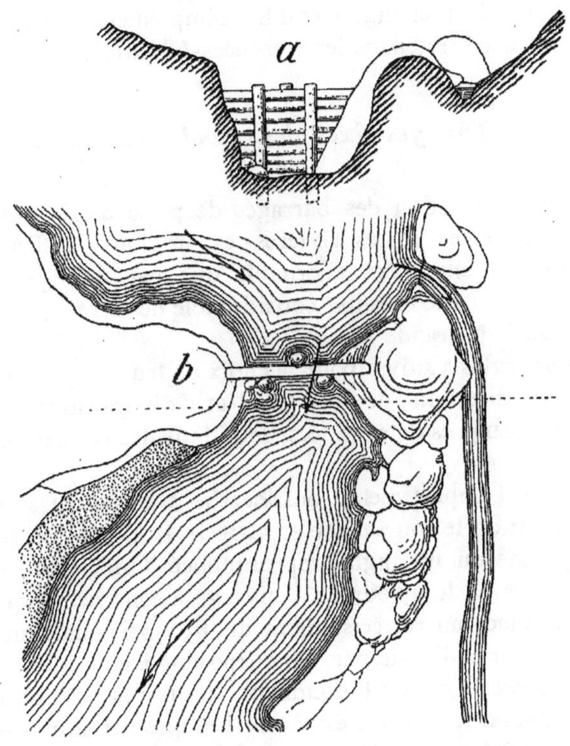

FIG. 30. — BARRAGE DE TORRENT AVEC TRONCS D'ARBRES (PYRÉNÉES-ORIENTALES); *a*, ÉLÉVATION; *b*, PLAN.

c'est le cas pour la digue de Guilliestre, département des Hautes-Alpes.

Enfin, quand le torrent, ou le cours d'eau est bien encaissé dans le rocher, on peut se contenter de construire partiellement la digue avec de gros libages, et de diriger le canal de prise d'eau, soit par un tunnel creusé dans le roc, soit par une rigole extérieure en bois.

Une autre disposition, indiquée dans la figure 30, se rapporte à une digue établie simplement à l'aide de troncs d'arbres, dans les Pyrénées-Orientales.

2. *Barrages fixes des grands cours d'eau.*

La construction des barrages de prise d'eau dans les fleuves et les fortes rivières est toujours difficile et coûteuse; elle n'est abordable que par des syndicats disposant d'une étendue considérable de terres qu'arrose un canal de grande section.

Les règles à suivre pour le choix de leur emplacement, de leur direction, de leur profil et de leurs dimensions, sont à peu près déterminées, sauf dans des cas exceptionnels.

Pour l'emplacement, on cherche à éviter aussi bien l'endroit où le cours d'eau se rétrécit, que celui où il fait un coude ou un angle trop prononcé. On gagne, il est vrai, sur la longueur de l'ouvrage à construire, quand on le place au rétrécissement du lit, mais on augmente la hauteur et l'épaisseur, en l'exposant à être enlevé par les crues et à causer l'inondation des terres environnantes. Quand le barrage est mobile et que par son enlèvement il laisse un libre cours aux hautes eaux, l'inconvénient est moins grave; mais de toutes manières il est préférable, suivant ce que Pareto conseille, de construire le barrage plutôt dans un élargissement, en aval d'un point d'étranglement, que dans cet étranglement de la rivière.

L'emplacement doit être également choisi, en considérant la solidité des rives dans lesquelles s'encastrent les extrémités du barrage. Le fond peut être consolidé, s'il est affouillable; tandis que les rives le sont difficilement.

Comme direction, les barrages ont été établis, les uns, aussi obliquement que possible par rapport au fil de l'eau, dans le but de diminuer l'action de la chute en aval par le déversement de l'eau sur une plus grande largeur; les autres, perpendiculairement, pour raison d'économie; mais la chute se faisant alors à plus grande vitesse, on court le risque de produire des affouillements plus considérables au pied de l'ouvrage.

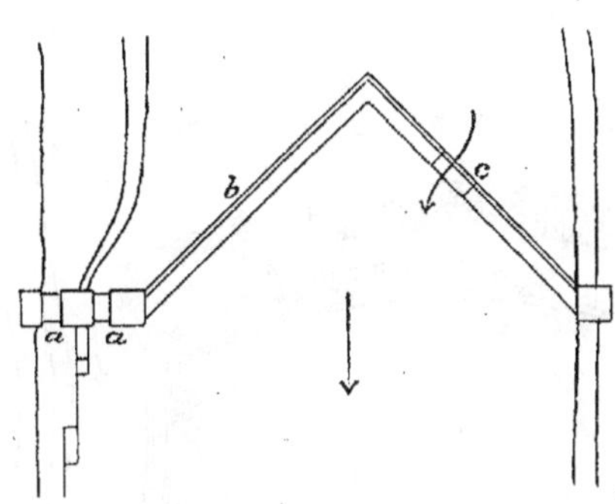

FIG. 31. — BARRAGE A CHEVRONS; *aa*, ÉCLUSE; *b*, DÉVERSOIR; *c*, PERTUIS DE FLOTTAGE.

On a encore fait des barrages sous forme de chevron brisé, une branche du chevron étant plus longue que l'autre; la vitesse de l'eau est, en effet, atténuée par cette disposition, mais des atterrissements ne tardent pas à se former au milieu de la rivière, en aval, au voisinage de la digue. Dans le croquis fig. 31, *a a* représente l'écluse; *b*, la partie en déversoir; *c*, un pertuis pour flottage.

Le tracé en arc de cercle, avec la partie convexe tournée en amont, formant avec les rives des angles de 60 degrés environ, offre de grands avantages, suivant ce que nous avons déjà montré pour les barrages de retenue et de régularisation (1); seulement ils coûtent cher, à cause

(1) Voir tome Ier, p. 442, 460.

de l'appareillage des pierres en lignes courbes. Dans la figure 32, *a* représente le pertuis du barrage.

Le profil des barrages est déterminé par le service qu'on leur demande. S'ils doivent alimenter un canal d'irrigation, il est rare qu'on doive élever l'eau de plus d'un mètre au-dessus de l'étiage. Pour une hauteur d'eau plus grande, il est toujours préférable de reporter la prise d'eau en amont.

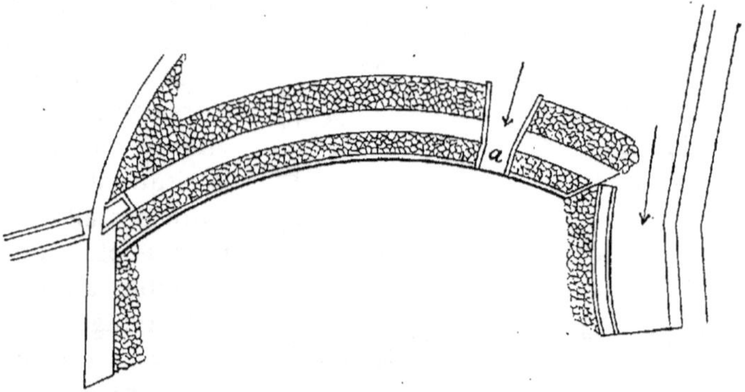

Fig. 32. — Barrage curviligne sur le Doubs; *a*, pertuis.

La hauteur varie également, selon que le barrage fait déversoir sur toute sa longueur, ou seulement pendant les grandes eaux, et qu'un pertuis sert au passage des eaux à l'étiage, ou pour le flottage

Le plus souvent il est construit avec talus à l'amont, afin d'amortir le choc des corps roulés par les eaux, et avec talus à l'aval, offrant 3 à 6 de base pour 1 de hauteur, dans le but de conduire l'eau en pente douce et obliquement sur le fond de la rivière, en éloignant du pied la cause principale de l'affouillement. Ce talus est parfois remplacé, afin de diminuer le massif de la construction, par une sérïc de gradins. La plus mauvaise disposition est celle de parois verticales, en amont et en aval; à moins de fondations profondes, qui coûtent plus que l'économie réalisée dans le massif de la digue, ces barrages se minent et se renversent.

Dans la plupart des profils, l'épaisseur du couronnement est égale à la hauteur verticale, sans que cette règle,

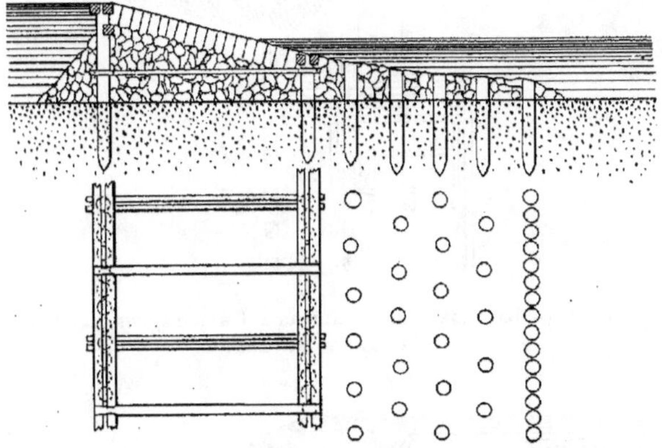

FIG. 33. — BARRAGE MIXTE A PONTOISE, SUR L'OISE; PLAN ET COUPE.

suivant Pareto, se justifie par le calcul. Une condition essentielle est qu'il soit de niveau, quand il agit comme déversoir. Enfin est-il indispensable que l'ouvrage, solidement enraciné aux deux extrémités, soit fortifié en amont et en aval par des revêtements, des perrés ou des fascines.

Quant à la construction même d'un barrage, tous les matériaux sont employés : terre, sable, bois, pierres, béton, mortier, etc.

Les plus simples, dont la Lombardie offre de nombreux exemples, sont construits entre pieux et palplanches avec des paniers de gravier et des fascines; d'autres, dans les localités où le bois est à bas prix, sont

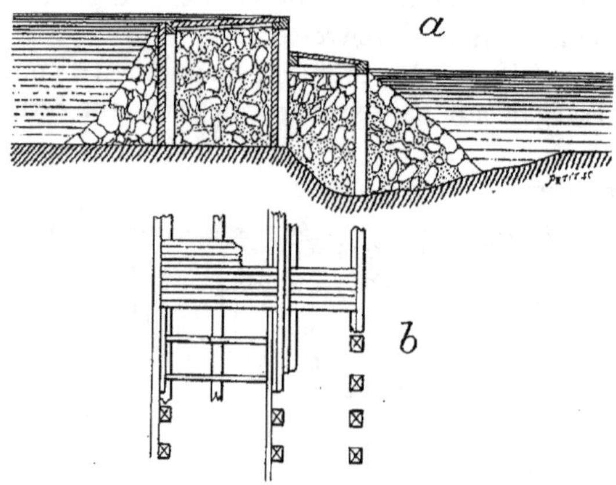

Fig. 34. — Barrage a deux paliers a Chalons, sur la Marne
a, coupe; *b*, plan.

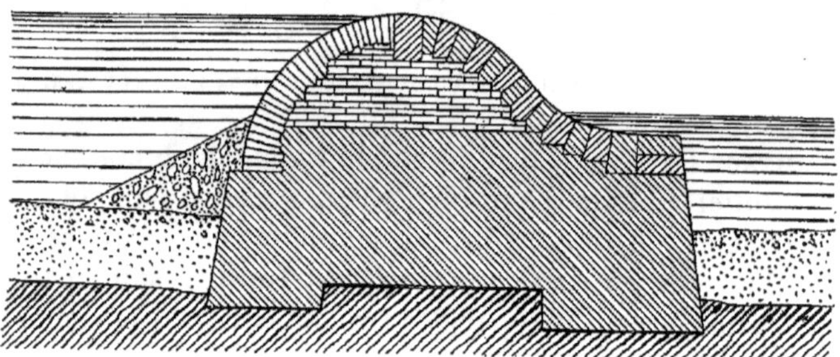

Fig. 35. — Barrage en maçonnerie a Villemur, sur le Tarn.

entièrement en charpente, précédés en aval d'un radier incliné ou *risberme*, fait en madriers cloués sur un grillage de traversines et de longrines. Parfois même, la risberme est suivie d'un arrière-radier en enrochement ou en fascinage. Mais risbermes et contre-radiers, enrochements et fascinages, quelque pente qu'on leur donne, résistent difficilement aux crues.

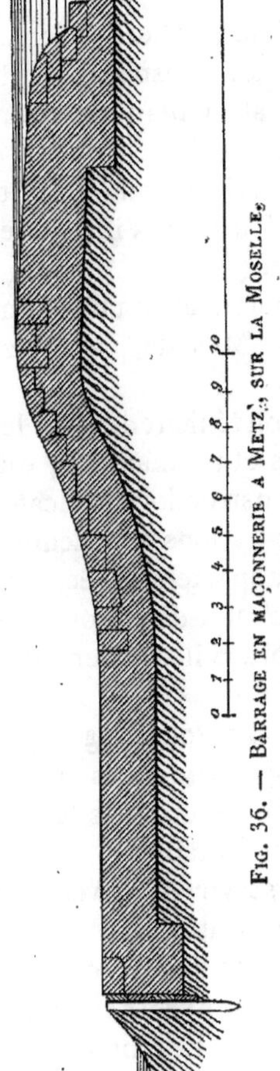

Fig. 36. — Barrage en maçonnerie a Metz, sur la Moselle.

Pour les barrages en maçonnerie, on emploie la brique ou la pierre, ou bien des pierres perdues dans des coffrages en bois et de la maçonnerie sans mortier, que l'on couronne par un dallage.

Quel que soit le mode de construction, un barrage amène un gonflement de l'eau en amont et une chute en aval. Nulle en amont, la pente s'incline avant d'atteindre la crête, de telle sorte que la lame d'eau a une épaisseur moindre que la différence de niveau entre cette crête et la surface de la retenue. En aval, quand le barrage est à glacis incliné, la hauteur d'eau primitive est moindre que pour des parois verticales, mais il est rare que le lit résiste longtemps à la chute continue de l'eau et que les érosions ne donnent pas lieu à un atterrissement à peu de distance.

D'après les profils de quelques barrages de rivières (fig. 33 à 36), on reconnaîtra que leurs formes ne varient pas moins que leurs dimensions et leur mode de construction.

Fig. 33. — Barrage mixte; madriers et coffrage; glacis maçonné et talus du radier fortifié par des pieux; construit sur l'Oise, à Pontoise; profil en travers et plan partiel.

Fig. 34. — Barrage également mixte ; paliers en charpente et talus revêtu en maçonnerie, construit sur la Marne, à Châlons; profil transversal et plan des charpentes recouvrant les paliers.

Fig. 35. — Barrage en maçonnerie formant voûte sur massif de béton, établi sur le Tarn, à Villeneuve, profil transversal de la partie voûtée.

Fig. 36. — Barrage en maçonnerie, avec talus concave surallongé, construit sur la Moselle, à Metz; profil en travers.

Barrages à pertuis. — L'inconvénient de tous les barrages servant de déversoirs fixes et permanents, qui constituent un ouvrage d'une construction délicate, réside non seulement dans les réparations fréquentes, mais surtout dans l'obstacle qu'ils apportent à l'écoulement de l'eau pendant les crues, c'est-à-dire alors que le lit de la rivière est déjà trop étroit. S'il survient une inondation, le barrage l'aggrave.

C'est pour obvier à cet inconvénient, tout en gardant l'eau nécessaire au service de l'irrigation ou des chutes d'eau d'usines, que l'on a songé à construire des barrages à pertuis et à passe navigable ou flottable.

Lorsque les barrages ne doivent servir de déversoirs qu'en temps d'eaux moyennes ou de crues, ils laissent passer les eaux surabondantes à l'étiage par un ou plusieurs pertuis. Ils ont sur les barrages fixes l'avantage de ne fonctionner que pendant l'étiage. Les figures 31 et 32 montrent des dispositions de pertuis dans le barrage à chevron et le barrage en arc de cercle.

Les dimensions des pertuis dépendent de l'eau qu'ils

doivent laisser écouler, de leur mode d'utilisation, quand il s'agit du flottage, par exemple, et de la fermeture adoptée. Cette fermeture s'obtient soit par des vannes, comme dans les martelières, soit par des poutrelles introduites dans des rainures ou feuillures du plat-bord supérieur, soit enfin par des portes d'écluse. De toutes manières, chaque pertuis nécessite l'établissement de deux culées et d'un radier se prolongeant en amont et en aval de la fermeture.

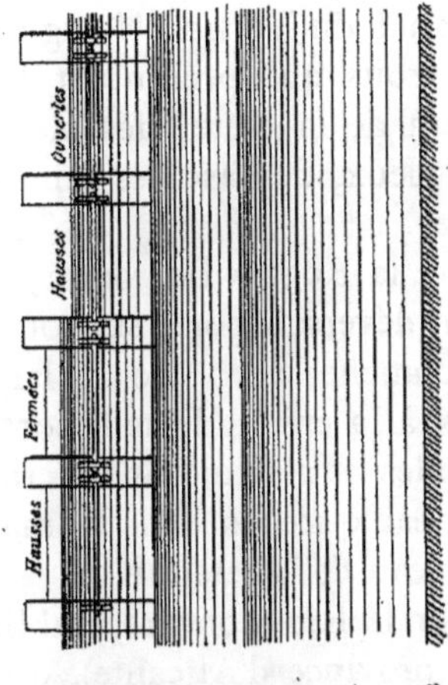

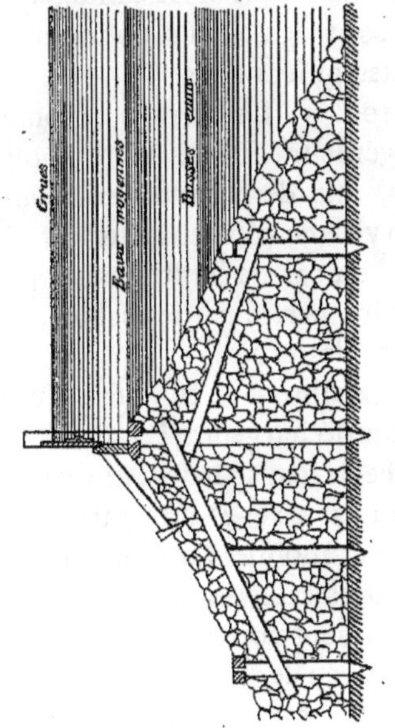

Fig. 37. — Barrage avec hausses mobiles de la petite Saone; coupe transversale et vue d'amont.

Barrages à hausses. — Pour quelques barrages, comme celui de la petite Saône (fig. 37), la crête, dont le niveau correspond à celui des eaux moyennes, est surhaussée par des ventelles horizontales qui permettent de retenir les crues ou de les écouler à volonté par la manœuvre des hausses. En basses eaux, un pareil barrage peut fonctionner pour l'écoulement par un pertuis.

Les hausses sont d'ailleurs de systèmes très variés. Dans le barrage du grand canal du Tessin, Naviglio-Grande, on place dans des trous que présentent les dalles de granit, en revêtement de la crête, des pieux verticaux et, en avant de ces pieux, des fascines contre lesquelles on empile du gravier.

Pour le canal dérivé du Serio, la Roggia Borromea, le barrage en maçonnerie formant déversoir porte sur toute sa longueur des ventelles en planches de $0^m,50$ de largeur, fixées par des charnières à la crête; de telle sorte qu'il suffit de relever ces ventelles et d'assujettir les crochets qu'elles portent aux anneaux scellés dans la maçonnerie, pour exhausser le niveau de la retenue.

Les barrages à prise d'eau sur le Rio Monegre, établis à Muchamiel et à San-Juan (province d'Alicante), que nous décrivons plus loin, sont également pourvus de hausses mobiles adossées à des piliers fixes.

Barrages automatiques. — Le barrage automatique de l'invention de l'ingénieur Frassi a été appliqué dans plusieurs localités, afin de pourvoir en même temps à l'irrigation et au service de plusieurs usines, de se manœuvrer sans difficulté, en cas de hautes eaux, par un seul garde, et de n'être point arrêté par les sables, les limons ou les débris flottants des crues.

Le barrage Frassi, sur le Lambro, se compose d'une digue proprement dite et d'un déchargeoir. La digue, de $24^m,50$ de longueur, est formée de deux parties : une partie inférieure en maçonnerie, qui est fixe, et une partie supérieure, installée sur la crête et mobile. La différence de niveau entre l'étiage et les hautes eaux est de $2^m,05$.

La partie mobile consiste en sept portes en bois, tournant autour d'axes verticaux en fer; chaque porte a 3 mètres de largeur et $0^m,60$ de hauteur. Les axes sont

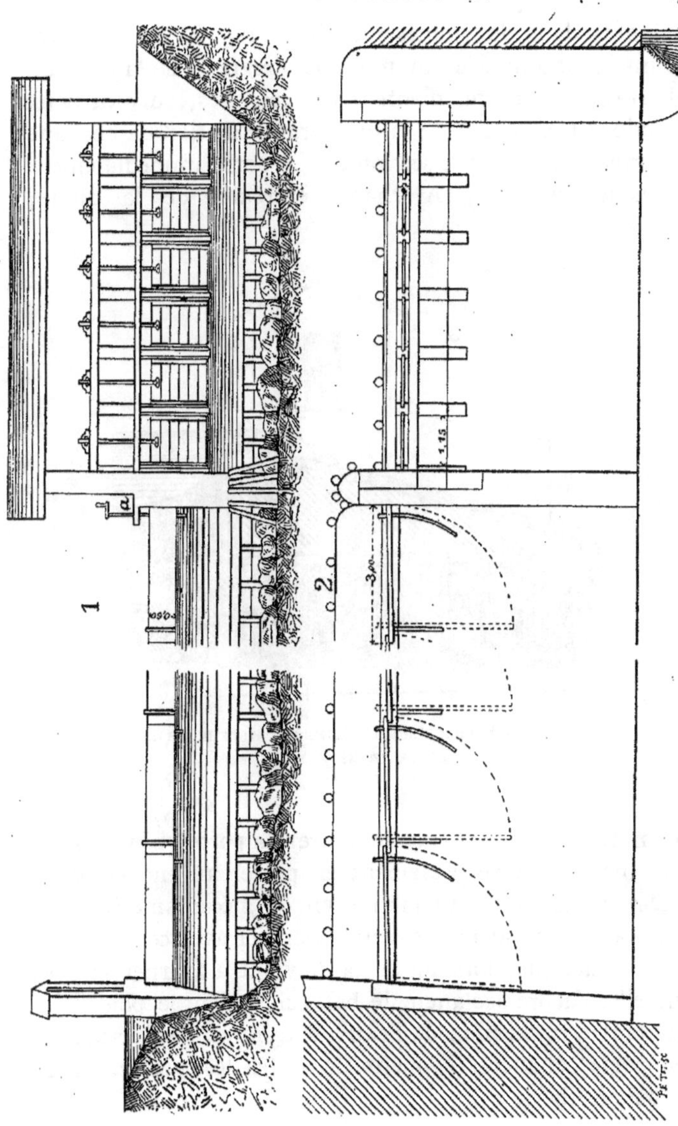

Fig. 38. — Barrage sur le Lambro, système Frassi; plan et élévation.

plantés dans de solides madriers (fig. 38), encastrés dans la maçonnerie sur toute la longueur de la crête du barrage. Les portes pivotent sur ces axes, suivant deux sections très inégales : la plus grande section de chacune se rabat sur la petite section de la porte immédiatement voisine (fig. 39). A chaque extrémité de la digue,

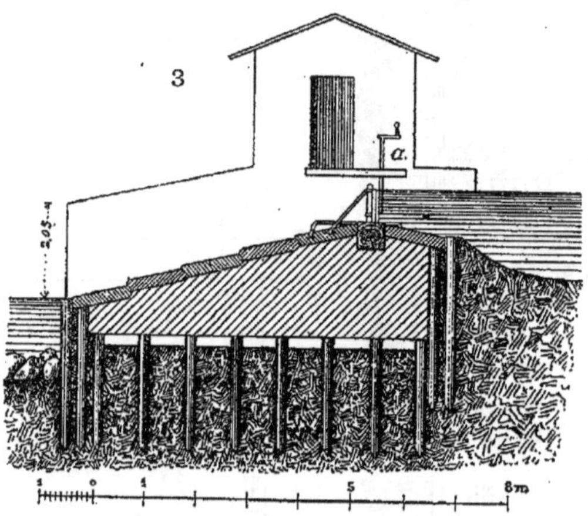

FIG. 39. — BARRAGE SUR LE LAMBRO; SYSTÈME FRASSI, COUPE TRANSVERSALE.

comme on voit en *a* (même figure), la porte qui y aboutit est maintenue verticalement en place, au moyen d'un arbre à manivelle qui manœuvre le mécanisme indiqué (fig. 40), correspondant à un balancier avec contrepoids. Il s'ensuit que, lorsque le garde vient à tourner la manivelle, l'arbre déclanche le balancier, dont le poids, s'ajoutant à la pression de l'eau, détermine l'ouverture de la porte, et successivement de toutes les portes, mises ainsi en liberté.

Pour refermer le barrage mobile, la manœuvre se fait en sens inverse, à l'extrémité opposée.

Le déchargeoir comprend six empèlements dont le radier est à $0^{m},80$ au-dessous de la couronne du barrage mobile. Il offre une section totale de 9,66 mètres carrés,

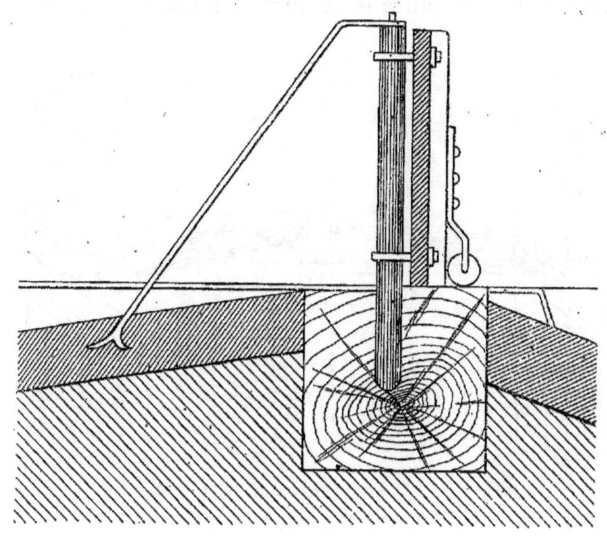

FIG. 40. — MÉCANISME POUR DÉCLANCHER LES PORTES (fig. 39).

tandis que les sept portes du barrage représentent une section totale de 12, 60 mètres carrés; soit ensemble 22, 26 mètres carrés. Le barrage étant plein ouvert à l'arrivée des hautes eaux, le courant, pour une vitesse moyenne de 2 mètres, débite 25,200 de mètres cubes.

Outre le barrage de Linate faisant office de régulateur; qui dessert un canal d'irrigation et trois moulins, un second fonctionne dans le même but, mais pour le service annexe d'une filature, à Melegnano (province de Pavie); et un troisième à Balbiano, pour l'arrosage des prés-marcites appartenant à l'orphelinat de Milan (1).

Portes du barrage de Sesto-Calende (canal Villoresi). — Pour le canal Villoresi, qui dérive directement du lac Majeur 44 mètres cubes destinés à l'arrosage du haut Milanais, entre les contreforts des Alpes et les colli-

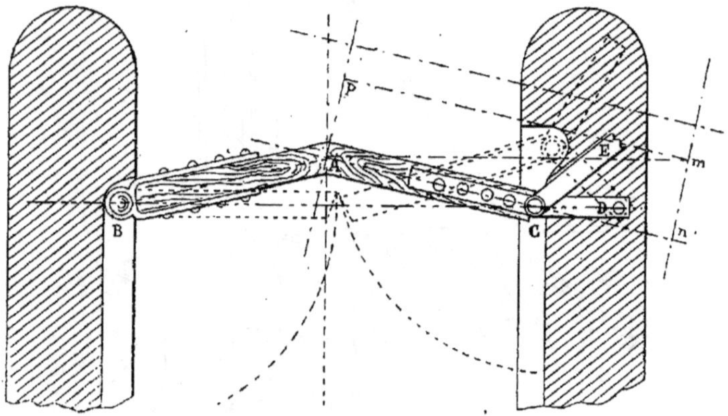

FIG. 41. — PORTE DU BARRAGE DU LAC MAJEUR.

nes de la Brianza jusqu'à l'Adda, deux barrages submersibles ont été établis, dont le premier à Sesto-Calende, sur la crête de la Miorina, se compose de 53 portes busquées, fixées à des piliers en pierres de taille. C'est en ouvrant ou en fermant un certain nombre de ces portes que l'on agit sur le niveau du lac, pour emmagasiner ou lâcher l'eau suivant les circonstances, et régler l'arrivée sur le second barrage en maçonnerie qui commande la prise du canal.

(1) Ed. Markus, *Das landw. meliorationswesen Italiens*, 1861, p. 88.

Quoique n'ayant pas une hauteur considérable, le barrage de Sesto-Calende est établi de façon que les 53 portes puissent s'ouvrir automatiquement. La disposition adoptée est indiquée par le croquis figure 41.

La porte AG est fixée en C à une pièce de fer CD mobile autour du point D. Dans la position que représente la figure, l'équilibre de la force *Am*, décomposée en ses deux résultantes *Au* et *Ap*, est stable, et la porte reste fermée, car *Au* prolongé passe en avant du point D. Mais si l'on agit sur la pièce CE, dans le sens CD, l'angle ACD, s'ouvrant de plus en plus, devient égal à 180°. Le mouvement continuant, la direction de la force *Au* passe en arrière du point D et tend à fermer dans l'autre sens l'angle ACD. Rien ne s'opposant à ce mouvement, la porte se transportera automatiquement dans la direction *Au* et l'angle BAC s'ouvrira jusqu'au moment où les deux portes, n'ayant plus de contact entre elles, céderont à la poussée de l'eau.

Par transmission de mouvement, la porte AB, en s'ouvrant, agit sur la pièce CE de la porte suivante et provoque son ouverture. Il suffit ainsi que le garde ouvre une porte, la première, pour que toutes les autres s'ouvrent successivement (1).

La question reste à trancher par la pratique, de savoir si, comme pour les portes marinières du canal Cavour auxiliaire et celles du déchargeoir du canal Cavour principal, les sables et les graviers n'entraveront pas le fonctionnement des portes-écluses du barrage de Sesto-Calende.

Barrages mobiles. — Certains barrages ne sont pas seulement mobiles à la partie supérieure, mais complètement mobiles, de façon à pouvoir être supprimés en

(1) A. Hérisson, *loc. cit.*, p. 128.

entier lors des crues, et même des eaux moyennes.

Aux barrages mobiles se rapporte le *type à aiguilles* représenté par la figure 42, en élévation longitudinale et en coupe transversale. La poutre *ab*, qui tourne sur un pivot, étant dans la position indiquée par la figure, sert d'appui à des aiguilles ou madriers, à leur partie supérieure. Quant à leur partie inférieure, elle s'appuie contre une entaille creusée dans le seuil. Toutes ces aiguilles, posées jointives, forment barrage. Il s'échappe bien un peu d'eau par leurs interstices, mais l'ensemble forme une retenue suffisante dans la plupart des cas. La petite plate-forme *c* sert à déposer les aiguilles, qui par leur poids soulèvent l'extrémité *b* et la font passer par-dessus le tasseau servant d'arrêt; alors la poutre peut tourner pour donner passage à la batellerie.

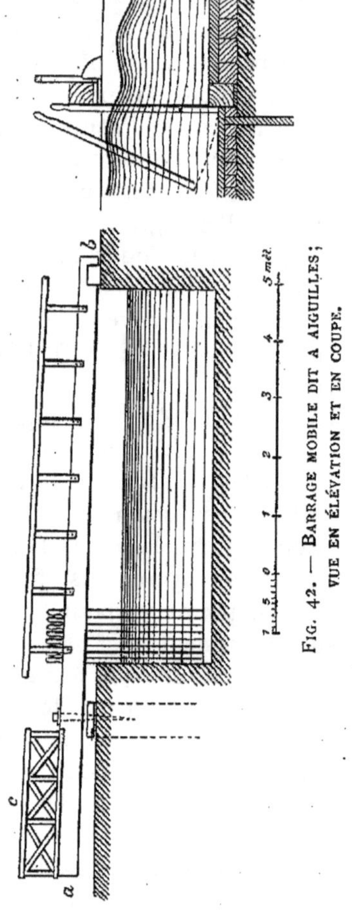

Fig. 42. — Barrage mobile dit à aiguilles; vue en élévation et en coupe.

Le barrage mobile inventé par l'inspecteur Poirée, et

qui a reçu de très nombreuses applications, se distingue par ce sérieux avantage qu'avant les crues, toutes les parties peuvent être abattues et couchées sur un radier général, de sorte que le relief du barrage au-dessus du

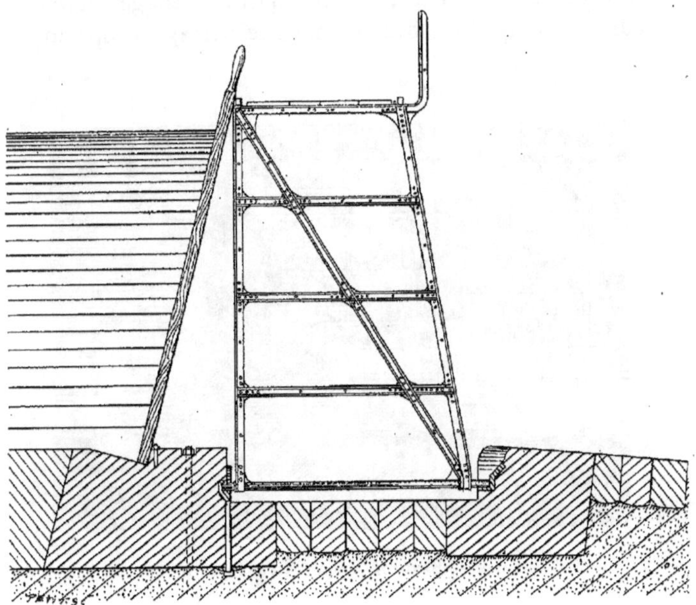

Fig. 43. — Ferme du barrage mobile, système Poirée.

fond s'efface entièrement. Il est formé d'une série de fermes verticales en fer, ayant une forme trapézoïdale (fig. 43), tournant sur leur arête horizontale inférieure et se renversant contre le radier. Comme elles sont réunies les unes aux autres par des chaînes, quand on relève la plus proche de la rive, elle tire hors de l'eau le bout de la chaîne de la ferme suivante, au moyen de laquelle on relève cette seconde ferme, et ainsi de suite. Chaque ferme relevée dans sa position verticale est reliée avec la suivante par une traverse en fonte, et, grâce à un pont de service établi sur le haut des fermes, on appuie contre les traverses en fonte, à la partie supérieure, en les maintenant au pied par une saillie ménagée dans le radier, les aiguilles qui forment le barrage proprement dit.

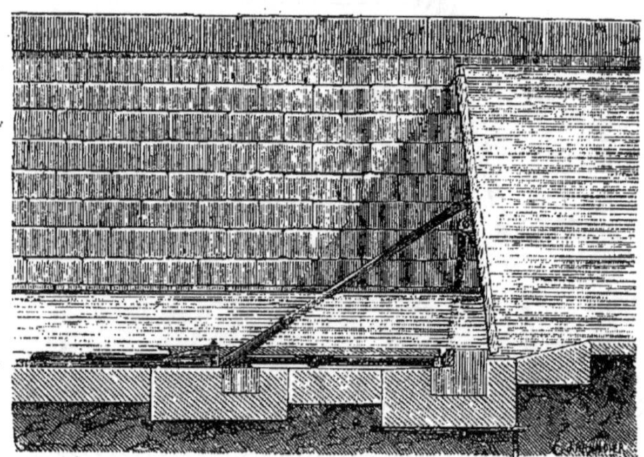

Fig. 44. — Barrage a hausse levée de Melun.

Fermes en fer, crapaudines et grillage en bois, sont déposés dans l'eau, ou enlevés, s'il est nécessaire. De même, le barrage peut être terminé à une ferme, et constituer un épi isolé dont on fait varier la longueur, en laissant une ouverture convenable au débit. La figure 44 montre le barrage de Melun à hausse levée.

Entre Auxerre et Montereau, sur l'Yonne, les barrages de la Chaînette, d'Épineau et de Port-Renard, sont du système Poirée, avec déversoir fixe et passe fermée par des fermettes à aiguilles. Le couronnement du déversoir est au niveau de la retenue. Les écluses ont $8^m,30$ de largeur sur 93 et 180 mètres de longueur utile de sas, c'est-à-dire la distance entre la corde qui sous-tend l'arc du mur de chute et l'enclave de la porte d'aval.

Système Caméré. — Les barrages du système Poirée ont été utilement modifiés dans leur mode de fermeture et leur étanchéité.

La manœuvre, à bras d'homme, des aiguilles verticales ayant une limite que détermine la hauteur même des retenues, on a utilisé des aiguilles horizontales, c'est-à-dire des pièces de bois d'un équarrissage beaucoup plus faible, pour les appliquer sur les faces en travers des fermettes. En admettant que les fermettes laissent entre elles une distance de 1 mètre, pour un même travail du bois, il suffira d'employer des aiguilles horizontales de $0^m,07$ d'équarrissage, au lieu d'aiguilles verticales de $0^m,20$, pour une retenue de 4 mètres.

Les faces en amont de deux fermettes voisines sont donc munies de fers à simple T, et entre ces faces et les nervures des fers s'appliquent les aiguilles en bois, que relient entre elles, à l'amont, deux cours de charnières formant des chaînes articulées. Un rouleau faisant saillie forme le bas de cette espèce de jalousie, et des chaînes à crochets, attachées à la lame du haut, la suspendent à deux montants auxquels est fixé un treuil différentiel pour la manœuvre.

Quand on fait mouvoir le treuil de manière à raccourcir la portion de chaîne qui enveloppe le rideau, en passant sous le rouleau du bas, ce dernier remonte en tournant et provoque l'enroulement progressif du rideau. La manœuvre inverse produit le développement et la fermeture plus ou moins complète de la travée.

Malgré toutes les précautions prises, les aiguilles des barrages du système Poirée ne sont pas assez jointives pour empêcher une lame d'eau plus ou moins épaisse de se faire jour entre elles (1). L'usage d'aiguilles couvre-joints, à section triangulaire ou hexagonale, que l'on place au droit des vides les plus larges, et d'autres moyens d'obturation, n'assurent pas le degré voulu d'étanchéité, surtout lorsque les chutes des barrages atteignent une certaine hauteur. C'est pour ce motif que l'on a recours aux rideaux d'étanchement, d'une grande simplicité, faciles à manœuvrer et entrant sans grands frais dans le matériel des barrages à aiguilles.

Un rideau d'étanchement consiste en une forte toile à bâche, présentant une largeur inférieure de quelques centimètres à l'écartement de deux fermettes, pour prévenir le recouvrement, et une hauteur égale à la distance du seuil des aiguilles au niveau de la retenue. Dans le sens de la largeur de la toile est fixée une série de lames en bois jointives, de $0^m,02$ sur $0^m,01$, suffisantes pour résister à une pression de 5 mètres. Le bas du rideau porte un rouleau en bois dur, et le haut, renforcé par une armature en fer, sert d'attache à deux bouts de chaînes, munies de crochets, qui permettent de suspendre le rideau aux têtes des aiguilles du barrage.

Si on suppose le rideau étendu sur la face amont d'une travée d'aiguilles, les lames en bois, grâce à leur flexibilité, viennent sous la pression de l'eau s'appliquer sur le parement qu'elles tapissent. La manœuvre s'opère, comme pour les rideaux articulés de fermeture, par deux cordes qui descendent le long du store, passent sous le rouleau inférieur et remontent jusqu'aux têtes des aiguilles où elles sont amarrées.

(1) *Exp. univ. 1878. Notices relatives aux travaux des ponts et chaussées*, p. 124.

Le barrage Caméré, dont la figure 45 donne une vue

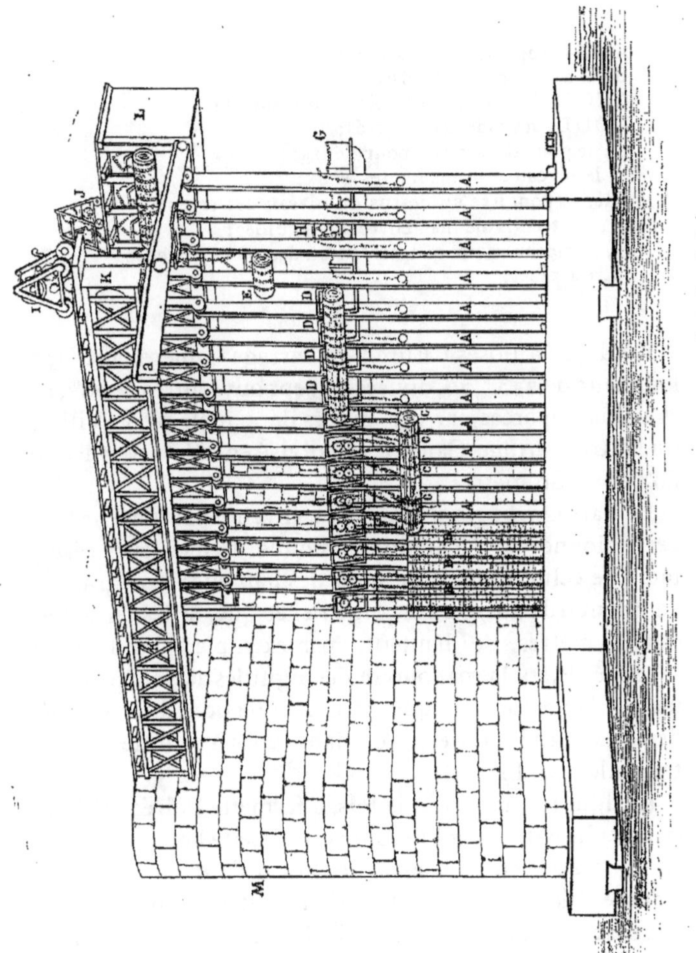

Fig. 45. — Barrage à aiguilles et rideau, système Caméré.

perspective, réalise les deux perfectionnements des rideaux de fermeture et d'étanchement.

AAAA représentent les aiguilles;
BBBB, les rideaux baissés;
CCCC, les rideaux en voie de roulement;
DDDD, les rideaux amarrés;
G, le pont de service pour l'étiage;
a, le niveau des plus hautes eaux;
LK, le pont fixe au-dessus du niveau des crues;
II, les treuils de manœuvre des aiguilles;
E, le rideau remonté à niveau au-dessus de l'étiage;
M, un pilier.

Appliqué à Poses (Eure), le barrage Caméré offre une longueur de $243^{m},76$, divisée en sept ouvertures de $30^{m},16$ chacune, séparées par des piliers de 4 mètres. A Villez, un autre barrage Caméré est divisé en deux pertuis de $60^{m},40$ et 80 mètres.

Le barrage du *type à hausses*, inventé par Thénard, et perfectionné par Chanoine, a donné de meilleurs résultats que celui à aiguilles, pour des hauteurs plus grandes de retenue d'eau. On conçoit en effet que, si les fermettes ont 5 mètres de hauteur, par exemple, au lieu de $1^{m},20$ à $1^{m},50$, la manœuvre des aiguilles devient pénible, même dangereuse, et que sous la pression du courant, dans les grandes rivières, ou dans celles à régime torrentiel, elles se brisent.

La figure 46 montre à la fois la fermette Poirée, déjà décrite, et la hausse mobile Chanoine. Cette hausse consiste en une trappe en bois, articulée à charnière sur une barre transversale, vers la moitié de sa hauteur. Quand on la fait basculer sur la charnière, elle laisse écouler l'eau librement; mais si on la fait glisser sur le seuil à l'aide de l'arcboutant qui la maintient en place, la hausse s'efface avec les organes qui la supportent. Pour la rétablir, on tire sur les chaînes attachées au pont des fermettes (système Poirée).

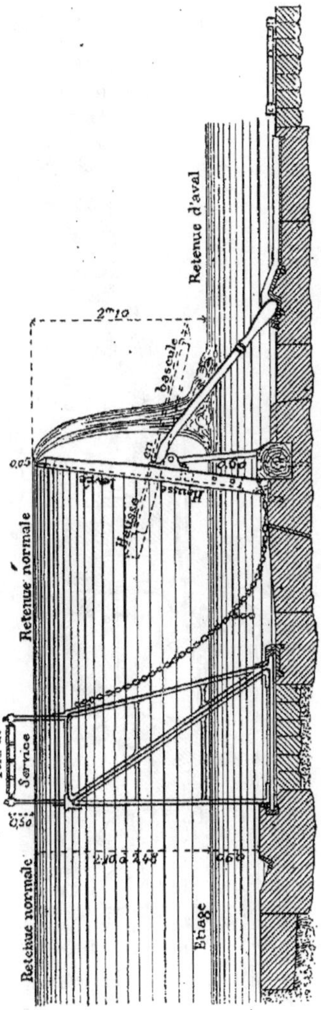

Fig. 46. — Passe navigable, systèmes Poirée et Chanoine.

Sur 22 barrages, de Laroche à Montereau, la passe est fermée par des hausses mobiles Chanoine, manœuvrées au moyen d'une barre à talon et d'un bateau. Pour 13 d'entre eux, le déversoir est surmonté de hausses, et pour les autres, de fermettes avec aiguilles, les passerelles étant élevées de $0^{m},25$ au moins, au-dessus de la retenue d'amont. Le seuil des passes est de $0^{m},50$ à $0^{m},60$ au-dessous de l'étiage, tandis que le couronnement le surpasse de $0^{m},50$ (1).

Le défaut de tous les barrages mobiles, c'est qu'il faut la main de l'homme pour les mettre en mouve-

(1) *Exp. univ.* 1878. *Notices, loc. cit.*, p. 76.

ment, et, quelque rapides que soient les communications signalant les crues par le télégraphe aux barragistes, l'échafaudage peut être encore debout au moment des hautes eaux, ou donner lieu à une manœuvre périlleuse. On a donc cherché à rendre les barrages automobiles.

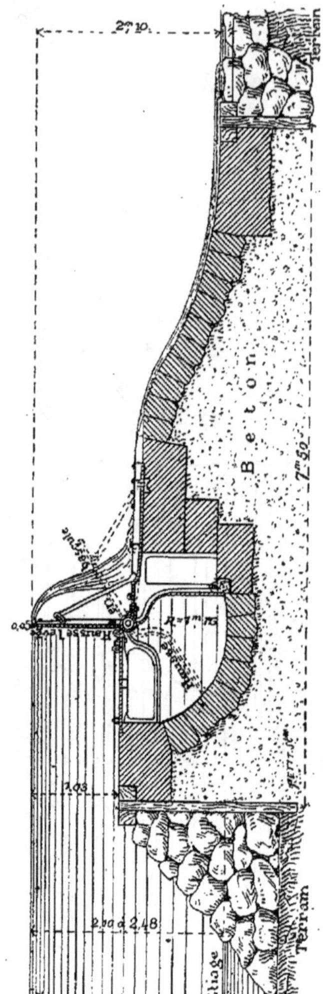

Fig. 47. — Barrage automobile, système Desfontaines.

Barrages automobiles. — Le système automobile Desfontaines (fig. 47) se compose de deux bras ; l'un, au-dessus de la charnière, retient l'eau ; l'autre, au-dessous, tourne dans une capacité demi-cylindrique fermée par des plaques en tôle. Des ouvertures latérales mettent l'intérieur de ce demi-cylindre en communication soit avec le bief d'aval, soit avec celui d'amont, de façon à obtenir une différence de pression qui fasse basculer la hausse sous la pression, ou au moment voulu.

Un autre système, dû

à l'ingénieur Girardon, s'applique aux rivières torrentielles, à fond mobile, et consiste, pour des ouvertures comprises entre 6 et 10 mètres, avec deux travées ou pertuis, en une pile métallique à double feuillure et à bascule, établie au milieu du cours d'eau. La double feuillure verticale, dont la section est celle d'un T, est mobile à sa base autour d'un axe horizontal et parallèle à la direction du barrage, de manière à pouvoir basculer à l'aval. C'est un braçon d'appui qui la maintient verticale, mais qui, au besoin, s'abat sur le côté, en tournant aussi sur un axe horizontal. Les poutrelles qui ferment chaque pertuis sont retenues par une chaîne d'amarre, et les chaînes sont fixées à un anneau scellé dans la plate-forme de la culée, correspondant à chaque pertuis. Un levier articulé est attaché à chaque anneau.

Soit qu'on veuille ramener la retenue au niveau réglementaire et empêcher un débordement à l'amont; soit qu'on cherche à produire une chasse qui nettoie le lit encombré par les dépôts; soit enfin qu'on veuille prévenir l'amoncellement des glaces ou procéder à quelques réparations, la manœuvre s'accomplit avec une grande facilité, à l'aide du levier articulé qui, par la chaîne d'amarre, fait chavirer successivement chaque poutrelle en la laissant dériver à l'aval; et, quand il s'agit d'ouvrir instantanément, fait basculer sur sa semelle d'encastrement la double feuillure tout entière.

Applications dans l'Inde. — Les hausses mobiles de $1^{m},80$ de largeur, appliquées aux barrages de certaines rivières de l'Inde, ne permettant pas de faire des chasses suffisantes, ni de livrer passage aux matériaux volumineux que charrient les cours d'eau dans les crues, on a essayé, à Orissa, d'augmenter considérablement leur largeur, en construisant le barrage d'irrigation de la rivière Mahanuddy, et l'on s'est décidé à adopter le système de barrages à doubles hausses mobiles (Chanoine), tels qu'ils furent établis pour améliorer la navigation de la Seine. Ce système comporte deux rangées parallèles de hausses, tournant sur des traverses en fonte que supporte le radier; la hausse d'amont se rabat à l'amont, et celle d'aval, suivant le courant, à l'aval. Il en résulte que la hausse d'amont, à moins d'être fixée expressément, peut être soulevée, à la descente de la crue, par les eaux qui la frappent, et se fermer, en laissant à sec la hausse d'aval, maintenue par des chaînes d'amarre. Pour ouvrir de nouveau la hausse d'amont, vu l'impossibilité de l'abaisser contre le courant du flot, on relève à bras celle d'aval, le radier étant à sec, et dans l'espace compris entre les deux hausses, maintenant debout, on introduit l'eau. L'équilibre une fois rétabli, la hausse d'amont peut être alors renversée sur le radier; puis celle d'aval, en dégageant le pied des fermettes. L'écluse est alors ouverte.

Dans des rivières, néanmoins, dont le courant atteint la vitesse de 3 mètres par seconde, il arrive que la hausse d'amont est soulevée avec une telle violence que les chaînes se brisent et les tourillons des coussinets, encastrés dans le seuil, s'arrachent. En outre, il est indispensable que le système entier soit automobile pour laisser passer les crues.

Écluse Fouracres. — L'ingénieur anglais Fouracres, voulant résoudre ce difficile problème, a appliqué au barrage de la Sone le principe des freins ou béliers hydrauliques, agissant sur les doubles hausses pour les maintenir dans la position verticale, malgré le courant. Ces béliers (fig. 49) consistent en simples tuyaux portant des cylindres à plongeur : ils se remplissent d'eau quand les hausses sont renversées sur le seuil, et ils supportent la pression de l'eau, que chasse le piston plongeur, quand elles se relèvent. L'orifice de sortie de l'eau dans les cylindres étant très étroit, la hausse ne peut se redresser que lentement et progressivement, au lieu de céder au choc destructif du courant.

La figure 48 montre en plan et en coupe le mode de fonctionnement du système Fouracres. Un manchon

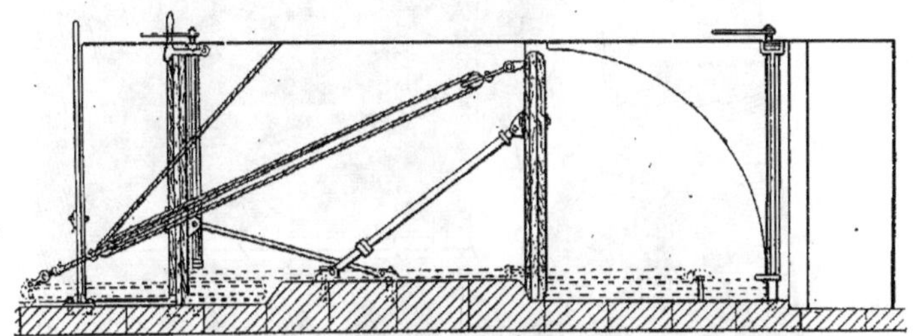

FIG. 48. — COUPE DE L'ÉCLUSE FOURACRES; MANŒUVRE DES HAUSSES ET DU FREIN HYDRAULIQUE.

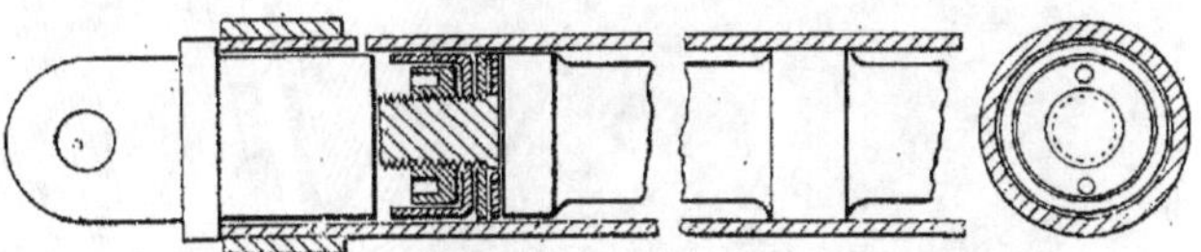

FIG. 49. — FREIN HYDRAULIQUE; DÉTAILS (fig. 48).

d'embrayage, mû par une manette à la partie supérieure de la passerelle, sert à mettre en liberté le pied de chaque hausse, qui dès lors reçoit du courant son mouvement ascensionnel et se ferme. Pour l'ouvrir de nouveau, on manœuvre à la main la hausse d'aval, équilibrée sur un tourillon, à tiers de hauteur.

Les écluses de la Sone se manœuvrent ainsi automatiquement, pendant la nuit, et en cas de crue venant à l'improviste. Elles ont 6 mètres de largeur et $2^{m},45$ de pro-

Fig. 50. — Vue perspective de l'écluse Fouracres a double hausse automobile.

fondeur ; en quelques minutes 25 écluses de ces dimensions peuvent s'ouvrir et livrer passage aux eaux et aux matières charriées par les crues.

La figure 50 montre en perspective une écluse Fouracres, vue du côté d'amont, la hausse d'aval étant debout.

3. *Formules pour l'établissement des barrages.*

Il est utile d'établir un barrage seulement lorsque les circonstances permettent de produire une élévation d'eau sur une étendue suffisante. Cette utilité est indiquée : 1° au cas où aucune chute naturelle existant, l'on veut créer une chute artificielle; 2° au cas où la chute existant, l'on veut augmenter sa hauteur; 3° au cas où l'on désire concentrer en un point déterminé la pente qu'offre le cours d'eau, sur un plus ou moins long parcours; 4° au cas où l'on veut diminuer ou annuler le niveau naturel d'un cours d'eau; 5° enfin, si l'élévation du niveau n'est pas supérieure à $2^m,50$ environ (1).

Quand le débit du cours d'eau n'est pas très variable et que le niveau que l'on cherche à obtenir n'est pas trop élevé, un barrage à déversoir imparfait est suffisant; mais lorsque le débit étant peu variable, on recherche un niveau élevé de l'eau, un barrage à déversoir complet est indispensable. Un barrage à écluses s'impose quand aucune élévation de l'eau pendant les crues n'est possible; tandis qu'un barrage mixte, à déversoir et à écluses, devra s'établir si le niveau doit rester constant, avec un débit très variable.

Les formules d'établissement des barrages varient en conséquence comme il suit :

(1) Redtenbacher, *Resultate für den Maschinenbau*. Mannheim, 1861.

Soit h l'élévation qui doit être produite par le barrage;

b la largeur du barrage, égale ou plus grande que celle du cours d'eau;

Q le volume d'eau en mètres cubes, qui passe dans une seconde par-dessus le barrage.

On établira un barrage à déversoir complet, si Q est plus petit que $0.57\ bh\sqrt{2gh}$ et un barrage à déversoir imparfait, si Q est plus grand.

Au cas où $Q = 0.57\ bh\sqrt{2gh}$, la couronne du barrage doit atteindre le niveau primitif du cours d'eau.

Les barrages, pour produire l'élévation du niveau d'un cours d'eau, étant munis d'une crête arrondie, afin que l'eau puisse s'écouler sans aucune contraction, on a pour calculer le volume d'eau Q par seconde, qui s'écoule d'un tel barrage, la formule d'Eytelwein :

$$Q = 0.57\ bh\sqrt{2gh}\sqrt{1 + 0.115\frac{u^2}{h}}$$

dans laquelle b indique la largeur du déversoir;

h la hauteur du niveau d'eau dans le canal d'alimentation au-dessus de l'arête horizontale du déversoir;

u la vitesse de l'eau à une petite distance devant le barrage.

Pour calculer la hauteur du barrage à déversoir complet, c'est-à-dire la profondeur x de la crête du barrage au-dessous du niveau exhaussé, on aura recours à la formule :

$$x = \left(\frac{Q}{0.57\ b\sqrt{2g}}\right)^{\frac{2}{3}}$$

dans laquelle

h est la hauteur verticale entre les niveaux amont et aval du barrage après la construction,

b la largeur du barrage,

Q le volume d'eau en mètres cubes, qui doit passer sur le barrage.

S'il s'agit d'un déversoir imparfait, les désignations restant les mêmes, la formule précédente devient :

$$x = \frac{Q}{0.62\ b\sqrt{2gh}} - 0.92\ h.$$

c. Dérivations avec prises d'eau pour canaux.

1. *Italie.*

Les cours d'eau de l'Italie du Nord qui alimentent les canaux d'arrosage ont leurs basses eaux seulement en hiver et leur débit maximum en été, de telle sorte que les embouchures des canaux pourraient se passer du secours des barrages; pourtant, cette construction est regardée partout comme fondamentale pour les prises d'eau.

Sur des rivières impétueuses et d'un grand volume, comme le Tessin, que nous choisirons pour exemple, le système de barrage comporte (fig. 52 et 53) un massif *m* formé de blocs de granit et de libages, surmonté d'une maçonnerie *q q*, et flanqué en amont et en aval de béton *o o*. Le couronnement et une partie du talus d'amont sont recouverts de grandes dalles de granit *p p*; ces talus sont établis en enrochements *s s*. Une banquette temporaire *n*, formée de galets, soutient les hausses mobiles que l'on place en temps de basses eaux.

Naviglio-Grande. — Telle étant la construction du barrage, la figure 51 montre le plan de la prise d'eau du Naviglio-Grande, dérivé du Tessin. C'est ce canal qui, partant des environs de Lonate, aboutit sous les murs de Milan, après avoir traversé, sur 41 kilomètres de longueur, les provinces de Milan et de Pavie. Il pourvoit par un débit de 34 mètres cubes à l'irrigation estivale de 31,500 hectares de terres en prairies permanentes et temporaires. Voici la légende du plan (fig. 51) :

a a, barrage de dérivation, de 280 mètres de lon-

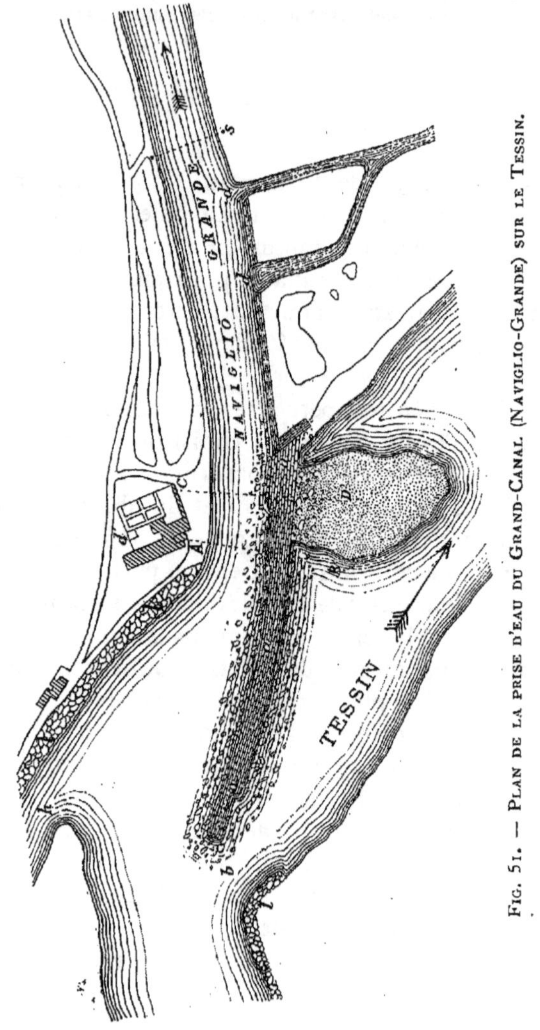

Fig. 51. — Plan de la prise d'eau du Grand-Canal (Naviglio-Grande) sur le Tessin.

gueur ; sa largeur varie de $9^{m},50$ à $17^{m},80$, sauf sur les 37 mètres de longueur qui forment à son extrémité une sorte d'appendice;

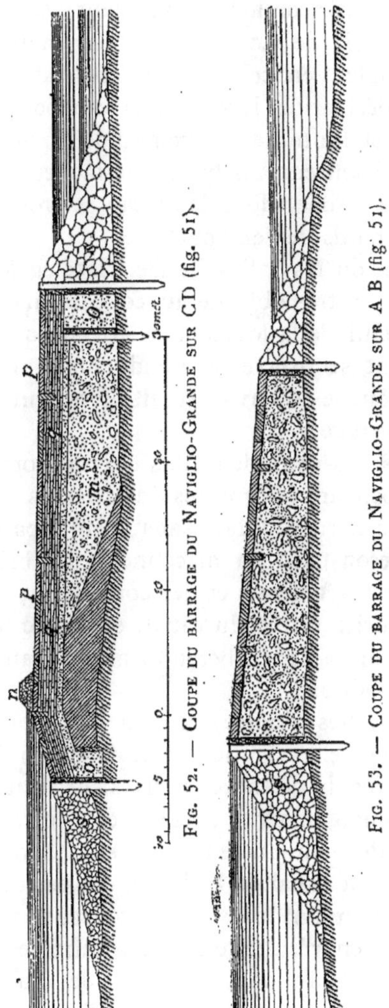

Fig. 52. — Coupe du barrage du Naviglio-Grande sur CD (fig. 51).

Fig. 53. — Coupe du barrage du Naviglio-Grande sur A B (fig. 51).

b, bouche de *Pavie*, ayant seulement 65 mètres de largeur;

h, bras des *Gaggi;*

l l, revêtement des berges et ouvrages de défense ;

d d, premier déchargeoir du grand canal ;

d', maison de l'administration ;

s, chaîne pour intercepter pendant la nuit le passage des bateaux sur le canal.

Canal Martesana. — Le canal de la Martesana, qui a sa prise d'eau à Concesa, sur la rive droite de l'Adda, offre une longueur totale de 45 kilomètres et aboutit comme le précédent à Milan. Sa portée est de 25 mètres cubes et demi par seconde; les irrigations qu'il dessert en été s'étendent sur 22,000 hectares.

Le barrage est disposé comme le précédent; seulement, le grand déversoir de Concesa, de 268 mètres de longueur, est complet, en ce sens qu'il s'étend depuis l'origine de la dérivation jusqu'à la rive opposée; en même temps, il est muni de quatre grands pertuis, toujours ouverts, qui offrent un puissant moyen de décharge aux eaux de l'Adda, dont le niveau se trouve ainsi régularisé aux abords de l'embouchure.

Le barrage-déversoir du Naviglio-Grande, placé également dans une direction très oblique au courant, n'est pas complet comme celui de la Martesana, attendu qu'à son extrémité d'amont se trouve la grande ouverture, de 65 mètres, de la bouche de Pavie. Il fait office plutôt de partiteur que de barrage.

Exposé aux ravages des eaux de l'Adda et pis encore, aux coups de mines, pendant les guerres du Milanais au dix-septième siècle, le barrage Martesana a été réparé et entretenu, puis reconstruit en maçonnerie de briques, fortifiée par des revêtements et des contreforts, et protégée, pour la sécurité du lit du canal, sur toute la partie en remblai, par un radier en béton formé de chaux hydraulique, sable et cailloux.

Les pentes excédant celles adoptées généralement pour un canal d'arrosage et de navigation, soit de $0^{m},36$ à $0^{m},58$ par kilomètre, on a dû défendre les rives sur beaucoup de points par des endiguements, surtout vers l'entrée.

Canal Paderno. — Pour un autre barrage sur l'Adda, qui sert de prise d'eau au canal de Paderno, des pertuis n'ont pas été établis donnant passage au courant impétueux du fleuve. Il en résulte que, contrairement à ce qui se passe pour la Martesana, la violence des crues met fréquemment le canal en danger. L'établissement de deux ou trois pertuis de grandes dimensions, ouverts dans le massif du déversoir, permettrait d'atténuer beaucoup l'effet des crues.

Sauf un très petit nombre d'exceptions, les canaux de la Lombardie et du Piémont ont leurs prises d'eau par barrage-déversoir, mais elles sont munies d'embouchures libres qui nécessitent des batardeaux temporaires quand on doit mettre les canaux en chômage, ou bien plus rarement, comme au canal de Parella (province d'Ivrée), d'un aqueduc ou pertuis couvert.

Le système de construction mixte des principaux barrages italiens mérite d'être signalé, à cause de sa grande solidité. Les enrochements, les bétonages et les autres espèces de maçonnerie y sont habilement combinés. Le plus souvent des files de pieux jointifs maintiennent le pied des enrochements. Les talus sont recouverts de dalles ou libages de très fortes dimensions; ces dalles ont dans le barrage du Naviglio-Grande $1^{m},50$ sur $0^{m},60$ et $0^{m},30$. Les berges des fleuves et des canaux sont défendues par des murs de jouée, en maçonnerie de briques, surmontés par des glacis en libages et cailloux; et les approches des ouvrages, ainsi que les embouchures, sont presque toujours munies d'un radier en maçonnerie.

C'est grâce aux soins apportés à la construction, au choix des matériaux et à la parfaite entente des ouvrages de défense, que des travaux comme ceux du barrage du Naviglio-Grande n'ont pas bougé depuis la crue de 1705 où les eaux s'élevèrent à une hauteur de $6^{m},55$, entraînant à la dérive les digues, les déchargeoirs, le barrage, et transportant le lit du Tessin à une grande distance en amont de l'embouchure du canal. Deux grandes réparations au barrage ont eu lieu depuis cette époque; l'une après la crue de 1819, sur une longueur de 30 mètres, et l'autre plus récente, nécessitant] la réfection des revêtements sur 43 mètres.

De même, le barrage du canal de la Martesana, depuis le désastre de 1711, causé par l'impétuosité des eaux de l'Adda, a résisté sans autres réparations que celles d'entretien courant.

Une condition essentielle de sécurité des prises d'eau par barrages - déversoirs, résultant de la longue expérience des Italiens, consiste, en dehors de la direction plus ou moins oblique donnée aux ouvrages, à réserver des pertuis pourvus de portes busquées ou de martelières, à l'aide desquelles on règle l'introduction invariable du volume d'eau, et on isole complètement le canal des cours d'eau, pour le temps de chômage.

Canal Pozzuolo. — La plus grande partie

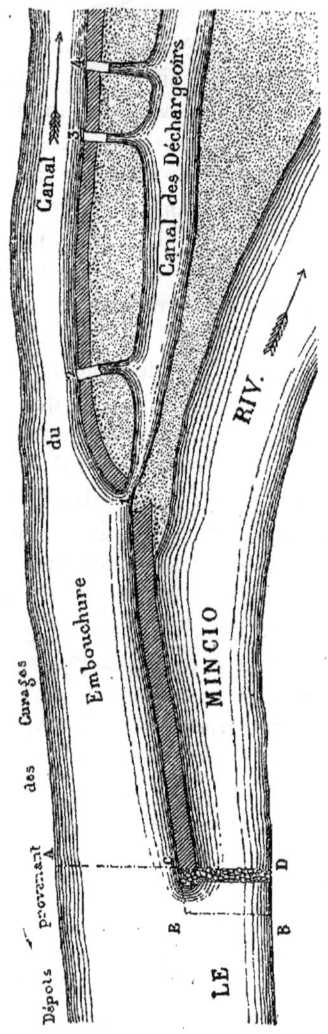

FIG. 54. — CANAL DE POZZUOLO; PRISE D'EAU; PLAN GÉNÉRAL.

des eaux qui arrosent le territoire de Mantoue est dérivée

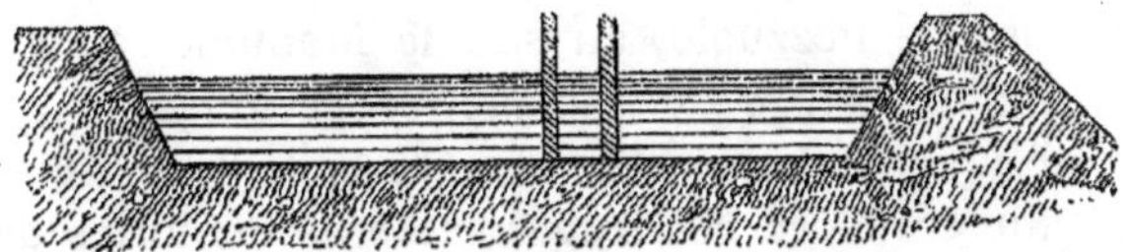

Fig. 55. — Profil transversal sur la ligne A C E B (fig. 54).

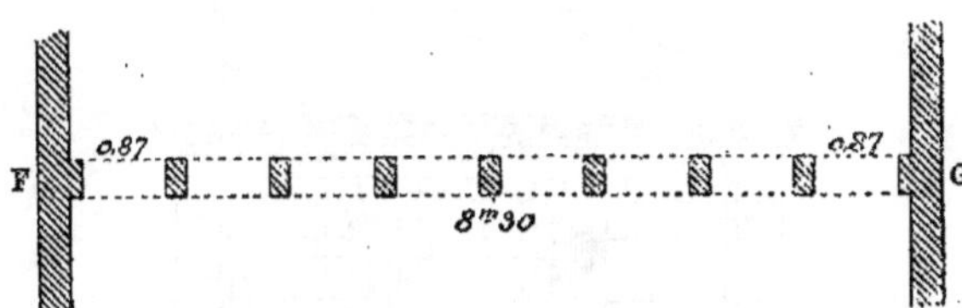

Fig. 56. — Plan du déversoir n° 2 (fig. 54).

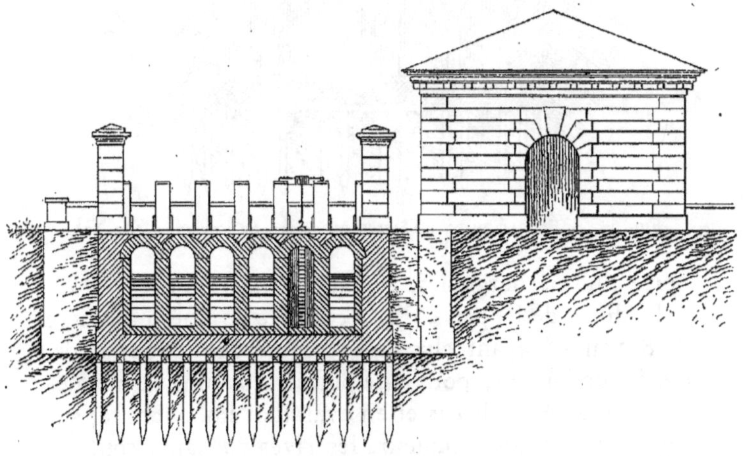

Fig. 57. — Détails de la prise d'eau du canal de Pozzuolo (fig. 54); coupe transversale de l'édifice.

par le canal Pozzuolo remontant à une date très ancienne. La prise d'eau dont les détails sont donnés fig. 54

à 59, a été construite après la destruction de l'ouvrage primitif, dans la guerre de 1630; elle est établie sur la commune de Pozzuolo, au sud de Mantoue, au moyen d'un grand barrage de 420 mètres de longueur, placé très obliquement sur l'un des bras de la rivière, et construit en blocs et libages, revêtus de fortes dalles en marbre que maintiennent des pieux de rive. Il com-

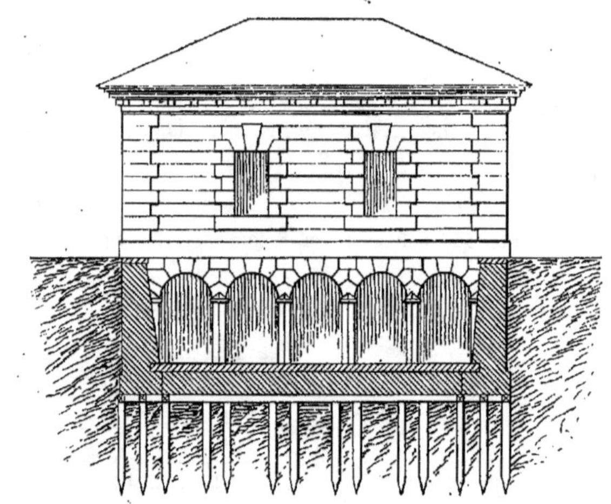

Fig. 58. — Élévation de l'édifice du canal de Pozzuolo (fig. 57).

porte cinq déchargeoirs, avec 16 vannes de fond.

L'édifice de la prise d'eau consiste en une martelière de 8 vannes, ayant chacune, comme dans le Milanais, 0^{m}, 87 de largeur, pour une portée moyenne de 18 mètres cubes. Aux abords et en aval de l'embouchure, sur une assez grande longueur, les rives du canal sont revêtues de perrés. Le canal, qui a en moyenne 10 à 12 mètres de largeur et un développement considérable par ses branches, est protégé à l'entrée, contre les crues, par cinq déversoirs dont quatre figurent dans le plan

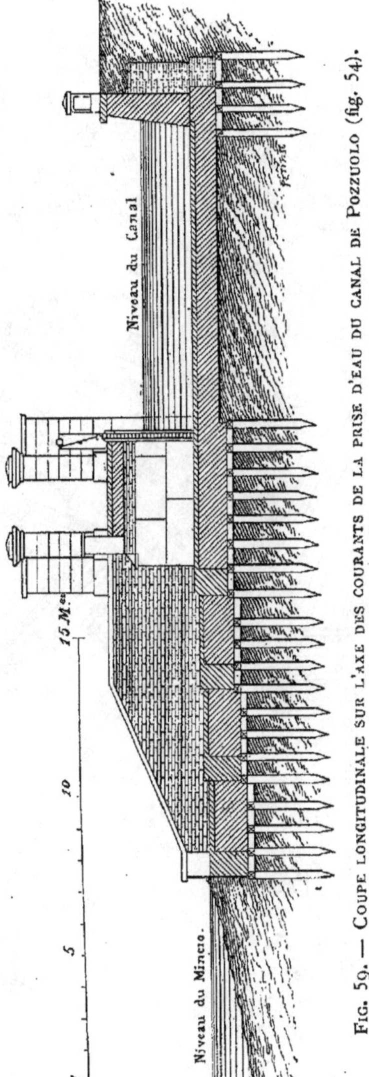

Fig. 59. — Coupe longitudinale sur l'axe des courants de la prise d'eau du canal de Pozzuolo (fig. 54).

fig. 54. Le plan du déchargeoir n° 2 est donné fig. 56.

Les autres figures représentent le profil transversal du canal à l'extrémité du barrage (fig. 55), et les plans, coupes et maisons de garde, comprenant les ouvrages ou l'édifice de la prise d'eau (fig. 57, 58 et 59).

Canal auxiliaire Cavour. — La prise d'eau du canal auxiliaire Cavour, qui dérive 70 mètres cubes à la seconde, de la Dora Baltea, a été faite au moyen d'un barrage en maçonnerie à travers la rivière, un peu en aval du pont du chemin de fer de Turin à Milan, dont la digue sert de défense générale au barrage. On n'en a pas moins établi en aval du pont et perpendiculairement à sa direction,

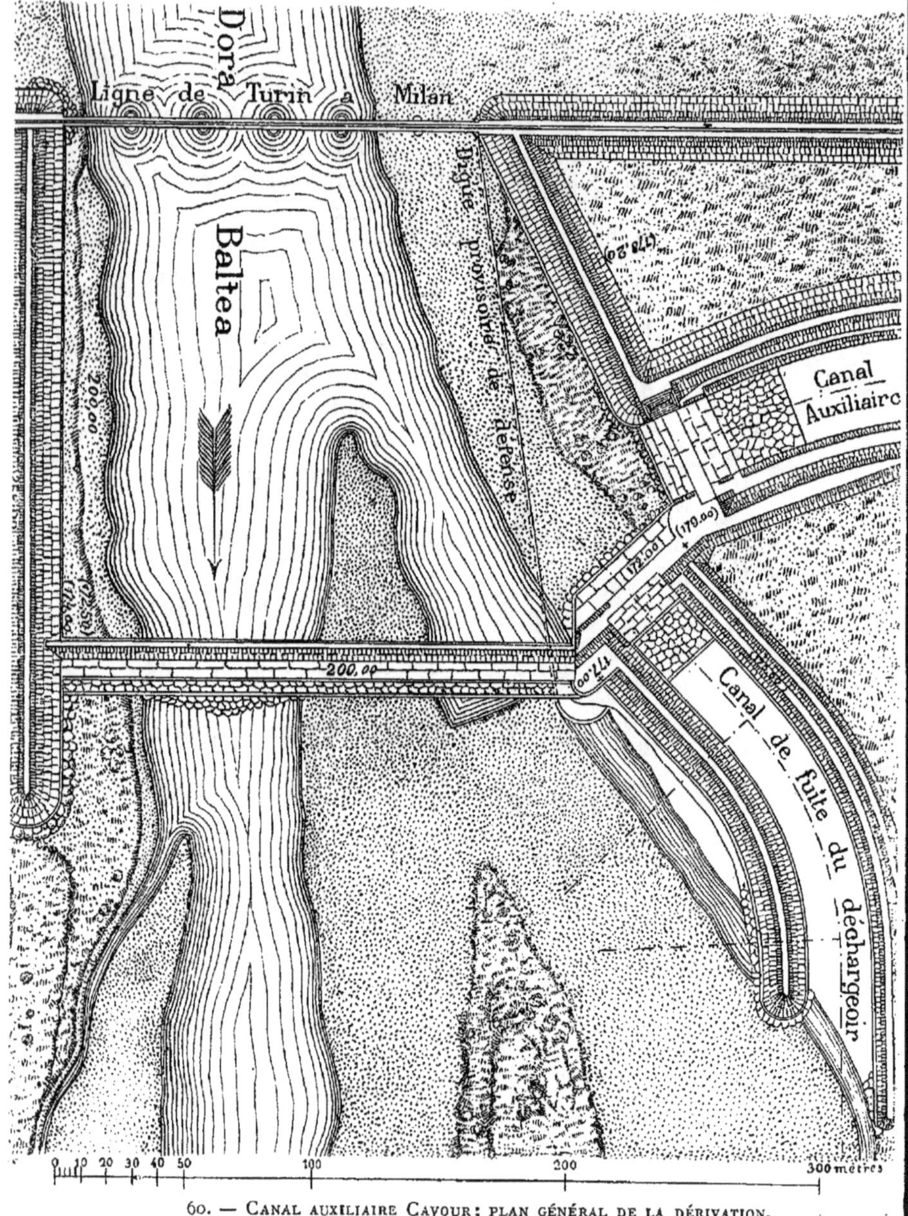

60. — Canal auxiliaire Cavour; plan général de la dérivation.

sur la rive droite de la Doire, une digue appuyée à la culée du pont, de 268 mètres; et sur la rive gauche, une

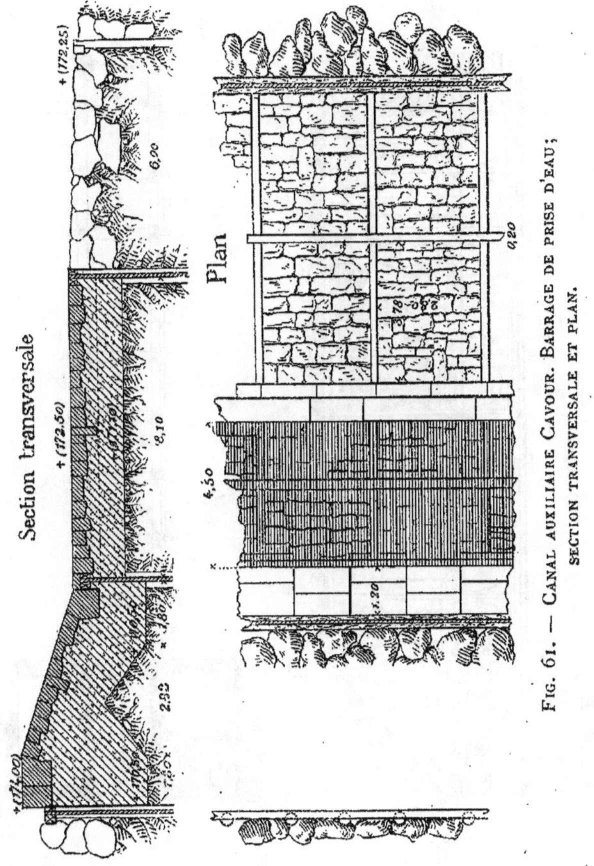

Fig. 61. — Canal auxiliaire Cavour. Barrage de prise d'eau; section transversale et plan.

digue oblique, sous un angle de 25° par rapport à la précédente; voir le plan général de la dérivation (fig. 60).

Le barrage, placé parallèlement au pont, à 200 mètres

en aval, offre une longueur de 200 mètres et se raccorde, sur la rive gauche, avec le déchargeoir dont le front oc-

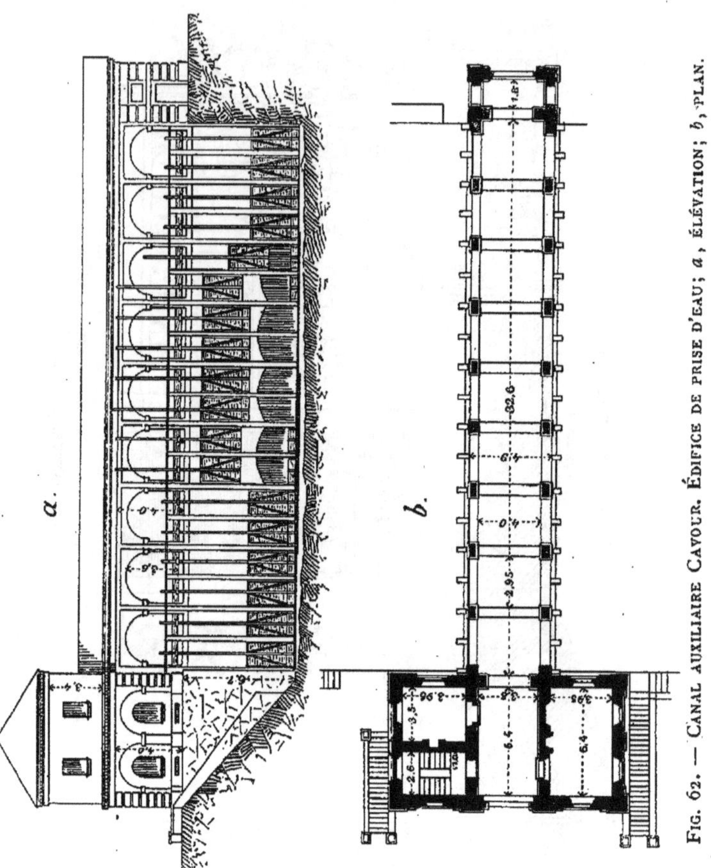

Fig. 62. — Canal auxiliaire Cavour. Édifice de prise d'eau; *a*, élévation; *b*, plan.

cupe 58 mètres, comme aussi avec l'édifice de prise.

La hauteur du barrage a été calculée par rapport à la

cote d'altitude de 176m,20, déterminée pendant la plus forte crue de 3,150 mètres cubes, en aval du barrage, de façon à porter le niveau du sommet des digues à 179 mètres (1).

La section comprend une partie horizontale de 1m,20, suivie d'un plan incliné à 3,60 de base pour 1 de hauteur, se projetant horizontalement sur une longueur de 4m,50, et d'une autre partie horizontale de 8m,10 de longueur (fig. 61).

La fondation du barrage est en béton reposant sur le terrain naturel, à la profondeur de 3m,25 au-dessous du plan supérieur de l'ouvrage. Sous la partie horizontale inférieure, la couche de béton a 1m,10; elle est maintenue par des caissons en chêne qu'assujettissent des pieux battus au mouton (fig. 61, plan des fondations). La crête est revêtue de pierres de taille; le plan incliné et le plan horizontal sont recouverts de gros moellons retenus entre eux par des libages. Une rangée de pieux maintient l'enrochement au pied du barrage.

Quant aux digues qui relient les ouvrages de prise et de décharge avec les culées du pont du chemin de fer, elles sont défendues du côté de la rivière par une maçonnerie de grosses pierres, ou bien par des perrés de gros cailloux noyés dans le mortier.

Les revêtements sont sur fondation de béton, dans des encaissements en chêne, enfoncés à 1m,50 sous la risberme que défend un enrochement en pierres de granit.

La digue de droite a coûté	39.536 fr.
La digue de gauche	19.257
Les digues du déchargeoir	61.506
Le barrage	237.682
Ensemble	357.981 fr.

(1) Le calcul de la hauteur du barrage est indiqué plus loin.

L'édifice de prise (fig. 62) est divisé en neuf parties par des piles interposées, sur lesquelles sont établies des voûtes de $3^m,20$ de corde et $0^m,30$ de flèche. Un pilier en pierres de taille divise chaque compartiment en deux pertuis égaux, de façon que le front de l'édifice comprend 18 pertuis de $1^m,417$ de largeur. La même disposition existe sur la face d'aval.

Les vannes des pertuis ont 3 mètres de hauteur; elles sont d'une seule pièce, après l'essai fait de deux parties horizontales indépendantes; elles se manœuvrent au moyen d'un levier en bois de 3 mètres de longueur, terminé par une armature en fer dont la pointe s'engage dans les trous de queue de la vanne. Des clavettes empêchent les vannes de redescendre. Ces clavettes, placées sur une bande de fer transversale, sont ramenées par un ressort à boudin contre la queue, de telle sorte que si l'on soulève une clavette par la corde qui y est fixée, afin de la dégager du trou où elle est logée, elle se replace d'elle-même, entraînée par le ressort, dans le trou suivant. Pour les plus grandes vannes, les parties appuyant contre les rainures portent des galets qui atténuent le frottement.

Au-dessus du pertuis, l'édifice est formé de deux galeries superposées. La galerie inférieure, fermée du côté du fleuve, est utilisée pour l'inspection et l'entretien des vannes et comme magasin; la galerie supérieure est destinée à la manœuvre des vannes.

La hauteur totale de l'édifice, $11^m,60$, se décompose comme il suit : $2^m,90$ pour le passage des eaux, $3^m,90$ pour la galerie inférieure, et $4^m,80$ pour la galerie supérieure. La largeur est de $5^m,40$.

Le coût de l'édifice entier, avec la maison de garde qui forme la façade d'entrée, dans la galerie de manœuvre, a été de 145,364 francs. Jusqu'au plan de manœuvre, les parements extérieurs sont en pierre de taille ; le reste est en maçonnerie de briques jointoyées, et la maçonnerie intérieure en cailloux, avec double assise de briques de $0^m,60$.

Ces travaux ont été exécutés en une campagne, 1869-70, sur les projets de l'ingénieur en chef Susinno, directeur des canaux domaniaux, par l'ingénieur Benazzo et l'entreprise Bolla.

Calcul de la hauteur du barrage. Nous empruntons au rapport de M. Hérisson (1) le calcul à l'aide duquel la hauteur du barrage a été déterminée, en application des formules connues. Les données sont les suivantes :

1. Altitude au-dessus du niveau moyen des eaux de la Dora pendant l'été, en aval du pont du chemin de fer, $174^m.40$.
2. Débit des vannes, 70 mètres cubes.
3. Hauteur de l'eau dans le canal, $1^m.80$.
4. Niveau du seuil des vannes, $162^m.20$.

Comme pour le débit maximum de 70 mètres cubes, les vannes hors de l'eau laissent des orifices où l'eau s'écoule sans pression, si l'on désigne par x la différence entre le niveau de la rivière à déterminer et le niveau connu du canal, on a pour la portée Q d'une seule des 18 bouches, qui est de $3^m.888$, l'équation :

$$Q = mS\sqrt{2gx}$$

dans laquelle m représente le coefficient fixé par Dubuat et d'Aubuisson pour les grands canaux, à 0.95 et S la surface d'une bouche de vanne sous le niveau du canal. De cette équation on tire $x = 0^m.12$: d'où il suit que le niveau dans la rivière doit être élevé au-dessus du seuil des vannes à $172.20 + 1.80 + 0.12 = 174.12$. La crête du barrage pouvait donc être établie à l'altitude de 174 mètres pour une lame d'eau d'une épaisseur de $0^m,12$ au moins. Or le déversement d'une pareille lame, d'après la formule de Castel, correspond pour tout le barrage à 16 mètres cubes par seconde, qui, ajoutés aux 70 mètres cubes empruntés par le canal, exigent un débit pour la Dora de 86 mètres cubes. Comme effectivement le débit excède

(1) *Les Irrigations de la vallée du Pô*, p. 96.

toujours 100 mètres cubes, la crête du barrage a été portée à l'altitude de 174 mètres.

Pour la hauteur à donner aux digues, les débits : q, par déversement au-dessus du barrage; q' par les vannes ; q'', au-dessus des vannes, q''', par l'arche du déchargeoir, étant exprimés en fonction de x, la somme de ces débits pouvant être égale à 3.150 mètres cubes (débit éventuel constaté pour une crue extraordinaire de la Dora, le niveau en aval ayant été déterminé à la cote de 176m.20 pendant la crue), on a une équation du troisième degré en x, d'où l'on tire $x = 1^m.73$. On a ainsi pour l'altitude du sommet des digues 176.20 + 1.73 = 177.93. La cote de 179 mètres a été adoptée pour plus de sécurité.

2. *Espagne.*

Barrages de prise d'eau (Alicante). — Les eaux du Rio Monegre sortent du barrage du Tibi que nous avons sommairement décrit (1), par la ventelle de prise d'eau, suivant une proportion déterminée, et descendent dans le lit du torrent sur un parcours d'une douzaine de kilomètres. A cette distance, un premier barrage dérive les eaux dans un canal principal (*acequia mayor*) de 8 à 9 kilomètres de longueur, sur lequel s'embranchent successivement 22 canaux secondaires (*brazales*) qui irriguent une grande partie de la *huerta* d'Alicante. Ce barrage, dit de Muchamiel, est perpendiculaire à l'axe du torrent et occupe toute la largeur de 46 mètres, entre les rochers qui affleurent sur les deux berges (fig. 63). Fondé sur pilotis avec platelage, il a $2^m,77$ de hauteur et sa section transversale représente une doucine double (fig. 64) ayant une largeur totale de $19^m,40$. Il est revêtu en pierres de taille de gros échantillon, appareillées avec beaucoup de soin.

Le barrage de Muchamiel, construit en remplacement de l'ancien, que la grande crue de 1792 entraîna,

(1) Tome Ier, liv. V, chap. VII, p. 527.

comporte quatre vannes de fond, placées immédiatement l'une après l'autre, à l'origine même du canal,

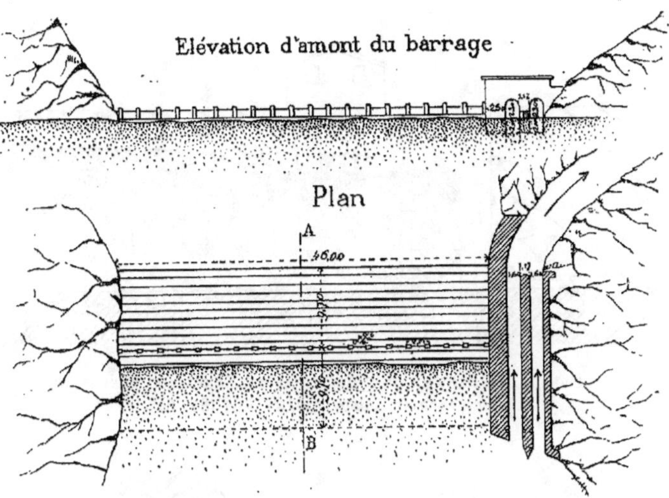

Fig. 63. — Barrage et prise d'eau de Muchamiel; plan et élévation d'amont du barrage.

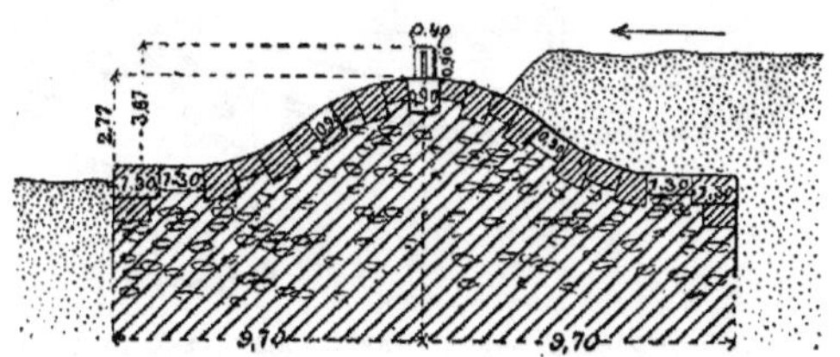

Fig. 64. — Coupe suivant A B (fig. 63).

tandis que les vannes de prise d'eau sont au nombre de deux, d'une largeur de $1^m,60$, manœuvrées par des vis en bois dans l'intérieur de la maison de l'éclusier. Le torrent charrie une telle quantité de sable et de gravier, que si, en temps de crue, on se bornait à fermer les vannes de prise, l'entrée du canal s'obstruerait; en les ouvrant,

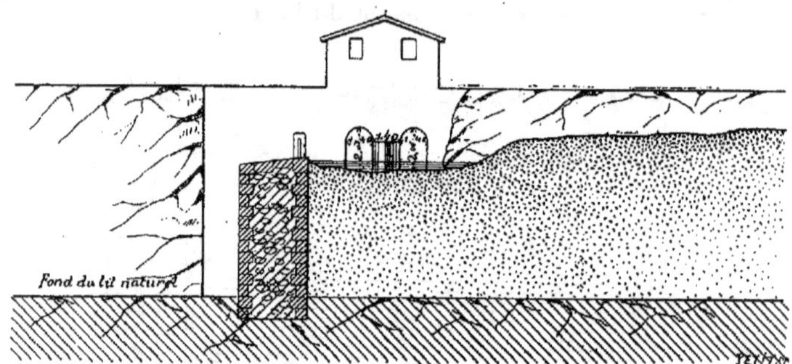

FIG. 65. — BARRAGE ET PRISE D'EAU DE SAN-JUAN; ÉLÉVATION DE LA PRISE D'EAU SUIVANT AB (fig. 66).

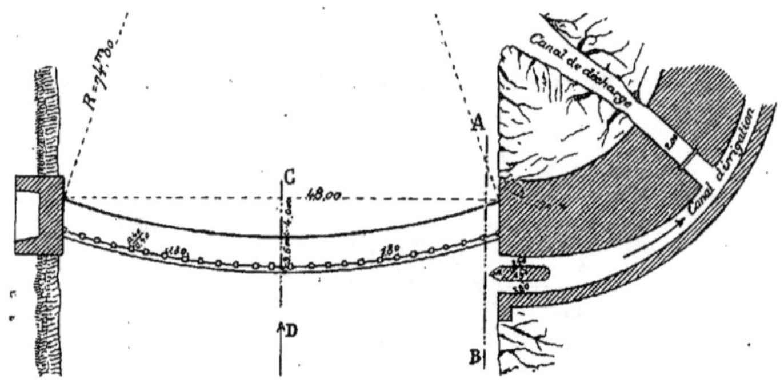

FIG. 66. — PLAN DU BARRAGE AVEC PRISE D'EAU DE SAN-JUAN.

au contraire, ainsi que celles de fond ou de décharge, il s'établit une chasse violente qui dégage l'entrée du canal.

Pour ne pas laisser perdre les eaux de la crue, un second barrage, celui de San-Juan, a été construit plus en aval (fig. 65 à 67). Il recueille non seulement les eaux excédantes du premier barrage et des crues venant des vannes de décharge, mais encore celles qu'amène le torrent du Vercheret qui débouche entre les deux ouvrages.

Le barrage San-Juan alimente le canal spécial du Gualero pour l'irrigation de la *huerta* inférieure. Comme le fait observer l'ingénieur Aymard (1) qui l'a décrit, cet ouvrage est remarquable par sa hardiesse; il n'a que $2^m,60$ de largeur pour $7^m,35$ de hauteur, avec parements verticaux. Entièrement fondé sur le rocher et revêtu en grosses pierres de taille, il joint les deux rives sous un arc de cercle (fig. 66), convexe par rapport au courant, dont la flèche est de 4 mètres pour 48 mètres de corde.

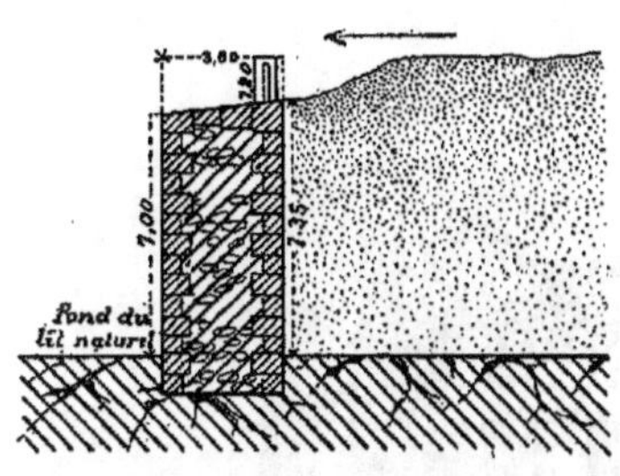

Fig. 67. — Coupe suivant CD (fig. 66).

La prise d'eau se fait à l'aide de deux vannes, et la vidange, pour éviter l'envasement de la prise d'eau, s'opère à l'aval par deux vannes de décharge.

Les deux barrages de Muchamiel et de San-Juan portent sur la crête, en manière de hausses, des piliers verticaux formés d'une seule pierre de 1 mètre de hauteur, dans lesquels sont pratiquées des rainures destinées à recevoir des madriers de la longueur de 2 mètres, qui représente l'intervalle entre les piliers.

Un troisième barrage en aval, celui de Campello, n'a qu'une importance très secondaire; il assure le passage du torrent à des eaux dérivées de la rive droite,

(1) *Irrigations du midi de l'Espagne*, p. 154.

qui vont arroser quelques terrains sur la rive gauche.

3. *France.*

Prise d'eau du canal de Marseille. — L'établissement en Durance de la prise d'eau du canal de Marseille n'a été

FIG. 68. — PRISE DU CANAL DE MARSEILLE DANS LA DURANCE.

décidé qu'après quatre années de jaugeages et de nivellements journaliers, avec la conviction d'obtenir, à l'époque des plus basses eaux, les 5,750 décimètres cubes par seconde dont la loi du 4 juillet 1838 faisait concession à la ville.

Le projet de Mont-Richer fut approuvé en 1843; il consistait, quant à la prise d'eau, dans l'établissement sur toute la largeur du lit de la Durance, soit 250 mètres, d'un radier en maçonnerie, construit en aval du pont de Pertuis et relié aux levées de ce pont par deux digues, perpendiculaires à la direction de cet ouvrage. Ces digues sont éloignées de 125 mètres de l'axe du lit de la Durance. Après une série d'accidents causés pendant les travaux de maçonnerie du radier, et la construction des ouvrages de défense contre les crues extraordinaires de la rivière, depuis lesquels la rupture des levées a été empêchée, les eaux ont pu être admises, au mois de mars 1847, dans le canal. Les travaux de la prise d'eau ont coûté 636,000 francs (1).

La figure 68 donne une vue de cet ouvrage, près du pont suspendu de Pertuis.

Prise d'eau du canal de Forez. — La prise d'eau du canal d'irrigation du Forez est faite par un barrage sur la Loire, au milieu des gorges de Saint-Victor, à Joannade.

Aux termes de la concession accordée au département, le canal ne doit dériver que 5 mètres cubes sur les 6 mètres cubes que la Loire débite en cet endroit, dans les plus basses eaux ordinaires; mais il a été établi avec des dimensions en largeur et en profondeur, et des pentes telles, que le débit puisse être porté à 10 et même à 13 mètres cubes, quand le fleuve a suffisamment d'eau.

Le barrage a $1^{m},50$ de largeur à la crête et $5^{m},50$

(1) Voir, pour le canal de Marseille, les bassins de Réaltort et de Saint-Christophe, tome Ier, liv. V, chap. v, p. 496.

à la base. Son parement en amont est vertical, tandis que le parement d'aval a la forme d'un plan incliné à 26 degrés et se poursuit sur une longueur de 5 mètres avec une très légère inclinaison. Son développement curviligne est de 76 mètres, depuis la rive droite où il s'enracine, jusqu'à la pointe d'un îlot où se trouve l'écluse de prise d'eau. Il est construit en pierres, sur fondation de 1 mètre d'épaisseur en béton. Le radier à l'amont et à l'aval est empierré (fig. 73).

A 30 mètres de l'écluse, dans le canal de prise, et sur une longueur de 150 mètres, un canal de décharge rend les eaux excédantes à la Loire, avant que le canal principal s'engage dans le tunnel du Châtelet. C'est au sortir du tunnel seulement que le canal a ses dimensions définitives, de 5m,50 de largeur sur 2m,50 de hauteur, à flanc de coteau, jusqu'à Saint-Rambert.

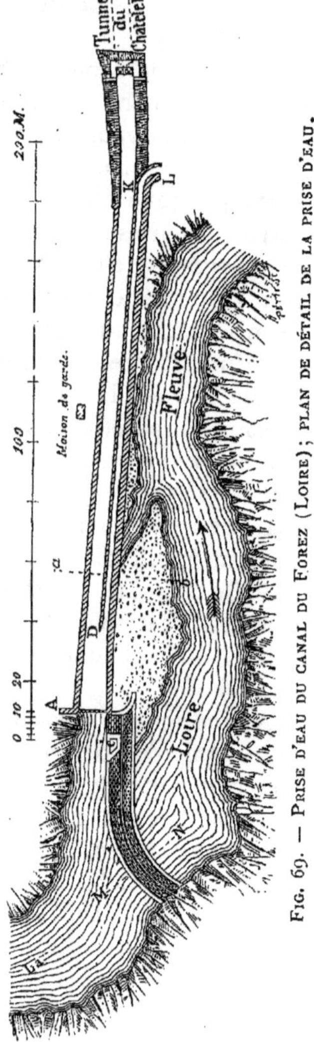

Fig. 69. — Prise d'eau du canal du Forez (Loire) ; plan de détail de la prise d'eau.

Cette première partie du canal qui constitue le canal d'amenée sur 8 kilomètres de longueur, se développe au milieu de gorges abruptes et rocheuses, et présente des difficultés exceptionnelles qui ont obligé de le maçonner

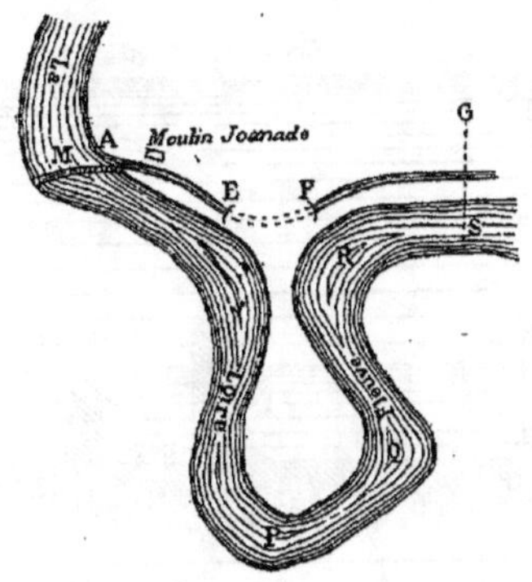

Fig. 70. — Plan aux abords de la prise d'eau (fig. 69).

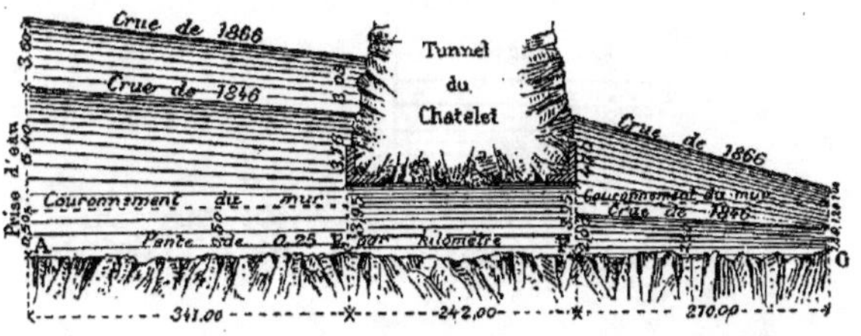

Fig. 71. — Profil en long vers la prise d'eau (fig. 69).

sur plus de 6 kilomètres. Le coût de ce travail a été de 140 francs par mètre pour la première section, à partir de la prise d'eau.

Les figures 69 à 74 montrent : le plan de détail (fig. 69); le plan aux abords de la prise (fig. 70); et le profil en long vers la prise (fig. 71). La coupe transversale du barrage et celle du canal principal, flanqué du canal de décharge, sont données par les figures 72 et 74. Enfin, la coupe du canal principal (fig. 74) indique qu'il

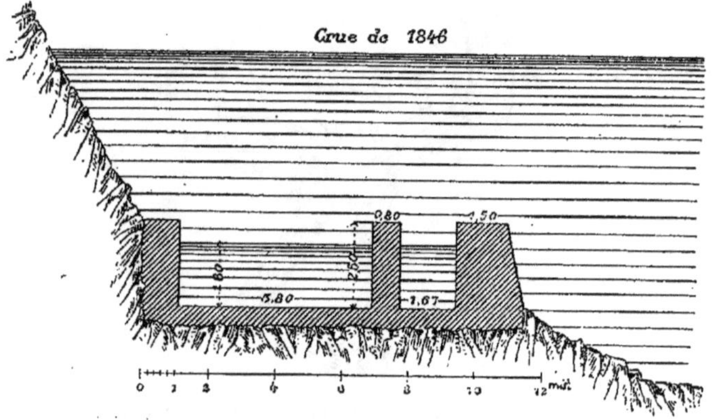

FIG. 72. — CANAL DE PRISE ET CANAL DE DÉCHARGE; COUPE SUR A B (fig. 69)

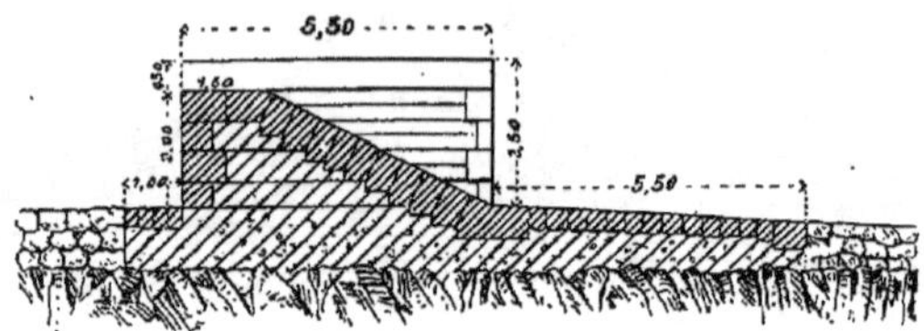

FIG. 73. — COUPE DU BARRAGE SUR MN (fig. 69).

a été établi par son parapet à $1^m,10$ au-dessus du niveau des grandes eaux de 1846, mais à 4 mètres au-dessous du niveau de la crue extraordinaire de 1866.

Canal de la Bourne. — Le canal de la Bourne, mis à exécution depuis 1874, d'après le projet définitif des ingénieurs de Montrond et de Montgolfier, dérive de la Bourne 7,000 litres d'eau par seconde, à l'aide d'un barrage construit dans des conditions spéciales.

On avait d'abord songé à l'établir sur $1^m,50$ de hauteur, à 200 mètres en aval de Pont-à-Royans; mais, à cause des endiguements qu'il eût fallu faire pour protéger l'ouvrage contre les crues, on préféra le reporter à 1,800 mètres en amont, sur un point resserré par deux escarpements de rochers, avec des grès durs sur la gauche, et de la molasse compacte sur la droite; en lui donnant une bien plus grande hauteur, soit $9^m,43$ au-dessus des basses eaux, et une longueur de 71 mètres en couronne.

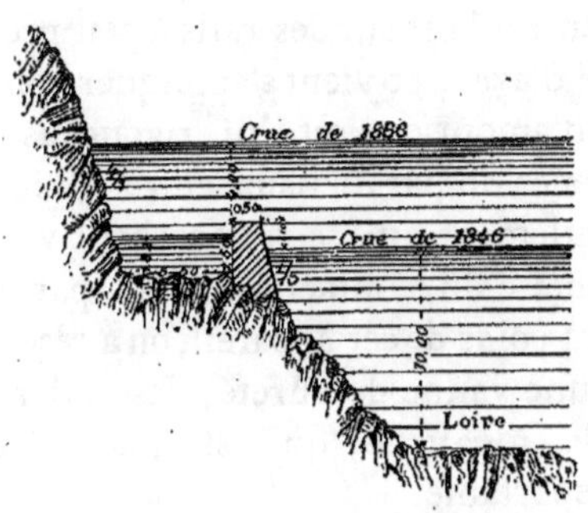

Fig. 74. — Coupe du canal principal sur GS (fig. 70).

D'après les principes consacrés par l'expérience, le barrage est tracé suivant un arc de cercle, convexe vers l'amont; enraciné solidement dans le roc, tant au fond qu'aux deux rives, avec parements en maçonnerie ordinaire, de $1^m,50$ à 2 mètres. Les arêtes du couronnement sont seules en pierre de taille, et les murs de refend qui relient les parements de distance en distance sont de même nature. Les fondations et les encaissements remplis de béton descendent à plus de 7 mètres en contre-bas du lit de la Bourne.

De chaque côté du barrage et dans le roc même, une galerie de décharge de 5 mètres de largeur et $3^m,50$ de hauteur sous clef, offre un débouché calculé pour l'écoulement de l'excédent des eaux de crues périodiques; en même temps que le barrage fonctionne comme déversoir de superficie.

Chacune des galeries est fermée vers l'amont par trois vannes en fonte de $2^{m},90$ de hauteur sur $1^{m},85$ de largeur, manœuvrées sous de fortes pressions par glissement. Dans ce but, la porte en fonte, renforcée par des nervures, qui constitue la vanne proprement dite, repose sur deux paires de galets par l'intermédiaire de deux essieux. Elle descend par une cheminée ménagée dans le mur de garde à droite, en roulant sur des rails à peu près verticaux, posés du côté d'aval, et vient s'appliquer contre le cadre de l'orifice d'amont qui est, lui, rigoureusement vertical. La différence de parallélisme entre le plan du cadre et celui du roulement qui se rapprochent vers le bas, fait que l'étanchéité du contact s'obtient par le coïncement. En raison du poids de cet appareil, on a réservé pour les réparations une vanne de sûreté, descendant le long du mur de garde, à gauche, qui est plus légère et plus facilement transportable.

La prise d'eau s'ouvre dans la falaise à 140 mètres en amont du barrage; elle est fermée par une paire de vannes énormes, ayant chacune $2^{m},50$ de largeur sur 2 mètres de hauteur (1).

Canal du Verdon. — Le canal du Verdon, concédé à la ville d'Aix par décret du 20 mai 1863, pour l'irrigation des terres, la mise en jeu d'usines et la distribution d'eau potable, présente comme travaux de barrage, de traversée de montagne, de souterrains, d'aqueducs et de siphons, un ensemble de difficultés qui en font un type digne d'étude. Nous nous bornerons dans ce chapitre à la prise d'eau.

(1) *Notices sur les modèles, etc., relatifs aux travaux des ponts et chaussées,* Paris, 1873.

Le Verdon est une rivière torrentielle prenant sa source dans les Basses-Alpes près de Castellane, et se jetant dans la Durance, à 10 kilomètres environ en amont du défilé de Mirabeau. Le canal qui en est dérivé comprend, à partir de Quinsonas, une branche-mère de 82 kilomètres de longueur, huit branches de dérivation et des rigoles de distribution. Le périmètre arrosable est de 18,000 hectares environ, dont moitié dans la commune d'Aix, et moitié dans les communes environnantes.

L'emplacement du barrage a été choisi dans une gorge d'une largeur de 36 mètres seulement; voir le plan des abords pendant la période d'exécution (fig. 76). En plan, le barrage est établi suivant un arc de cercle de 36 mètres de corde et de $5^{m},80$ de flèche, encastré à ses extrémités, sur $1^{m},50$ à 2 mètres de profondeur, dans la roche (fig. 77). La hauteur totale au-dessus du rocher, servant de radier, dépasse 18 mètres. La section des maçonneries est un trapèze curviligne dont la hauteur au-dessus du plan des fondations est de $11^{m},33$; la largeur à la base de $1^{m},91$, et au sommet de $4^{m},32$.

La prise d'eau pratiquée dans le massif de rocher, situé à gauche du barrage, se compose de quatre ouvertures en plein cintre, fermées par des vannes, et débouchant dans une galerie ou souterrain de 70 mètres environ de longueur (fig. 75).

Le milieu de la façade de la prise est occupé par un avant-corps, dont le vide intérieur se prolonge à travers la roche jusqu'au plafond de la rivière, à l'entrée d'une galerie latérale et souterraine qui permet d'évacuer une partie des eaux. Cette galerie a été divisée, à l'aplomb du canal, en trois ouvertures, munies chacune d'une paire de vannes.

Commencé en 1866, le barrage de prise d'eau a été terminé en 1887. Les figures montrent :

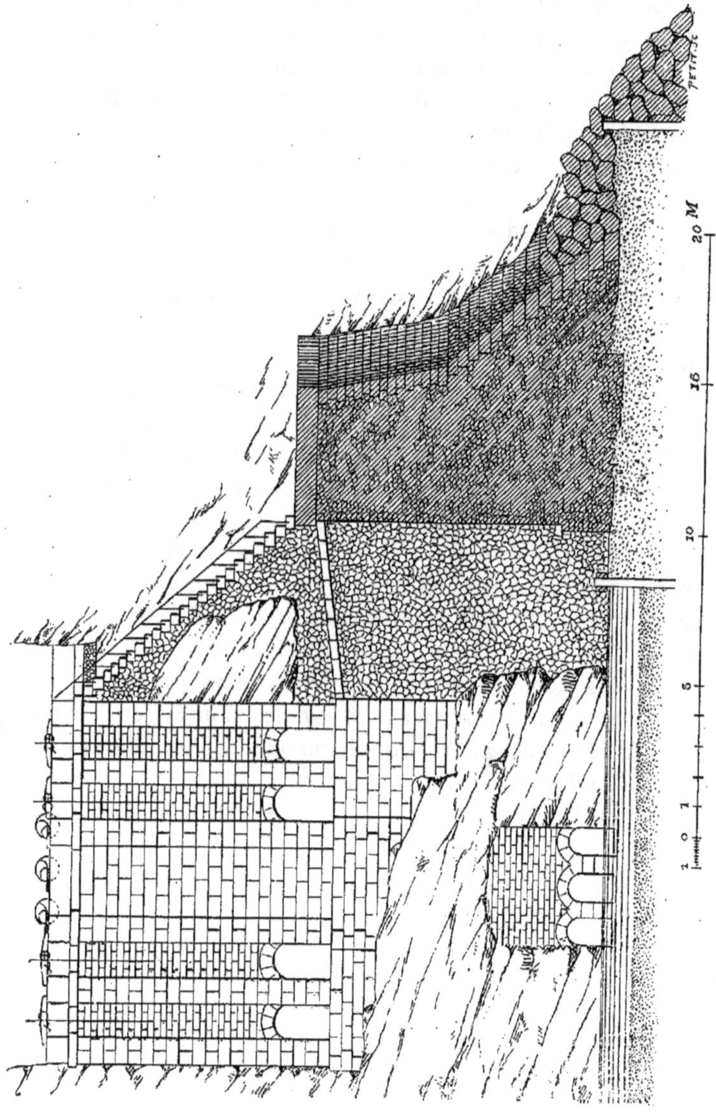

Fig. 75. — Canal du Verdon; élévation en amont de la prise d'eau et coupe du barrage.

Fig. 75. L'élévation en amont de la prise et la coupe

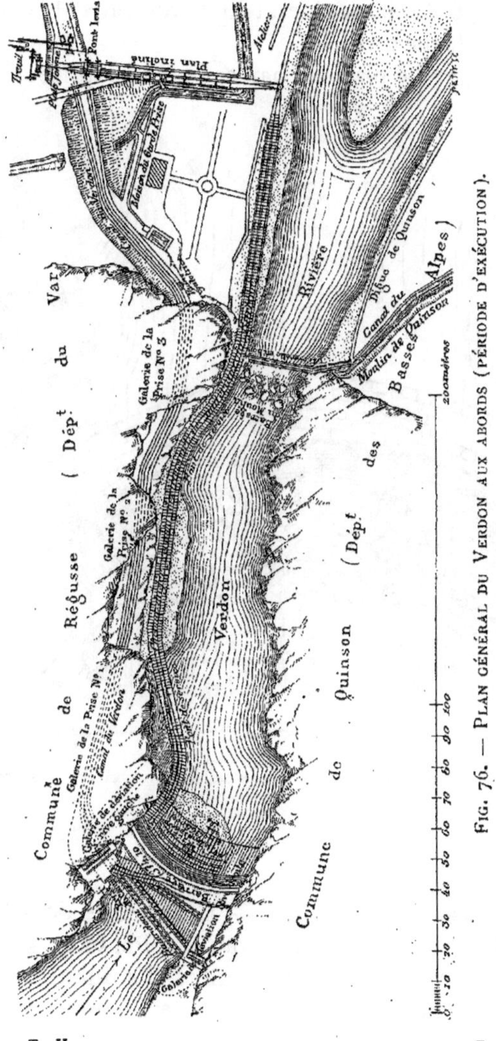

FIG. 76. — PLAN GÉNÉRAL DU VERDON AUX ABORDS (PÉRIODE D'EXÉCUTION).

du barrage : cette coupe est donnée suivant l'axe de la rivière ;

Fig. 76. Le plan général du Verdon aux abords du barrage et de la prise;

Fig. 77. Le plan du barrage et de la prise.

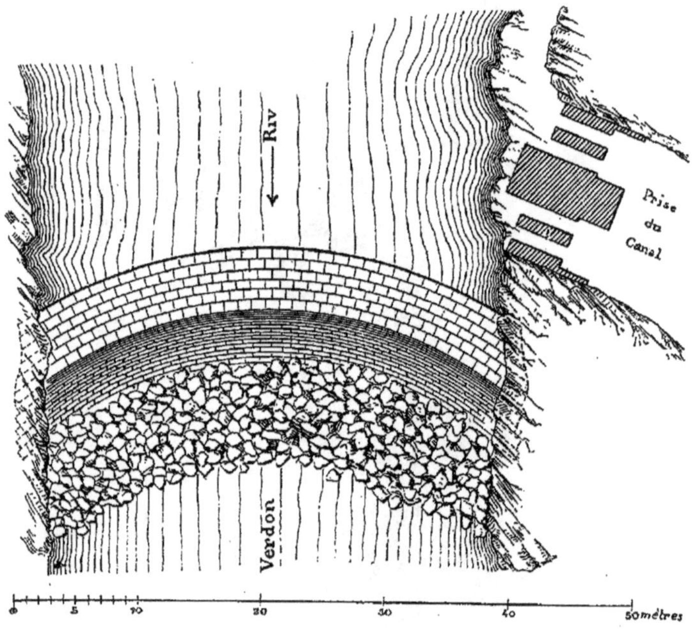

Fig. 77. — Canal du Verdon; plan du barrage et de la prise (fig. 76).

4. *Algérie.*

Barrage du Chéliff. — Le barrage de dérivation du Chéliff est situé en amont de Ponteba, à 25 kilomètres environ d'Orléansville, dominant une vaste plaine formée d'alluvions profondes, tantôt fortes, tantôt légères, qui reposent sur une couche de sable d'une grande épaisseur, et peuvent acquérir une fertilité exceptionnelle à l'aide de l'irrigation.

Le débit ordinaire du Chéliff est de 3 à 4 mètres cubes par seconde; le minimum atteignant 1,500 litres et le maximum en hiver, 50 à 60 mètres cubes. Certaines crues ont une portée de plus de 1,500 mètres cubes à la seconde.

Le barrage dont la vue en aval, avec indication des terrains, est représentée figure 78, a été calculé pour une hauteur de $11^m,75$ au-dessus du lit; $2^m,50$ d'épais-

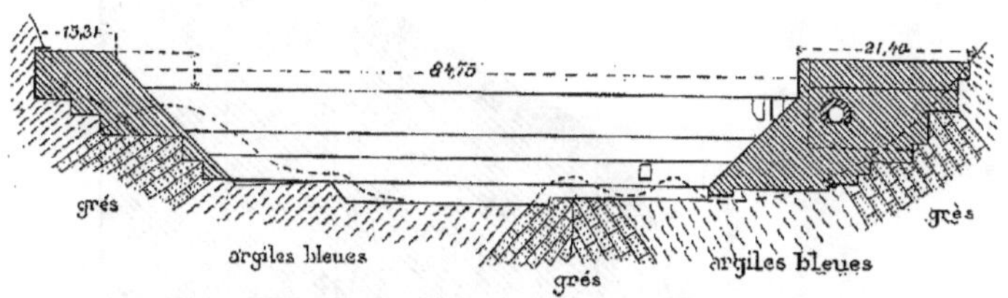

FIG. 78. — BARRAGE DU CHÉLIFF; COUPE DE LA DIGUE EN AVAL.

seur au couronnement et $11^m,83$ à la base. La longueur est de 58 mètres à la base et de $85^m,25$ à la crête. Il a la forme d'un arc de cercle dont la flèche a $5^m,77$ pour $84^m,20$ de corde. Le centre du cercle est situé sur l'axe du fleuve, et le côté convexe est tourné vers l'amont. La pente, à l'endroit très resserré où le barrage a été établi, est de $0^m,0021$ par mètre.

Comme le montre la coupe (fig. 79), le profil de la digue est rectiligne, avec un fruit de 1 sur 20 pour le parement amont, sur toute la hauteur, et un fruit de 1 sur 3 pour le parement aval, jusqu'à $5^m,25$ à partir de la crête; puis de 1 sur $0^m,46$ jusqu'à $7^m,75$, et de nouveau 1 sur 3 jusqu'à la profondeur de $11^m,75$. A la suite de la crue de 1872 qui détruisit la contre-digue à l'aval, le pied a été approfondi, par une reprise souterraine des fondations jusqu'à 18 mètres, de sorte que la hauteur effective de la digue est de 18 mètres au parement d'aval.

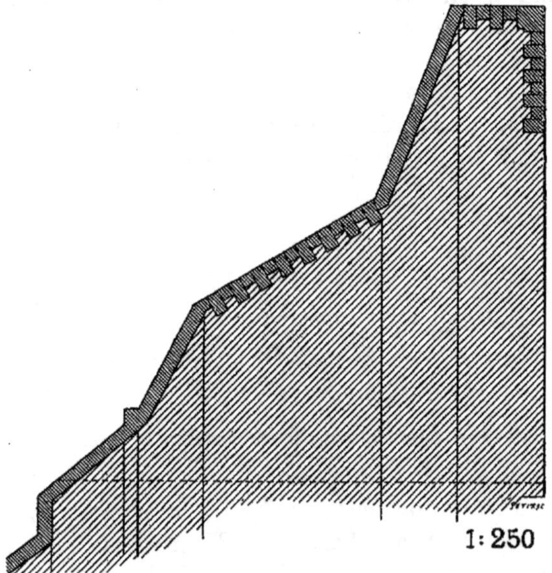

Fig. 79. — Coupe transversale de la digue du Chéliff (fig. 78).

Le couronnement et la paroi d'aval sont construits en pierre de taille; les fondations, en pierres perdues et béton. La chaux employée, légèrement hydraulique, a été fournie par les bancs calcaires de la rive droite du Chéliff. Deux épaulements fortifient l'encastrement de la digue sur les deux rives.

Commencé en juin 1868, l'ouvrage sortait des fondations, que l'on constatait déjà de grosses avaries par le glissement du poudingue sur lequel on avait bâti ; on dut en conséquence reculer le parement de $2^{m},20$ vers l'amont, pour fonder sur de l'argile compacte, empêchant les infiltrations ; mais les avaries, en cours d'exécution

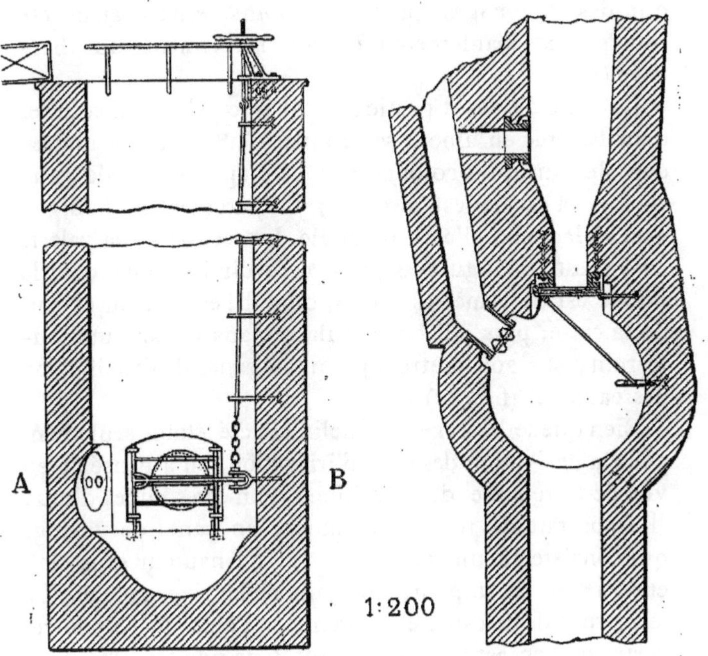

Fig. 80. — Prise d'eau et canal de vidange du Chéliff.
Coupe verticale. Coupe transversale sur AB.

des travaux, se produisirent de nouveau à chaque grosse crue, malgré les contreforts. Pendant l'hiver 1869-70, les hautes eaux enlevèrent un des épaulements ; en 1872, les ouvrages de réparation et de consolidation du pied de la digue furent également détruits, jusqu'à ce que l'on eût établi un bassin capable de résister, par

sa profondeur et par la solidité du fond, à l'action affouillante des pleines eaux. Ce bassin a 50 mètres de longueur, à partir du pied de la digue, et 7 mètres de profondeur maximum. Il a permis à l'ouvrage de résister aux crues extraordinaires de 1877 et de 1885, quoique des dommages plus ou moins sérieux aient été causés aux épaulements et au revêtement du barrage (1).

La prise d'eau est pratiquée par une galerie en courbe, dont l'entrée en amont se trouve à $2^m,45$ de la digue, dans le mur qui prolonge le contre-épaulement de gauche, et la sortie est à $13^m,17$ du parement de la digue aval, à laquelle elle est parallèle. La section de la galerie amont est rectangulaire pour recevoir la vanne, dont la portée est de 5 mètres cubes, quand l'eau est au niveau de la crête; puis elle est circulaire dans le parcours souterrain, sur 200 mètres, jusqu'au canal de distribution des eaux (2) (fig. 80).

Bien que le barrage du Chéliff ait été établi seulement pour la dérivation des eaux d'irrigation, on a pensé qu'en vue de la retenue de 5 millions de mètres cubes d'eau, il importait de munir la digue d'un canal de vidange qui consiste en un égout de $1^m,75$ de hauteur sous clef, et de $1^m,50$ de largeur, au seuil de la rive gauche. La fermeture de ce canal est obtenue à l'aide de 10 poutres verticales, encastrées par le haut dans une traverse de la galerie, et au pied, par une traverse en fer. Une chaîne d'amarre permet d'enlever la poutre centrale et les deux poutres de chaque côté, à l'aide d'anneaux qui y sont rivés; cette chaîne est manœuvrée de la crête. Les autres poutres peuvent être enlevées, s'il en est besoin, par des

(1) *Relazione di Zoppi e Torricelli. Annali di agricoltura*, 1886.
(2) Lamairesse, *Annales des Ponts et Chaussées*, 1874.

griffes. Ce canal de vidange n'a pas eu à fonctionner, quoique le réservoir soit envasé par les sédiments accumulés dans les dernières années.

En temps de hautes eaux, le barrage entier fait fonction de déversoir; tandis qu'à l'étiage, deux déversoirs spéciaux fonctionnent, l'un dans la digue même, à une distance de 2 mètres du contre-épaulement de gauche; l'autre, en tête du canal, à l'extrémité de la galerie de prise d'eau, débouchant sur le bassin de $4^m,15$ de largeur, d'où part le canal.

En y comprenant le réseau de canalisation, la digue du Chéliff a coûté plus d'un million : le chiffre des avaries est la cause de ce coût si élevé. La dérivation obtenue étant environ de 2,000 litres pour l'irrigation de 12,000 hectares, dont 11,000 sur la rive gauche, l'eau coûte par hectare 85 francs, et se vend 22 fr. 50. Les irrigations ne se font qu'en été, pour le tabac, le coton, etc., à raison de 1,6 litre par hectare. On avai compté qu'au lieu de cet arrosage limité, on aurait pu, avec 3 mètres cubes d'eau de débit moyen du Chéliff, donner 200 arrosages par cent hectares consacrés, pour un tiers aux céréales, pour un second tiers aux prairies et pour le troisième aux luzernes et aux cultures diverses (1). Comme pour les réservoirs, on s'est trouvé finalement loin de compte et des prévisions.

La figure 78 donne la vue de la digue en aval, avec l'indication des terrains de fondation; la figure 79, la coupe de la digue; et la figure 80, la prise d'eau avec le canal de vidange, en coupe verticale et transversale.

(1) A. de Brévans, *Journal d'agriculture pratique*, 1871, t. II.

5. *Égypte.*

Barrage du Delta sur le Nil. — Le barrage monumental du Nil s'élève à l'endroit où les deux branches de Rosette et de Damiette se séparent, laissant entre elles une langue de terre ou pointe du Delta, qui a un kilomètre environ de largeur (fig. 81). Commencé vers 1843 (1) dans le but de créer une retenue de $4^m,50$ de hauteur et de distribuer toutes les eaux nécessaires à la basse Égypte, par trois grands canaux dérivés du bief d'amont, ce remarquable ouvrage n'a pas été achevé; de telle sorte que la retenue maximum obtenue jusqu'à ce jour sur la branche de Rosette n'a été que de 3 mètres, et celle sur la branche de Damiette, de $1^m,60$, pour un écoulement calculé, au début, de 7,000 mètres cubes par seconde.

Le barrage de Rosette est formé de 61 arches de 5 mètres d'ouverture, séparées par des piles de 2 mètres d'épaisseur; des deux écluses placées à chaque extrémité, l'une a 12 mètres, et l'autre 15 mètres de largeur; la longueur totale est de 465 mètres. Celui de Damiette a dix arches de plus et sa longueur est de 545 mètres (fig. 82).

La fondation, composée d'un radier en béton recouvert d'un lit en briques, avec chaînes en pierres de taille, a une largeur totale de 34 mètres sur $3^m,50$ d'épaisseur avec des parafouilles, à l'amont et à l'aval, de 5 mètres de hauteur. Un arrière-radier, formé d'un lit d'enrochements de $1^m,50$ d'épaisseur moyenne, recouvert de béton, avec pente de 20 centimètres par mètre, prolonge la fondation du radier, qui offre ainsi une largeur totale de 46 mètres.

(1) Par l'ingénieur Mougel-Bey, au service du vice-roi d'Égypte.

Le radier est fondé sur le limon, sauf au milieu de la branche de Rosette où les enrochements qu'on a dû

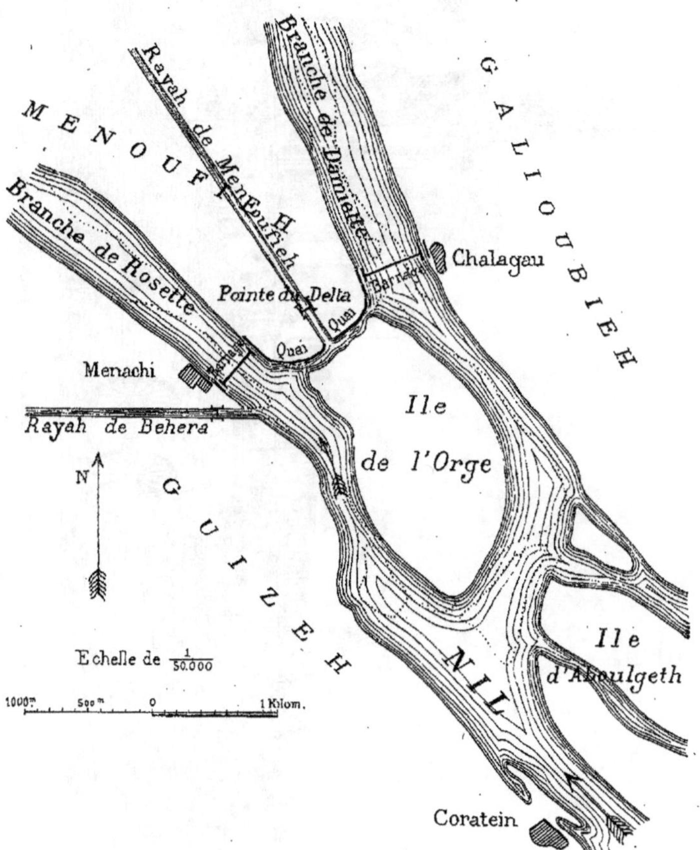

FIG. 81. — EMPLACEMENT DU GRAND BARRAGE DE LA POINTE DU DELTA DU NIL.

apporter, pour gagner la cote fixée, ont été noyés dans du béton. Le massif d'enrochement atteint jusqu'à

FIG. 82. — GRAND BARRAGE DU DELTA DU NIL, PRÈS DU CAIRE.

12 mètres de profondeur au-dessous de la maçonnerie de béton. Le barrage n'ayant eu à supporter jusqu'ici que 3 mètres de pression, on ignore quel sera l'effet d'une pression plus forte sur le massif; mais les ingénieurs anglais ont constaté dans les Indes, où des barrages en grand nombre sont établis sur des fonds limoneux, comme celui du Nil (notamment les barrages de Kistnai et du Godaveri), que le relèvement avec des enrochements ou des remblais de sable, économisant les fondations en maçonnerie, suffit pour former une retenue imperméable.

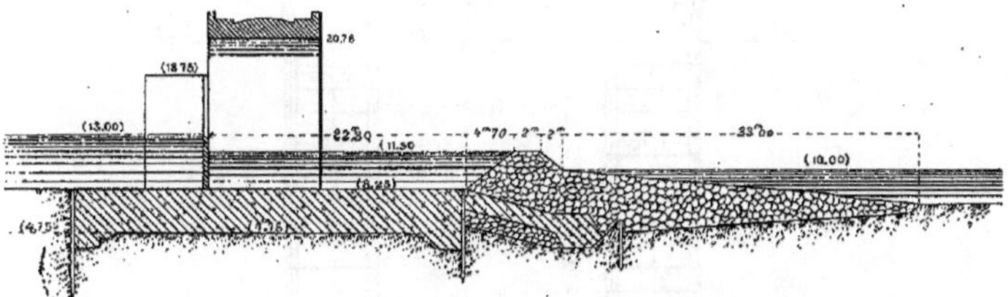

FIG. 83. — SITUATION DU GRAND BARRAGE DU DELTA PENDANT L'ÉTIAGE DE 1885.

Quoi qu'il en soit, le béton coulé sur l'enrochement de Rosette, sans les précautions voulues, ne présente pas la résistance nécessaire; malgré les consolidations, on a hésité à augmenter la pression au delà de 2 mètres.

Les piles ont 2 mètres d'épaisseur, 15 mètres de longueur et 10 mètres de hauteur; elles portent des arches ogivales de 5 mètres d'ouverture formant un pont de 10 mètres de largeur entre les têtes; le couronnement des piles se trouvant au niveau des hautes eaux. (Voir fig. 82 et 84.)

La branche de Rosette est seule pourvue d'un système de fermeture, mais compliqué et imparfait, se composant de portes cylindriques en tôle, avec rainures en fer forgé, qui tournent autour d'un axe horizontal et portant plusieurs flotteurs destinés à les alléger dans l'eau et à

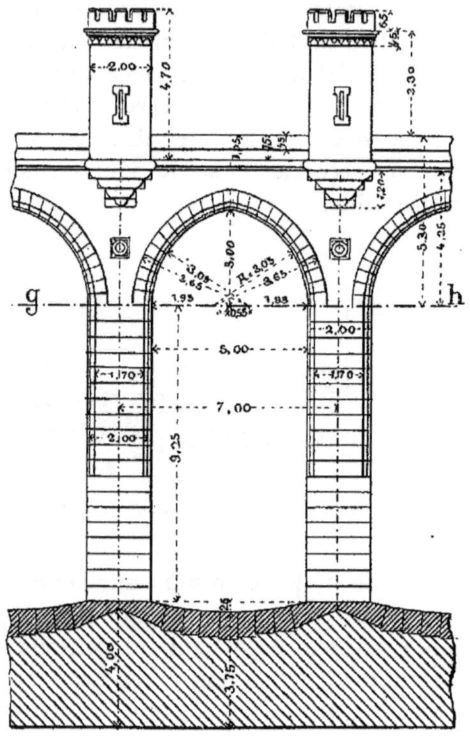

Fig. 84. — Grand barrage du Delta ; détails d'une des arches.

faciliter les manœuvres. Ces portes ne donnent pas une fermeture hermétique.

Grâce à la retenue de 2 mètres environ, obtenue par la clôture partielle du barrage de Rosette (celui de Damiette n'ayant pas été muni d'appareils de fermeture), on a pu jusqu'en 1882 alimenter assez abondamment le canal du Centre ou de Menoufieh qui a sa prise en amont du barrage, et le canal de Damiette; tous deux fournissant l'eau aux provinces du centre et de l'est du Delta. Depuis 1882, on a fermé la branche de Damiette par des poutrelles et amélioré la fermeture de la branche de Rosette, de façon à porter la retenue à 3 mètres au-dessus de l'étiage de Rosette et à $1^m,60$ à l'autre branche (fig. 83). Ce résultat a été obtenu sans compromettre la solidité du barrage, par l'ingénieur Willcoks, qui a construit sur le bord aval du radier et tout le long de l'ouvrage, une digue en enrochements dont la crête, de 2 mètres de largeur, est à $3^m,25$ au-dessus du niveau du radier. Suffisante pour créer d'amont en aval une différence de niveau de $1^m,50$, la digue réduit la pression de 3 mètres sous le radier à l'effet d'une chute d'eau de $1^m,50$ (1).

Les figures représentent: fig. 81, l'emplacement du barrage de la pointe du Delta; fig. 82, la vue du barrage; fig. 83, la situation pendant l'étiage de 1885 ; et fig. 84, les détails d'une arche d'aval en élévation.

6. *Inde.*

Barrages à Madras. — C'est surtout dans la présidence de Madras que les barrages des grands fleuves, avant qu'ils ne forment leurs deltas, ont été utilisés pour l'irrigation (2).

A Dhauleswaram, le lit de la rivière Godaveri se trouve à $6^m,70$ au-dessus du niveau de la mer, et les terrains

(1) Barois, *l'Irrigation en Égypte*, p. 55.
(2) *East India. Progress and condition*, 1874.

du delta qui ont besoin d'arrosage sont à $9^m,14$ au-dessus du même niveau. De Dhauleswaram jusqu'à l'embouchure, la rivière coule le long de la crête d'un endiguement naturel d'une hauteur comprise entre $1^m,82$ et $7^m,30$, qui domine les terrains environnants. Il suffit ainsi de surélever les eaux de 3 mètres à $3^m,70$ pour commander tout le delta. Une digue de $3^m,70$ de hauteur a été construite en conséquence, à travers le lit du Godaveri, dont la largeur à Dhauleswaram est de 5 kilomètres et demi, sur lesquels 915 mètres sont occupés par quatre îles.

La digue ou *anicut*, comme on désigne ces ouvrages dans l'Inde, offre une largeur de 39 mètres à sa base; elle a été construite en blocages avec béton et revêtement en pierres. Depuis le lac Kolair jusqu'à Samalkota, le delta est formé de riches alluvions occupant une surface de 320,000 hectares; il se répartit en trois zones naturelles, la première entre Samalkota et la branche Est du Godaveri; la seconde, entre les deux branches du fleuve; et la troisième, entre la branche Ouest et le lac Kolair. Pour l'irrigation de la première zone, un canal tracé latéralement forme deux branches, dérivées, l'une sur Samalkota et l'autre sur Cocanada. Le canal principal et ses deux branches sont navigables.

La zone intermédiaire, couvrant 140,000 hectares d'une fertilité exceptionnelle, est desservie par un canal dérivé sur la rive gauche du fleuve, qui se bifurque à partir du 12e kilomètre. Le canal de droite se ramifie également 10 kilomètres plus loin, en laissant sur la gauche un canal secondaire qui traverse un bras du Godaveri par un aqueduc de 670 mètres de longueur, formé de 49 arches, construit par le lieutenant Haig.

Enfin, la troisième zone est arrosée par un grand canal, qui, après 12 kilomètres de parcours, se subdivise en plusieurs branches offrant ensemble une longueur de 354 kilomètres.

Pour alimenter l'ensemble des canaux d'irrigation et de navigation du Godaveri, représentant une longueur totale de 1,352 kilomètres, et pourvoyant par des canaux secondaires et des rigoles à l'irrigation de 320,000 hectares, le barrage unique de Dhauleswaram dérive 84 mètres cubes à l'étiage du fleuve, et 340 mètres cubes pendant les hautes eaux ; c'est de juillet à octobre, lorsque les rizières exigent l'irrigation continue, que le plus fort débit du barrage a lieu.

La description des *anicuts* de la Krishna, du Ponnar, du Kaveri et du Kalerun, nous entraînerait dans des détails dont nous préférons reporter l'intérêt sur une des plus récentes entreprises, en même temps des plus grandioses, que les Anglais aient tentées dans l'Inde.

Canal et barrage de la Sone. — La rivière Sone prend sa source dans le plateau central de la péninsule et coule dans la direction N.-N.-E., à travers la petite chaîne de Kymore, sur une longueur de 400 kilomètres, avant d'atteindre les plaines de Behar, près de l'ancien fort de Rhotas. De ce point, son cours suit une ligne droite sur 160 kilomètres, jusque près de Patna où elle se jette dans le Gange.

Le chenal de la Sone ayant de 3 à 4 kilomètres de largeur, son débit, en temps de crues, excède 28,000 mètres cubes par seconde, et, à l'étiage le plus bas, il descend à 115 mètres cubes. Pendant les crues, son niveau dépasse de 4 à 6 mètres celui de l'étiage d'été. Ces énormes volumes d'eau s'écoulent entre des berges ordinairement plus élevées que le pays riverain, créées par des atterrissements successifs, le lit étant formé de sable sur une grande épaisseur. La pente varie entre 3 millimètres et demi et 5 millimètres par mètre.

Les provinces de Shahabad, sur la rive gauche du fleuve, et de Patna et Gya, sur la rive droite, sont des plus fertiles, des mieux cultivées et des plus peuplées parmi celles du Bengale; aussi, la dérivation des eaux de la Sone permettant d'arroser 800,000 hectares en riz, en maïs, en orge, en tabac, en coton, etc., dont une sécheresse prolongée peut compromettre les récoltes, a-t-elle fait l'objet de travaux gigantesques de canalisation. Les deux canaux principaux, l'un sur la rive droite, ou grand canal de l'Est, d'une longueur de 275 kilomètres, et l'autre sur la rive gauche, ou grand canal de l'Ouest, d'une longueur de 180 kilomètres, avec une largeur au radier de $54^m,50$ et un tirant d'eau de $2^m,75$, débitent chacun 150 mètres cubes par seconde. Le canal de l'Est se jette dans le Gange à Monghyr, et le canal de l'Ouest, à Mirzapore.

C'est à Dehree, à 105 kilomètres en amont du confluent de la Sone, qu'on a établi le barrage de prise d'eau des deux canaux servant à l'irrigation des terres et à la navigation de petits steamers qui font le service des villes sur le parcours. Pour permettre la navigation avec un tirant d'eau minimum de $2^m,50$ au-dessus des seuils d'écluse, la hauteur du barrage a été fixée à $2^m,50$ au-dessus de l'étiage des eaux d'été (fig. 85 et 86).

Le barrage consiste en trois digues parallèles, laissant entre elles un intervalle de $9^m,15$. La hauteur de la première digue d'amont est de $2^m,50$; celle des deux autres diminue de manière à former par la ligne qui joint les couronnements une pente de 1 sur 12. Les digues sont fondées sur des puits carrés, dont la profondeur au-dessous du lit varie de $2^m,50$ à 3 mètres, comblés de pierres et de béton; entre les puits ou coffres ainsi établis, l'espace est rempli de blocaille et les parements sont revêtus de gros blocs en dallage. Les couronnements sont

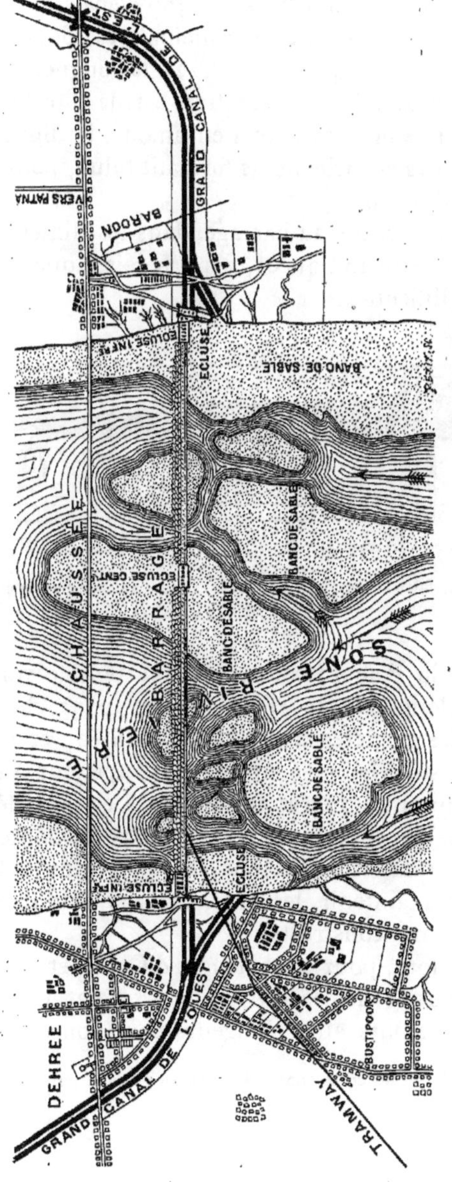

Fig. 85. — Plan général du barrage de Dehree sur la Sone (Inde).

recouverts de maçonnerie sur $0^m,60$ d'épaisseur, et dallés.

L'épaisseur de la digue principale est de $1^m,52$; celle des deux autres digues de $1^m,22$; la longueur à travers la Sone et son lit d'inondation est de 3 kilomètres et demi. Sur le bras principal en amont, la digue est protégée par des enrochements formant talus, pour briser la violence des eaux.

La construction du barrage, dans les dimensions qui viennent d'être indiquées, n'a pas laissé que d'offrir de grandes difficultés.

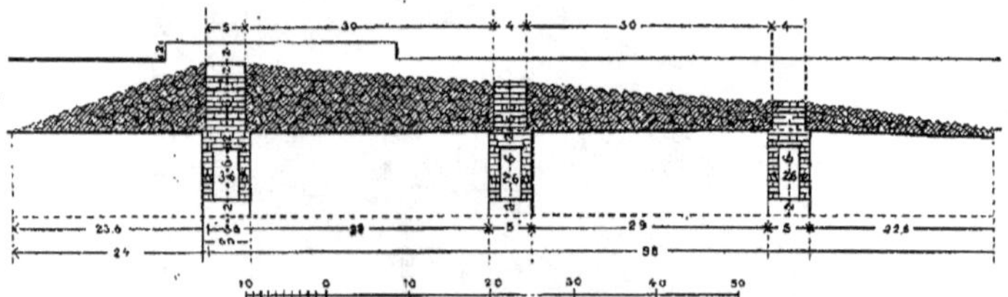

Fig. 86. — Coupe transversale du barrage de Dehree sur la Sone (Inde) (1).

Il a fallu d'abord construire une double voie ferrée, sur une longueur de 16 kilomètres, pour chercher les pierres des carrières d'au delà de Dehree, et maintenir ces voies sur viaduc à un niveau supérieur à celui des berges, qui ont 9 mètres de hauteur. Les crues détruisant les berges, le chemin de fer a dû être démonté chaque fois. De grands travaux ont été également indispensables pour maintenir les bras, dans le lit d'inondation, sous les ponts construits.

Jusqu'alors, pour les barrages d'Orissa et de Madras, fondés dans le lit des rivières, à $1^m,50$ et 2 mètres, on avait eu recours aux plongeurs pour foncer les puits;

(1) L'échelle et les cotes sont indiquées en pieds et pouces anglais.

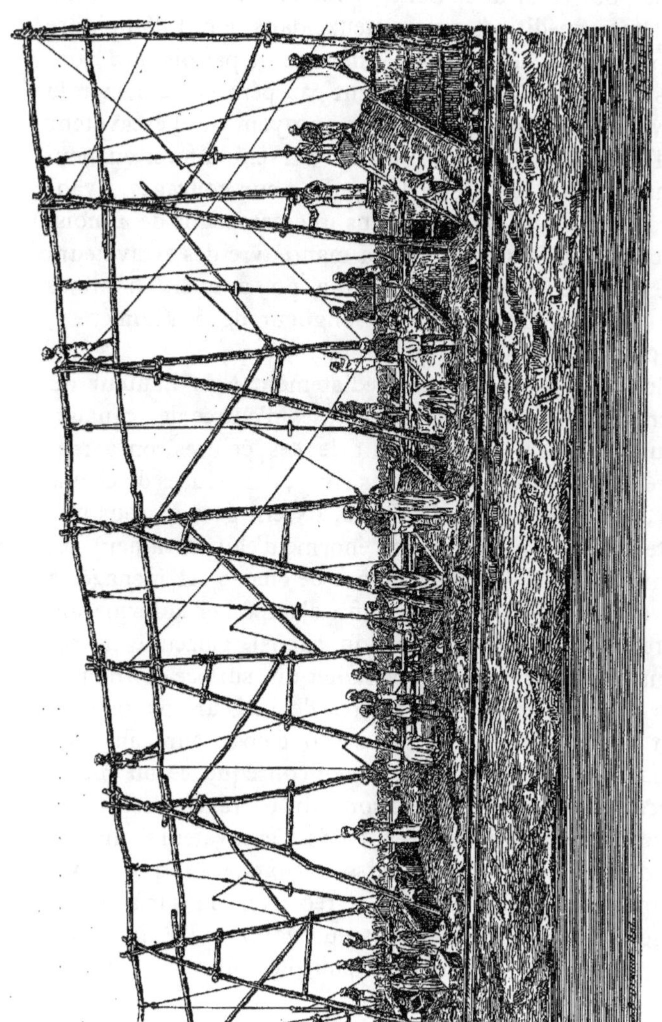

FIG. 87. — CANAL DE LA SONE (INDE). EXCAVATIONS DES PUITS DE FONDATION DU BARRAGE.

mais pour celui de la Sone, il importait de combiner un système expéditif et peu coûteux, dans le but d'atteindre la profondeur de $2^{m},50$ à 3 mètres, et parfois de $3^{m},60$. Les écopes indiennes n'eussent pas permis de mener le travail assez rapidement; au moyen de l'excavateur de l'ingénieur Fouracres, on est parvenu à forer en neuf heures, dans le sable, des puits pour coffrages, ayant $3^{m},05$ sur $1^{m},82$ de côté. Dans une campagne de 4 mois, grâce à la disposition pour la manœuvre des excavateurs que montre la figure 87, on a pu, avec six hommes par outil, creuser sur une longueur de 5 kilomètres, les puits nécessaires dans le sable.

Sur les deux rives, immédiatement à la hauteur du barrage, sont pratiquées les écluses d'entrée des canaux. Pour prévenir l'ensablement de ces écluses, on a ménagé entre elles et chacune des rives, des écluses de chasse qui, lorsqu'elles sont ouvertes, livrent passage sous une forte pression à une masse énorme d'eau entraînant les alluvions. Une troisième écluse de chasse est ménagée à travers le corps de la digue, afin d'empêcher la formation d'atterrissements au milieu du chenal. Chacune de ces écluses représentant pour le radier une surface de 160 mètres de longueur sur 28 mètres de largeur, on ne pouvait songer à bétonner sur $1^{m},20$ d'épaisseur, au fond de la rivière; on a eu recours en conséquence au même procédé que pour les fondations du barrage, c'est-à-dire qu'on a foncé dans le lit, à l'aide d'excavateurs, une série d'encoffrements ou de caissons juxtaposés, que l'on a remplis de béton; puis on a recouvert la surface tout entière de dallages à l'épaisseur voulue. La figure 88 montre les travaux en cours pour l'établissement du radier d'une des écluses.

Sans entrer dans plus de détails sur la construction des ouvrages accessoires du barrage et des prises d'eau de la

Fig. 88 — Canal de la Sone (Inde). Fondations en caissons pour radiers des écluses.

Sone, nous constatons que le devis pour l'ensemble des travaux de canalisation et d'irrigation a été approuvé à 95 millions de francs, dont 5,625,000 francs pour le barrage de Dehree, les écluses de prises d'eau, celles des canaux et les accessoires (1).

II. DE L'ÉTABLISSEMENT DES CANAUX.

Au point où nous sommes arrivé, ayant décrit les travaux nécessaires pour capter et élever les eaux des fleuves, il nous reste à indiquer les principes d'après lesquels elles sont conduites par des canaux jusqu'aux terrains à irriguer, et les moyens d'exécution.

a. CONDITIONS GÉNÉRALES.

Depuis le douzième siècle, les principes des canaux sont appliqués et des canaux fonctionnent, sans que les progrès réalisés dans la science hydraulique aient permis de modifier utilement les anciennes méthodes. Il semble que l'œuvre accomplie alors par les ingénieurs lombards ait été conçue de toutes pièces et réalisée avec toute la perfection désirable; du moins, la plupart des innovations tentées depuis eux ont dû être abandonnées, et force a été de revenir aux méthodes pratiquées il y a six cents ans.

De Vauban, avec la clarté qui caractérise les écrits qu'il nous a laissés, a résumé dans le langage de son temps, les conditions générales à observer pour l'éta-

(1) *Reports on the Vienna Universal Exhibition* 1874. *Appendix, part III*, p. 119.

blissement des canaux (1). Selon lui, « la question est de bien juger :

« 1° Des pays qui peuvent être arrosés;
« 2° De l'étendue qu'on peut donner aux arrosements;
« 3° Des moyens d'arroser;
« 4° Des temps propres à cela et de la conduite qu'il faut y tenir.

« Le premier est très aisé à découvrir, puisqu'il est facile de juger de la pente des pays et de s'en assurer par le moyen des niveaux.

« Le deuxième n'est pas moins facile, puisqu'il n'y a qu'à ouvrir les yeux et continuer les nivellements qui feront voir d'une manière infaillible si les pays haussent ou baissent, et à prendre le chemin qu'on pourra faire tenir aux rigoles, en continuant les pentes qu'on aura prises.

« Le troisième consiste au moyen d'arroser, pour lequel il suffit de s'assurer de la quantité du pays qui peut l'être, et voir après, ceux qui en peuvent profiter, et les faire convenir de ce que chacun doit contribuer pour le dédommagement des terres occupées par les rigoles, à proportion de la quantité des terres qui pourraient être arrosées, pour lesquelles on pourra aussi convenir du prix imposé sur chaque arpent de terre qui en sera arrosé; sur quoi et sur l'établissement de ces arrosements, il sera bon de faire intervenir l'autorité du roi, sans quoi les paroisses auront peine à convenir.

« Le quatrième doit consister en l'établissement d'une bonne police pour la distribution des eaux, qui réglera le temps qu'il faudra les donner et celui que chacun pourra les garder. Cette police est déjà établie dans la

(1) *Des arrosements des rivières. Oisivetés*, 1842, t. IV, p. 140.

plupart des lieux d'arrosement, à laquelle on pourra ajouter et retrancher ce qui sera jugé à propos. Il reste sur cela à dire que les rigoles dont on se servira doivent s'accommoder à la figure des pays et au tortillement sinueux que le soutien des niveaux, assujetti à la pente des terrains par où elles passent, peut exiger.

« 5° Préparer la superficie des terres qu'on voudra arroser, de manière que les eaux se puissent conduire partout; bien régler les bords des rigoles, ménager les branches et petites prises nécessaires aux héritages, de manière qu'elles soient aisées à ouvrir et à fermer. Le mieux serait d'y faire de petites buses, afin que personne ne prît plus qu'il n'en faut.

« 6° Quand il ne s'agira que de leur faire faire une demi-lieue de chemin sur une médiocre largeur d'arrosement, il suffit de leur donner une demi-toise de large (1); et une toise, s'il est question d'une lieue; deux toises, s'il est question de deux; trois, s'il s'agissait de trois, et ainsi des autres à proportion, sur un pied et demi à deux pieds de profondeur (2), rehaussant leurs bords à peu près d'autant.

« On y pourra faire de petites écluses d'espace en espace, même en tirer plusieurs branches et autres rigoles moindres, pour en faciliter les distributions çà et là, dont la largeur et la profondeur seront toujours proportionnées à la longueur qu'on voudra leur donner.

« Il serait bon d'en commencer la prise par étangs faits exprès, tirant l'eau à l'extrémité des chaussées par des déchargeoirs, qui pourront la distribuer des deux côtés. On peut même y faire des petites bondes qui ne serviront qu'à cela, lesquelles seront prises quatre à cinq pieds

(1) La toise est égale à 1m,949.
(2) Le pied est égal à 0m,3248.

plus bas que les décharges ordinaires, afin d'avoir de quoi fournir en tout temps.

« Ces étangs seront utiles de plusieurs manières : 1° pour l'ordinaire, qui est la pêche du poisson; 2° pour l'élévation qu'ils ajouteraient à celle de la prise d'eau, et 3° à l'amortissement de la trop grande crudité de l'eau qui souvent nuit aux lieux qui en sont arrosés. Celle-ci est la plus utile de toutes, et je tiens même qu'on ferait très bien de faire passer les rigoles par plusieurs étangs, supposé que le pays s'y accommodât, parce que l'eau s'adoucirait de plus en plus et achèverait de se préparer et rendre excellente pour les arrosements; car il est à remarquer qu'il s'y trouve beaucoup d'eaux qu'on n'y croit pas propres; ce qui ne provient que de ce qu'elles sont trop froides ou données mal à propos et en trop grande abondance; l'une et l'autre se peuvent très bien corriger.

« 7° Au surplus, il n'y a point de terrain, tout aride et caillouteux qu'il puisse être, qui ne pût s'améliorer par les arrosements, et si on en excepte le sommet des montagnes, il n'y en a guère qui ne se pût arroser, soit en prenant les eaux de près ou de loin, ce qui procurerait un bien immense aux pays où cela serait pratiqué. »

Sur la question du tracé des canaux et de l'étendue de territoire qu'ils sont appelés à arroser, de Vauban complète sa pensée dans les termes suivants :

« Je sais que la plupart des particuliers arrosent leurs prés par tout pays; ce n'est pas de ceux-là dont je veux parler, mais de ceux qui s'entretiennent par une ou plusieurs paroisses associées pour cela; ce qui se fait par le moyen des eaux prises dans les hauts des rivières que l'on détourne avec des rigoles soutenues et conduites par les penchants des coteaux, le long desquels on diminue la pente des eaux d'un quart, d'un tiers, de la moitié ou des trois quarts plus ou moins, cela, de leur lit naturel; moyennant quoi elles se contiennent sur de plus grandes élévations, à mesure qu'elles font chemin et qu'elles s'éloignent de leur prise.

« Si, par exemple, une rivière ou gros ruisseau est trouvée d'un pouce de pente dans son lit naturel, par toise courante, on pourra en détacher une partie par une rigole dans laquelle on réduira cette pente à la moitié, au quart, au cinquième, au sixième, même à la douzième partie, et pour lors, si on prend ce dernier, le lit naturel continuant sa pente ordinaire se trouvera, à 100 toises de la prise, plus bas de 91 pouces 8 lignes que le courant de la rigole à pareille distance; à 200 toises de la prise, il sera de 15 pieds 30 pouces 4 lignes plus bas... et à 1,600 toises de la prise, de 122 pieds 2 pouces 8 lignes. Réduisant les pouces en toises pour l'avenir et laissant là les lignes, si on continue la rigole jusqu'à 3,200 toises, il y aura 40 toises 4 pieds 5 pouces de différence... Que si cela s'étend jusqu'à 25,600 toises ou 10 lieues de pays, la différence sera de 325 toises, le tout mesuré à plomb; ce qui ferait une grande élévation.

« Après quoi, si la rivière ou le ruisseau est fort abondant, il n'y aura plus qu'à bien examiner quel pays on en peut arroser, et la conduisant par les coteaux plus commodes à une lieue, deux lieues... voire 12 et 15, c'est-à-dire tant qu'on voudra. Mais il faut à même temps faire son compte d'agrandir la rigole à proportion du chemin qu'on lui fera faire et de la pente qu'on lui donnera; car il se faut toujours souvenir que l'eau augmente de volume à proportion de la pente qu'on lui ôte, et que, si, par exemple, on diminue la pente de la dixième partie, elle ira un dixième de fois moins vite, mais elle augmentera son volume ordinaire d'un dixième; c'est pourquoi il lui faudra un lit d'un dixième plus grand. Moyennant quoi, elle voiturera toujours même quantité d'eau dans les mêmes temps, et c'est à quoi on doit bien prendre garde, afin de ne s'en pas attirer plus qu'on n'en veut, comme aussi de n'en pas manquer. »

De Vauban a bien en vue le Dauphiné, la Provence, le Roussillon et le comtat d'Avignon qui sont, de sa connaissance, « les provinces qui emploient le mieux les arrosements des terres et qui s'en trouvent bien, » mais il a soin d'ajouter « qu'il n'y a rien d'inutile dans les pays arrosés et qu'on doit y exiger de la terre tout ce que l'art et la nature peuvent lui faire produire », en établissant comme il suit la comparaison entre les pays du midi et ceux du nord de la France :

« Il n'y a guère de pays plus froid, ni plus sujet aux humidités que le Haut-Dauphiné, la Savoie et la Haute-Provence, parce qu'ils sont remplis de hautes montagnes chargées de neige la plupart de l'année, contre lesquelles toutes les nuées vont l'été se rompre et répandre, et où les hivers, avec leurs rigueurs, durent constamment de six à sept mois; cependant il n'y a point de pays où on arrose tout et avec tant d'adresse et d'industrie que dans ceux-là, aussi n'y trouve-t-on pas une pièce de terre, grande comme la main, qui ne s'en sente.

« ... Au contraire, rien de plus plat que les pays des environs de Furnes, Dunkerque, Bergue, Bourbourg, Gravelines et Calais, qui sont pour l'ordinaire pleins d'eau et marécageux. Cependant, dans les grandes sécheresses, ils remplissent leurs watergans, afin d'arroser et rafraîchir leurs terres par transpiration, sans quoi elles souffriraient trop.

« Que ces deux espèces de terroirs, si différents entre

eux, ont besoin d'arrosement, on peut hardiment conclure qu'il n'y a point de pays où il ne soit nécessaire et utile. »

Si les eaux sont prises en rivière, à la hauteur des champs à arroser, par un des barrages que nous avons décrits, ou si elles sont dérivées en amont, à une distance telle qu'elles aient un niveau supérieur à celui des terres arrosables, le canal a pour but de mettre en communication la prise d'eau avec le terrain, et pour cela, doit-il avoir la déclivité la plus faible possible, afin que le cours d'eau dont il dérive, faisant office de canal de fuite en aval, puisse recevoir les eaux qui restent après l'irrigation : tel est le premier principe.

En outre, le canal doit être établi de telle sorte que non seulement son débit, la hauteur d'eau et la vitesse d'admission soient réglés, mais encore l'écoulement des eaux, suivant la nature des cultures arrosées ; c'est le second principe à observer.

Si le canal doit avoir le moindre développement possible pour racheter la différence de niveau entre son point d'origine et son point de fuite, faut-il encore que sa pente soit calculée de manière à lui assurer le maximum de produit.

On conçoit ainsi que l'établissement d'un grand canal d'irrigation dépend d'une foule de circonstances locales, variables, qui échappent à des règles précises.

Quand il s'agit des canaux de dérivation, dans les pays du Midi, une condition essentielle de leur établissement, c'est qu'ils soient alimentés l'été, dans la saison où le besoin d'irrigation se fait le plus sentir, par des cours d'eau pérennes qui conservent à l'étiage un grand volume d'eau (1).

(1) De Gasparin, *Journal agric. pratique*, 1843-44, t. VII, p. 546.

Cette condition se trouve remplie en Italie, de deux manières différentes ; en Piémont et dans la terre ferme en Vénétie, les eaux dérivées des rivières qui descendent directement des Alpes sont pérennes, mais elles charrient avec elles un limon sablonneux et abondant qui oblige à des curages fréquents des canaux, et apportent sur les terrains arrosés des couches assez peu fertiles ; tandis que dans le Milanais, les eaux des rivières alpestres ont traversé des grands lacs qui les ont clarifiées, en sorte que les crues déréglées ne sont pas à craindre et que le limon est insignifiant.

En France, dans la région qui est adossée aux Alpes et aux Pyrénées, les canaux de dérivation sont également alimentés par des eaux pérennes, mais quelques-uns, comme celui de Crapponne qui dérive les eaux limoneuses de la Durance pour arroser le territoire de Salon et de la Crau d'Arles, ont dû recevoir une grande pente, à cause de la nécessité de charrier les dépôts précieux.

Les Italiens ont donné plusieurs dénominations à leurs canaux, suivant qu'ils servent à la fois à la navigation, à l'industrie et à l'irrigation, ou bien à ces deux dernières seulement. Les canaux de plus grandes dimensions portent le nom de *naviglio*, bien que certains *navigli* ne reçoivent pas de bateaux. Les noms de *fossa*, *fossato*, de *gora* et de *cavo*, *cavone*, sont le plus souvent réservés pour désigner des canaux d'arrosage particuliers ; les noms *roggia* et *roggione* sont également très répandus dans le Milanais et le Novarais ; enfin, les appellations, telles que *seriola*, ou les diminutifs, *naviletto*, *canaletta*, *fossetta*, *cavetto*, *roggetta*, *condotto*, s'appliquent aux dérivations les moins importantes, voire même à des rigoles d'amenée.

Dans la basse vallée du Pô et en Vénétie, les canaux d'écoulement et de vidange reçoivent les noms de *colo*, *colatore*, *scolo*, *scoletta*, *dugale*, *taglio*, etc., selon leurs dimensions.

En France, on donne le nom de canal aussi bien à l'ouvrage qui sert à la navigation intérieure, aux usines ou à l'irrigation des terres, ayant une portée considérable, qu'à celui fonctionnant comme rigole pour l'arrosage de quelques hectares. C'est seulement dans quelques départements où l'irrigation est traditionnelle que se sont conservées des expressions locales, telles que *roubine* ou *robine*, quand le canal est navigable; *fosse* et plus tard *fossé*, dans le Vaucluse; *béal*, *béalet*, du provençal *beaou* (en piémontais *bealera*, *bealino*) dans les Bouches-du-Rhône; *rivière*, dans le bassin de l'Adour; *ruisseau*, dans les Pyrénées-Orientales. Quant aux rigoles de distribution, alimentées par des canaux, ce sont des *filioles* dans la Provence, et des *agouilles* dans les Pyrénées.

Quoi qu'il en soit de ces désignations communes aux pays où l'arrosage s'est implanté de longue date, il y a lieu de distinguer entre les canaux : 1° ceux qui débitent plusieurs mètres cubes d'eau par seconde, alimentés par des rivières ou par des réservoirs d'une capacité telle que l'irrigation puisse se faire d'une manière continue, dans certaines saisons de l'année, et que l'État ou des compagnies concessionnaires exécutent; 2° les canaux secondaires, dérivés des canaux principaux par des compagnies ou des syndicats; 3° les canaux particuliers dérivés de rivières, de ruisseaux, de sources ou de réservoirs; 4° les colateurs destinés à l'écoulement des eaux surabondantes et à la décharge des canaux d'arrosage ou de desséchement.

1. *Canaux principaux.*

Dans les canaux principaux, appartenant à la première catégorie, une certaine section, à partir de la prise d'eau, est le plus souvent inutilisée pour l'irrigation; c'est la section servant de canal d'amenée, qui longe le cours d'eau et ne laisse parfois qu'une bande de terrain difficilement arrosable. Pour ce canal d'amenée on recourt souvent à des tunnels, des aqueducs, des siphons, des tranchées profondes ou des remblais importants, tous travaux à la charge de l'entreprise du canal, dont on cherche parfois à diminuer le nombre en raccourcissant le tracé; mais dans la plupart des cas, faut-il porter les prises encore plus en amont, afin que l'eau puisse arriver dans le canal aux époques d'étiage.

Il résulte de l'obligation de déterminer le point en contre-bas de l'étiage où le canal peut recevoir une alimentation suffisante, que le canal d'amenée ou d'origine doit avoir la plus faible pente, par conséquent le plus long tracé. Il y a en effet avantage, non seulement à conduire l'eau aussi haut que possible pour atteindre le territoire à irriguer le plus loin possible, mais encore à débiter la plus grande quantité d'eau à cette hauteur initiale.

Or, la plus grande quantité d'eau correspond à une plus grande section de l'ouvrage, c'est-à-dire à une plus forte dépense de terrassements; et la plus faible pente, répondant à une vitesse de l'eau moindre que dans la rivière ou le torrent, n'est obtenue qu'en exposant le canal d'amenée à s'ensabler, c'est-à-dire en compromettant le régime du canal tout entier.

A partir du canal d'amenée, le tracé au contraire doit être tel qu'il n'y ait plus ni grands remblais ni déblais; les prises d'eau devant s'y faire sans barrages, en terrain naturel, et aussi rapprochées que l'exigent les besoins de l'irrigation. Ce tracé comporte naturellement, dans les pays accidentés, des courbes dont le rayon varie de 80 à 150 mètres, afin d'éviter les angles qui diminuent le débit et causent des atterrissements ou des dégradations de l'ouvrage.

En ce qui concerne la section du canal de distribution proprement dit, elle doit évidemment diminuer en raison de la pente, au fur et à mesure du débit fourni aux arrosages. C'est seulement si la pente du pays est très forte, comme on ne peut augmenter au delà d'une certaine mesure celle du canal, que l'on ménage par des écluses, des chutes aux endroits où l'industrie peut les utiliser.

Ces considérations générales sur l'établissement des canaux ne font pas qu'il n'y ait des exceptions, justifiées par la nature des eaux ou par la configuration du territoire. C'est ainsi que Nadault de Buffon, après avoir discuté minutieusement les données des canaux italiens, conseille l'adoption d'une pente de $0^m,60$ à $0^m,90$ par kilomètre, qui ne saurait être dépassée, de crainte d'avaries aux bords du canal et aux ouvrages d'art, par suite d'affouillements. Il y a toutefois des cas où il est essentiel que le canal porte le volume d'eau maximum, sans qu'on puisse mettre en balance les dommages avec le supplément de dépenses résultant de plus forts revêtements. Le canal de Crapponne, par exemple, a des pentes de 1 à 2 mètres par kilomètre, ou de $1^m,25$ en moyenne, eu égard aux chutes; ces pentes ont été nécessitées par les eaux limoneuses qu'il charrie, par la plus-value que les terres reçoivent des limons et par l'étendue des terres arrosables. Une réduction de pente se fût faite au détriment des produits du canal (1).

Les déchargeoirs permettent toutefois d'éviter des fortes pentes, telles que celles du canal de Crapponne, tout en

(1) De Gasparin, *Journal agric. prat., loc. cit.*, p. 547.

modifiant la section du canal, de façon à ne lui laisser que la quantité d'eau voulue.

Canaux de l'Italie. — Dans le Naviglio-Grande, la section d'origine permet de recevoir une quantité d'eau beaucoup plus grande que celle qu'il doit conserver définitivement; mais un premier déchargeoir lui enlève déjà un tiers en moyenne du volume initial; et comme le barrage a arrêté toutes les matières et les sables que le Tessin charrie dans les parties basses de son lit, pour les détourner dans le canal, le déchargeoir, avec ses vannes de fond, est appelé à jouer un autre rôle : celui qui consiste à rejeter la plus grande partie de ces matières de nouveau dans le lit du fleuve, en aval. Les déchargeoirs suivants complètent cet effet, sans que la pente du canal soit pour cela altérée. Les gardiens, chargés de la manœuvre des déchargeoirs, se règlent sur des hydromètres ou échelles graduées que portent des plaques en marbre, scellées dans la paroi d'un petit puits au bord du canal.

Une autre disposition que celle des déchargeoirs, revient à installer un vannage à l'embouchure même, afin de pouvoir au besoin interdire complètement l'accès des eaux limoneuses; elle a été appliquée au canal Cavour, dont nous donnons plus loin la monographie.

Les pentes, d'ailleurs, ne varient pas moins que les sections, dans les grands canaux, et souvent dans le même canal. Dans celui de Pavie, la pente établie par le régime des écluses est en moyenne de $0^m,13$ par kilomètre; mais elle est d'environ $0^m,28$ dans la partie supérieure jusqu'au Casarile et de $0^m,03$ dans la partie inférieure, avec des vitesses correspondantes, par seconde, de $0^m,88$ et $0^m,02$. Au Naviglio-Grande, les pentes varient de $0^m,06$ à $1^m,54$ avec des vitesses par seconde de $0^m,23$ à $2^m,63$. Au canal Martesana, la pente est comprise entre

$0^m,36$, et $0^m,58$; enfin, au canal de Caluso, qui n'est pas navigable, la pente moyenne atteint $3^m,70$ par kilomètre. Aussi bien les pentes de $1^m,54$ que celles de $3^m,70$ sont excessives et entraînent des dépenses considérables d'entretien. D'un autre côté, un canal d'irrigation qui doit avoir un débit important n'est pas tenu d'avoir les faibles pentes d'un canal de navigation ; à moins de lui constituer de large ssections, plus coûteuses, et de l'exposer à des pertes plus grandes, par infiltration et par évaporation, et surtout à des atterrissements qui nécessitent des curages dispendieux.

Comme profondeur, les grands canaux italiens ont de 1 à 2 mètres ; leur section est un trapèze, quand les berges sont formées par le talus naturel des terres, et un rectangle surmonté d'un trapèze, quand les bords immergés sont en maçonnerie, ou revêtus d'un perré.

Le fond du canal étant toujours formé par le sol naturel, on établit seulement des radiers à l'approche des ouvrages d'art. Si le sol est trop absorbant, dans certains endroits, le canal étant de construction récente, on recourt aux colmatages par de petits barrages mobiles, en ajoutant quelquefois de la chaux aux eaux troubles, de préférence au bétonnage. L'étanchéité devient très suffisante au bout d'un certain temps. Pour les fuites sur les bords des berges, il en est autrement ; on n'hésite pas à maçonner. De même, si le remblai est trop incliné ou trop peu résistant, on construit des murs de soutènement et le canal est maçonné avec joints en ciment.

Aux approches des ponts, des aqueducs, des écluses, etc., et dans les tournants où la déclivité est plus grande, la maçonnerie est le plus souvent défendue par des pieux ou pilotis, plantés de 3 en 3 mètres en moyenne, et à quelques centimètres en avant du bord, quand le canal est navigable.

Les souterrains sont assez rares en Italie; on cite, comme on le verra plus loin, ceux du canal Caluso : les galeries de Saint-Georges sont au nombre de deux, d'une longueur égale de 700 mètres, avec 4 mètres de largeur et $4^{m},50$ de hauteur.

Enfin, les canaux italiens, sont bordés des deux côtés, ou d'un seul, par un chemin, parfois planté d'arbres, qui est réservé le plus souvent à l'usage exclusif du service (1).

Données spéciales. — Indépendamment des données générales que nous venons d'exposer, il y en a de particulières, quant à ce qu'il faut éviter dans l'établissement d'un canal; car autrement elles le rendraient trop onéreux comme installation, ou bien improductif. Il nous suffira de les énumérer.

Ainsi, le canal d'amenée ne doit pas avoir une trop grande longueur par rapport au canal de distribution; les ouvrages d'art ne doivent pas être trop nombreux, ni trop considérables; les terrains perméables exigeant des travaux d'étanchement doivent être évités; le parcellement des propriétés qui doivent recevoir les eaux ne doit pas être considérable, à cause du nombre de rigoles qu'il implique, etc. Toutes ces conditions à éviter visent le même objet, celui d'une dépense qui charge l'opération sans profit et peut la ruiner. Enfin, importe-t-il de s'assurer que la pente initiale du cours d'eau alimentaire suffit pour garantir, jusqu'aux limites du périmètre arrosable, les pressions indispensables au service de distribution des eaux.

Les canaux ne sont pas uniquement tracés pour une large utilisation agricole des eaux, mais encore au point de vue des forces motrices qui deviennent à leur tour

(1) A. Hérisson, *loc. cit.*

un moyen d'étendre les zones irrigables dans les plaines trop haut situées pour être atteintes par des dérivations naturelles.

Qu'il s'agisse d'un canal d'irrigation pure et simple, ou mixte, comprenant la distribution par des chutes de la force motrice, la dépense d'eau d'un canal d'irrigation est un des points délicats sur lesquels l'attention doit être plus spécialement appelée au moment de l'installation de la prise, en vue d'un volume déterminé; c'est aussi le point essentiel, puisqu'il importe avant tout de conduire l'eau nécessaire pour l'arrosage du périmètre voulu. Si même le canal était absolument étanche, il perdrait de son volume initial par l'évaporation; mais cette cause de perte n'est rien à côté de celle due à l'absorption et aux infiltrations.

Les observations faites par les ingénieurs français sur les pertes des canaux de navigation sont loin d'être concordantes, d'autant plus que la dépense d'eau dans ces sortes de canaux s'augmente encore du remplissage des écluses pour le service de la batellerie, des fuites par les portes d'écluses et du remplissage du canal ou des sections de canal, après les périodes de chômage, pendant lesquelles le sol, mis à sec, se fendille et devient absorbant.

Au canal de l'Ourcq la perte par infiltration a été trouvée égale à une tranche de $0^m,06$ à $0^m,10$ en 24 heures; au canal du Midi, à une tranche de $0^m,03$ à $0^m,04$; à celui de Narbonne, avec berges en gravier, à une hauteur de $0^m,80$, quoique le canal fût en service depuis quinze ans; aux canaux de Briare et du Loing, à deux fois celle due à l'évaporation. Sganzin a proposé de compter, pendant les premières années de fonctionnement, sur une perte égale à une tranche de $0^m,05$ de hauteur par 24 heures; mais Minard dit qu'elle varie de

$0^m,01$ à $0^m,02$ d'abaissement par 24 heures jusqu'au centuple, et qu'elle devient incalculable suivant la nature du terrain traversé. On verra plus avant quel coefficient il convient d'adopter pour l'évaluation de ces causes de perte d'eau dans les canaux d'irrigation.

2. *Canaux secondaires et particuliers.*

Les canaux secondaires peuvent servir, dès leur embranchement, à l'irrigation; auquel cas, il est plus essentiel encore que pour les grands canaux, d'éviter les ouvrages d'art. Malheureusement, dans des pays sillonnés déjà en tous sens par des canaux, des rigoles, des routes, etc., comme la vallée du Pô, le problème devient de jour en jour plus difficile. En allongeant le parcours, on trouve plus d'économie qu'à construire des siphons, des aqueducs, etc.

La section de ces canaux étant plus petite, les courbes peuvent être d'un rayon moindre; les chutes peuvent être aussi plus nombreuses. Il importe, en tous cas, de ne pas aller au delà d'une section normale, en réduisant plutôt la pente, au fur et à mesure que les eaux se dépensent en arrosages.

Les mêmes observations s'appliquent aux canaux particuliers alimentés par des ruisseaux, des sources ou des réservoirs, qui ont ordinairement de très petites sections.

Quand les canaux secondaires ou particuliers sont tracés en partie comme canaux d'amenée, et en partie comme canaux de distribution, il y a lieu de tenir compte des remarques qui ont été présentées pour les canaux principaux.

Canal particulier. — Le petit canal de Galgagnano, dans la province de Lodi, offre un type établi récemment aux frais d'un particulier, M. Delmati. Ce canal emprunte ses eaux à la Muzetta ou Muzzino qu'alimentent des sources; il est tributaire de l'Adda.

L'eau du Muzzino, d'une température douce et égale pendant l'hiver, est dérivée par un canal de 1,200 mètres, à raison de 700 litres par seconde, qui servent à l'arrosage de 24 hectares de prés-marcites (1).

3. *Colateurs.*

Les colateurs constituent une classe de canaux non moins importants que ceux d'irrigation, proprement dits; on peut même ajouter que, dans les pays d'arrosage, ils en forment le complément indispensable.

La quantité d'eau que les canaux déversent sur le sol, si elle ne trouvait un écoulement rapide et continu par un système complet de colateurs, deviendrait, par la stagnation, une source d'insalubrité telle que force serait de renoncer à l'arrosage.

Contrairement à ce qui a lieu pour les canaux mêmes, les colateurs destinés à recevoir de nouveaux affluents sur leur parcours et à grossir jusqu'à leur embouchure, ont une moindre section à leur origine et une portée qui va en augmentant. Tandis que les canaux doivent être tenus autant que possible sur les faîtes pour distribuer leurs eaux sur les deux versants, les colateurs doivent suivre toujours les thalwegs pour recevoir toutes les eaux qui s'écoulent des terrains supérieurs. Il n'est pas rare que des colateurs assainissant des terres situées à un plus haut niveau, servent à leur tour de canal d'amenée pour l'arrosage des terres inférieures.

La nature des colateurs varie en premier lieu avec

(1) *Inchiesta agraria. Memoria di Bellinzona*, vol. VI, t. II, p. 111.

l'allure du cours d'eau dans lequel ils débouchent. S'ils sont établis en tranchée, ils reçoivent la pente la plus forte que comportent les terrains dans lesquels ils sont creusés, par rapport aux niveaux de leur embouchure et des cours d'eau. Ce motif fait qu'on ne peut guère augmenter la profondeur des colateurs au delà de très faibles limites; mais alors on augmente leur largeur moyenne.

Leur tracé ne comporte pas d'angles aigus, ni des courbes de raccordement trop accentuées, comme pour les canaux d'irrigation; leur émissaire doit être le plus souvent protégé contre le reflux des eaux du fleuve et contre les crues, par des vannes ou par des clapets.

En Lombardie, le système des colateurs de la vallée du Pô est aussi complexe et non moins admirable que celui des canaux d'irrigation.

Dans la première partie de son cours, le Pô, d'abord encaissé, avec un lit de cailloux et de graviers, traverse le Piémont et le Novarais jusqu'au Tessin, sans que sa pente ait beaucoup diminué par l'apport des alluvions. Entre le Tessin et l'Adda, la vitesse est déjà moindre, le lit est moins profond et les sables se déposent; plus en aval encore, jusqu'à Crémone, entre l'Adda et l'Oglio, les alluvions sont du limon et de l'argile; le fleuve coule au niveau de la plaine; mais après Crémone, comme pour une foule d'autres grands fleuves, le lit s'est exhaussé, le Pô est en remblai, et il faut dès lors protéger par des digues la plaine dont le niveau est plus bas que le sien.

On conçoit, d'après cela, que les anciens lits de torrents et les petits cours d'eau, en amont de l'Adda, puissent servir de colateurs; mais en aval, les colateurs ont à traverser la digue du fleuve, et plus bas encore, doivent-ils pour la traverser, franchir en remblai la vallée latérale, après l'avoir longée sur une plus ou moins grande distance avec de faibles pentes, jusqu'à ce que leur niveau soit supérieur à l'étiage moyen du fleuve. Ce moyen devient bientôt insuffisant à son tour; alors on a recours à des machines élévatoires pour rejeter les eaux du colateur dans le fleuve. Enfin on est contraint de renoncer à cette décharge dans le cours inférieur du Pô et de mettre à profit des canaux spéciaux, établis suivant le thalweg des vallées latérales, qui débouchent directement dans la mer, et permettent de dessécher et de mettre en culture des milliers d'hectares jusque-là submergés.

Toutes les eaux d'irrigation destinées aux fonds inférieurs, à partir de l'Adda, passent au-dessus des colateurs par des ponts-canaux dont un des bords forme déversoir, de sorte que l'eau en excédent tombe dans le colateur. Aux époques des grandes pluies qui rendent l'irrigation superflue, les ponts-canaux sont barrés et leurs bouches de fond sont ouvertes pour laisser échapper l'eau directement dans le colateur.

D'après ce que nous avons dit de leurs faibles pentes, les colateurs doivent être entretenus dans un parfait état de curage; ce qui occasionne une dépense constante, plus ou moins considérable. Nous traitons plus loin des curages.

b. TRACÉ DES CANAUX.

Dans les canaux de navigation où il n'y a pas de courant proprement dit, sauf aux écluses garnies de murs et de radiers, il n'y a pas à s'occuper, quand on les trace, de la résistance des terrains, ni du choix des sections qui doivent varier selon les modifications de la pente, ou selon la diminution progressive des volumes d'eau.

1. *Pentes.*

Il n'en est pas de même du tracé d'un canal d'arrosage que gouverne entièrement le choix préalable des pentes. Soit que l'on opère au niveau de pente, ou au niveau horizontal, l'un et l'autre de ces instruments étant parfaitement vérifiés et d'une rigoureuse précision, une des plus sûres méthodes pour obtenir un tracé économique qui procure l'épargne des terrassements et l'égalité aussi approximative que possible entre les déblais et les remblais, consiste, en se tenant autant qu'on le peut à zéro du terrain naturel, à faire un tracé avec des pentes inférieures à celles que l'on veut conserver. On est certain dans un grand nombre de cas, qu'avec des tracés ainsi faits, se tenant à mi-côte dans les vallées, on approchera de la réalisation la moins coûteuse et la meilleure sous tous les rapports. Toutefois convient-il, surtout lorsque le terrain accidenté est entrecoupé de vallons ou de contreforts, de n'arrêter les nivellements qu'autant que les courbures de l'axe du canal sont peu sensibles. Les coudes d'angle, les sinuosités des lignes brisées doivent être soigneusement proscrits pour ne pas aboutir à une diminution de la section qui sera exactement calculée. Le premier tracé que donne le nivellement de pente devra être le plus souvent raccourci, et conséquemment, les pentes se trouveront un peu augmentées quand on le remaniera; aussi il importe que le premier nivellement soit tenu avec des inclinaisons toujours plus faibles que les pentes définitivement adoptées.

Une fois la ligne décidée, en n'admettant que des courbes au minimum de 150 et de 100 mètres, on procède à un nivellement tout à fait exact suivant la trace sur le terrain, au moyen duquel on établit le profil longitudinal où figurent la ligne d'eau et la ligne du fond du canal. Ce tracé définitif est repéré sur le terrain avec la plus grande précision, dans les parties rectilignes, comme dans les parties courbes, et aux brisements de pente. Un sillon de $0^m,20$ à $0^m,30$ de profondeur, creusé à la charrue, marque sur le terrain l'emplacement réel de l'axe du canal, et deux sillons semblables limitent de chaque côté le périmètre des terrains à occuper pour l'établissement du canal seul, ou accompagné de ses francs-bords.

L'établissement du profil définitif dépend à son tour du choix des sections correspondant à la pente adoptée pour le canal. Ces sections ne se réfèrent pas seulement au trapèze compris entre le plan d'eau et le fond du canal, dans le périmètre mouillé, mais encore aux berges et aux talus, tant pour les déblais que pour les remblais.

Nous avons indiqué plus haut les pentes de quelques grands canaux italiens, variant entre $0^m,20$ et $3^m,70$ par kilomètre, le tableau I, emprunté à Mangon, montre cependant que ces limites ont été parfois dépassées.

Tableau I. — *Pentes de quelques canaux.*

DÉSIGNATION DES TERRAINS.	PENTES PAR KILOMÈTRE.
	mètres. mètres.
Rigoles d'arrosage en pays de montagnes, dans le Tyrol, les parties hautes des Alpes, etc....	2.00 à 6.00
Canaux d'Alaric, de la Gespe et de Tarbes......	2.22 à 5.00
Canal du Bazer (Haute-Garonne)...............	0.24 à 0.50
Canal de Crapponne..........................	0.86 à 2.30
Canal des Alpines (partie moderne)...........	0.30 à 0.50
Canaux de Saint-Julien, de Cavaillon, etc......	0.45 à 1.60
Canal de Marseille..........................	0.30 à 1.00

DÉSIGNATION DES TERRAINS (*Suite*).	PENTES PAR KILOMÈTRE.
	mètres. mètres.
Canal de Pierrelatte	0.13 à 0.41
Canal d'Ivrée (Piémont)	0.52 à 1.28
Canaux particuliers du Piémont	0.36 à 0.84
Naviglio-Grande (Milanais) (1)	0.06 à 1.55
Canal de Pavie (1)	0.03 à 0.28
Canaux particuliers du Milanais	0.27 à 0.62

Suivant les terrains traversés, les pentes maxima des divers canaux par mètre courant (tableau II) ont été déterminées dans le but de faciliter la rédaction des projets; mais il ne s'agit là que d'évaluations approximatives.

TABLEAU II. — *Pentes que comportent les divers terrains.*

DÉSIGNATION DES TERRAINS.	PENTES MAXIMA par MÈTRE COURANT.
	mètres.
Terres détrempées	0.000016
Argiles tendres	0.000045
Sable	0.000136
Graviers	0.000433
Cailloux	0.000570
Pierres en gros fragments	0.001509
Cailloux agglomérés, schistes tendres	0.002115
Roches tendres	0.002786
Roches dures	0.007342

(1) Les chiffres de Mangon ont été modifiés, pour ces deux canaux navigables, d'après les données de l'ingénieur d'Ambrosio (*Navigazione interna*, Roma, 1878).

Il en est de même des vitesses déduites des observations (tableau III) au delà desquelles, dans les différents terrains, le courant commence à dégrader le fond et les parois des canaux.

Tableau III. — *Limites de vitesse de l'eau suivant les divers terrains.*

NATURE DU FOND.	LIMITES de la VITESSE DE L'EAU par seconde.
	mètres.
Terres meubles détrempées	0.076
Argiles tendres	0.152
Sable	0.305
Graviers	0.609
Cailloux	0.914
Pierres en gros fragments	1.220
Cailloux agglomérés, schistes tendres	1.520
Roches solides tendres	1.830
Roches dures	3.050

Ces données, on le conçoit, ne peuvent servir que d'indications ; ce qui est suffisamment exact pour les cours d'eau, en fait de vitesses maxima, ne l'est plus pour des canaux, et encore moins pour des rigoles. Il est du plus grand intérêt parfois que les limons portés par les eaux troubles arrivent sur le terrain qu'ils améliorent; or, selon la vitesse, les limons sont entraînés ou déposés par le courant. La nature des eaux influe ainsi sur la question des pentes à donner aux canaux d'arrosage, d'après leur destination.

2. *Sections.*

Le choix de la section se pose en ces termes : étant donné la portée d'eau et la pente d'un canal, déterminer sa section.

Une formule, celle d'Eytelwein (1) (*Handbuch der Mechanik und Hydraulik*, Berlin, 1842), basée sur

(1) Dans la première formule d'Eytelwein, $D \cos. \varphi = au + bu^2$, u représente la vitesse moyenne du courant, D le rapport que l'on obtient en divisant la section du courant par le périmètre mouillé, et cos. φ le cosinus de l'angle formé par l'inclinaison du lit avec la verticale ; ce cosinus n'est autre que la pente par mètre. Si l'on remplace dans la formule ci-dessus a et b par les coefficients d'expérience, g étant égal à 9,8044, on obtient :

$$D \cos. \varphi = 0{,}00717 \frac{u^2}{2g} + 0{,}000024\, u.$$

Des tables calculées donnent la valeur de D cos. φ pour des vitesses moyennes ; u variant de 0,01 à 3,00.

En ne tenant pas compte des coefficients numériques, la formule d'Eytelwein, débarrassée des valeurs qui représentent le rapport D entre la section et le périmètre mouillé et la vitesse moyenne u du courant, devient :

$$\cos. \varphi\, hx^2 - \frac{bQ}{h^2} x^2 - \left(\frac{aQ^2}{2gh^2} + \frac{16bQ}{h}\right) x - \frac{aQ^2}{gh}\, 4bQ = 0.$$

Mais Tadini a beaucoup simplifié cette formule fondamentale du mouvement de l'eau dans les rivières et les canaux, en lui donnant la forme suivante :

$$0{,}0004\, Q^2 = \cos. \varphi\, l^2h^3$$

ou bien

$$Q = 50\, lh \sqrt{h \cos. \varphi}\,;$$

cos. φ représentant la pente par mètre courant, l la largeur moyenne, h la hauteur, et Q la portée d'eau.

Ainsi la section est représentée très simplement par le produit de ses deux dimensions l et h, et l'on a :

$$\text{section} = lh = \frac{Q}{u} = \frac{Q}{\sqrt{h \cos. \varphi}} \text{ et } u = 50 \sqrt{h \cos. \varphi}.$$

Connaissant le volume, la pente et la hauteur d'eau d'un canal, on en déduit, d'après la formule simplifiée par Tadini, soit la section, soit la largeur, soit même la vitesse moyenne (*).

(*) Nadault de Buffon, *Hydraulique agricole*, 2e édit 1862, t. I, p. 345.

un grand nombre d'expériences faites en Allemagne, confirmée par les anciennes expériences de Dubuat et par les essais plus récents de l'Italie, à l'aide de très grandes comme de très petites sections, depuis $0^m,9$ jusqu'à plus de 3,000 mètres carrés, les pentes variant de $0^m,0003$ jusqu'à $0^m,01$ par mètre et les vitesses depuis $0^m,12$ jusqu'à $2^m,40$ par seconde, permet de résoudre le problème, en fournissant la largeur moyenne du canal. Cette largeur qui correspond à la moyenne du trapèze formé par le périmètre mouillé, offre sur celle au plafond, l'avantage de laisser l'évaluation de la section indépendante de l'inclinaison des talus. On obtient simplement cette section en multipliant la largeur moyenne par la hauteur, qui est le plus souvent fixée d'avance.

Telle qu'elle a été améliorée par Tadini, la formule d'Eytelwein donne des sections ou des largeurs un peu trop fortes pour les très petites dérivations, mais on peut dire d'une manière générale, sans égard pour les formules, quand il s'agit seulement de canaux d'arrosage placés dans des situations semblables, qu'une section convenable se déduit du rapport existant entre l'unité de volume et l'unité de largeur correspondante.

Quant à la largeur, par rapport à la hauteur de la section, la formule de Tadini permet de faire varier les dimensions suivant les conditions locales. Dans le plus grand nombre des cas, on adopte un rapport normal d'après lequel la largeur moyenne varie de une fois et demie à deux fois la profondeur.

Il n'a été question jusqu'ici que de la section des canaux à l'origine, c'est-à-dire en amont des premières bouches de distribution ; mais cette section doit décroître naturellement, en raison de la diminution du volume qui est débité. A la rigueur, la largeur à l'extrémité d'un canal d'arrosage pourrait être déterminée par le débit des dernières bouches à desservir; mais en pratique, il est reconnu que les eaux disponibles ne sont pas toutes utilisées dans la dernière section.

Pour citer un exemple de sections décroissantes, le canal d'arrosage d'Ivrée, sur 72 kilomètres de longueur, offre trois largeurs successives :

8m,40 sur 33 kilomètres.
7m,50 — 27 —
5m,40 — 12 —

La largeur du périmètre mouillé étant calculée pour le profil longitudinal, comme il vient d'être expliqué, il reste à déterminer la hauteur des berges et les talus.

3. *Causes de perte.*

Il y a lieu d'observer toutefois, avant de conclure à l'application de la formule Tadini, que la portée d'un canal d'irrigation ne comprend pas seulement le volume d'eau effectivement distribué en arrosages, mais encore une quantité supplémentaire, le plus souvent variable, résultant de l'eau perdue en filtration, en évaporation, dans les interstices des vannes et des déchargeoirs et de l'excédent débité par les bouches non réglées. Cette quantité supplémentaire donne lieu à une augmentation importante.

De même, il faut tenir compte de la nécessité de maintenir à la dérivation un surplus d'eau, en vue de la partie de la section des canaux qu'occupent les plantes aquatiques, ralentissant le débit du courant et exhaussant le plan d'eau; ce qui développe la pression sur les bouches de distribution et altère les conditions des régulateurs. Certains canaux, malgré des faucardements répétés, sont particulièrement envahis par les végétations parasites; cela dépend de la nature des eaux.

Des expériences ont démontré qu'un canal débitant 100 litres par seconde, pouvait perdre par l'absorption, l'infiltration et l'évaporation, une moyenne de 2 litres et demi dans les premiers 1,000 mètres de son parcours (1); mais on n'a comme données pratiques que celles constatées sur trois des principaux canaux de la Lombardie, dont les terrains d'alluvion reposent sur des bancs plus ou moins épais de sable, de gravier et de galets. Les observations, pour lesquelles nous avons conservé les pouces milanais, sont les suivantes (2) :

CANAUX.	DÉBIT EN POUCES		PERTE		
			totale		moyenne pour 100.
	calculé.	observé.	en pouces.	pour 100.	
Naviglio-Grande.	1.224	1.075	159	15	15
Martesana	654	584	70	12	
Muzza	1.768	1.482	286	19	

Jusqu'à cequ'il ait été procédé à des observations plus complètes, on doit s'en tenir, pour l'évaluation des eaux perdues, à cette approximation. En conséquence, étant donné le débit effectif des bouches d'un canal, ou la quantité d'eau qu'il devra distribuer, il conviendra de multiplier ce débit par 0,15 pour évaluer le volume total à introduire dans le canal (3).

D'après l'ingénieur Susinno, directeur technique du canal Cavour, les pertes dues à l'évaporation, aux infiltrations, aux fuites par les vannes des déchargeoirs et

(1) *Ann. des Ponts et Chaussées,* 1853.
(2) Vignotti, *Journ. agric. prat.*, 1863, t. II.
(3) Nadault de Buffon, *loc. cit.*, t. I, p. 351.

des appareils de mesure, étaient, en 1871, après une année de fonctionnement du canal, de 0,40 du volume d'eau introduit. La distribution ne s'était élevée cette année-là qu'à 47 mètres cubes environ par seconde; l'excédent introduit étant déchargé dans la Sesia. Depuis 1871, les pertes ont été graduellement en dimi-

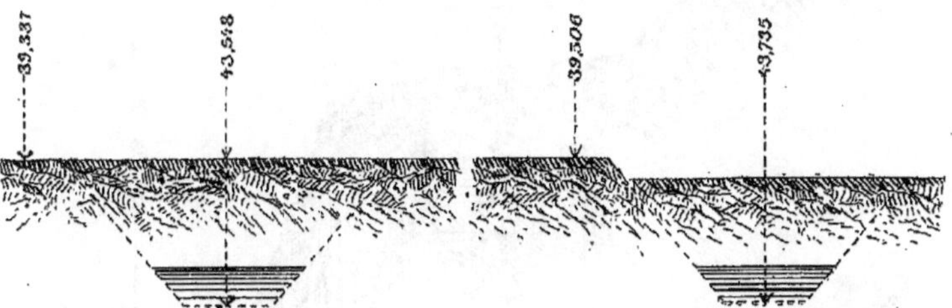

Fig. 89. — Profils de canaux avec talus en déblai d'un seul plan.

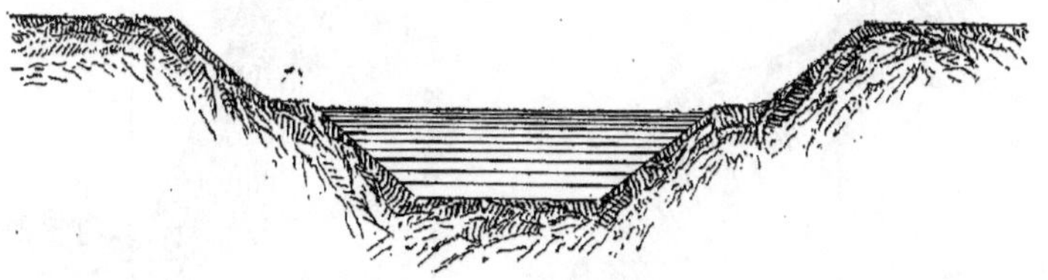

Fig. 90. — Profil de canal avec talus en banquettes.

nuant, et en 1882, le volume admis étant d'environ 100 mètres cubes par seconde, on en distribuait 85 mètres cubes; ce qui donne une déperdition absolue de 15 mètres par seconde ou de 0, 15 du volume introduit, sur une longueur totale de 170 kilomètres de canaux. Ce chiffre confirme pleinement celui résultant des observations faites sur les anciens canaux de la Lombardie.

4. *Berges et talus.*

La hauteur des berges, qui se mesure entre le niveau normal de l'eau et les banquettes des remblais, pourrait être de $0^m,15$ à $0^m,20$ pour des canaux d'arrosage régulièrement alimentés, mais à cause des arrivées d'eau

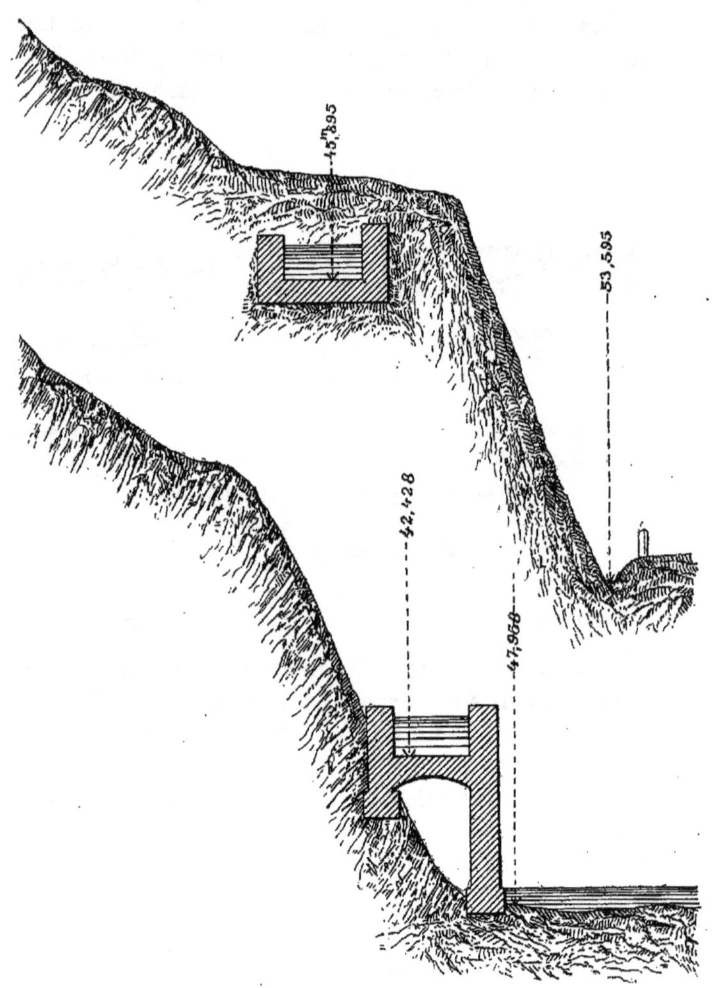

Fig. 91. — Profils de canaux en cuvette et adossé.

anormales et de l'exhaussement dû aux plantes, etc., on porte la hauteur de $0^m,40$ à $0^m,45$. Dans les canaux navigables d'arrosage, la hauteur de berge est encore plus grande, à cause des remous et du déplacement de l'eau par les bateaux.

Pour les talus, c'est la nature du terrain qui régit

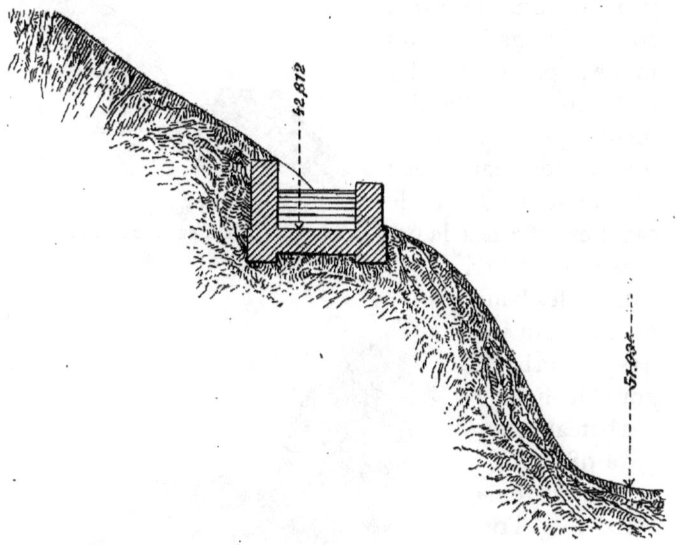

FIG. 92. — PROFIL DE CANAL A FLANC DE COTEAU.

l'inclinaison à donner aux déblais ou aux remblais. Dans les terrains solides les talus en déblai ont des inclinaisons variant entre un demi jusqu'à un de base pour un de hauteur. Quand le plafond du canal n'est qu'à une profondeur de 4 à 5 mètres au-dessous du niveau du sol, les talus en déblai se dressent sous un seul plan avec une base d'environ 0,75 de la hauteur. C'est ce qu'indiquent les profils relevés sur des canaux existants (fig. 89). Au delà de cette profondeur, comme on se trouve en véritable tranchée, on dispose les déblais par retraites successives, ayant chacune le même talus, ainsi que le montre le profil (fig. 90). Dans ce cas, les banquettes doivent être maintenues d'une largeur convenable, que le canal soit d'irrigation ou mixte, parce qu'elles reçoivent les éboulements qui, sans cela, tomberaient dans l'eau directement. Quand le canal est affecté à la navigation et à l'irrigation, les banquettes sont indispensables pour le halage des bateaux (fig. 95 à 98).

Fig. 93. — Profil de canal avec pierres de soutènement.

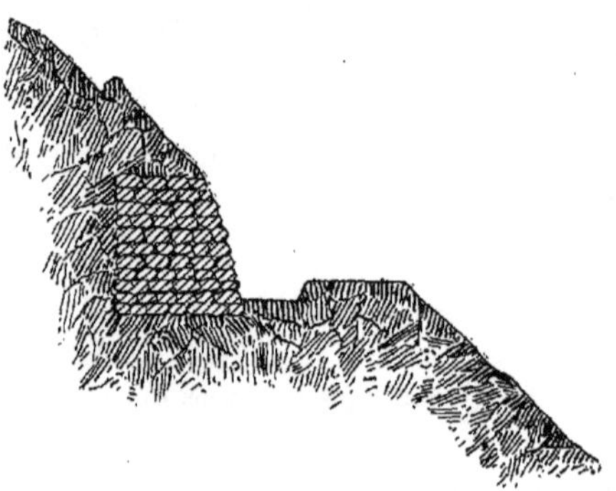

Fig. 94. — Profil de canal avec mur de soutènement.

Sauf les remblais que l'on peut établir avec les roches déblayées, sous des inclinaisons moindres de 45 degrés, le talus pour les terres ordinaires, ne saurait être inférieur à 1 et demi. Ces remblais ont pour profil, en général, un seul trapèze; il n'y a pas lieu, comme pour les tranchées, de leur donner un profil en retraites (fig. 96).

Dans les terrains de grande pente, le canal offre des difficultés particulières comme établissement. Les figures 91 et 92 montrent comment elles peuvent être vaincues, soit que l'on ait à creuser en déblai ou

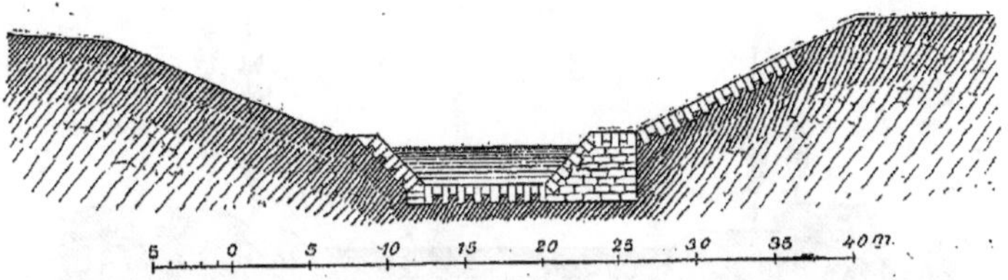

FIG. 95. — CANAL D'ILLE ET RANCE (BRETAGNE); PROFIL TRANSVERSAL.

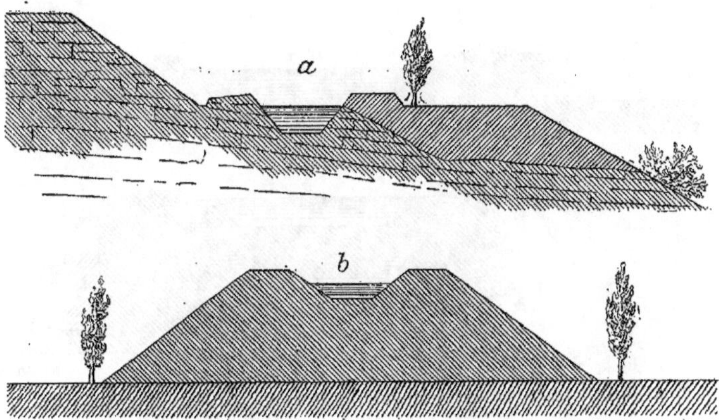

FIG. 96. — CANAL DE L'OURCQ; *a*, COUPE TRANSVERSALE A MI-CÔTE; *b*, COUPE TRANSVERSALE EN REMBLAI.

en galerie, soit qu'on adosse le canal à la paroi du rocher, soit enfin qu'on l'enclave à flanc de coteau. Quand on peut remblayer en avant du canal, on renforce la paroi contre la poussée de l'eau et on lui procure une banquette. Ainsi le terrain étant rocheux et fournissant des dalles ou pierres plates, on peut, à l'aide d'un revêtement à la base (fig. 93), conserver moins de talus à la paroi et gagner l'emplacement de la banquette; sinon, peut-on construire dans le même but, un mur en pierres sèches (fig. 94). De toutes manières, on évite

FIG. 97. — CANAL DU MIDI; PROFIL NORMAL.

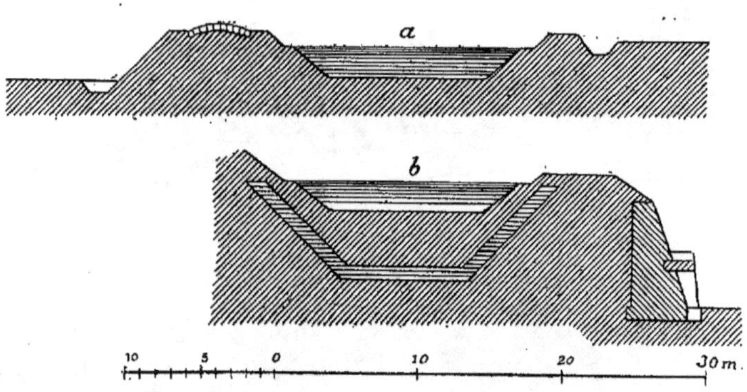

FIG. 98. — CANAL DU CENTRE; *a*, PROFIL NORMAL; *b*, PROFIL DANS LA LEVÉE DE CHAMILLY.

par là des mouvements de terre et des espaces dénudés et friables, à l'aplomb du canal.

Quelques profils normaux et accidentels des grands canaux dont nous avons eu à nous occuper, suffiront pour fixer les idées sur les dimensions que comportent les sections de ces ouvrages appliqués à la navigation, ces profils se réfèrent :

Fig. 95 ; au canal d'Ille et Rance (Bretagne);

Fig. 96; au canal de l'Ourcq : *a* représente une coupe à mi-côte, et *b* une coupe en remblai;

Fig. 97; au canal du Midi;

Fig. 98; au canal du Centre : *a* représente le profil normal, et *b* le profil dans la levée de Chamilly.

c. OUVRAGES D'ART.

Nous serons très bref quant aux ouvrages d'art ordinaires qui trouvent leur application dans la construction des canaux à eau courante, ayant déjà traité longuement des écluses et martelières, des barrages et des prises d'eau.

1. *Déversoirs*.

Il a été dit au sujet des digues de réservoirs et de prises d'eau, que pour empêcher les eaux d'atteindre un niveau supérieur au niveau normal, il est fait usage de déversoirs de superficie à l'aide desquels le trop-plein s'épanche à l'extérieur. En outre, les biefs des canaux sont munis d'un ou plusieurs déversoirs de fond, fermés par des vannes, soit qu'il faille les vider pour faire des réparations ou des curages, soit qu'il faille remédier aux dommages que causent les crues, tout en ayant pris les dispositions nécessaires pour les écarter : ce sont alors des déchargeoirs.

Les déversoirs de superficie sont un des plus sûrs moyens de régler les eaux dans les canaux d'arrosage. Leur nombre et leur largeur dépendent du volume attribué au débit pendant les crues.

Nadault de Buffon fait justement observer qu'avant

l'établissement des six grands déversoirs du Naviglio-Grande, cet important canal éprouvait à chaque crue du Tessin, des avaries plus ou moins désastreuses. Depuis leur construction, il est pour ainsi dire à l'abri de tout danger (1).

Andréossy, qui a écrit l'histoire du canal du Midi, ne se montre pas favorable à l'établissement des déversoirs, par le motif que lorsque les eaux surviennent

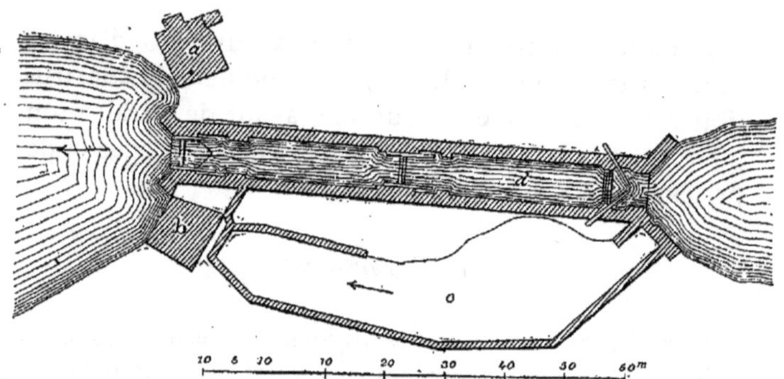

FIG. 99. — CANAL DU MIDI; ÉCLUSE DE BAYARD AVEC BIEF LATÉRAL POUR CHUTE D'USINE.

abondamment, elles glissent le long de l'ouverture des déversoirs, plutôt qu'elles ne s'échappent par cette ouverture. Cette objection, que Pareto fait valoir dans une note, n'est aucunement justifiée par l'expérience.

Nous avons fait remarquer que les usines sont généralement placées sur le canal même, à l'endroit de la chute. Dans ce cas, il est toujours utile d'avoir un déversoir et un bief latéral pour pouvoir rendre l'eau au

(1) *Hydraulique agricole : les Canaux d'irrigation*, 2e édit., t. I, 1862, p. 392.

bief inférieur quand l'usine chôme. On a ainsi deux canaux, l'un servant de coursier à l'usine, et l'autre de collecteur par le déversoir entre les deux biefs. Une disposition de ce genre est réalisée par l'écluse de Bayard, sur le canal du Midi (fig. 99), et par beaucoup d'autres écluses sur les canaux français et italiens.

Canal du Jucar. — Le déversoir de superficie du canal du Jucar (Alcira, Espagne) qui sert à régler le niveau de l'eau, est situé à 2 kilomètres, environ, à l'aval du barrage, et se compose de deux parties de $3^m,10$ de longueur chacune. Le déversoir proprement dit est tout en pierre de taille ; sa largeur en couronne est de $1^m,60$ et la hauteur de chute est de $2^m,20$. Au pied de la chute se trouve une risberme en pente douce, de 10 mètres de longueur, complètement revêtue en pierres de taille. A la suite de la risberme, un glacis d'enrochement est maintenu par un grillage en charpente.

A côté du déversoir, une maison de garde, M, renferme une grande vanne de fond qui s'ouvre seulement au moment des crues (1).

La figure 100 représente en coupe et en plan le déversoir qui vient d'être décrit et qui peut être considéré comme le type des systèmes appliqués au canal du Jucar.

2. *Déchargeoirs.*

Les déchargeoirs dont l'objet principal, comme nous venons de l'indiquer, est de vider le canal pour le mettre à sec, lors des curages ou des réparations, sont de véritables prises d'eau sous le rapport de leur construction, c'est-à-dire qu'ils comportent une maçonnerie formant

(1) M. Aymard, *Irrigations du midi de l'Espagne*, p. 82.

deux culées ou bajoyers entre lesquels s'étendent le radier et le seuil, placés au même niveau que le fond du canal. Les vannes se construisent, comme pour les prises d'eau, en une ou deux parties, suivant leur hauteur, et sont le plus souvent protégées, en amont et en aval, par un radier en libages ou en bois.

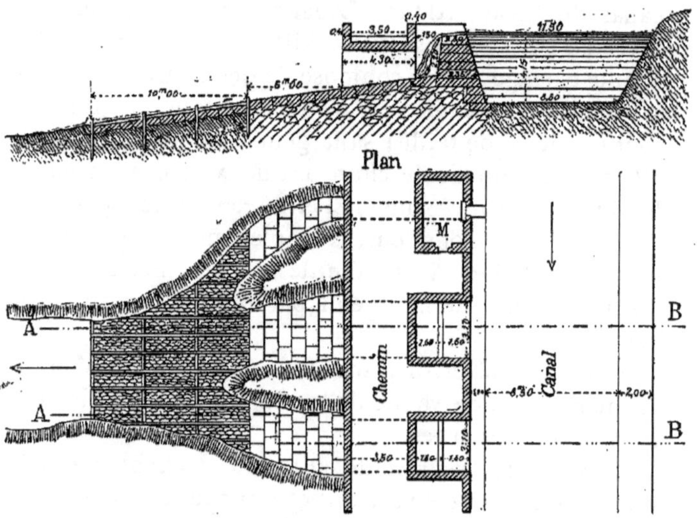

FIG. 100. — CANAL DE JUCAR; PLAN ET COUPE SUIVANT AB D'UN DÉVERSOIR DE SUPERFICIE.

Les déchargeoirs installés, à la sortie des colateurs, sur le même modèle que les vannes d'embouchure, servent pour emmagasiner pendant un certain temps les eaux de vidange qui ne peuvent pas momentanément s'écouler en temps de crue du fleuve, et empêcher que les eaux de ce dernier ne les refoulent, en dégradant le canal.

Les vannes à clapets, ayant leurs tourillons placés

dans un axe horizontal et que l'on a employées quelquefois aux embouchures des colateurs, sont disposées de manière que, tout en laissant écouler les eaux jusqu'à un niveau moyen, elles les arrêtent quand il arrive une crue subite; mais à ces moyens ingénieux, il convient de substituer de simples vannes, ou portes busquées, que les eygadiers surveillent et manœuvrent au moment voulu : c'est plus pratique et plus sûr.

Plusieurs essais ont été faits de déversoirs à siphon, agissant comme déchargeoirs de fond, ou comme déversoirs à volonté, que nous mentionnons plus loin.

Canal Cavour. — Sur le canal Cavour, des déchargeoirs ont été établis pour la traversée des torrents et des rivières, c'est-à-dire dans la Dora Baltea, l'Elvo, le Cervo, la Sesia, l'Agogna et le Terdoppio. Un autre déchargeoir, dit du Poasso, se trouve entre l'édifice de prise et la Dora, à 4 kilomètres de l'embouchure, moyennant lequel on rend au Pô l'excédent des eaux que l'on a dû prendre pour empêcher l'ensablement du canal.

Tous ces déchargeoirs sont construits sur le même type. Celui de l'entrée du canal est formé de 13 ouvertures de 2 mètres de largeur, séparées par des piles en pierres de taille, dont la longueur est de 7 mètres dans la direction du courant, et la largeur de $1^{m},20$. Après avoir essayé des portes busquées en tôle de fer, qui s'ouvraient simultanément par un moyen mécanique, mais ne pouvaient plus se fermer à cause des sables, on a installé, pour fermer les ouvertures, des poutrelles engagées l'une au-dessus de l'autre, dans les rainures verticales des murs de jouée.

Pour ouvrir rapidement en temps de crue, on manœuvre les poutrelles par des crochets fixés à leurs extrémités, à l'aide de crocs, et si la pression de l'eau est trop forte, à l'aide d'un treuil dont les chaînes s'engagent dans les anneaux de la poutrelle de fond; l'ensemble est alors remonté d'un seul coup et l'on enlève au fur et à mesure les poutrelles qui arrivent à niveau. C'est sur des planches placées en travers des piles, que

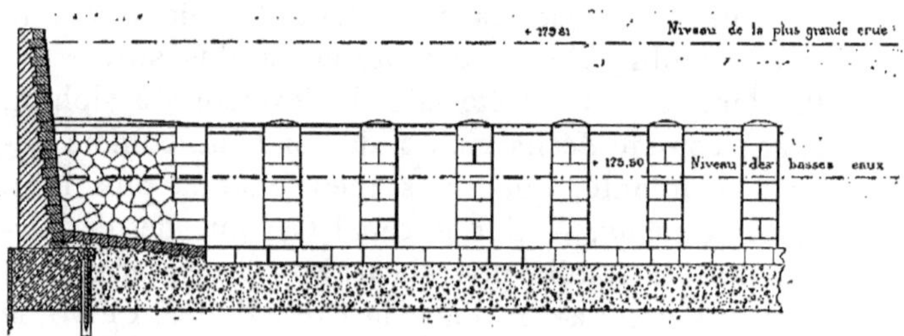

FIG. 101. — CANAL CAVOUR; DÉCHARGEOIR DU PÔ A LA PRISE D'EAU; VUE D'AMONT.

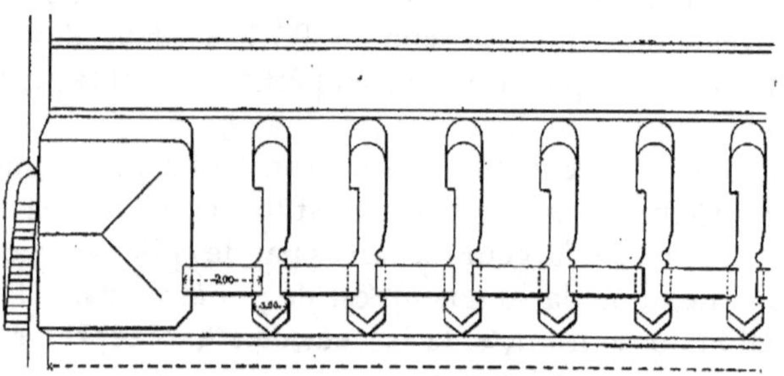

FIG. 102. — VUE AU NIVEAU DU PLAN SUPÉRIEUR (fig. 101).

les hommes travaillent à l'enlèvement des poutrelles, ou disposent le treuil que des chaînes amarrent aux murs de jouée.

Le déchargeoir dit du Pô, que nous venons de décrire, s'appuie d'un côté contre les murs de droite de l'embouchure, et de l'autre côté contre une digue de

285 mètres, solidement établie pour contenir et conduire vers le lit du fleuve les eaux de décharge de la prise. Digue et mur sont insubmersibles, même pendant les plus fortes crues.

Les figures 101 à 104 représentent le déchargeoir; la

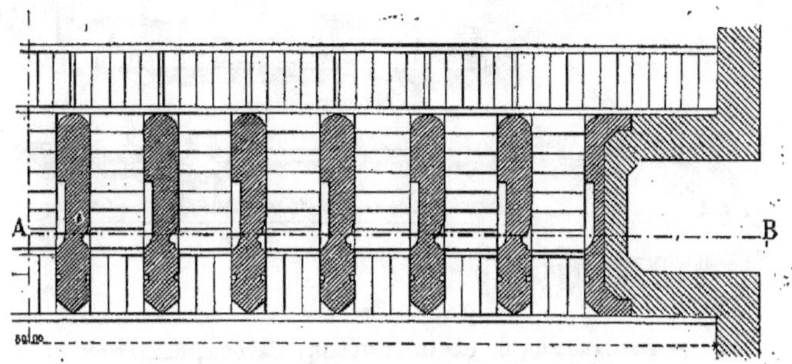

FIG. 103. — PLAN AU NIVEAU DU PLAFOND (fig. 101).

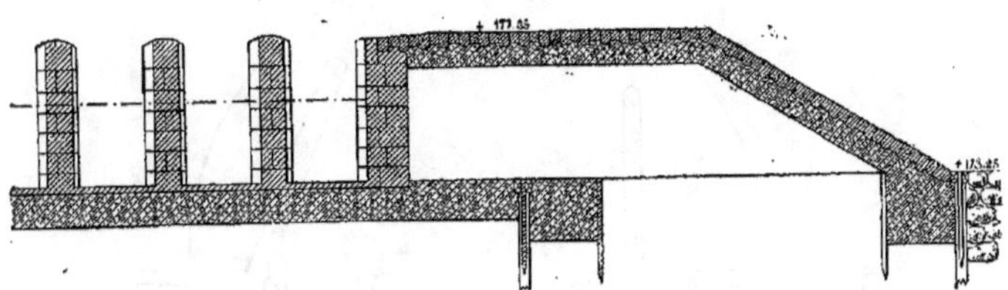

FIG. 104. — COUPE SUR A B (fig. 103).

figure 101, vu d'amont; la figure 102, vu au niveau du plan supérieur; la figure 103, au niveau du plafond, et la figure 104, en coupe suivant la ligne A B de la fig. 103.

Canal auxiliaire Cavour. — Le déchargeoir du canal auxiliaire Cavour est formé de deux parties distinctes; l'une comprenant deux ouvertures de $7^m,20$ de largeur chacune, séparées par une pile de $2^m,40$ de hauteur et $2^m,20$ d'épaisseur ; l'autre comprenant quatre ouvertures, chacune de $1^m,40$, séparées par des piliers en pierres de taille, de $0^m,40$ d'épaisseur. Une

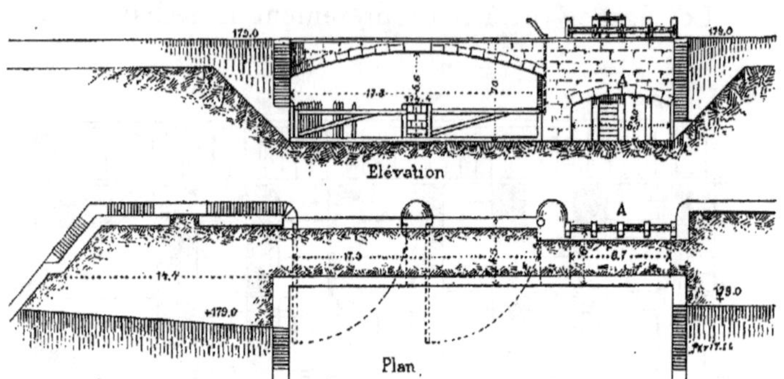

FIG. 105. — DÉCHARGEOIR DU CANAL AUXILIAIRE CAVOUR ; ÉLÉVATION ET PLAN.

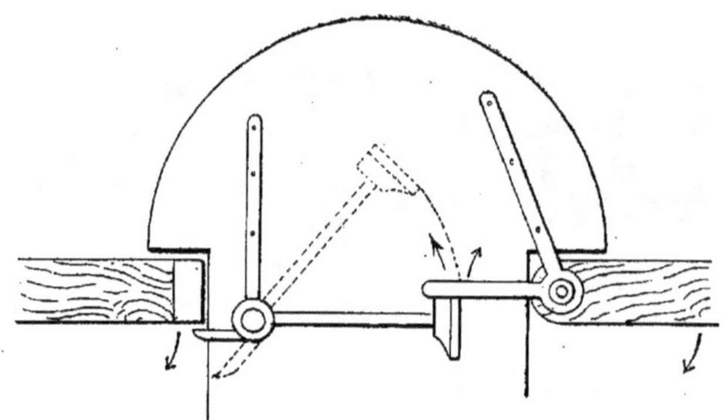

FIG. 106. — APPAREIL AUTOMATIQUE POUR LES PORTES TOURNANTES (fig. 105).

arche couvre ces quatre ouvertures ; de même qu'une arche plus élevée couvre les deux plus grandes. Les portes à poutrelles, qui s'ouvrent d'amont en aval, celle de droite entraînant automatiquement la porte de gauche, ont dû être remplacées par douze vannes de $1^m,40$ de largeur sur 3 mètres de hauteur, analogues à celles du déchargeoir du Pô. La Dora charriant beaucoup de limon et de sable, mêlés à des galets, et la largeur des

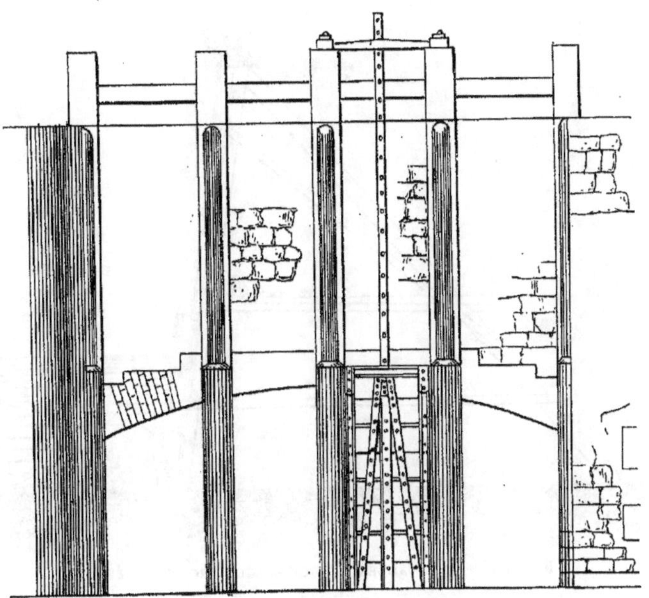

FIG. 107. — VANNES DU DÉCHARGEOIR, CÔTÉ D'AMONT (fig. 105).

portes étant aussi trop grande, on fut obligé, après quatre années de mauvais service, de revenir aux vannes adoptées pour le reste du canal (fig. 106).

Dans la figure 105, le déchargeoir du canal auxiliaire est représenté en élévation et en plan, avec indication des principales dimensions. La figure 106 montre l'appareil automatique pour manœuvrer les portes tournantes, et la figure 107, le détail des vannes de l'ouverture A, vues du côté d'amont.

Curages. — Les déchargeoirs servent à obtenir spécialement la vidange rapide d'un canal, lors des curages. Ces curages qui ont lieu, en Italie, à deux époques de

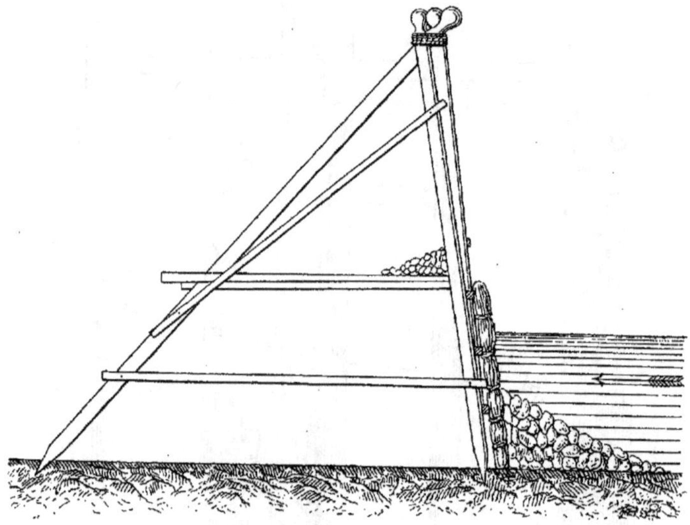

FIG. 108. — BATARDEAU DE CHÔMAGE; PROFIL LATÉRAL.

l'année, au mois de mars et au mois de septembre, et font chômer chaque fois le canal pendant une dizaine de jours, peuvent devenir des opérations très coûteuses, surtout lorsque les eaux développent par leurs matières fertilisantes la croissance rapide et touffue des herbes dont le faucardement périodique s'impose.

La mise à sec des canaux qui n'ont pas de déchargeoir s'opère à l'aide d'un batardeau formé d'une série de grands chevalets en bois, à trois pieds, fichés dans le lit du canal et reliés par des moises : devant ces chevalets sont placés des madriers, puis des fascines, ensuite du gravier, et par-dessus le gravier, une épaisse toile qui a 6 ou 8 mètres de côté, et plonge jusqu'au fond du canal (fig. 108).

L'importance des dépôts dépend de la nature plus ou moins trouble des eaux. En Lombardie, où les eaux des canaux se sont épurées par leur passage à travers les lacs, les limons ne sont pas conséquents ; ailleurs, les frais de curage et de faucardement sont considérables. Les boues et les graviers ne sont pas très abondants dans le Naviglio-Grande, tandis qu'on y rencontre une grande quantité d'herbes aquatiques. Dans les canaux de la Martesana, de la Muzza et de Pavie, les dépôts sont plus forts; mais c'est surtout dans ceux du Piémont, qu'alimentent des rivières torrentielles, comme la Dora-Baltea, que les atterrissements coûtent cher à enlever.

Pour le canal intérieur de Milan qui reçoit les boues, les immondices et les déjections de la ville, le curage s'opère à l'aide d'écluses de chasse et de rabots que traînent des chevaux. Ce canal intérieur fait fonction d'égout; il est la suite du canal de la Martesana pénétrant dans Milan, à la Porte-Neuve, après un parcours de 38 kilomètres et le traversant du nord au midi, dans l'enceinte, jusqu'au pont de Saint-Marc où il forme un bassin muni de deux écluses (fig. 109). C'est à partir de ce bassin que commence le canal intérieur, ou *Fossa interna*, d'une largeur qui varie entre 8 et 12 mètres. Pour donner une idée de l'importance des ouvrages d'art sur ce curieux canal qui a un développement de 5 kilomètres et 5 écluses de navigation, il suffira de faire remarquer que dans ses trois sections : *Naviglio morto, Fossa interna* et *Naviglio di San-Ge-*

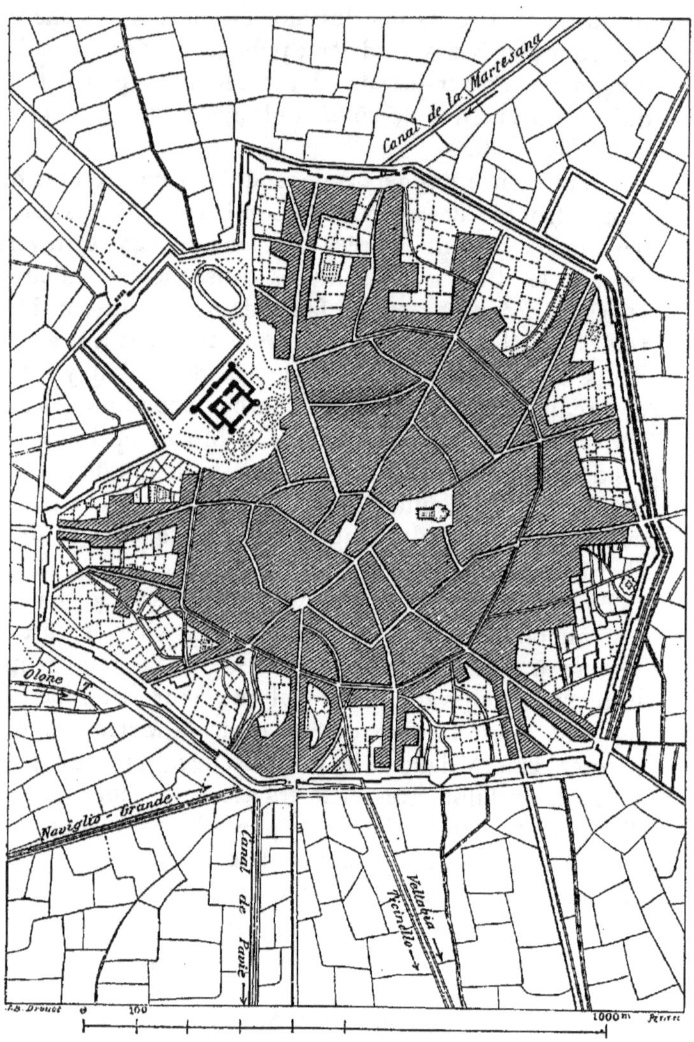

FIG. 109. — PLAN DE LA VILLE DE MILAN ; DISTRIBUTION DES CANAUX INTÉRIEURS.

rolamo s'arrêtant au Forum Bonaparte, il comporte 31 dérivations, dont 6 sur la rive droite et 25 sur la rive gauche, y compris le déchargeoir ou *tombone* de Saint-Marc qui alimente le canal Redefossi, et le déversoir ou *fugone* du pont des Pioppette d'où part le canal Vettabbia, connu par les qualités fertilisantes de ses eaux appliquées à l'irrigation des marcites milanaises (1).

Épanchoirs. — Dans certains canaux, comme au canal du Midi, les déversoirs et les déchargeoirs sont remplacés, pour le règlement de niveau, par des ouvrages dits épanchoirs de fond, avec ou sans siphon. L'épanchoir d'Espatiasses, d'une construction compliquée et d'une réparation difficile, n'a qu'un faible débit et remplit imparfaitement le but principal pour lequel il a été construit, celui d'éviter un pont de service, afin de ne pas couper le chemin de halage.

3. *Souterrains.*

Les canaux de navigation à point de partage ont généralement un souterrain d'une certaine longueur, à l'aide duquel on diminue la hauteur du seuil à franchir, en réduisant le nombre des écluses. On installe dès lors les réservoirs à une cote plus basse, à laquelle ils peuvent recueillir l'eau sur une plus grande superficie et la retenir plus facilement.

Canaux d'Italie. — Dans les canaux italiens d'arrosage, les souterrains se présentent accidentellement. L'Italie du nord a pu s'en passer, sauf au canal Caluso, parce que les prises d'eau se font en aval des vallées; mais il n'en est pas de même sur tous les versants de

(1) Em. Bignami, *I canali nella città di Milano*, 1868.

montagne, et ils deviennent indispensables quand les barrages sont forcément établis en amont des vallées à escarpement.

Les galeries de Saint-George, construites dès 1764 pour le canal Caluso (Piémont), sont au nombre de deux : la galerie Bioleto a 693 mètres, et la galerie Fenoglio 724 mètres de longueur; elles offrent une section commune de 3m,08 au niveau du radier; 3m,60 aux

Fig. 110. — Canal Caluso; coupe du souterrain Bioleto.

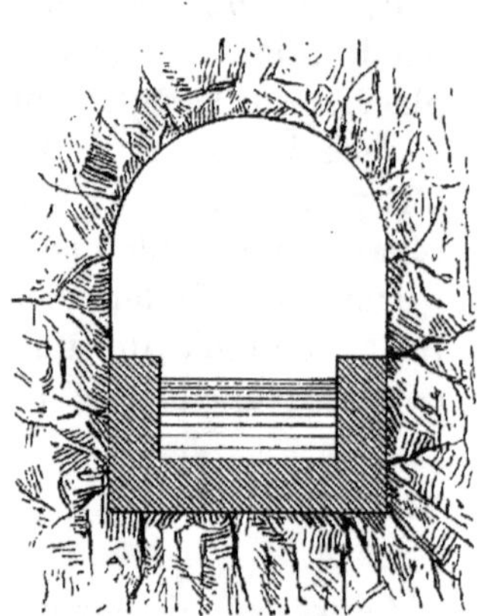

Fig. 111. — Canal d'Alexandrie; coupe de souterrain projeté.

naissances des voûtes en plein cintre et 4m,55 de hauteur sous clef (fig. 110). Les voûtes et les pieds-droits sont en moellons; l'intervalle qui sépare les deux galeries est occupé par une tranchée de 43 mètres de longueur.

Pour une galerie à ouvrir dans le rocher, telle que l'établit le projet du canal d'Alexandrie, la section fig. 111 a été adoptée; l'emploi de la maçonnerie, le rocher étant solide, y a été restreint à la cuvette du canal.

Les plus petits souterrains, suivant Nadault de Buffon, c'est-à-dire ceux de $2^m,50$ à 3 mètres de largeur, ne peuvent guère coûter moins de 150 à 200 francs le mètre courant; les plus grands, ceux qui ont de 8 à 9 mètres d'ouverture, comme cela a lieu aux points de partage des canaux de navigation, coûtent, dans des circonstances ordinaires, de 1,200 à 1,500 francs le mètre courant.

Canal de Marseille. — Le canal de Marseille offre le cas exceptionnel, sur un parcours total de 92 kilomètres, d'une longueur de près de 17 kilomètres en tunnel. Des 46 souterrains qui forment cette longueur, trois ont plus de 3,000 mètres; le premier traverse la chaîne des Taillades sur 3,674 mètres; le second (souterrain de l'Assassin) avec 3,473 mètres, et le troisième (souterrain de Notre-Dame) avec 3,491 mètres de longueur, franchissent les deux contreforts de la chaîne montagneuse de l'Étoile.

Le souterrain des Taillades fut attaqué en 1839 par 14 puits et terminé seulement en 1846, après des difficultés sans nombre, créées par les eaux d'infiltration, par une puissante nappe souterraine et par des calcaires à éboulement, succédant à des roches compactes d'une dureté extrême. Ces difficultés, surmontées après un travail actif, acharné, grâce à l'énergie de l'ingénieur de Mont-Richer, qui n'a pas eu un moment de défaillance ni de désespoir pour le succès de son œuvre (1), ne laissent pas que d'avoir élevé la dépense de ce souterrain au chiffre de 3 millions de francs. En effet, sur les 1,017 mètres de puits qu'il fallut foncer, le mètre courant a coûté en moyenne 667 francs, et le mètre de galerie, indépendamment des puits, a coûté 629 francs; de

(1) *M. de Mont-Richer et le canal de Marseille,* par F. Martin, Paris, 1878.

telle sorte que le prix de revient définitif par mètre courant, est revenu à 816 francs.

Le souterrain de Notre-Dame a dû être maçonné en entier, après avoir exigé des épuisements assez considérables; vers la tête d'amont le terrain était si mouvant que le sol superficiel s'affaissait; le prix du mètre courant a été de 548 francs. Dans le souterrain de l'Assassin, qui a présenté moins d'obstacles, le coût est descendu à 434 francs.

On conçoit que des travaux de cette importance et de ce coût aient pu se justifier par les besoins d'une ville opulente comme Marseille, mais ils ne sauraient servir de règle pour des canaux d'irrigation.

Canaux de la Bourne et du Verdon. — C'est déjà très sérieux, dans un canal de simple arrosage, comme celui de la Bourne, quelque produit qu'on ait prévu pour l'utilisation de ses eaux, que le tracé ait comporté des tunnels dont le premier, immédiatement en amont du barrage, sur la rive droite de la rivière, se développe sur une longueur de 1,053 mètres, tantôt en souterrain, tantôt prenant jour à ciel ouvert. La plus grande partie des galeries du canal, ouvertes dans une marne argileuse très dure, ont dû être revêtues de maçonnerie. Une seule a été percée dans le calcaire compact que l'on rencontre en aval de Saint-Nazaire.

Le canal du Verdon, destiné en partie à l'alimentation de la ville d'Aix, a réclamé aussi la construction de tunnels nombreux et très importants. Pour le souterrain des Maurras s'étendant sur 4,136 mètres, il a fallu creuser sept puits dont quatre ont plus de 100 mètres, et un, plus de 200 mètres de profondeur. Celui de Ginasservis offre une longueur de 5,080 mètres, et les 12 puits qui ont servi à son ouverture représentent ensemble une profondeur totale de 717 mètres. Le souterrain de Pierrefiche se développe sur 3,029 mètres; les souterrains de Rians et de Saint-Hippolyte, sur 891 et 950 mètres. Le canal de Marseille, dont l'exécution impliquait « une organisation d'élite », s'est trouvé ainsi distancé sous le rapport des souterrains.

Tunnel de l'Aude. — La construction de galeries s'impose parfois comme unique moyen de dérivation des cours d'eau, en vue de l'irrigation. Nous pouvons citer, à cet égard, le tunnel entrepris aux environs de Carcassonne, pour amener les eaux de l'Aude sur l'étang desséché de Marseillette. Cet étang, couvrant plus de 2,000 hectares, entre le canal du Midi et la rive gauche de l'Aude, fut envahi après desséchement par les efflorescences salines; l'engrais faisant défaut sur une surface aussi vaste et la sécheresse la menaçant d'une stérilité complète, on se décida à creuser un tunnel de 2,550 mètres de longueur à travers le plateau, dont l'élévation atteint 30 mètres. Grâce à ce tunnel d'une largeur de $1^{m},60$ et d'une hauteur de $2^{m},10$, le seul étant placé à $1^{m},75$ en contre-bas de l'étiage estival de l'Aude, l'irrigation du bassin formant l'ancien étang a été assurée, avec un revenu croissant des cultures (1).

Tunnel de la Bohui (Banat). — Une application du même genre que celle de l'Aude, a été réalisée sous notre direction, pour dériver les eaux du ruisseau Bohui dans une autre vallée que celle où il coule, à l'aide d'un barrage avec déversoir et écluse, et d'une galerie souterraine servant d'aqueduc. Les dessins (fig. 112 à 116) indiquent la solution complète.

La Bohui est un de ces nombreux cours d'eau qui descendent du massif cristallin des Karpathes, au midi

(1) *Journ. agric. prat.*, 1851, t. XV, p. 477.

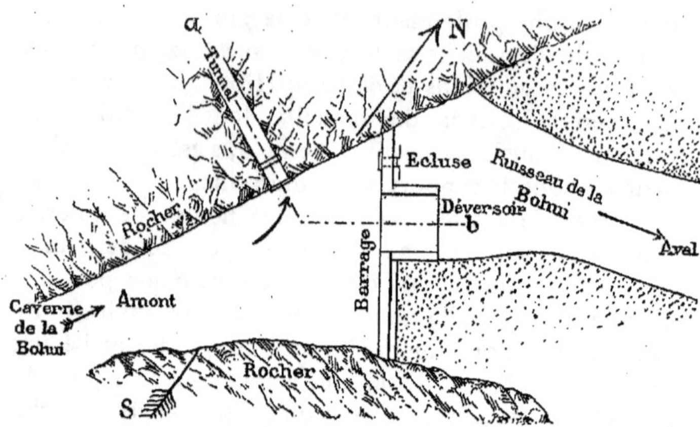

FIG. 112. — PRISE D'EAU ET TUNNEL DE LA BOHUI; PLAN GÉNÉRAL.

de la Transylvanie, dirigés vers le Danube. Elle prend sa source à 800 mètres d'altitude, et, après un parcours de 5 kilomètres environ, se perd complètement dans une fissure du calcaire néocomien qu'elle traverse, au fond d'une grotte de 1 kilomètre de longueur, avant de se déverser dans la Karas.

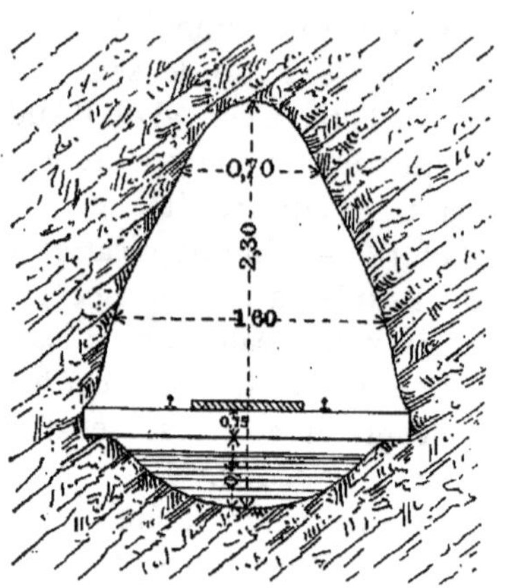

FIG. 113. — TUNNEL DE LA BOHUI; COUPE VERTICALE.

Le barrage (fig. 112) est établi en aval de la sortie de la grotte, pour élever le niveau de l'eau d'alimentation du tunnel. Il est muni d'une écluse et d'un déversoir dont les détails sont donnés (fig. 114 à 116). La galerie, pour une vitesse du courant évaluée à 60 mètres par minute, offre une pente de 1/500. Pour

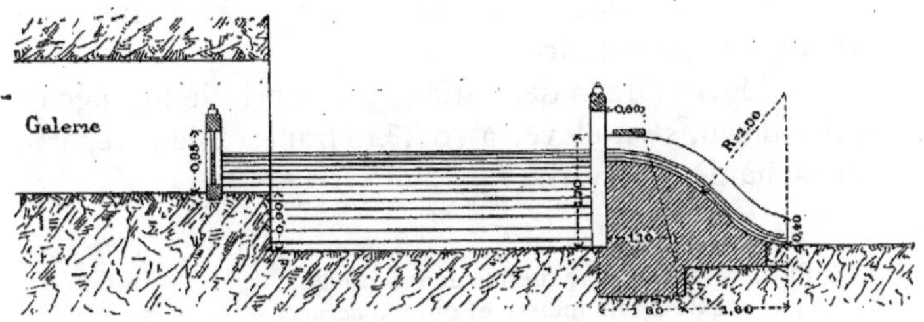

Fig 114. — Coupe par la galerie et le déversoir (fig. 112).

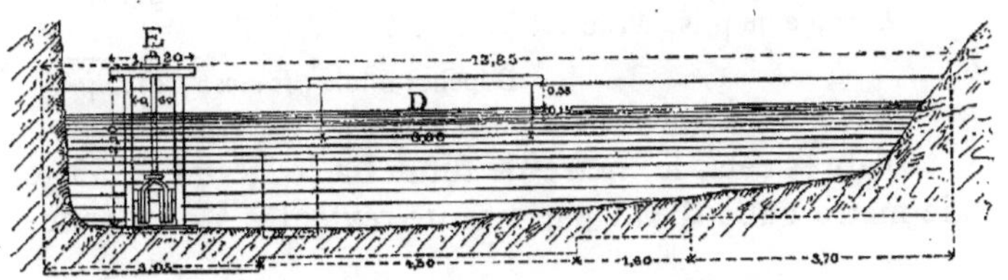

Fig. 115. — Vue en arrière du barrage (fig. 112).

accélérer le percement à travers le calcaire jurassique compact et très dur, on a foncé un puits à 60 mètres de profondeur qui a permis l'attaque sur quatre points à la fois. Un autre puits de 15 mètres de profondeur, à une distance de 85 mètres de la prise, a été aussi foncé, mais pour améliorer l'aérage.

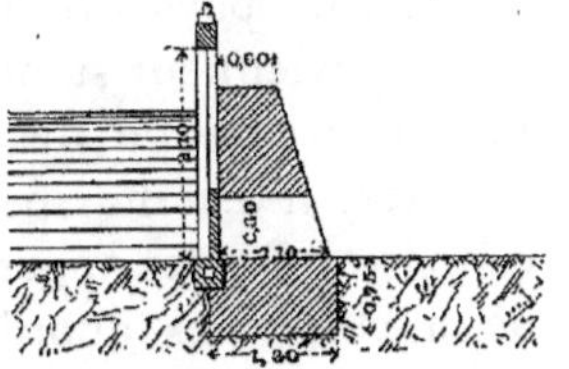

Fig. 116 — Coupe par l'écluse (fig. 112).

La section de la galerie (fig. 113) a une forme ovale à la partie supérieure, sur une hauteur de $1^m,75$, et à la partie inférieure, la forme d'une cuvette dont la hauteur, avec le seuil qui la recouvre, est de $0^m,55$; de telle sorte que la hauteur totale intérieure est de $2^m,30$, la largeur maximum étant de $1^m,80$. La cuvette est revêtue de béton sur tout le parcours du tunnel, d'une longueur de 1,280 mètres.

La dépense de la dérivation, y compris le barrage de prise d'eau, s'est élevée à 101,340 francs; elle se répartit de la manière suivante :

	fr.
Puits central de 60 mètres de profondeur.......	8.600
Tunnel de 1,280 mètres et puits d'aérage.......	76.696
Revêtement en béton de la cuvette...............	7.314
	92.610
Barrage de prise d'eau...........................	8.730
Dépense totale : francs	101.340

D'après cela, le mètre de tunnel a coûté 72 fr. 35, et le mètre cube d'eau par minute revient à 5,067 francs.

4. *Ponts et ponceaux.*

Dans les pays où l'irrigation est très développée, les ponts deviennent si nombreux que, pour ne point gêner la circulation des routes par des réparations fréquentes, il est indispensable de les construire en maçonnerie. On les appareille même parfois en biais, afin de ménager les abords des voies de communication que traverse le canal.

Quand le canal s'applique en même temps à la navigation, on est astreint, dans l'établissement de ces ouvrages, aux prescriptions habituelles quant à la hauteur sous clef, aux naissances des voûtes, aux banquettes de halage, aux tabliers mobiles, etc.

Les ponceaux ont une moindre importance, et pas plus que pour les ponts, qui n'offrent rien de particulier, entrerons-nous dans les détails de leur construction.

5. *Ponts-canaux.*

Il est quelquefois nécessaire de faire franchir des cours d'eau aux canaux, sans que l'on puisse recourir à un

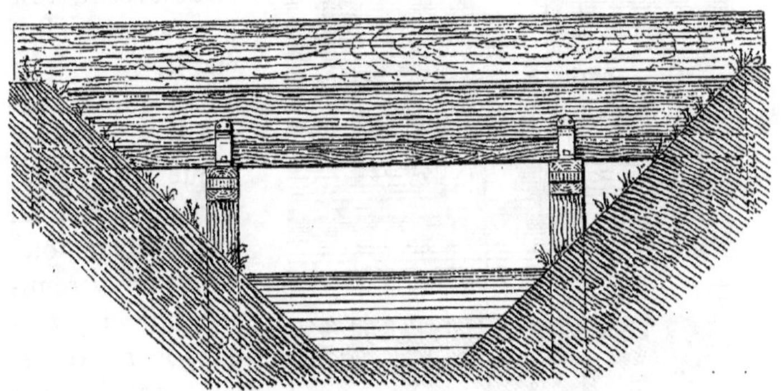

FIG. 117. — PONT-CANAL EN BOIS; ÉLÉVATION.

aqueduc ou à un siphon. Les ouvrages qui facilitent cette traversée, se construisent d'après les mêmes principes que les ponts ordinaires, en tenant compte de la charge supérieure du corps du canal sur les voûtes, les piles et les culées.

S'il s'agit d'un canal destiné en même temps à la navigation, la cuvette du canal est réduite comme section à celle qui est indispensable pour le passage d'un seul bateau.

Dans les canaux de moindres dimensions, pour arrosage ou conduite d'eau on emploie le bois, le fer ou la maçonnerie. Petermann (1) décrit un mode de construction en bois (fig. 117 et 118) dans lequel les parois du canal sont formées avec des madriers de $0^m,09$ à $0^m,12$ d'équarrissage, et le fond, en madriers également (bois de chêne) de $0^m,10$ à $0^m,15$, assemblés à tenons et mortaises, fortifiés à l'intérieur du canal par des cornières en fer, et à l'extérieur par des étrésillons. Une toiture en bois recouvre le pont-canal ainsi établi.

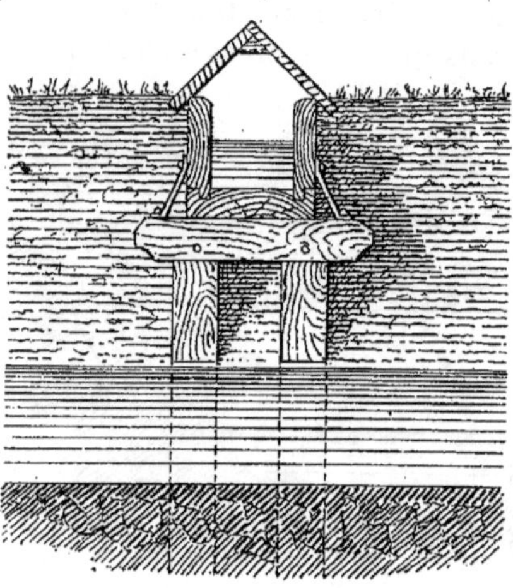

FIG. 118. — PONT-CANAL EN BOIS; COUPE TRANSVERSALE.

Une autre disposition qu'il indique (fig. 119 et 120) consiste en un canal en tôle, dont les extrémités sont engagées dans la maçonnerie, en laissant le jeu nécessaire pour la dilatation du métal. Les crêtes des berges sont également consolidées par un corroi qui prévient tous glissements. La disposition et l'assemblage des tôles sont détaillés dans la figure 120.

Dans les grands ouvrages, la plus sérieuse difficulté vient de la perméabilité de la cuvette. On a naturellement essayé les bétons revêtus de bitume, les dalles de lave de Volvic, etc. La tôle et la fonte, malgré le prix plus élevé auquel revient la cuvette métallique, offrent

(1) *Beiträge zum Schleusen und Brückenbau*, Stuttgart, 1875.

l'économie qui résulte d'un plafond plus bas, de la voûte supprimée et de piles avec culées moins hautes.

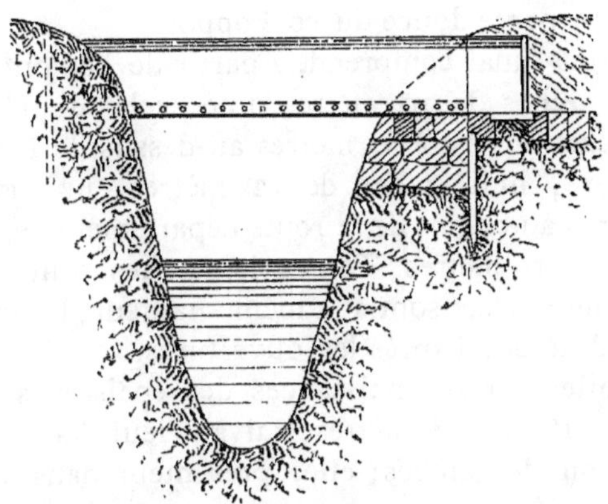

Fig. 119. — Pont-canal en tôle; coupe transversale.

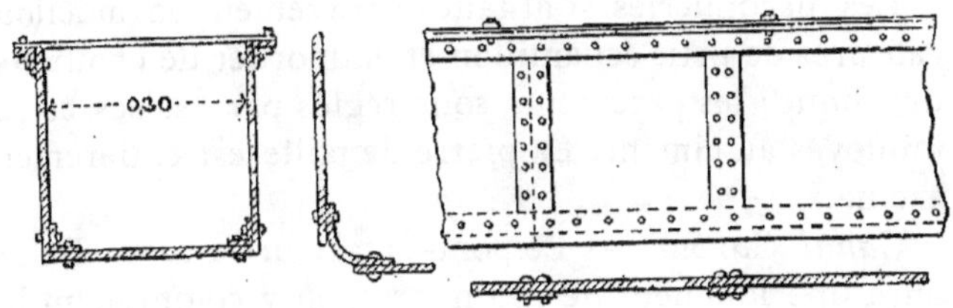

Fig. 120. — Pont-canal en tôle; détails d'assemblage.

Canal de la Bourne. — Le canal de la Bourne, récemment exécuté pour l'irrigation de la plaine de Valence (Drôme), est tracé de façon qu'il débouche sur le promontoire du rocher dominant le village de Saint-Nazaire-en-Royans, à proximité du confluent de la Bourne même, dans l'Isère. En raison du resserrement de la vallée sur ce point, un pont-canal a été construit la franchissant au-dessus du village, à une hauteur de

35 mètres, supérieure au niveau de l'étiage de la rivière, sur une longueur de 235 mètres. Les bancs de rochers abrupts suivant lesquels se profile la rive droite, se relèvent en pente douce du côté opposé.

Le pont-canal comprend, à partir de l'amont, quatre petites arches de 10 mètres, une arche de 15 mètres dont l'extrados est à 35 mètres au-dessus de l'étiage de la rivière, huit arches de 12 mètres, une arche de 15 mètres au-dessus de la route départementale, et deux arches de 10 mètres. Toutes les arches sont en plein cintre; leurs clefs sont à la même hauteur; les cotes des cintres diffèrent d'après les ouvertures.

Les piles ont aux naissances des épaisseurs qui varient de $1^m,60$ à 3 mètres, suivant leur hauteur et la dimension des arches; elles présentent dans tous les sens un fruit de $1^m,20$ et sont toutes fondées sur le rocher dérasé.

Les maçonneries sont faites entièrement en moellons calcaires de petit échantillon et en mortier de chaux hydraulique; les parements sont réglés par assises et rejointoyés au ciment. La pierre de taille est entièrement exclue.

Canal Cavour. — Le pont-canal sur la Dora-Baltea offre une longueur de 193 mètres, en y comprenant les culées; il est formé de neuf arches ayant 16 mètres de corde et $1^m,60$ de flèche (fig. 121).

Les fondations des piles et des culées sont en béton, reposant sur des pilotis que fortifient latéralement des palplanches en chêne, de $0^m,10$ d'épaisseur et 3 mètres de longueur. La couche de béton de $1^m,50$ de hauteur, porte un soubassement de $0^m,50$ de hauteur en pierres de taille; puis une assise en retraite de $0^m,30$, sur laquelle se dressent les piles et les culées à $2^m,50$ de hauteur. Jusqu'aux impostes des arches, le revêtement

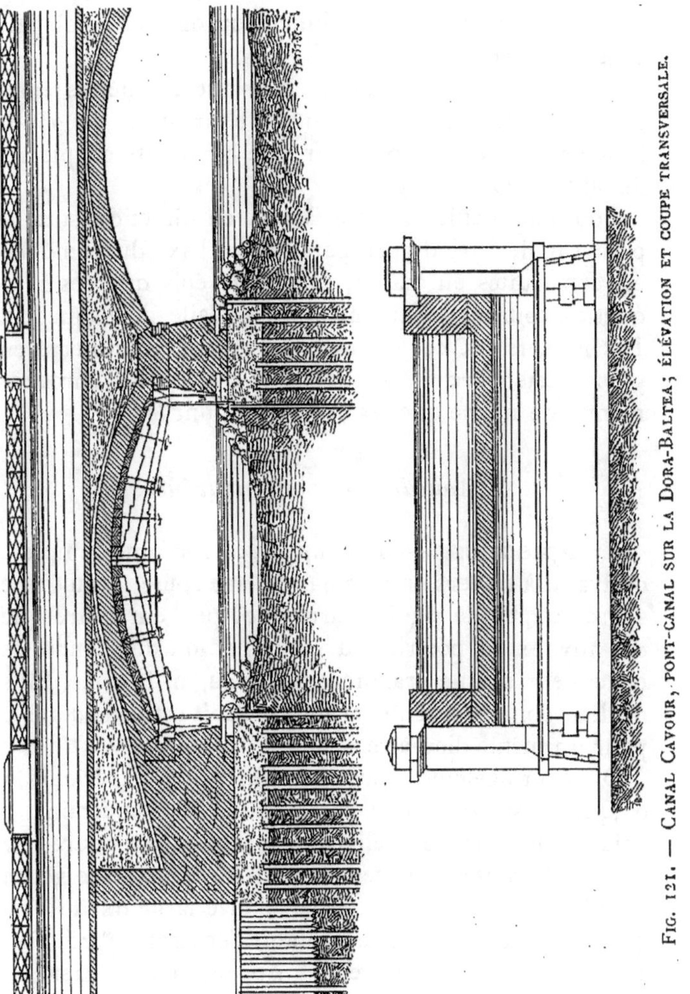

Fig. 121. — Canal Cavour, pont-canal sur la Dora-Baltea ; élévation et coupe transversale.

est exécuté en pierres de taille, la maçonnerie intérieure

étant mixte. Dans les arches, les murs de jouée et les tympans, des briques de dimension ont été employées avec joints en ciment.

La largeur au fond du canal est de 20 mètres entre les murs latéraux de $3^m,70$ de hauteur et $1^m,75$ de largeur, qui se terminent par une banquette en pierres de taille avec parapet.

Pour maintenir la Dora-Baltea en direction sous le pont-canal, deux digues parallèles à l'axe du canal ont été construites en amont, avec deux épis que des banquettes courbes relient aux murs d'aile de l'aqueduc. Les musoirs de ces digues sont revêtus d'un perré en gros galets avec béton et protégés par des enrochements, de même que les culées du pont (1).

6. *Aqueducs et ponts-aqueducs.*

a. **Aqueducs.** — Les aqueducs les plus simples, dérivant, à travers un remblai ou une route, l'eau d'une source ou d'une rigole d'arrosage, peuvent n'être que des tuyaux en poterie ou en fonte, ou des conduites en ciment qui ne craignent pas l'eau, ni la gelée. Plus on leur donne de pente, et plus le débit est considérable pour un même diamètre.

On peut également, avec des diamètres supérieurs à $0^m,40$, construire sur place des aqueducs souterrains, à l'aide de briques non gélives et du ciment. La figure 122 montre la coupe transversale d'un aqueduc de ce genre dont le pourtour est formé par douze largeurs de briques, le diamètre intérieur étant d'environ $0^m,45$. Recouvert de $0^m,20$ de terre pas trop argileuse, exempte de pierres et bien pilonnée, puis d'un macadam de

(1) A. Hérisson, *loc. cit.*

même épaisseur, un tel ouvrage est à l'épreuve des plus lourdes charges. En ménageant à chaque extrémité un petit mur de tête (fig. 123), on peut faire raccorder les

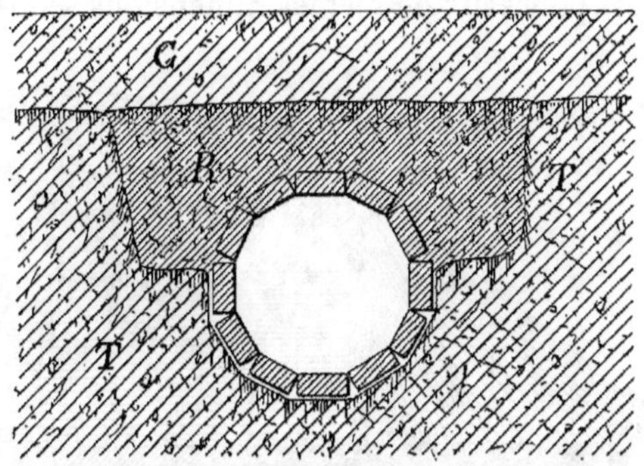

Fig. 122. — Aqueduc en briques; coupe transversale.

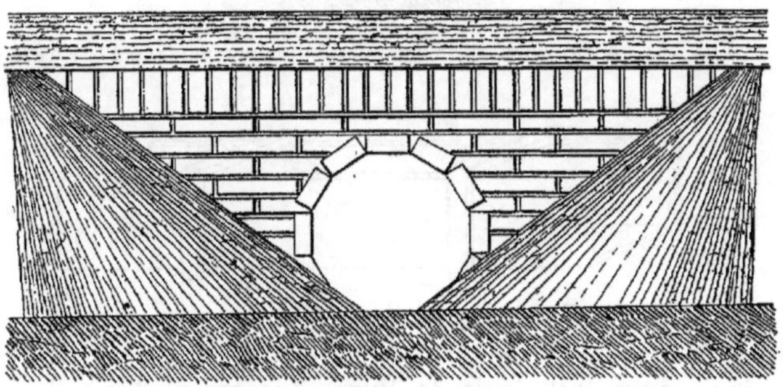

Fig. 123. — Aqueduc en briques; élévation d'une tête.

talus de la chaussée, si l'aqueduc traverse une chaussée, par deux rampants à surface conique (fig. 124).

Lorsque l'on dispose de pierres et de dalles, au lieu de briques dont l'appareillage est toujours délicat, on peut adopter un type d'aqueduc plus simple encore, de forme carrée ou rectangulaire. Les murs latéraux s'établissent alors en pierres sèches; des dalles brutes forment le radier, quand le sol n'est pas imperméable. Plusieurs ponceaux de mêmes dimensions se juxtaposent

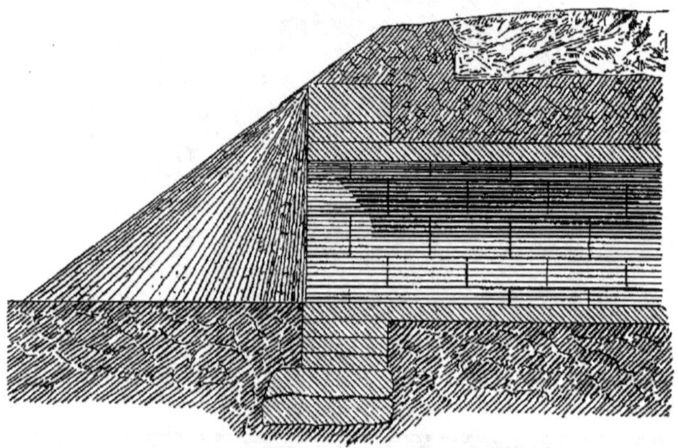

FIG. 124. — AQUEDUC EN BRIQUES; COUPE LONGITUDINALE D'UNE TÊTE.

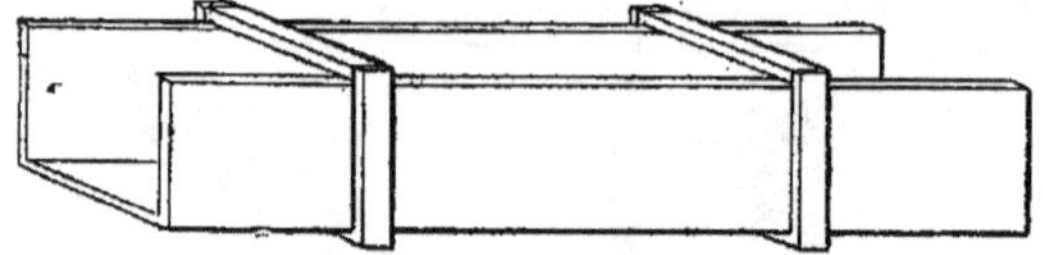

FIG. 125. — AQUEDUC SIMPLE EN BOIS.

ainsi, quand il s'agit de livrer passage à des volumes d'eau plus considérables. Cette disposition offre l'avantage d'occuper moins d'espace en hauteur.

Enfin, des aqueducs assez résistants se construisent en bois. Un sommier, occupant toute la longueur de l'aqueduc, est taillé sur les côtés en faces inclinées, pour pouvoir y clouer des palplanches enfoncées à coups de masse dans le sol. Le poids des charges qu'un tel aqueduc triangulaire aura à supporter se répartit sur toutes les palplanches, qui résistent comme bois debout.

Celui de tous les aqueducs en bois que l'on rencontre le plus fréquemment, dans les pays de montagnes ou forestiers : en Suisse, dans le Tyrol, dans la Forêt-Noire, etc., soit pour conduire les eaux au loin, soit pour les faire passer au-dessus d'un autre cours d'eau, d'un vallon, d'un chemin, etc., consiste en un conduit formé de madriers solidement assemblés (fig. 125), et pour de plus petites quantités d'eau, ou de très courtes distances, en un conduit foré; c'est le plus souvent, dans ce dernier cas, un pin de grosseur proportionnée au volume à débiter, non équarri et grossièrement débité.

En général, les aqueducs sont plus fréquents que les ponts-canaux; il y en a de couverts en dalles, et d'autres sans voûte. L'eau courante éprouvant une forte contraction en s'introduisant dans ces ouvrages, de même que dans la traversée des ponts en maçonnerie, il y a lieu d'en tenir compte relativement au cintre des voûtes, à l'arrondissement des arêtes, etc.; comme aussi, de ménager la vitesse et le débit des dérivations, en donnant aux aqueducs voûtés, s'il y a lieu, des directions biaises, aux entre-croisements qui deviennent très nombreux dans les pays où l'irrigation est développée.

Dans les aqueducs de dimensions ordinaires, les têtes sont terminées par des rampants qui affleurent le talus extérieur des digues; dans ceux de plus grandes dimensions, la voûte se termine à l'aplomb de l'arête extérieure du chemin latéral, et les terres sont soutenues par deux murs en aile.

Les figures 126 et 127 représentent deux cas spéciaux d'application aux grands canaux; l'un de ces aqueducs traverse le remblai du canal de l'Ourcq, au-dessous de la cuvette, et dirige les eaux par un puits où se déposent les sables et graviers (fig. 126), et l'autre recueille les eaux d'une source à un niveau supérieur, pour les conduire sous remblai dans la cuvette du canal du Berri (fig. 127). Les coupes qui représentent ces deux ouvrages suffisent pour rendre compte de l'application.

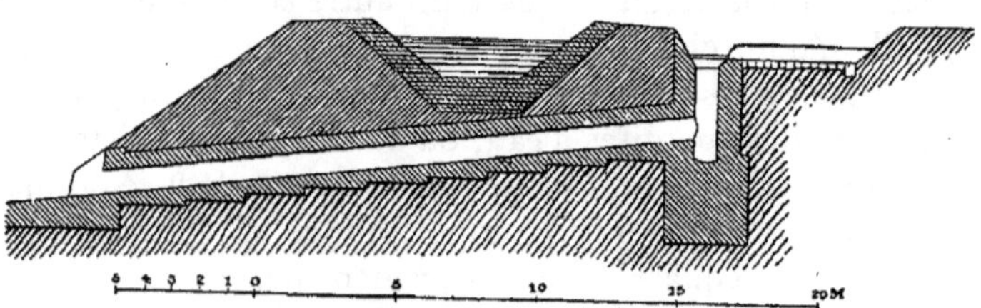

FIG. 126. — CANAL DE L'OURCQ ; AQUEDUC ET PUITS POUR GRAVIER.

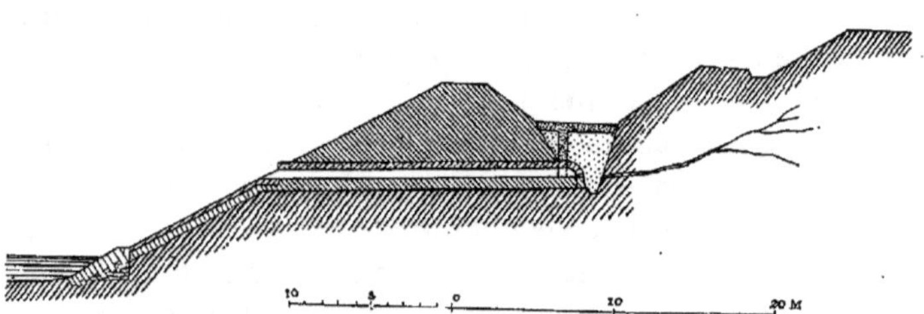

FIG. 127. — CANAL DU BERRI ; AQUEDUC DE SOURCE.

b. **Ponts-aqueducs.** — Parmi les monuments de construction grandiose que les Romains nous ont laissés, les aqueducs sont, après les routes, le plus éclatant témoignage de leur puissance. Pour assurer le service de Rome même, la longueur des conduits était de 428 kilomètres, dont 32 en arcades. « Lorsqu'on cherche à calculer « la dépense de ces constructions de canaux en maçonne-« rie recouverte d'enduit imperméable, d'aqueducs sur

« lesquels les eaux s'écoulaient quelquefois à 36 mètres « de hauteur, de souterrains percés dans le rocher et à « de grandes profondeurs; lorsqu'on y ajoute les in- « nombrables conduits dans l'intérieur de la ville, les « châteaux d'eau, les fontaines distribuant 800,000 mè- « tres cubes d'eau, on s'arrête devant l'énormité des « chiffres qui s'offrent à la pensée (1). »

D'après le petit nombre de renseignements parvenus jusqu'à nous, sur le prix de revient de ces aqueducs, on peut évaluer de 110,000 à 160,000 fr. le coût du kilomètre, malgré des différences de débit du simple au quadruple, allant de 42,000 à 180,000 mètres cubes d'eau par jour.

Les autres provinces de la péninsule n'ont pas gardé autant de vestiges de ce genre d'ouvrages que la cité impériale; mais la Gaule, dans ses aqueducs de Nîmes, de Lyon, de Metz, de Fréjus, d'Antibes, d'Arles, de Cahors, etc.; l'Espagne, à Ségovie, à Mérida; l'Afrique et l'Asie-Mineure, montrent par les ruines des plus beaux édifices avec quels soins et quels sacrifices les Romains recherchaient les jouissances des eaux abondantes et fraîches pour les fontaines, les thermes, les naumachies, les piscines, la consommation domestique et l'arrosage des jardins.

Pont du Gard. — De l'aqueduc de Nîmes, construit sous Antonin, ou sous Vispanius Agrippa, il nous reste, outre les arcatures de la vallée de Vers, l'œuvre tout entière du pont du Gard, avec ses trois étages superposés qui atteignent l'élévation totale de 84^{m},77. L'étage inférieur, de 21^{m},87 de hauteur au-dessus de l'eau du Gardon et de 6^{m},36 de largeur, a 142^{m},35 de longueur; l'étage moyen, de 19^{m},50 de

(1) De Tournon, *Études statistiques sur Rome,* 2e édit., 1855, t. II, p. 218.

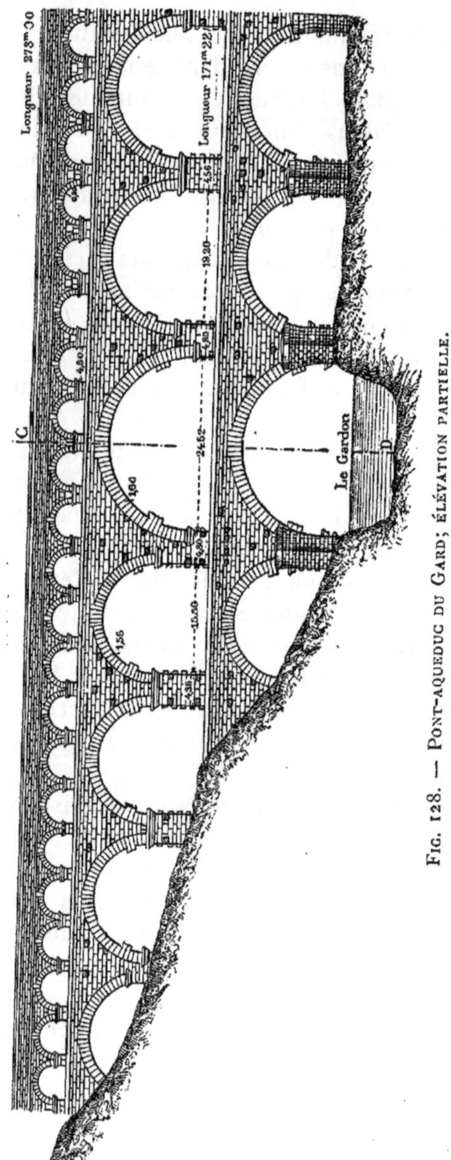

Fig. 128. — Pont-aqueduc du Gard; élévation partielle.

hauteur et de $4^{m},56$ entre les têtes, a une longueur de $242^{m},45$; l'étage supérieur supportant l'aqueduc a $7^{m},40$ de hauteur, $3^{m},06$ de largeur et 273 m. de longueur. Les premiers étages présentent une grande arche principale de $24^{m},52$ d'ouverture, pour livrer passage au Gardon; d'un côté, une arche au premier étage et quatre au deuxième, de $15^{m},50$ d'ouverture; de l'autre côté, 4 arches au premier étage et 6 au deuxième, de $19^{m},20$. Le troisième étage compte 35 petites arches (1).

(1) A. Léger, *les Travaux publics aux temps des Romains*, 1875, p. 608.

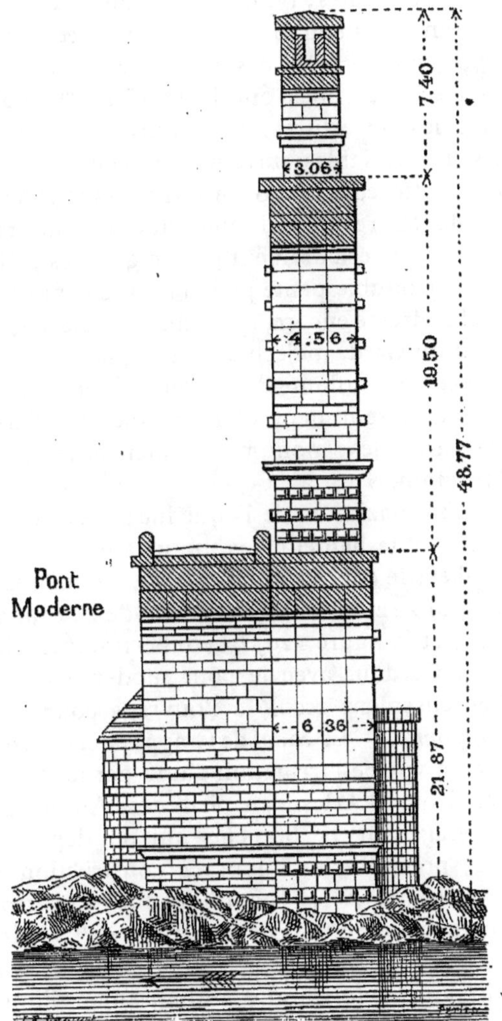

Fig. 129. — Pont-aqueduc du Gard; coupe sur CD (fig. 128).

Les piles, voûtes, tympans et bandeaux des deux premiers rangs sont en grand appareil, avec assises de tête de $0^m,60$, des pierres et des vousssoir qui atteignent 2 mètres cubes. Les piles ont de $4^m,36$ à $4^m,80$ d'épaisseur suivant les ouvertures. Les voûtes ont également des épaisseurs variables suivant la largeur.

La cuvette cote $1^m,20$ de largeur sur $1^m,66$ de hauteur; elle était revêtue à l'intérieur d'un enduit résistant, et couverte extérieurement par de grandes dalles offrant une légère double pente pour l'écoulement des eaux.

« Tel se dresse encore, après dix-sept siècles, l'aqueduc du pont du Gard, majestueux, imposant, avec son soubassement, sa colonnade et son attique, tout empreint d'un grand sentiment d'ordonnance et d'art, qui le classe parmi les monuments anciens les plus dignes d'admiration. »

Le débit maximum de l'aqueduc a été calculé, d'après les pentes et la hauteur des incrustations, à 46,000 mètres cubes; le débit minimum à 20,000 mètres cubes.

La figure 128 montre une partie de l'élévation de l'aqueduc, et la figure 129, la coupe transversale suivant l'axe du Gardon, avec le pont moderne qui a été si malheureusement accolé à l'ouvrage pour le déparer.

Crapponne. — Le canal de Crapponne, creusé de 1554 à 1559 en vue de l'irrigation d'une partie de la Crau et des environs d'Arles, au pied des Alpines, possède un ouvrage sur la branche qui se déverse dans le Rhône, près d'Arles, dont la construction remonte à l'année 1641. Le pont-aqueduc, de 750 mètres de longueur sur $5^m,40$ de hauteur et $4^m,75$ de largeur au sommet, est disposé sur le flanc de l'ancien aqueduc romain dont les fondations portent aujourd'hui le pont-route. Il présente 94 arcades en plein cintre de $6^m,10$ d'ouverture, soutenues par des piles de $1^m,67$ de face;

la largeur entre les têtes est de $4^m,75$, et la cuvette offre $1^m,25$ de profondeur sur $3^m,25$ de largeur (1).

Le rapport du vide au plein est de 0,533, et à la surface totale, de 0,348.

Montpellier. — Plus tard, de 1753 à 1786, fut construit l'aqueduc de Montpellier, sous la direction de Pitot; il accède au Peyrou par un pont à deux étages de 1,000 mètres de longueur et de 29 mètres de hauteur maxima; sa pente est de $0^m,289$ par kilomètre et le débit d'environ 1,560 mètres cubes en 24 heures. Son coût s'est élevé à plus d'un million de livres; il n'est pas utilisé pour les irrigations.

Roquefavour. — C'est seulement en 1841 que fut entrepris pour le canal de Marseille, sur la rivière de l'Arc, le pont-aqueduc de Roquefavour, qui fait à juste titre l'orgueil de la grande cité. Cet ouvrage, aussi imposant par sa masse qu'admirable par son élégance et sa légèreté, a été exécuté en six années par l'ingénieur de Mont-Richer.

L'aqueduc de Roquefavour, représenté figure 130, a $82^m,50$ de hauteur depuis l'étiage de la rivière jusqu'à la surface supérieure du parapet, et une longueur de 375 mètres entre les culées. Il est composé de trois rangs d'arcades; le premier de $34^m,10$ de hauteur avec 14 arches de 15 mètres d'ouverture, des piles de $5^m,50$ de face et une largeur entre têtes de $5^m,50$; le second de $34^m,90$ de hauteur, avec 15 arches de 16 mètres d'ouverture; même face pour les piles, et même largeur que la précédente, entre les têtes; le troisième de $13^m,50$, avec 53 arceaux de 5 mètres d'ouverture, supportés par des piles de $1^m,83$, et une largeur entre les têtes de $4^m,50$.

Les piles des deux premiers rangs sont construites en pierres de taille, fournies par des carrières voisines

(1) A. Léger, *loc. cit.*, p. 650.

Fig. 130. — Canal de Marseille ; aqueduc de Roquefavour.

et ne s'écrasant que sous une pression moyenne de 375 kilogrammes par centimètre carré. Ces pierres ont été appareillées par assises, variant de cinq en cinq centimètres depuis $0^m,60$ jusqu'à $1^m,25$ de hauteur. On a même posé et taillé quelques assises de $1^m,50$ (1).

De grands contreforts latéraux s'élèvent sur le côté des piles, depuis la base jusqu'à la corniche du deuxième étage ; leur largeur moyenne de $3^m,50$ sur le cours du premier étage, se réduit à 3 mètres sur le deuxième, et leur fruit est de 6 pour 100.

Les grandes voûtes ont 1 mètre d'épaisseur. La cuvette offre une section trapézoïdale de $2^m,15$ au plafond et de $3^m,50$ en gueule.

Pour un cube total de maçonnerie de 66,650 mètres environ, dont plus de 50,000 mètres cubes en pierres de taille, qu'il a fallu élever par blocs de 10 à 15 tonnes à des hauteurs atteignant 83 mètres, la dépense s'est chiffrée à 3,784,000 francs. Dans cette dépense, le matériel seul nécessaire à l'édification est compris pour plus de 900,000 francs.

Un siphon eût coûté trois fois moins cher; mais outre qu'un siphon n'eût pas offert la même sécurité et la même solidité, la ville de Marseille n'a pas hésité de donner au pays une belle œuvre de plus, qui intéresse ses fontaines et ses bouches d'arrosage plus directement encore que les irrigations. C'est pourtant à ces dernières que la banlieue doit de s'être transformée en un jardin des plus productifs.

La branche mère du canal a exigé, outre l'aqueduc de Roquefavour, 11 ponts-aqueducs dont un de 26 mètres de hauteur et 170 mètres de longueur sur la Touloubre, près de Lambesc, et deux de 20 mètres de hau-

(1) F. Martin, *loc. cit.*

teur sur 70 et 100 mètres de longueur. Leur prix de revient moyen par mètre a été de 18 fr. 70 pour la maçonnerie brute et en pierre de taille, ou en moellons piqués et smillés.

Canal du Verdon. — Le canal du Verdon dont nous avons décrit la prise d'eau et les tunnels, a nécessité, entre autres ouvrages d'art, une série de ponts-aqueducs de proportions inusitées, à savoir :

Le pont-aqueduc de Beaurivet : longueur, $88^m,67$; hauteur entre le couronnement des murs bajoyers et le fond de la vallée, 14 mètres ; largeur de la cuvette, $2^m,61$; largeur de l'ouvrage entre les têtes, $4^m,21$. Il est formé de 10 arches en plein cintre, de 6 m. d'ouverture.

Le pont-aqueduc de Malourie : longueur, $31^m,90$; hauteur au-dessus du fond du ravin, 16 mètres ; largeur de la cuvette, $2^m,60$; largeur de l'ouvrage, $4^m,16$. Il se compose de 3 arches en plein cintre.

Le pont-aqueduc de Parouvier : longueur, $121^m,30$; hauteur, $20^m,75$; largeur de la cuvette, $2^m,50$; largeur entre les têtes, $4^m,04$. Il comprend 12 arches en plein cintre de 8 mètres d'ouverture.

Le pont-aqueduc de Calèche : longueur, $1,125^m,65$; hauteur maxima, $9^m,16$; largeur de la cuvette, $0^m,66$; profondeur de la cuvette, $0^m,90$. Cet ouvrage établi sur une branche secondaire, rive gauche de la Touloubre, comprend 146 arches en plein cintre, de 6 mètres d'ouverture, et une bâche en tôle de 20 mètres de portée pour la traversée de la route. Neuf piles-culées, munies de contreforts, divisent le pont en 12 sections composées de 14 arches pour la partie en amont de la route, et de 13 arches pour la partie en aval. La pente du terrain étant très douce, les culées sont longues et évidées ; celles d'amont offrent cinq arceaux d'évidement ; celles d'aval en présentent huit.

Le tracé en plan n'est pas rectiligne, mais dirigé suivant la ligne de crête du faîte à franchir, de manière à diminuer la hauteur des piles et à traverser la route sous un angle de 50 degrés.

Construit entièrement en maçonnerie, le pont de Calèche a, pour les piles et les voûtes, des parements en moellons dressés en assises, et pour les tympans, des joints incertains. La dépense totale, en y comprenant l'établissement de la bâche métallique, a été de 158,500 francs, soit 142 francs par mètre courant. L'exécution a été dirigée par l'ingénieur Bricka.

7. *Siphons.*

Quand le niveau du canal est trop rapproché de celui d'un ruisseau impossible à dériver, on est obligé, si le canal sert à la navigation, de faire passer le ruisseau sous le canal par un siphon. Pour un simple canal d'irrigation, c'est lui qui traverse la vallée en siphon, au-dessous du ruisseau ou de la rivière. Dans ce cas, le siphon est un aqueduc souterrain, sujet à des difficultés de construction particulières, à cause du mode d'écoulement plus compliqué de l'eau. En effet, l'eau devant descendre et remonter sous l'effet de sa propre pression, en s'infléchissant suivant les contours d'un siphon, fait naître des frottements qu'aggrave la contraction du liquide, et donne lieu souvent à de sérieuses avaries.

Les cas les plus fréquents de l'emploi de siphons, dans les canaux d'irrigation, sont ceux de la traversée d'autres canaux, de colateurs ou de grandes routes, sur une longueur par conséquent assez restreinte. Pour les exécuter en maçonnerie avec des plans inclinés et des arêtes saillantes, il y a lieu de tenir compte non seulement des circonstances mentionnées plus haut, mais aussi de la résistance des voûtes à la poussée intérieure, qui n'est pas toujours compensée suffisamment par la charge extérieure.

Ces ouvrages ont été construits très anciennement, pour livrer passage, il est vrai, à des eaux d'alimentation, mais en tel volume que beaucoup de canaux d'arrosage n'en portent pas davantage.

Ancien siphon du Garon. — L'aqueduc du Mont-Pilat, construit du temps des Romains, en vue de l'approvisionnement de la ville de Lyon, rencontrait entre Soncien et Chaponast, la vallée profonde du Garon qu'il n'aurait pu franchir directement, sans un pont-aqueduc ayant 66 mètres de hauteur sur 400 à 500 mètres de longueur. En adoptant le principe du siphon, une ligne d'arcades de 16 mètres seulement de hauteur, a permis de résoudre le problème.

La conduite romaine débouchait, à la tête d'amont du siphon, dans une chambre de distribution voûtée, de $4^m,50$ de longueur sur $1^m,80$ de largeur et $2^m,05$ de hauteur (fig. 134); elle était pourvue de vannes à coulisse qui réglaient ou arrêtaient l'écoulement dans les neuf tuyaux abducteurs. Un regard dans la voûte permettait de pénétrer dans la chambre et un déversoir, placé à $1^m,32$ au-dessus du radier, facilitait la décharge en cas de besoin.

Les neuf tuyaux de départ, disposés sur une même ligne horizontale, à $0^m,35$ au-dessus du radier, évasés à leur embouchure, descendaient et remontaient sur deux rampants inclinés à 45°, portés par des arcades. Entre les deux rampants, ils étaient soutenus de mètre en mètre par des dés en pierre. Le pont de 300 mètres de longueur comprenait 30 arcades de 16 mètres de hauteur maxima, 14 mètres de hauteur sous clef, et 6 mètres d'ouverture. Les piles avaient 3 mètres d'épaisseur et la largeur du pont entre les têtes, était de $8^m,30$.

A partir de la moitié de la hauteur, chaque tuyau de plomb se dédoublait en deux autres de $0^m,16$ de diamètre, pour la traversée de la partie inférieure du siphon, qui supporte la plus forte charge. En conséquence, les rampants passant à mi-coteau avaient été élargis de $4^m,50$ à $8^m,30$ entre les têtes.

Au sommet du second rampant, les siphons déversaient leur eau dans une chambre disposée comme celle d'a-

FIG. 131. — VUE GÉNÉRALE DU PONT-SIPHON DU GARON.

mont, et la conduite se continuait par une galerie voûtée.

Aux points bas et sur les parties horizontales des siphons, étaient établies des soupapes et des ventouses (*columnaria*).

En calculant d'après les formules le volume que pouvait débiter la conduite, pour une largeur de canal de $0^m,65$, une hauteur d'eau maxima de $0^m,57$, marquée par les incrustations, et une pente de $1^m,674$, on trouve 522 litres par seconde. Pour débiter ce volume par 9 tuyaux de $0^m,32$ et 18 tuyaux du $0^m,16$, la perte de charge totale eût été de $8^m,60$. La conduite forcée devait être ainsi capable de débiter le volume amené par le canal libre, sans que le déversoir fût obligé de fonctionner. Dans le cas de moindre débit, les vannes à coulisse, à l'aval, comme à l'amont, réglaient la vitesse de sortie (1).

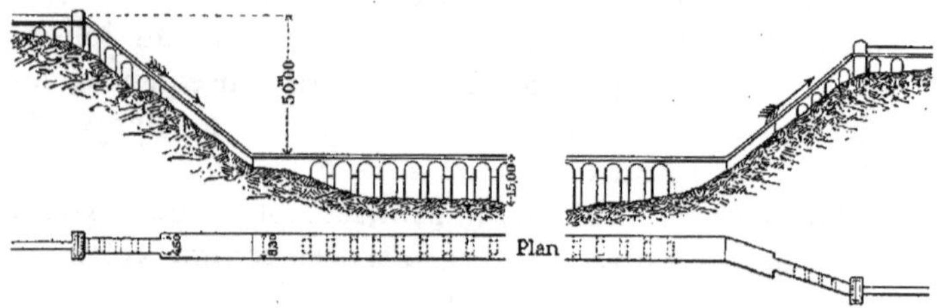

Fig. 132. — Pont-siphon du Garon ; élévation et plan partiels.

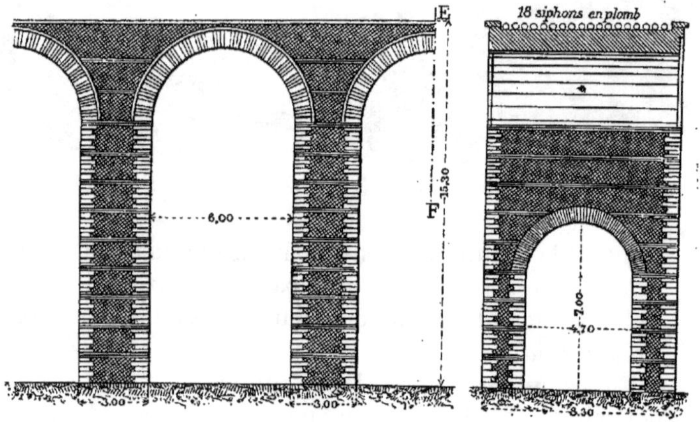

Fig. 133. — Pont-siphon du Garon ; façade et coupe d'une arche suivant EF.

Les figures 131 à 133 représentent l'élévation et le plan général du pont-siphon du Garon, ainsi que l'élévation et la coupe transversale d'une arcade en grande hauteur.

(1) A. Léger, *loc. cit.*, p. 581.

Les têtes du siphon avec la chambre de distribution, et les détails d'un tuyau en plomb, sont indiqués dans les figures 134 et 135.

Le siphon du Garon ne fut pas le seul qu'exigea l'aqueduc de Lyon; un autre dans la vallée du Bonaut,

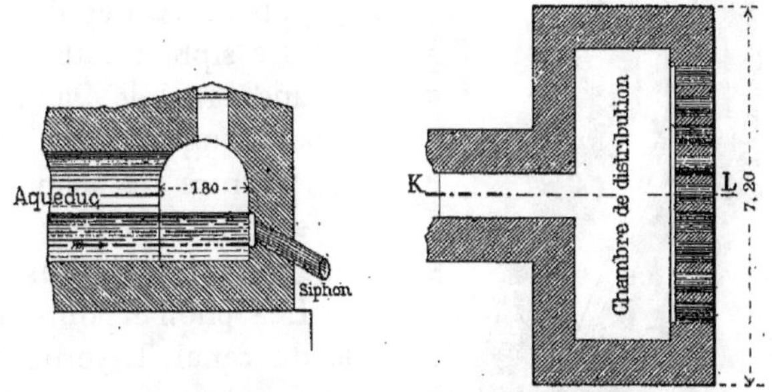

Fig. 134. — Pont-siphon du Garon; tête et chambre du siphon.

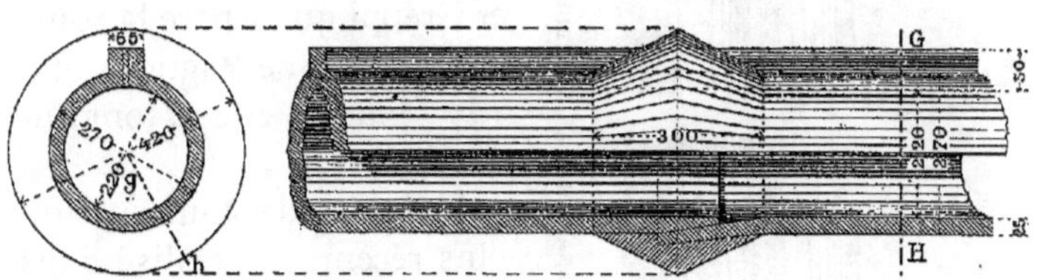

Fig. 135. — Pont-siphon du Garon; conduite en plomb.

plus profonde encore, a permis de racheter par un aqueduc de 20 mètres de hauteur maxima, une élévation de 80 mètres; un troisième passage à siphon, au vallon de Saint-Irénée, supprima, grâce à un massif de maçonnerie, un pont à deux ou trois étages.

Pour l'aqueduc du mont d'Or, desservant encore la ville de Lyon, la solution du siphon fut appliquée avec le même succès à la traversée du vallon de la Grange-Blanche, près d'Écully.

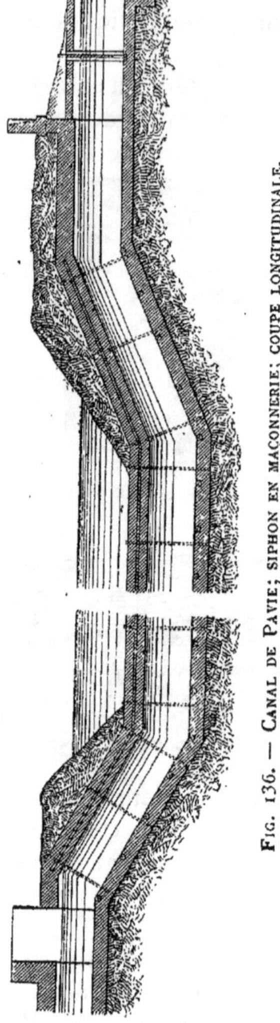

FIG. 136. — CANAL DE PAVIE; SIPHON EN MAÇONNERIE; COUPE LONGITUDINALE.

Italie. — Parmi les nombreux exemples que Nadault de Buffon a cités de siphons et de ponts-aqueducs établis sur les canaux italiens, nous avons choisi pour en donner les figures avec détails :

1° Le siphon établi sous le grand canal de Pavie : la coupe longitudinale (fig. 136) montre les armatures en fer qui protègent l'ouvrage contre les poussées;

2° Le siphon et pont-aqueduc du canal Taverna passant au-dessous des deux canaux (*Roggie*) Mozanni et Greppi que sépare la route communale de Bagnolo (fig. 137; plan et coupe longitudinale).

Un type de construction plus récente est réalisé dans les siphons du canal auxiliaire Cavour. Ces ouvrages ont leurs débouchés extérieurement au chemin et à la banquette qui longent le canal. Leur conduit est relié aux rives par des voûtes évasées. Dans celui de la Dora, le puits d'amont est plus profond de $0^m,40$ que le seuil du siphon, afin que les limons et les sables charriés par l'eau de la rivière puissent se déposer sur l'épaisseur ménagée. En aval, l'eau débouche par un plan incliné qui diminue les résistances. Le coût de ce type de siphon est indiqué comme s'élevant à 6,500 francs.

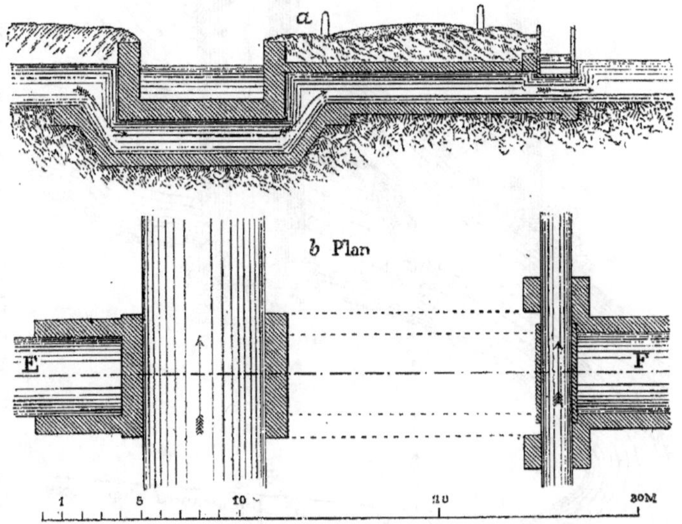

Fig. 137. — Canal Taverna ; siphon et pont aqueduc ; plan et coupe sur EF.

Siphon sous la Sesia. — Le siphon le plus important du canal Cavour est celui qui lui fait traverser la Sesia, sur une longueur de 250 mètres. Il est composé de cinq conduits tubulaires à section ovale, dont les deux axes principaux ont 5 mètres et $2^m,30$ au débouché, avec une contre-pente à l'embouchure, de $0^m,10$, qui fait varier l'axe vertical à $2^m,40$. La section minima de chaque conduit au débouché, est formée par cinq arcs de cercle de rayons différents qui déterminent la variation entre le milieu de l'ouvrage et l'émissaire.

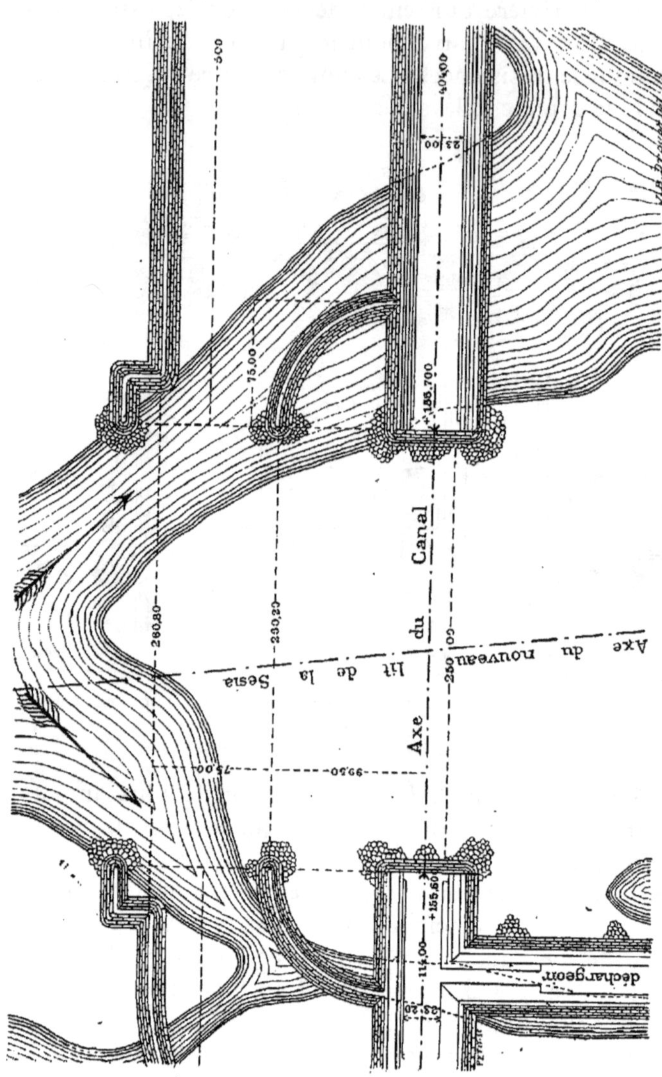

FIG. 138. — CANAL CAVOUR; SIPHON EN MAÇONNERIE SOUS LA SESIA; PLAN DES ABORDS.

Les conduits sont construits en briques, l'épaisseur des arcs étant de $0^m,54$, sauf aux joints où elle est commune, ou de $0^m,70$. Les fondations en béton de $0^m,80$, renforcées sur la ligne médiane et sur leur périmètre, sont encaissées par des palplanches avec pilotis et recouvertes d'une maçonnerie en briques de $0^m,21$ d'épaisseur, qui supporte les conduits.

Une maçonnerie également en briques flanque les conduits du côté d'amont et du côté d'aval jusqu'aux culées, dont l'épaisseur est de $1^m,40$. La fondation des culées descend à $6^m,80$ au-dessous du plan de la partie supérieure du siphon, formée par une voûte surbaissée que recouvre une couche de béton. Au moyen de fers à T

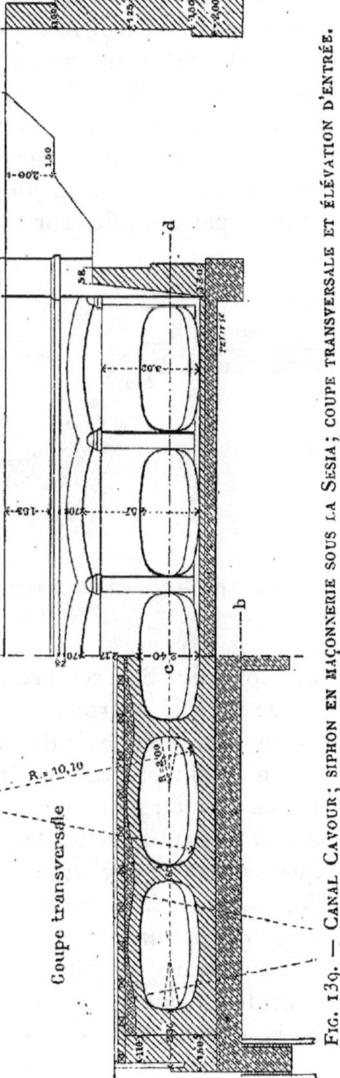

Fig. 139. — Canal Cavour; siphon en maçonnerie sous la Sesia; coupe transversale et élévation d'entrée.

fixés dans l'épaisseur du béton, sur l'extrados des arcs supérieurs, se trouve assujettie la couverture en planches de chêne que relient solidement entre elles des traverses en échiquier.

Tant en amont qu'à l'aval, les conduits se raccordent à la façade de l'édifice par des voûtes de 4 mètres de longueur, à la suite desquelles se trouvent cinq arcades séparées par des piles correspondant aux parois latérales

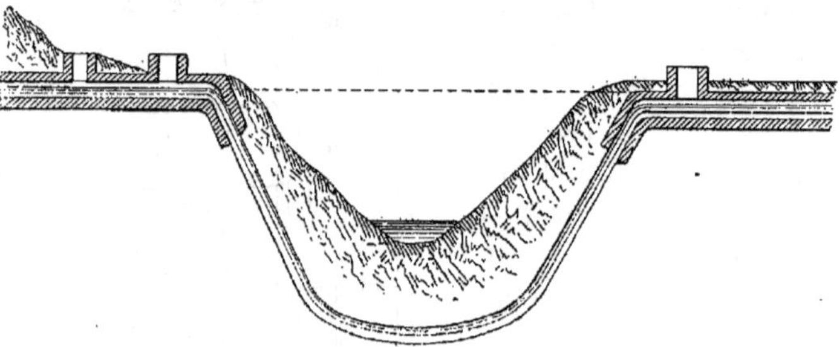

Fig. 140. — Siphon des Arabes, sous le torrent de la Viuda; canal de Castellon.

des conduits. Sur ces arcades reposent les murs de la berge dont le couronnement est à $5^{m},83$ au-dessus de la couverture en bois du siphon.

Un bassin précède le siphon en amont ; sa largeur est de 23 mètres sur 65 mètres de longueur, et le fond est au niveau du seuil des conduits ; c'est sur ce bassin que s'ouvre le déchargeoir du canal conduisant à la Sesia. En aval, le raccordement avec le fond du canal s'effectue par un plan incliné.

Des travaux de défense très importants sont venus considérablement augmenter le prix du siphon. La Sesia, dont le débit moyen est de 70 mètres cubes, est sujette à des crues très violentes pendant lesquelles le débit croît jusqu'à 800 mètres cubes. Digues et éperons, banquettes et enrochements, fondations en béton le long des berges, résistent difficilement au régime d'un cours d'eau torrentiel qui se porte de plus en plus vers une des rives. La nécessité de faire fonctionner le déchargeoir, impose de relever les eaux du canal à peu de distance en aval du siphon; ce qui augmente la charge d'eau à supporter par les conduits tubulaires et peut causer de graves dommages. La situation générale du siphon est indiquée par le plan des abords (fig. 138).

Espagne. — Les Arabes, en Espagne, comme les Romains, avaient fait de nombreuses applications du siphon pour la conduite des eaux.

Jaubert de Passa décrit le siphon qu'ils ont construit sous la Rambla, au torrent de la Veuve (fig. 140), pour le canal d'arrosage de Castellon. Ce siphon se trouve à peu près reproduit dans l'ouvrage construit pour le

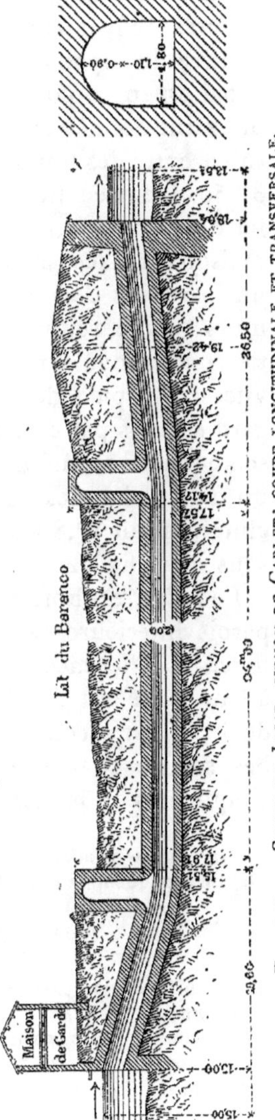

Fig. 141. — Canal du Jucar, siphon de Carlet; coupe longitudinale et transversale.

canal du Jucar, sous le *baranco* ou torrent de Carlet. D'après l'ingénieur Aymard (1), la voûte qui forme l'entrée du siphon a $3^m,50$ d'ouverture. La largeur du canal est en ce point d'environ 6 mètres ; mais sur une douzaine de mètres, avant d'atteindre le siphon, il est encaissé entre des murs en aile, qui réduisent la largeur à $3^m,50$. L'entrée du siphon est fermée par une grille en fer dont la surveillance est confiée à un gardien dont la maison est placée au-dessus de l'entrée. La sortie, après un parcours de 140 mètres, est encaissée entre deux murs en aile, réunis par trois arcs isolés. L'orifice est entièrement noyé dans les eaux qui s'échappent à grande vitesse. Au pied de chacune des berges, un puits ou regard est clos par de fortes maçonneries. D'après les renseignements recueillis sur place, le siphon même, avec un radier plat, des pieds-droits et une voûte en plein cintre, aurait $1^m,80$ de largeur et 2 mètres de hauteur sous clef (fig. 141).

Le radier est horizontal entre les deux regards, et les parois intérieures sont recouvertes d'un enduit hydrofuge. La différence de niveau des eaux, à leur entrée et à leur sortie, est de $1^m,49$; la vitesse moyenne de l'eau, de $3^m,05$ par seconde, et le débit, de 9,912 mètres cubes, soit de 10 mètres cubes, correspondant aux deux cinquièmes du jaugeage du canal (2).

(1) *Irrigations du midi de l'Espagne*, 1864, p. 83.

(2) En appliquant la formule de Bélanger (*Cours d'hydraulique*, p. 46),

$$\zeta = L \frac{\chi}{\omega} (aU + bU^2) + 1,49 \frac{U^2}{2g}$$

dans laquelle ζ représente la différence de niveau, χ le périmètre de la section du siphon, ω la section du siphon, a et b les coefficients constants d'Eytelwein soit $a = 0,000,022$ et $b = 0,000,28$; g l'intensité de la pesanteur $= 9,8088$, on trouve pour la vitesse moyenne de l'eau $U = 3,05$ et en multipliant U par la section $\omega = 3,25$, on obtient pour le débit Q 9,912 m. cubes.

France. — Dans certains canaux en France, comme nous l'avons déjà mentionné à l'occasion des épanchoirs, des siphons ont été exécutés, parmi lesquels il y a lieu de citer l'aqueduc-siphon de Saint-Ague (Haute-Garonne) et l'épanchoir-siphon de Ventenac (Aude), sur le canal du Midi. Ce sont là des ouvrages qui ne se réfèrent pas directement aux arrosages.

Nous préférons indiquer dans la figure 142, le type des siphons établis couramment sur le canal d'irriga-

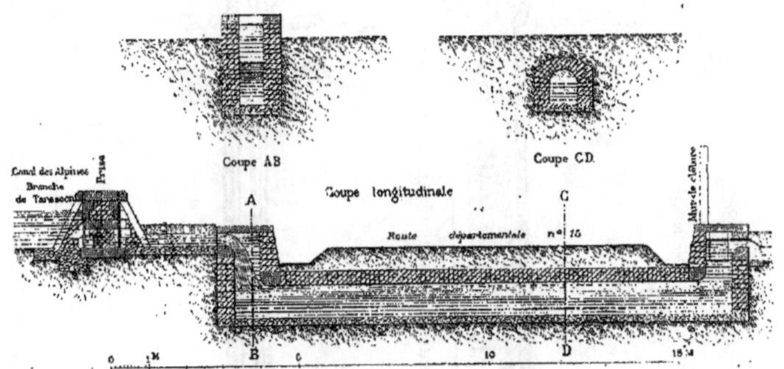

Fig. 142. — Canal des Alpines; coupe longitudinale et coupes transversales d'un siphon.

tion des Alpines. Le siphon (fig. 142) prend l'eau à la branche de Tarascon, et passe sous la route départementale n° 15. La coupe longitudinale et les deux coupes transversales permettent de se rendre un compte exact du mode de construction de ces sortes d'ouvrage.

Siphon de Saint-Paul. — Le siphon de Saint-Paul, canal du Verdon, représente un type compliqué d'ouvrage entièrement métallique, tandis que celui de la Louvière, sur le même canal, est à système mixte, et celui de Trempasse est en galerie creusée dans le roc.

La vallée que traverse l'ouvrage de Saint-Paul, offre

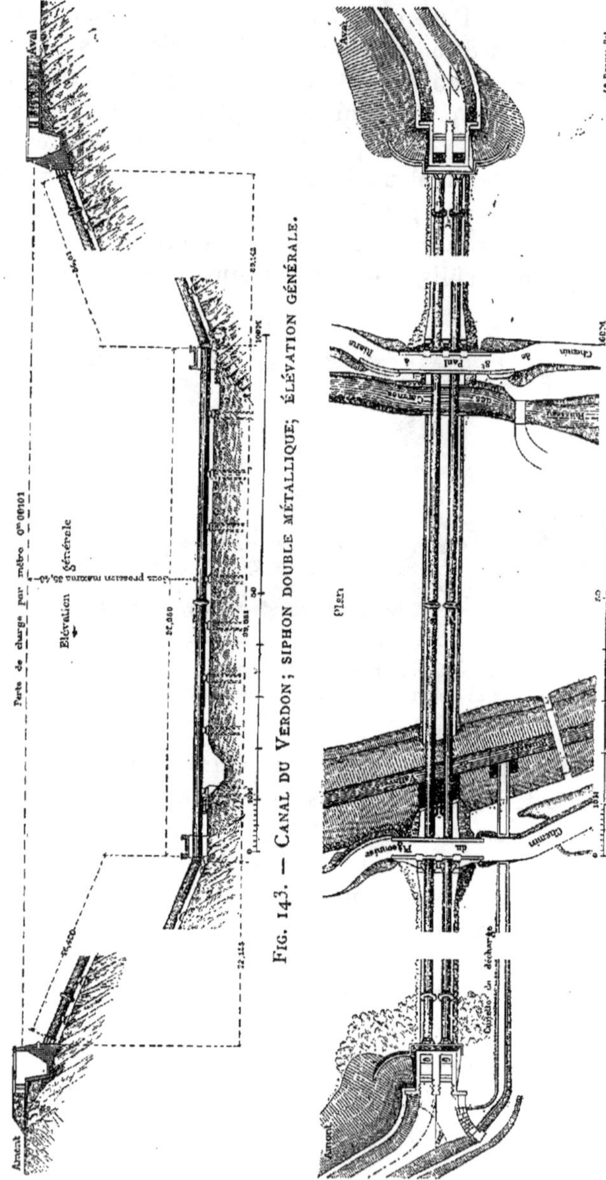

FIG. 143. — CANAL DU VERDON; SIPHON DOUBLE MÉTALLIQUE; ÉLÉVATION GÉNÉRALE.

FIG. 144. — CANAL DU VERDON; SIPHON DOUBLE MÉTALLIQUE; PLAN GÉNÉRAL.

une largeur de 293 mètres et une profondeur de 36^{m},15 au-dessous du plafond du canal; deux ruisseaux, le Vallavesc et les Carmes, coulent dans la vallée, normalement à la direction du canal (fig. 143 et 144).

Le siphon est constitué par deux tuyaux en tôle, de 1^{m},75 de diamètre, établis parallèlement, à une distance de 4 mètres d'axe en axe, dans une direction perpendiculaire à la vallée. Ces tuyaux sont en feuilles de tôle de 0^{m},008 d'épaisseur, assemblées à clin longitudinalement, avec couvre-joints transversaux. Les coudes sont en tôle emboutée, avec couvre-joints à double rivure.

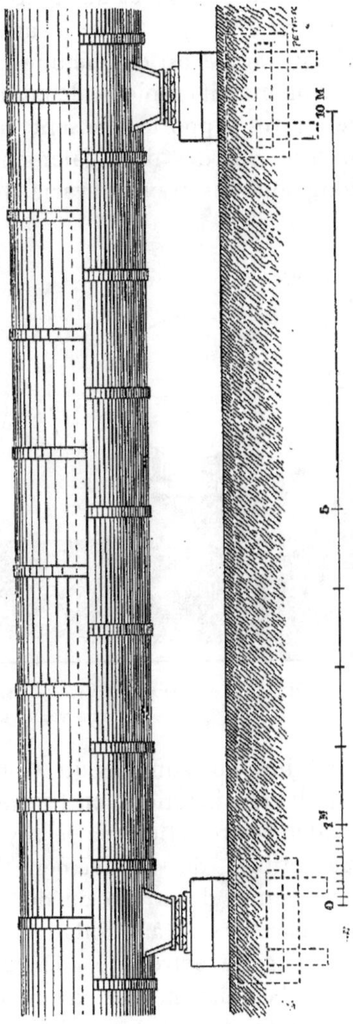

FIG. 145. — CANAL DU VERDON; SIPHON DOUBLE MÉTALLIQUE; ÉLÉVATION D'UNE TRAVERSE.

La partie horizontale des tuyaux, de 98^{m},06 de longueur, est comprise entre deux sections inclinées de $76^m,49$ et de $84^m,01$ de longueur ; les pentes étant de $0^m,41$ par mètre à l'amont et de $0^m,39$ à l'aval. A chaque angle est établie une chaise en tôle, s'appuyant sur un massif en pierre de taille qui maintient les tubes ; les autres supports reposent, au moyen de rouleaux de friction sur des dés également en pierre de taille. La longueur des travées varie de $10^m,80$ à $10^m,40$. Les

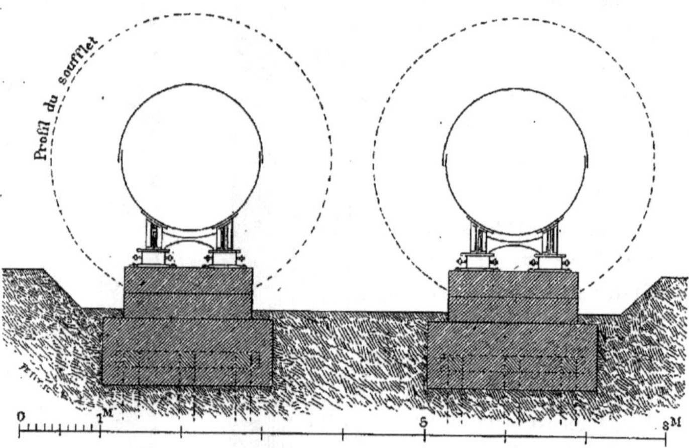

FIG. 146. — CANAL DU VERDON ; SIPHON DOUBLE MÉTALLIQUE ; COUPE TRANSVERSALE.

conduites horizontales du siphon sont pourvues d'appareils de dilatation, en forme de soufflet, moyennant un demi-tore relié avec le tuyau par des faces planes, susceptibles du mouvement d'expansion ; des robinets-vannes de $0^m,30$ de diamètre, placés au point le plus bas, servent à la vidange.

A chaque extrémité, les tuyaux aboutissent à des puisards indépendants, de forme rectangulaire, ayant une profondeur de $6^m,72$ à l'amont et de $6^m,61$ à l'aval. Des coulisseaux pratiqués dans les murs bajoyers en tête des puisards, permettent de mettre à sec chaque moitié du siphon, sans que l'autre cesse de fonctionner.

Sur les deux chemins que le siphon traverse, il a fallu établir par dessus des ponts en maçonnerie. C'est contre les culées et les piles de ces ponts que butent

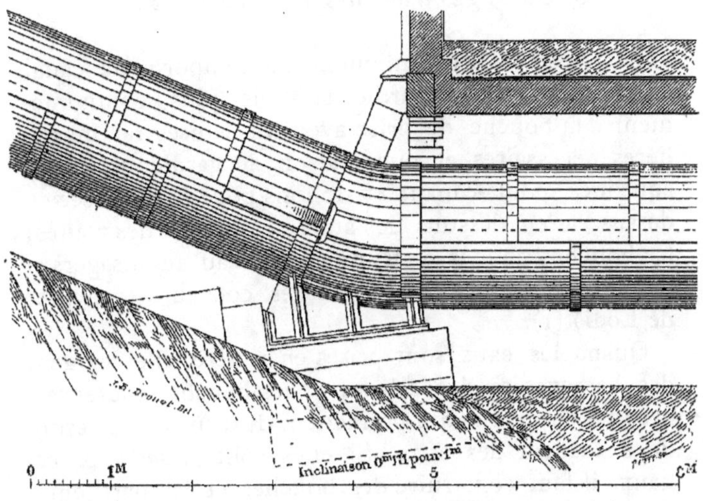

Fig. 147. — Canal du Verdon; siphon double métallique; élévation du coude d'amont avec support.

les oreilles en fer des tuyaux inclinés, pour les empêcher de descendre par l'effet de la pesanteur.

Les dépenses de construction du siphon de Saint-Paul se décomposent en chiffres ronds de la manière suivante :

	fr.
Terrassements et maçonnerie..........	63.207
Partie métallique........................	181.712
Dépenses diverses........................	9.470
Francs	254.389

soit 937 francs par mètre courant (1).

(1) *Notices sur les modèles*, etc., 1878.

Les figures 143 et 144 représentent le plan et l'élévation générale de l'ouvrage, les figures 145 et 146 l'élévation et la coupe d'une travée métallique, et la figure 147 l'élévation d'un coude d'amont avec son support.

8. *Ouvrages d'art des canaux italiens.*

Les ouvrages hydrauliques que comporte un canal d'arrosage en Lombardie sont le plus communément : la bouche de prise avec les écluses ou martelières nécessaires et une maison de gardiennage ; les aqueducs, ponts-canaux et siphons pour la traversée en dessus ou en dessous des autres canaux et des routes; les bouches pour la distribution de l'eau aux usagers et les vannes de décharge dans les colâteurs (province de Lodi) (1).

Quand les eaux sont prises en rivière, elles exigent des barrages ou des écluses et des bouches coûteuses, avec des déversoirs qui permettent de disposer au besoin de l'excédent des eaux. Si elles sont prises aux canaux, il faut construire des bouches et des partiteurs. Dans les bouches *libres,* ouvertes à la partie supérieure, l'eau se dérive par refoulement ou par chute (*trabocco* ou *stramazzo*); dans les bouches modelées qui ont un orifice (*luce*) de dimensions fixes, l'eau se dérive par écoulement (*efflusso*). Quant aux partiteurs qui servent à la distribution en parties aliquotes, aux divers usagers, de la quantité que débite le canal, ils présentent un ou plusieurs épis et deux bouches libres, ou davantage; mais comme la répartition ainsi établie serait souvent inexacte, il est nécessaire de compléter les partiteurs par des ouvrages spéciaux en amont (*briglie* ou *piloni*),

(1) Bellinzona, *Inchiesta agraria; Memoria*, vol. VI, t. II, part. 3.

destinés à modérer la vitesse de l'eau dans le canal principal (*gora maggiore*), tandis qu'en aval, dans le canal d'amenée (*gora minore*), la pente est plus forte pour faciliter l'admission de l'eau au volume déterminé. Enfin la martelière (*incastro*) est l'ouvrage qui règle ou supprime la quantité d'eau revenant à chaque intéressé (Lomelline) (1).

Dans la Polesine (province de Rovigo), l'eau nécessaire pour les rizières est dérivée en grande partie des divers bras du Pô, et aussi des canaux Bianco, Po di Levante, Lorco et du Naviglio-Adigetto. Les prises d'eau en rivière consistent en digues maçonnées ou en charpente et en siphons métalliques. Ces siphons sont au nombre de 26 dans le district d'Adria et de 143 dans celui d'Adriano. Lorsque les eaux du Pô sont trop basses et qu'il y a urgence, des locomobiles à vapeur servent à mouvoir les pompes d'alimentation des prises et des siphons (2).

III. COUT ET DESCRIPTION DES CANAUX.

D'après les détails fournis sur le tracé, le mode d'exécution et les conditions de bon fonctionnement des canaux d'irrigation, on comprend que leur coût, suivant la portée, la section, la pente et la longueur; suivant les difficultés naturelles à vaincre, le nombre et l'importance des ouvrages d'art, la nature et la valeur des terrains expropriés, etc., varie dans des limites inappréciables; mais ce qui ressort à l'évidence de l'étude que nous avons faite de ces ouvrages, c'est que pour les réaliser, il ne suffit pas d'engager des capitaux im-

(1) Pollini, *Inchiesta agraria; Monografia*, vol. VI, t. II, part. 3.
(2) Morpurgo, *Inchiesta agraria; Relazione*, vol. IV.

portants, il faut encore pouvoir de longtemps sacrifier les revenus des sommes engagées.

On ne possède plus les comptes d'établissement des canaux construits d'ancienne date. Les aurait-on, que le prix des matières et de la main-d'œuvre et les circonstances économiques du travail ayant été complètement modifiés, l'intérêt serait purement rétrospectif. Même pour les canaux construits dans ce siècle, les dépenses ne sont guère utiles à consulter, quand on veut apprécier uniquement le prix de revient du volume d'eau qu'ils transportent. Chaque canal jouit en effet d'une monographie particulière qui diffère, comme données d'exécution, de celle des autres canaux diversement tracés ou situés.

On ne saurait donc attendre aucun résultat pratique de cet examen comparatif des canaux. C'est plutôt sous le rapport statistique qu'il est intéressant de rechercher les éléments du coût du mètre cube d'eau continue, par kilomètre de canaux construits en Italie, en France et ailleurs.

a. Canaux d'Italie.

Des canaux italiens qui figurent dans le tableau IV, les trois premiers, dérivés au quinzième siècle de la rive gauche de la Sesia, en Piémont, et arrêtés dans leur développement comme portée et comme longueur du tronc principal, indiquent pour le prix du mètre cube d'eau par seconde et par kilomètre, une moyenne qui peut s'appliquer d'une manière générale aux canaux dérivés en pays d'arrosage, plats, peuplés et richement cultivés. C'est aux environs de 140,000 francs que revient, dans cette partie du Piémont, le mètre cube d'eau par seconde, dans des canaux débitant 20 mètres

TABLEAU IV. — *Prix de revient du mètre cube d'eau de quelques canaux italiens.*

DÉSIGNATION DES CANAUX.	Cours d'eau alimentaires.	TERRITOIRES.	Portée par seconde.	Longueur.	Coût du mètre cube par seconde.	Coût du mètre cube par seconde et par kilomètre.
			m. cub.	kilom.	fr.	fr.
1. Biraga........	La Sesia.	Novarais.	16.7	60.0	117.650	1.960
2. Busca.........	—	—	19.0	70.0	157.900	2.255
3. Sartirana......	—	Pavesan.	22.0	135.0	144.340	1.069
4. Cavour........	Pô et Dora.	Novare et Lomelline.	110.0	176.0	517.000	3.100
5. Casale.........	Le Pô.	Alexandrie.	10.0	24.0	160.000	6.666
6. Villoresi......	Tessin.	Haut Milanais.	44.0	170.0	666.000	3.910
7. Lunese........	La Magra.	Spezzia.	3.0	27.5	180.000	6.666
8. Giulari........	L'Adige.	Bas Véronais.	15.2	20.5	102.600	5.220
9. Storari........	—	Haut Véronais.	11.5	48.0	290.000	6.050
10. Muzzino.	La Muzzetta.	Lodigian.	0.7	1.2	42.800	34.800

cubes, sur une longueur de tronc principal de 90 à 100 kilomètres, le coût kilométrique étant compris entre 1,000 et 2,500 fr.

Les autres canaux du tableau, exécutés dans ces dernières années, ou en voie d'exécution, se rapprochent plus ou moins de cette moyenne, suivant les données variables de portée et de longueur.

Les canaux Cavour font à la fin de ce chapitre l'objet d'une monographie, qui nous dispense de rappeler ici les conditions de leur établissement.

Canal Casale. — Le canal Casale, dérivé du Pô, à 2 kilomètres environ en amont du pont de Casale, offre une branche principale de 3 kilomètres de longueur, avec une portée de 10 mètres cubes, et deux branches secondaires : le canal *haut*, d'une longueur de 16 kilomètres, avec 6 mètres cubes de débit, et le canal *bas*, de 5 kilomètres de longueur, avec un débit de 4 mètres cubes. La pente de la branche principale varie de $0^m,40$ à $0^m,30$ et la largeur au plafond, de 10 à 8 mètres. Outre la prise d'eau par un barrage de 260 mètres de longueur à travers le fleuve, un déchargeoir à 5 pertuis et un édifice partiteur des deux branches, formé de deux vannages distincts, les ouvrages d'art consistent en ponts biais et ponts sur routes, en ponts-canaux et siphons de moindre importance. Dès la première année d'exercice, en 1874, le canal Casale rapportait l'intérêt à 5 pour 100 du capital de construction, chiffré à 1,600,000 francs; c'est là un exemple presque unique dans l'histoire des canaux d'arrosage (1).

Canal Villoresi. — Le canal Villoresi est dérivé du Tessin, à 10 kilomètres au-dessous de sa sortie du lac Majeur ; il parcourt le haut Milanais, de l'ouest à

(1) Hérisson, *loc. cit.*, p. 120.

l'est, pour déboucher dans l'Adda, après un trajet de 170 kilomètres jusqu'en aval de la prise d'eau du canal Martesana. Sa portée est limitée à 44 mètres cubes. Outre les ouvrages de prise et de barrage du lac, estimés ensemble à 3 millions, le canal projeté jusqu'à l'Adda, commencé pendant l'hiver 1881-82 pour être exécuté en trois ans, a été évalué, en y comprenant 250 kilomètres de canaux secondaires, à 8 millions (1).

Canal Lunese. — Le canal Lunese, concédé en 1878, est dérivé de la rive gauche de la Magra, avec une portée de 5 mètres cubes à la seconde. Sa longueur de 27 kilomètres et demi est partagée en deux sections, la première jusqu'à Sarzana, de 11 kilomètres, et la seconde de Sarzana jusqu'au torrent Carrione dans lequel le canal débouche, de 16 kilomètres.

La prise d'eau du moulin d'Albiano, au pied de l'Apennin, consiste en un barrage de 140 mètres de longueur, avec édifice. Le canal a pour section normale trapézoïdale, 4 mètres au radier, avec talus à 45 degrés et une hauteur de 1m,70. Dans la première section en terrain accidenté, les dépenses ont été les suivantes :

	fr.
Prise d'eau	180.000
Ouvrages d'art	201.037
Terrassements	106.311
Expropriations	91.006
Travaux en cours	174.000
Frais généraux	94.080
Total : francs	846.434

ce qui représente pour 11 kilomètres une dépense de 76,950 francs environ par kilomètre.

Les dépenses de la seconde section de 16,5 ki-

(1) Hérisson, *loc. cit.*, p. 126.

lomètres, en terrain plus facile, ont été estimées à 400,000 francs, soit à 24,400 francs environ par kilomètre.

Les travaux d'art de la première section comprennent : la prise d'eau; un tunnel de 146 mètres de longueur, sous la colline San-Polo; 7 siphons d'une longueur totale de 142^{m},80; 2 écluses de 97 mètres de longueur totale; 14 ponts-canaux, ensemble 20 mètres de longueur; 39 ponts-routes d'une longueur totale de 348^{m},60; 44 vannages, ensemble de 927^{m},80. Les travaux en cours de la même section consistaient en deux siphons, dont un de 54^{m},60 près de Sarzana, à la place San-Francesco, et l'autre d e 20 mètres au pied de la montée San-Stefano, sous le chemin de fer.

Le canal Lunese établi au prix de 1,250,000 francs sur 27 kilom., commande l'arrosage de 8,800 hectares de l'*Agro Lunese,* affectés principalement aux cultures d'été, au maïs, aux légumes et aux arbres fruitiers (1).

Canal Giulari. — Sur la rive droite de l'Adige, le canal connu sous le nom de Giulari, emprunte 15,2 mètres cubes pour l'arrosage de l'*Agro Veronese* et la location de forces motrices à l'industrie. Dirigé de Tombetta par Fraccazole jusqu'à Scopella, le canal principal de 6,5 kilomètres de longueur, offre une pente variant entre 0,27 et 0,15 par kilomètre. A Fracazzole, un premier branchement de 4 kilomètres enlève un débit de 2 mètres cubes et quart, avec une pente de 0,20; à Scopella, deux autres branchements de 4 kil. 30 et 5 kil. 70, avec 3,75 et 9 mètres cubes de portée respective, complètent le canal dont la dépense totale a été évaluée à 1,560,000 francs (2).

(1) A. Bertani, *Inchiesta agraria ; Relazione*, etc., vol. X, t. I, p. 440.
(2) E. Markus, *Das landw. meliorations wesen Italiens,* 1881, p. 119.

Canal Storari. — Le canal dit Storari, ou Storari-Peretti, dérive à Gajun sur la rive droite de l'Adige, à 24 kilomètres en amont de Vérone, 11,5 mètres cubes qui se réduisent par les infiltrations et l'évaporation à 10 mètres et demi effectifs. Le tracé suit la rive du fleuve pendant 18 kilomètres, et passé Bussolengo, se partage en deux bras dont l'un se dirige par Somma Campagna et Custozza vers Valeggio (16 kil.), et l'autre aboutit par Tomba à San-Giovanni Lupatoto (14 kil.). La concession donnée à un syndicat, comme celle du précédent canal, comporte une dépense totale en travaux, de 3 millions à 3,300,000 francs, correspondant au coût de 290 à 300 francs par litre d'eau à la seconde (1).

Canal Muzzino. — Un dernier canal figure dans le tableau IV, celui de Muzzino, dont nous avons déjà fait mention (2).

Dérivé du cours d'eau, la Muzzetta, à raison de 7 modules, ou de 700 litres par seconde, ce canal a une longueur de 1,230 mètres, sur lesquels 100 mètres environ sont en tranchée et les déblais représentent 16,840 mètres cubes. La pente varie de 0,06 à 0,04; la largeur au radier est de $1^{m},50$, les talus ayant une inclinaison de 45 degrés. La dépense totale s'est élevée à 30,000 francs, sur lesquels 14,000 francs ont été affectés aux ouvrages d'art (3). Cet exemple n'est indiqué ici que pour montrer l'influence de la faible longueur, avec un débit de 700 litres par seconde, sur le coût de l'eau continue.

En dehors de certaines données empruntées dans

(1) E. Markus, *loc. cit.*, p. 121.

(2) Voir t. II, p. 133.

(3) Bellinzona, *Inchiesta agraria; Memoria sul circondario di Lodi*; vol. VI, t. III, p. 257.

l'ouvrage récent de Bordiga (1), quoique cet auteur n'ait pas fait mention des documents où elles ont été prises, nous avons contrôlé les renseignements du tableau IV par ceux des auteurs que nous avons cités.

Canal Cavour. — Aucun ouvrage récent ne satisfait plus complètement, comme étude du tracé et des travaux d'établissement d'un grand canal d'irrigation, que le canal Cavour, sous le rapport d'une exécution parfaite, rapide et économique. Conçu d'après les errements qu'a légués une expérience de six siècles, réalisé à l'aide des ressources de la science actuelle et de capitaux abondants, le canal principal exécuté en 3 années, de 1863 à 1866, n'a donné lieu, depuis l'achèvement complet des branches en 1870, à aucune modification essentielle, et son régime s'est assis comme s'il datait des Visconti.

Sur une longueur totale de 176 kilomètres, le canal principal représente 82 kilomètres; le canal auxiliaire, les branches et les canaux secondaires, 94 kilomètres, dont le tableau V donne la répartition, en regard des dimensions, de la pente moyenne et de la portée de chacun.

La figure 148 présente le plan topographique du canal et de ses affluents, et la figure 149 le profil longitudinal du canal principal.

Le grand canal est dérivé de la rive gauche du Pô, en aval de Chivasso, et dirigé vers le nord-est, après avoir parcouru à l'est les alluvions du Pô pendant 4 kilomètres. Il traverse en écharpe tous les cours d'eau qui se jettent dans ce fleuve, partage la plaine en deux parties inégales dont il arrose la partie inférieure, la plus étendue des deux, et aboutit à la rive droite du Tessin, dans l'arrondissement de Galliate.

(1) Bordiga, *Economia rurale*, 1888, p. 369 et 870.

TABLEAU V. — *Données techniques du canal Cavour et de ses branches.*

	LONGUEUR.	LARGEUR au PLAFOND.	HAUTEUR.	PENTE MOYENNE.	PORTÉE.	
	kilom.	m.	m.	m.	m. cubes.	
Canal Cavour	82.0	20	3.20	0.36	40	110
— auxiliaire	3.2	32	2.20	0.32	70	
Canal Montebello	4.7	5	»	0.75	10	66
— Quintino-Sella	25.6	10	1.90	0.40	30	
— branche droite	13.5	5	»	0.30	6	
— Canal San-Giorgio	12.3	»	»	»	»	
— branche gauche	35.0	7	»	0.40	20	
	176.3					

Sur un parcours de 82 kilomètres, il dessert succes-

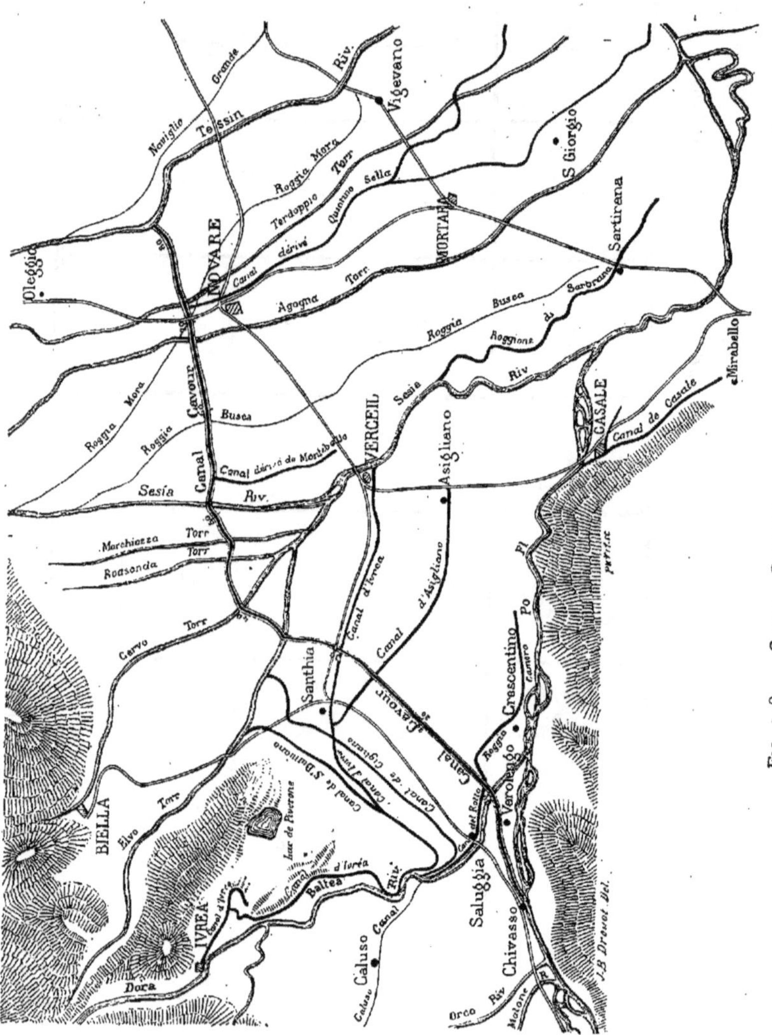

FIG. 148. — CANAUX CAVOUR; PLAN TOPOGRAPHIQUE.

sivement les territoires de Chivasso, Verolengo, Saluggia, Livorno, Bianzé, Crova, San-Germano, Santhià, Casanova-Elvo, Formigliana, Ballocco, Villarboit, Greggio, Recetto, Biandrate, Vicolungo, San-Pietro Mosezzo, Novara, Cameri et Galliate.

Une dérivation secondaire de la rive gauche de la Dora-Baltea, formant le canal auxiliaire, de 3,2 kilomètres, vient du territoire de Saluggia (avec 70 mètres cubes de portée) augmenter le débit de 40 mètres cubes à l'étiage du Pô, affecté au canal initial.

Depuis sa prise jusqu'à l'intersection du chemin de fer de Turin à Milan, le canal fournit de l'eau aux canaux existants qu'il coupe, en augmentant leur portée et en améliorant la qualité de leurs eaux. Ce sont la *Roggia* Neirole, la *Roggia* Carpeneto, le *Naviletto* de Saluggia, le *Naviletto* d'Asigliano, le *Naviletto* du Tane, le canal d'Ivrée et le *Naviletto* de Terminé.

Passé la Sesia, il alimente de même et augmente la portée des canaux existants, à savoir : la *Roggia* Biraga, le *Cavetto* Busca, les *Cavi* Zottico, Cattedrale, Nibbia, Panizzina, Dassi, Ospedale et la *Roggia* Nivellina.

Au kilomètre 57,5, il donne prise au canal dérivé, dit de Montebello,

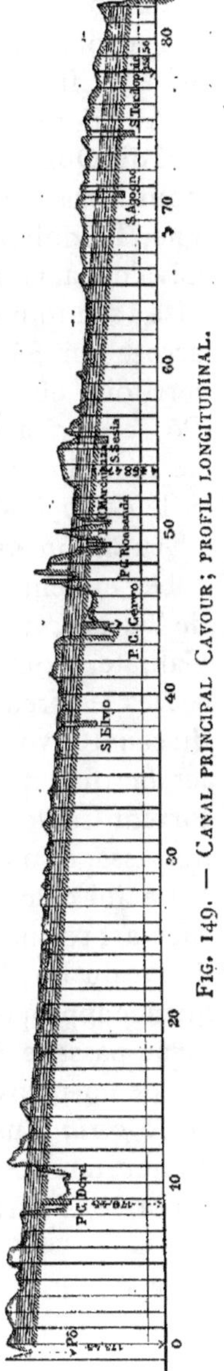

FIG. 149. — CANAL PRINCIPAL CAVOUR; PROFIL LONGITUDINAL.

d'une portée de 10 mètres cubes et demi, qui traverse les territoires de Recette, Sannazzaro-Sesia, Casalvolone, Villata, Borgo-Vercelli, Vinzaglio et Palestro.

Au kilomètre 73,7, une autre dérivation formant le canal dit Quintino-Sella, reçoit 30 mètres cubes de portée, pour arroser les territoires de Novara, Trecate, Garbagna, Terdobbiate, Vespolate, Tornaco, Borgolavezzaro, Civalegna, Gravellona, Parona et Mortara. Ce canal, divisé à son tour en deux branches au partiteur de S. Anna, arrose sur 35 kilomètres, par la branche de gauche, le territoire qui s'étend jusqu'au confluent du Tessin et du Pô, et par la branche de droite que prolonge le canal de San-Giorgio, le territoire compris entre Ottobiano et le *Cavo* Malaspina.

Au kilomètre 81, une troisième prise de 7 mètres cubes et demi de portée alimente le canal en syndicat de Tucate, pour l'arrosage des territoires de Tucate, Galliate, Romentino et Cerano (1).

Dès les premières années, 1870-72, le volume effectif du canal Cavour, y compris les branches, variable suivant les besoins d'eau, fut fixé à 110 mètres cubes jusqu'au torrent Cervo, et à 90 mètres cubes en aval du siphon de passage sous la Sesia.

La loi de concession du 25 août 1862 avait limité en effet à 110 mètres cubes par seconde le volume d'eau dérivé du Pô; les sections et les pentes furent en conséquence appropriées à cette portée, sur tout le parcours jusqu'au passage du torrent Elvo, à partir duquel une portée de 90 mètres cubes fut reconnue suffisante jusqu'à la *Roggia* Busca. Comme on comptait d'ailleurs sur d'importantes prises d'eau entre la Sesia et ce canal, la portée, à partir de la *Roggia* Busca, fut réduite à 50

(1) Panizzardi, *Soc. R. d'agric. di Torino*, 1872.

mètres cubes jusqu'au torrent Terdoppio, passé lequel on la diminua à 30 mètres cubes jusqu'au Tessin.

Les basses eaux du Pô s'étant montrées insuffisantes pour fournir le volume concédé de 110 mètres cubes, on dut recourir à la Dora-Baltea; une dérivation de 70 mètres cubes supplémentaires fut obtenue à l'aide du canal auxiliaire (1).

Nous indiquons dans le tableau VI les modifications successivement apportées aux sections et aux pentes, en vue des variations de portée, qui établissent les dimensions normales du canal. Ces dimensions normales ont dû être modifiées d'ailleurs sur certains points pour répondre à des exigences toutes locales. Ainsi, pour éviter la difficulté que présente, dès la dérivation, une hauteur d'eau de $3^{m},40$, on a donné au plafond pendant le premier kilomètre, une largeur de 40 mètres et une pente de 0,50. Les berges en maçonnerie débutant avec un talus de 1 de base pour 3 de hauteur, arrivent avec une inclinaison de 45 degrés à la fin du premier kilomètre. La hauteur des berges augmente dès lors de $2^{m},70$ à 4 mètres, au fur et à mesure que la largeur du plafond va en diminuant jusqu'à 20 mètres. Le canal n'acquiert ainsi ses dimensions normales qu'au neuvième kilomètre.

De même, la section varie au passage en aqueduc ou en siphon des vallées de la Dora, de l'Elvo, du Cervo, de la Sesia, de l'Agogna et du Terdoppio, en même temps que le fond du canal s'abaisse pour augmenter l'effet des déchargeoirs, dont le seuil est à $0^{m},50$ ou $0^{m},60$ au-dessous.

(1) La maigre (*magra*) du Pô, dans les mois les plus chauds, juillet à septembre, est telle que la prise en 1881 est descendue, comme portée, à 20 mètres cubes ; les eaux de la Dora-Baltea, très abondantes au contraire pendant cette période, auraient dû fournir 90 mètres cubes, au lieu des 70 mètres cubes que dérive le canal auxiliaire.

TABLEAU VI. — *Portées et sections du canal principal Cavour.*

CANAL CAVOUR (PRINCIPAL).	Longueur en kilomètres.	Portée en m. cubes par seconde.	Largeur au plafond.	HAUTEUR d'eau.	HAUTEUR des berges.	Pente par kilom.
			mèt.	mèt.	mèt.	
1er tronçon						
de la prise jusqu'à l'Elvô..................	39.40	110	20	1.87 à 3.40	4.00	0.25
2e tronçon						
de l'Elvo jusqu'à la Roggia Busca........	23.15	90	20	2.50 à 3.20	3.70	0.25
3e tronçon						
de la Roggia Busca jusqu'au Terdoppio ..	11.22	50	12.50	3.00 à	3.70 à 3.50	0.25
4e tronçon						
du torrent Terdoppio jusqu'au Tessin....	8.45	30	7.50	3.00	3.50	0.25 à 0.20

Les berges en terre dont l'inclinaison avait été établie à 45 degrés, ont pris d'elles-mêmes un talus de $1^m,50$ de base pour 1 mètre de hauteur. Leur conservation, malgré le grand volume d'eau qu'elles supportent et les écarts de niveau dus aux maigres du Pô et de la Doire, est attribuable aux grands rayons des courbes, variant entre 1,000 et 2,000 mètres. Le rayon minimum appliqué aux berges en terre est de 300 mètres.

Le tracé du canal se distingue avant tout par le soin avec lequel on s'est attaché à conserver le niveau de l'eau aussi élevé que possible, en restant dans des conditions de dépense limitée.

Les ouvrages d'art que l'exécution du canal a rendus indispensables sont extrêmement nombreux et plusieurs très importants, en raison de la quantité de cours d'eau, de rivières et torrents, de routes, de canaux et de rigoles dont cette partie du Piémont est sillonnée. Les dimensions du canal diminuant au fur et à mesure de son éloignement de l'édifice de prise, on a affecté à chacun des quatre tronçons des types différents d'ouvrages. Avant de les énumérer par tronçons, il importe de rappeler les grands travaux d'art qui comprennent :

1 édifice de prise.
7 déchargeoirs.
4 ponts-canaux avec aqueducs.
4 siphons.
2 barrages à vannes pour l'accès des eaux.
2 grandes écluses alimentant les canaux Biraga et Busca.

Premier tronçon; de l'édifice de prise jusqu'à l'Elvo : 45 ponts de 3 arches pour routes et chemins ruraux, 1 pont pour le chemin de fer de Milan à Turin, 10 ponts-canaux, 128 siphons ($26^m,90$ de longueur moyenne).

Les deux chemins de service qui longent le canal,

ayant une largeur de $4^m,50$, traversent tous les cours d'eau sur des ponts.

Plusieurs siphons sont généralement accolés dans le même édifice; mais quand un cours d'eau peut être traversé par un pont-canal, on applique de préférence ce mode de passage, considéré comme bien moins coûteux.

Deuxième tronçon; de l'Elvo à la Roggia Busca : 22 ponts pour routes, 12 ponts-canaux, 69 siphons-aqueducs ($28^m,40$ de longueur moyenne).

Troisième tronçon; de la Roggia Busca au torrent Terdoppio : 30 ponts de 2 arches, 36 ponts-canaux de 4 arches, 52 siphons-aqueducs.

Quatrième tronçon; du torrent Terdoppio jusqu'au Tessin, 12 ponts d'une seule arche, 3 ponts-canaux à 3 arches, et 3 siphons (1).

L'ensemble de ces ouvrages, souvent groupés par deux, et même par trois, représente 316 édifices distincts, et comme cours d'eau traversés, la moyenne par kilomètre est la suivante :

1er tronçon	3.782
2e —	3.456
3e —	7.576
4e —	0.710

Le troisième tronçon traverse la partie du Novarais, sillonnée notamment par les canaux et les conduites des sources (*fontanili*).

Enfin, la surveillance du canal a exigé la construction de 18 maisons de garde à deux étages, outre celle du barrage.

Tel qu'il est établi, le canal Cavour, avec ses dépen-

(1) P. Grüber, *Die hydrotechnischen verhaltnisse der kanal Cavour; Allgemeine Bauzeitung*, 1886.

dances, s'applique à l'arrosage de 160,000 hectares, mais comme une grande partie de ses eaux, les deux cinquièmes environ, fournissent un supplément à plusieurs canaux, la superficie que ces derniers permettent d'arroser devrait pouvoir s'ajouter aux irrigations du canal même.

Le gouvernement s'étant substitué, dès 1867, à la compagnie concessionnaire tombée en faillite, il est difficile de considérer comme absolu le revenu actuel. Les prix de faveur accordés par la compagnie déchue aux anciens usagers et aux associations syndicales, les facilités données par l'État pour l'aménagement des terrains arrosables, moyennant l'anticipation gratuite des eaux, etc., ne permettent pas de prendre comme base d'appréciation le chiffre des dernières années.

En 1881, le revenu, pour le canal et ses branches, avait été de 1,746,053 francs; tant pour la location des eaux d'été et d'hiver, que de celles pour la force motrice. Les frais de curage et d'entretien s'étant élevés à 125,400 fr., et les frais d'administration, englobés dans ceux des canaux domaniaux, étant évalués à 100,000 fr. par an, il restait en nombre rond un produit net de 1 million et demi pour rémunérer un capital engagé de 58 millions de francs environ. L'intérêt de 2,59 pour 100 qui en résulte représente seulement la part effective que l'État retire des taxes de l'irrigation; mais la part indirecte n'est pas moins importante par la rentrée des impôts sur la production et sur les terres améliorées. Du reste, depuis 1881 le chiffre brut des redevances n'a pas cessé d'augmenter; en même temps que les irrigations prennent plus de développement, on consomme plus d'eau chaque année.

Pour fixer les idées sur les frais de curage et d'entretien que nécessite un grand canal d'irrigation comme le canal Cavour, nous indiquons la dépense moyenne annuelle, répartie entre le canal et ses branches :

			fr.
Canal Cavour			61.300
—	auxiliaire		9.000
Canal Montebello			3.200
—	Quintino-Sella		17.000
—	—	branche de droite	6.200
—	—	branche de gauche	15.700
			125.400

Ces frais varient naturellement d'une année à l'autre; mais on peut admettre que le curage est l'article de dépense le plus important. Un fait suffit pour montrer que l'ensablement peut être très rapide; en conséquence d'une opposition judiciaire aux travaux du barrage de la Dora-Baltea, le déchargeoir ayant seulement fonctionné du 1er mai jusqu'au 8 août 1873, le canal auxiliaire reçut dans cette courte période, sur 3 kilomètres de longueur, 18,000 mètres cubes de sable, dont l'enlèvement coûta 10,000 francs.

b. Canaux de France.

Dans le tableau VII, des informations de même nature que pour les canaux d'Italie se réfèrent aux canaux français : elles sont tirées de l'atlas statistique des cours d'eau et irrigations (1), et des notices sur les travaux des ponts et chaussées, publiées par le ministère des travaux publics (2). Plusieurs de ces canaux ont déjà appelé notre attention au sujet des travaux spéciaux qui les concernent; aussi nous bornerons-nous, pour ceux-là, à des observations sommaires quant aux données de leur premier établissement.

(1) Cheysson, *Notice sur l'atlas statistique de 1878.*
(2) *Notices, loc. cit. Exposition de 1878.*

TABLEAU VII. — *Prix de revient du mètre cube d'eau de quelques canaux français.*

DÉSIGNATION DES CANAUX.	Mise en irrigation.	DÉPARTEMENTS.	Portée par seconde.	Longueur du canal.	Dépenses d'établissement.	Coût du mètre cube par seconde.	Coût du mètre cube par 1" et par kilomètre.
	Années.		m. cub.	kilom.	fr.	fr.	fr.
1. Cabedan neuf et l'Isle	1852	Vaucluse.	4.0	24	1.950.000	487.500	20.310
2. Carpentras	1857	—	6.0	88	3.308.000	551.400	6.265
3. Crapponne (œuvre de)	1581	Bouches-du-Rhône.	12.5	23	830.000	66.400	2.880
4. Canaux des Alpines	1788 1863	—	21.5	170	2.879.000	133.000	7.876
5. Peyrolles	1863	—	1.2	26	700.000	583.000	22.400
6. Verdon	1875	—	6.0	82	15.428.000	2.571.000	31.360
7. Neste	1868	Hautes-Pyrénées.	7.0	28	5.000.000	714.300	23.050
8. Saint-Martory	1876	Haute-Garonne.	10.0	70	5.595.000	559.500	7.990
9. Forez	1874	Loire.	5.0	31	2.353.000	470.600	15.180
10. Bourne	1878	Drôme.	7.0	51	5.000.000	714.300	14.000
11. Marseille	1847	Bouches-du-Rhône.	9.0	125	44.820.000	4.991.000	40.000
12. Gravona	1878	Corse.	1.0	19	1.159.000	1.159.000	61.000

Cabedan neuf, l'Isle et Carpentras. — Le canal de Cabedan neuf est commun aux trois associations syndicales de Cabedan, de l'Isle et de Carpentras, sur une longueur de 18 kilomètres, depuis la prise d'eau dans la Durance, au rocher de Mérindol, jusqu'au pont Pérussier, dans le Vaucluse. Le canal de l'Isle est commun à son tour, sur 6 kilomètres, aux deux associations de l'Isle et de Carpentras, entre le pont Pérussier et la tour de Sabran. C'est seulement en ce dernier point que commence le canal proprement dit de Carpentras, dirigé vers Travaillan, où il se jette dans la rivière de l'Aigues, après un parcours de plus de 88 kilomètres. La portée légale des trois canaux est la suivante, en regard des surfaces arrosées en 1876 :

				hectares.
Pour le canal	de Cabedan neuf.	2	m. cubes....	500
	de l'Isle.........	2	—	850
	de Carpentras....	6	—	2.600
		10	—	3.950

Le profil en long du canal commun indique une pente variable de $0^m,001$ à $0^m,0004$ par mètre, et celui du canal Carpentras, une pente de $0^m,28$ à $0^m,25$ par kilomètre. La hauteur de l'eau étant de $1^m,70$ dans le canal commun, descend à $1^m,50$ à Carpentras, et à 1 mètre avant l'Aigues. Outre la prise en Durance, formée de 15 vannes en fonte, d'un bassin et d'une martelière de sûreté, le vannage de trop-plein de la Roquête et celui du pont Pérussier, qui sert de répartiteur entre les associations, le canal du Cabedan neuf et de l'Isle comprend deux déversoirs, 71 ponts et un pont-aqueduc sur le Coulon, de 58 mètres de longueur.

Le canal Carpentras, dont les travaux ont commencé en 1854, a eu à supporter non seulement les dépenses d'exécution du canal proprement dit, réparti en 6 sections, mais encore celles de l'extension de la prise d'eau, en commun avec le canal d'origine, et de l'élargissement de ce canal. Ces dépenses jusqu'en 1876, d'après le tableau VIII qui en fournit le détail, avaient atteint la somme, en nombre rond, de 1,813,600 francs; et en ajoutant les frais généraux, ceux de terrains et divers, 3,297,000 fr.; ce qui correspond à environ 37,500 fr. par kilomètre de canal. La construction des canaux de 2e, 3e et 4e ordre, a donné lieu à une dépense supplémentaire, pour une longueur totale de 370 kilomètres, de 590,380 fr., ou de 1,600 fr. par kilomètre (1).

Il a été pourvu à l'ensemble des dépenses par des subventions de l'État au montant de 815,000 francs, et pour le reste, par les cotisations des associations syndicales.

Crapponne. — Le canal de Crapponne comprend un tronc principal de 23 kilomètres de longueur, entre la prise d'eau au pont de Cadenet, dans la Durance, jusqu'à Lamanon, où il se bifurque en deux branches, l'une dite de Salon, de 32 kilomètres, et l'autre dite d'Arles, de 45 kilomètres de longueur. L'ensemble représente un parcours de 100 kilomètres.

Le volume d'eau employé par toutes les branches, tant pour les irrigations que pour la force motrice, varie de 10 à 15 mètres cubes, 12^m,5 étant la moyenne. L'acte de concession ne limite aucun débit; mais les dimensions de la branche-mère ne permettraient pas une portée supérieure à 24 mètres cubes.

Depuis 1851, à la suite de transmission par héritage des parts concernant la branche d'Arles et de créances ayant conduit à l'expropriation judiciaire de ce tronçon,

(1) Barral, *les Irrigations de Vaucluse,* 1877, p. 443.

Tableau VIII. — *Canal de Carpentras. Dépenses de construction* (1854-1876)

DÉSIGNATION DES SECTIONS.	DÉSIGNATION DES OUVRAGES.	Longueurs.	Portée.	DÉPENSES terrassements.	ouvrages d'art.	t
		mèt.	mèt.	fr.	fr.	
Section canal mixte.	Prise en Durance	55.0	10			
	Élargissement du canal mixte	23.945.2	10 et 8	193.355	291.979	4
1re *section* (*Sabran à Pernes*).	Montant des travaux	21.668	6	300.117	140.896	4
	Pont-aqueduc Saint-Nicolas					
	— de Galas					12
	Souterrain de Pernes					4
2e *section* (*Pernes à route départementale n° 4*).	Montant des travaux	8.219	4.3	56.242	31.764	8
	Pont-aqueduc sur la Nesque					
	— sur l'Auzon					1
	Souterrain de Carpentras					3
3e *section* (*Route n° 4 à Saint-Martin*).	Montant des travaux	9.632	2.7	82.034	25.942	10
	Siphon sur le Mède					
4e *section* (*Saint-Martin à chemin vicinal*).	Montant des travaux	5.250	2.2	28.000	17.419	4
	Siphon sur le Brégoux					
5e *section* (*chemin vicinal à l'Ouvèze*).	Montant des travaux	10.127	1.5	76.130	37.580	11
	Siphon sur la Salette					
	Pont-aqueduc sur le Lauchun					
	Souterrain de Sarrians					6
	Siphon sur l'Ouvèze					5
6e *section* (*l'Ouvèze à l'Aigues*).	Montant des travaux					5
	Dépense pour fabr. de la chaux					8
	Total des longueurs	88.495				
	Dépenses totales en travaux exécutés					1.82

l'œuvre d'Arles, détachée de celle de Crapponne, est administrée par une société à responsabilité limitée, au capital de 800,000 francs.

Pour l'œuvre de Crapponne, outre la branche mère, celle de Salon offre deux bras principaux : l'un dirigé vers Grans et la Touloubre, sur un parcours de 9 kilomètres, et l'autre dirigé vers Pelissanne, Lançon et Cornillon, qui se jette après un parcours de 23 kilomètres dans l'étang de Berre, aux environs de Saint-Chamas. Cette section ne présente pas moins de 90 mètres de différence de niveau entre Lamanon et Saint-Chamas. L'œuvre générale de Crapponne ainsi constituée assure l'arrosage effectif de 6,850 hectares.

La branche d'Arles traverse la Crau de l'est à l'ouest et va se jeter dans le Rhône, à Arles même, avec une pente totale de 105^{m},90 sur un parcours de 45,138 mètres. Un bras se détache au-dessous d'Eyguières, qui court du nord au sud par Miramas et Saint-Chamas, pour se réunir à l'étang de Berre, près d'Istres, où il fait une chute de 20 mètres. Cet embranchement n'offre ainsi qu'une différence de niveau de 70 mètres par rapport à la prise d'eau. Outre divers travaux d'art secondaires, 59 ponts y sont établis; un aqueduc remarquable, composé de 97 arches à grande portée, conduit les eaux à travers la promenade d'Arles jusque dans le Rhône (1). En 1875, les surfaces arrosées dans la Crau par cette branche occupaient 2,574 hectares, sur lesquels 1,376 en prairies (2).

Les Alpines. — Le canal des Alpines est constitué : 1° par un tronc commun de 1^{k},880 de longueur entre la prise d'eau à Mallemort, dans la Durance, et par une branche méridionale de 7 kilomètres et demi de

(1) Voir t. II, p. 183.

(2) Barral, *les Irrigations des Bouches-du-Rhône*, 1876, p. 280.

longueur, dont l'ensemble forme le canal domanial administré depuis 1813 par l'œuvre générale des Alpines; 2° par deux branches septentrionales d'Orgon et de Rognonas, concédées en 1854 à une compagnie particulière.

La branche méridionale ou domaniale alimente quatre branches principales à partir du bassin de partage de Lamanon, à savoir : 1° la branche d'Eyguières (12 kil.) qui rejoint celle d'Arles des eaux de Crapponne; 2° la branche d'Arles (7 kil.) qui aboutit également à celle de Crapponne; 3° la branche du Congrès (9 kil.) qui dessert le canal de Langlade; 4° la branche de Salon (11 kil.) qui arrose une grande partie de cette commune. Ainsi, le canal de Lamanon avec ses branches, ajouté au tronc principal, représente une longueur totale d'environ 48k,800.

Des deux branches septentrionales ou particulières, la première dite d'Orgon, dirigée en circuit au nord des Alpines, vers Senas, Orgon et Saint-Rémy, avec des ramifications sur Noves, Eyragues et Saint-Gabriel, a une longueur de 78 kilomètres; la seconde branche de Rognonas n'offre sur son parcours de 44 kilomètres que deux embranchements, celui de Barbentane et celui de Tarascon.

Tandis que la dotation de 9 mètres cubes de l'œuvre générale des Alpines permettait d'arroser 6,600 hectares; celle de 7 mètres cubes et demi affectés à la branche septentrionale d'Orgon, augmentée d'une portée de 5 mètres cubes que l'autre branche de Rognonas prend directement sur le territoire de Noves, dans la Durance, soit 12 mètres cubes et demi, n'était utilisée en 1876, par la compagnie française d'irrigation, que pour l'arrosage de 1,756 hectares.

Dans le canal septentrional de Rognonas, la pente du plafond est en général de 50 centimètres par kilomètre; elle descend à 22 centimètres, mais atteint jusqu'à 80 centimètres en divers points de la branche de Tarascon. La largeur du canal au plafond varie entre $2^m,40$ et $2^m,80$ dans la branche mère; entre $1^m,60$ et $1^m,90$ dans la branche de Barbentane, et entre $1^m,80$ et $3^m,30$ dans celle de Tarascon. L'inclinaison des talus est comprise entre 1 de base pour 1 de hauteur et 3 de base pour 2 de hauteur, dans les parties en déblai ou en remblai ordinaire. Les ouvrages d'art sont au nombre de 143 sur le canal entier. Parmi les principaux, il y a lieu de citer la prise en Durance avec 6 pertuis de 1 mètre de largeur; le siphon de l'Anguillon à deux ouvertures de $1^m,52$ de largeur; le répartiteur de Bessières avec 6 pertuis de $0^m,90$ de largeur, dont 2 pour la branche de Barbentane et 4 pour celle de Tarascon; les aqueducs de Georget et de Parade sous le chemin de fer d'Avignon, etc. (1).

Peyrolles. — Le canal de Peyrolles, dérivé de la Durance, aux digues du Fort d'abord, puis à Canteperdrix, a été achevé en 1863 jusqu'au grand ravin du Puy, d'où il se dirige vers le ravin de Carcasse. La branche mère ainsi tracée compte 26 kilomètres de longueur, mais les dérivations sur le territoire de Jouques, de Peyrolles, de Meyrargues, de Chabaud, etc., atteignent un développement de plus de 60 kilomètres. La société anonyme, propriétaire du canal pour lequel les dépenses se sont élevées à 700,000 francs, non compris les intérêts des actions, au nombre de 588, ne dispose, malgré la prise d'eau reportée à Canteperdrix dans une position remarquable et unique, que de 1,200 litres, au lieu des 2,000 concédés. Les arrosages en 1875 ne s'étendaient pas à plus de 500 hectares.

(1) Barral, *loc. cit.*, p. 291.

Verdon. — Pour le canal du Verdon, commencé en 1863 et terminé en 1874, nous avons déjà décrit les conditions principales de son établissement : la prise d'eau et le barrage-déversoir de Quinson (Basses-Alpes) qui ont représenté une dépense de 894,000 francs ; les souterrains au nombre de 79 offrant ensemble une longueur de 20 kilomètres ; les ponts-aqueducs et les quatre grands siphons, parmi lesquels celui de Saint-Paul, à deux tuyaux parallèles, d'une longueur de 271 mètres.

Indépendamment de la branche mère d'une longueur de 82 kilomètres, huit branches principales de dérivation dans le territoire d'Aix s'étendent sur 76 kilomètres de longueur totale ; cinq branches en dehors du territoire sont destinées aux arrosages des communes de Saint-Cannat, Lambesc, Rogues, Éguilles et Tholonet.

La branche mère aboutissant à Meyrargues jouit d'une pente de $0^{m},20$ à $0^{m},25$ par kilomètre dans les parties à ciel ouvert, et de $1^{m},10$ dans les souterrains. La section moyenne de la cuvette est de 10,50 m. carrés, et celle dans les souterrains de 4,88 m. carrés (1).

Sur une surface arrosable de 18,000 hectares environ, le canal ne permet encore d'irriguer qu'un nombre très restreint de cultures.

Neste. — Le canal de la Neste, d'une longueur de 28 kilomètres, amène les eaux de cette rivière sur le plateau de Lannemezan, pour l'arrosage du plateau même et des vallées de la Longe, de la Save, de la Gave, de la Gimone, etc. La prise d'eau est placée à Sarrancolin, avec un débit de 7 m. cubes par seconde ; mais comme ce débit ne peut être fourni pendant le bas étiage, quand les rivières tarissent, sans compromettre des droits ac-

(1) *Notices, loc. cit.*, p. 92.

quis, on a dû construire au lac d'Orédon un réservoir que nous avons décrit (1). La dépense du canal et du réservoir est portée pour 6 millions au compte de l'État.

Saint-Martory. — Le canal de Saint-Martory consiste en une dérivation de la Garonne, pratiquée par un barrage voisin de la station de Saint-Martory. Sa portée est de 10 mètres cubes à la seconde, en vue de l'arrosage de 10,000 hectares sur la rive gauche de la Garonne, jusqu'à Toulouse où s'arrête le canal, après un parcours de 70 kilomètres. Outre la branche principale dont le coût a été estimé à 3 millions, c'est-à-dire au montant de la subvention de l'État, le canal comporte un développement de 450 kilomètres des canaux secondaires dont 170 seulement étaient exécutés en 1877 (2). Quoique 4,300 hectares aient été souscrits par les propriétaires, la surface arrosée à cette même date était seulement de 2,700 hectares; or, les dépenses s'élevaient déjà à plus de 5 millions et demi de francs.

Forez. — Le canal du Forez dont nous avons dé-décrit la prise d'eau par barrage dans la Loire, à Joannade, comprend une branche mère de 17 kilomètres jusqu'à l'Hôpital, dont 6 kilomètres en amont sont ouverts en tunnel, ou construits en maçonnerie, avant d'atteindre Saint-Rambert. Des trois sections formant la branche mère, les deux premières ont coûté pour 14,332 mètres, 2 millions de francs, soit 140 francs par mètre, et la troisième, de 2,420 mètres, avec un pont-canal sur la Mare, a coûté 353,468 francs, soit 145 francs par mètre courant.

L'artère de l'Hôpital qui constitue le canal propre-

(1) Tome Ier, p. 503.

(2) *Assoc. française pour l'avancement des sciences; Compte-rendu de la 16e session à Toulouse*, 1888, t. II, p. 907.

ment dit d'irrigation, dominant une superficie de 5,440 hectares, a coûté pour un débit de 2 mètres cubes par seconde, 364,000 francs, soit, à raison de 14,566 mètres de parcours, 25 francs par mètre courant. Concédé au département de la Loire en 1863, avec une subvention de l'État de 1,112,500 francs, égale au quart de l'évaluation, le canal du Forez mis en eau en 1874, avait coûté 2,717,000 francs, pour une superficie arrosée en 1878, de 500 hectares seulement.

Bourne. — La prise d'eau, en aval du bourg de Pont-en-Royans, les souterrains et ponts-canaux du canal de la Bourne ont déjà été décrits. Établi presque partout à flanc de coteau sur les 30 premiers kilomètres, franchissant un grand nombre de ravins, le canal ne se transforme en rigole d'irrigation que sur les 21 derniers kilomètres. La pente totale sur les 30 premiers kilomètres est de $8^{m},43$, soit en moyenne $0^{m},277$ par kilomètre. Quant aux pentes des sections courantes, elles ont été réglées à $0^{m},00025$ par mètre et dans les tunnels ou déblais de rochers, à $0^{m},0005$ par mètre, celles des ouvrages d'art étant fixées à $0^{m},001$.

La dérivation de la Bourne a été concédée, de 7 mètres cubes d'eau par seconde, et en cas d'insuffisance, dans la Lyonne et le Chollet ses deux principaux affluents, dans le but d'arroser la plaine de l'Isère, entre le Rhône et les derniers contreforts des Alpes.

La dépense à faire, d'après les prévisions de la société concessionnaire, avait été évaluée à :

5.000.000 fr. pour le canal principal;
3.000.000 fr. pour les canaux secondaires et tertiaires,

l'État accordant une subvention de 2,900,000 francs.

Les deux canaux qui complètent le tableau VIII sous les nos 11 et 12 ne sont pas, à strictement parler, des canaux d'irrigation, puisque le but essentiel de leur construction a été d'alimenter les villes de Marseille et d'Ajaccio.

Canal de Marseille. — Le canal de Marseille a été mentionné au sujet de la prise d'eau dans la Durance, au pont de Pertuis; du pont-aqueduc de Roquefavour (1) et des bassins du Réaltort et de Saint-Christophe (2) que l'on peut citer parmi les travaux d'art les plus remarquables du vaste projet confié à de Montricher.

D'une longueur de 83 kilomètres, entre la prise et la limite du territoire de Marseille, il présente 67 kilomètres à ciel ouvert et 16 en souterrains. Avec une portée de 9 mètres cubes, pouvant atteindre 12 mètres cubes par seconde, la pente est de 3 dixièmes de millimètre par mètre; la section trapézoïdale offre 3 mètres de largeur à la base, 9^{m},40 au plafond et 2^{m},40 de profondeur. En ajoutant 42 kilomètres de continuation dans le territoire de Marseille, depuis Saint-Antoine jusqu'à la madrague de Montredon, la longueur de la branche mère est de 125 kilomètres. Les principales dérivations représentent une longueur de 34 kilomètres.

Pour l'ensemble des canaux, les acquisitions de terrains des constructions, les bassins et la canalisation des eaux dans la ville, etc., les dépenses s'élevaient en 1878 à 44,820,000 francs, et les emprunts de la ville, destinés au paiement de ces dépenses, frais d'entretien et service des intérêts, à 56,976,878 francs.

L'étendue des terres arrosables ne dépassait guère alors 3,500 hectares, desservis par 230 kilomètres de fossés ou rigoles d'irrigation; le débit, au delà de 3 mètres cubes pour arrosage, était absorbé par les besoins de la ville à laquelle se trouvaient affectés en conduites

(1) Voir t. II, p. 88 et 186.
(2) Voir t. I, p. 496.

fermées : 275 kil. sur le territoire et 180 kilom. à l'intérieur, distribuant 6 mètres cubes par seconde (1).

Canal de la Gravona. — Le canal de la Gravona, de 19 kilomètres de longueur, après avoir côtoyé la rive droite de cette rivière, franchit le col de Stileto en souterrain et s'engage dans la vallée des Cannes, à l'extrémité de laquelle est située la ville d'Ajaccio. La section calculée pour un débit de 1 mètre cube par seconde est variable. La pente est en général de $0^m,0005$ par mètre dans les parties en terre ; de $0^m,0016$ dans les ouvrages d'art, et de $0^m,001$ dans le souterrain.

Outre le barrage de 42 mètres de longueur sur 4 mètres de hauteur moyenne, qui a coûté 38,760 fr., les ouvrages d'art comportent : 7 ponts-aqueducs sur ravins, dont la dépense s'élève à 244,150 fr., un siphon en fonte, dit des Padule, ayant coûté 46,445 fr. 40, pour une longueur horizontale de $451^m,50$; le souterrain de Stileto, avec section moyenne de 3,89 mètres carrés, qui a été payé 177,607 fr., pour une longueur de 560 mètres, non compris les abords; un bassin d'épuration de 1,000 mètres cubes de capacité, ayant coûté 55,000 fr., soit 55 fr., par mètre cube d'eau ; enfin un réservoir d'alimentation d'une capacité de 3,000 mètres cubes, du coût de 86,000 francs, soit 28 fr.67 par mètre cube d'eau emmagasiné. La dépense de distribution en ville, de 50 litres par seconde, pour 15,000 habitants, s'est élevée à 133,984 francs, correspondant à 2679 fr. 68 par litre et par seconde.

Le montant total des dépenses du canal de la Gravona, soit 1,434,000 fr., se décompose ainsi qu'il suit (2) :

(1) Barral, *loc. cit.*, p. 351.
(2) *Notices, loc. cit.*, p. 75.

	fr.	
Terrassements...........	98.514, soit 5f.19 par m. courant.	
Ouvrages d'art...........	868.928	
Etanchements............	85.315, soit 15f.98	—
Indemnités de terrain et dommages............	288.984	
Réservoirs et distribution.	92.247	
Francs	1.433.988, ou 75f.47	—

En retranchant 275,000 fr. environ pour bassins et distribution en ville, il resterait comme dépense du canal proprement dit : 1,159,000 francs, soit 61 francs par mètre courant.

Si l'on admet également que de la somme totale des dépenses du canal de Marseille, on puisse défalquer 10 millions, dont 6,700,000 pour la distribution en ville et le reste pour les bassins de décantation ; ce qui laisserait un montant de 34,820,000 fr. pour le canal proprement dit, le coût du mètre cube d'eau par seconde, atteindrait encore le chiffre énorme de 3,868,000 francs, et celui du même mètre cube d'eau par kilomètre se réduirait à 31,000 francs.

D'une manière générale, la comparaison du coût du mètre cube d'eau continue, transportée par les canaux en France et en Italie, démontre combien les derniers sont plus avantageusement établis au profit de l'agriculture. Sauf pour les canaux de l'Œuvre générale de Crapponne, les canaux en France s'écartent dans des limites extrêmes de ceux de l'Italie du nord ; ceux de Carpentras, des Alpines, de Saint-Martory, pour lesquels les redevances sont aussi plus réduites, sont les seuls qui se rapprochent des conditions réalisées par certains canaux italiens, à faible portée, ou d'un parcours réduit.

c. Canaux d'Espagne.

Canal Isabelle (*Madrid*). — Le canal Isabelle II, dérivé des eaux du Lozoya, a été construit récemment dans un double but : l'alimentation de la ville de Madrid et les irrigations de sa banlieue. Pour une portée de 2,600 litres seulement par seconde, qu'assurent la rivière de Lozoya, le bassin-réservoir de Villar (1) et le barrage du Ponton construit en 1852, ce canal, de 76 kilomètres de longueur, a coûté en tout 62 millions et demi de francs. Avec une pente de $0^m,0002$ par mètre à ciel ouvert, il a fallu racheter une chute de $30^m,64$ pendant le parcours, par la digue d'origine qui a été établie à Ponton, sur 32 mètres de hauteur et une longueur de $72^m,50$ à la crête. Les nombreux ravins sont franchis par des siphons en fonte, à quatre tuyaux, d'un mètre de diamètre, capables de débiter chacun 600 litres par seconde. L'eau du canal débouche à Madrid dans deux vastes réservoirs souterrains, d'une contenance de 60,000 et 180,000 mètres cubes.

On conçoit que, dans de telles conditions, le mètre cube d'eau continue revienne par kilomètre à plus de 350,000 francs; six fois plus cher qu'à Ajaccio et neuf fois plus cher encore qu'à Marseille.

Aussi bien, ces trois canaux, comme nous l'avons déjà fait remarquer, ne servent qu'accessoirement à l'irrigation; ils rentrent dans la classe des travaux de distribution d'eau pour les villes qui peuvent et doivent s'imposer d'aussi lourds sacrifices, en vue d'assurer avant tout l'approvisionnement et la salubrité des habitants.

(1) Voir tome Ier, livre V, p. 537.

d. Canaux américains.

Canaux du Colorado. — Le canal d'irrigation de Nord-Poudre (Colorado), qui dérive 8 mètres cubes et demi par seconde de la rivière Cache-la-Poudre, a été tracé par l'ingénieur O'Meara et construit dans la première section à travers des défilés rocheux. Le premier kilomètre a coûté 156,000 fr., et le prix moyen des 12 kilomètres d'amont faisant suite, a été de 113,600 fr.

La prise d'eau est obtenue par un barrage de 9m,30 de hauteur au centre et de 46 mètres de longueur au sommet. La face d'aval est en encrèchements sur trois lignes, avec pierres dans les intervalles, et la face d'amont en charpente porte un parapet qui peut s'enlever partiellement à l'époque des glaces. Entre les deux faces, la digue centrale, sur 18m,30 de longueur, est construite en terre battue, en gravier et en vase. Le coût total du barrage s'est élevé à 37,000 fr.

En dehors des tunnels creusés dans le trachyte, les ouvrages d'art, aqueducs et ponts, édifiés en charpente, sont protégés par des perrés et des glaises.

Le tableau IX réunit les principales données des ouvrages du canal économique Nord-Poudre, dont la longueur atteint 77 kilomètres, en regard de celles d'un autre canal, le Nord-Colorado, ou Platte-Canal, tracé à plus grande échelle, sur 121 kil. 66, et exécuté par l'ingénieur Nettleton (1).

(1) O'Meara, *loc. cit.*, 1885.

Tableau IX. — *Canaux du Colorado* (*dimensions et pentes*).

	CANAL NORD-POUDRE.			CANAL NORD-COLORADO.		
	Dimensions.	Pente par kilom.	Longueur.	Dimensions.	Pente par kilom.	Longueur.
	m.	m.	m.	m.	m.	m.
Tunnel	1.83 × 1.83	3.00	280.60	6.10 × 3.66	1.00	190.68
Aqueducs..........	2.44 × 1.83 3.66 × 1.37	2.00 2.00	1.037.00 228.75	8.54 × 2.14 »	1.00 »	803.50 »
Canal dans le roc...	Base........ 3.66 Profondeur. 1.20 Talus....... 1/1	1.00	3.218.00	»	»	»
Canaux creusés en terre.	Base....... 6.10 Profondeur. 1.20 Talus....... 1,5/1	0.40	8.045.00	Base......... 12.20 Profondeur.. 1.83 Talus........ 1/1 et 2/1	0.33	75.623.00
	Base....... 3.05 Profondeur. 1.07 Talus...... 1,5/1	0.40 à 0.60	64.360.00	Base......... 9.10 Profondeur.. 1.83 Talus........ 1/1 et 2/1	0.33	8.045.00
				Base......... 7.63 Profondeur.. 1.37 Talus....... 1/1 et 2/1	0.38	37.000.00
			77.169.35			121.662.18

LIVRE VIII.

JAUGEAGE ET DISTRIBUTION DES EAUX.

Les canaux construits, deux moyens se présentent pour distribuer l'eau aux intéressés; l'un qui consiste à débiter des volumes aussi exacts que possible, à l'aide de régulateurs spéciaux ou *modules;* l'autre, à partager un volume donné en parties aliquotes, moyennant des *partiteurs,* qui constituent aussi des appareils spéciaux.

Quel que soit le procédé adopté, il faut avant tout s'assurer d'une méthode de jaugeage et d'une mesure uniforme des eaux à débiter. Le mode d'arrosage qu'on applique, dépend lui-même, du reste, de la quantité d'eau dont on peut disposer et qu'il est indispensable de jauger. Qu'il s'agisse d'un canal, d'une source ou d'un cours d'eau, les jaugeages doivent pouvoir se répéter suivant que les eaux sont basses, moyennes ou hautes, et suivant les diverses saisons, afin de disposer en conséquence les cultures arrosées.

I. JAUGEAGE.

Les méthodes de jaugeage sont nombreuses, soit que l'on mesure directement la vitesse moyenne d'un courant, soit que l'on calcule d'après le volume reçu dans un temps donné, le produit de ce courant.

JAUGEAGE DES EAUX COURANTES.

Jaugeage par flotteurs. — Le moyen le plus simple et le plus sûr pour mesurer la vitesse superficielle d'une eau courante, comprend l'emploi d'un flotteur, c'est-à-dire d'un corps d'une pesanteur spécifique un peu moindre que celle de l'eau, qu'on abandonne à la libre impulsion du courant. On compte le nombre de secondes employées par le flotteur pour parcourir une distance exactement mesurée, et en divisant le nombre de mètres par le nombre de secondes, on a exactement la vitesse superficielle du courant observé. Cette vitesse multipliée par 0,80 pour les petits cours d'eau, par 0,81 ou 0,82 pour les plus grands, donne d'une manière approximative la vitesse moyenne, laquelle multipliée à son tour par la section, fait connaître le volume d'eau, ou le débit du courant.

C'est à ce procédé expéditif et suffisamment exact que l'on recourt le plus fréquemment, quand les nombreux canaux et les rigoles rendent nécessaires des vérifications continues. Pour les cours d'eau encaissés régulièrement dans leurs berges, on agit de même; autrement, faut-il construire en planches un canal artificiel dont les parois soient élevées à angle droit sur le fond, afin d'avoir une section rectiligne à peu près constante, que l'on puisse évaluer exactement.

On a imaginé beaucoup d'autres moyens de mesurer, soit la vitesse superficielle, soit la vitesse intérieure d'un courant d'eau. Le pendule hydrométrique de Venturoli, le volant à aubes de Dubuat, le tube de Pitot, le tachomètre à disques de Brünings, le moulinet de Woltmann, offrent des dispositions plus ou moins ingénieuses pour remplacer les flotteurs simples. On a eu également recours, pour le jaugeage de très grandes rivières, à des flotteurs composés, c'est-à-dire à des flotteurs plongeants, dirigés suivant des tranches longitudinales aussi rapprochées qu'on le juge convenable, de façon à avoir la vitesse par seconde des flotteurs dans chaque ligne, soit la vitesse réelle de la tranche longitudinale dans laquelle ils plongent. La moyenne arithmétique entre les vitesses de deux flotteurs consécutifs exprime ainsi la vitesse effective du volume compris entre les plans verticaux parcourus par les deux flotteurs. Si maintenant l'on prend la profondeur moyenne de l'eau sur ces deux lignes et qu'on la multiplie par la moyenne des distances transversales entre elles, on a successivement les sections moyennes des volumes liquides des tranches longitudinales suivant lesquelles on a partagé le corps de la rivière. En multipliant ces sections par les vitesses correspondantes que les flotteurs ont indiquées, on obtient le débit par seconde pour chaque volume partiel; et la somme des volumes donne la portée totale, ou le nombre de mètres cubes par seconde, débités par la rivière. En divisant cette portée par la section, on obtient pour quotient la vitesse moyenne.

De longues expériences de jaugeage des eaux du Tibre et du Pô, faites en application de cette méthode, ont été minutieusement décrites par Nadault de Buffon (1). « Il n'existe rien de plus précis, conclut-il, que cette méthode pour calculer directement le volume d'eau que « porte une grande rivière. Elle est d'une pratique toujours facile, n'exige aucune application de l'analyse et

(1) *Hydraulique agricole*, 2e édit., 1862, t. I, p. 331.

« est à la portée de tous. » Son seul inconvénient est de fournir un résultat un peu fort dans l'évaluation, soit du volume d'eau, soit de la vitesse moyenne qui y correspond, en raison de la vitesse de la couche liquide la plus rapprochée du lit, qu'on est obligé de négliger, mais qui est la plus faible de toutes. Il y a donc une légère correction à faire à cet égard.

Jaugeage par bassins. — Quand il s'agit de très petits cours d'eau et qu'ils peuvent donner une chute suffisante, le mode le plus élémentaire de jauger leur courant, est de les laisser couler en totalité, pendant un certain nombre de secondes, dans un bassin ou récipient de capacité connue, et de diviser le volume reçu par le nombre de secondes employées à l'écoulement; on obtient ainsi d'une manière infaillible le débit par seconde; et en divisant ce débit par la section, la vitesse moyenne du courant.

Le bassin doit être aussi vaste que possible pour que l'expérience puisse durer pendant un certain nombre de secondes; il doit être établi de préférence dans le lit même, entre deux barrages, dont celui d'amont formant déversoir permet de faire passer à volonté le volume total du courant. Des vannes, ou une hausse mobile, entre deux montants, suffisent pour intercepter, au niveau voulu, l'écoulement dans le bassin, et le diriger ailleurs.

Le défaut de ce procédé est d'exiger une chute, pour ne pas s'exposer à perdre de l'eau en filtrations, et d'être applicable seulement à de très petits cours d'eau, ou ruisseaux.

Jaugeage par déversoirs. — Cette méthode consiste à faire passer la totalité du petit cours d'eau sur un déversoir mince dont la hauteur est calculée de façon qu'il y ait toujours une différence sensible entre le niveau de l'eau d'amont et celui de l'eau d'aval. Cette hauteur doit être assez considérable, en outre, pour que l'eau d'amont, à niveau sensiblement constant, perde sa vitesse aux approches du barrage. Quand l'écoulement régulier, conforme au débit du ruisseau, peut ainsi s'effectuer, le jaugeage se réduit à appliquer la formule d'Aubuisson que donnent les traités d'hydraulique, pour ce mode d'écoulement.

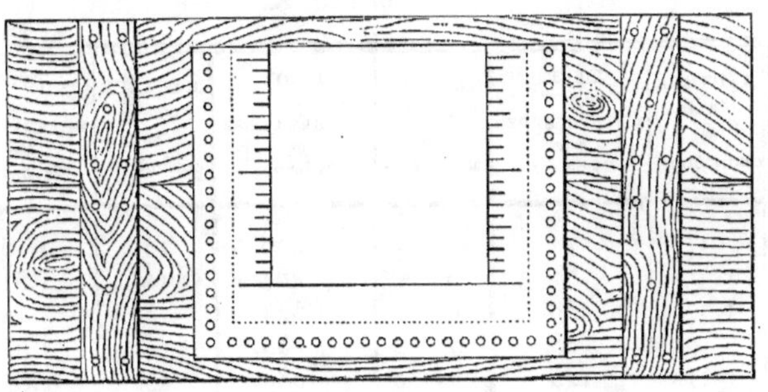

FIG. 150. — APPAREIL A JAUGER LES PETITS COURS D'EAU.

Raudot a proposé un appareil très simple, fondé sur cette méthode (1). On choisit une tôle de $0^m,30$ de largeur sur $0^m,25$ de hauteur, que l'on maintient sur le pourtour par un cadre, ou un châssis en bois, afin qu'elle ne se courbe pas. On y pratique ensuite une entaille carrée de $0^m,20$ de côté (fig. 150). Le cadre placé en travers du cours d'eau, on empêche, à l'aide de mottes de gazon ou de la glaise, que l'eau ne s'écoule à côté, ou au-dessous du cadre; le courant passe ainsi en totalité à travers l'échancrure. L'eau, en amont de la jauge, étant sans vitesse et s'écoulant lentement

(1) *Journ. agric, prat.*, IVe série, 1854, t. II, p. 179.

au-dessus du bord horizontal de la tôle, on lit la hauteur H à laquelle le niveau de l'eau se tient, c'est-à-dire l'épaisseur de la lame, sur des échelles graduées en centimètres et millimètres que portent les montants. Cette hauteur étant lue, on applique la table qui fournit le débit d'un déversoir en tôle mince de $0^m,20$ de largeur (tableau X), pour avoir le débit par 24 heures (1).

TABLEAU X.

HAUTEUR D'EAU en centimètres.	DÉBIT en MÈTRES CUBES par 24 heures.	HAUTEUR D'EAU en centimètres.	DÉBIT en MÈTRES CUBES par 24 heures.	HAUTEUR D'EAU en centimètres.	DÉBIT en MÈTRES CUBES par 24 heures.
1/2	14	5 1/2	408	11	1.154
1	31	6	464	12	1.315
1 1/2	58	6 1/2	524	13	1.482
2	88	7	585	14	1.639
2 1/2	125	7 1/2	689	15	1.837
3	164	8	715	16	2.024
3 1/2	207	8 1/2	783	17	2.230
4	253	9	854	18	2.415
4 1/2	301	9 1/2	926	19	2.619
5	353	10	1.000	20	2.829

Une jauge de $0^m,20$ de côté est suffisante pour des cours d'eau ou des rigoles débitant depuis un quart de litre jusqu'à 35 litres par seconde. Toutefois, si l'on avait des cours d'eau plus considérables à jauger, faudrait-il donner 10 ou 20 centimètres de plus en largeur à la jauge décrite; auquel cas tous les chiffres exprimés en mè-

(1) Étant données la hauteur H, la largeur horizontale L, et la vitesse g qui, en vertu de la pesanteur, anime un corps au bout d'une seconde de chute, soit $g = 9^m,8088$, on n'a qu'à appliquer la formule $x = 0,405 \text{ L H } \sqrt{2 g H}$ pour avoir la quantité d'eau q débitée en une seconde.

tres cubes dans la table devront être augmentés de moitié, ou doublés, les débits étant proportionnels à la largeur des orifices.

Jaugeage par nivellement. — Ce mode de jaugeage est basé sur la détermination du profil moyen, du rayon moyen et de la pente par mètre, du cours d'eau qu'il s'agit de jauger.

Le profil moyen (ou section moyenne) s'obtient en mesurant la largeur du fond et la largeur au niveau de la surface de l'eau, en un certain nombre de points choisis à peu près à égale distance les uns des autres, sur une certaine longueur de parcours. La moyenne des nombres obtenus en chacun des points, multipliée par la profondeur en ces mêmes points, donnera comme produit les diverses sections servant à calculer le profil moyen.

Le quotient de ce profil moyen par le périmètre mouillé fournit le rayon moyen. Quant à la pente par mètre, elle s'obtient en déterminant par un nivellement la différence de niveau de la surface de l'eau en deux points du parcours, assez éloignés l'un de l'autre, et en divisant cette différence par la distance des deux points, mesurée suivant l'axe du cours d'eau.

Si maintenant on multiplie le rayon moyen par la pente par mètre; que l'on divise le produit par le nombre correspondant au rayon moyen figurant dans le tableau XI, et que l'on extraye la racine carrée du quotient, on obtiendra la vitesse moyenne du cours d'eau.

Le débit par seconde se calcule alors, comme il a été dit, en multipliant la section moyenne par la vitesse moyenne.

Avant de terminer la description des divers jaugeages, nous indiquerons en quoi consistent les appareils de mesure de vitesse.

TABLEAU XI.

RAYON MOYEN.	NOMBRE correspondant.	RAYON MOYEN.	NOMBRE correspondant.	RAYON MOYEN.	NOMBRE correspondant.
0.10	0.003780	0.41	0.001134	0.72	0.000766
0.11	0.003462	0.42	0.001113	0.73	0.000759
0.12	0.003197	0.43	0.001094	0.74	0.000753
0.13	0.002972	0.44	0.001075	0.75	0.000746
0.14	0.002780	0.45	0.001058	0.76	0.000741
0.15	0.002613	0.46	0.001041	0.77	0.000735
0.16	0.002468	0.47	0.001025	0.78	0.000729
0.17	0.002339	0.48	0.001009	0.79	0.000723
0.18	0.002224	0.49	0.000994	0.80	0.000718
0.19	0.002122	0.50	0.000980	0.81	0.000712
0.20	0.002030	0.51	0.000966	0.82	0.000707
0.21	0.001947	0.52	0.000953	0.83	0.000702
0.22	0.001871	0.53	0.000940	0.84	0.000697
0.23	0.001802	0.54	0.000928	0.85	0.000692
0.24	0.001738	0.55	0.000916	0.86	0.000687
0.25	0.001680	0.56	0.000905	0.87	0.000682
0.26	0.001626	0.57	0.000894	0.88	0.000678
0.27	0.001576	0.58	0.000883	0.89	0.000673
0.28	0.001530	0.59	0.000873	0.90	0.000669
0.29	0.001487	0.60	0.000863	0.91	0.000665
0.30	0.001447	0.61	0.000854	0.92	0.000660
0.31	0.001409	0.62	0.000845	0.93	0.000656
0.32	0.001374	0.63	0.000836	0.94	0.000652
0.33	0.002341	0.64	0.000827	0.95	0.000648
0.34	0.001309	0.65	0.000818	0.96	0.000645
0.35	0.001280	0.66	0.000810	0.97	0.000641
0.36	0.001252	0.67	0.000802	0.98	0.000637
0.37	0.001226	0.68	0.000795	0.99	0.000634
0.38	0.001201	0.69	0.000787	1.00	0.000630
0.39	0.001177	0.70	0.000780		
0.40	0.001155	0.71	0.000773		

Moulinet de Woltmann. — Cet instrument, destiné à évaluer la vitesse des courants, à des profondeurs plus grandes que celles des rigoles d'irrigation, consiste en un arbre horizontal sur lequel sont fixées deux ailettes A B, à surfaces planes, inclinées à 45°, et tournant dans un plan vertical. Une vis sans fin, taraudée sur l'arbre horizontal, fait tourner un système de roues dentées qui permet de connaître le nombre de tours faits par les ailettes. Un excentrique C, mû par les deux cordons *a a'*, soulève à volonté les roues dentées de façon à pouvoir les engrener au commencement, ou à les désengrener à la fin de l'expérience (fig. 151).

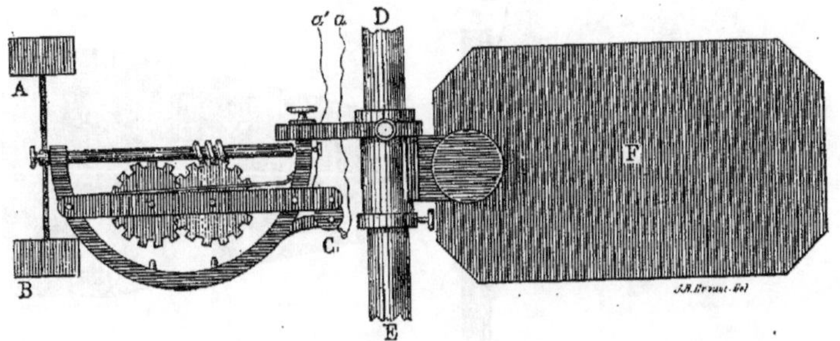

Fig. 151. — Moulinet de Woltmann.

Une des roues du compteur marque les unités, ou le nombre de tours des ailes de 0 à 50, et l'autre marque les dizaines de 0 à 500 ; ce qui permet de faire faire au moulinet jusqu'à 500 tours dans une expérience.

L'instrument doit être fixé à une tringle de fer DE qui plonge verticalement dans l'eau ; il est mobile autour de cette tige et armé à l'arrière d'un gouvernail F, dont la surface est calculée de manière à maintenir l'instrument en avant, dans le sens du courant.

Pour faire une expérience, on désengrène les roues du compteur et on amène leur zéro devant les repères ; puis on descend l'instrument dans l'eau ; les ailes se mettent aussitôt à tourner sous l'action du courant et ne tardent pas à prendre un mouvement uniforme. On presse alors la détente d'un compteur à secondes, en même temps que l'on tire le cordon qui engrène les roues. Au bout de quelques minutes, on arrête l'aiguille des secondes et on tire le second cordon qui désengrène les roues. On connaît ainsi le nombre de tours de moulinet exécutés pendant le temps qu'a duré l'essai. A l'aide de ces données, on possède les éléments pour le calcul de la formule spéciale que Baumgarten a indiquée (1).

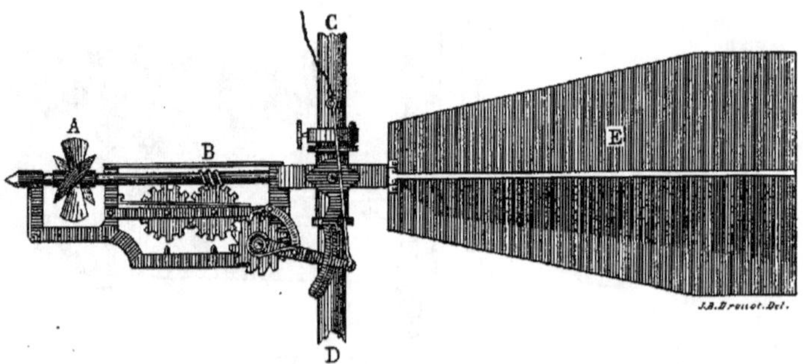

Fig. 152. — Moulinet de Baumgarten.

Moulinet de Baumgarten. — Comme dans les courants très faibles, le moulinet à ailes planes est trop paresseux, Baumgarten a appliqué des ailes à surfaces hélicoïdales A (fig. 152), adaptées sur l'axe B qui porte la vis tangente.

(1) Dans la formule de Baumgarten : $\frac{v}{n} = 0,3595 + \sqrt{A + \frac{B}{n2}}$, v indique la vitesse du courant d'eau, ou le chemin parcouru en une seconde; n le nombre de tours du moulinet pendant le temps t; A et B des constantes qui dépendent des dimensions et des frottements de l'instrument. Ces coefficients de tarage sont obtenus par comparaison avec le fonctionnement de l'appareil dans l'eau tranquille.

Dans les moulinets ainsi modifiés qu'emploie le service des ponts et chaussées en France, le rayon extérieur de l'hélice génératrice des ailes est de $0^m,04$; le pas de l'hélice est de $0^m,092$, et la surface héliçoïdale, bien que formant une spire complète, est partagée en quatre parties correspondant à quatre pas de $0^m,023$. Ces quatre parties, ou ailes, sont assemblées de façon à ce qu'elles ne se recouvrent pas; à l'extérieur, elles sont ouvertes.

Les ailes héliçoïdales tournant beaucoup plus vite que les ailes planes, les roues doivent pouvoir compter un plus grand nombre de tours; aussi la première roue compte-t-elle par unité jusqu'à 100 tours; et la deuxième par dizaines jusqu'à 1,000 tours.

Une suspension de Cardan relie le moulinet à la tige C D, pour que l'axe de l'hélice soit toujours parallèle au filet de l'eau qui choque les ailes, en s'inclinant dans tous les sens. Le gouvernail E est formé de quatre palettes soudées à angle droit.

Les expériences se font comme avec le moulinet Woltmann, et la vitesse $\frac{v}{n} = x$ se calcule d'après la même formule (1).

JAUGEAGE DES RIGOLES ET DES DRAINS.

Les procédés et les instruments de jaugeage que nous venons de brièvement décrire exigent des précautions minutieuses, quand il s'agit de sources, de ruisseaux, de canaux ou de rivières, mais ils ne sont plus applicables aux rigoles d'irrigation, surtout si l'on veut

(1) Dans cette formule $x = C + \sqrt{A + \frac{B}{n2}}$, A, B et C sont des constantes déterminées par le tarage de chaque instrument. (Baumgarten, *Notice sur le moulinet de Woltmann; Ann. des ponts et chaussées*, 1848.)

mesurer l'eau passant en un point donné, que la rigole soit petite ou grande, sans modifier le régime de l'irrigation elle-même (1).

D'autre part, la disposition de chutes ou de barrages pour les jaugeages directs, ou par déversoir, est à peu près impraticable dans l'intérieur des terrains arrosés. Les vannes d'arrosage qui fournissent un jaugeage suffisant à l'entrée, ne permettent pas de mesurer les eaux réparties sur les parcelles. Les flotteurs qui conviendraient pour le jaugeage de grandes rigoles, quand le lit est rectiligne et la section régulière, ne peuvent plus servir pour des rigoles la plupart sinueuses, à sections variables et envahies par les herbes. Enfin, le moulinet de Woltmann, comme celui modifié par Baumgarten, exigeant l'emploi d'un compteur à secondes, des vérifications de tarage, des emplacements particuliers, sont des instruments d'un volume peu maniable et d'un emploi délicat.

Tube Pitot-Darcy. — Pitot avait proposé de déterminer la vitesse des courants d'eau en mesurant la différence de niveau de deux tubes plongés dans l'eau. L'un de ces tubes était coupé droit à son extrémité inférieure, et sa section était parallèle au courant. L'autre tube recourbé à angle droit, à son extrémité inférieure, avait sa section perpendiculaire au courant. Il est évident que l'eau doit s'élever dans ce deuxième tube plus haut que dans le premier, et d'une quantité qui dépend de la pression exercée par le courant (2).

D'après les expériences de Pitot, l'ingénieur Darcy a disposé sur le même principe un instrument exact et

(1) Hervé Mangon, *Expériences sur l'emploi des eaux d'irrigation*, Paris, 1869, p. 13.

(2) J. Salleron, *Notice sur les instruments de précision*, Paris, 1858.

d'un usage commode, notamment pour les études d'irrigation.

Dans une planche de chêne AB (fig. 153) sont incrustés deux tubes de verre C et D; la partie inférieure de ces tubes est mastiquée dans une même pièce de cuivre, traversée par une clef de robinet E, qui ferme à la fois les orifices des deux tubes.

Au bas du robinet, et sous les orifices des tubes, sont soudés deux tuyaux de cuivre prolongés hors de la planche et recourbés à angle droit, afin que leurs extrémités se trouvent frappées par le même filet d'eau et placées hors du contre-courant que produit l'instrument.

La section de l'extrémité *a* du tube C est dirigée normalement au courant; l'extrémité *a* du tube D est recourbée verticalement et sa section est parallèle au

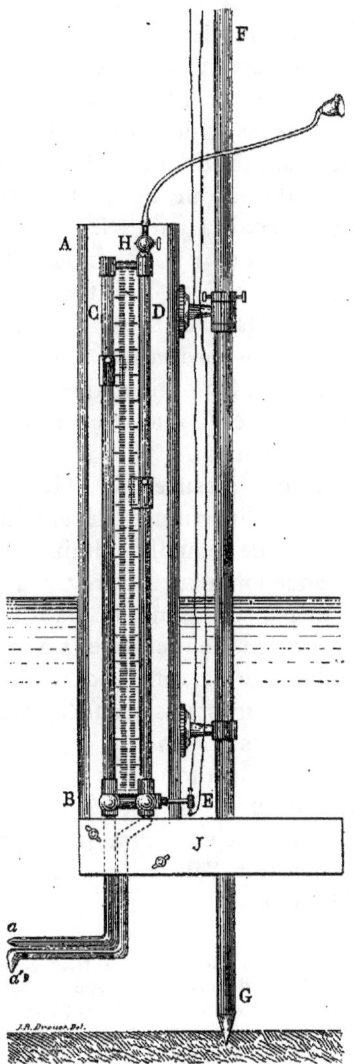

Fig. 153. — Tube jaugeur Pitot-Darcy.

courant. Le niveau de l'eau est en conséquence plus élevé dans le tube C que dans le tube D.

Procédant à l'essai, on fixe l'instrument à une tige de fer FG et on le descend dans l'eau jusqu'à ce que les orifices *a* et *a'* des tubes soient à la profondeur du courant dont on cherche la vitesse. La planche AB, mobile autour de la tige en fer, est entraînée par le gouvernail J parallèlement au courant, de sorte que les orifices *a* et *a'* sont toujours dans le fil de l'eau. On ouvre le robinet E en tirant un des cordons; l'eau prend son niveau dans les tubes; lorsqu'il est bien établi, on tire le deuxième cordon qui ferme le robinet et on retire l'instrument. On obtient ainsi les hauteurs des deux colonnes liquides, et la vitesse cherchée se déduit de la formule de Torricelli (1).

Pour mesurer la vitesse à de grandes profondeurs, l'instrument devant être descendu au-dessous du niveau de l'eau, il faudrait faire usage de tubes d'une trop grande longueur. Darcy y a suppléé en comprimant de l'air par le robinet H dans les deux tubes. Comme ils communiquent entre eux à la partie supérieure, il en résulte que la différence de niveau des deux colonnes liquides n'est pas changée, malgré la pression qui s'exerce au-dessus d'elles.

Si les profondeurs sont trop faibles, ou s'il s'agit de mesurer la vitesse de l'eau à la surface, on fait l'inverse; c'est-à-dire qu'on aspire l'air contenu dans les tubes afin d'élever le niveau de l'eau au-dessus du robinet E.

(1) D'après la formule de Torricelli : $\dot{A} = \sqrt{2gh - h'}$, qui se trouve dans les tables ordinaires, h et h' sont les hauteurs observées des deux colonnes liquides, et g la vitesse due à la pesanteur au bout d'une seconde de chute $= 9^{m},8088$; v la vitesse cherchée du courant $=$ AB, B étant une constante déterminée par le tarage de l'instrument, comme avec le moulinet de Woltmann.

Mangon a employé le tube jaugeur de Darcy dans ses expériences. « Fort simple, dit-il, ne contenant aucun mécanisme susceptible de dérangement, il n'exige pas l'emploi de compteur, et la vérification de son tarage, pour déterminer la valeur du coefficient numérique, se fait avec facilité. Le petit volume des tubes permet de l'introduire dans le plus petit courant, sans déranger le régime et sans former de remous.

« Pour faire de bonnes observations, ajoute-t-il, il suffit que l'instrument soit bien vertical, que les tubes de laiton soient parfaitement dans le fil de l'eau, que les ajutages ne soient ni bouchés, ni faussés, etc., précautions on ne peut plus faciles à observer.

« On attend, avant de faire une lecture, que le niveau ne varie plus dans les tubes, et on répète plusieurs fois l'observation au même point du courant. Quand on opère bien, les différences de lecture entre deux observations consécutives n'excèdent pas 2 à 3 millimètres.

« Pour avoir la vitesse moyenne de l'eau dans une section, on place l'instrument successivement en un nombre de points suffisants de cette section (1). »

Comme il n'opérait que sur des rigoles de petite ou de moyenne grandeur, Mangon supportait le tube jaugeur à l'aide d'une vis à pince, sur deux règles horizontales fixées par des écrous à oreilles; deux jalons étaient enfoncés à droite et à gauche de la rigole. La tige en fer et le gouvernail dont l'instrument est muni pour les jaugeages des grands cours d'eau devenaient ainsi inutiles.

Grâce au tube Darcy, « la rigole du sommet d'un billon, dans la prairie de Saint-Dié (Vosges), a pu être jaugée en quatre points de sa longueur, puis deux rigoles de colature, de façon à retrouver à quelques litres

(1) Hervé Mangon, *loc. cit.*

près dans ces dernières, l'eau déversée sur les deux ailes de l'ados. »

Jauge des drains. — Pour jauger la quantité d'eau déversée par de très petites sources ou par des drains, Mangon a proposé de disposer sous la bouche de décharge, dans le fossé d'écoulement (fig. 154 *a*), une caisse prismatique en zinc, divisée en plusieurs compartiments par des cloisons verticales. Ces cloisons ne sont pas toutes soudées de la même manière : les unes touchent le

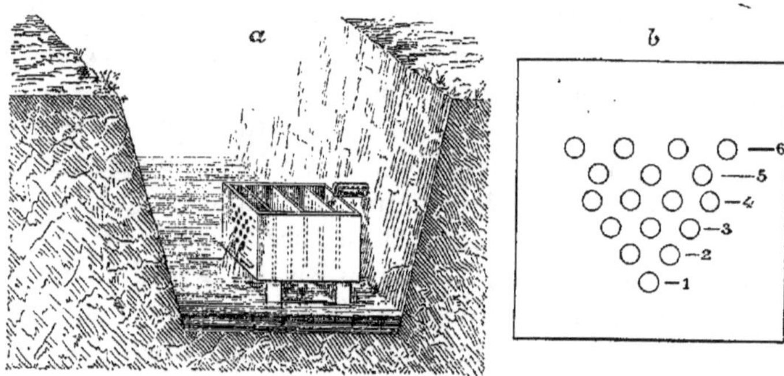

Fig. 154. — Jauge des drains.

fond et ne s'élèvent pas jusqu'à la partie supérieure de la caisse; tandis que les autres partent du haut de la caisse et ne descendent pas jusqu'au fond. Il résulte de cette disposition que l'eau qui tombe dans le premier compartiment, avec une certaine force et une vitesse acquise due à sa chute, arrive dans le dernier compartiment tout à fait inerte (1).

La paroi extérieure de la caisse qui ferme le dernier compartiment, est percée d'une série de trous formant

(1) Salleron, *loc. cit.*

un triangle dont le sommet est tourné vers le bas de l'instrument. Une division est gravée le long d'un des côtés de ce triangle perforé.

Supposons que l'eau tombe de la bouche de décharge en minime quantité, le premier trou formant le sommet du triangle pourra suffire à son écoulement. Si, au contraire, l'eau tombe en abondance, le niveau pourra s'élever dans la jauge et couler à la fois par plusieurs rangées de trous. La division tracée sur l'échelle, en regard de la plus haute rangée de trous par lesquels l'eau s'écoule (fig. 154 *b*), fait connaître le nombre de litres d'eau déversée en une minute par la bouche de décharge.

II. PARTITEURS.

Les partiteurs ont pour objet de diviser entre divers usagers, dans des proportions définies, le volume d'eau courante que fournit un canal, sans qu'il y ait besoin de se rendre compte du débit de ce canal.

S'il s'agit d'un partage en deux parties égales, il suffit d'établir deux canaux partant du canal principal, avec des angles égaux par rapport à la directrice, ayant même section et même pente; encore faut-il que le canal principal soit en droite ligne, sur une longueur de 100 à 200 mètres en amont du partiteur, et encaissé dans des berges exactement parallèles. Il n'y a pas de raison dans ce cas pour qu'il s'écoule plus d'eau par l'une des branches que par l'autre. On peut même admettre, les filets fluides étant en pareil nombre, et jouissant d'une vitesse égale, que l'on aurait égalité en partageant chaque branche en deux, de façon à avoir quatre branches égales, etc.

Lorsqu'il s'agit cependant de diviser la portée en deux branches inégales, ou bien en trois, ou plusieurs branches, égales ou non, on n'obtient que des approximations basées sur des formules pratiques. Que le partage doive se faire, par exemple, en trois parties égales; celle du milieu recevra plus d'eau que chacune des branches latérales, car l'eau y arrivera plus directement, avec une plus grande vitesse. Il sera possible évidemment, en faisant varier les largeurs, les pentes ou la direction, d'arriver à une répartition plus exacte, mais aucune règle fixe ne saurait guider ces tâtonnements. Tantôt on augmente la section, tantôt on donne plus de pente aux branches latérales, ou bien on fait un ressaut, sinon une courbure, pour diminuer la vitesse du canal du milieu; enfin, on fait varier le niveau des seuils fixes pour qu'un même volume d'eau passe par chaque branche. Il en serait de même pour le partage de la portée d'un canal dans le rapport de 1 à 2; la plus grande branche donnerait un excédent notable de débit au préjudice de la plus petite.

Partiteurs simples. — Malgré ces graves inconvénients, les partiteurs simples, c'est-à-dire ceux établis sur le courant, sans barrage avec déversoir et sans évasement du canal aux abords du déversoir, continuent à être employés, parce que ce sont des édifices simples et d'un usage commode. On les construit en maçonnerie, en observant les précautions suivantes : 1° de ne les établir que sur des portions rectilignes des canaux; 2° de régulariser les parois de façon à établir leur parallélisme, en évitant toutes arêtes saillantes de murs, de voûtes, etc.; 3° de maçonner le profil du canal principal sur au moins 12 à 15 mètres en amont du point de partage; 4° de donner aux piles du partiteur un angle très aigu, afin d'empêcher que des dépôts ne s'accumulent et n'altèrent le débit.

L'origine de l'établissement des partiteurs coïncide avec celle de l'irrigation elle-même; c'est ce qui ressort des titres remontant au treizième siècle (1204) pour le partage des eaux de Vaucluse entre les branches d'Avignon et de Sorgues, et plus anciennement encore, à la domination des Maures, en Espagne.

En Italie, les partiteurs sont d'un usage très fréquent, sans le secours d'aucun barrage, pour les canaux domaniaux, comme pour les canaux privés, en cas de partage d'héritage. Les deux exemples que nous donnons se rapportent : (fig. 155), à un partiteur de dérivation du canal

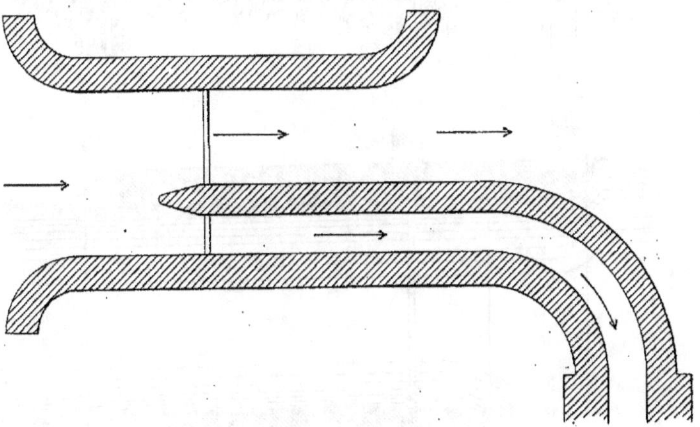

FIG. 155. — PARTITEUR DE DÉRIVATION; CANAL DE LA MUZZA; PLAN.

de la Muzza; et (fig. 156), à l'un des partiteurs du canal Marocco qui dessert les territoires de Milan et de Lodi.

Le canal des Alpines présente au bassin de Lamanon, un partiteur composé de sept pertuis ayant $1^m,30$ de largeur, avec des seuils au même niveau. Ils sont garnis de vannes et séparés par des piles à arêtes pointues qui se prolongent à l'avant, les unes avec une épaisseur de $0^m,30$, et les autres avec une épaisseur de $0^m,70$. Les deux pertuis extrêmes alimentent, le premier, la branche de Salon, et le second, la branche d'Eyguières. La branche d'Arles, près de cette dernière, est alimentée par deux des pertuis, et la branche du Congrès par les trois derniers. Le partiteur est commandé par un bar-

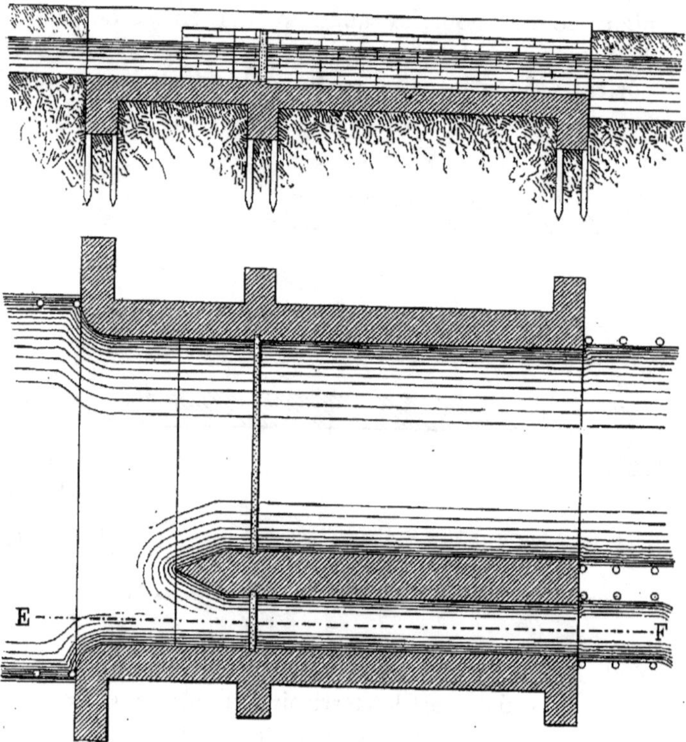

FIG. 156. — PARTITEUR DE DÉRIVATION ; CANAL MAROCCO ; COUPE LONGITUDINALE ET PLAN.

rage en maçonnerie ; un éclusier chargé de la garde, manœuvre les vannes des pertuis pour les quatre canaux.

Partiteur à bec mobile. — Les eaux que le partiteur d'Elche est chargé de distribuer, proviennent du Rio Vinolapo alimenté par des sources pérennes. Le barrage que nous avons décrit (1) retient au débouché des ravins, à 5 kilomètres de la ville, les eaux qui sont aujourd'hui entre des mains différentes de celles qui possèdent la terre. Il en résulte que l'agriculteur, quand il a besoin d'eau, va en acheter, comme il achète des engrais lorsqu'il veut fumer ses champs.

Si les pluies ont fait défaut, ce qui arrive fréquemment, et que le barrage n'a pas de réserve d'eau, on ouvre complètement la ventelle; quand, au contraire, il y a une réserve, la ventelle est ouverte de façon à laisser passer un volume d'eau égal au débit moyen de la rivière dans son état normal. Ce volume d'eau, quelque variable qu'il soit, est partagé en douze parties égales, dont l'une est affectée à la ville et les onze autres sont distribuées entre les arrosants. Le débit correspondant à chacune de ces 11 portions, pendant une durée de 12 heures, forme l'unité *hila* ou fil de l'eau, dont la jouissance revient tous les 37 jours.

Ainsi 22 *hilas* par 24 heures représentent, pendant la période de rotation de 37 jours, 814 *hilas*. Ces *hilas* se vendent, de gré à gré, en bourse, par une commission spéciale qui n'admet pas d'autre subdivision que celle du quart de *hila;* de telle sorte qu'il peut y avoir au plus 88 ventes dans chaque bourse.

Dans le but de faciliter les arrosages de toutes les parties du territoire, 21 rigoles secondaires, munies de partiteurs, s'embranchent sur le canal principal (*acequia*); mais il n'y a au plus que dix à douze de ces rigoles qui fonctionnent à la fois; souvent moins, car on peut faire passer plusieurs *hilas* dans une seule rigole.

Les partiteurs des 21 rigoles secondaires, sont cons-

(1) Voir tome I, p. 528.

truits d'après un même type, légué à l'Espagne par les Maures qui ont consigné les dimensions précises et les règles géométriques à observer pour percer les trous de la règle à sceller sur le bajoyer, dans une épure et un manuscrit confiés à la garde du *fiel de aguas*, ou agent chargé de la répartition journalière des eaux (1).

Sur une longueur de 5 mètres environ, le canal principal est encaissé entre deux bajoyers maçonnés, espacés de 2 mètres, et reposant sur un radier également en maçonnerie. Deux chutes successives de $0^m,30$ et $0^m,40$, la première située à $2^m,50$ et la seconde à 4 mètres de l'origine, sont ménagées sur le radier dont la pente est nulle d'abord et insignifiante à l'amont (fig. 157). Les eaux arrivant ainsi sur le premier déversoir avec une vitesse insensible, la lame s'y déverse dans le calme le plus parfait, avec une précision mathématique, c'est-à-dire de façon qu'elle n'éprouve pas de contraction et que le débit soit bien proportionnel à la longueur.

Cela étant, à l'aval de ce premier déversoir, on établit parallèlement aux bajoyers, une cloison en pierre de taille de $0^m,30$ seulement d'épaisseur, qui partage la largeur de 2 mètres en deux parties, une de $1^m,40$ pour le canal principal, et l'autre de $0^m,30$ pour le canal secondaire. A l'amont de la cloison, la pierre taillée suivant un cylindre vertical, arrondi au sommet, sert de pivot à un bec en bois dur de $0^m,50$ de longueur horizontale et $0^m,65$ de hauteur (voir le plan fig. 157). Ce bec embrasse la tête du cylindre de manière à ne pas s'en échapper et à ne prendre autour d'elle qu'un mouvement de rotation circulaire. La charnière de pivotement empêche, d'autre part, qu'il ne soit soulevé par les eaux.

(1) Voir, dans l'atlas des *Irrigations du midi de l'Espagne*, par Aymard, la copie exacte de l'épure arabe, planche IX, 1864.

La longueur du bec est calculée de telle façon que, lorsque son axe est dirigé dans l'axe même de la cloison, son extrémité touche presque le premier déversoir; mais il peut prendre toutes les autres positions en pivotant, de manière que, selon la position occupée, la longueur

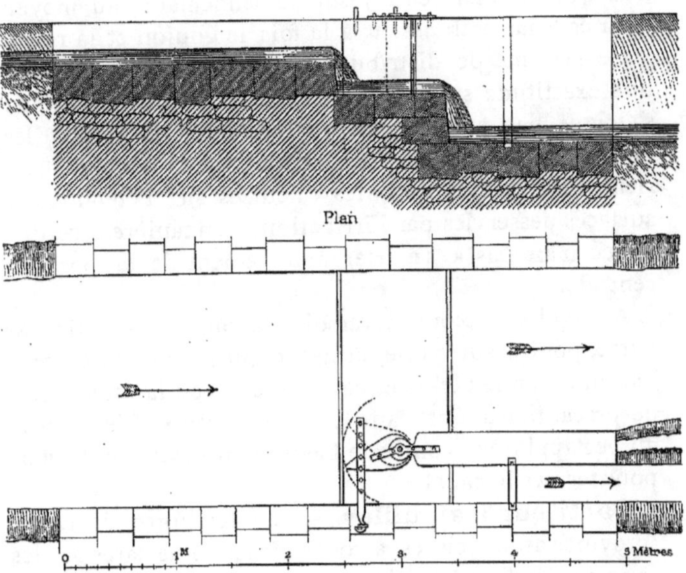

FIG. 157. — PARTITEUR A BEC MOBILE D'ELCHE: COUPE SUIVANT L'AXE ET PLAN.

totale (2 mètres) du déversoir se partage en deux parties variables. Les longueurs de ces parties doivent être proportionnelles aux volumes d'eau, adjugés en bourse, qui doivent passer dans le canal principal pour la distribution aux autres canaux secondaires, et dans le canal secondaire en question.

Le rapport proportionnel est déterminé par une règle

plate en fer, d'environ 0m,80 de longueur, fixée par un de ses bouts dans un anneau sur le bajoyer voisin; elle est percée d'un certain nombre de trous destinés à recevoir le goujon en fer vertical que porte le bec mobile. Chacune des positions du bec, déterminée par un des trous de la règle, correspond à un certain rapport de répartition qui est maintenu jusqu'au lendemain, au moyen d'un cadenas embrassant à la fois le goujon et la règle.

Ce système de distribution par bec mobile présente une exactitude suffisante tant que la pointe du bec ne s'éloigne pas notablement de l'arête du déversoir; les largeurs des partiteurs et les longueurs des becs varient ainsi dans des limites calculées sur l'étendue des surfaces desservies par l'irrigation, de manière à ce que le bec n'ait pas à s'écarter notablement de la position centrale.

A l'aval du second déversoir, le canal secondaire est barré, pour assurer une fermeture plus complète encore, par une vanne pleine et cadenassée; c'est là un surcroît de précaution adopté dans les temps récents. L'extrémité du bec appliquée contre le bajoyer suffirait amplement pour fermer le canal.

Partiteur à aiguilles. — Le territoire de Lorca (province de Murcie) est arrosé sur 11,000 hectares par les eaux du Rio Guadalantin dont la répartition se fait entre trois zones, à raison de 3/18 pour celle de Sutullena y Alberquilla, de 5/18 pour celle de Tercia et 10/18 pour la zone d'Albacete. Cette proportionnalité est maintenue par trois barrages alimentant chacun un canal particulier.

Le système de vente aux enchères de l'eau journalière pour les arrosages des deux dernières zones, de même qu'à Elche, a eu pour conséquence de faire varier par 24 heures le volume d'eau qui doit passer dans chacun des canaux et de nécessiter un partiteur mobile.

Dès que les enchères sont terminées pour la vente quotidienne des subdivisions de modules disponibles, suivant les rotations, les acquéreurs font connaître aux eygadiers (*fiel de aguas*) le nombre de *hilas* (1) qu'ils ont achetés aux Tercia ou aux Albacete, et la rigole secondaire par laquelle ils désirent que ces eaux soient dirigées. L'eygadier en prend note pour disposer les partiteurs en conséquence, dès l'aube le lendemain.

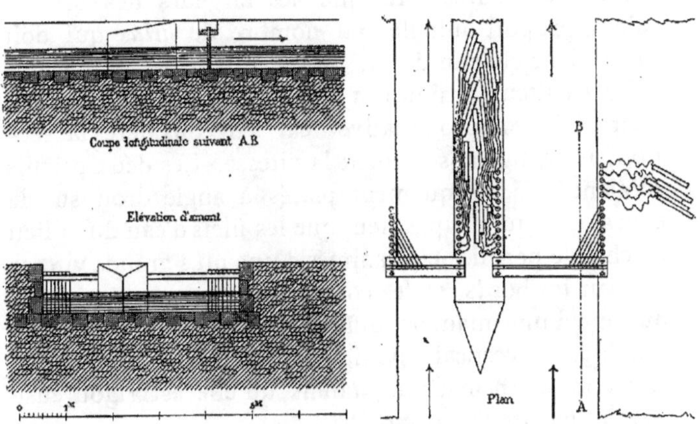

Fig. 158. — Partiteur à aiguilles de Lorca.

Il y a ainsi en tête de chacune des rigoles secondaires des deux canaux principaux, un partiteur composé d'un radier en maçonnerie que surmontent deux culées et une pile, de façon à constituer deux pertuis par lesquels l'eau gagne le canal secondaire (fig. 158). Ces deux pertuis sont fermés par des aiguilles verticales en bois qui s'engagent

(1) Le *hila* d'Albacete représente le vingt-cinquième du débit des eaux pendant 12 heures, et le *hila* de Tercia le dixième du débit, également pendant 12 heures, pour chacun des canaux respectifs.

par le bas dans une rainure pratiquée sur le radier, et par le haut, entre deux traverses de bois scellées sur le couronnement des culées et de la pile. Les aiguilles parfaitement dressées, rabotées et égales entre elles, ont ordinairement $0^m,90$ de hauteur, $0^m,04$ d'épaisseur et $0^m,07$ de largeur; elles sont pour chaque pertuis en nombre égal à celui des *hilas* que l'on peut avoir à y faire passer. La besogne de l'eygadier pour la répartition, consiste ainsi à enlever ou à ajouter le nombre d'aiguilles nécessaires afin que les largeurs des orifices soient proportionnelles au nombre de *hilas* qui doit passer dans chacun d'eux.

Le partiteur à aiguilles ainsi établi n'assure qu'une distribution approximative, car s'il considère la section, il néglige absolument la vitesse. Les deux pertuis seraient-ils identiquement placés à angle droit sur le courant, ce qui n'a pas lieu, que les filets d'eau du milieu de chaque pertuis étant animés d'une plus grande vitesse que sur les bords, et les contractions et remous se produisant d'une manière différente par l'interposition du diaphragme vertical des aiguilles, la répartition ne saurait être mathématique, tandis qu'elle est rigoureuse avec le partiteur à bec de Elche.

III. MODULES.

Dans les partiteurs simples, il n'est tenu aucun compte des débits; toute l'eau qui peut passer est simplement partagée. Quand les eaux sont hautes, on a beaucoup d'eau; mais quand elles sont basses, on en a peu; dans ce dernier cas, les usagers qui sont à l'amont reçoivent ou prennent presque tout, et il ne reste rien pour ceux qui sont à l'aval; tandis que dans le premier cas, il y a plus d'eau qu'il n'en faut, et on la perd, alors que la surface irriguée pourrait être utilement étendue.

Le premier moyen auquel on a songé dans le but de régler la distribution d'un volume d'eau tel que le porte un canal d'irrigation, entre un grand nombre d'usagers, consiste à faire usage d'orifices d'écoulement ou de bouches ouvertes, c'est-à-dire à concéder, moyennant un prix convenu, l'usage des eaux qui coulent, soit continuellement, soit pendant un temps déterminé, par des vannes libres, placées sur les bords mêmes du canal.

Or, comme on l'a vu, de simples vannes, ou tous autres orifices verticaux dans cette situation, sont bien rarement aptes à servir de mesure rigoureuse des eaux que les canaux débitent. Ceux-ci éprouvent dans leur niveau des variations inévitables, occasionnées tant par le cours d'eau d'alimentation que par le service même de l'arrosage, et comme le volume débité par une vanne dans un réservoir ne dépend pas seulement de la section, mais encore de la hauteur d'eau sous laquelle s'effectue l'écoulement, il s'ensuit que la moindre variation dans la hauteur d'eau du canal affecte le débit correspondant de la vanne. Enfin, comme on l'a vu aussi, la vitesse, suivant qu'elle a une direction plus ou moins oblique sur l'axe de la vanne et du canal de dérivation; suivant que la pente est plus ou moins prononcée dans le canal; suivant qu'il y a une chute, un remous, un coude où l'eau est dormante, etc., influe d'une manière constante sur l'inégalité du débit.

Le plus sérieux inconvénient de ce système, pratiqué en France et dans beaucoup d'autres localités, réside dans l'abus et dans l'arbitraire. Si les vannes ou les martelières sont en bois, le seuil qui devrait être réglé à une certaine hauteur, est abaissé frauduleusement; si les seuils et les jouées sont en pierre dans le but de prévenir cet abus, on introduit des épis ou des barrages mobiles à l'entrée de la bouche, dans le canal, afin d'augmenter le débit.

Est-il superflu d'ajouter que la nécessité de régulateurs autres que des vannes, s'impose pour beaucoup d'autres considérations, parmi lesquelles la plus importante est qu'on ne sait pas ce que l'on fait comme irrigation, quand on ne peut pas se rendre un compte exact de l'eau consommée.

Aussi, dirons-nous avec Nadault de Buffon, que « tout « concourt à prouver combien il est indispensable, dans « un pays bien administré, d'avoir pour la distribution « exacte des eaux, un appareil d'une justesse éprouvée, « qui ne laisse rien à la fraude, rien à l'arbitraire, et « dont l'usage offre une égale sécurité aux vendeurs, « comme aux acquéreurs de l'eau destinée aux arrosa- « ges (1). »

Il en est ainsi pour tous les liquides ayant un emploi dans les arts utiles; pourquoi n'en serait-il pas de même pour l'eau, le plus utile de tous en agriculture?

Les appareils régulateurs que l'on a imaginés sont de deux sortes, bien que fondés sur le même principe; ceux qui servent à régler la distribution des prises d'eau des canaux entre eux, et ceux qui règlent la distribution de détail entre les particuliers. On conçoit, en effet, qu'une prise d'eau dans un canal qui porte de 8 à 12 mètres cubes par seconde, qu'il faut répartir entre des branches de diverses portées, le long de son parcours, ne comporte pas le même appareil que celui exigé pour la répartition de 1 mètre cube entre les usagers du canal.

Les conditions requises, dans un cas comme dans l'autre, pour régler les rapports entre les orifices d'é-

(1) *Hydraulique agricole*, 2ᵉ édit., t. I, p. 435.

coulement et la charge d'eau qu'ils supportent, sont les suivantes (1) :

1° Sur quelques cours d'eau et dans quelque situation que soient placées des bouches d'une égale portée, elles doivent fournir exactement, dans un temps donné, les mêmes quantités d'eau;

2° Le débit doit rester le même, quelles que soient les variations de niveau qui aient lieu dans le canal d'alimentation.

Module milanais. — Le problème ainsi posé a été résolu d'une façon pratique par le *module* italien, dont le type est le *module magistral* du Milanais, inventé ou appliqué en 1572 par Soldati, pour la régularisation des anciennes bouches du *Naviglio-Grande*. Le principe est le suivant :

Étant donné un réservoir construit en maçonnerie, fermant à son entrée par une vanne mobile, et percé à la sortie d'un orifice d'une dimension déterminée; si, d'après la quantité d'eau qui se trouve dans le canal alimentaire, on baisse la vanne de manière à maintenir l'eau à un niveau constant au-dessus de l'orifice de sortie, l'eau continuera à s'écouler sous une pression égale, avec une égale vitesse.

L'appareil basé sur ce principe consiste dans l'emploi d'une bouche d'écoulement *g h* (fig. 159) dont la hauteur est invariable et dont la largeur seule est proportionnelle à la quantité d'eau que l'on veut débiter. Cette bouche reçoit l'eau d'un sas couvert *cc'dd'* où le niveau est constamment tenu à la même hauteur au-dessus de la bouche *g h*, par suite de l'élévation ou de l'abaissement d'une vanne qui se manœuvre entre deux murs placés sur la prise d'eau du canal alimentaire; enfin, cette

(1) De Gasparin, *Journ. agric. prat.*, 1843-44, t. VII.

bouche verse son eau dans un sas découvert *r s t u*, et

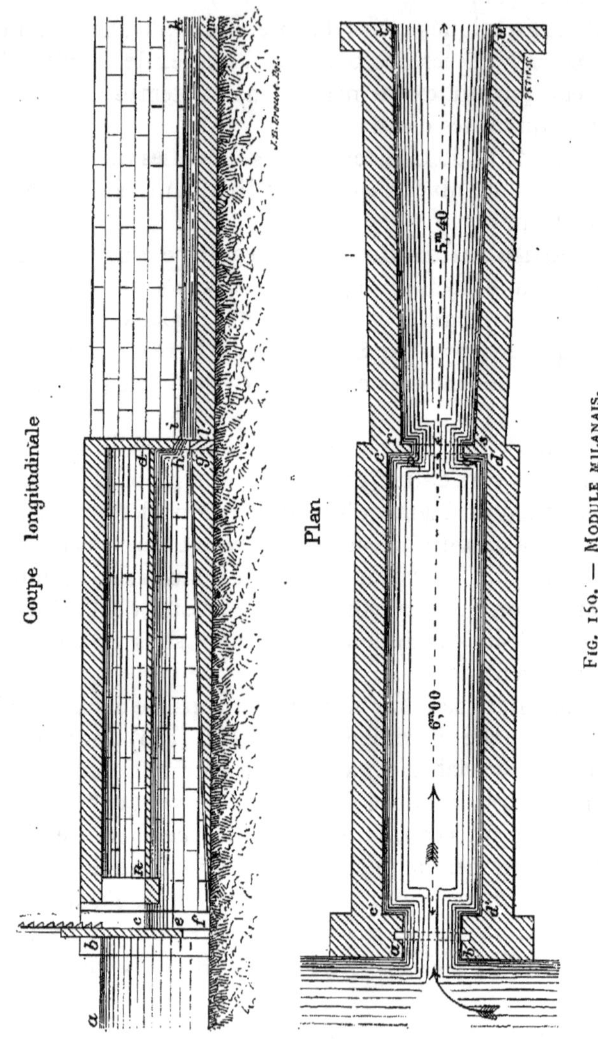

FIG. 159. — MODULE MILANAIS.

de là, dans le canal qui est à la disposition de l'usager.

Comme construction, la prise proprement dite, *a b*, sur le canal alimentaire, est toujours formée de deux murs latéraux ou jouées en bonne maçonnerie de briques, ou de pierre de taille. Le seuil de cette prise se place au niveau même du fond du canal, en ayant soin de revêtir ce dernier, s'il est nécessaire, d'un pavé ou radier en blocages, ou en dalles, afin d'éviter les affouillements. L'orifice *a b* de la prise d'eau est ordinairement égal en largeur à celui de la bouche proprement dite, placée en *p q*. Une vanne hydrométrique règle l'introduction de l'eau de manière à donner toujours dans l'appareil la pression constante qu'il est nécessaire de maintenir au-dessus de la bouche d'écoulement, durant la saison d'arrosage, c'est-à-dire pour un état donné du plan d'eau dans le canal.

Des deux sas construits toujours en maçonnerie, mais distincts par leur forme et leurs dimensions, le premier (*tromba coperta*), situé entre la vanne et la bouche, a dans son état normal une longueur de 6 mètres. Quant à sa largeur rectangulaire, elle varie selon la portée plus ou moins grande de la bouche; elle est généralement fixée par une retraite de $0^{m},25$ de chaque côté, en sus de la largeur de la bouche. Le radier de ce sas est en rampe suivant une pente totale de $0^{m},40$, à partir du seuil de la vanne, jusqu'au bord de la bouche. Un plancher *c d* (*piano morto*) est établi horizontalement, à la hauteur même du niveau constant, qui maintient la pression de $0^{m},10$ sur le bord supérieur de la bouche, dans le but de limiter cette hauteur, si elle venait accidentellement à grandir, et de supprimer toute agitation de l'eau en mouvement.

Derrière la vanne de prise, l'entrée du sas couvert est fermée à la partie supérieure par une dalle épaisse *n*, qui a son bord inférieur au même niveau que le bord supérieur de la bouche; la dalle plonge ainsi de 0^{m},10 dans l'eau, et comme la hauteur constante des bouches est de 0^{m},20, pour une inclinaison du radier de 0^{m},40, il s'ensuit que le dessous de la dalle *n* est placé à une hauteur constante de 0^{m},60 au-dessus du seuil de la vanne. Le petit espace vide ménagé entre la dalle *n* et la vanne sert à faire passer une règle ou une baguette, à l'aide de laquelle on s'assure si la hauteur d'eau au-dessus du radier est bien de 0^{m},70.

Le sas découvert (*tromba scoperta*), placé immédiatement en aval de la bouche, offre comme largeur en sus de celle de la bouche, 0^{m},10 de chaque côté, et comme longueur totale 5^{m},40; mais à partir de l'orifice, la largeur va croissant de façon à former un évasement dont la largeur, à la sortie *t u*, est de 50 cent. plus grande qu'à l'entrée. Le fond du sas découvert commence par une petite chute de 0^{m},05 en contre-bas du bord inférieur de la bouche; et plus avant, une chute de même importance, est répartie uniformément sur toute la longueur. A partir du débouché de l'appareil régulateur, l'eau pénètre de niveau, ou avec une chute, dans le canal des usagers.

En résumé, le module milanais a une longueur fixe qui est de 11^{m},50, et une largeur variable, proportionnée à celle de la bouche à régler.

Il nous reste maintenant, pour terminer ce qui est relatif à la construction de l'appareil, à décrire la bouche. Dans le Milanais, *l'once d'eau* servant d'unité pour les irrigations, correspond à la quantité d'eau qui coule librement par une bouche rectangulaire ayant 0^{m},20 de hauteur uniforme et 0^{m},15 de largeur, sous une pression constante de 0^{m},10 sur le bord supérieur de l'orifice. La bouche d'une once (fig. 160) étant ainsi fixée comme dimensions, on ne fait plus varier que la largeur pour les portées de plusieurs onces, la hauteur de l'orifice régulateur étant invariablement fixée à 0^m,20, et la pression à 0^m,10. Ainsi, pour avoir 2 onces d'eau on donnera à l'orifice une largeur de 0^m,30; pour 3 onces, une largeur de 0^m,45 et ainsi de suite.

Les bouches, de quelque nombre d'onces qu'elles soient, sont taillées au ciseau dans des dalles de marbre, de granit ou de schiste, parfaitement planes, de 0^m,03 à 0^m,06 d'épaisseur et leur périmètre est fixé, pour surcroît de sûreté, par un cadre de fer ou de bronze qui s'y enchâsse exactement.

Le module milanais pourvu de sa bouche modelée, ne répond pas seulement aux conditions requises pour le règlement des rapports entre les orifices d'écoulement et la pression de l'eau, mais il fournit un appareil dont personne ne peut altérer le débit sans laisser des traces ou des dégradations faciles à découvrir. C'est un appareil dont la manœuvre est simple, n'exigeant aucun calcul pour régler les dimensions et rechercher le débit, et dont la construction occupe relativement un petit espace. Il est cependant entaché d'un grave inconvénient, celui de donner lieu, dans le débit des eaux, à des différences considérables, au fur et à mesure de l'accroissement de la portée des bouches. La diminution progressive du rapport existant entre le périmètre et la section fait qu'en passant seulement de la bouche d'une once à la bouche de huit onces, le rapport est déjà réduit à moitié de sa valeur primitive. Il en résulte que, suivant la largeur

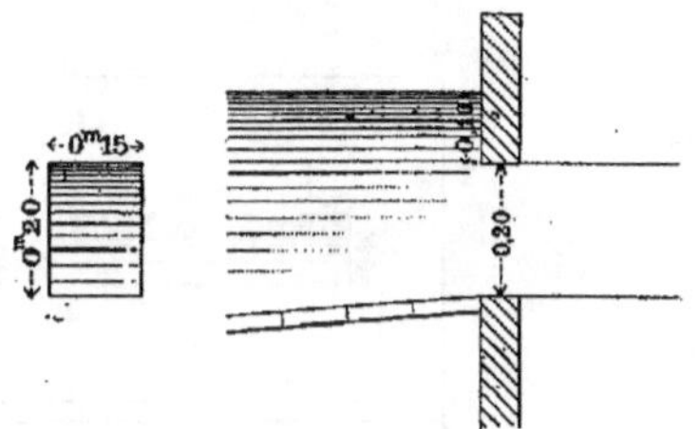

Fig. 160. — Once de Milan.

des bouches, l'once magistrale est évaluée à 36 litres, ou bien à 46 et 48 litres par seconde. La différence entre le débit des grandes et des petites bouches est d'autant plus préjudiciable qu'elle établit en faveur des plus grandes un avantage notable, non motivé; elle nuit à l'uniformité des concessions et elle peut faciliter des abus. Tous les modules établis jusqu'ici offrent cette imperfection, à laquelle il n'est possible de remédier qu'en restreignant, dans toutes les concessions nouvelles, à 6 onces par exemple, la portée des bouches d'une seule prise. D'après cela, une bouche de 12 onces se

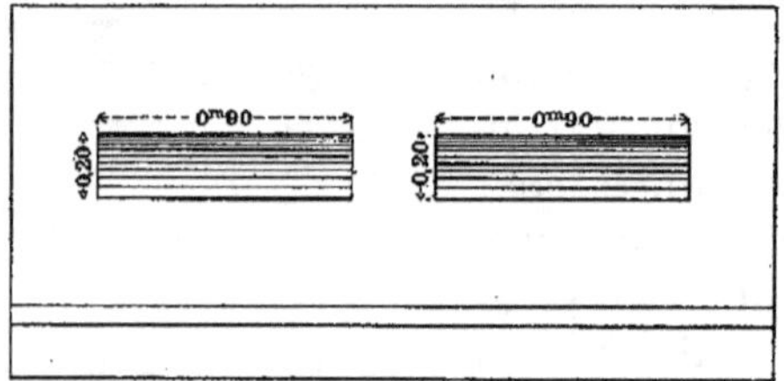

Fig. 161. — Bouche de douze onces milanaises.

concéderait moyennant deux bouches de 6 onces chacune (fig. 161).

La figure 162 représente un régulateur complet du canal Marocco (provinces de Milan et de Pavie), pour une bouche de 6 onces, modelée dans le système milanais (soit 250 litres environ par seconde).

Le régulateur établi, quand on veut lui faire débiter la quantité d'eau voulue, on élève la vanne hydrométrique (*paratoia*) jusqu'à ce que l'eau qui entre dans le sas couvert et s'écoule par la bouche modelée, arrive précisément à toucher le plancher (*piano morto*); c'est ce que l'on appelle *metter la bocca a battente*, ou donner sa charge à l'eau. Ce niveau se reconnaît, comme il a été déjà dit, en plongeant une règle ou une tige, dans l'espace vide réservé entre la vanne et la dalle d'amont du ponceau qui recouvre le sas. La dépense une fois réglée par les gardes de police des arrosages, la vanne est cadenassée à hauteur, de façon à ne plus varier qu'avec leur concours, sauf dans un cas de nécessité reconnue.

Si le niveau de l'eau s'élève dans le canal, il s'élève

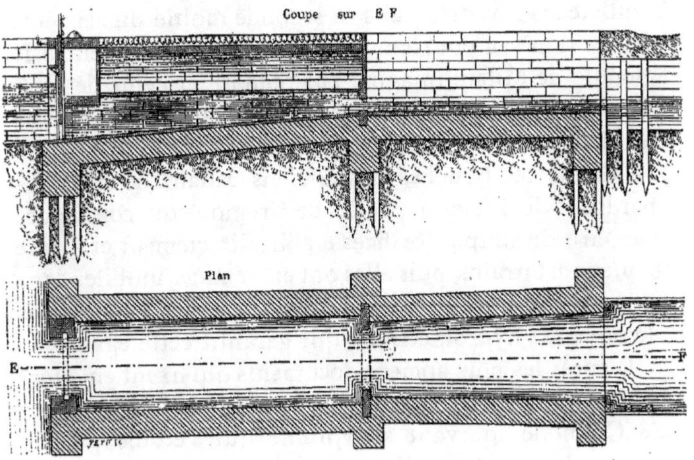

FIG. 162. — CANAL MAROCCO; RÉGULATEUR COMPLET POUR SIX ONCES MILANAISES.

aussi dans le sas couvert, et la charge sur la bouche modelée augmente. Pour lui conserver la charge fixée, il faut baisser un peu la vanne; au contraire, quand l'eau baisse dans le canal, il faut ouvrir davantage la vanne.

De toutes manières, le module milanais, comme tous les modules qui dérivent des mêmes principes, exige que l'on dispose d'une chute, ce qui est souvent une difficulté en pays de plaine.

Nous indiquons plus loin, au sujet du mode de concession des eaux d'arrosage, les divers modules dérivés du type milanais, qui sont usités dans le Piémont et en Lombardie.

Module crémonais. — Le module de Crémone, qui est sensiblement le même que celui de Crema et de Lodi, est plus ancien que le module de Milan; on en a conclu qu'il avait servi de type et de modèle pour les autres régulateurs inventés dans la seconde moitié du seizième siècle. Il n'y a pourtant aucune ressemblance entre le module de Milan, imaginé par Soldati, et celui de Crémone dont le principe repose, non pas sur une bouche régulatrice, mais sur un aqueduc régulateur.

Comme les bouches des anciens canaux de la Lombardie et du Piémont, celles de Crémone ont commencé par être de simples orifices établis directement et à une hauteur arbitraire, puis elles ont été rendues mobiles dans le but d'obtenir l'égalité de pression, et enfin pourvues de la vanne hydrométrique qui garantit cette égalité.

D'après les plus anciens documents qui fixent en *onces* le droit à l'eau d'irrigation du *Naviglio Civico*, l'once de Crémone équivaut au volume qui s'écoule par un orifice de 1 once de largeur sur 10 onces de hauteur constante, soit $0^{m},040$ sur $0^{m},403$.

Quoique le *Naviglio Pallavicini* fût une propriété particulière, on lui appliqua le même module, en ajoutant des dispositions qui, suivant l'avis de l'éminent hydraulicien Gallosio, ont contribué à améliorer la situation du Naviglio Civico au siècle dernier.

Les anciennes prescriptions du règlement de ce canal, garantissant à tous les usagers les mêmes droits à l'eau, étaient ainsi libellées (1) :

(1) *Provvisioni et Ordini nel naviglio del comune di Cremona, anno 1551; traduzione in volgare del 1865*

« Les bouches des canaux se modèleront et se cons-« truiront comme il suit :

« On établira le long du bord du Naviglio un mur « en pierre et chaux, vertical, épousant la berge, d'une « longueur de 12 bras et d'une hauteur que fixeront le « commissaire et les députés du Naviglio. Au milieu de « ce mur sera placée une dalle en marbre ou en pierre, « percée d'une ouverture carrée (désignée communément « sous le nom de module) qui ne devra sous aucun prétexte « plonger dans l'eau du Naviglio et dont la largeur en « onces sera le dixième de la hauteur fixée à 10 onces. « Cette ouverture (*bocchetto*) sera disposée au-dessus « du fond du Naviglio, à une hauteur telle que le bord « supérieur ne soit pas surmonté de plus de hauteur « d'eau que ne porte une once, et non plus comme on « dit, par *battitura*, en tenant compte toutefois du ni-« veau ordinaire de l'eau en ce point. De toutes maniè-« res, on ne devra jamais la disposer assez bas, ni assez « profondément, pour que le bord inférieur soit à un ni-« veau inférieur à celui du Naviglio. Puis, de chaque « côté de la bouche modelée, on construira deux épau-« lements (ou jouées) en maçonnerie, pierre et chaux, « à un intervalle aussi grand que la largeur de la bou-« che et long de 10 bras, en guise de canal, à l'amont « duquel on placera un autre module en bois, ou en « marbre de mêmes dimensions que celui tourné vers « le Naviglio. Le canal (aqueduc) formé par ces épau-« lements sera sans pente et partout bien plan, recou-« vert d'une voûte en pierre pour servir aux passants de « pont, large de 6 ou 7 bras, de telle sorte qu'il reste de « chaque côté un espace vide de 2 bras ou d'un bras « et demi.

« En travers du canal d'amenée, un éperon triangu-« laire en pierre (*briglia*) sera établi sur un espace de

« 25 *cavezzi* ($7^m,20$) pour maintenir le niveau des eaux ; « il sera plus bas d'une once seulement que le bord « inférieur du *bocchetto* ou orifice du module, et une « demi-fois plus large ; pas davantage. Du côté du Na- « viglio, la bouche sera installée de façon à ce que « l'on puisse y fixer une vanne que l'on fermera con- « formément aux ordres reçus. »

Sanctionné dès 1551 par le sénat de Milan, ce régulateur fut remanié en 1561 pour le Naviglio Pallavicini, et en 1584 pour le Naviglio Civico, en introduisant entre la bouche et l'éperon (*briglia*), un sas (*tromba*), c'est-à-dire un conduit rectangulaire placé à une distance de 24 à 36 bras de la bouche modelée (*luce*) ; d'une longueur de 10 bras, de même largeur en onces que le nombre d'onces formant la portée du canal, et d'une hauteur de 10 onces.

Le sas, de dimensions égales à celles de la bouche primitive, « sert, suivant Gallosio, à limiter d'une ma- « nière égale le volume d'eau revenant à chaque usager « et qu'on doit lui distribuer. »

La vanne suffit pour maintenir une once de pression constante d'eau dans le sas, ou en d'autres termes, pour maintenir l'eau, en amont du sas, à la hauteur constante de 11 onces ($0^m,44$). En même temps, elle règle uniformément la hauteur de tous les sas, quand les eaux sont basses et assure à tous le même régime.

Par suite de l'invention du sas, le canal peut être ouvert à toutes hauteurs sur les berges, sans paroi ou sans dalle percée ; ce qui s'est pratiqué au Naviglio Pallavicini.

L'égalité de distribution par un écoulement à grande vitesse, comme par un écoulement à petite vitesse dans le canal alimentaire, s'obtient moyennant un autre éperon triangulaire (*scanno*) disposé dans le lit même du canal, en amont; il porte un seuil en bois revêtu de tôle, ou en dalle, qui fixe la hauteur du fond du canal exactement au même niveau que celui de l'origine de la dérivation. Quand plusieurs bouches se succèdent à des niveaux différents, un *scanno* suffit pour toutes (1).

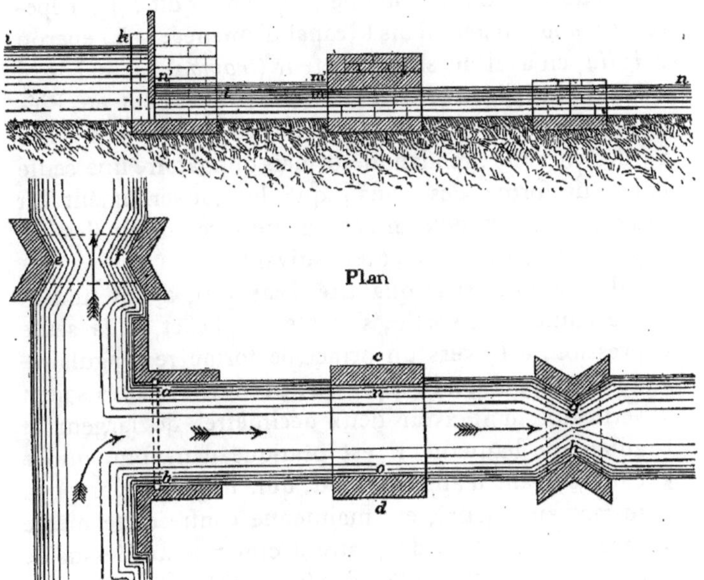

Fig. 163. — Module crémonais; coupe longitudinale et plan.

Nadault de Buffon considère les éperons *briglia* et *scanno* comme deux pertuis sans liaison avec le module, et plutôt nuisibles qu'utiles. De plus, suivant lui, le sas ou véritable aqueduc qui remplace la bouche régulatrice, serait soumis à des frottements considérables que n'offre

(1) G. Marenghi, *Inchiesta agraria, Monografia del circondario di Cremona*, vol. VI, liv. III.

pas le module milanais à minces parois (1). Malgré cette opinion, l'appareil crémonais a été conservé sans grandes variations jusqu'à notre époque.

Dans la figure 163 représentant le plan et la coupe longitudinale du régulateur de Crémone, *a b* désigne l'emplacement de la vanne hydrométrique; *cn* et *od* les jouées du sas, ou du module proprement dit : *e f* l'éperon *scanno,* en aval dans le canal d'amenée; *g h* l'éperon *briglia*, en aval du sas régulateur (*tromba*).

Module piémontais. — C'est seulement en Piémont, après la promulgation du code civil des États Sardes en 1837, rendant désormais obligatoire une seule jauge uniforme des eaux, que le gouvernement est intervenu pour déterminer en mesures décimales un module défini de la manière suivante :

« Le module est la quantité d'eau qui, ayant une li-
« bre chute à sa sortie, s'écoule par l'effet de la seule
« pression, à travers un orifice de forme rectangulaire.
« Cet orifice, établi de façon que deux de ses côtés soient
« verticaux, doit avoir deux décimètres de largeur et
« autant de hauteur. Il est pratiqué dans une mince
« paroi servant d'appui à l'eau, qui, toujours libre à sa
« surface supérieure, est maintenue contre cette même
« paroi à la hauteur de quatre décimètres au-dessus de
« la base inférieure de l'orifice (art. 643). »

La disposition de ce module est représentée en plan et en coupe (fig. 164) pour la dérivation d'une once d'eau du canal de Cigliano. Son débit est estimé à raison de 59,88 litres par seconde.

Imperfections des modules italiens. — Quoiqu'on ait cherché, en restreignant à 6 onces la portée

(1) D'après Nadault de Buffon, « le module de Milan présente autant de « garanties d'exactitude que celui de Crémone en présente peu (2e édit., t. I, p. 498). »

des bouches modelées, à se prémunir contre les conséquences fâcheuses du débit inégal des grands et des petits modules (fig. 161), la défectuosité est encore beaucoup trop notable, même dans les limites de 1 à 6 onces, puisqu'elle atteint le débit primitif de une once et demie.

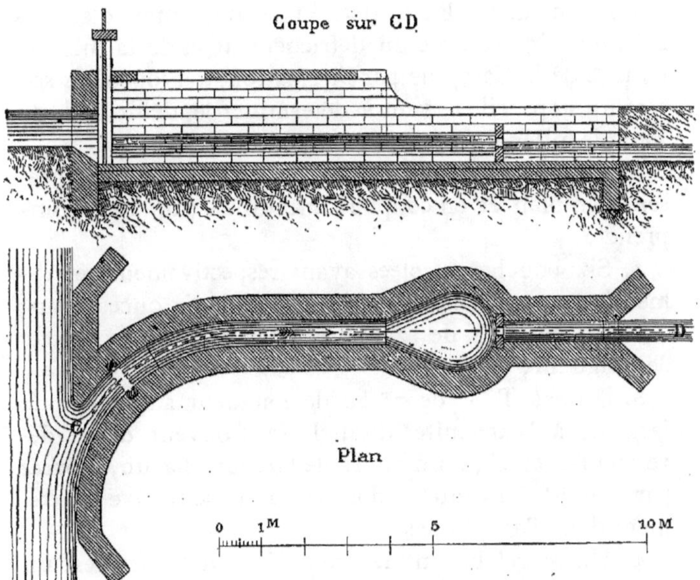

FIG. 164. — CANAL CIGLIANO; MODULE PIÉMONTAIS POUR UNE ONCE D'EAU.

Nadault de Buffon qui a fait de cette question des modules une étude approfondie, pense que pour remédier à l'irrégularité, il n'est pas nécessaire de dresser des tables, pour les modules de différentes dimensions, d'après des expériences directes, mais bien qu'il suffit, quand on veut garantir le module de toute variation, de recourir aux bouches cloisonnées. Il propose, en conséquence, d'établir dans la largeur des bouches excédant une once, des divisions verticales, ou des barreaux distants entre eux de $0^{m},05$, formant autant d'orifices d'une once qu'il y a d'onces dans la portée. La forme et l'épaisseur seraient à calculer en vue d'y maintenir la même contraction de l'eau que contre les parois latérales. Cette suggestion ne paraît avoir reçu aucune application.

L'ingénieur Keelhoff, attaché pendant nombre d'années à l'œuvre importante du défrichement et de la mise en culture de la Campine par l'irrigation, a proposé de son côté un appareil servant à déterminer le débit réel du module milanais (1).

Module régulateur Keelhoff. — Cet appareil représenté en plan et en coupe longitudinale (fig. 165) comprend :

1. Six bouches accolées ayant respectivement les dimensions correspondantes à une jusqu'à six onces d'eau;
2. Un bassin X de 12 mètres de largeur sur 7 mètres de longueur;
3. Un sas T T' de $7^{m},50$ de longueur sur $2^{m},75$ de largeur, à l'extrémité duquel se trouvent deux déversoirs U et U', d'un mètre de largeur chacun, séparés par une pile à avant-bec dont la pointe se trouve exactement dans l'axe du sas;
4. Un grand bassin mesureur Y, dont la base est un carré de 15 mètres de côté, et qui présente une capacité de 225 mètres cubes;
5. Un canal de décharge Z recevant directement l'eau fournie par le déversoir U', et qui, lorsque l'on ouvre une vanne en V, permet de vider le bassin Y.

Le bassin X, dont le fond est établi à $0^{m},70$ en contrebas du radier des bouches, sert à neutraliser complètement la vitesse de l'eau au sortir des bouches, avant

(1) Leclerc, *Matériel et procédés des exploitations rurales*, Bruxelles, 1869.

qu'elle atteigne les déversoirs U et U'. Les murs PQ et P' Q' en arc de cercle, de 0^m,50 de hauteur, laissant entre eux une ouverture centrale devant laquelle s'élève encore un mur curviligne OO', sont établis dans le but de briser le courant et de le rejeter vers les deux côtés du bassin, de telle sorte que l'eau dans le sas perde toute vitesse initiale.

Le radier du sas étant établi au même niveau que celui

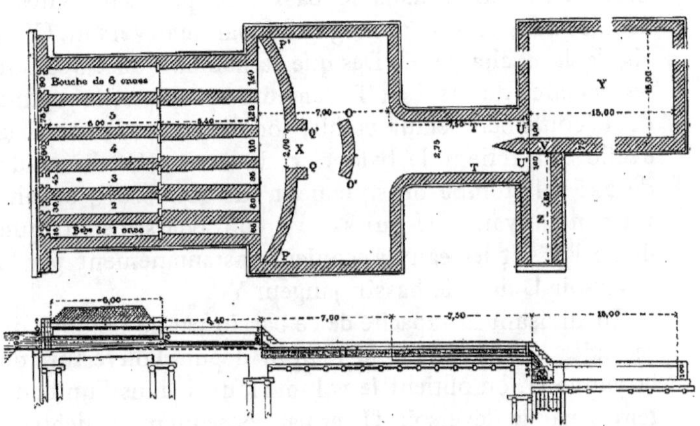

FIG. 165. — MODULE RÉGULATEUR KEELHOFF ; PLAN ET COUPE LONGITUDINALE.

du bassin X, deux échelles graduées sont placées contre les bajoyers, en T et T'.

Chaque déversoir est pourvu d'une vanne; celle en U, en bois de chêne, glisse dans des coulisses en fer, bien alésées, et celle en U' en fonte, glisse dans des coulisses en fonte, de façon qu'il n'y ait aucune fuite possible. Suspendues par des tiges de 0^m,25 de longueur aux deux extrémités d'un même balancier agissant sur un support de 0^m,675 de hauteur qui est scellé dans la pile entre les deux déversoirs, les vannes ont leurs points d'attache à $0^m,925$ du centre du balancier qu'un déclic permet de fixer, ou de laisser libre.

Si l'on veut connaître le débit de l'une quelconque des bouches en tête de l'appareil, la vanne en bois U étant hermétiquement fermée, ainsi que la vanne du bassin jaugeur Y, on ouvre la vanne hydrométrique de la bouche dont on cherche le débit, en y maintenant la pression d'eau réglementaire de $0^m,10$. Le liquide sortant du module s'écoulera dans le bassin X, puis sans vitesse acquise dans le sas, pour gagner par le déversoir U′ la rigole de décharge Z. Dès que la hauteur observée sur les échelles du sas T et T′ demeure constante, le régime de l'écoulement étant établi, on dégage vivement le déclic qui retient le balancier; la vanne U′ du poids de 225 kil. tombe brusquement sur son seuil, en entraînant la vanne U qui s'élève, son poids n'étant que de 25 kil., et les eaux s'écoulent instantanément par le déversoir U dans le bassin jaugeur Y.

En divisant la capacité de ce bassin par le nombre de secondes qu'il a mis à se remplir depuis l'ouverture de la vanne U, on obtient le volume fourni dans l'unité de temps par le déversoir U, et par conséquent, le débit de la bouche mise en expérience.

Pendant l'essai, on devra s'assurer, aux échelles T et T′, que l'eau conserve la même hauteur dans le sas. On devra également répéter l'essai plusieurs fois pour avoir la moyenne des résultats; enfin, connaissant le débit de chacune des six bouches, on pourra opérer sur les six bouches à la fois pour vérifier si le débit total est égal à la somme des débits constatés pour chaque module.

L'installation de l'appareil Keelhoff dont le coût est évalué à 17,500 fr., exige, entre le plan de flottaison du canal alimentaire et le radier de la rigole de décharge, une chute de $2^m,97$; ce sont là, quel que soit le mérite de l'appareil, deux conditions difficiles à remplir; le coût est fort élevé et des chutes de près de 3 mètres ne se rencontrent que dans des localités spéciales.

Quand le débit est une fois expérimentalement jaugé pour une région, ou pour une localité déterminées, de façon à pouvoir conclure du résultat obtenu la surface arrosable à l'aide du volume d'eau dont on dispose, le régulateur Keelhoff qui doit débiter cette quantité se réduit évidemment à un déversoir, avec un bassin placé en aval de la prise d'eau, un relief en fascinage, et une vanne hydrométrique adaptée à la prise d'eau. Dans ces conditions, l'appareil n'étant installé que pour un module sans jaugeur, revient, suivant Keelhoff, à 1,680 fr. en moyenne, pour une bouche débitant 1,000 litres par seconde, à savoir :

	fr.
Prise d'eau avec vanne.................	995
Bassin d'aval avec fascinage...........	185
Déversoir..............................	500
Total..........................	1.680

L'appareil jaugeur qui aide à économiser l'eau ou à mieux la répartir, quand il s'agit d'une grande irrigation, ajoute de 1,500 à 1,800 francs à la dépense ci-dessus (1).

Module-déversoir. — Sur le canal Cavour, les prises d'eau, sauf quelques exceptions, sont réglées, non pas d'après le module piémontais, mais par des modules-déversoirs, dont la portée minima est de 10 litres par seconde, tandis que la portée maxima atteint, comme pour le canal de Saluggia 12 mètres cubes; pour le canal d'Asigliano 4 mètres cubes; et pour la Cascina Naia jusqu'à

(1) J. Keelhoff, *Traité pratique de l'irrigation des prairies*, 1856.

8 mètres cubes dont le débit se rend finalement dans le canal d'Ivrée.

Les figures 166 et 167 représentent en plan, coupes et

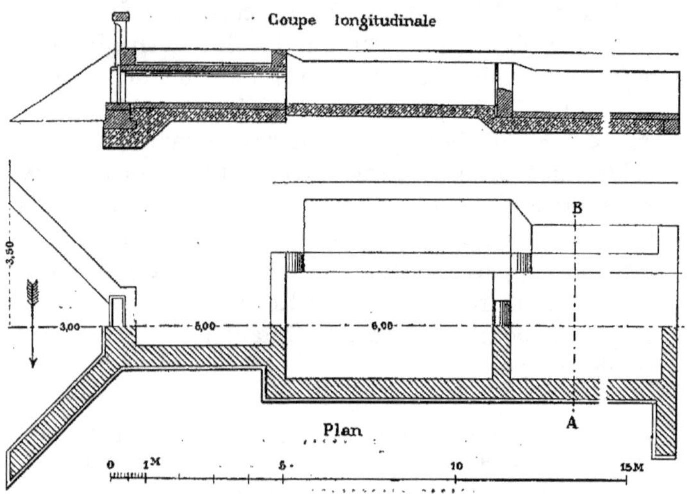

FIG. 166. — CANAL CAVOUR; MODULE-DÉVERSOIR POUR 500 LITRES.

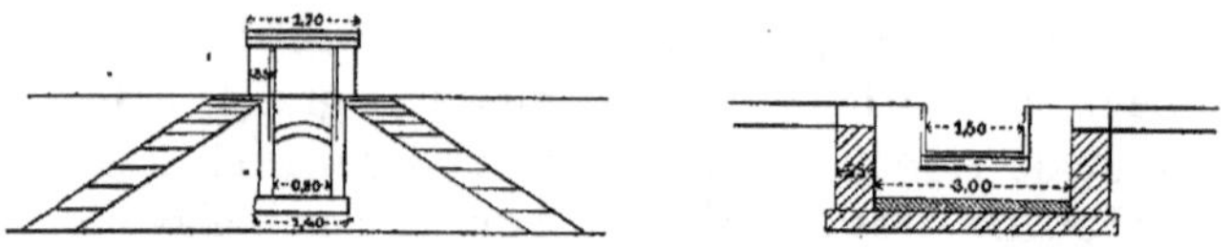

FIG. 167. — CANAL CAVOUR; MODULE-DÉVERSOIR; ÉLÉVATION ET COUPE TRANSVERSALE (fig. 166).

élévation, le type adopté pour les prises d'eau du canal Cavour, débitant au moins 500 litres par seconde.

Un vannage établi sur la berge du canal est suivi d'un canal maçonné, traversé le plus souvent par un pont pour le service de la route latérale du canal, puis d'un réservoir en maçonnerie dont la largeur est au moins double de celle du déversoir et la longueur est quadruple. Ce bassin a pour objet, comme dans l'appareil Keelhoff, d'annuler la vitesse de l'eau. Le seuil du déversoir du bassin est placé à $0^m,25$ au-dessus de son radier; il est formé par une dalle de fonte, enchâssée dans la pierre de taille, et les parois sont également armées en fonte. Un hydromètre est scellé dans les murs du bassin de chaque côté du déversoir, à l'aide duquel le garde règle l'ouverture des vannes dont il a la clef.

Quand les vannes de prise sont appliquées à de plus grandes dérivations, l'hydromètre est placé dans un puits où l'on descend par un escalier ; le plan incliné faisant suite à la dalle du déversoir offre une section naturellement différente, etc.

Modules espagnols. — Outre les partiteurs fondés sur le principe du partage proportionnel des eaux, tels qu'à Elche et à Lorca, certains canaux espagnols de construction récente ont adopté des distributeurs à portée constante, c'est-à-dire suivant des volumes fixes, en vue de la vente de l'eau aux usagers. Il en est ainsi pour le canal de Henares qui arrose la *Vega* de Alcala; le module se divise en deux compartiments communiquant par huit petites bouches pratiquées dans la paroi intermédiaire, de façon à annuler la vitesse pour le débit de l'eau. Au réservoir de Nijar, deux bassins donnent l'unité de jauge de l'eau qui est mise en vente.

Au canal de Lozoya, c'est le *module Ribera* qui a été adopté; il consiste en une vanne flottante, à portée constante, formée de flotteurs soutenant des rondelles ou pendules qui, par leur mouvement dans chaque bouche de prise, à section circulaire, augmentent ou diminuent l'orifice de débit, selon la hauteur de l'eau. Très simple, en même temps que suffisamment sensible et automobile, le module Ribera fournit un débit à peu près constant; mais il exige, pour que dans les basses eaux chaque pendule reste submergé, une chute considérable. La figure 168 montre le plan de ce module tel qu'il est appliqué à Madrid, et la figure 169, la coupe suivant A B du plan (1).

Au nouveau réservoir de Puentes, la répartition s'opère à l'aide du module milanais qui a été décrit.

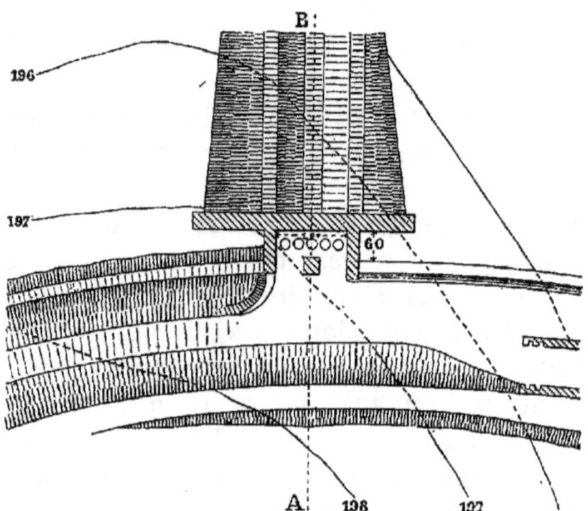

Fig. 168. — Canal Lozoya; module Ribera; plan.

Modules des États-Unis. — Le module de Max Clarck, employé aux États-Unis, se compose d'une chambre ou sas en bois de $3^m,66$ à $4^m,58$ de longueur, pourvue à l'amont d'une porte faisant fonction de vanne, et à l'extrémité en aval d'un orifice rectangulaire, percé dans une table qui se meut dans une rainure horizontale.

La loi du Colorado porte que chaque pouce d'eau

(1) Zoppi e Torricelli, *Annali di agricoltura*, 1888, p. 126.

équivaut au débit passant à travers un orifice d'un pouce carré (6, 5 centimètres carrés), sous la pression d'une tranche d'eau de 5 pouces (0m,127) comprise entre le bord supérieur de l'orifice d'écoulement du sas et le niveau du canal. Le module doit toujours avoir 0,0039 mètres carrés, sauf quand il s'applique à des débits moindres que 10 pouces (0 lit. 192) qui peuvent s'écouler par des sas avec ou sans bouches à rainure. Toutes les bouches doivent être horizontales et le sas, placé entre les bords du

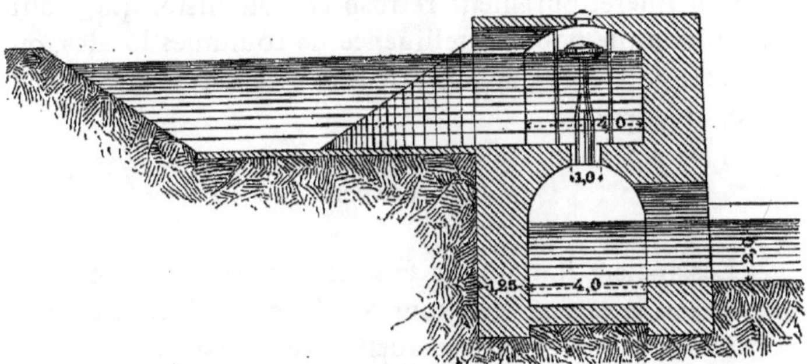

Fig. 169. — Canal Lozoya; module Ribera; coupe sur A B (fig. 168).

canal, doit offrir une déclivité d'au moins un huitième de pouce (0m,0032) (1).

La compagnie du canal Colorado a substitué à l'orifice carré du module Max Clarck un déversoir à biseau dont la longueur varie entre 0m,20 et 0m,50. La hauteur de ce déversoir ne dépasse pas le tiers de la longueur, et la hauteur du sas d'amont est trois fois plus grande que celle au-dessus du déversoir, afin d'éviter des erreurs de plus d'un centième (2). Au-dessus du seuil, la hau-

(1) O'Meara, *loc. cit.*; *Bull. Minist. agric.*, 1885.

(2) Le calcul du déversoir est basé sur la formule de Francis (*Expérien-*

teur d'eau est maintenue comme maximum à $0^m,15$.

IV. UNITÉS DE MESURE ET MODES DE DISTRIBUTION.

Les unités adoptées dans les divers pays pour servir de base aux concessions perpétuelles, temporaires, ou quotidiennes, sont très diverses. Nous ne saurions indiquer que les principales, d'autant plus qu'une description détaillée des mesures autres que celles existantes n'a plus qu'un intérêt purement rétrospectif ou historique, tout au plus utile pour l'intelligence de coutumes locales, ou d'actes de vieille date, soumis à des contestations encore trop fréquentes.

a. FRANCE.

Les anciens fontainiers faisaient usage du pouce d'eau pour des jaugeages peu considérables. Le lit était barré à l'aide de planches dans lesquelles étaient percées des rangées de trous circulaires, d'un pouce ($0^m,027$) de diamètre, bouchés par des tampons; puis autant de trous étaient débouchés qu'il en fallait pour que le niveau s'établît à la hauteur constante d'une ligne ($0^m,00225$) au-dessus de la partie supérieure des orifices. Dans cet état, il sortait par les orifices autant d'eau que le courant pouvait en fournir.

ces hydrauliques de Lowel, Boston, 1855), qui se traduit dans le système décimal de la manière suivante :

$$Q = 1834.3\ (l - 0.1\ nh)\ h\ \frac{3}{2}$$

Q représente le débit en litres par seconde; *l*, la longueur du déversoir en mètres; *n*, le nombre de contractions de la lame déversante dans le sens horizontal; *h*, l'épaisseur de la tranche d'eau au-dessus du sas.

D'après l'expérience, le *pouce de fontainier* a été trouvé égal à :

	lit.
En 24 heures	19.195.30
» 1 heure	799.80
» 1 minute	13.53
» 1 seconde	0.22

Le nombre d'orifices ouverts permettait ainsi de calculer le débit d'un cours d'eau dans chacune de ces unités de temps.

La ligne d'eau était égale à la 144e partie du pouce d'eau, et le point d'eau, à la 144e partie de la ligne d'eau (1).

A cette mesure inexacte, surtout quand il s'agit des subdivisions du pouce, Prony proposa de substituer une unité en rapport avec le système métrique, appelée *module,* correspondant à l'écoulement de 20 mètres cubes en 24 heures. C'est la quantité d'eau qui passe en 24 heures par un orifice circulaire de $0^{m},02$ de diamètre, ayant sur son centre une charge de $0^{m},05$, et garni d'un ajutage cylindrique extérieur de $0^{m},017$ de longueur. La dépense est de 13 litres 88 à la minute, et de 0 litre 2315 à la seconde.

Le *moulant d'eau,* ou simplement *moulant,* qui figure dans les concessions du canal des Alpines et dans divers actes publics du département des Bouches-du-Rhône, s'applique au volume d'eau nécessaire pour faire tourner un moulin à blé de la grandeur et de la chute la plus ordinaire, dépensant dans les 24 heures environ 3,000 toises cubes; il est déterminé aussi quelquefois par les dimensions des pertuis qui donnent passage à l'eau (2).

(1) *Dict. gén. d'Administration*, 1857.

(2) Littré, *Grand Dictionnaire de la langue française.*

Dans Cappeau, le calibre du moulant est indiqué comme de 7 pieds trois quarts cubes, qui passeront par un orifice quelconque dans l'espace d'une seconde (1); ce qui correspond à 265 litres 65 par seconde.

Une autre définition du moulant (2) s'applique à la quantité d'eau qui peut sortir à niveau mort par une ouverture de 9 pouces de hauteur sur 36 de largeur; soit à peu près un débit de 200 litres par seconde.

Dans le Roussillon (Pyrénées-Orientales), la *meule* d'eau est la quantité qui s'écoule par un orifice circulaire de 9 pouces catalans ($0^{m},243$) de diamètre, sous une pression constante d'une ligne d'eau ($0^{m},0025$), au-dessus de son bord supérieur. Le débit est de 56 litres 85 par seconde; celui d'une demi-meule, de 28 litres 34. L'épaisseur des parois est de $0^{m},080$ à $0^{m},095$. D'après Pareto, les meules hors de service, percées au centre d'un trou circulaire de 9 pouces catalans, étaient employées à mesurer les eaux d'irrigation; d'où le nom de *meule* qui est resté à la mesure.

Si les anciennes concessions de canaux font mention de moulants (Provence et Dauphiné) et de meules (Roussillon et Languedoc), on trouve depuis lors, notamment dans les Bouches-du-Rhône, pour les règlements et les tarifs du canal moderne de Marseille, l'indication du *module métrique*, c'est-à-dire d'un décilitre d'eau s'écoulant par seconde, ou de 8,640 litres en 24 heures. La distribution de l'eau d'après des prix réglés à tant par hectare, qui a été longtemps la base des concessions d'eau d'arrosage, et qui l'est encore dans beaucoup de contrées pour des concessions éventuelles, tout en s'appliquant à des récoltes connues, s'est trouvée dès lors remplacée par le module métrique.

(1) *De la compagnie des Alpines;* arrêt du conseil d'État du 3 avril 1773.
(2) F. Martin, *Mémoire sur Adam de Crapponne et son œuvre*, p. 57.

A cet égard, il convient de rappeler que lorsque le règlement de la distribution des eaux du canal de la Durance dans le territoire de Marseille, eut été arrêté suivant le module de $0^{l},10$ à 2 litres, l'administration crut devoir publier un avis pour redresser les propriétaires arrosants de l'erreur qu'ils commettaient en évaluant le volume d'eau reçu d'après la contenance qu'ils pouvaient arroser (1).

« Ils admettent en principe, dit l'avis, qu'une con-« cession d'un litre d'eau doit arroser une superficie « d'un hectare, et si un hectare n'est pas suffisamment « arrosé par une concession d'un litre, ils en con-« cluent qu'ils ne reçoivent pas toute l'eau qui leur est « due.

« Il convient à l'administration de rectifier ces idées : « le volume nécessaire à l'arrosage est trop variable « pour être adopté comme base ; il dépend d'une foule « de circonstances diverses, de la nature du sol, de sa « perméabilité, de sa déclivité, du genre de culture, etc.

« Il était donc plus rationnel d'adopter une unité in-« variable en volume absolu, dont le propriétaire reste « le maître d'augmenter la quantité, suivant les besoins « de sa culture.

« Cette unité est le litre.

« Prendre une concession d'arrosage d'un litre, c'est « acquérir le droit de recevoir dans ses terres, d'une ma-« nière périodique, un volume représentant un nombre « de litres égal au nombre de secondes que renferme la « saison d'arrosage, c'est-à-dire six mois, ou 183 jours.

« Ce volume de 15,811,000 litres est suffisant pour « couvrir un hectare d'eau de $1^{m},5811$; il est fourni « par 43 arrosages de 3 heures, avec un débit de 34 li-« tres par seconde. »

(1) Voir l'avis publié au dos du tableau de roulement, le 21 février 1853.

Quant aux eaux continues, les concessions suivantes donnent droit, savoir :

De un module à..................	6 litres en	une minute.
De un demi-module à............	6 »	deux minutes.
De un cinquième de module à...	6 »	cinq minutes.
De un dixième de module à......	6 »	dix minutes.

En conséquence de la concession ainsi faite, d'un ou de plusieurs litres, aux termes du règlement général (art. 2), les agriculteurs reçoivent chaque année un tableau de roulement indiquant les jours et les heures de chaque mois, depuis avril jusqu'à octobre, pendant lesquels ils doivent jouir de l'eau par la prise convenue.

La réglementation adoptée pour le canal de Marseille s'est généralisée; elle n'offre de différences que par rapport aux redevances. L'unité de vente au module, pour le canal du Rhône projeté, est exactement le même que celui fixé à Marseille; il correspond à une hauteur uniforme de $1^m,58$ sur la surface d'un hectare. « C'est « plus du double du volume des eaux pluviales pendant « toute l'année (1). »

b. ITALIE.

Depuis que l'Italie s'est unifiée et que le code civil applicable à tous les pays soumis au même statut, a été promulgué, l'unité qui règle la mesure légale du volume d'eau d'irrigation est le *module*, c'est-à-dire « l'orifice « qui laisse couler en quantité constante un volume de « 100 litres d'eau par seconde, et se divise en centièmes « et en millièmes. » (Art. 622 du code civil.)

Quand il s'agit d'irrigation intermittente, chaque usa-

(1) Krantz, *Rapport au Sénat*, 13 juin 1882.

ger jouit de la concession d'un ou de plusieurs modules, ou des subdivisions d'un module, pendant un certain nombre d'heures, d'après un système appelé *orario* ou *ruota* (1). Mais on comprend que dans une contrée où les irrigations se pratiquent depuis des siècles, les modes de concession et de distribution des eaux n'ont pas attendu la promulgation du code, datée de Florence le 25 juin 1865. Aussi trouve-t-on dans les divers États de la péninsule la plus grande variété de règlements et de mesures.

1. *Unités de mesure.*

Piémont. — C'est au milieu du seizième siècle que, pour le canal Caluso, apparut d'abord la distribution de l'eau au pied carré, sous une pression déterminée; cette unité de mesure, ou *roue*, se divisait en douze parties appelées *onces*, et correspondait au débit d'un orifice carré de $0^m,514$ de côté, ou pied *liprando,* calculé à 341 litres 18 par seconde (fig. 170). Plus tard, en 1730, par lettres patentes de Charles-Emmanuel, duc de Savoie, l'unité légale fut modifiée de *roue* en *once* représentant le débit obtenu par un orifice de 4 onces linéaires constantes, sur 3 de largeur. Cette nouvelle once, sauf la différence des mesures des deux pays, reproduit exactement la disposition du module milanais. Le mode d'écoulement de l'once piémontaise, proposé par l'ingénieur Contini, a fait conserver le nom de *once Contini* à ce module (fig. 171).

Pas plus que l'ancienne roue du Novarais et que l'once de la même province, ces mesures d'eau, appliquées sans tenir compte de la pression constante qui peut seule ga-

(1) G. Calvi, *Italia agricola,* 1879.

rantir le débit régulier des bouches, n'ont offert la garantie d'un régulateur.

Lombardie. — En dehors de l'once magistrale ou module milanais (fig. 160) qui a été décrit précédemment, et de la roue (fig. 173) qui en résulte, diverses pro-

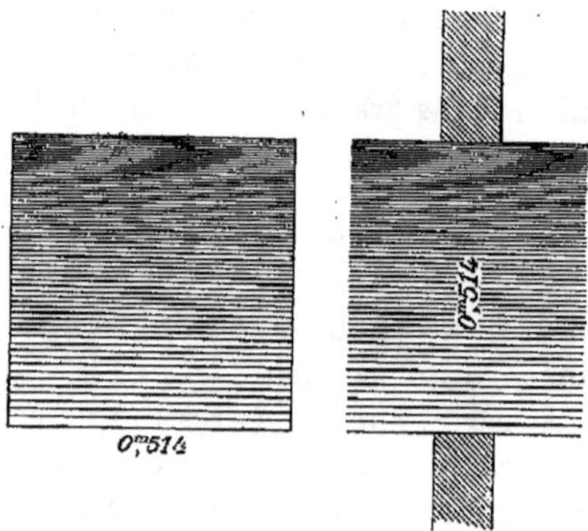

Fig. 170. — Roue ancienne du Piémont.

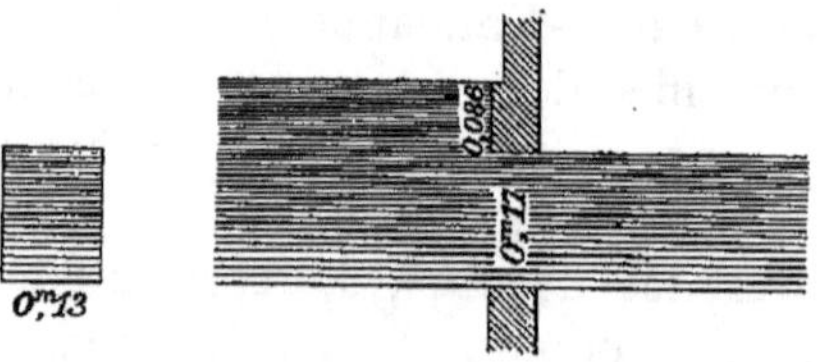

Fig. 171. — Once Contini (Piémont).

vinces ont conservé jusqu'en 1865 leurs modules, à savoir : Lodi, Crémone et Crema, Bergame, Brescia, Vérone, Vicence, etc.

Lodi. — La disposition de la bouche régulatrice de Lodi, adoptée pour les concessions et les prises d'eau de la Muzza, offre la plus grande analogie avec celle de Crémone, dont nous avons décrit le module (p. 278). Quant

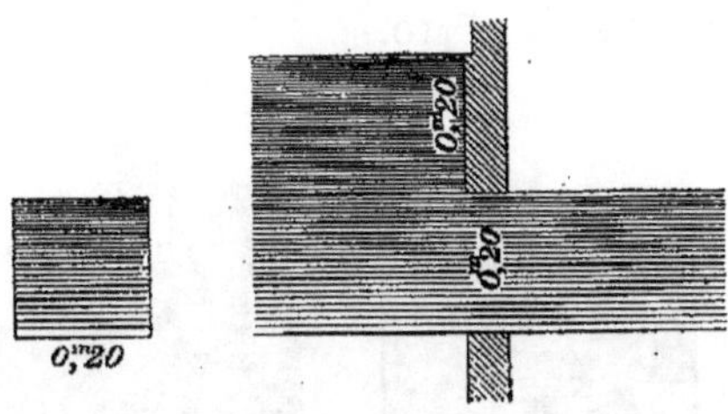

FIG. 172. — ONCE MODULE ALBERTINO DU PIÉMONT (page 282).

FIG. 173. — ROUE DE MILAN.

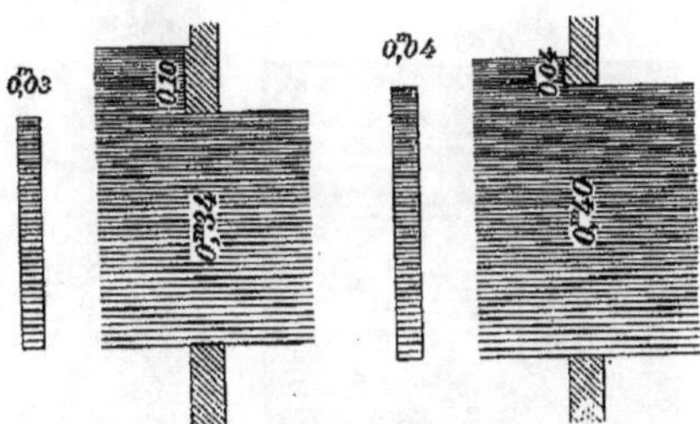

FIG. 174. — ONCES DE LODI ET DE CRÉMONE.

FIG. 175. — ONCE DE BERGAME ET QUADRETTO BRESCIAN.

à l'once même de Lodi (fig. 174), elle équivaut à la quantité d'eau qui passe par une bouche rectangulaire ayant pour hauteur invariable 9 onces de 0m,033 chacune et pour largeur 1 once, avec une pression constante de 2 onces linéaires, de 0m,10.

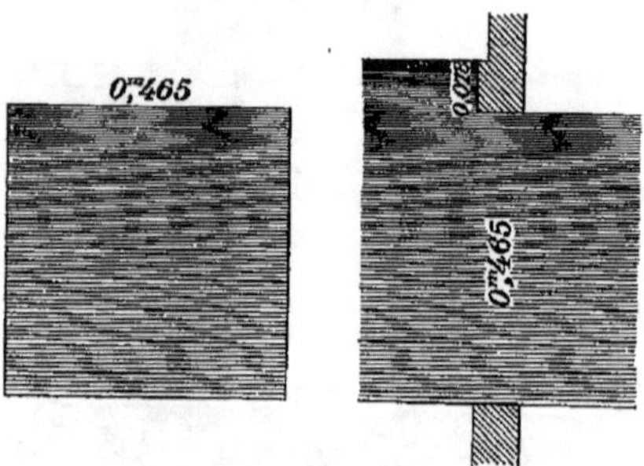

Fig. 176. — Quadretto véronais.

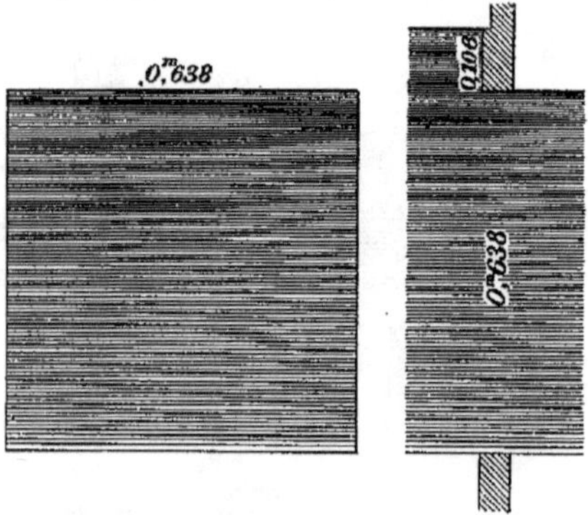

Fig. 177. — Quadretto mantouan.

Bergame. — Dans la province de Bergame, l'ancienne once d'eau est la quantité de liquide coulant librement par un orifice circulaire d'une once, ou de 0m,044 de diamètre (fig. 175). Rien ne limitant la pression sous laquelle doit s'effectuer l'écoulement, la mesure qui en résulte, suivant Nadault de Buffon, manque tout à fait de justesse; mais il est certain que l'usage avait déterminé l'emplacement de l'orifice dans le canal, de façon à assurer l'égalité des débits.

Brescia. — Dans la province de Brescia, l'eau se mesurait au *quadretto* (fig. 175), de même que dans celles de Venise, de Vicence, de Vérone et de Mantoue (fig. 176 et 177). Le *quadretto* brescian correspond au volume débité par une section carrée ayant pour côté le *bras* de $0^{m},471$, sous une hauteur constante; le centre devait être toujours placé au milieu de la hauteur d'eau du canal alimentaire. Il est possible que, dans la pratique, on n'ait pas tardé à s'écarter de ce précepte, en modifiant la forme de la bouche; pourtant le sénat et le magistrat des biens de la république de Venise sont loués d'avoir eu le sentiment des imperfections du *quadretto* vénitien, en recourant pour plus de précision, dans beaucoup de concessions, au *quadretto* brescian (1).

Quoique Brunacci juge utile de faire une hypothèse pour évaluer le débit de ce *quadretto*, Parochetti, mettant à profit l'étude spéciale qu'en a faite Ridoli, fixe la portée à 0,1035 mètre cube par seconde.

Vicence. — Comme pour le module de Brescia qui a servi à certaines concessions d'eau octroyées par la république de Venise, le débit du module vicentin n'ayant pas été suffisamment déterminé par la pression sur l'orifice d'écoulement, a donné lieu à la discussion des hydrauliciens les plus distingués.

D'après l'ingénieur Cita (2), le *quadretto* vicentin, comme il résulte d'un rapport des experts (*periti*) du

(1) Lampertico, *Inchiesta agraria; Monografia della provincia di Vicenza*, 1882, vol. V, part. I.

(2) *Saggio idrografico sulla provincia di Vicenza.*

magistrat des biens, était une bouche de 1 pied carré de Vicence, égal à 0,1276 mètre carré. Cette unité servait de mesure pour la concession de un ou de plusieurs *quadretti;* elle était subdivisée en 144 onces carrées ou points (*punti*). La bouche était à refoulement (*rigurgito*), c'est-à-dire que les eaux, en la traversant, se rencontraient et se mêlaient avec celles du canal ou du récipient situé en aval de la bouche.

Les trois conditions les plus importantes pour évaluer le débit du *quadretto* vicentin font défaut, à savoir : la hauteur de la bouche, la pression d'eau, et les dimensions ou la pente du canal. De plus, il n'était pas tenu compte de la position de la bouche relativement au canal de distribution, ni de la forme des parois, etc. Quelques rapports d'experts, enfouis dans les archives générales de Venise, indiquent bien l'une ou l'autre des conditions essentielles du *quadretto*, sans mentionner les trois à la fois, à l'aide desquelles le débit pourrait être exactement calculé.

Venise. — Le module vénitien n'était guère mieux défini que celui de Vicence, ou de Bergame; il consistait en un *quadretto* d'un pied carré de Venise (0,1209 mètre carré), divisé en 144 onces carrées ou *punti*. La pente du canal en aval de la bouche était bien fixée à 4 onces au plus, pour une longueur de 100 perches; mais rien n'était spécifié quant à la pression d'eau, à la hauteur même de la bouche, à sa position par rapport au canal d'amenée; d'où l'impossibilité d'évaluer la portée.

Paleocapa a émis l'opinion que les concessions d'eau étaient octroyées par les doges, sans module réglant la portée, et que l'on peut évaluer hypothétiquement la portée du *quadretto* de Venise, comme celui de Vicence, à 0,60 ou 0,70 du module brescian.

D'autres hydrauliciens, Tessari nommément (1), s'appuyant sur les travaux de Zendrini, de Perini, de Fr. Ventretti, professeur au collège militaire de Vérone, estiment la portée du *quadretto* vicentin à 0,488 de module.

De pareilles divergences ont le grave inconvénient de rendre presque impossibles les syndicats entre usagers.

Les figures 170 à 177 représentent en dimensions la plupart des unités de débit anciennement employées pour les irrigations en Lombardie et en Piémont, et le tableau XII résume leur portée, en regard des dimensions (2).

TABLEAU XII. — *Unités de débit pour les eaux d'irrigation* (Italie).

UNITÉS DE DÉBIT.	Portée en litres par seconde.	DIMENSIONS DES BOUCHES.		
		Charge sur la prise.	Largeur.	Hauteur.
Once magistrale de Milan	34.60	0.0990	0.1480	0.1980
Module de Crémone	16.32	0.0403	0.0403	0.4029
Once de Lodi	17.55	0.0992	0.0379	0.3415
Quadretto de Mantoue	314.33	0.0778	0.4668	0.4668
Module de Vérone	14.536	0.0571	0.3429	0.3499
Once du Piémont	23.88	0.0850	0.0128	0.0171
Roue —	334.76	»	0.5136	0.5136
Module (Albertino) du code sarde.	57.93	0.0200	0.0200	0.0200
Zappa de Sicile	17.19	0.0275	0.0110	0.0110

Si l'on remarque qu'en dehors des bouches *modelées*, dans lesquelles le volume d'eau à distribuer est garanti par une vanne hydrométrique, sous la garde des agents

(1) *Consorzi fluviali del Vicentino*, 1870.

(2) O. Bordiga, *Economia rurale*, Napoli, 1888, p. 876.

préposés par les syndicats ou par l'administration, il existe, en vertu des droits anciennement acquis, des bouches *libres*, c'est-à-dire des bouches qui ne peuvent être fermées à aucune époque de l'année, même partiellement, quel que soit l'étiage dans le canal d'amenée, on comprendra que le régime administratif des anciens canaux est compliqué, et qu'il donnait lieu, surtout dans les anciennes provinces vénitiennes, à des contestations et des difficultés litigieuses peu faites pour y favoriser le développement des irrigations.

2. *Modes de distribution.*

La distribution aux usagers s'effectue le plus souvent, comme nous l'avons dit, d'après un horaire (*orario*) que l'on désigne encore sous le nom de roue d'irrigation (*ruota d'irrigazione*), c'est-à-dire suivant une période de temps répartie par heures, en nombre et suivant un ordre déterminé, pendant lesquelles l'usager a la libre jouissance des eaux.

Cette période ou tournée varie selon les localités et selon les canaux. Dans la province de Pavie, elle est de 7 à 16 jours; dans celle de Lodi, elle est généralement de 14 jours: dans le premier cas, chaque usager a droit à l'eau du canal pendant un certain nombre d'heures après 7 ou 16 jours, et dans le second cas, après 14 jours, ou chaque quatorzième jour.

Dans le district de Treviglio (1), quelques communes règlent l'irrigation d'après certains horaires, et l'assolement des cultures est combiné en conséquence. Si l'horaire est favorable, les prairies, ou les rizières dominent; s'il est

(1) Zonca, *Inchiesta agraria; Monografia di Treviglio*, vol. VI, t. II, part. IV.

moins avantageux, ce sont les autres cultures exigeant moins d'arrosages qui dominent.

Quelques communes appliquent le système des *aste* ou *ruote*, c'est-à-dire que les agents préposés aux eaux de la commune ou du syndicat préviennent les usagers que l'irrigation commencera tel jour, à telle heure. Les propriétaires les plus rapprochés de l'amont des canaux doivent se préparer à recevoir les eaux, l'irrigation progressant d'une propriété à l'autre, d'amont en aval, jusqu'à ce qu'elle ait atteint l'extrémité du territoire de la commune et desservi les terres de tous les ayants droit. Quand le tour, ou *la ruota*, est achevé, on en recommence un nouveau, et ainsi de suite.

Quoique les tournées varient d'une commune à l'autre, d'après les cultures dominantes, etc., les règlements prescrivent quelques conditions générales, comme celle qui exige qu'un propriétaire n'ayant pas utilisé l'eau au moment où elle lui arrive, la perd pour la tournée en cours.

La différence quant à la culture, qu'il s'agisse de la roue, ou de l'horaire, est sensible. Ainsi, dans le système de la roue, l'autorité distingue la nature des cultures arrosables pour établir le volume d'eau à distribuer à chaque usager; c'est seulement au cas de pleines eaux dans le canal qu'elle concède l'irrigation de toutes les cultures. Au contraire, dans le système de l'horaire, l'agriculteur ayant droit à un certain nombre d'heures, tous les 8 ou 10 jours, il a toute faculté d'arroser les produits qu'il veut. Si l'on admet dans une commune qu'il faille quinze jours pour que l'eau disponible arrose le territoire irrigable, on est dans l'habitude d'assigner 8 jours seulement au parcours de l'eau, et on répartit l'horaire sur une semaine, de telle sorte que le propriétaire puisse arroser tous les huit jours les cultures qu'il juge convenable.

Dans le district de Verolanuova, où les canaux sont alimentés principalement par des sources, la section moyenne dans les canaux étant de 3 mètres de largeur sur $0^{m},50$ de hauteur, le manque de chutes fait perdre une grande masse d'eau pendant l'irrigation (1). Le système de distribution laisse en effet trop peu de temps pour conduire rapidement l'arrosage jusqu'aux récoltes qui en ont besoin.

Dans presque toute l'Italie du nord, l'irrigation d'été commence le 25 mars (Madone de mars) et se termine le 8 septembre (Madone de septembre); l'irrigation d'hiver a lieu pendant le reste de l'année.

c. ESPAGNE.

Malgré les louanges accordées à la législation espagnole qui réglemente l'intervention des particuliers, le mode d'élection et de représentation des usagers, les pénalités des contraventions, etc., on est surpris de la complication des unités de mesure et du mode de répartition des eaux, formant la base essentielle d'une bonne organisation administrative et d'une police efficace des eaux.

Valence. — Les canaux qu'alimente le Turia pour les irrigations de la *huerta* de Valence n'ont de réglementation comme prise d'eau qu'aux époques où il n'y a pas excès d'eau. Dans ce cas, la réglementation résulte du fait même de l'ouverture de tous les pertuis. Chacun de ces pertuis reçoit la quantité d'eau qui s'y engage naturellement et les eaux se trouvent absorbées avant d'arriver au droit de Valence (2). Les règlements

(1) L. Erra, *Inchiesta agraria; Monografia di Verolanuova,* vol. VI, t. II, part. IV.

(2) Aymard, *loc. cit.*

anciens fixaient, il est vrai, la dotation de chaque prise par unité, *fila*, ou filet d'eau ; tel canal, celui de Moncade, par exemple, avait droit à 48 filets ; tel autre, comme celui de Pavara, avait droit à 14 filets ; mais les plus savantes discussions n'ont pas encore appris ce qu'est le débit de la *fila*.

Suivant les uns, la *fila* équivaut au volume d'eau qui passe par un orifice carré ayant pour côté 1 *palmo* valencien ($0^m,226$) et une vitesse de 4 *palmos* ($0^m,904$) par seconde, ce qui correspondrait à un débit de 46 litres ; suivant les autres, pour la même section, la vitesse serait de 6 *palmos* ($1^m,356$), d'où un débit de 69 litres par seconde. Quant au module susceptible de fournir le débit de 46 ou de 69 litres, rien n'est pratiquement déterminé (1).

Aussi bien à Valence qu'ailleurs, l'unité de mesure des eaux, telle que les Maures l'ont léguée à l'Espagne, n'est pas absolue ; c'est simplement une partie aliquote, égale au $\frac{1}{138}$ du débit total ; aussi l'unité n'intervient-elle pas dans la répartition proportionnelle, qui est le principe du système appliqué aux usagers des canaux.

Quant au mode de distribution, les vannes ayant été établies et conservées de temps immémorial sur chacun des bras des canaux, l'arrosage commence par le premier champ à l'amont et se continue sans interruption, tant qu'il y a de l'eau, jusqu'au dernier, pour recommencer ensuite à l'amont, ou pour reprendre sur le point où il a été interrompu au tour précédent.

Le temps d'arrosage accordé à chaque champ n'a

(1) Les Arabes emploient encore aujourd'hui comme mesure la *tuile* d'eau, que l'on retrouve dans les anciens règlements de certains canaux de Valence. C'est le volume qui passe dans une tuile ordinaire, placée, la concavité vers le ciel, de façon à arroser la crête d'un batardeau qui l'affleurerait.

d'autre limite que les besoins de la culture. C'est l'*atandador*, inspecteur des tournées d'arrosage, qui apprécie le moment où il faut retirer l'eau d'un propriétaire, pour la donner à un autre.

De même que l'eau ne rétrograde jamais, nul usager ne peut prendre les eaux lui-même, mais il est tenu de faire l'arrosage quand elles lui arrivent.

Dans les moments de disette d'eau, il n'y a plus aucune régularité pour les tours d'arrosage; tout est laissé alors à l'appréciation du syndic, assisté des inspecteurs (*veedores*) dont le devoir est de sauver les récoltes qui périclitent le plus, d'après un ordre que l'usage a déterminé.

Jucar. — Au canal du Jucar, c'est l'*acequiero mayor*, le grand syndic des eaux, qui règle la distribution conformément aux usages établis et la pratique usuelle. Il n'y a aucune répartition exacte, tout se faisant d'après les appréciations des agents placés sous les ordres du grand syndic. Dans la plupart des communes, contrairement à ce qui se passe à Valence, ce sont des arroseurs publics qui font l'arrosage, à l'exclusion, mais au compte des propriétaires. Dans la *huerta* du Jucar, la rotation revient généralement tous les douze jours.

L'absence de réglementation des prises d'eau peut seule justifier une organisation aussi primitive, qui donne prise à l'arbitraire, ou à l'abus des préposés subalternes.

Alicante. — Dans la *huerta* d'Alicante, la situation est plus compliquée, en ce qu'il y a deux natures d'eau, l'une que l'on peut vendre, ou acheter indépendamment de la terre, et l'autre que l'on ne peut vendre, ni acheter sans la terre; ce qui donne lieu à une comptabilité double pour la vente des bons d'arrosage (*albalaes*) de chaque rotation double (*tanda*), correspondant au nombre d'heures pendant lesquelles doivent fonctionner les deux canaux qui arrosent la *huerta*. Il y a des bons d'arrosage pour une durée de 1 jusqu'à 60 minutes, dont la vente se fait tous les matins à la criée. Un registre matricule, un registre alphabétique et un brouillard tiennent à jour les opérations de distribution des eaux effectuées chaque matin.

Lorca. — A Murcie comme à Valence, l'eau est annexe de la terre; si l'on n'en use pas, elle fait retour à la masse commune; tandis qu'à Lorca, l'eau a été détachée de la propriété du sol; elle se vend comme à Alicante.

L'unité d'eau (*hila*) qui se vend à Lorca varie : 1° en raison du volume des eaux de la rivière Guadalantin; 2° du nombre de parties aliquotes formant la dotation de chaque canal; 3° des prélèvements pour arrosage gratuit; 4° des saisons; et 5° de la durée des jours et des nuits. Pour les eaux d'Albacète, par exemple, le débit est partagé en 25 parties aliquotes ou modules, donnant lieu journellement à 50 *hilas* (25 de jour et 25 de nuit). Tel de ces modules a comme période de rotation 13 jours, correspondant à 26 *hilas*, tel autre, 23 jours, ou 30 jours, etc. Ailleurs, comme pour les branches de Subullena et Alberquilla, le module n'est plus divisé en *hilas*, mais en *cuartos*, qui correspondent à la jouissance de toutes les eaux pendant 1 heure et quart; ce qui donne 19 *cuartos* pour les 24 heures de la journée.

Hilas et *cuartos* se vendent à la criée contre des bons à payer, dont le montant est perçu par le trésorier, inscrit dans les livres, et réparti en fin de mois entre les propriétaires des eaux. Les causes nombreuses et variées qui altèrent d'un jour à l'autre, d'un canal à l'autre, la valeur de l'unité que l'on vend pour l'usage de jour ou de nuit, ne font pas qu'un pareil système d'enchères, quelque rompu que soit le paysan à la connaissance de la marchandise qu'il achète, puisse passer pour un modèle d'équité et de simplicité. Mais l'Espagne, tout en laissant subsister ces usages établis par le temps, a modifié depuis le décret du 29 avril 1860, les bases des concessions d'arrosage, en consacrant le principe de l'annexion de l'eau à la terre; elle n'a reculé que devant la réforme du mécanisme invétéré pour la distribution des eaux d'irrigation.

LIVRE IX.

LES SYSTÈMES D'IRRIGATION.

Nous avons montré dans les livres qui précèdent comment on approvisionne et on dirige les eaux par des canaux jusqu'aux terrains à arroser, et suivant quelles unités elles sont réparties entre les intéressés. Nous examinerons maintenant les divers systèmes d'emploi des eaux sur le sol.

Pour apporter quelque clarté dans l'exposé de ces méthodes, nous rappellerons que l'irrigation ne se pratique pas seulement dans les pays du midi, jouissant d'une température moyenne élevée, et souvent privés, pendant plusieurs mois, de pluies estivales, mais encore dans les pays à température relativement basse où l'on doit compter sur les pluies pendant la végétation. L'irrigation se pratique, en outre, à des époques différentes, soit pendant l'été, de mai à septembre; soit en hiver, du mois d'octobre jusqu'en avril de l'année suivante. L'irrigation *d'été* s'adapte à toutes les cultures; l'irrigation *d'hiver*, que l'eau coule ou séjourne sur les terres, convient aux prairies, mais surtout aux sols qui ont besoin d'amendement. Enfin, sous le rapport de la durée, l'irrigation est *continue*, quand elle est destinée à maintenir le sol couvert d'une nappe d'eau pendant la période d'arrosage; ou bien elle est *intermittente*, c'est-à-dire qu'elle comprend des arrosages partiels, plus ou moins souvent renouvelés.

Classification. — Ce sont là des distinctions qui motivent des procédés différents quant à l'installation et à la conduite des arrosages. En outre, selon que les terrains sont plats ou inclinés, en plaine ou en montagne, perméables ou non, soumis à des expositions différentes, en assolement ou en sole fixe, les méthodes varient, de telle sorte que la classification, s'étendant aussi à des systèmes mixtes, donne lieu à quelque confusion. Certains auteurs décrivent jusqu'à douze systèmes, tandis que d'autres les réduisent à deux, à savoir : l'irrigation *directe*, quand les plantes végètent dans l'eau, comme le riz, et l'irrigation *indirecte*, destinée à humecter le sol au degré nécessaire pour le plein développement des plantes (1).

Nous avons adopté quatre systèmes distincts d'arrosage :

1° Par déversement; ce que les Allemands désignent sous le nom de *rieselung* (ruissellement); l'eau coulant dans des rigoles qui débordent sur le terrain ;

2° Par submersion; l'eau couvrant le terrain, soit à l'état stagnant, soit avec une vitesse à peine sensible; c'est-à-dire *uberstauung* des Allemands ;

3° Par infiltration, *einstauung;* l'eau arrivant aux racines par des rigoles à ciel ouvert ou souterraines ;

4° Par aspersion; l'eau étant distribuée sous forme de pluie.

Le premier de ces systèmes constitue l'irrigation proprement dite, qu'il s'agisse d'utiliser l'eau comme engrais, ou comme agent d'humidité; le dernier correspond à l'arrosage, dans le sens propre du mot, tel que les jar-

(1) G. Calvi, *l'Italia agricola,* 1879.

diniers l'appliquent communément, en recourant à l'arrosoir, à la pelle ou à la lance.

Le choix entre les méthodes, nous exceptons celle de l'aspersion, est subordonné à la nature et à la configuration du sol, au genre de cultures, à la qualité et au niveau des eaux, mais avant tout, au volume disponible de ces eaux. Deux principes, en effet, basés sur le volume des eaux d'irrigation, règlent leur emploi; le débit de l'eau est porté au maximum pour l'arrosage d'une surface déterminée; ou bien, la surface est augmentée autant que possible pour un débit donné.

Au premier de ces principes se rattache l'irrigation des près-marcites de l'Italie du nord, qui reçoivent pendant l'hiver un volume d'eau représentant une couche de plus de 90 mètres d'épaisseur. L'eau sert alors non seulement à engraisser le sol, mais à le maintenir à une température assez élevée pour que la végétation en hiver se ralentisse sans s'arrêter. Au second se réfère l'irrigation par infiltration des prairies, des cultures arbustives, etc.; la méthode Petersen, par exemple, dans laquelle l'infiltration combinée avec le drainage permet, moyennant un volume minimum de 10 à 20 litres par seconde et par hectare, de maintenir les prés en pleine production.

Entre ces deux limites se rangent les variantes nombreuses à l'aide desquelles l'irrigation fournit le moyen d'utiliser plus ou moins rationnellement les eaux claires ou troubles de l'été et de l'hiver.

Avant de décrire les méthodes avec ces variantes, nous traiterons des dispositions préparatoires qui sont nécessaires pour déterminer le choix et installer le système qui aura été choisi.

I. DISPOSITIONS ET TRAVAUX PRÉPARATOIRES.

Toute irrigation, pour être bien faite, doit satisfaire à deux conditions : d'abord, la surface du terrain arrosable doit être à un niveau tel, en contre-bas de celui des eaux à distribuer, que l'écoulement puisse être à volonté suspendu, en partie ou en totalité, et réparti régulièrement sur tous les points; ensuite, le sol doit pouvoir s'égoutter et s'assécher complètement au moyen de canaux ou de fossés spéciaux.

Ces deux conditions se résument en un point fondamental qui consiste à éviter la stagnation des eaux dont les inconvénients sont les plus graves pour toutes les cultures. Il en résulte qu'avant de choisir tel ou tel mode d'irrigation, et surtout de décider des travaux plus ou moins importants et coûteux, il faut procéder à une étude minutieuse du terrain que l'on se propose d'irriguer.

Plan et nivellement du terrain. — L'étude préliminaire comporte l'examen du sol et du sous-sol, le levé du plan et le nivellement du terrain.

Les observations recueillies par les cultivateurs de la localité sur la nature physique et géologique du sol et du sous-sol, sur leur degré d'humidité qui exige parfois des travaux préalables de drainage; sur leur plus ou moins grande perméabilité, sont faciles à vérifier par quelques fouilles à l'aide de la bêche, de la pioche ou de la tarière. Elles sont indispensables pour apprécier la consommation d'eau probable, du fait du sol lui-même, et estimer les travaux de défoncement ou d'assainissement que réclament la pénétration et l'égouttement des eaux d'arrosage dans la couche arable.

Un plan du terrain, fait à l'échelle, est non moins utile

pour apprécier les longueurs et calculer les dimensions des chemins, des canaux et des rigoles de distribution, ainsi que des colatures. Nous n'avons pas à entrer ici dans le détail d'un levé de plan qui constitue une application usuelle de la géométrie. La plupart des propriétaires possèdent un plan spécial des terres qu'ils exploitent ou qu'ils afferment; à leur défaut, le cadastre parcellaire, établi en vue de la perception de l'impôt foncier, peut être consulté, après avoir été vérifié par le géomètre de la commune, ou de l'arrondissement. De toutes manières, beaucoup d'agriculteurs sont aujourd'hui en mesure de lever eux-mêmes, à la chaîne ou à l'équerre, un plan suffisamment exact de leur exploitation, sans qu'il soit nécessaire de recourir au graphomètre, à la planchette, ou à la boussole.

Le nivellement des terrains à arroser est le complément indispensable de la levée du plan. Soit au moyen de lignes de niveau équidistantes, sur lesquelles on repère avec les instruments un assez grand nombre de points fixes, facilement reconnaissables plus tard sur le terrain; soit à l'aide d'une triangulation, ou d'un double réseau de lignes parallèles, se croisant autant que possible à angles droits et portant des repères fixes aux points d'intersection, on obtient des cotes assez nombreuses de hauteurs, par rapport à la ligne, ou au plan de niveau, pour pouvoir, en les reportant sur le plan, tracer ou diriger des lignes de pente sans opération nouvelle sur le terrain. Grâce seulement à ces lignes, on peut juger en connaissance de cause du mode le plus convenable d'irrigation, pour les cultures qu'on se propose d'arroser, et le plus économique, quant aux travaux à exécuter, en raison de la main-d'œuvre dont on dispose.

Les opérations d'un nivellement général sont minutieusement expliquées dans les traités de géométrie, de même que les instruments employés pour donner la hauteur des surfaces. Que l'on indique sur le terrain même les lignes horizontales de même niveau, à l'aide de jalons dont on relève ensuite la position, ou qu'on les trace seulement sur le plan, à l'aide d'interpolations faciles; l'importance d'un nivellement bien fait, dans lequel les lignes de niveau ont été d'autant plus rapprochées que le terrain est plus incliné, est capitale, non seulement au point de vue de la division en compartiments de 100 à 200 mètres de côté, suivant des axes parallèles soigneusement repérés, mais encore pour l'établissement et la réparation des rigoles, la vérification des nivellements partiels, et l'adoption de l'assolement auquel les cultures seront soumises. Nous ne saurions trop recommander, afin d'éviter tous mécomptes, de choisir une base d'opération sur le terrain, reportée, si c'est possible, au niveau moyen de la mer; d'y élever des perpendiculaires suivant les inégalités du terrain et de les jalonner, non pas symétriquement, mais de façon à ce qu'aucune inégalité ne soit négligée. La base d'opération doit pouvoir être toujours reconnaissable sur le terrain, soit qu'on l'appuie sur des points naturels invariables, tels qu'un fossé, un mur, une haie, etc.; soit qu'on la fasse reposer sur deux bornes fixes, orientées d'une manière quelconque par rapport à la pente générale du terrain. L'essentiel est qu'elle soit rigoureusement pointée sur le plan à l'échelle de 1 millimètre pour 1 mètre, par exemple, et que toutes les cotes des jalons, rapportées au plan horizontal qui passe par le point le plus bas, figurent scrupuleusement sur ledit plan, avant que l'on s'occupe de tracer les lignes de niveau. Les jalons du terrain peuvent dès lors s'abaisser ou disparaître, sans que le nivellement ait besoin d'être refait, lorsqu'il s'agira de tracer les rigoles, ou de modifier plus tard la disposition adoptée.

Pour les prairies, notamment en plaine, il faut dès le principe ménager des chemins sûrs et commodes. En admettant qu'un chemin est nécessaire pour une largeur de 100 mètres, laissant un espace de 50 mètres de chaque côté, afin de pouvoir enlever les récoltes promptement et facilement, il importe de tracer les chemins sur le plan du terrain dont la pente a été déterminée, avant de procéder aux divisions et subdivisions.

Quel que soit le système d'irrigation, une fois le nivellement général achevé, et les chemins tracés sur le plan, puis piquetés sur le terrain, on devra, d'après l'abondance des eaux dont on dispose et d'après la nature du sol, fixer la répartition du terrain par les rigoles de distribution et d'écoulement. Dans les terres argileuses ou froides, qui se laissent pénétrer difficilement, les versants auront la plus grande largeur; tandis que dans les terres légères ou sablonneuses, ils seront le moins larges. Les limites extrêmes entre les dimensions des versants, suivant la nature opposée des terrains, sont très variables; elles peuvent être comprises, comme en Lombardie, entre 5 à 6 mètres, et 20 à 30 mètres.

Il est essentiel de noter que, indépendamment des terrassements et des nivellements nécessités par la répartition du terrain et des cultures arrosables, un nivellement général s'impose toujours pour déterminer le meilleur écoulement des eaux, empêcher leur stagnation, et superposer les zones d'arrosement les unes aux autres, dans le sens de la pente. Ce nivellement doit se réaliser de telle sorte qu'en ménageant l'eau tous les champs soient arrosés, et que l'excédent gagne la rigole ou le canal principal d'égouttement. C'est d'après ce nivellement que s'établissent rationnellement les systèmes de raies, de billons, de planches, d'ados et de digues qui utilisent l'eau des compartiments superposés. Enfin le nivellement des terrains inférieurs permet d'employer par reprise, avec non moins de profit, l'eau du colateur principal (1).

« Le point principal, dans l'art des arrosements en Toscane, dit Simonde (2), c'est de maintenir les eaux du fossé d'arrosage (*la gora*) qui reçoit les eaux de la rivière, aussi hautes que peut le permettre le niveau du point de dérivation, et de pratiquer le fossé d'écoulement (*lo scolo*), recevant les eaux d'égouttement, aussi bas que cela peut s'accorder avec la pente qui lui est nécessaire pour que les eaux n'y croupissent pas, et avec le niveau de la rivière à l'endroit où elle doit les recevoir. Cette attention est nécessaire, parce que la pente de la plaine est si peu considérable qu'il faut l'utiliser avec l'économie la plus scrupuleuse et ne pas en perdre un seul pouce sans besoin. Afin qu'il y ait autant de différence que possible entre la hauteur du lit de la rivière, là où l'on prend les eaux, et sa hauteur à l'endroit où on les lui rend, on ouvre souvent le canal d'amenée dans la montagne, où la pente de la rivière est considérable. »

Dans les pays primitifs, les canaux d'amenée consistent simplement en saignées faites à différents niveaux sur les bords des rivières, et descendant par des pentes douces, de manière à laisser les terres à irriguer du côté du talus du remblai. Ces canaux ne servent dès lors qu'aux terres riveraines; ce sont des tranchées faites à la charrue et à l'excavateur, dont les pentes, comme au Colorado, varient de $0^{m},35$ par kilomètre pour des débits de 8 à 10 mètres par seconde, jusqu'à 3 mètres par kilomètre pour des portées de 0,60 à 0,90 m. cubes par seconde (3). Les questions de nivellement des ter-

(1) Pollini, *Inchiesta agraria; Monografia della Lomellina*, 1882.
(2) *Tableau de l'agriculture toscane*, p. 19.
(3) O'Meara, *loc. cit.*, 1885.

rains sont dans ce cas absolument secondaires, puisqu'on est maître de pratiquer les saignées en lieu voulu.

a. TRAVAUX PRÉPARATOIRES.

Terrassements. — Comme l'eau doit pouvoir arriver partout en égale quantité et ne séjourner nulle part, il faut d'abord dresser la surface de façon à faire disparaître les dépressions et les faibles élévations. Ces travaux de terrassement ne peuvent guère être évités, quelque méthode d'irrigation que l'on choisisse ; le tout est de les réduire au strict nécessaire, à cause des dépenses assez fortes qu'ils entraînent.

Lorsque les frais de transport des déblais ne sont pas trop considérables, ou que l'on a l'emploi à proximité des terres déblayées, il peut convenir d'abaisser certaines parties du terrain à arroser, qui se trouvent à un niveau plus élevé que celui du canal d'amenée. Ainsi, dans le Milanais, on regarde comme une opération courante d'abaisser le sol de $0^m,50$ jusqu'à $1^m,50$, sur un hectare de terrain qui, autrement, ne serait pas arrosable.

En général, toute surface inégale et mal disposée, offrant des pentes et des parties plates, des creux et des bosses, etc., doit être aplanie, de façon que les eaux arrivant par les lignes culminantes et se déversant sur les plans inclinés, soient recueillies à la partie inférieure par des fossés d'écoulement. Pourvu que les inclinaisons soient convenables et permettent d'atteindre le but indiqué, il importe peu que les lignes de faîte ou de thalweg et les versants offrent des directions rectilignes, des contours droits ou développés. Il n'est pas non plus nécessaire que la pente du terrain soit uniforme, car si elle présente des différences, on fait varier la distance entre les rigoles horizontales; à la rigueur même, le terrain, avec des pentes et des contre-pentes, peut s'adapter à l'irrigation, moyennant que les rigoles soient établies partiellement en remblai. De toutes les cultures, la prairie est celle qui laisse plus de liberté dans la forme, l'étendue et la disposition des terres arrosées.

Dans les pays d'irrigation, où les canaux d'amenée sont exécutés de manière à desservir naturellement tous les points des terrains irrigables, le redressement de ces terrains a une importance secondaire. Ce

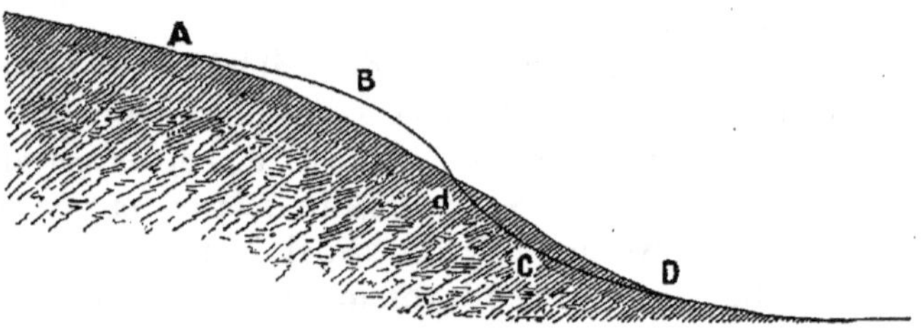

Fig. 178. — Redressement de terrain en ressaut.

sont les cygadiers, dans le nord de l'Italie, ou les *campari* qui, sans recourir au niveau d'eau, mais à l'aide de piquets, de nivelettes et de témoins, exécutent les mouvements de terre. Leur habileté, jointe à une grande pratique de ces opérations, permet de dresser ainsi le sol le plus inégal. Il en est de même dans les Vosges, et dans la plupart des localités où l'irrigation est implantée de longue date.

Pour les gros terrassements, on calcule les déblais de façon à ce qu'ils puissent suffire aux remblais, sans qu'il soit nécessaire d'emprunter de la terre au dehors, et sans qu'il en reste en trop grand excès.

Si le terrain présente un ressaut trop brusque dans la direction de la pente, comme en BC (fig. 178), la portion de terre AB *d* pourra être reportée, par exemple, en *d* CD; si, au contraire, il est coupé par un ravin E (fig. 179 et fig. 180), on cherchera à combler le fond par un déblai provenant de la terre prise sur les bords, de manière à obtenir un profil à courbure insensible. Toute cavité un peu large et profonde peut être ainsi effacée, en reportant

Fig. 179. — Comblement de ravin en terrain plan.

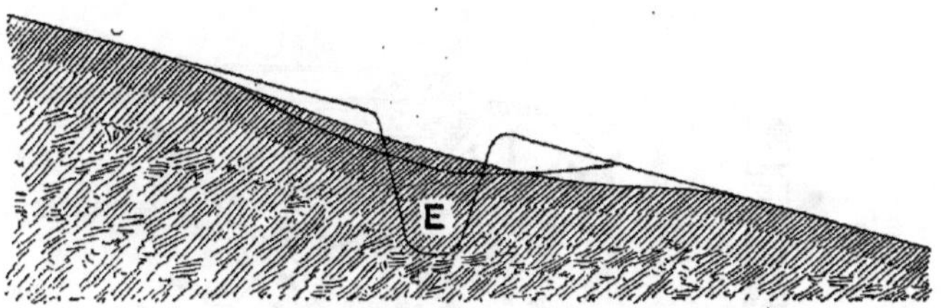

Fig. 180. — Comblement de ravin en terrain incliné.

la terre du sol environnant dont on abaisse la pente. Une précaution à prendre consiste à tenir compte du tassement des terres remblayées, que l'on estime de un cinquième à un sixième de la hauteur du remblai, afin d'éviter toute cuvette dans laquelle l'eau séjournerait sans écoulement. Une autre précaution a pour objet de réserver la terre de la couche végétale pour la rapporter à la surface des déblais et des remblais; autrement, ce sont les terres du sous-sol, de qualité inférieure le plus souvent, qui reprendraient la place de la couche arable.

Lorsque le terrain est gazonné, il importe, au point de vue de la formation des prés, d'enlever tout d'abord le gazon que l'on met de côté, pour le replacer par bandes ou par mottes sur le sol grossièrement nivelé. Dans les terrassements très étendus, l'économie de main-d'œuvre exige que la bonne terre s'enlève avec le gazon ; mais en-

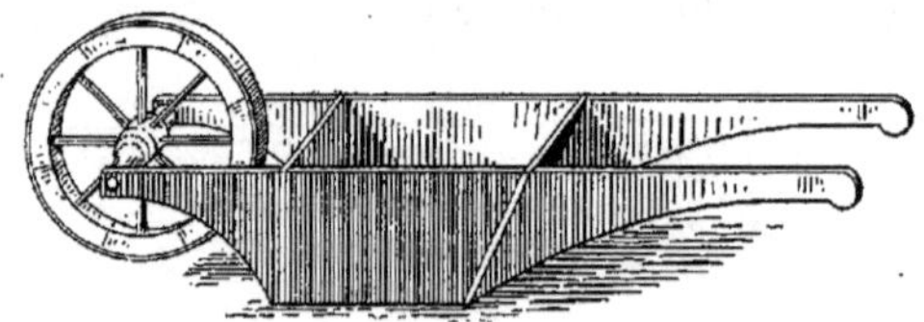

FIG. 181. — BROUETTE PATZIG.

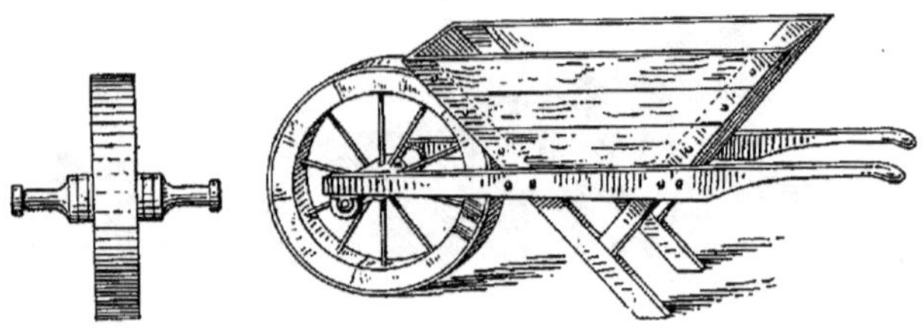

FIG. 182. — BROUETTE DE RITTERHOFF.

core convient-il de mettre le tout à part, pour l'employer au régalage superficiel, avant d'établir l'irrigation.

La plupart des travaux de terrassement s'exécutent à la bêche, à la pioche ou à la houe. Quand il est possible de porter la terre d'un seul jet de pelle à l'endroit voulu, le travail à bras se fait économiquement ; c'est la manière la plus facile de remuer la terre. Selon Schenk, un bon ouvrier, en 10 heures de travail, jette à la pelle 9 mètres cubes de terre à 2 et 3 mètres de distance ; quand la terre s'attache à la pelle, le même ouvrier n'en jette plus que

6, à la même distance. Si la même terre est jetée deux fois de suite, elle s'émiette, de façon que le second ouvrier ne peut pas faire autant d'ouvrage, dans le même temps, que le premier. Aussi, quand on doit la jeter une troisième fois, la transporte-t-on ordinairement à l'aide de brouettes ou de tombereaux à bras. Les formes des brouettes diffèrent suivant que l'effort porte sur la roue, ou sur les bras du conducteur. Patzig indique (1) comme étant d'un usage très favorable la brouette représentée par la figure 181, et Villeroy, celle dont le dessin est donné fig. 182. Quand le fardeau pèse trop sur la roue, celle-ci

FIG. 183. — BROUETTE FRANÇAISE A COFFRE.

enfonce trop profondément; quand la roue est trop petite, le conducteur ne la voyant pas, la marche de la brouette est moins certaine. Dans les prés, la largeur de jante, pour éviter l'enfoncement, doit être d'environ $0^m,15$ (2).

La brouette terrassière française, ou à coffre (fig. 183) est presque rectangulaire; la jante de la roue est large et plate. L'homme qui soulève les brancards et pousse devant lui, supporte à peu près un cinquième du poids. La brouette anglaise (fig. 184) offre des parois au contraire très évasées, et les côtés inclinés ne font qu'une faible

(1) *Der practische Rieselwirth*, Leipzig, 1840.
(2) Villeroy et Müller, *Manuel des irrigations*, 2e édit., 1867, p. 41.

saillie sur le fond. Le centre de gravité de la charge est situé beaucoup plus bas relativement aux brancards; ce qui rend l'appareil plus stable et plus facile à conduire. Le contenu peut être déchargé par une simple inclinaison sous un angle de 45 degrés, en portant toujours sur la roue, et sans que l'ouvrier, comme pour la brouette française, ait à retourner presque complètement sur un espace très large, ou à se dessaisir des brancards. Dans la brouette anglaise, la roue en fonte, au lieu d'être en bois cerclé, offre une jante arrondie

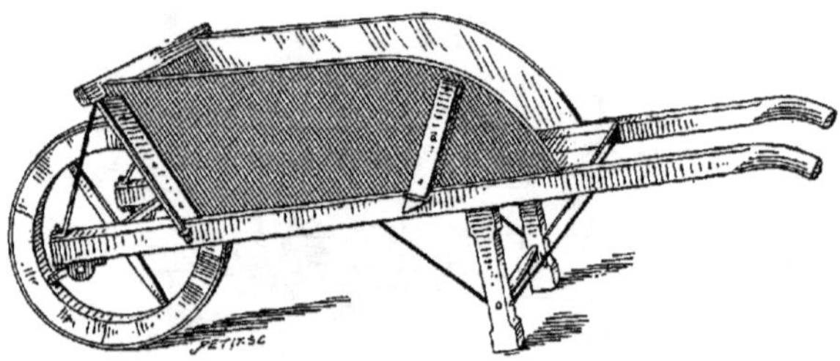

FIG. 184. — BROUETTE ANGLAISE A COFFRE.

de $0^m,025$ et un moyeu en pointe, servant d'axe, tandis que dans la brouette française, la jante est large de $0^m,05$ et plate, formant devant elle un bourrelet de terre et de pierres qui contrarie le mouvement. Enfin, quoique de même capacité, l'appareil anglais se charge davantage, sans que pour cela le roulage en soit plus difficile (1).

Il est admis que dans une terre ordinaire, en travaillant 10 heures par jour, un piocheur peut faire de 8 à 12 mètres cubes; et dans une terre déjà déblayée, de 20 à 25 mètres cubes. Un pelleteur peut dans le même temps jeter 20 mètres cubes, soit à 3 mètres horizontale-

(1) Note de Brabant, extraite du *Dict. des Arts et Manufactures*, 1854, t. II: article *Terrassement*.

ment, soit à 2 mètres verticalement dans une brouette, ou dans un tombereau. Quant au travail utile d'un homme marchant à la vitesse de $0^m,50$ par seconde et transportant 60 kil. dans une brouette qu'il ramène à vide, il a été calculé à un million de kilogrammètres par journée de 10 heures.

Dans les grandes opérations de terrassement, on recourt aux brouettes lorsque les distances sont comprises entre 50 et 100 mètres, et aux tombereaux quand elles vont jusqu'à 500 mètres. Un piocheur fournissant, par exemple, 12 mètres cubes par jour, et le mètre cube pesant 1,820 kil., on évalue la longueur du relais pour la brouette à 30 mètres en transport horizontal, et à 20 mètres en transport vertical. Pour plus de trois relais, il y a un avantage décidé à employer le tombereau à un cheval, qui porte 37 centièmes de mètre cube, ou bien à deux chevaux, qui porte 80 centièmes. Du reste, les prix de la journée d'un rouleur et de celle d'un tombereau à un ou deux chevaux, qui varient suivant les localités et les saisons, et pour l'agriculteur, en raison des travaux extérieurs de son exploitation, permettent seuls de fixer la distance à laquelle un des modes de transport est plus coûteux que l'autre. En pratique générale, on compte que trois hommes transportent autant que deux chevaux attelés à une voiture, et que le travail, au moyen du tombereau à bras, est plus cher de deux tiers que celui à la pelle (1).

Dans l'étendue d'une prairie, sur des distances moyennes, les déblais peuvent s'exécuter plus économiquement encore à l'aide de la pelle à cheval ou ravale (fig. 185), quand le sol a été préalablement ameubli ou labouré. La partie antérieure de l'instrument étant garnie d'une

(1) Villeroy et Müller, *loc. cit.*, p. 121.

lame de fer tranchante, on la fait entrer en terre en soulevant les mancherons, et quand elle est assez remplie, on appuie sur les mêmes mancherons pour la relever. Une légère courbure donnée au fond de la pelle, lui permet de glisser sur le sol. Quand on veut la vider, on

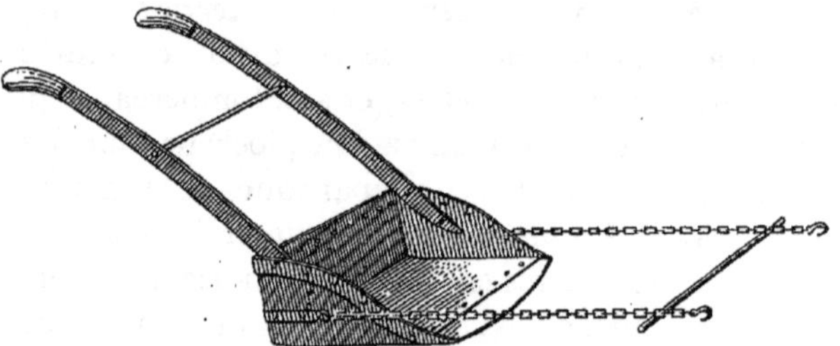

FIG. 185. — RAVALE OU PELLE A CHEVAL.

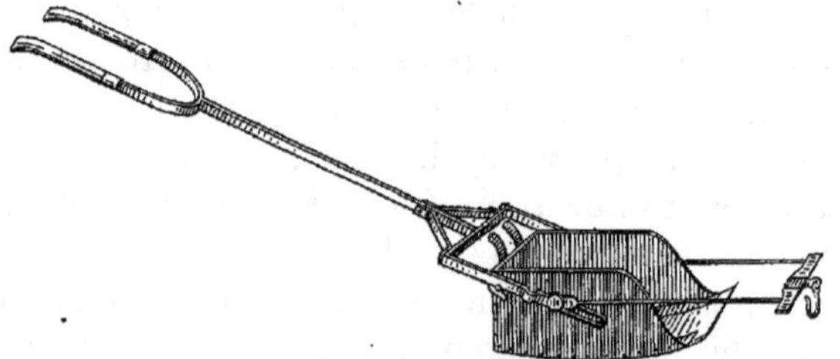

FIG. 186. — RAVALE CULBUTEUSE.

la renverse d'arrière en avant. Un perfectionnement introduit par le constructeur Hallié (fig. 186) a pour objet de faire culbuter la ravale d'elle-même, de façon qu'elle se charge et se décharge, sans que le conducteur doive reprendre le manche entre les pieds des animaux. Le travail de ravalement se fait ainsi plus vite et plus facilement, pour l'ouvrier, comme pour l'attelage.

Quand on ne doit jeter la terre à transporter que deux

ou trois fois à la pelle, la ravale attelée d'un cheval ou de deux bœufs, offre un moyen non moins économique pour verser les déblais.

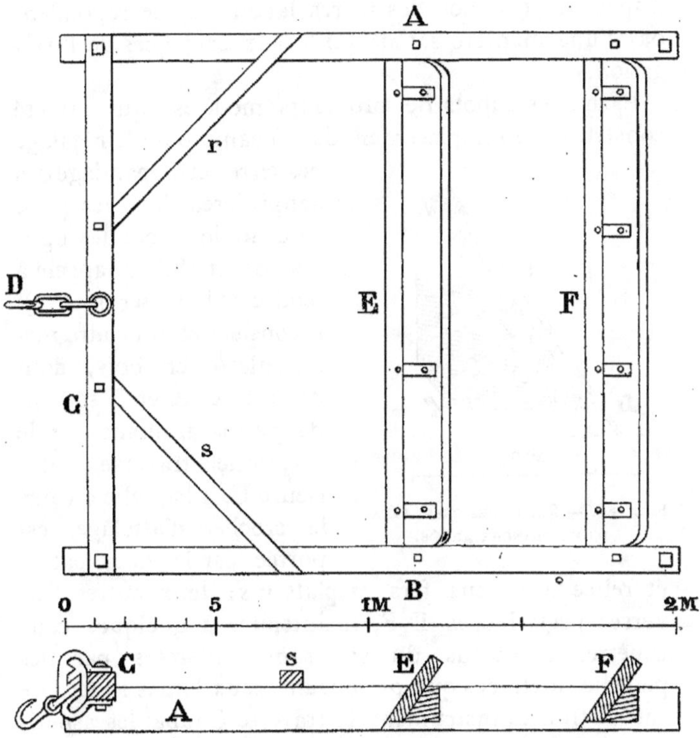

Fig. 187. — Rabot des prés; plan et coupe transversale.

L'épierrement du terrain est parfois nécessaire, soit que l'on ramasse les pierres après l'avoir défoncé, et qu'on les sorte, quand elles sont trop grosses; soit qu'on les enfonce à coup de masse, quand elles sont de dimensions moyennes. De toutes manières, le terrain ameubli par la charrue, le scarificateur, la herse, le rouleau, est finalement égalisé afin d'obtenir un niveau parfait. Les charrues niveleuses que l'on a essayé d'introduire, à l'exclusion de la brouette et de la ravale, pour faire disparaître les ados des terres labourées, ne répondent pas d'une manière satisfaisante aux exigences de l'irrigation.

Parmi les rabots de plusieurs modèles, qui ont été construits en remplacement des râteaux, pour le régalage des terres et l'épandage des taupinières dans les prés, celui indiqué par les figures 187 et 188 est appelé à rendre de bons services (1). Il consiste en un cadre rectangulaire en bois, dont deux côtés A et B servent de patins traînant sur le sol; une traverse antérieure C, à laquelle est fixé le crochet d'attelage, est portée par les deux patins et reliée par deux fers méplats *r s;* deux autres traverses postérieures E F, maintenues à quelques centimètres au-dessus du sol, sont renforcées par des planches inclinées que prolongent deux lames en fer. Le cheval tirant l'instrument, la traverse C rabat les aspérités à l'avant, et les lames des traverses suivantes, E, F, les rasent au niveau même du sol sur lequel glissent les patins. La terre poussée par les traverses s'étale au fur et à mesure de l'avancement de l'appareil.

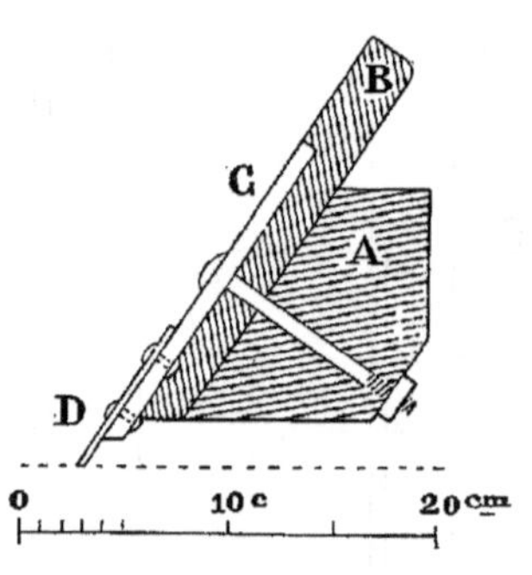

Fig. 188. — Rabot des prés; détail d'une planche armée.

Canaux et rigoles. — Lorsque le point où dé-

(1) C. de Cossigny, *Notions élémentaires sur les irrigations*, 1874, p. 541.

bouche le canal d'amenée sur le terrain a été fixé, c'est lui qui détermine le nivellement pour élever l'eau aussi haut que possible. Si l'on peut choisir ce point à volonté, le nivellement commence au contraire en remontant jusqu'à l'endroit où la prise d'eau peut être établie avec le plus grand avantage.

Comme, plus le canal d'amenée est élevé au-dessus du niveau du terrain, mieux il remplit sa destination, il n'y a pas à craindre, si l'exécution est possible, de relever par une digue les eaux de ce canal dont la largeur diminue graduellement, de manière qu'à l'extrémité du terrain il conserve la même hauteur d'eau pour les besoins de l'irrigation. Encore faut-il que le plan du canal et celui du terrain arrosable soient rapportés à une même horizontale. Le dénivellement entre ces deux plans étant connu, on calcule la largeur et la forme de la bouche de prise et la section du canal, suivant le débit disponible et la pente.

La pente n'est pas arbitraire; elle est subordonnée à la nature du sol et au volume d'eau. Dans un sol perméable et peu consistant, une trop faible pente cause une grande perte d'eau. Si le volume d'eau est considérable, il vaut mieux augmenter la largeur que la profondeur du canal. Dans la plupart des circonstances, une pente de 1 mètre sur trois à quatre kilomètres sera la plus avantageuse; quant aux dimensions, elles devront être plutôt trop grandes que trop petites. Il importe que les bords soient relevés au-dessus du plus haut niveau de l'eau, afin d'éviter tous dommages.

Quand le canal d'amenée ne couronne pas le terrain à irriguer, de façon, étant lui-même horizontal, à former la première rigole du niveau, il alimente le plus souvent un canal de répartition qui, lui, est horizontal ou perpendiculaire à sa direction. Le niveau de ce canal doit être, dans les deux cas, plus bas que celui du canal d'amenée, de telle sorte qu'il puisse déverser l'eau dans toutes les rigoles de distribution quand on lève les vannes ou planches dont l'entrée de chaque rigole est pourvue : de ces rigoles de distribution qui laissent échapper ou ruisseler l'eau sur le terrain, dépend le succès de l'irrigation. Elles doivent être parfaitement horizontales et à bords unis, pour faciliter l'épanchement uniforme sur tous les points.

Soit qu'on établisse les rigoles de distribution en ligne droite, quand le terrain le permet; soit qu'on leur fasse suivre les contours irréguliers du sol pour maintenir le niveau parfait, on est généralement d'avis de leur donner peu de profondeur et une longueur modérée. Des rigoles de 0^{m}, 05 de profondeur sur $0^{m}15$ à $0^{m},18$ de largeur à leur commencement, qui diminue graduellement, et une longeur de 20 à 25 mètres, répondent aux conditions ordinaires de l'irrigation des prés; mais les circonstances et les systèmes modifient ces dimensions; ainsi, les rigoles peuvent être d'autant plus longues qu'on a plus d'eau à sa disposition et que le sol est plus uni. Pour les rigoles trop longues, l'horizontalité est plus difficile à obtenir; pour les rigoles trop courtes, la surveillance et les soins sont plus considérables. L'essentiel est de ne pas ménager le nombre des rigoles, en les espaçant suivant les conditions de pente du terrain. Pour les prairies notamment, il ne saurait y avoir trop de petites rigoles; sur leurs bords, l'herbe acquiert une végétation plus vigoureuse, et déjà avant la fenaison, la croissance du gazon les a remplies. Aussi, les praticiens disent-ils : plus il y a de rigoles, plus il y a d'herbe.

Il n'en est pas de même des fossés d'écoulement ou colatures, que l'on doit ménager autant que possible, à cause de la surface qu'ils occupent et de la gêne dans le fauchage. En général, les fossés d'écoulement reçoivent l'eau qui a servi à l'irrigation, pour la déverser dans un canal de desséchement, ou la rendre à un terrain inférieur qu'elle sert à arroser de nouveau. Dans ce dernier cas, le fossé reçoit l'eau qui a arrosé un versant et la distribue aux rigoles d'irrigation d'un autre versant. Les colateurs deviennent surtout indispensables pour le drainage des eaux stagnantes; suivant la nature des sols et des sous-sols, ils seront plus ou moins larges, plus ou moins profonds. Que le sol soit maintenu à l'état spongieux par les infiltrations des eaux supérieures, ou à cause de l'imperméabilité du sous-sol, il faut assurer l'écoulement de l'eau par des fossés. Dans le premier cas, l'eau s'élevant d'une grande profondeur, ils seront profonds, et si le sol est poreux, on leur donnera une grande largeur, avec de forts talus. Dans le second cas, la profondeur sera indiquée par l'épaisseur du sous-sol où les eaux séjournent.

La direction à donner aux colateurs, nous ne saurions trop le répéter, n'est pas moins importante que celle des canaux de répartition.

Le colateur principal, soigneusement tracé suivant les points les plus bas du terrain, devra offrir la pente la plus forte possible. Quant à la largeur et à la profondeur, elles seront déterminées par le volume d'eau à écouler; la profondeur sera toutefois plus grande que pour tous les autres fossés dont le colateur principal reçoit les eaux.

En résumé, c'est d'une disposition bien entendue des canaux, des rigoles et des colatures, quel que soit le système d'arrosage appliqué, que dépend en grande partie la réussite des irrigations. Schwerz, dans son « Traité d'agriculture pratique, » a rappelé les règles d'après lesquelles l'eau répartie également sur toute la surface, donne le profit maximum, ne séjourne nulle part et s'écoule sans obstacle, à volonté. Ces règles sont les suivantes :

« Les rigoles d'irrigation doivent être parfaitement horizontales et leurs bords bien aplanis pour qu'elles déversent également l'eau sur tous les points.

« Si un nivellement complet du terrain n'a pas lieu, qui permette de porter l'eau sur tous les points, on devra y suppléer par un réseau de rigoles bien dirigées.

« Quand on ne dispose pas de l'eau en assez grande abondance, on devra disposer les rigoles d'écoulement de façon à la faire servir plusieurs fois.

« Le drainage devra s'opérer par les déblais et les remblais nécessaires, en pratiquant des colatures suffisantes, bien dirigées. »

Il y a lieu d'ajouter à ces règles que la pente, et par conséquent le nivellement, dans son rapport avec le volume d'eau disponible, est presque toujours l'élément dominant pour arrêter le système et l'installation des rigoles d'irrigation. On n'est pas toujours maître de donner aux terrains la pente la plus convenable. Quand elle est trop forte pour le volume d'eau, il est facile de se débarrasser d'une partie de l'eau en excès; quand le contraire a lieu, et que le terrain manque de pente, on en est réduit à faire des versants moins larges, à augmenter le nombre de petites rigoles afin d'activer le mouvement de l'eau. En ce qui concerne les prés, par exemple, cette observation se résume dans la règle suivante : plus un pré a de pente, moins il faut d'eau pour l'arroser ; et inversement, moins il a de pente, plus il faut d'eau. Selon que cette eau est limoneuse, trouble, ou limpide, la règle est sujette toutefois à beaucoup d'exceptions.

Plan des irrigations. — Le plan du terrain dont nous avons signalé l'utilité, quand il s'agit de travaux un peu considérables, devra non seulement porter les cotes de chaque nivellement pour qu'on les ait sous les yeux, sans être mis dans le cas de recommencer des opérations déjà faites, mais encore contenir :

a, le tracé des chemins de communication et de passage;

b, le tracé des divisions du terrain;

c, l'indication de la forme à donner à chaque division, en notant la longueur, la largeur et la pente pour chacune;

d, le tracé de chacun des canaux, rigoles et fossés (largeur, longueur, profondeur et pente) destinés à conduire, à distribuer et à écouler les eaux.

Une longue expérience permet aux irrigateurs de profession d'exécuter les travaux sans avoir de plan; mais l'agriculteur ne saurait s'en passer, s'il veut se rendre un compte exact des opérations projetées et réalisées.

a. APPLICATION AUX TRAVAUX EN PRAIRIE.

1. *Ados de Siegen*.

Pour éviter les répétitions et les longueurs que comporte la description des travaux dans les nombreux systèmes d'irrigation mis en pratique, et en même temps, ne consacrer aucun livre spécial aux prairies, ainsi que l'ont fait la plupart des auteurs, nous avons choisi comme type l'irrigation des prés d'après le système des ados de Siegen. Outre que dans cette méthode appliquée aux planches en ados, la série des travaux est la plus complète; elle exige une perfection plus grande des ouvrages et une économie plus serrée dans les installations. Les travaux préliminaires comprennent le dégazonnement, le nivellement et l'aplanissement des terres, le regazonnement et l'exécution des rigoles de distribution.

Dégazonnement. — Pour dégazonner, il faut tailler, puis enlever le gazon existant. La taille s'opère par le découpage en bandes dont la largeur varie de $0^m,30$ à $0^m,35$, et par la division de ces bandes en carrés de $0^m,30$ à $0^m,35$ de côté. Parfois, les bandes découpées par longueurs de 4 à 5 mètres, sont roulées sur elles-mêmes, si la nature du gazon s'y prête. On cherche dans ce cas, en s'aidant du cordeau, à avoir des pièces droites et de dimensions égales.

Nous indiquons plus loin les instruments divers employés pour trancher et détacher les gazons. Quand la bande est roulée, on peut passer au milieu un bâton à l'aide duquel deux hommes la transportent; ou bien, les carreaux sont emmenés sur des brancards, ou dans des brouettes, jusqu'au lieu de réserve.

On fait ordinairement marcher ensemble les deux opérations de couper et de détacher le gazon; un homme coupe les bandes, deux autres le détachent et un quatrième roule. L'épaisseur des gazons, pour ne pas arriver à de trop grands poids, varie de $0^m,06$ à $0^m,12$.

Nivellement du terrain. — Après que le gazon a été enlevé, on donne au sol la forme qu'il doit avoir, après l'avoir ameubli par un labour à la charrue, à la bêche ou à la pelle.

Il n'est pas possible de déterminer suivant des règles générales, partout applicables, dans quels cas on doit disposer le terrain en planches en ados, ou en plan incliné. La configuration du terrain détermine le choix de la forme d'après la pente réelle. La construction d'un plan incliné produit de la terre à enlever, tandis que celle de planches, avec ou sans ados, exige de la terre à rapporter.

Si la ligne *a b* (fig. 189) indique la pente naturelle du terrain sur lequel on veut reconstruire un pré, et qu'il n'y ait pas de déblai à faire immédiatement au-dessous du canal d'amenée, on pourra établir un plan incliné de *a* en *c*, et le déblai obtenu en abaissant le sol trouvera un emploi facile, moyennant un transport peu éloigné, en formant des ados de *c* en *d*. Au-dessous de ces ados, on établira de nouveau un plan incliné de *d* en *b*, puis au-dessous, encore des ados ; et ainsi de suite, en faisant en sorte que les ados utilisent la terre provenant des déblais des plans inclinés. Si, malgré tout, il y a des déblais en excès, et que l'on ne puisse pas s'en servir pour

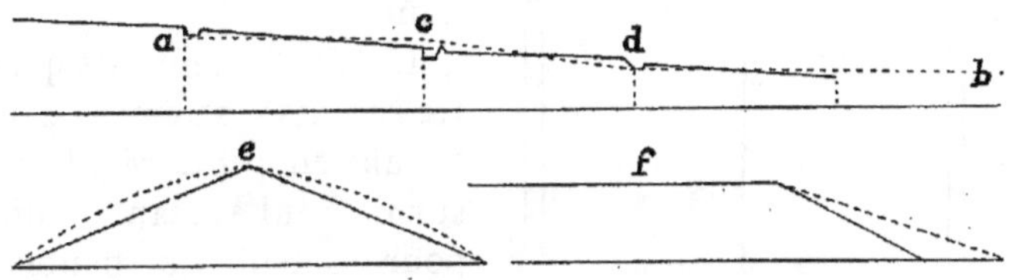

FIG. 189. — CROQUIS DE PLANS INCLINÉS ET ADOS.

relever faiblement le niveau général, on pourra donner aux planches en ados prismatiques, une forme bombée *e*, et au cas contraire, raccourcir les extrémités des ados *f*, que l'on allongera plus tard avec les matériaux résultant du curage.

Dans une construction bien calculée, on doit pouvoir arriver à un emploi complet des terres disponibles, d'après la hauteur assignée à la rigole principale. Si cette hauteur est établie à quelques centimètres trop bas, on aura des terres de reste ; si elle est trop élevée, on n'en aura pas assez. Aussi est-il essentiel de procéder à un nivellement exact pour le tracé de la rigole principale.

Le niveau d'eau étant placé au point culminant de la rigole d'amenée, on parcourt le terrain en tous sens, en piquetant les enfoncements et les élévations du sol, et on relève la cote de chacun de ces points. Étant admis que sur huit points ainsi déterminés, quatre soient cotés au-dessous du point qu'occupe le niveau d'eau, et quatre au-dessus, on additionne la différence des hauteurs. Cette différence, divisée par le nombre de points 8, donne le niveau moyen de chaque point, et si l'on en retranche la hauteur de l'instrument, on a celle dont toute la surface, si elle était aplanie, serait plus basse que le point initial culminant.

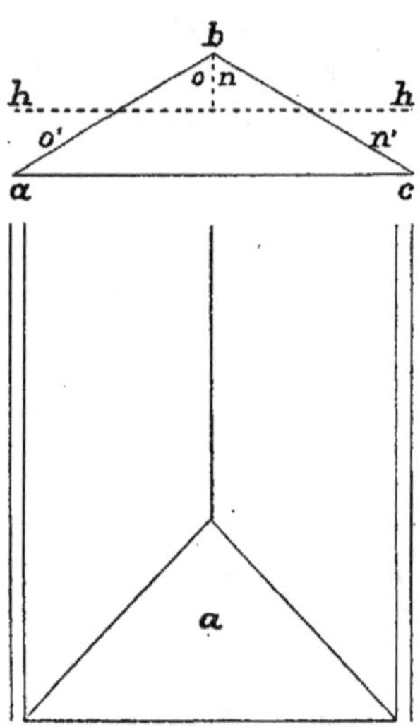

Fig. 190. — Croquis d'un ados avec pignon.

Le nivellement des quatre points extrêmes d'un terrain en pente régulière, sur un seul versant, suffit pour obtenir la hauteur moyenne.

Planches en ados. — Quand il s'agit de planches à former en ados, on marque par des piquets le milieu de chaque planche dont le croquis 190 représente la coupe *a b c; hh* étant le niveau du terrain, *b* marque le sommet de la planche, qui doit être assez élevé pour que la terre fournie par les deux triangles inférieurs *o'* et *n'* puisse former les deux triangles supérieurs *o* et *n*. Ainsi, l'ados doit être construit avec la terre qui se trouve sur l'emplacement qu'il occupe, en tenant compte de l'espace occupé par la terre remuée.

Quand les proportions de l'ados ont été fixées, on dégazonne, en plaçant le gazon moitié à gauche et moitié à droite de la planche; on fixe par des piquets la hauteur et on construit. Pour des ados étroits, deux ouvriers suffisent en pelletant des deux côtés; au cas où les deux côtés ne fournissent pas assez de terre, elle devra être apportée, afin que le travail se poursuive régulièrement.

A l'extrémité opposée à la rigole d'amenée, la planche se termine par une surface triangulaire ou *pignon* (*a*, fig. 190), qui offre la même inclinaison que l'ados, à moins qu'il aboutisse à un cours d'eau, auquel cas, on l'incline le plus possible.

Le travail des plans inclinés s'entame à la partie supérieure, tandis que celui des planches commence par la partie inférieure au pignon. Dans chaque cas, la bonne terre végétale est mise de côté pour permettre de recouvrir plus tard le sous-sol dont la forme est invariablement arrêtée, suivant les piquets fichés d'avance en terre.

Régalage. — La terre végétale replacée à l'épaisseur voulue sur le sous-sol, on procède au régalage de la surface, soit au râteau, soit au rabot. Parfois, pour prévenir le tassement qui s'opérera plus tard, on dame le sol après qu'il a été aplani. C'est pendant le nivellement superficiel que l'on vérifie l'exactitude des piquets, en tendant le cordeau de l'un à l'autre, ou diagonalement, et en tassant à la pelle les parties trop élevées.

Regazonnement. — Quand le sol est apte à se dessécher, on se hâte de le regazonner, en étendant les bandes dans le sens de la largeur des planches ou des plans inclinés, et non pas parallèlement aux rigoles d'irrigation et d'écoulement. Au fur et à mesure que l'on étend les bandes ou les carrés de gazon, on les serre davantage et on les presse sur le sol, afin d'empêcher les vides.

En recouvrant immédiatement de gazon, au risque même d'aller le chercher à une certaine distance, ou d'en utiliser de qualité inférieure, on gagne une ou deux années, relativement à l'ensemencement que l'on ne peut pas arroser pendant la première année. Le plus mauvais gazon placé sur une bonne terre végétale, ne tarde pas à s'améliorer par l'irrigation.

Les gazons encore humides, ou que l'on humecte lorsqu'ils ont été desséchés, sont battus une fois sur la longueur et une fois sur la largeur, pour qu'ils fassent bien prise sur la terre. C'est après cette opération que l'on s'occupe généralement de confectionner les rigoles. L'expérience a démontré qu'il vaut mieux couvrir toute la surface de gazon entre les rigoles d'amenée et tailler ensuite les rigoles de distribution ; autrement, on est obligé de les remanier sur leur parcours, avec des frais inutiles.

Saison des travaux. — L'époque de l'année à laquelle on entreprend les travaux, quand l'opération est circonscrite, n'est pas indifférente. D'après Schenk, la saison la plus favorable est le printemps ; la terre étant dégelée et le retour des grands froids n'étant plus à craindre, le gazon a conservé sa fraîcheur ; la végétation se ranime ; le soleil n'a pas encore assez de force pour brûler les gazons qui, avec les soins nécessaires, peuvent se faucher déjà en juillet. L'importance de replacer les gazons aussitôt que possible par un temps humide, sans laisser passer plus de deux ou trois jours, est telle, que les irrigateurs de Siegen calculent l'épaisseur à donner aux mottes d'après la saison dans laquelle elles sont levées. Ces mottes sont tenues d'autant plus minces que la végétation de l'herbe est plus avancée et d'autant plus épaisses qu'elle est près de cesser. Quand on ne peut pas replacer de suite les gazons, il convient de leur donner une épaisseur de $0^{m},10$ à $0^{m},12$.

Quoi qu'il en soit de ces observations toutes locales, une bonne terre bien préparée, ensemencée de graines bien choisies, peut aussi donner un bon pré, mais en ayant soin de n'arroser que la seconde année.

2. *Rigoles de niveau.*

Tracé et nivellement des rigoles. — Nous avons montré que le tracé proprement dit des rigoles d'irrigation est subordonné aux pentes, à la nature du terrain et à la vitesse de l'eau. Il y a, en outre, à tenir compte de la différence des fonctions que les rigoles sont appelées à remplir. Ainsi les rigoles secondaires ou de distribution font, par rapport aux rigoles principales ou d'amenée, un angle d'autant plus aigu que la pente est plus rapide; tandis que leur inclinaison propre est à peu près nulle, afin de permettre à l'eau, en couches aussi minces que l'on veut, de franchir comme sur un déversoir le bord situé du côté opposé à la pente. Quand le terrain et la direction de l'eau le permettent, les rigoles étant équidistantes, l'irrigation se fait plus régulièrement; mais il n'est pas indispensable que l'écartement des rigoles soit le même.

Dans les pays peu accidentés, comme en Lombardie, les pentes vont depuis $0^{m},001$ jusqu'à $0^{m},10$; cela dépend de la consistance plus ou moins grande du sol. En pays de montagne, les pentes se modifient suivant les sections des rigoles.

Pour mesurer et régler sur le terrain les pentes des rigoles horizontales dont le tracé sera aussi régulier que possible, on peut recourir au simple niveau de maçon. Avec cet instrument, une grande règle ou latte bien droite, et une petite règle divisée pour la mesure, on n'a pas besoin de faire aucun calcul des pentes. Si la grande règle a 4 mètres de longueur, la petite porte des divisions égales à 4 millimètres de distance ; si elle n'a que 3 mètres, les divisions sont espacées de 3 millimètres.

Quand on veut opérer, on place de champ un des bouts de la grande règle H H (fig. 191), sur le terrain, de façon à la tenir à peu près de niveau, et on élève l'autre bout, le long de la petite règle II tenue verticale. On pose alors le niveau de maçon K K, au milieu de H H, en faisant lever ou baisser le bout ap-

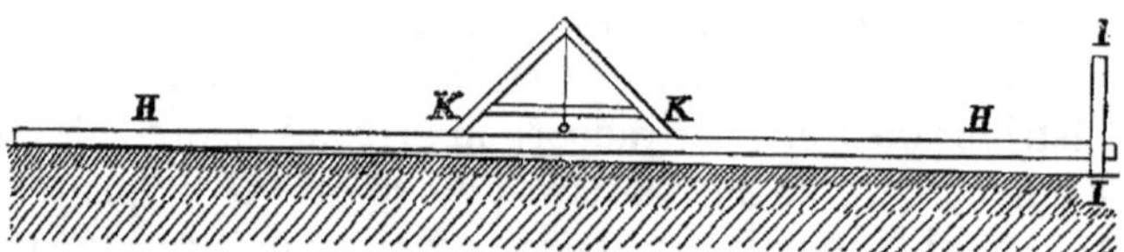

Fig. 191. — Niveau de maçon servant au nivellement.

puyé contre I I, jusqu'à ce que le fil à plomb se trouve devant le trait marqué sur la traverse K K, et l'on lit à quelle division de la mesure correspond le bout de H H. Dans le cas de la grande règle de 4 mètres, une division étant de 4 millimètres, indiquera pour pente du terrain un millimètre par mètre; deux divisions indiqueront 2 millimètres par mètre, et ainsi de suite.

S'il s'agit, non pas de mesurer, mais de régler la pente d'une rigole, on place la petite règle divisée de façon que le nombre de divisions donnant la pente se trouve exactement au droit du bord inférieur de la grande règle, et on fixe la mesure en l'attachant dans cette position, tandis que l'on pose utre bout de la grande règle au point de départ de a rigole. Le niveau pris, s'il est nécessaire de tenir le bout de la mesure à une certaine hauteur au-dessus du terrain, c'est qu'il faudra remblayer de cette hauteur; si, au contraire, on est obligé de creuser pour enfoncer le bout de la mesure, afin que la grande règle soit de niveau, c'est qu'il faudra déblayer de la profondeur du trou que l'on aura dû creuser.

Pour les rigoles secondaires, ou de déversement, on se passe de la règle divisée. Il suffit de promener la grande règle sur le terrain jusqu'à ce qu'elle le touche

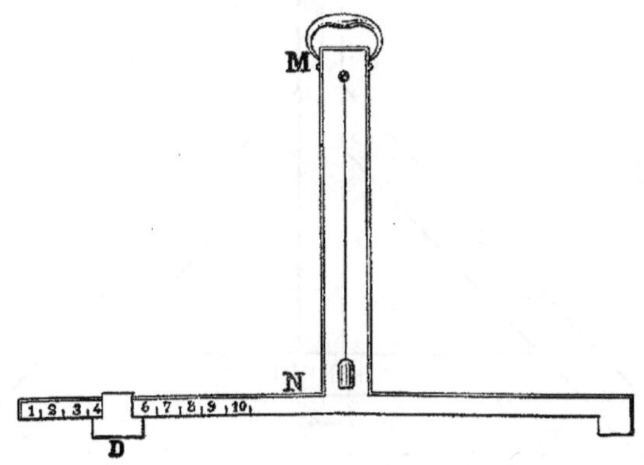

Fig. 192. — Niveau de pente des rigoles.

dans toute sa longueur, le fil à plomb passant par le trait de la traverse qui indique la verticale (1).

Le niveau le plus simple pour vérifier la pente des rigoles est représenté dans la figure 192. Le fil à plomb M N indique la verticale; perpendiculairement est attaché un double mètre; le long de l'une de ses branches se meut un curseur mobile D qui relève cette branche dans la proportion même de la pente que l'on veut obtenir.

(1) Polonceau. *Des eaux relativement à l'agriculture*, p. 135.

Le fil à plomb doit être dans l'axe de l'instrument quand le fond de la rigole sur lequel repose le double mètre a la pente voulue.

Aubert (1) a proposé l'emploi d'un niveau (fig. 193) dont la ligne médiane, de 1 mètre de longueur, coïncide avec le fil à plomb sur le plan horizontal. A partir du point où cette ligne passe sur la traverse de niveau, on gradue de droite et de gauche un espace de 5 centimètres,

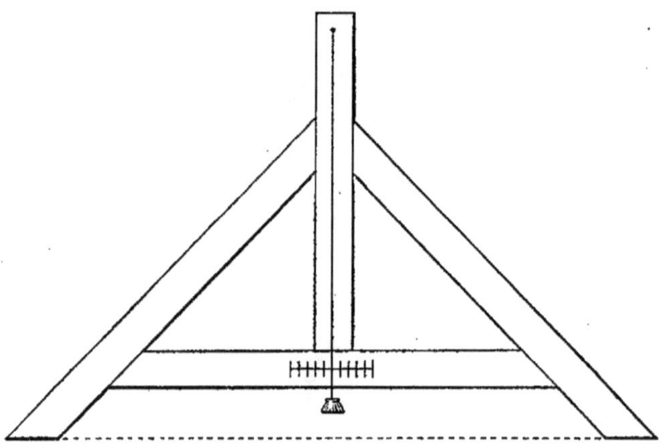

FIG. 193. — NIVEAU AUBERT.

suivant des divisions de 5 millimètres; ce qui permet de tracer des rigoles dont la pente varie entre 0 et $0^m,05$. La division graduée correspondant au fil à plomb représente exactement la pente. Un seul ouvrier fait la manœuvre en plaçant un des pieds du niveau au point de départ qui est piqueté, et en faisant pivoter l'autre pied, jusqu'à ce qu'il repose sur un point du terrain tel que le fil à plomb corresponde à la division qui indique la pente

(1) *Journ. agric. prat.*, 1882, t. I, p. 292.

désirée. Ce point du sol est marqué à son tour par un piquet et l'opération se poursuit de la même manière jusqu'au bout de la rigole.

Avec un niveau d'une portée de $1^m,80$ par exemple, on arrive à tracer très rapidement le bord déversant de chaque rigole, en découpant le gazon au pique-pré, quand il s'agit de prairies.

Sir Stafford Northcote a décrit, il y a trente ans (1), l'instrument employé dans le Devonshire, bien antérieurement à celui de M. Aubert. Il consiste en un niveau à compas (A, fig. 194) de $1^m,50$ de hauteur, dont les jambes peuvent recevoir un écartement de $1^m,20$. Par le centre de la traverse, une encoche laisse passer le fil à plomb, lorsque les jambes reposent sur une surface de niveau. Quand le relief du terrain change de façon à ne pas permettre le nivellement prolongé d'une rigole, on marque un arrêt dans le tracé, et l'on cherche un niveau inférieur, comme au point *d* (B, fig. 194), pour la continuer.

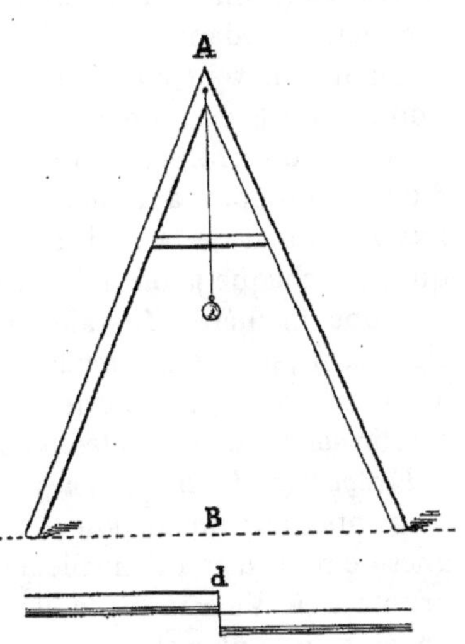

FIG. 194. — NIVEAU BICKFORD (DEVONSHIRE).

Un instrument du même genre repose sur l'applica-

(1) *Journ. Roy. Agric. Soc. of England*, vol. XIII, 1852.

tion du niveau à bulle d'air, au lieu du fil à plomb. Il consiste, d'après Saulaville (1), en une règle horizontale sur la face supérieure de laquelle est placé le niveau; cette règle est portée par deux pieds qu'assujettit un boulon leur laissant du jeu. Sur l'un des pieds est adaptée une règle à coulisse graduée, qui, suivant qu'elle est levée ou baissée, allonge ou raccourcit le pied. L'échelle sert à déterminer la différence de niveau marquant la longueur excédante du pied de support.

Quand on veut établir une rigole de niveau, on pose l'un des pieds en un point de départ, indiqué par un piquet, et l'on promène l'autre pied jusqu'à la rencontre d'un second point à un niveau tel que la bulle d'air reste fixe au milieu de la règle; et ainsi de suite. Le cordeau qui relie chaque jalon indique la trace de la rigole.

D'une manière générale, pour le tracé de grandes rigoles, il est plus commode et plus expéditif de recourir au niveau d'eau, parce que l'on peut d'une seule station, établir sans calcul tous les points de plusieurs lignes.

Exécution du tracé en pente. — Suivant les instruments dont on dispose, on procède au tracé des lignes de niveau et au nivellement des rigoles. Nous empruntons à Vidalin (2) la description qu'il a donnée de l'opération la plus simple, exécutée en pays de montagne ou sur des terrains à pente rapide, à l'aide d'un niveau d'eau et d'une perche avec bande de papier comme voyant, remplaçant la mire graduée; les distances se mesurent au pas.

L'instrument étant placé à vue d'œil sur le parcours de la ligne à tracer, et la mire étant fixée au point de départ, on fait amener le voyant sur la visée; puis, le porte-

(1) *Journ. agric. prat.*, 1838-39, t. II, p. 112.
(2) *Pratique des irrigations. Journ. agric. prat.*, 1880, t. I, p. 265.

mire avance, sans changer la position du voyant, et dresse la mire en tâtonnant, jusqu'à ce que le voyant vienne sur la ligne de visée du niveau d'eau. A cet endroit, le pied de la mire est au niveau du point de départ. On le marque alors par un piquet, et on continue ainsi, en jalonnant la ligne de niveau.

Si la ligne à tracer doit avoir une pente déterminée, on hausse le voyant d'une même quantité à chaque changement de station. La bande de papier étant remontée par exemple de $0^{m},025$, par intervalle de 5 mètres, la pente obtenue est de un demi-centimètre.

Quand il s'agit du nivellement des rigoles, la mire est placée sur le bord inférieur de la rigole projetée, au point de départ, et le niveau d'eau est disposé sur le parcours probable, à une distance de 30 mètres environ pour viser la mire le long de laquelle on amène la bande de papier jusqu'à la hauteur exacte de la ligne de visée. Le porte-mire marque le bord supérieur de la bande ainsi visé par une coche; puis il procède de cinq pas, après avoir déplacé le papier du nombre de centimètres dont la rigole doit baisser par cinq mètres. Il encoche la gaule au bord supérieur du papier ainsi déplacé et cherche dans le sens de la pente, sur les indications du viseur, le point où le bord supérieur est visé. Sur ce point, il enfonce un piquet et continue la même opération de cinq en cinq pas.

Lorsque la distance excède 30 mètres, les visées n'étant plus aussi justes, le niveau d'eau devra être déplacé en avant de la mire, dans la direction de la ligne déjà jalonnée, et l'opération se poursuivra à partir du sixième piquet, comme à partir du premier.

Pour achever le tracé, on tend sur les piquets marquant le bord inférieur des rigoles, un cordeau assujetti aux sinuosités du terrain à l'aide de chevilles intercalées entre les piquets, de façon à figurer une courbe onduleuse continue, au lieu d'une ligne brisée, anguleuse ou à coudes brusques qui ralentiraient la circulation de l'eau dans les rigoles.

Tout point douteux doit être de nouveau soumis au niveau.

Instruments et outils de nivellement. — Si les niveaux d'eau ne donnent pas une aussi grande précision que

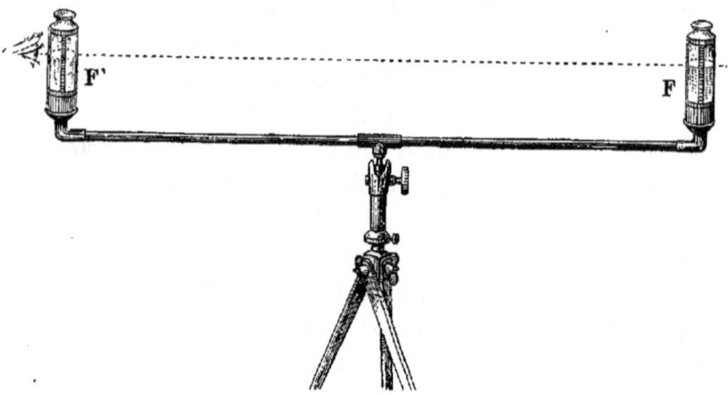

FIG. 195. — NIVEAU D'EAU.

ceux à bulle d'air et à lunette, ils coûtent moins cher, peuvent être confiés à des agents ordinaires, et s'emploient le plus communément, à défaut du niveau de maçon, dans les travaux courants d'irrigation. La figure 195 représente un niveau d'eau bien établi, avec tube en cuivre, terminé à ses extrémités recourbées par des pas de vis sur lesquels s'adaptent des fioles en verre F, garnies de viroles taraudées. Le tube en cuivre est soutenu au milieu de sa longueur par un genou à coquille qui s'emboîte sur un pied à trois branches.

La mire (fig. 196), indispensable pour niveler à

l'aide du niveau d'eau, consiste en une latte, longue de 3 à 4 mètres, divisée en centimètres et millimètres. A cette latte s'attache une planche carrée mobile, ou *voyant*, qu'arrête une vis de pression à la hauteur vou-

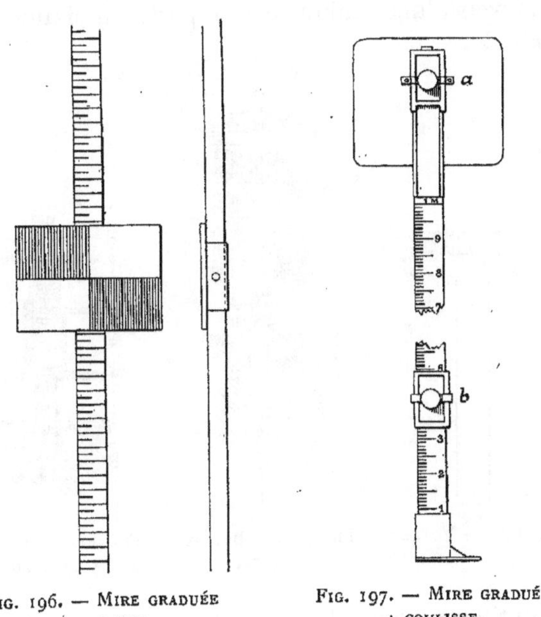

Fig. 196. — Mire graduée ordinaire.

Fig. 197. — Mire graduée a coulisse.

lue. Large d'environ $0^m,20$, ce voyant est divisé en quatre compartiments, dont deux blancs et deux colorés en noir ou en rouge. C'est le milieu de la croix formée par les compartiments qui donne le point de mire par lequel passe la ligne horizontale.

Dans la mire perfectionnée (fig. 197), la règle en bois de 2 mètres de hauteur présente une coulisse dans laquelle rentre une seconde règle de même longueur; toutes deux sont divisées en mètres, décimètres et centimètres, et le voyant est armé d'un vernier *a* qui permet de lire les millimètres. Quand la hauteur surpasse celle de l'homme, on attache le voyant au haut de la mire et on fait glisser la règle interne dans la coulisse au moyen d'une embrasse qui porte aussi une petite échelle *b*.

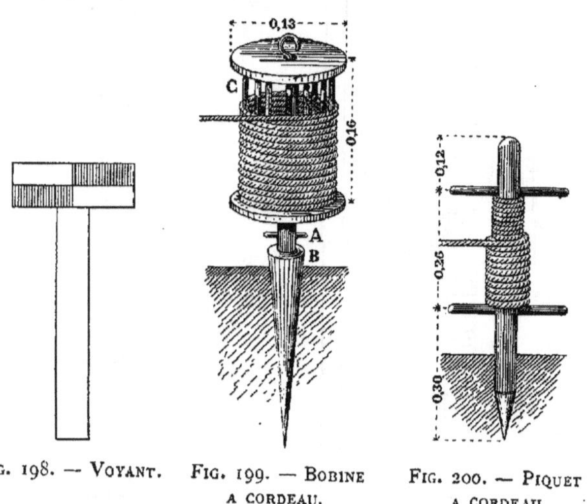

Fig. 198. — Voyant. Fig. 199. — Bobine a cordeau. Fig. 200. — Piquet a cordeau.

L'outillage du nivellement est complété par deux ou trois *voyants* (fig. 198) ; ce sont des piquets hauts de $1^{m},20$ à $1^{m},50$, servant à trouver plusieurs points à fixer dans une direction inclinée ou horizontale, par des planches de différentes grandeurs et des cordeaux. Les figures 199 et 200 représentent une bobine et un piquet à cordeau.

Pour le tracé des rigoles, Pareto donne la préférence au niveau d'eau. « Toutes les personnes, dit-il, qui se sont servies du niveau, savent que ceux à lunette ne donnent des résultats exacts qu'au moyen d'un double, et même d'un quadruple coup de niveau, en prenant ensuite une moyenne; mais dans le cas des rigoles, on arriverait, en changeant de place le pied de la mire à chaque coup de niveau, à avoir deux points sur le terrain, l'un plus élevé, et l'autre plus bas que le point cherché; quant à celui-ci, il serait impossible de le déterminer avec exactitude, et les erreurs s'accumulant à chaque changement de station, on aurait toute autre chose qu'une rigole de niveau (1). »

A l'aide du niveau d'eau, Pareto fait placer un premier piquet à une distance jugée convenable de la rigole supérieure, et enfoncer, de manière que la tête qui doit affleurer le bord du niveau de la rigole, ressorte de cinq centimètres environ hors de terre, correspondant au bourrelet. Le pied de la mire étant placé sur ce piquet, on monte ou on baisse le voyant jusqu'à ce qu'il soit de niveau avec l'eau des fioles. On cherche ensuite par tâtonnement, sans changer le voyant de place, un point du terrain dans lequel on voie à peu près à cinq centimètres au-dessus de la division du milieu du voyant. Ce point trouvé, on y fait enfoncer un piquet à petits coups de maillet, et on essaie, en plaçant le pied de la mire sur sa tête, s'il est à la profondeur voulue pour être exactement de niveau avec le premier. S'il était trop enfoncé, il ne faudrait pas hésiter à l'arracher pour le replanter à côté. Quelque long et fastidieux que paraisse ce travail, il marche rapidement quand le porte-mire est exercé et il assure l'exactitude indispensable.

Pour changer de station, le dernier piquet qui sert de guide, reçoit le pied de la mire. Autant que possible, il convient, dans le choix de chaque station, de se

(1) Pareto, *Irrigation et assainissement des terres*, t. I, p. 129.

placer à peu près au milieu de deux piquets extrêmes.

A moins d'une grande régularité dans la surface, les piquets doivent être assez rapprochés. Suivant Pareto,

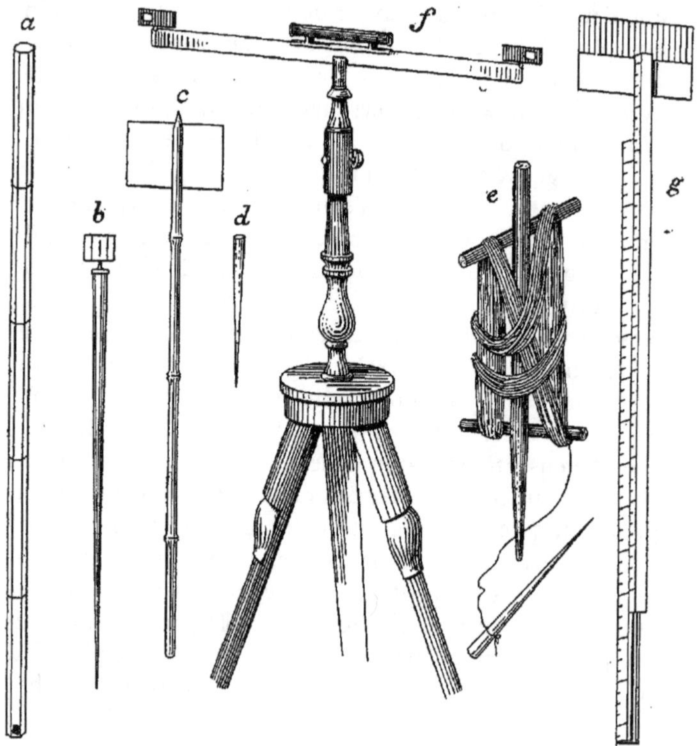

Fig. 201. — Instruments de nivellement (province de Pise).

pour faciliter l'exécution des rigoles, l'espacement des piquets qui ont à peu près 30 centimètres de longueur ne doit pas dépasser de 20 à 25 mètres.

Les instruments employés dans la province de Pise pour le levé des plans et le nivellement des terrains, sont représentés, tels que les donne Toscanelli (1), dans la figure 193. On y distingue : *a*, la *pertica* qui remplace la chaîne pour la mesure des distances; *b*, l'équerre ou *squadro*; *c*, un voyant ou *biffa*; *d*, un piquet ou *paletto*; *e*, le cordeau ou *filo*; *f*, un niveau (*livello*) à bulle d'air, placé sur une alidade à pinnules, que supporte un pied articulé; *g*, une mire à coulisse ou *staggia*.

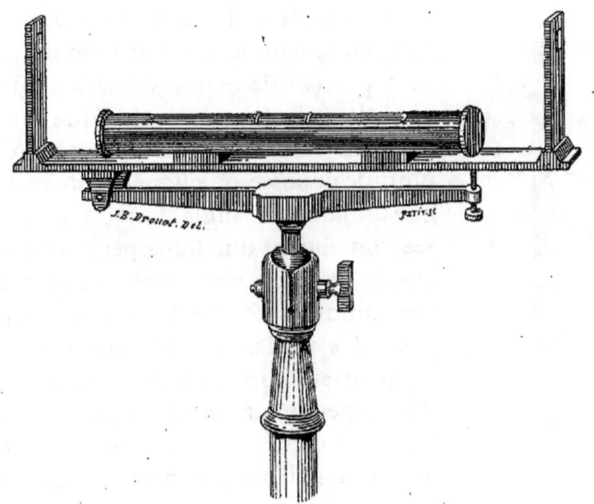

FIG. 202. — NIVEAU A BULLE D'AIR ET A PINNULES.

Le niveau à bulle d'air et à pinnules et l'équerre d'arpenteur sont représentés à une échelle plus grande, tels qu'on les emploie partout, dans les figures 202 et 203.

Le niveau à bulle d'air (fig. 202), avec pinnules à fils croisés, peut remplacer le niveau d'eau; son règlement est plus exact, au moyen de la vis qui supporte l'alidade, et le transport en est plus commode. La bulle

(1) *Economia rurale nella provincia di Pisa*, 1861, p. 18.

étant centrée, les deux pinnules marquent la ligne horizontale dans la direction de la mire, et l'alidade pouvant successivement être promenée sur tous les points d'un même horizon, on relève rapidement un assez grand nombre de cotes, pourvu que la distance à partir de la station du niveau n'excède pas 60 mètres.

L'équerre (fig. 203) est un tambour ayant la forme d'un prisme droit à pans égaux, creux, monté sur un pieu à pointe en fer que l'on enfonce verticalement dans le sol. Les faces du prisme sont percées de fentes verticales appelées pinnules, de façon que lorsque l'œil est appliqué sur l'une d'elles, il voit par la pinnule opposée une ligne droite et distingue un jalon. A angle droit, avec cette visée, on obtient une ligne perpendiculaire, et si le prisme a huit faces, les quatre autres pinnules forment avec la première visée des angles de 45°. Grâce à cet instrument si simple, on trace sur le terrain des perpendiculaires et des parallèles à des lignes droites, accessibles ou non, et l'on mesure les distances entre des points accessibles ou non, de même que l'on peut prolonger une droite au delà d'obstacles infranchissables.

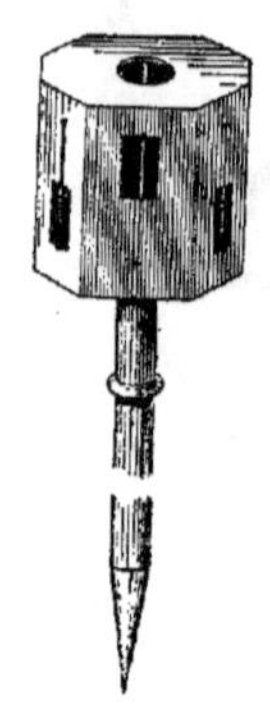

FIG. 203. ÉQUERRE D'ARPENTEUR.

c. OUTILS POUR TRAVAUX D'IRRIGATION.

Le terrain dressé, épierré et régalé, on passe à la confection même des rigoles que comporte l'irrigation; mais auparavant nous énumérerons les outils et les instruments nécessaires.

« Si des travaux peu considérables peuvent être « exécutés avec un petit nombre d'outils, il n'en est pas

« de même des travaux étendus. Le nombre et la « perfection des outils acquièrent de l'importance « selon celle de l'entreprise. Combien de travaux sont « imparfaits, parce que les instruments dont on s'est « servi étaient défectueux, ou impropres à l'emploi que « l'on en a fait (1). » Les outils à main, perfectionnés, qui permettent de réduire à un faible volume le déblai et les façons des terres à remuer, apportent une économie importante dans les frais d'exécution.

Bêches. — Les habitudes du travail n'étant pas les mêmes dans tous les pays, les formes de la bêche diffèrent considérablement. En Angleterre, par exemple, l'ouvrier qui bêche, détache la terre, et par un second mouvement, la jette de côté; tandis qu'en France, la terre fouillée à la bêche, ou à la pioche, par un ouvrier, est enlevée par un autre à la pelle. En Angleterre, en Allemagne, etc., les manches des outils sont à poignée horizontale et forment béquille, ou bien, les poignées sont creusées dans le manche de l'outil; ailleurs les manches sont droits et sans poignée.

Suivant qu'elles sont employées à remuer et à retourner la terre, ou à creuser les fossés et les rigoles, à enlever les gazons, à aplanir le fond des tranchées, etc., les types de bêches sont très nombreux; nous indiquerons les principaux.

A côté de la bêche plate ou française (fig. 204), la bêche pour les terrassements, décrite par Schwerz, forme en largeur un angle obtus destiné à retenir la motte de terre. La partie supérieure du fer (fig. 205 *b*) est recourbée en arrière et offre une surface plate de $0^m,015$ de largeur, sur laquelle l'ouvrier appuie le pied pour enfoncer l'instrument dans le sol.

(1) Villeroy et Muller, *loc. cit.*, p. 33.

Quand elles doivent servir à la confection des fossés et des rigoles, les bêches sont modifiées, surtout comme

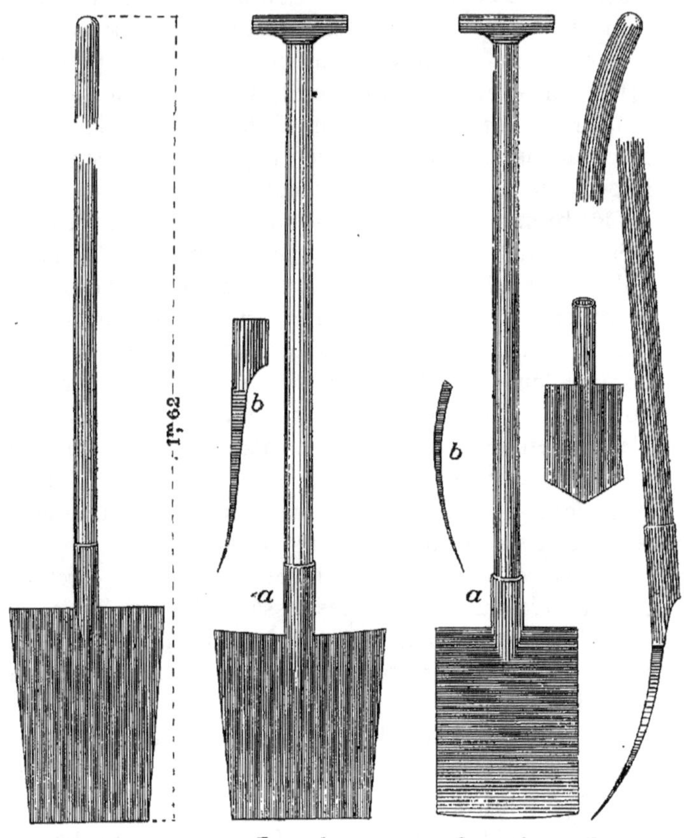

Fig. 204. Fig. 205. Fig. 206. Fig. 207.
Bêches plates et courbes pour terrassements et rigoles.

dimensions et comme courbure. La figure 206 montre de face et de profil, une bêche allemande à rigole, dont le fer est courbé à l'avant; une autre bêche de même provenance (fig. 207) présente trois tranchants que l'on obtient, non pas en aiguisant, mais en battant le métal,

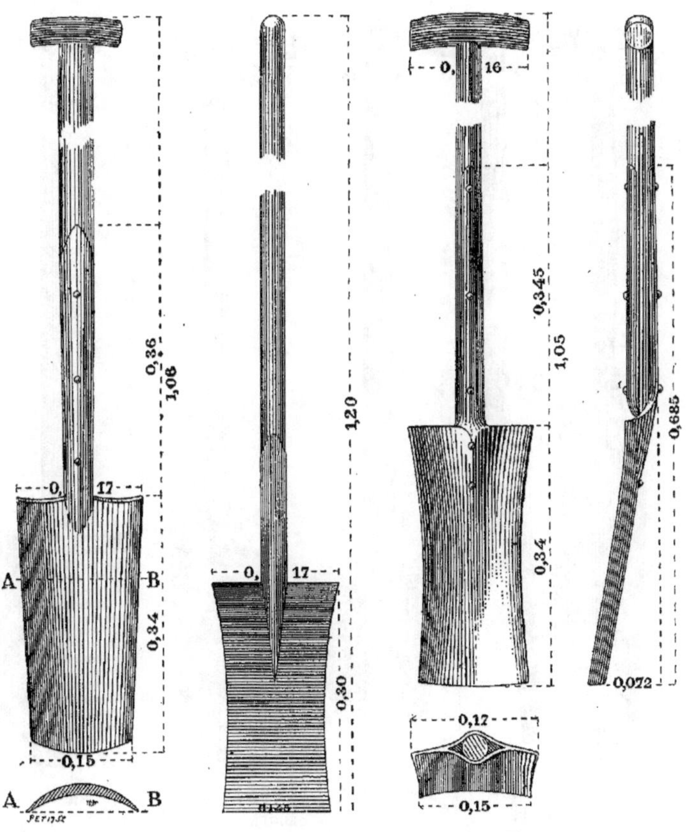

Fig. 208. Fig. 209. Fig. 210.

Bêche ronde et louchets pour travaux profonds en terres fortes.

comme pour les faux. Le manche est d'environ 0m,30 plus long que celui de la bêche ordinaire.

Dans les terres fortes et pour de grandes profondeurs,

on emploie les bêches applicables aux travaux de drainage, à savoir : la bêche ronde (fig. 208); le louchet

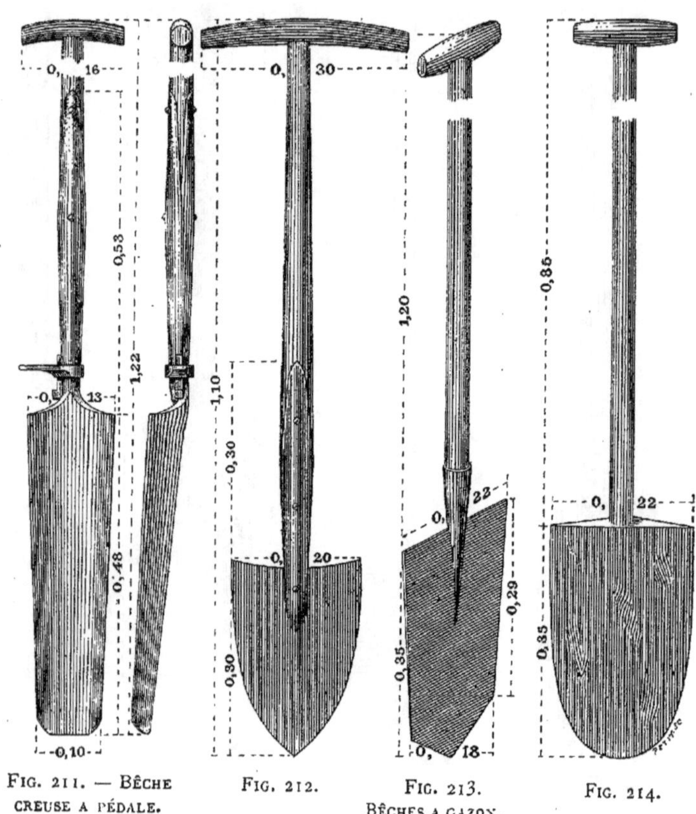

Fig. 211. — Bêche creuse a pédale. Fig. 212. Fig. 213. Fig. 214.

Bêches a gazon.

(fig. 209); le grand louchet, ou bêche en queue d'aronde (fig. 210); et la grande bêche creuse, allongée et à pédale (fig. 211).

Outils à gazon. — Les outils pour découper les

gazons et tailler les rigoles, comprennent aussi des bêches munies de fers de plusieurs formes, ronds, en

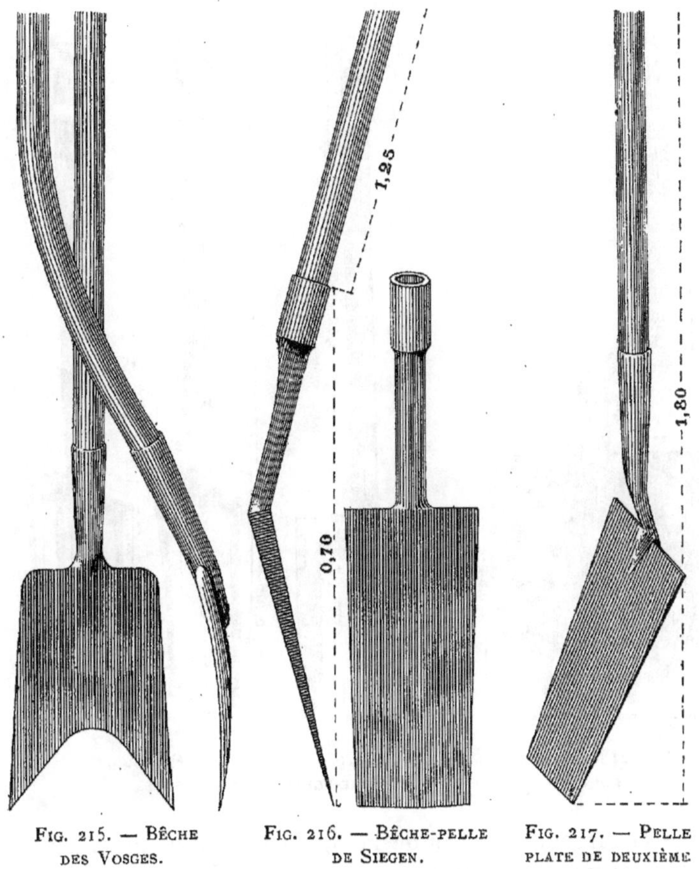

Fig. 215. — Bêche des Vosges.

Fig. 216. — Bêche-pelle de Siegen.

Fig. 217. — Pelle plate de deuxième bêche.

langue de bœuf, en fer de lance, etc. Les bêches rondes aciérées jouissent de l'avantage de pouvoir trancher les rigoles en ligne droite suivant le cordeau. Comme à chaque coup que l'ouvrier donne, il ne retire pas tout à fait l'outil, mais le fait avancer d'un tiers ou d'un quart

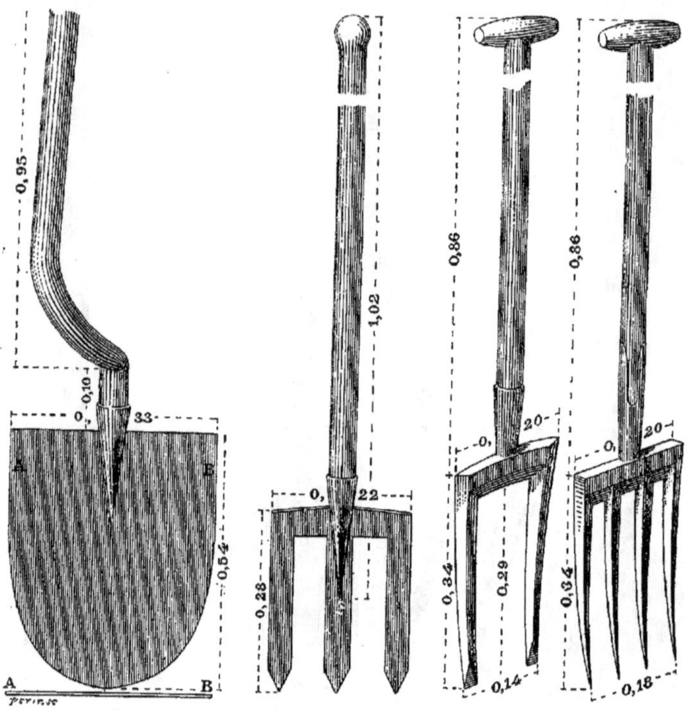

Fig. 218. — Pelle ronde.

Fig. 219. Fig. 220.
Bêche-fourche et fourches.

de sa largeur, la paroi de la rigole reste plus unie. Les figures 212, 213 et 214 représentent divers types de bêches à découper.

Dans les Vosges, une bêche spéciale, dite à gazon (fig. 215), plate dans le sens de la largeur et légèrement courbée en longueur, a un bord concave tranchant. La douille est longue et relevée pour qu'elle ne frotte pas sur la terre quand la lame pénètre sous le gazon. Le manche est coudé afin de faciliter le travail de l'ouvrier.

Les irrigateurs du pays de Siegen emploient une seule bêche ou pelle pour retourner la terre et pour enlever les gazons et curer les fossés. Cet outil, connu sous le nom de *stechschüppe*, quand il est bien conformé en métal tranchant et convenablement manié, peut servir à exécuter tous les travaux des prairies irriguées (fig. 216).

Outils divers. — Dès que les travaux d'irrigation sont un peu étendus, on recourt à un jeu de bêches de plusieurs largeurs, avec des manches plus ou moins longs, selon les dimensions des fossés. Aux bêches plates notamment correspond un jeu de pelles de numéros variés, afin d'opérer les déblais aux diverses profondeurs; ainsi, la figure 217 montre une pelle plate de deuxième bêche, c'est-à-dire correspondant à une bêche plate du numéro 2. Dans les déblais superficiels, la pelle ronde avec manche en col de cygne (fig. 218) est quelquefois employée.

Au lieu de bêches creuses, on se sert de bêches-fourches (fig. 219), de fourches à deux dents et à quatre dents (fig. 220), pour le travail des terres glaiseuses; elles se manœuvrent comme les bêches, s'enfoncent plus facilement dans les terres gazonnées, arrachent et retournent tout aussi bien les mottes dans les sols où l'argile empâte les cailloux et les gros graviers.

Quand on a à creuser des fossés dans les terrains pierreux et résistants, il est parfois nécessaire de recourir à la pioche (fig. 221), à la binette (fig. 222), ou à la hache-gouje (fig. 223) qui détache les masses pierreuses, ou les brise, suivant l'adhésion du conglomérat. Le pic à pédale (fig. 224) sert au même objet.

Outils spéciaux pour prairies. — Dans les travaux de prairie qui nécessitent le piquage des gazons, leur enlèvement et la fouille des rigoles, une série d'instru-

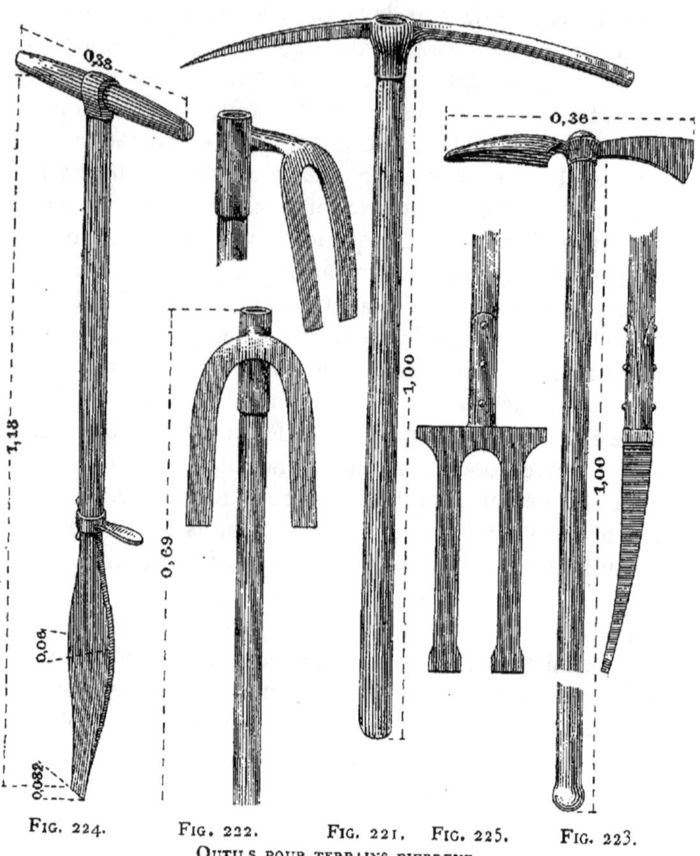

Fig. 224. Fig. 222. Fig. 221. Fig. 225. Fig. 223.
Outils pour terrains pierreux.

ments spéciaux sont employés en dehors des bêches, suivant les pays et les localités. Tandis qu'en Auvergne, on a recours à la *barboule* (fig. 225) on se sert dans les

Vosges du *fossoir* (fig. 226); en Allemagne de l'*écobue* (fig. 227) et du *croissant* (fig. 228). Ces deux derniers instruments se recommandent surtout pour un travail régu-

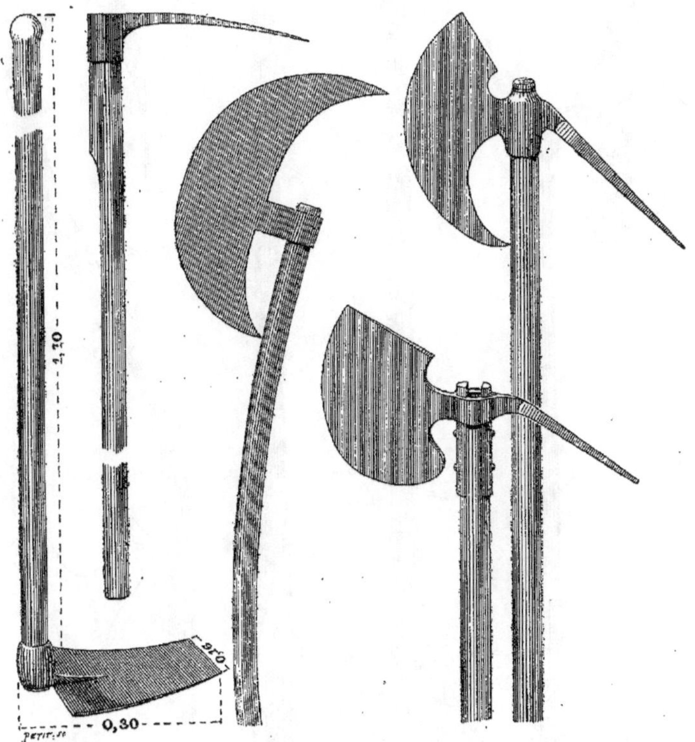

Fig. 226. Fig. 227. Fig. 228. Fig. 229.
Fossoir, écobue et croissant.

lier; le croissant taille dans le gazon les parois des fossés et des rigoles, avant qu'on ne le détache à l'aide de l'écobue. Parfois ils sont montés sur le même manche (fig. 229); l'outil, rendu plus lourd, donne plus de force et de sûreté aux coups du croissant. C'est sous cette forme

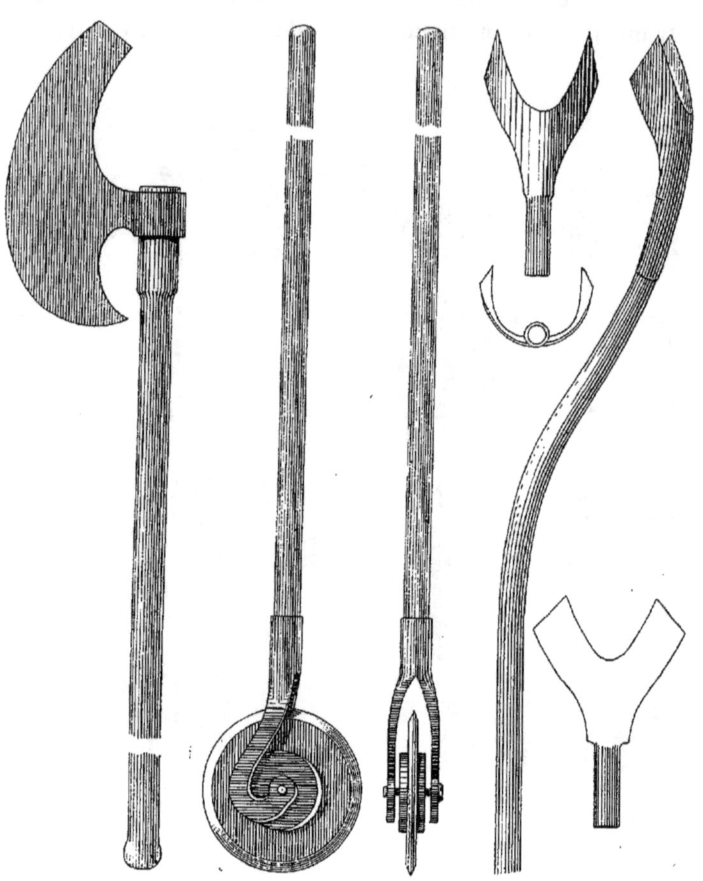

Fig. 230. Pique-pré.

Fig. 231. Fig. 232. Tranchoir et rigoleur Polonceau.

que l'utilisent les cultivateurs du pays de Siegen. Le tranche-gazon (fig. 230) remplit le même but que le croissant. Ailleurs il est connu sous le nom de *pique-pré*; la hache est fixée à un manche de $1^{m},30$ de longueur qui permet à l'ouvrier, sans trop se courber de tailler le gazon.

On peut remarquer à ce propos que lorsque le travail se fait sur place, les ouvriers diligents donnent la préférence pour attaquer la terre, aux outils court-emmanchés; mais quand ils doivent se déplacer en travaillant, ils se fatiguent beaucoup plus qu'en maniant des outils à long manche.

L'écobue qui sert au lieu du crochet à deux pointes, offre comme avantage spécial de permettre la taille de la rigole suivant le talus du haut, et le curage, quand il y a de l'eau. C'est, comme la bêche même de Siegen, un outil à plusieurs fins.

Quand on a beaucoup de gazonnements ou de rigoles à exécuter en prairie, Polonceau recommande l'usage d'un *tranchoir* composé d'une lame circulaire en acier, à bord tranchant, que renforce de chaque côté une plaque de fer ronde (fig. 231). Ces plaques fixées solidement sont percées au centre de trous exactement de même diamètre que la lame tranchante, et réunies par une chappe à deux branches, à une forte douille qui reçoit le manche en bois (1). Avec cet instrument on fait facilement et rapidement les sections nécessaires en long et en travers, quand on veut obtenir des plaques d'égale épaisseur.

S'agit-il de l'ouverture des petites rigoles, le tranchoir est remplacé par un autre instrument dit *rigoleur* (fig. 232) qui représente une sorte de bêche à deux oreilles, relevées et tranchantes, pouvant couper les deux bords avant que la lame du milieu, en forme concave, pénètre dans la terre. La courbure de la lame est telle,

(1) *Loc. cit.*, p. 140.

que la distance entre les deux oreilles est de 15 à 16 centimètres. D'un seul coup, on enlève à la fois le gazon et la terre située au-dessous. En passant une seconde fois vers les extrémités, on augmente la profondeur des rigoles un peu longues. La lame forgée d'abord à plat, puis courbée sur la largeur, est emmanchée par une douille légèrement relevée afin d'éviter le frottement à l'arrière; le manche est coudé également. Quand il faut ouvrir de grandes rigoles, le gazon ayant été enlevé, la distance d'une oreille à l'autre est portée à 30 centimètres.

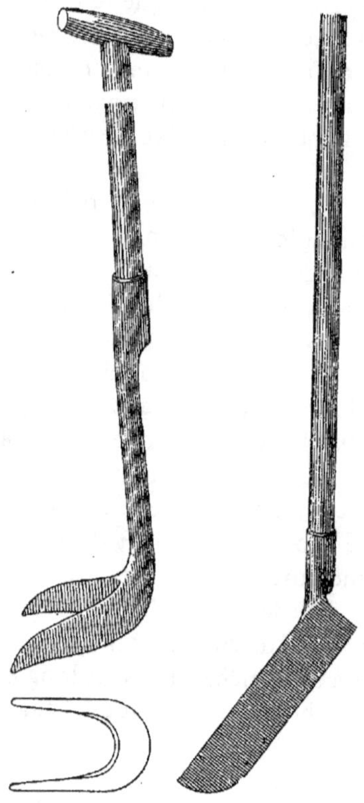

Fig. 233. Fig. 234.
Couteaux a rigoles.

Polonceau affirme qu'avec ces deux instruments, on économise plus de moitié du temps et des frais qu'exige l'emploi de la bêche et de la pioche; en outre, le travail est mieux fait et plus régulier. Il faut les employer quand la terre est humide.

Le couteau à rigoles (fig. 233) décrit par Villeroy, diffère peu du *rigoleur* Polonceau. L'ouvrier le pousse devant lui en détachant une bande ronde de $0^{m},10$ à

$0^m,15$ d'épaisseur. Cet outil s'applique aux très petites rigoles, en plan incliné. Une autre forme de couteau usitée dans les prairies de Luneburg, est donnée fig. 234.

Charrues à rigoles. — Dans de vastes exploitations, où l'on a de longues et nombreuses rigoles à ouvrir sur une étendue de terrain suffisamment nivelé, il y a parfois économie à employer des charrues spéciales, à soc concave. Parmi ces charrues, celle de Gri-

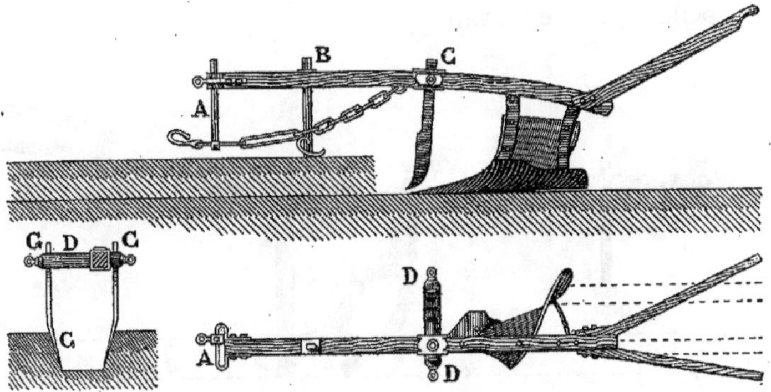

Fig. 235. — Charrue rigoleuse de Grignon; élévation plan et détail des coutres.

gnon, inventée par François Bella, offre un bon type courant (1). Disposée comme les charrues ordinaires sans avant-train, ou à l'instar des araires, elle est plus légère : son soc est en forme de bêche concave, avec pointe aciérée; il est précédé de deux coutres légèrement inclinés sur les côtés de l'age. Dans la figure 235, qui représente la charrue de Grignon en élévation, en plan et en coupe, A indique le régulateur; B, le sabot qui règle la profondeur de la rigole; C, C, les coutres coudés

(1) Londet, *Instruments agricoles, etc.*, 1858.

qui tranchent les parois de la rigole; D D, la coutrière en fonte, à travers laquelle passe l'age; cette coutrière porte des mortaises correspondant aux ouvertures d'une pièce mobile qui sert à fixer le coutre de droite plus ou moins près de l'age, d'après la largeur à donner aux rigoles. La terre, bien tranchée verticalement par les coutres, et horizontalement par le soc, est renversée sur le bord de la rigole à droite, au moyen du versoir à double courbure, établi en forte tôle; elle est enlevée à la pelle, après le travail.

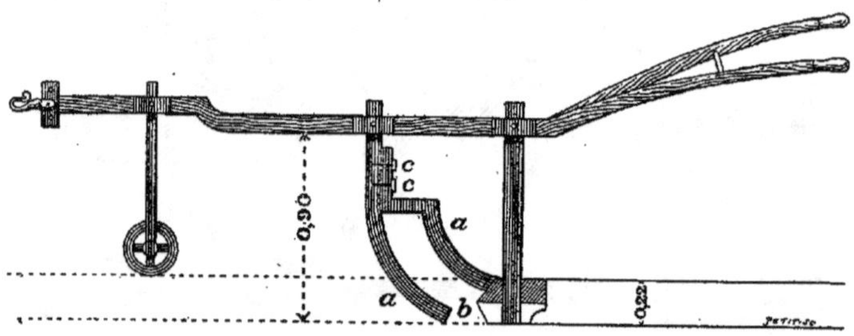

Fig. 236. — Charrue rigoleuse anglaise.

Polonceau a proposé une simplification (1) qui consisterait à se passer des coutres, en donnant au soc deux oreilles élevées, à tranchants obliques; mais comme les coutres ont pour objet d'assurer aux rigoles des largeurs et une profondeur variables, il faudrait avoir deux ou trois socs de rechange, selon les dimensions des rigoles.

La charrue rigoleuse construite par Moore, de Newton Saint-Cyr (Exeter) (2), est employée à la confection des rigoles des prairies arrosées par déversement

(1) Polonceau, *loc. cit.*, p. 147.
(2) *Journ. Roy. Agric. Soc. of England*, 1852, vol. XIII.

(*catch-water meadows*) ; elle porte également deux coutres *a a* (fig. 236) qui coupent la tranche à la largeur voulue,

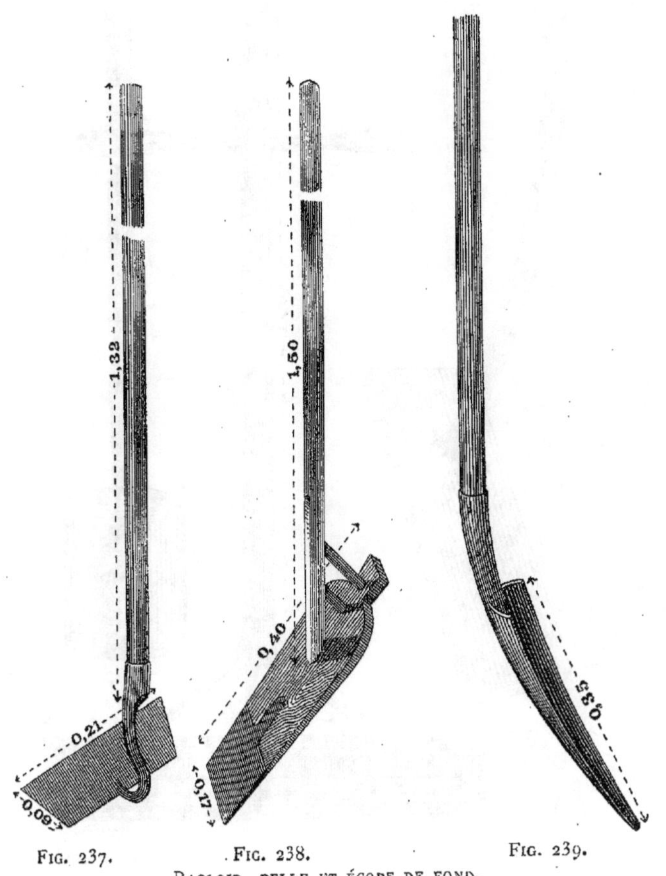

FIG. 237. FIG. 238. FIG. 239.
RACLOIR, PELLE ET ÉCOPE DE FOND.

tandis que le soc *b* l'enlève à la profondeur fixée. Le coutre de gauche étant fixe, celui de droite est maintenu par des vis, *c c*, à l'aide desquelles se règle la largeur de la tranche. Le jeu maximum est de $0^m,15$, de façon que

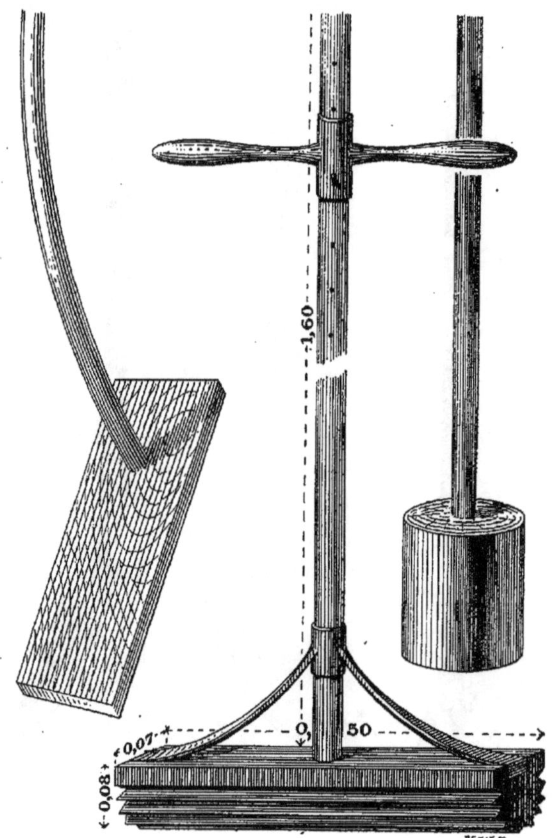

FIG. 240. FIG. 242. FIG. 241.
BATTE, PILON ET DAME EN ACIER.

pour des rigoles de $0^m,30$, la charrue doit passer deux fois.

D'autres charrues rigoleuses, comme celles de Moysen (Ardennes), permettent non seulement de confectionner des rigoles à profondeur et à largeur variables, mais encore des rigoles dont les dimensions peuvent être modifiées graduellement et rapidement pendant le travail. A l'aide d'une vis qui commande les ages, les coutres fixés à ces ages reçoivent plus ou moins d'entrure et ouvrent par leur pointe commune une rigole dont la section transversale est à peu près celle d'un V.

Outils pour canaux et fossés. — Les canaux d'amenée et d'écoulement et les saignées d'égouttement exigent une série d'outils employés aussi dans les travaux de drainage, que nous nous bornerons à énumérer en renvoyant aux dessins (fig. 237 à 243). Ces dessins représentent : le racloir de fond (fig. 237); la pelle plate en bois aciéré (fig. 238), et l'écope (fig. 239).

La batte (fig. 240) formée d'une planche de chêne de $0^m,06$ d'épaisseur minimum, à laquelle est fixé un manche courbe, sert à consolider et à unir les parois et le fond des fossés, comme aussi à raffermir les gazons. Quand l'action n'est pas assez énergique, en raison de la consistance du sol, on lui substitue la dame ordinaire (fig. 241), la dame en acier (fig. 242), ou le pilon à bras (fig. 243).

Les grands travaux de terrassements et de gazonnements qu'exige la mise en terrasse des collines toscanes, avec leurs rigoles d'égouttement et leurs colateurs, s'exécutent à l'aide de deux instruments principaux : la bêche (fig. 244) et le fossoir (fig. 245).

« La bêche en Toscane, dit Simonde (1), est faite, non pas comme la nôtre, mais comme notre pelle, à la réserve qu'elle est plus forte et du double plus grande. C'est un

(1) *Loc. cit.*, p. 57.

fer de lance, mais un peu concave; son manche est deux fois plus long et un peu plus gros que celui du nôtre. L'ouvrier, au lieu d'appuyer le pied sur le fer, le pose sur une traverse de bois qui croise le manche à quatre pouces au-dessus. La manière de s'en servir est aussi fort différente; à Genève, nous plantons la bêche verticalement; à Pescia, l'on coupe le terrain horizontalement, ou du

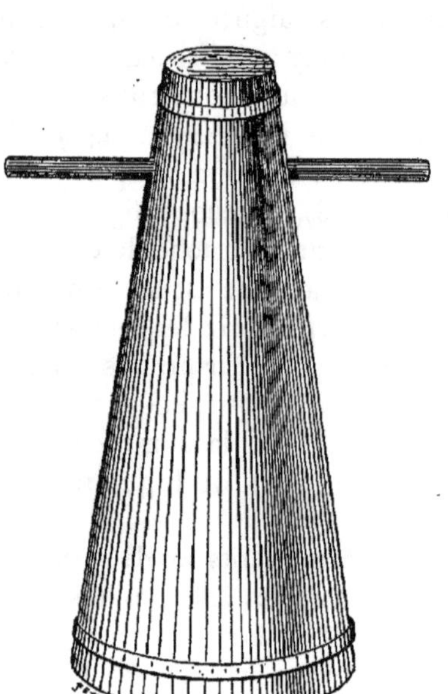

Fig. 243. — Pilon a bras.

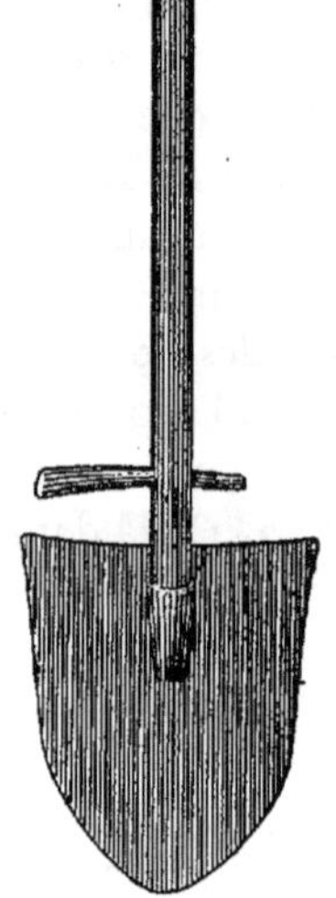

Fig. 244. — Bêche toscane ou *vanga*.

moins en biaisant; ce qui exige que la voie du labour soit beaucoup plus large, et que par conséquent l'on jette la terre un peu plus loin devant soi. Les paysans ont l'art de le faire sans se fatiguer, en appuyant le manche de la bêche sur le genou. Cette manière de travailler permet d'aller à une profondeur beaucoup plus considérable.

« Le fossoir (fig. 245) ressemble fort à la houe, si ce n'est que ses deux cornes s'allongent davantage, et que l'outil entier est plus grand et plus lourd. » C'est au fossoir que s'enlèvent les pièces feutrées de gazon, d'un pouce et demi d'épaisseur environ, de 4 à 6 pouces de large et de 8 à 10 pouces de longueur, ou *pellicie,* à l'aide desquelles on établit les murs des terrasses que longent les rigoles d'égouttement et d'infiltration (1).

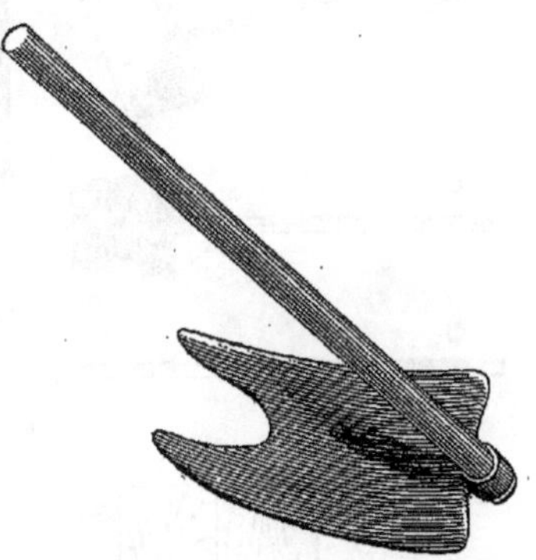
FIG. 245. — FOSSOIR TOSCAN.

Nous indiquons (fig. 246), d'après Toscanelli, l'ensemble des outils de la province de Pise. D'une grande simplicité, ils sont employés au mouvement des terres et au creusement des fossés. En dehors de la bêche, ou *vanga* (*a*), on a recours pour le nivellement des surfaces à la *ruspa*, ou ravale (*i*), que l'on attelle de deux bœufs, munis d'un collier en pierre (*j*) qui répartit sur le cou des animaux le poids faisant défaut, pour le service de l'instrument. Les bœufs ne travaillent pas plus de trois heures, c'est-à-dire pendant une *dicenda.* Pour les terrassements et les nivellements en plaine, on remplace la ravale soit par le

(1) Simonde, *loc. cit.*, p. 107, 178.

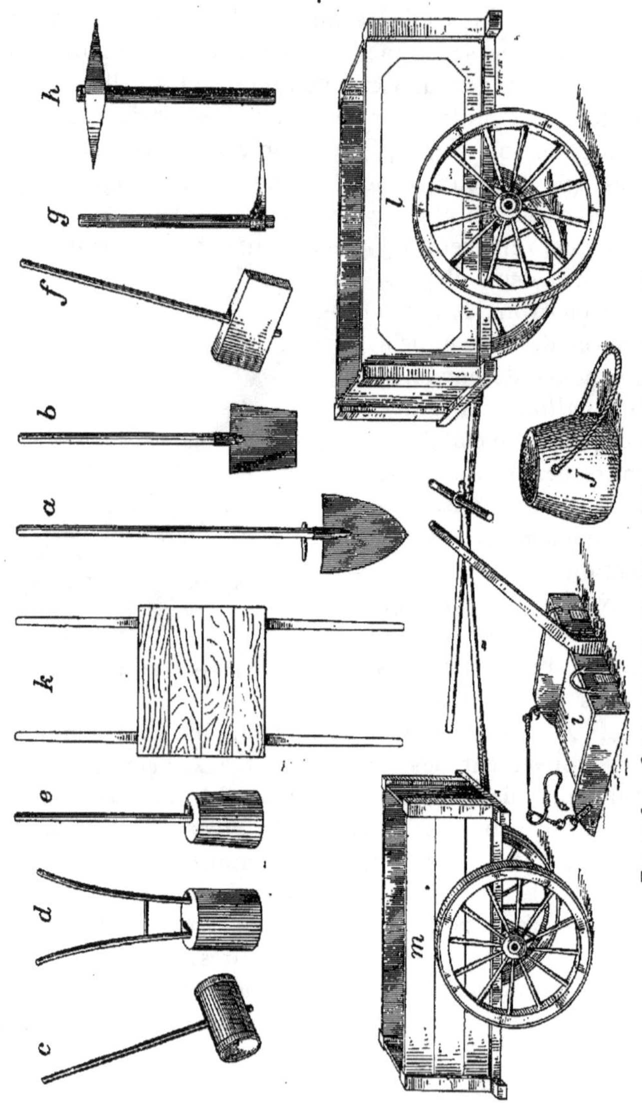

Fig. 246. — Outils de terrassement et véhicules (province de Pise).

brancard, ou *barella* (*k*), que portent deux hommes, soit par le petit tombereau, ou *sbarello* (*m*) qui bascule de lui-même lorsque l'on enlève la traverse à l'avant, et se redresse une fois vidé. On répand à la bêche le déblai conduit sur brancard ou sur tombereau. Parfois on a recours, pour le transport des terres, à la charrette (*l*).

Dans les tranchées ou fossés qui reçoivent les eaux d'écoulement, on se sert de la bêche spéciale (*b*); on comprime les parois au maillet rond (*c*); le fond est consolidé à l'aide des dames à un seul manche (*e*), ou à manche double (*d*). Les parois sont revêtues de racines feutrées (*pellicie*) que l'on bat au maillet plat (*f*).

Quand le terrain est trop consistant, ou trop graveleux pour pouvoir être fouillé à la bêche, on creuse à la pioche, ou *zappino* (*g*), ou bien au pic double, *piccone* (*h*). La direction des fossés dans les terrains en pente, varie beaucoup suivant l'épaisseur donnée aux bourrelets (*argini*) qui limitent les plans inclinés ou *lenze,* ménagés entre les fossés parallèles (1).

L'outillage peut être simple, comme on vient de le voir en Toscane, dans un pays essentiellement bien aménagé sous le rapport des eaux et bien cultivé, mais chaque contrée offre des outils dont le nombre et les formes varient. Il serait donc gratuit de faire dépendre un état avancé des irrigations de l'emploi d'instruments plus ou moins perfectionnés. La pratique des pays soumis au régime des irrigations semblerait témoigner du contraire. De toutes manières, comme les ouvriers travaillent mieux et plus vite, en général, avec les outils auxquels ils sont habitués, il faut user de prudence pour leur en faire adopter de nouveaux. En Angleterre, les outils agricoles se caractérisent par la manière solide dont

(1) Toscanelli, *loc. cit.*, p. 20.

ils sont emmanchés. Les douilles sont longues, embrassent la plus grande partie du manche auquel elles sont fixées par des clous ou des chevilles; elles sont en outre parfaitement polies et moins sujettes à la rouille. Les outils américains en acier, fabriqués d'une seule pièce, à l'aide d'une matrice spéciale, sont doués à leur tour d'une remarquable solidité et d'une grande élasticité. Les manches en bois ont une courbure obtenue à la vapeur et se terminent le plus souvent par une poignée recouverte de tôle; leur prix est remarquablement bas. Ce n'est pas pourtant en Angleterre, ni en Amérique, que les pays d'irrigation s'approvisionnent d'outils pour exécuter les travaux.

d. EXÉCUTION DES TRAVAUX.

Fossés profonds. — L'inclinaison des parois des fossés profonds, en terrain uni, doit être d'autant plus forte, comme nous l'avons fait remarquer, que le sol offre moins de consistance et que le courant d'eau est plus rapide. Le calcul des talus a déjà été indiqué au sujet de l'établissement des canaux; pour les fossés courants, les talus sont à base simple, double, ou triple, suivant que cette base est égale à une, deux, ou trois fois la profondeur. En exécution, le fossé est d'abord creusé sur la même largeur en haut qu'en bas, les parois étant verticales; puis, le cordeau étant de nouveau tendu, on donne aux parois le talus désigné. Pour les fossés profonds, on commence par donner l'inclinaison sur de petites parties à 3 ou 4 mètres de distance, qui servent de norme aux ouvriers pour le reste. Le travail des parois étant achevé, des ouvriers spéciaux sortent le déblai à la pelle, nettoient le fossé et consolident le fond.

Dans les sols compacts offrant peu de pente, une forte inclinaison des parois n'est pas nécessaire. Quand il s'agit de canaliser des ruisseaux, le contraire devient indispensable; on cherche alors à abaisser les rives en déblayant la terre en excès, sur une longueur variable, afin d'obtenir une pente régulière que l'on gazonne, si c'est possible, au-dessus du lit du ruisseau, à l'étiage. Lorsque les eaux viennent à s'élever par les pluies ou les égouttements des irrigations, du drainage, etc., elles trouvent de l'espace pour s'étendre, et coulant sur une surface gazonnée elles n'affouillent pas le terrain. Malgré cela, l'inclinaison de 45 degrés, surtout pour les ruisseaux et fossés à courant rapide, est rarement dépassée.

Si le terrain offre une surface inégale, il y a lieu de procéder à l'exécution d'une manière spéciale, dont nous empruntons la description à Villeroy et Müller (1) :

Soit un fossé d'une profondeur de $0^m,90$, large au fond de $0^m,60$ et dont les parois doivent être inclinées à 45 degrés; la largeur normale à la partie supérieure sera de $2 \times 0^m,90 + 0^m,60 = 2^m,40$.

On creuse d'abord le fossé (fig. 247) verticalement, en lui donnant la même largeur en haut, suivant les traces *ab*, *ab*. Dans les endroits où le terrain est uni, le fossé ayant $0^m,90$ de profondeur, il reste de chaque côté une largeur de $0^m,90$ pour le talus.

Si l'on tend le cordeau à cette distance du bord *ab*, en ligne droite, de *e* en *f*, et si l'on travaille selon la direction *e f*, le fossé aura partout la même largeur, mais le talus sera tout à fait irrégulier. Pour obvier à ce défaut, on prend un piquet égal à la profondeur de $0^m,90$ et on parcourt le fossé, piquet en main, mesurant d'espace en espace la hauteur des parois verticales. Là où la paroi

(1) *Loc. cit.*, p. 72.

est plus élevée, on reculera d'autant le cordeau; et inversement, là où elle est moins élevée, on l'avancera d'autant.

Suivant les indications du croquis 247, les points où le cordeau doit être éloigné ou rapproché, sont marqués par des petits piquets. De *e* en *g* hauteur normale; en *g*, le sol commençant à s'élever, on plante un piquet contre le cordeau; en *h*, le sol s'élevant de 0^m,16 au-dessus de la hauteur normale, on enfonce un autre piquet à 0^m,16 en dehors du cordeau; en *j*, de nouveau hauteur normale, on plante un piquet; en *k*, la hauteur mesurée étant de 0^m,16 au-dessous de la hauteur normale, on

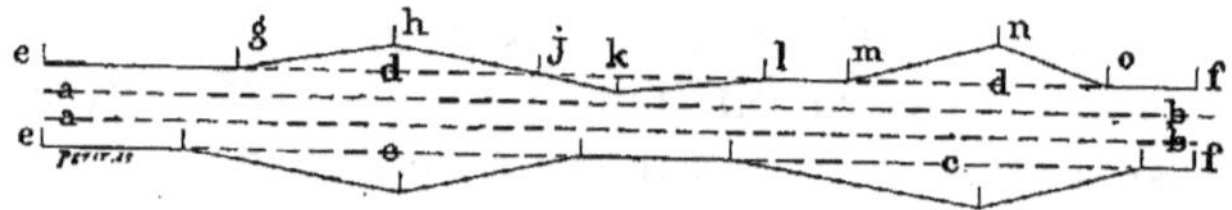

FIG. 247. — CROQUIS D'UN FOSSÉ A CREUSER EN TERRAIN INÉGAL.

enfonce un piquet à 0^m,16 du cordeau, en dedans du côté du fossé; et ainsi de suite, jusqu'à ce que l'on retrouve la hauteur normale en *f* pour chacune des parois.

Cela fait, on accroche le cordeau à chaque piquet, tantôt en dedans, tantôt en dehors, et l'on obtient la trace en ligne anguleuse *ef* que l'on marque à la bêche, sur chaque côté du fossé. « Le travail ainsi préparé, si les ouvriers s'y prennent bien, il en résultera une inclinaison régulière des parois pour tout le fossé. »

Pour un plus fort talus, les piquets doivent être moins éloignés du cordeau. Ainsi, une inclinaison de 2^m,20 à 2^m,30 pour une élévation de 0^m,32 au-dessus de la hauteur normale, nécessiterait seulement 0^m,16 de plus de largeur à donner au fossé.

Les grands fossés d'amenée et de colature sont le plus

souvent exécutés à la tâche par des terrassiers ou des journaliers ordinaires. Les déblais sont utilisés soit à remplir des ravins et des trous à proximité, soit à remblayer des affaissements de terrain qui pourront se produire plus tard; soit enfin, quand la terre est de bonne qualité et bien émiettée, à régaler les terres environnantes, en couche assez mince pour ne pas modifier la pente générale. Lorsque les terres provenant de ces grands fossés sont de mauvaise qualité ou trop caillouteuses, on est parfois obligé de les placer en *turlée*, du côté opposé au terrain à irriguer.

Les talus à donner aux parois des fossés ou des tranchées, comme ceux des remblais, doivent être en rapport avec le talus naturel du terrain, c'est-à-dire avec celui qu'il prendrait réduit à l'état meuble. Ce talus naturel est mesuré (fig. 248) par l'angle que forment les diverses terres *a b c d* avec la verticale, *p o*. Ainsi : talus *a*, terre dure; angle 35°; base 0,60 pour 1 de hauteur : talus *b*, terre ordinaire sèche et meuble; angle 45°; base 1,05 pour 1 de hauteur : talus *c*, même terre imbibée d'eau; angle 54°; base 1,54 pour 1 : talus *d*, sable coulant et sec; angle 60°; base 1,78. Ces données servent à fixer les pentes qui varient d'ailleurs suivant la cohésion de la terre, le climat, l'état frais ou de siccité, etc. (1).

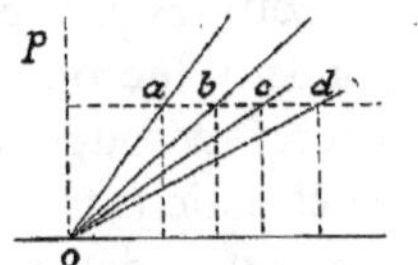

FIG. 248. — INCLINAISON DES TALUS SUIVANT LES TERRAINS.

On admet que le foisonnement des terres légères est de 1 dixième; celui des terres moyennes de 1 huitième, et des terres compactes de 1 sixième. Le tassement, quand il s'agit de remblais, s'obtient d'ailleurs à l'aide du

(1) Lefour, *Constructions rurales*, 2e édit., p. 85.

pilonnement par couches successives ; il est d'autant plus rapide et plus complet que l'on mouille la terre.

Rigoles. — Les rigoles d'irrigation peu profondes sont à parois verticales ou inclinées; après avoir tracé leur direction, comme il a été indiqué, et marqué par des piquets suffisamment rapprochés la trace sur le terrain, le cordeau est tendu d'un piquet à l'autre. On coupe alors d'un côté, avec la bêche ; puis de l'autre côté en gardant les parois verticales, quand la profondeur n'excède pas $0^m,30$. Au delà de cette hauteur, les parois sont obliques. La bêche plate et la bêche ronde, dans les sols peu consistants, permettent d'avancer rapidement en besogne.

Pour les plus petites rigoles en prairie, de $0^m,10$ de profondeur, le croissant est d'un excellent usage. Un ouvrier exercé découpe les parois aussi droites et unies que si elles étaient taillées à la bêche. La pelle et le couteau servent à détacher et à enlever la bande de gazon que le croissant a découpée en morceaux de $0^m,30$ environ de longueur.

Tout en indiquant sa préférence pour la confection des petites rigoles à la hache et au croissant, Pareto reconnaît que les ouvriers, rarement pourvus d'écobue, emploient utilement la pioche et la bêche.

Les opinions des irrigateurs sont partagées quant aux dimensions à donner aux rigoles d'irrigation dans les prairies, mais non sur leur horizontalité, qui est la première condition d'un bon travail. Aussi, toutes les fois que la différence de niveau n'excède pas $0^m,05$, c'est-à-dire la profondeur généralement admise, ne devra-t-on pas hésiter à abaisser ou à élever le terrain à la hauteur voulue. Quand on a le choix, il vaudra mieux élever le bord de la rigole; on retire pour cela, de la rigole même que l'on creuse, une quantité suffisante de gazon; le curage des rigoles fournit aussi des matériaux pour élever les parties trop basses. S'il faut abaisser, on enlève le gazon et la terre qui est en dessous, pour remettre ensuite le gazon seul en place.

Quand la rigole est établie, on y introduit de l'eau afin de s'assurer de son bon fonctionnement. Une différence de $0^{m},01$ suffit pour que l'eau s'échappe en trop grande quantité, ou ne s'écoule pas du tout par-dessus bord. Soit que l'on foule, ou que l'on découpe les parties trop élevées; soit que l'on rehausse les bords trop bas par de la terre et du gazon, le règlement définitif des rigoles devra être fait autant que possible par celui qui sera chargé plus tard de l'irrigation.

Prix des travaux. — Patzig a indiqué les salaires à payer par perche de 5 mètres, pour le creusement à forfait des canaux et des fossés, mais il s'est basé dans le tableau que reproduisent Villeroy et Müller (1), sur un prix de journée de 0 fr. 90 qui est évidemment beaucoup trop faible. Si on augmente d'un tiers le prix de cette journée, pour le porter à 1 fr. 20, on a, dans le tableau XIII, les éléments de calcul des frais d'exécution par mètre courant de ces travaux.

Pareto indique, de son côté, comme prix payé par mètre courant des grands fossés d'amenée et de colature, un centime par $0^{m},14$ de largeur; soit cinq centimes pour un fossé ayant, par exemple, $0^{m},70$ d'ouverture. Quant au prix payé pour les petites rigoles de distribution, il serait de un centime et demi par mètre courant. Ces salaires se basent sur des journées de 12 heures de travail en été, et de 10 heures en hiver, payées de 1 fr. 25 à 1 fr. 50, suivant la saison (2).

(1) *Loc. cit.*, p. 252.
(2) *Loc. cit.*, t. I, p. 132.

TABLEAU XIII. — *Prix de revient des fossés d'irrigation et d'écoulement.*

LARGEUR MOYENNE.	PROFONDEUR.	PRIX PAR MÈTRE.	
		SOL COMPACT.	SOL MEUBLE.
m.	m.	fr.	fr.
3.00	1.80	0.581	0.493
2.70	1.50	0.493	0.440
2.40	1.20	0.290	0.226
2.10	1.05	0.226	0.146
1.80	0.90	0.165	0.106
1.50	0.75	0.146	0.085
1.20	0.60	0.085	0.061
0.90	0.45	0.061	0.042
0.60	0.30	0.034	0.021

Nadault de Buffon, se fondant sur les exemples des travaux exécutés en Lombardie, constate que la dépense est réduite au minimum, quand il n'y a à payer que la fouille, sans transport. Les rigoles les plus petites, ébauchées à la charrue, ou avec des tranche-gazons, reviennent à moins de 10 francs les 1,000 mètres. Quant aux rigoles secondaires, exigeant un déblai de $0^m,50$ à 1 mètre par mètre courant, le prix varie de 250 à 600 fr. par kilomètre.

Suivant Villeroy (1), le coût des divers travaux de nivellement et d'installation des prairies adaptées à l'irrigation, dans l'ouest de l'Allemagne, peut s'évaluer comme il suit :

Pour bêcher, lorsque le terrain ne présente pas de difficultés particulières, un ouvrier peut retourner par

(1) *Loc. cit.*, p. 250.

jour 1 are de glaise; 1,12 are d'argile; et 1,40 à 1,75 are de sable;

Pour dégazonner, soit en carrés, soit en rouleaux, trois hommes dans une journée, en sol argileux, peuvent détacher et transporter les gazons sur une surface de 4,25 ares; dans un sol difficile, on ne compte que sur 2,80 ares. Un homme peut découper autant de gazons que trois hommes peuvent en détacher et en enlever;

Pour aplanir ou régaler au cordeau, un ouvrier peut unir par jour 215 mètres;

Pour engazonner, quand les gazons sont amenés sur place en carrés, un homme recouvre par jour 2,80 ares; et quand ils sont en rouleaux, deux hommes sont nécessaires, qui les étendent et recouvrent 4,25 ares;

Pour transporter les terres et les gazons, avec une brouette contenant 33 décimètres cubes, un ouvrier charrie à une distance de 15 mètres, 150 brouettes; à une distance de 50 mètres, 70 brouettes, et à 100 mètres, 30 brouettes.

Voulant justifier l'économie de la charrue pour la construction des rigoles sur des surfaces étendues, Londet constate, d'après des observations plusieurs fois répétées, qu'un homme peut faire de 20 à 25 m. de rigole par heure, la rigole ayant une largeur de $0^{m},25$ et une profondeur de $0^{m},10$ à $0^{m},12$. Le travail consiste à couper la terre à la bêche des deux côtés de la rigole, en suivant un cordeau, à enlever la terre à la houe plate et à la rejeter dans une ancienne rigole pour la boucher, ou dans des creux pour les combler.

La profondeur de la rigole et la distance à laquelle on rejette la terre font varier la quantité de travail obtenue dans un temps donné, de même que l'écartement des rigoles entre elles modifie le travail nécessaire par hectare.

Ainsi avec des espacements de 7 mètres, la longueur totale de petites rigoles par hectare serait de 1,428 mètres; soit en moyenne 64 heures de travail, d'après les observations de Londet, ou 6 jours et deux cinquièmes. Pour un prix de journée de 1 fr. 50, c'est donc une dépense par hectare de 9 fr. 60. Avec la charrue-rigoleuse, en comptant le jalonnement des lignes des rigoles et l'enlèvement de la terre déposée sur leurs bords, le travail revient seulement de 4 à 5 francs par hectare (1).

L'objection n'en subsiste pas moins, à savoir, que les rigoles creusées à la charrue sont le plus souvent mal tracées, et qu'il faut autant de travail pour les régler que pour les exécuter à bras, avec une exactitude presque mathématique, quand il s'agit de rigoles de niveau. Il en est autrement des rigoles établies pour d'autres systèmes d'irrigation que celui de déversement.

II. LES IRRIGATIONS PAR DÉVERSEMENT.

Sur un sol plan, légèrement incliné, l'eau suit la plus grande pente avec une vitesse croissante; sur le même sol recouvert de plantes, la vitesse est ralentie par la résistance superficielle, jusqu'à ce que, l'équilibre s'établissant après un parcours plus ou moins long, la vitesse reste constante.

Quand la pente est très faible, l'eau ne pouvant prendre assez de vitesse, se perd avant d'avoir parcouru la zone réservée, d'autant plus vite que le sol est plus perméable. Quand, au contraire, elle est très forte, la vitesse ne tarde pas à dépasser la limite de résistance et le sol se ravine. Dans le premier cas, il faut rétrécir la zone d'arrosage, et dans le second, il faut rapprocher les rigoles

(1) A. Londet, *Instruments agricoles*, p. 26.

de distribution. Enfin, sur un sol ondulé et irrégulier, l'eau se répartissant d'une façon inégale, il importe également de ne pas trop espacer les rigoles pour éviter le ravinement de la surface.

Ces considérations servent de guide quand on installe des irrigations par déversement (1).

La plupart des pentes, depuis $0^m,02$ jusqu'à $0^m,10$ par mètre, s'approprient à ce système. Sur les pentes fortes, les arrosages se font par reprise de l'eau qui s'aère et augmente son pouvoir fertilisant; sur les pentes faibles, ils s'opèrent en accroissant l'épaisseur de la nappe déversante qui demeure plus longtemps stagnante.

Quand il s'agit de prairies, l'égouttement sur des pentes fortes est plus rapide; les rigoles sont plus nombreuses; le limon se dépose moins facilement; tandis que sur des pentes faibles, le drainage devenant nécessaire, le limon se précipite plus complètement : avec un nombre moindre de rigoles, on dépense moins d'eau.

Les diverses méthodes par déversement comprennent les rigoles de niveau, les rigoles inclinées ou razes; le plan incliné, disposé en planches, en demi-planches, en ados, en doubles ados, simples ou étagés.

a. LES IRRIGATIONS PAR RIGOLES DE NIVEAU.

L'irrigation au moyen de rigoles horizontales qui suivent la direction des courbes de niveau, doit être placée en première ligne pour l'arrosement des prairies, dès que les circonstances locales le permettent. Elle réunit, en effet, le double avantage d'une distribution uniforme et d'une consommation d'eau économique, en

(1) Grandvoinnet, *Journ. agric. pratique*, 1867, t. I.

même temps que d'une main-d'œuvre réduite pour la préparation du terrain.

Terrain. — Ce que nous avons dit dans le chapitre précédent sur les travaux préparatoires, se référant spécialement aux terrains arrosés par des rigoles horizontales, nous dispense d'entrer dans de grands détails sur l'installation de ce système d'arrosage. En Piémont, où il est appliqué en grand, les praticiens considèrent comme pente minimum pour le terrain, $0^m,008$ par mètre, et comme maximum, $0^m,03$ à $0^m,10$. Le défaut d'uniformité dans la pente générale n'est pas un obstacle, tant qu'il est possible de faire varier l'espacement entre les rigoles horizontales qui déversent de l'une à l'autre l'eau non absorbée, jusqu'à ce que celle-ci rencontre une rigole d'égouttement.

Sous le rapport des terrassements, les travaux se réduisent à combler les creux et à niveler les aspérités entre les rigoles déversantes. Quand les inégalités sont trop prononcées, on peut même recourir, pour exhausser le sol, aux rigoles en remblai.

Les terrassements effectués, on procède à l'exécution du canal d'amenée, des rigoles de niveau, des colatures et du fossé d'écoulement. Le tracé de ces divers travaux se fait préalablement sur le plan du terrain.

Canal d'amenée. — Le canal d'amenée devant fournir l'eau à la rigole de distribution au niveau le plus élevé, et aussi à des rigoles de niveau inférieur, qui n'en recevraient pas assez par le déversement, on le soutient du côté de l'aval à l'aide d'une digue qui permet de maintenir le plan d'eau à une hauteur suffisante au-dessus du terrain arrosable.

Tout en s'adaptant aux sinuosités du terrain, il doit avoir son extrémité inférieure à l'altitude voulue pour assurer le service des parties les plus basses. Quand la longueur est trop grande pour le nombre de rigoles de distribution; c'est-à-dire que leur périmètre doit être trop vaste; on fractionne le canal d'amenée en biefs horizontaux successifs, à l'aide de vannes. Chaque partie horizontale commande ainsi une zone, et les zones se succèdent du haut en bas du terrain, depuis la tête du canal jusqu'à son autre extrémité.

Dans beaucoup d'irrigations le canal d'amenée sert de rigole de répartition. La figure 249 indique le profil d'une rigole de répartition, à section trapézoïdale, qui présente une ouverture de 1 mètre et $0^m,36$ de largeur au radier, sur $0^m,40$ de profondeur.

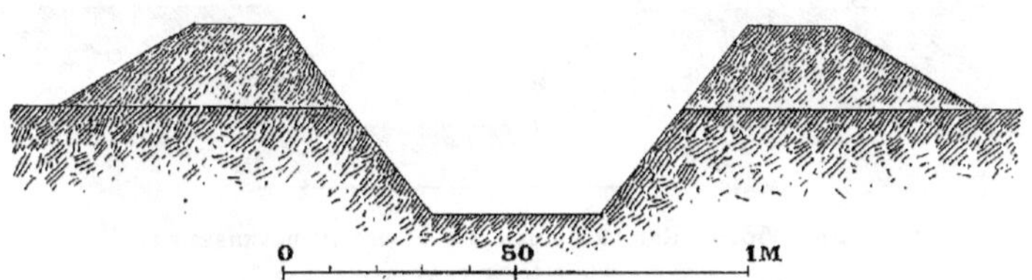

FIG. 249. — RIGOLE D'AMENÉE; PROFIL EN TRAVERS.

Dans d'autres cas, la rigole d'amenée sert directement de rigole déversante. Son profil est alors modifié (fig. 250) de manière que les bords soient plus élevés que le terrain environnant; cette disposition ayant pour but d'empêcher le débordement, quand on introduit des vannes mobiles dans le canal. Pour $0^m,70$ d'ouverture, la largeur au fond est de $0^m,30$ et la profondeur de $0^m,25$; ces dimensions correspondent à celles d'une grande rigole d'arrosage.

Quand le canal d'amenée déverse, comme il est situé sur la partie la plus élevée du terrain, il doit offrir la moindre pente possible, tout en se rapprochant de celle de $0^m,005$ par mètre. Sa section sera alors d'autant plus grande que la zone, arrosable en une seule fois, est plus étendue et l'inclinaison plus faible. Les prises d'eau fermées par des vannes devront s'espacer entre 40 et 60 mètres.

Rigoles de distribution. — C'est de la rigole d'amenée ou de répartition que partent les rigoles de distribution, tracées verticalement de distance en distance, dont la section va en décroissant. Pour un écartement de 40 à 60 mètres, ces rigoles ont une longueur de 60 à 100 mètres, selon la pente générale du terrain.

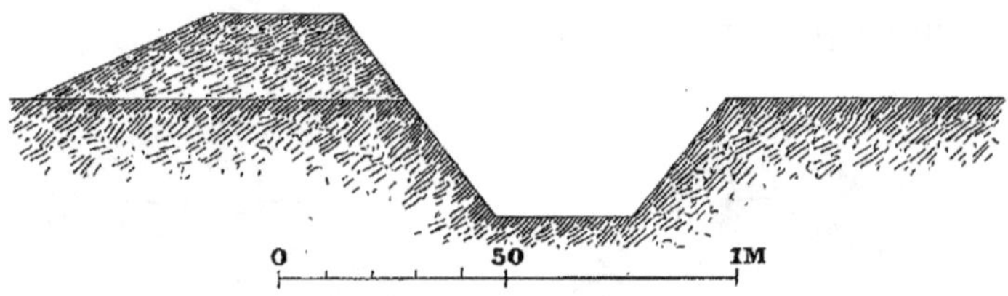

Fig. 250. — Rigole d'amenée servant au déversement; profil en travers.

Sur les rigoles de distribution sont branchées autant que possible par paires, les rigoles horizontales ou de niveau, le long desquelles l'eau se déverse en débordant sur le terrain. Leur section est trapézoïdale, ou triangulaire. On les établit tout en déblai, ou bien à déblai et remblai compensés, en ménageant sur leur paroi d'aval, au lieu d'une arête vive, un rebord de $0^{m},05$ de largeur, formé par le gazon déblayé.

Quoique horizontales, ces rigoles sont bien rarement en ligne droite, car elles contournent le terrain en suivant les points situés à une même altitude ; mais elles doivent être rigoureusement de niveau quant au bord déversant. Leur profondeur varie de $0^{m},15$ entre deux colatures, à $0^{m},30$, à leur intersection avec les rigoles d'écoulement.

Les rigoles à profil trapézoïdal (fig. 251), avec talus de 30 à 45 degrés, sont d'une exécution facile, même avec des charrues rigoleuses. Celles à section triangulaire (fig. 252) ont leur face d'amont BC en talus très doux et 3 sur 6 environ de profondeur, pour qu'on puisse les faucher ; mais la face AB en aval est presque verticale, tandis que le rebord est en pente très douce. Les bords supérieurs des parois sont battus avec soin et couverts de gazon rapporté qui forme une surface bien réglée sur le niveau. Ainsi établies, les rigoles triangulaires perdent moins de surface que celles en trapèze, car à l'exception

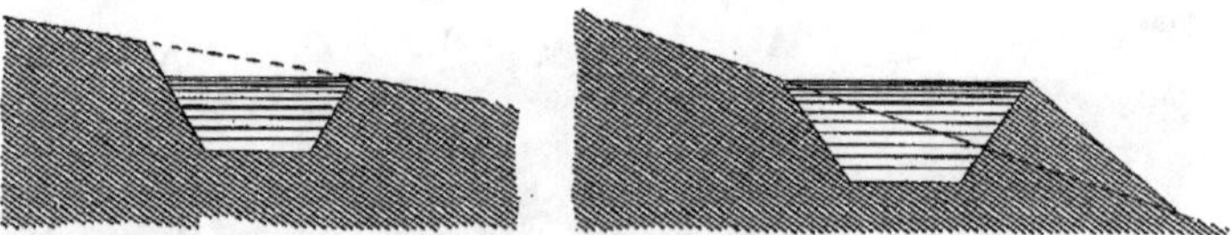

FIG. 251. — RIGOLE TRAPÉZOIDALE EN DÉBLAI ET A DÉBLAI COMPENSÉ.

de la face d'aval de la rigole, on peut tout faucher ; l'écoulement de l'eau, à section égale, s'y fait plus rapidement avec moins de perte ; mais elles ne peuvent être exécutées qu'à la main, c'est-à-dire à un prix plus élevé (1).

Quant à la longueur des rigoles, on peut faire décroître la section en diminuant la largeur, ou bien la profondeur, ou les deux à la fois; ce qui fournit le meilleur écoulement. Plus le terrain est accidenté, moins les rigoles devront être longues pour obvier aux sinuosités qui causent un épandage irrégulier. On considère dans les cas favorables qu'une longueur de 30 mètres est un maximum, et dans les sols irréguliers, 12 mètres.

Pour l'espacement des rigoles, il ne saurait y avoir de

(1) Grandvoinnet, *loc. cit.*

règle fixe, puisqu'il dépend de la pente et de la nature du terrain, de la quantité et de la qualité de l'eau. Tandis que Pareto donne comme limite d'écartement 2 à 40 mètres, Polonceau, d'après les agronomes anglais, mentionne 5 mètres pour les pentes moyennes et 7 mètres pour les pentes fortes. D'après Keelhoff, la limite est comprise en Campine entre 3 et 13 mètres.

En Piémont, sur des sols perméables à pente douce, le maximum de distance mesurée horizontalement ne dépasse pas 30 mètres; sur des sols compacts, il ne descend pas au-dessous de 4 à 5 mètres. Suivant le relief du terrain, la distance peut être très grande en certains points et très faible sur d'autres. Une rigole de distribution intercalaire, d'une longueur proportionnée au périmètre qu'il s'agit de régulariser, permet, quand l'écartement est trop grand, d'obtenir une solution pratique.

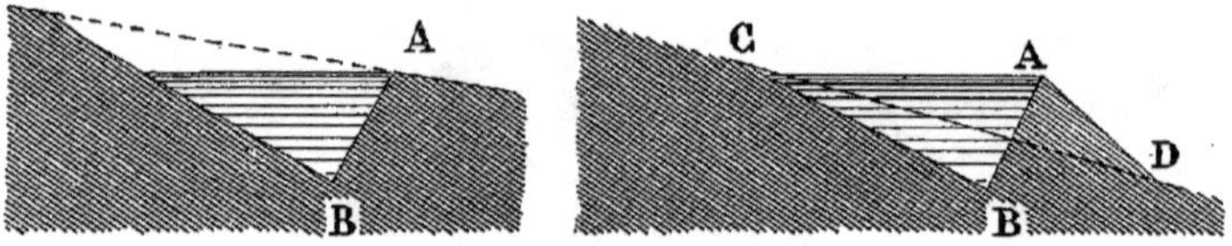

Fig. 252. — Rigole triangulaire en déblai et en déblai compensé.

Colateurs. — Les colateurs tracés dans le sens de la plus forte pente du terrain sont, aux points de jonction, à angle droit avec les rigoles de distribution. Leur section est croissante : $0^m,25$ de largeur à l'origine et de $0^m,35$ à $0^m,40$ à l'extrémité, pour une profondeur d'environ $0^m,35$.

Plus la pente est accentuée, plus la perméabilité est grande, et plus les colateurs doivent être rapprochés. La pratique, en Italie et en Allemagne, indique comme maximum pour les rigoles d'écoulement des prairies, une distance de 50 à 60 mètres. Pareto étend cette limite jusqu'à 80 mètres.

Dans les terrains à pente très faible où l'égouttement ne peut se faire quand l'arrosage a cessé, il importe d'ouvrir des tranchées de drainage là où les eaux séjournent, et de conduire les drains, comme les colateurs, dans le fossé général débouchant au plus prochain cours d'eau. Ce fossé passe naturellement par tous les points les plus bas que le niveau a indiqués. Il ne saurait jamais être

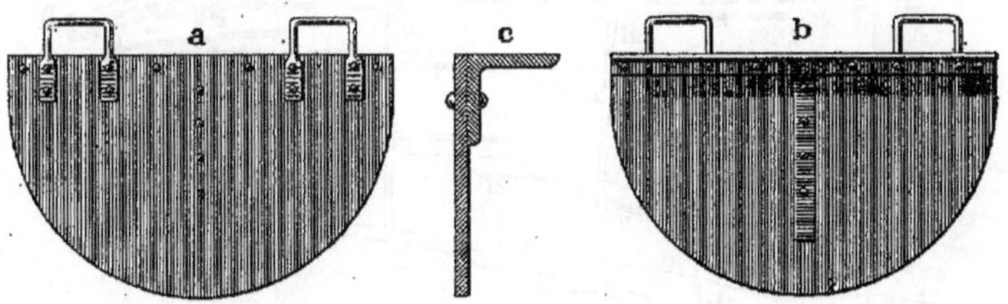

Fig. 253. — Vannette mobile en tôle.

établi en remblai, le plan d'eau devant y être inférieur au plafond des dernières rigoles d'écoulement.

Mode de distribution. — S'agit-il de distribuer l'eau à l'une des rigoles de niveau, on commence par fermer toute communication entre elle et les colateurs, soit avec des mottes de gazon, soit avec des tuiles, ou des petites ventelles.

La figure 253 représente de face et en coupe une vannette en tôle, mobile, d'un emploi recommandable pour des rigoles de grandes dimensions ($0^m,40$ à 1 mètre de largeur). La vannette se renforce dans ce dernier cas par une cornière et une plate-bande rivées. Quand les endroits où les vannes mobiles doivent ordinairement se placer dans les rigoles d'amenée, de colature, ou de dis tribution, sont déterminés, on peut consolider les talus de ces rigoles par deux pieux ou deux pierres brutes.

Si, voulant alimenter une des rigoles de niveau inférieur, le débit est insuffisant, on le complète en restreignant l'écoulement dans la rigole la plus voisine par des obstacles, tels que des gazons, des grosses pierres, des bouts de planches plantés verticalement, qui élèvent le niveau.

Admettant un terrain d'un seul versant (fig. 254), com-

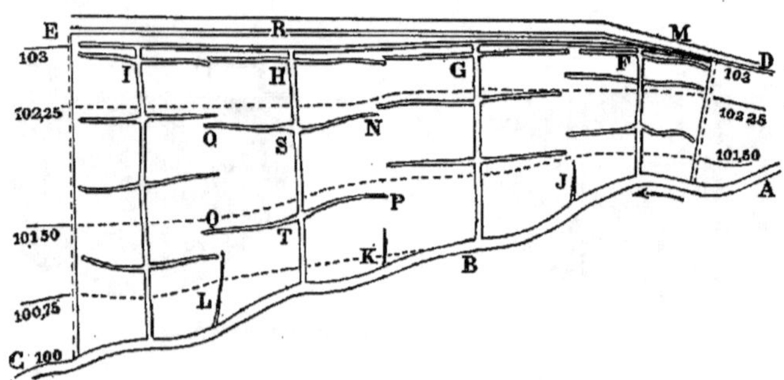

FIG. 254. — IRRIGATION PAR DÉVERSEMENT; RIGOLES DE NIVEAU SUR UN SEUL VERSANT.

pris entre un chemin vicinal et un ruisseau AB C. Ce ruisseau a été barré assez loin en amont du point A, pour qu'une dérivation D puisse amener l'eau au point le plus élevé du terrain, dans un canal répartiteur M E. Sur ce canal de répartition offrant une pente de $0^{m},0005$ par mètre, se branchent de 30 en 30 mètres, à partir de F, les rigoles de distribution F, G, H, I, tracées perpendiculairement aux courbes de niveau que désignent les cotes $100^{m},75$, $101^{m},50$, $102^{m},25$ et 103 mètres. Prolongées jusqu'au ruisseau, ces rigoles servent de colatures. Sur chacune des rigoles de distribution se branchent par paires des rigoles horizontales d'arrosage dont les premières au niveau supérieur sont placées à 1 mètre environ du canal répartiteur, et les autres, espacées de 10 en 10 mètres.

Pour irriguer, par exemple, la pièce N O P Q, on fermera la vanne du canal répartiteur en R; l'eau passant dans la rigole de distribution sera arrêtée en S par une vannette, de façon qu'elle reflue dans les rigoles horizontales S N et S O qui laissent déborder l'eau sur la pièce désignée. L'eau non absorbée par cette pièce tombe dans les rigoles T P et T Q qui débordent à leur tour et arrosent par reprise la pièce P Q L K située au-dessous. Lorsque l'eau de reprise n'est pas assez abondante pour l'arrosage de cette pièce, une deuxième vannette est placée en T pour faire refluer l'eau de la rigole H en T P et T Q.

L'arrosage cessant, les rigoles de distribution F, G, H et I, débarrassées des vannes mobiles, jettent l'eau suivant la plus grande pente dans le ruisseau qui sert de colateur.

En J, K et L, des saignées ont pour effet de prévenir la stagnation de l'eau aux points bas du terrain.

Coût d'installation. — La dépense d'installation est relativement faible. En admettant qu'un terrassier ordinaire puisse, en 10 heures de travail, ouvrir 100 mètres courants de rigoles de distribution, ou 150 mètres de rigoles d'écoulement, le mètre courant de rigoles, à raison du prix de 2 francs par journée de travail, coûtera pour une largeur de tête ordinaire, de $0^f,02$ à $0^f,01$.

Dans le compte des dépenses des irrigations exécutées par Pareto à la Celle-Guénand, en Touraine, le prix des rigoles de niveau est fixé par unité à $0^f,02$, comme celui des rigoles d'écoulement.

Applications aux prairies.

Prairies en pente faible. — La figure 254 indique pour un pré peu étendu, d'une inclinaison à peu

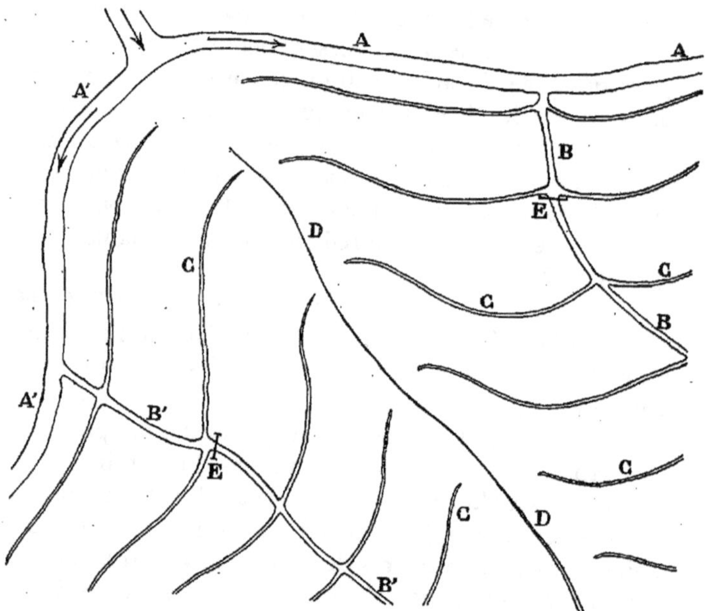

Fig. 255. — Rigoles de niveau ; prairie en pente faible, a deux versants.

près uniforme, sur un seul versant, la disposition d'une irrigation par déversement, à l'aide d'une seule rigole principale qui règne à la limite supérieure, la plus élevée de la prairie. Mais lorsque la prairie a une grande étendue et occupe plusieurs versants sous des inclinaisons diverses, il y a lieu d'établir autant de rigoles principales qu'il y a d'inclinaisons différentes, et de traiter chaque versant en raison de sa pente propre.

Dans ce cas (fig. 255), la prairie à pente modérée comportant deux versants, deux rigoles principales A A et A'A' sont établies au sommet de chacun. La rigole AA fournit de l'eau aux rigoles de distribution BB de la pente située à droite, et la rigole AA' en fournit aux rigoles de

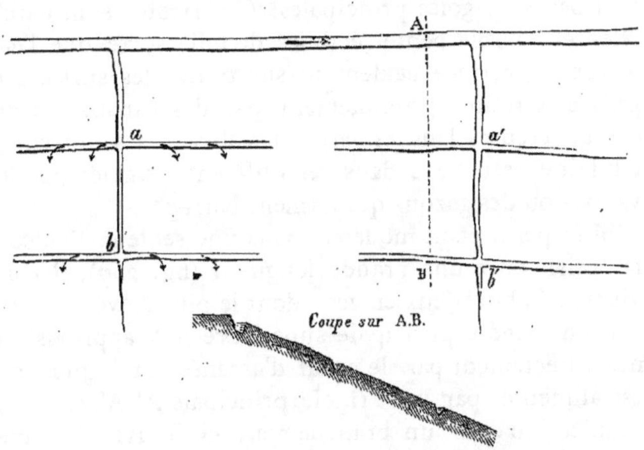

Fig. 256. — Prairie des Vosges irriguée par déversement ; plan et coupe.

distribution B'B' de la pente de gauche. Les dimensions en largeur et en profondeur de ces rigoles qui ont une pente forte et s'étendent jusqu'à la limite du terrain arrosable, dépendent du nombre et de la longueur des rigoles de déversement C C C, qui s'embranchent deux à deux, en suivant les ondulations de chacun des versants.

Vosges. — Le type le plus usité, dans les Vosges, pour des surfaces d'une inclinaison favorable à l'écoulement de l'eau, consiste en rigoles régulièrement parallèles, de petites dimensions, ayant $0^m,12$ à $0^m,15$ de largeur et de $0^m,03$ à $0^m,04$ de profondeur que représente la figure 256 en plan et en coupe (1).

« Quand les prairies sont très étendues, observe M. Boitel, on y établit souvent deux systèmes de rigoles, des rigoles principales s'alimentant directement par le canal de dérivation, et des rigoles secondaires s'alimentant par les rigoles principales. Ces rigoles sont parallèles et à faible pente, établies de telle sorte que l'eau vierge soit dirigée également sur toutes les surfaces et puisse se retirer promptement par des canaux de décharge, creusés dans les parties les plus basses du terrain. On fait entrer l'eau dans ces différentes rigoles par des vannes ou des gazons qui forment barrage. »

Si la pente étant modérée, sous une seule inclinaison, la prairie offre une grande longueur (fig. 257), il convient d'établir deux étages, dont le plus élevé est servi par une rigole principale supérieure A A approvisionnée directement par le canal d'amenée, et le plus bas est alimenté par une rigole principale A' A' en communication par un branchement G G avec le canal d'amenée. Chaque rigole principale fournit l'eau au premier rang des rigoles de distribution B B et B'B'. La longueur de ces rigoles alimentaires, qui ne saurait être trop grande, détermine la distance des rigoles principales.

Les rigoles de déversement C C et C'C', à raison de la régularité de la pente, sont presque droites, parallèles, et d'égale longueur à chaque étage.

D D représentent, comme dans la figure 255, les colatures ou rigoles d'égouttement, étroites et peu profon-

(1) A. Boitel, *Herbages et prairies naturelles*, p. 539.

des au sommet et plus grandes dans le bas, qui facili-

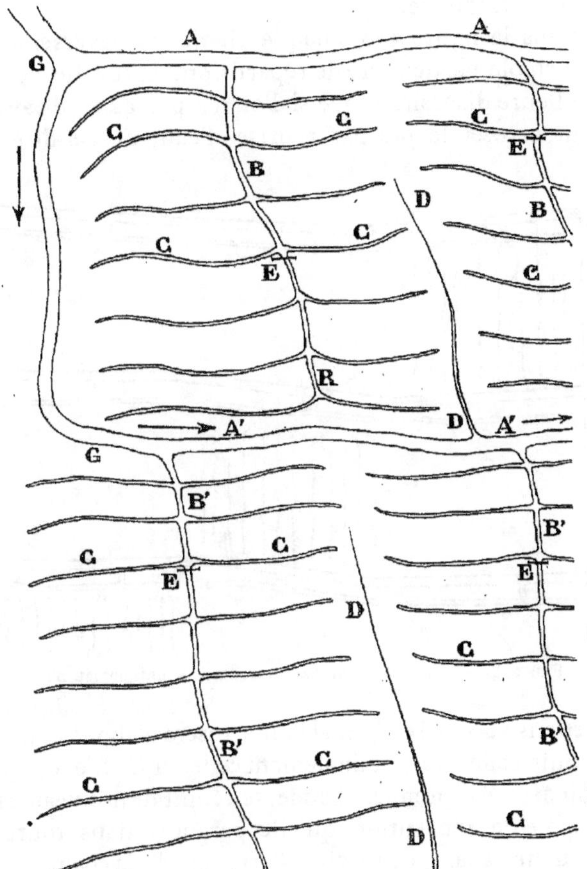

Fig. 257. — Rigoles de niveau ; prairie en pente faible à deux étages, sur un versant.

tent les écoulements dans le colateur principal.

Il arrive fréquemment que dans les prés offrant peu

de pente, chaque rigole de déversement est desservie par une rigole particulière de distribution, branchée sur la rigole principale.

Dans la figure 258, chaque rigole de déversement a une rigole particulière de répartition. Il résulte de cette meilleure disposition que si l'on n'a pas assez d'eau, on peut arroser le pré par reprise d'eau, c'est-à-dire par

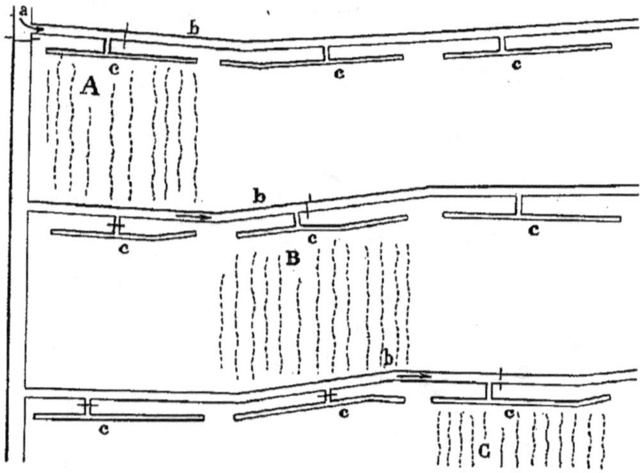

Fig. 258. — Rigoles de niveau; disposition de reprise d'eau.

fractions successives; ainsi l'on arrosera d'abord la bande A, puis celle en B, et finalement celle en C. L'eau, après avoir arrosé la première bande, se réunit de nouveau dans la rigole de répartition qu'elle parcourt dans toute la longueur, avant de servir à l'arrosage de la bande suivante. L'eau rassemblée ainsi plus complètement s'aère après avoir servi (1).

Quand on dispose d'une quantité d'eau suffisante, on

(1) Villeroy et Müller, *loc. cit.*, p. 106.

peut arroser isolément chaque plan tout entier, en distribuant les rigoles comme l'indique la même figure 258, dans laquelle *a* représente la rigole de distribution ; *b b b*, les rigoles particulières de répartition sur lesquelles se branchent les rigoles parallèles de déversement *c c c*.

Prairies en pente rapide. — Dans un pré à

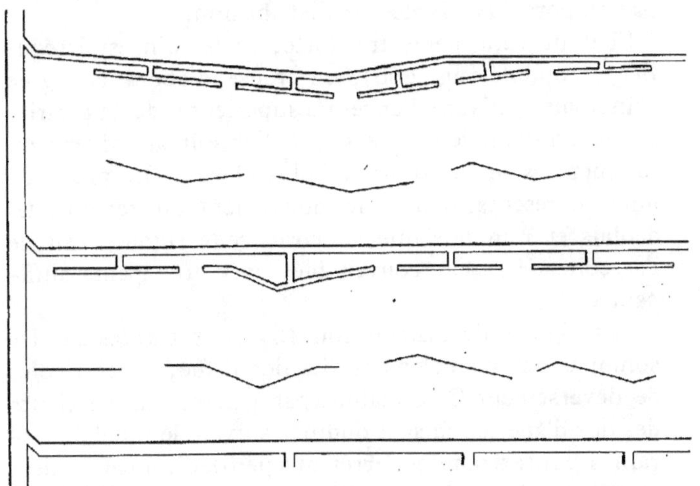

Fig. 259. — Disposition de reprise d'eau appliquée a Hohenheim.

pente rapide, un trop grand nombre de rigoles à grande largeur est un mal à éviter. On y obvie par la disposition (fig. 259) que Schwerz a introduite à Hohenheim : elle diffère de la précédente en ce que, au milieu de chaque plan, il y a une seconde rangée de rigoles de déversement qui ne reçoivent pas directement l'eau du canal de répartition, mais la reprennent dès qu'elle a arrosé la partie supérieure de chaque plan. Son but est de diminuer le nombre des rigoles, en empêchant que les eaux ne ravinent le terrain.

Lorsque la prairie est en pente forte, de 3 et même de 5 centimètres par mètre, les rigoles de distribution, pour un versant uniforme, doivent être dirigées obliquement ou en écharpe, de manière à la diviser en zones obliques; mais alors, les rigoles de déversement étant toujours horizontales et parallèles, les angles qu'elles forment sont très aigus, surtout en raison de la rapidité de la pente par rapport aux rigoles de distribution.

Si pour cette pente très forte, le terrain est irrégulier et ondulé (fig. 260), on creuse d'abord la rigole principale, suivant l'enceinte supérieure de la prairie, à une hauteur telle que son radier soit au niveau du sommet des ondulations les plus élevées. Le profil en long représente, d'après le mouvement du terrain, les déblais et remblais que supporte cette rigole, afin de l'asseoir à hauteur convenable, avec une pente suffisante.

Les rigoles de distribution BB sont tracées sur les sommets des mamelons et des dos d'âne, et les rigoles de déversement C C, établies par paires, sur les flancs des dos d'âne, en faisant onduler suivant le relief du terrain. Leurs extrémités s'arrêtent à peu de distance au-dessus des fonds qui forment les intervalles des mamelons.

La disposition est complétée par des rigoles d'égouttement DD, creusées dans chacun des fonds et continuées jusqu'au canal qui débouche dans le ruisseau où partent les eaux surabondantes de la prairie.

Une observation trouve ici sa place; elle s'applique aux prairies qui ont peu ou beaucoup de pente, sur lesquelles il importe de changer de place, tous les ans, ou tous les deux ans, les rigoles de déversement. Il en est de même des rigoles verticales, quand elles servent à l'épandage. Si on les laisse à la même place, l'eau les creuse trop profondément. Outre qu'il est plus facile de faire que de réparer une rigole; comme la nouvelle s'établit à quelques centimètres de distance, on bouche l'ancienne avec le déblai et le gazon qui en pro-

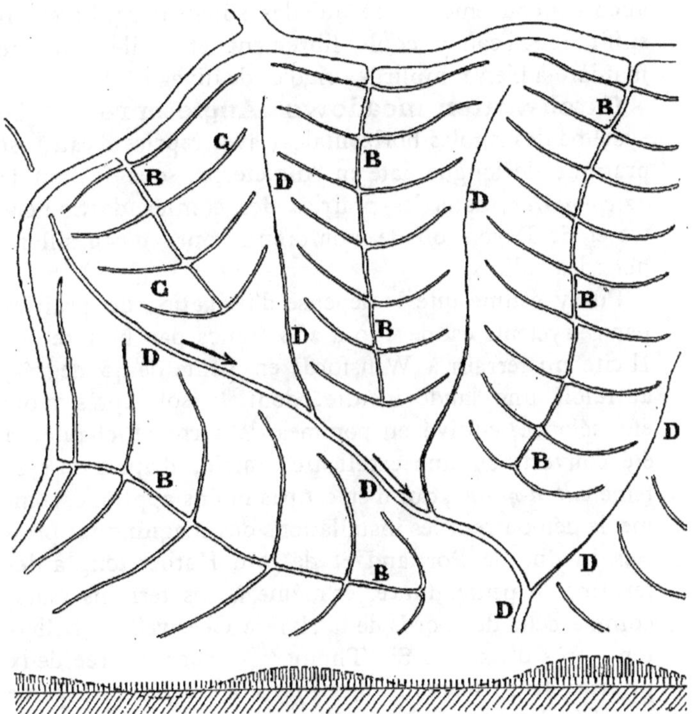

Fig. 260. — Rigoles de niveau; prairie en pente forte, a plusieurs versants.

viennent. Les rigoles ainsi comblées offrent souvent la végétation la plus vigoureuse.

Le grand avantage de l'irrigation des prairies par rigoles de niveau « est de pouvoir s'accommoder à toutes les inclinaisons de terrain et de fournir les mêmes résultats avec les pentes différentes des rigoles de distribution, parce que ces rigoles n'étant destinées qu'à conduire les eaux aux rigoles de déversement, il importe peu que leurs pentes soient fortes ou faibles. Il n'y a aucun inconvénient à ce qu'elles soient irrégulières; il suffit que l'eau y coule librement et facilement, de manière à bien remplir les rigoles de niveau (1). »

Catch-water meadows (Angleterre). — Le système des rigoles horizontales, avec reprise d'eau, est pratiqué de longue date en Angleterre, sous le nom de *catch-water*, dans les prairies des comtés de Somerset et de Devon où de nombreux cours d'eau sillonnent les vallées.

Pusey estime que la dépense d'irrigation des prairies par ce système est de 150 à 250 francs par hectare (2). Il cite un terrain à Winsford, en pente de 45 degrés, autrefois une lande inculte, dont le sol après avoir été défoncé, cultivé en pommes de terre et chaulé, a été converti en une excellente prairie, d'après le système *catch-water*, qui n'en est pas moins appliqué, comme le démontrent les installations des magnifiques prairies du duc de Portland et de lord Hatherston, à des terrains en pente douce, et même à des terrains plats, comme ceux des bords de la rivière Cherwell. A Killerton, près d'Exeter, Sir Thomas Aucland a créé deux prairies de 25 hectares chacune, sur des pentes à peine appréciables, et lord Poltimore, une prairie de 600 mètres de longueur, arrosée par rigoles horizontales, sur un terrain où la différence de niveau est à peine de $0^{m},10$.

Il y a lieu de considérer deux pentes pour l'établissement du *catch-water* le long des cours d'eau; la pente du

(1) Polonceau, *Des eaux relativement à l'agriculture*, p. 122 à 134.
(2) *Journ. Roy. Agric. Soc. of England,* vol. X, 1849.

cours d'eau lui-même, en amont du point d'admission, et celle du terrain dans le sens transversal, dirigé vers le cours d'eau. La première inclinaison est nécessaire pour fixer le point de dérivation, de façon que l'eau puisse couvrir le terrain arrosable, et la seconde pour juger si l'eau peut s'écouler sur un point en aval du cours d'eau, après l'arrosage.

Au cas où le terrain ne s'incline pas vers le cours d'eau, la seule chute que l'on puisse obtenir est celle qui résulte du courant à la descente, puisqu'il n'est pas possible de l'augmenter par un barrage supérieur. Alors les rigoles devront être tracées perpendiculairement au courant, l'eau d'arrosage suivant la même direction que lui. Il est entendu que dans ce cas, la pente du terrain ne saurait excéder celle du cours d'eau. Pour une des prairies de lord Poltimore, la rivière offre une pente de 5 deux-millièmes et l'irrigation est directe; de telle sorte que la pente pour l'irrigation proprement dite est de 1 cinq-millième; dans une autre prairie, elle est exceptionnellement de 1 huit-millième.

Pour l'établissement de ses prairies du Devonshire, Pusey s'est adressé à un irrigateur expérimenté d'Exeter, Ley, de Newton Saint-Cyr, qui s'en est chargé moyennant un forfait de 270 francs par hectare, plus 92 francs pour les frais du canal d'amenée, des rigoles et des vannes. Ces prairies sont presque de niveau; leur pente est inférieure à 1 sur 115. Du reste, selon Pusey, le degré d'inclinaison est approprié au climat; il doit croître en remontant vers le nord.

Quand le terrain est spongieux ou malsain, il convient de l'assainir, avant d'y installer l'irrigation, à l'aide de drains de dimensions plus grandes que de coutume, pour que l'eau d'écoulement puisse servir à l'arrosage des prairies inférieures. Les prairies basses de lord Hatherston, à Teddesley, ne sont arrosées par la méthode des rigoles de niveau qu'avec des eaux de drainage.

Méthode Bickford. — Tel qu'il vient d'être décrit, le système *catch-water* a été modifié par Bickford, de Crediton (1), et appliqué par Sir Stafford Northcote, près d'Exeter (2). Dans le système Bickford, les rigoles de niveau sont coupées par une série de petites rigoles, à peu près perpendiculaires dans le sens de la plus grande pente, qui transforment la prairie en une sorte de damier.

Le point d'accès de l'eau du canal de dérivation, au plan supérieur de la prairie, ayant été soigneusement déterminé, on procède à l'aide du niveau au tracé de la rigole principale dont la pente résulte du volume d'eau disponible et de la configuration du terrain. Sir Stafford Northcote estime qu'une pente de 1 sur 400 est désirable; mais elle peut être inférieure sans inconvénient. La rigole reçoit à l'origine une largeur de $0^m,30$ sur une profondeur de $0^m,15$; ses dimensions vont en décroissant jusqu'à l'extrémité où elle se perd dans le sol.

Dans le croquis (fig. 261 A), la ligne A^1, B^1, représente la trace de la rigole principale ou d'amenée des eaux. Les rigoles de niveau BC, DF, IH, sont alors tracées dans le sens de la pente, à des intervalles de 10 mètres environ. Parallèles à la rigole A^1, B^1, elles épousent le contour du terrain et ne visent aucun raccourcissement dans le but d'obtenir des lignes droites. Quand l'espacement imposé par les sinuosités

(1) *Improved system of irrigation*, by J. Bickford. *Journ. Roy. Agric. Soc. of England*, 1852, vol XIII.

(2) *Improved system of irrigation*, etc., by Sir Stafford Northcote; *loc. cit.*, 1852.

est trop grand, on intercale des rigoles de niveau intermédiaires, telles que MN, FG, LK. Une fois tracée, la rigole est attaquée par la charrue qui la creuse à $0^m,10$ de profondeur sur autant de largeur.

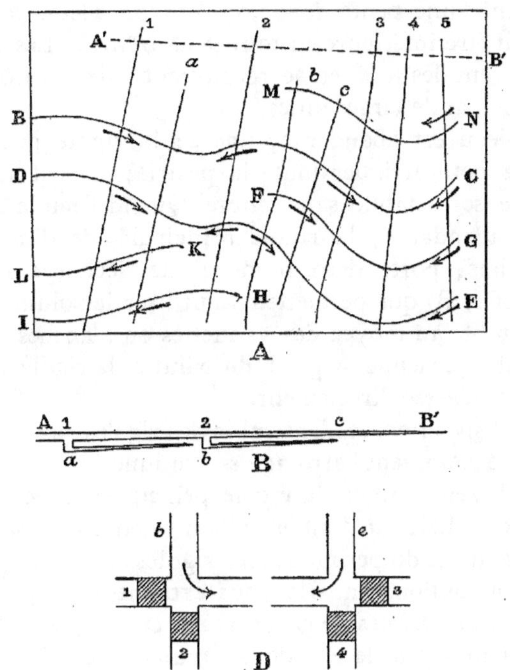

FIG. 261. — MÉTHODE BICKFORD (CATCH-WATER MEADOWS).

Dès lors, on trace les rigoles d'intersection qui devraient être, en théorie, perpendiculaires aux courbes de niveau, mais qui s'en écartent en pratique, suivant les irrégularités du relief. Ces lignes 1, 2, 3, 4, 5, sont dirigées par le centre des courbes à une distance entre elles, quand cela est possible, de 10 à 15 mètres.

La distance étant trop grande, on trace des lignes intermédiaires *a*, *b*, *c*.

La charrue (1) ayant parcouru la trace de chaque ligne, relevant le gazon, on jalonne chaque 10 mètres en s'aidant du niveau d'eau ou à bulle d'air, de façon à obtenir une pente de $0^{m},04$ à $0^{m},05$. Cette pente ne saurait être inférieure en tout cas à $0^{m},015$. Les rigoles s'achèvent dès lors et se recouvrent aux endroits de passage par de larges tuiles.

Si l'eau est abondante, une seule rigole principale suffira pour irriguer toute la prairie; mais il importe qu'elle soit établie sans chute. Quand l'eau n'est pas assez abondante, la rigole principale, de dimensions moindres, porte deux branches de décharge A et B (fig. 261, B) qui permettent d'utiliser le volume d'eau disponible au moyen des vannettes ou planches placées en aval de chacune. A partir du point *c*, la rigole s'amincissant déverse directement.

La disposition de l'ensemble des rigoles (fig. 262, C) indique comment l'arrosage se pratique :

A' B' représentant la rigole principale, avec une rigole de décharge *a* dont la section va en décroissant jusqu'à la limite du périmètre, les rigoles *b*, *c*, *d*, *e*, servent à la distribution. Entre les deux extrêmes *b* et *c*, l'eau est confinée par des dés de gazon 1, 2, 3 et 4 (fig. 261, D); les flèches montrent le sens de la circulation de l'eau. L'arrosage se pratique de haut en bas et non latéralement, *a b d c* formant un plan d'arrosage (fig. 262, E) et *b e f d*, un autre. Les rigoles d'intersection sont changées de place tous les ans, en les reportant à une distance de $0^{m},40$ à $0^{m},50$; elles servent de colateurs, quand l'arrosage cesse, pour l'égouttement de la prairie.

(1) L'instrument employé est celui que nous avons décrit comme charrue rigoleuse de Th. Moore, p. 366.

A l'objection formulée contre cette méthode, que la rigole d'amenée du niveau supérieur étant unique, la prairie est mieux arrosée en haut qu'en bas, Sir Stafford

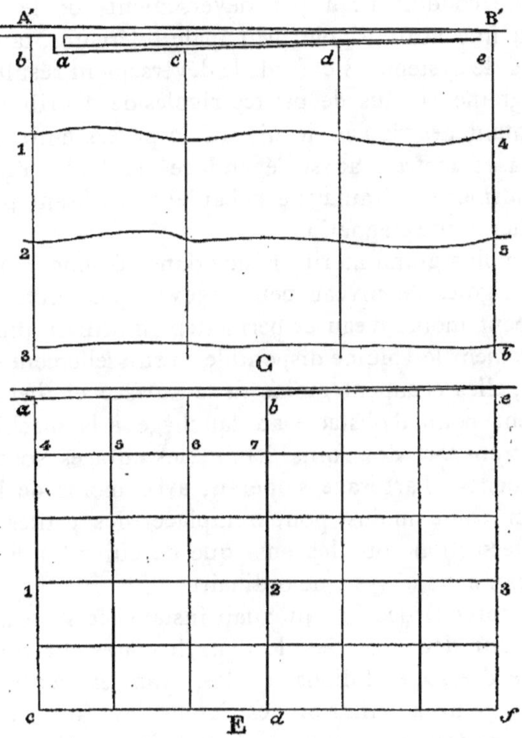

FIG. 262. — MÉTHODE BICKFORD (CATCH-WATER MEADOWS).

Northcote répond que précisément, au moyen des rigoles d'intersection, les arrêts étant convenablement placés, elle permet d'arroser d'abord la partie basse, si on le juge opportun, et de finir par la partie haute. D'ailleurs, aussi bien les rigoles de déversement horizontales que celles perpendiculaires, par le fait qu'elles sont dirigées à peu près parallèlement, établissent des compensations sur le terrain naturellement ondulé.

Dans la méthode ordinaire, une seule rigole principale conduit l'eau par déversement sur le sol, jusqu'à une autre rigole principale inférieure, tandis que dans le système Bickford, le déversement résulte d'une vingtaine et plus de petites rigoles de distribution alimentant des rigoles de niveau, espacées entre elles de 10 à 15 mètres; aussi l'épandage est-il plus égal, plus uniforme; le drainage est d'ailleurs suffisant pour empêcher toute stagnation.

Le plus grand mérite réside dans l'économie de l'eau. Les rigoles de niveau peu larges et peu profondes absorbent moins d'eau et permettent d'utiliser plus complètement le volume disponible en ruissellement superficiel; elles occupent moins de la surface en herbe et ne créent point d'obstacle au fauchage à la machine, ou au transport des foins. Enfin, les curages sont moins fréquents : l'arrosage s'opérant avec moins de lenteur, il en coûte moins pour remplacer les petites rigoles d'intersection tous les ans, que de curer les rigoles de niveau dans le système ordinaire.

D'après Druce (1), qui a fait installer le système Bickford sur deux prairies de deux hectares chacune, dont l'une dressée en billons et ados, ayant exigé plus de dépense pour la confection des rigoles, les frais se sont élevés à 75 francs par hectare, soit 45 fr. pour les rigoles et 30 fr. pour objets divers : enlèvement et remplacement de gazon, nivellement, etc. Le coût annuel de l'arrosage et de l'entretien représente de 6 à 10 francs par hectare.

(1) J. Druce, *New System of irrigation; Journ. Roy. Agric. Soc. of England*, 1853, vol. XIV.

Prairies d'Exeter. — Les prairies de Sir Stafford

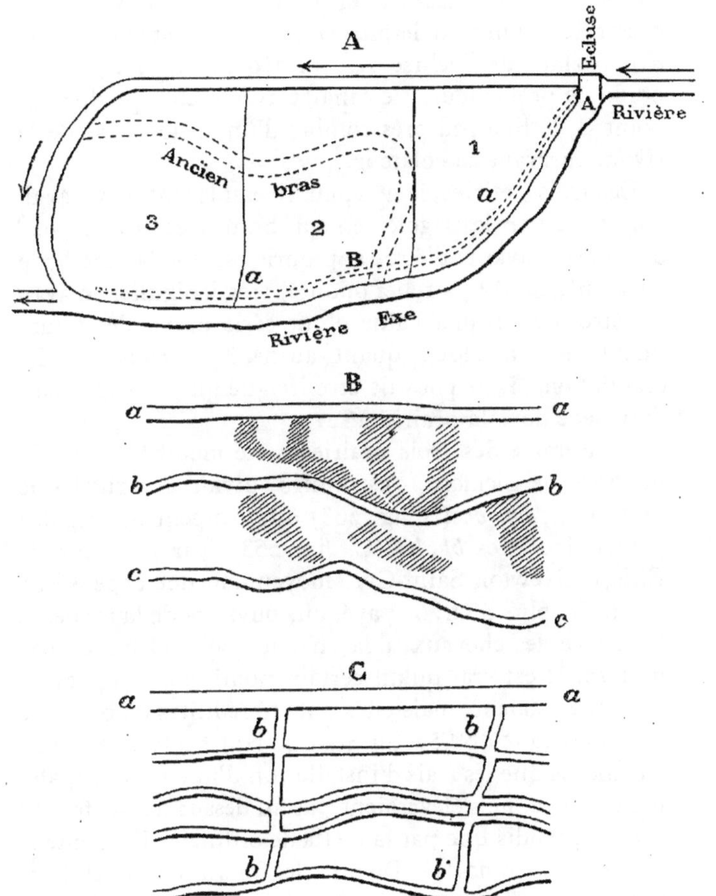

Fig. 263. — Application de la méthode Bickford aux prairies d'Exeter.

Northcote sont situées sur le bord de la rivière Exe, à 3 kilomètres en amont d'Exeter, entre la rivière même et une dérivation par barrage qui alimente la ville. L'espace entouré par la rivière et le canal, d'une contenance de 12 hectares, est partagé en trois prairies 1, 2 et 3 (A, fig. 263) desservies au niveau le plus élevé par un canal d'amenée *a a* partant de l'écluse A, qui a $0^m,90$ de largeur sur $0^m,60$ de profondeur. Ce canal traverse en aqueduc, au point B, le lit à peu près comblé d'un ancien bras de la rivière, servant de colateur.

Des trois prairies, le n° 1, au niveau le plus élevé, avait été arrosé par des rigoles en épi, branchées sur le canal d'amenée, avant d'être approprié selon la méthode Bickford; le n° 2, à relief ondulé, très irrégulier, n'avait pu être arrosé qu'à l'aide d'une série de rigoles bifurquant sur l'aqueduc; quant au n° 3, à cause de ses ondulations, il ne pouvait être irrigué qu'en suspendant l'arrosage dans la prairie n° 2.

L'ensemble des trois prairies a été modifié d'après la méthode de Bickford, c'est-à-dire suivant des rigoles de niveau *aa*, *bb*, *cc* (B, fig. 263) que coupent des rigoles perpendiculaires *bb*, *bb* (C, fig. 263), par les soins de Ellis, de Newton Saint-Cyr, moyennant une dépense de 215 fr.60, plus 85 fr. 60 payés aux ouvriers de la ferme, et le service des chevaux à la charrue payé 33 francs par hectare. Il est vrai qu'un certain nombre de rigoles de niveau existaient; mais elles ont été réduites de $0^m,90 \times 0^m,60$ à $0^m,30 \times 0^m,52$. Sir Stafford Northcote n'en estime pas moins que les frais d'installation d'une prairie également située, ne s'élèveraient pas au-dessus de 60 fr. par hectare; tandis que par la méthode ordinaire ils montent à 250 et 300 francs (1)? De plus, les frais de curage et d'entretien, qui atteignent 6 francs par hectare par la méthode

(1) Sir Stafford Northcote, Bart. *Improved System of laying out catch-meadows; Journ. Roy. Agr. Soc.*, vol. XIII (1852).

ordinaire, sont réduits de moitié par la méthode Bickford, grâce au changement de place des rigoles d'intersection.

b. LES IRRIGATIONS PAR RAZES.

La méthode d'irrigation par razes se distingue de celle par rigoles de niveau, en ce que, au lieu d'être tracées de niveau, affectant les formes sinueuses que déterminent les ondulations du terrain, les rigoles sont dirigées obliquement avec des pentes plus ou moins prononcées. De ces rigoles de distribution partent des rigoles secondaires en forme d'épi, dont la largeur va en diminuant depuis l'origine jusqu'à l'extrémité. Il en résulte que l'eau ne pouvant pas être toute contenue dans les rigoles d'épi, par suite de leur rétrécissement, se déverse assez régulièrement sur leur longueur.

Quoique servant le plus souvent à compléter l'irrigation par rigoles de niveau, la méthode par razes, tout en étant moins parfaite, est employée de préférence par le cultivateur qui veut tracer lui-même et établir des rigoles sans le secours du niveau, en se faisant suivre par l'eau. Dans les terrains assez perméables, elle consomme plus d'eau; mais dans les sols très perméables, la consommation est à peu près la même, car l'eau toujours en mouvement dans les rigoles, se perd moins par infiltration.

Dispositions générales. -- Si le terrain offre une pente générale moins forte, de $0^{m},003$ à $0^{m},008$, il exige, comme dans la méthode par niveau, d'être régularisé quant aux monticules et aux creux. Avec des pentes plus fortes, excédant 8 millimètres, dans le Luxembourg ou en Auvergne, les irrigations ne sont plus régulières et l'assainissement devient très difficile.

Les rigoles de distribution qu'alimente la rigole principale suivent les lignes de faîte avec un espacement que limite leur longueur. Il s'ensuit que souvent on est obligé d'établir deux ou plusieurs rigoles déversantes sur le dos d'une même colline, tandis que l'on réserve les fonds pour les rigoles de colature.

Les rigoles en épi partant de chaque côté de la rigole de distribution, finissent en pointe ; elles sont tracées de manière à ce que quittant une rigole de distribution, elles ne rencontrent pas juste celles qui s'embranchent sur la rigole voisine. La pente et la nature du terrain déterminent l'intervalle à ménager entre deux paires de rigoles en épi. Pareto pense qu'une distance de 20 ou 30 mètres ne saurait être dépassée sans inconvénient, et que dans les terrains fortement inclinés, très perméables, elle doit être réduite à 3 ou 4 mètres.

Les colateurs dirigés en sens inverse sont établis entre deux rigoles de distribution, en suivant les contours du thalweg.

Il arrive, quand les pentes sont faibles et les rigoles de distribution éloignées, que l'on partage aussi en épi les colateurs, pour bien égoutter le terrain. Alors chaque colateur en épi se place entre deux rigoles secondaires également en épi. Tous les colateurs débouchent généralement dans un grand fossé collecteur, sans que l'eau puisse être reprise pour arroser de nouvelles bandes. On parvient à remédier en partie à cet inconvénient, d'autant plus sensible que l'on dispose d'une moindre quantité d'eau, en recueillant l'eau des colateurs dans une forte rigole de niveau qui fait office à son tour de rigole d'amenée. D'ailleurs, la rigole de niveau offre l'avantage de pouvoir restreindre la longueur des rigoles de distribution, de façon qu'elles n'alimentent plus régulièrement que deux ou trois paires de rigoles en épi, et de partager l'irrigation en bandes horizontales ayant de 60 à 100 mètres de largeur. Cette rigole de niveau servant de colateur ne doit pas déborder, puisqu'elle est destinée à donner l'eau à de nouvelles rigoles de distribution.

Rigoles inclinées. — Les rigoles de distribution, tracées suivant la ligne de la plus grande pente, ont une largeur uniforme jusqu'à la première paire de rigoles en épi; cette largeur est diminuée jusqu'à la seconde paire, et ainsi de suite; la profondeur reste constante, entre $0^m,20$ et $0^m,25$ sur toute la longueur. Pour un terrain en pente de $0^m,007$ par mètre, Pareto a donné au premier tronçon des rigoles de distribution, c'est-à-dire jusqu'à l'amorce du premier épi, $0^m,45$ de largeur, au deuxième tronçon $0^m,30$, au troisième $0^m,15$: l'irrigation disposait de beaucoup d'eau. Les dimensions varient naturellement suivant les conditions de sol, de pente, de longueur, etc.

Les razes au contraire ont un profil en travers qui se modifie comme largeur et comme profondeur sur tout leur parcours, puisqu'elles finissent en pointe. A l'origine, la profondeur est toujours la même que celle de la rigole de distribution; elle diminue jusqu'à $0^m,15$; quant à la largeur, elle est au début de $0^m,25$ pour décroître suivant la pente faible, mais régulière, comprise entre 1 et 5 millimètres par mètre. La longueur est limitée à environ 25 mètres.

Il arrive qu'au lieu de faire partir deux razes du même point de la rigole de distribution, on n'en dérive qu'une seule; auquel cas, il n'y a point d'épi : mais c'est là un cas exceptionnel motivé par la configuration du terrain.

Colateurs. — Pour les colateurs qui ont une largeur initiale de $0^m,25$, on augmente cette dimension ainsi que la profondeur d'une manière uniforme, en rapport avec le volume d'eau d'égouttement et la pente, jusqu'à ce qu'elle atteigne 0m,50 et même 0m,60 à l'extrémité. On ne saurait déterminer d'avance aucune règle pour les colateurs en épi.

Les colateurs de niveau destinés à servir de rigoles de distribution, ne se distinguent guère de ceux dont il a été fait mention dans la méthode précédente, que par leur moindre profondeur, afin d'empêcher l'eau d'y séjourner. Le bourrelet ne sert pas à déverser les eaux, mais à faciliter leur introduction dans les rigoles de distribution; le talus d'en haut a pour but de ne pas perdre de terrain et de faciliter le passage de la faux.

Le tracé des colateurs de niveau exige l'emploi des instruments de nivellement; mais pour les autres rigoles, aussi bien que pour les razes, les cultivateurs guidés par le jugement et la pratique tracent en se faisant suivre par l'eau; ce qui constitue, malgré tout, une manière fort imparfaite.

Mode de distribution. — Pour arroser, on fait passer l'eau au moyen des vannes, de la rigole principale, dans un certain nombre de rigoles de distribution, selon le volume d'eau disponible. Ces rigoles la conduisent aux razes qui débordent sur le terrain; les colateurs la reprennent pour la donner au fossé principal d'écoulement, ou bien à une rigole de niveau qui dessert une seconde série de razes.

Malgré la simplicité de la méthode par razes, comme le volume d'eau est souvent variable, on est obligé pour obtenir un déversement uniforme, de surveiller constamment les gazons ou les planchettes qui règlent l'arrivée de l'eau dans les rigoles de distribution, en aval des razes. Sous le rapport du travail imposé à l'irrigateur, elle représente environ le double de celle qu'exigent les rigoles de niveau. D'ailleurs, elle est moins économique quant aux mouvements de terrain, bien qu'elle s'applique avantageusement à des pentes moindres. Les frais de rigolage sont à peu près les mêmes dans les deux méthodes.

Applications des razes.

Terres en culture. — L'irrigation des prairies artificielles, des céréales et de quelques autres cultures se pratique d'une manière courante dans le Midi, à l'aide de grandes razes; mais il n'est pas douteux que les trèfles, les luzernes, les sainfoins, etc., dans le Centre et le Nord, ne puissent tirer également profit, lors des années de sécheresse, de ce mode d'irrigation.

Pour les trèfles qui doivent rester deux ans en terre, on ne saurait d'ailleurs sans de trop grandes dépenses établir, en vue d'irrigations aussi peu fréquentes, des rigoles régulières d'arrosage. On se borne en conséquence à tracer des razes distantes de 50 à 60 mètres, lorsque le terrain est labouré à plat. Pour les terres dressées en planches ou en larges sillons, suivant la pente du terrain, les razes coupent en écharpe les planches, mais ne donnent de l'eau dans les parties creuses que par infiltration; si les planches sont placées perpendiculairement à la ligne de plus grande pente, les razes sont établies à angle droit et reçoivent l'eau dans les fonds, comme des rigoles de niveau. L'assainissement de ces cultures n'a lieu le plus souvent que par les fossés usités dans les champs en labour.

Pour les céréales, cultivées à plat ou en planches, la manière d'irriguer par razes est la même. Les razes arrosent dans chaque cas par infiltration lorsqu'on les laisse ouvertes en entier, et par déversement lorsqu'on les ferme avec des vannes à main. (Voir fig. 264, l'irrigation par razes d'un champ labouré.)

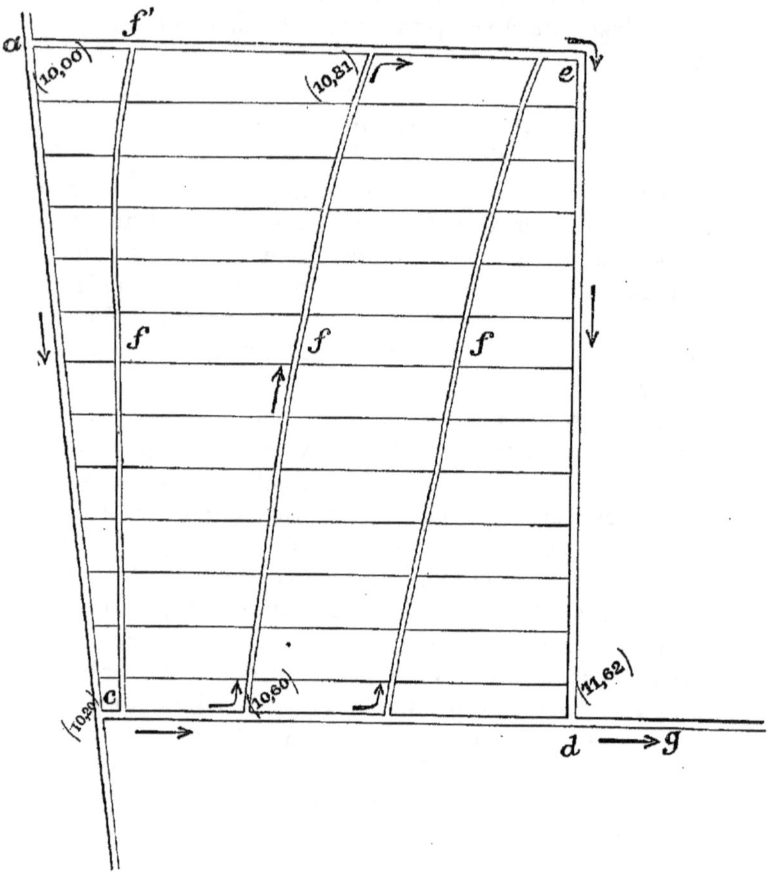

Fig. 264. — Irrigation par grandes razes d'un champ labouré.

Prairies. — La figure 265 montre le plan d'une prairie irriguée par des razes ou rigoles inclinées, à eau courante. L'eau arrive, au haut de la prairie, par le canal A B qui alimente les rigoles principales BC, BD, AE, EG; sur ces dernières s'embranchent les rigoles de distribution, telles que *a*, *b*, *c*, qui mènent l'eau aux razes.

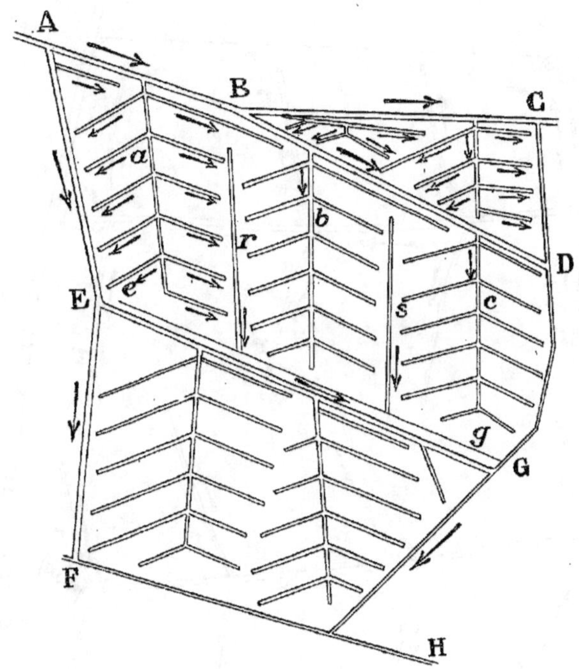

Fig. 265. — Plan d'une prairie irriguée par des razes en épi.

Les colateurs de la partie supérieure *r*, *s*, débouchent dans un colateur principal *e g* rejoignant le fossé d'écoulement, sans que l'eau dégraissée soit employée en reprise pour la partie inférieure, qui est directement irriguée par de l'eau fraîche venant de AE en EG. Il est possible, d'après les dispositions du plan, d'arroser à la fois toute la prairie, ou seulement une des zones (1).

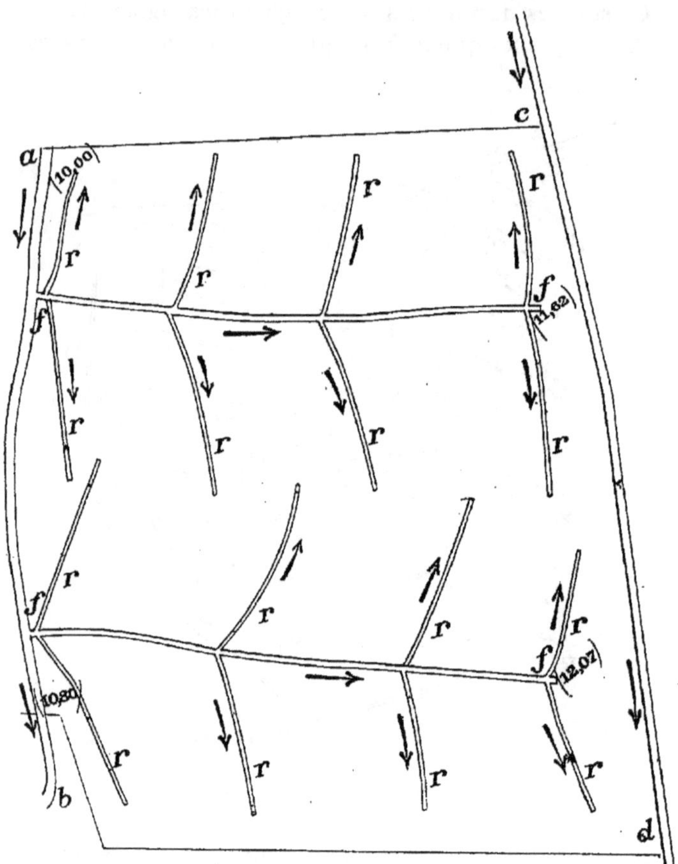

Fig. 266. — Champ de trèfle ; irrigation par razes en épi.

Dans la figure 266 représentant l'irrigation d'un champ de trèfle, l'eau est donnée par la rigole princi-

(1) C. de Cossigny, *loc. cit.*, p. 398.

pale *a b* et reprise par la rigole *c d*. Les flèches qui accompagnent le tracé des rigoles *f f* de distribution et

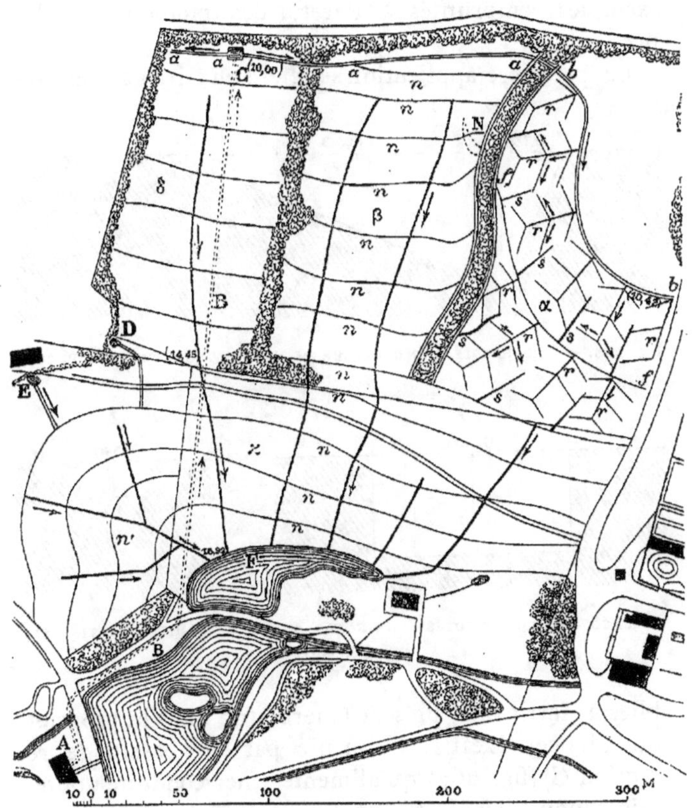

FIG. 267. — IRRIGATIONS COMBINÉES PAR RAZES ET RIGOLES DE NIVEAU, A MARTINVAST (NORMANDIE).

des razes *r r*, ainsi que les cotes de nivellement suffisent pour l'explication de la figure (1).

(1) Pareto, *loc. cit.*, t. III, p. 1039.

Razes et rigoles de niveau combinées. — L'irrigation par razes, formant un complément utile de celle par rigoles de niveau, nous donnons deux exemples, empruntés à Pareto, des méthodes combinées.

La première application se réfère aux irrigations éta-

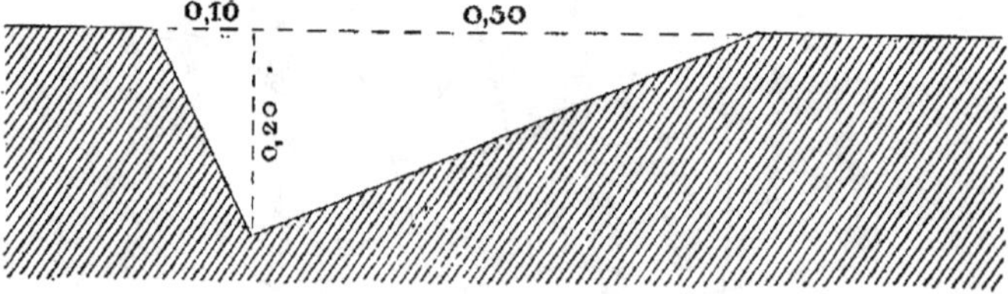

FIG. 268. — PROFIL COTÉ D'UN COLATEUR DE NIVEAU A MARTINVAST (fig. 267).

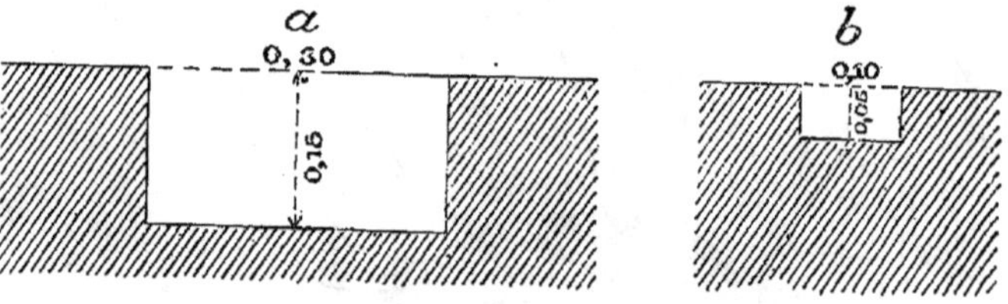

FIG. 269. — PROFILS COTÉS D'UNE RAZE A CHAQUE EXTRÉMITÉ (MARTINVAST) (fig. 267)

blies à Martinvast, près de Cherbourg, dans la propriété du Moncel. L'eau est fournie par un bassin de réception C (fig. 267) qu'alimente une conduite souterraine (pointillée) B B, où les pompes du bâtiment A envoient 12 mètres cubes par heure.

Deux rigoles de distribution *a'a'* et *a a* sortent du bassin et servent à arroser par rigoles de niveau les deux compartiments δ et β. La rigole *a a* se continuant en *b b* donne l'eau au compartiment α installé suivant la méthode des razes en double rangée. Un colateur ou ri-

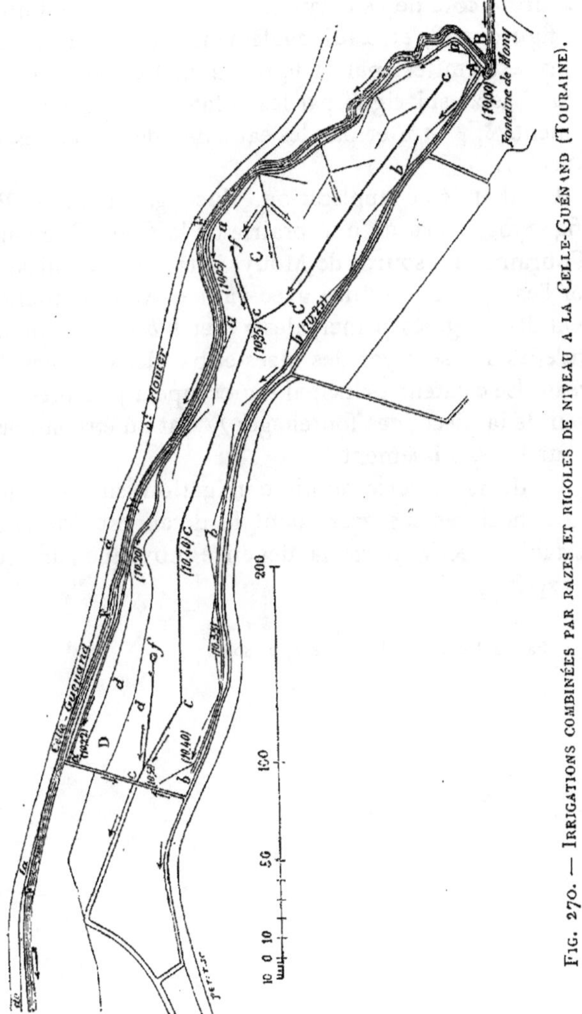

Fig. 270. — Irrigations combinées par razes et rigoles de niveau a la Celle-Guénand (Touraine).

gole de niveau *ff* reçoit les colatures des razes supérieures pour les rendre à celles de la rangée inférieure. Le profil coté de ce colateur de niveau est indiqué par la figure 268, et celui, également coté, d'une raze à ses deux extrémités, par la figure 269. Le compartiment le plus bas $\varkappa$ est irrigué par les colateurs des trois compartiments δ, β et α et par les eaux des deux sources en D et en E.

La deuxième application, due également à Pareto (fig. 270), concerne une prairie de la Celle-Guénand, en Touraine. La source de Mouy, barrée en B, laisse couler l'eau par une écluse avec vanne, A, de laquelle partent deux rigoles principales *a a* et *b b* entourant le pré qu'elles arrosent par des razes et par deux rigoles de niveau. Le colateur principal *c c* occupe à peu près le milieu de la pièce; des fontenages *ff* ont dû être supprimés pour l'assainissement.

Le devis de cette dernière irrigation, sur une surface de 2 hectares 28 ares, dont le détail est donné dans le tableau XIV, porte la dépense moyenne par hectare à 129 fr. 77 (1).

(1) Pareto, *loc. cit.*, t. III, note *h*, p. 869.

TABLEAU XIV.

	Quantités d'ouvrage.	Prix de l'unité.	DÉPENSES partielles.	DÉPENSES totales.
	m.	fr.	fr.	fr.
Rigole principale d'amenée.....	1.233.70	0.04	49.43	
— d'égouttement.	119.00	0.025	2.97	
Razes..........................	907.00	0.015	14.51	
Rigoles de niveau..............	149.00	0.020	2.98	
Terrassements à forfait.........	»	»	81.60	
Réparations à la digue..........	»	»	17.00	
Vannes.........................	8.00	5.50	44.00	
Grande vanne...................	1.00	15.00	15.00	
Devis, tracé et surveillance.....	»	»	68.40	
			295.89	289.59

Vosges. — Dans les Vosges, les rigoles secondaires à faible pente, tracées à peu près parallèlement à des rigoles qui seraient de niveau, sont souvent remplacées, sur la rigole principale qui a $0^m,20$ de profondeur et $0^m,20$ ou $0^m,30$ de largeur, par des rigoles perpendiculaires de peu de profondeur, sur lesquelles on établit symétriquement de petites rigoles, en forme de pattes d'oie. « Ces petites rigoles, dit M. Boitel (1), sont le triomphe de l'irrigateur vosgien; elles sont peu larges et très superficielles; elles donnent l'eau au collet de la plante et la fon courir partout, distribuant également l'humidité et les substances utiles aux graminées et aux espèces dont les racines se tiennent près de la surface.

« L'irrigateur n'est point avare de ces petites rigoles; il en ouvre partout où il reconnaît que l'herbe a be-

(1) Boitel, *loc. cit.*, p. 540.

soin d'être ravivée et fortifiée. Si l'irrigation est bien conduite, l'herbe et le terrain s'améliorent infailliblement dans le voisinage immédiat de ces dernières ramifications de l'arrosage, mais la prairie perdrait bien vite son homogénéité, si ces petites rigoles demeuraient toujours à la même place. Aussi l'irrigateur intelligent a soin de les déplacer de temps en temps. Les gazons des nouvelles rigoles servent à combler les rigoles qu'on veut déplacer. »

c. LES IRRIGATIONS EN PLAN INCLINÉ.

Le plan incliné offre le mode le plus naturel et le plus fréquent pour arroser un terrain en pente, quand on peut amener à un demi-mètre au moins, au-dessus de sa partie supérieure, un volume assez considérable d'eau de bonne qualité dont le courant soit permanent; mais ces conditions ne peuvent guère se réaliser partout. Elles ne se rencontrent d'ordinaire que dans les versants des vallées où la configuration du sol se prête à l'établissement de surfaces à pentes régulières.

Le terrain est alors dressé en planches d'une inclinaison minime, mais uniforme; les rigoles alimentaires occupent le haut de ces planches sur lesquelles elles déversent, par des rigoles horizontales, l'eau d'arrosage. Entre deux planches superposées se trouve la rigole de colature qui peut, au besoin, servir à son tour de rigole de distribution; sinon, elle rejoint le fossé d'écoulement.

Selon que les planches sont simples, c'est-à-dire qu'elles forment un plan unique; ou qu'elles sont doubles, moyennant la juxtaposition en dos d'âne de deux plans inclinés que dessert la même rigole de déversement; selon que les ados sont larges ou étroits, étagés ou non, répartis en planches ou en demi-planches, la méthode est plus ou moins profondément modifiée, en ce qui regarde la disposition du terrain, le tracé et le profil des rigoles, le coût de l'installation, et la conduite de l'arrosage.

Nous examinerons successivement ces diverses variantes : planches simples, demi-planches, ados larges, étroits, ados en étages et combinés.

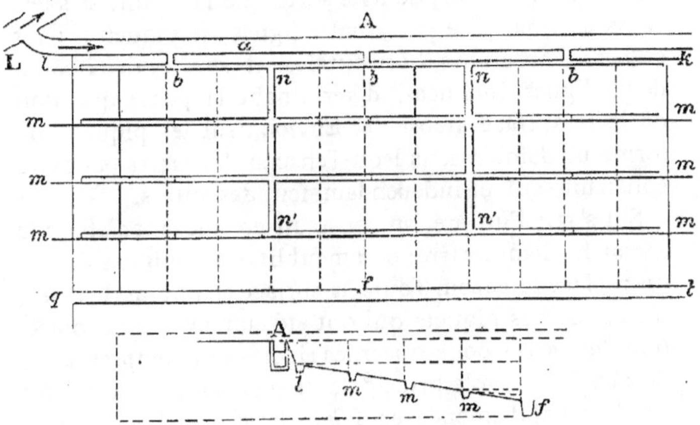

Fig. 271. — Irrigation en plan incliné sur un seul versant; plan et coupe transversale.

a. **Planches simples.** — Considérons d'abord le cas le plus simple d'un terrain rectangulaire, en pente douce et régulière (fig. 271), limité au niveau supérieur par un canal d'amenée A qu'alimente le ruisseau L, et au niveau inférieur par un canal d'écoulement *f*. On choisit deux points *l* et *k*, à $0^m,10$ en contre-bas du radier du canal A, et la ligne tracée entre ces deux points est horizontale. Sur le canal d'écoulement *f*, on marque également deux points *q* et *t* qui sont les extrémités d'une ligne horizontale.

On divise alors la surface entière, limitée par les points *l k t q*, en quatre planches longitudinales; et pour cela entre *l* et *q*, puis entre *k* et *t*, on enfonce des piquets *m, m, m*, de manière que leurs sommités se trouvent sur deux lignes ayant de haut en bas la même inclinaison. Ensuite, on place des piquets entre *l* et *k* et entre *q* et *t*, pour que leurs sommités se trouvent également sur deux lignes horizontales; de telle sorte que l'enceinte des terrains est marquée par quatre lignes de piquets; haut et bas, deux lignes horizontales, et sur les deux côtés, deux lignes inclinées, déterminant la pente que doit offrir la surface arrosable. En joignant les piquets, on forme un damier dans lequel chacun des carrés peut être construit seul et indépendamment des autres.

S'il s'agit d'un pré, on construit en enlevant d'abord le gazon de chaque carré; on ameublit et aplanit le sol, puis on replace le gazon. Toute la surface étant ainsi dressée, on se sert des piquets qui ont été employés à la confection des carrés pour tracer les rigoles qui comprennent : de *l* en *k*, la rigole principale de distribution, alimentée par le canal d'amenée en *b b b*; les rigoles verticales de distribution *n n'*, *n n'* ; et les rigoles de déversement *l k* et *m m*, au nombre de trois.

C'est sans doute là un cas particulier difficile à réaliser parce que les pentes sont régulières, mais auquel on peut ramener les autres cas, en maintenant l'horizontalité des rigoles de déversement et la régularité de la pente, par la division de la surface et la direction brisée des rigoles.

Soit A B C D (fig. 272) un terrain quadrangulaire s'inclinant suivant E F, de façon que les points de la ligne *cc'* soient de quelques décimètres plus élevés que les points des lignes extrêmes *a a'*, et *b b'*, le nivellement de ce terrain emploierait inutilement du travail et du temps. Mais en divisant le terrain suivant $c\ c'$ en deux parties, chacune est traitée à part sous le rapport des rigoles d'irrigation. Une autre disposition (fig. 273) montre la division du terrain en trois parties.

Si les rigoles d'irrigation, pour être horizontales,

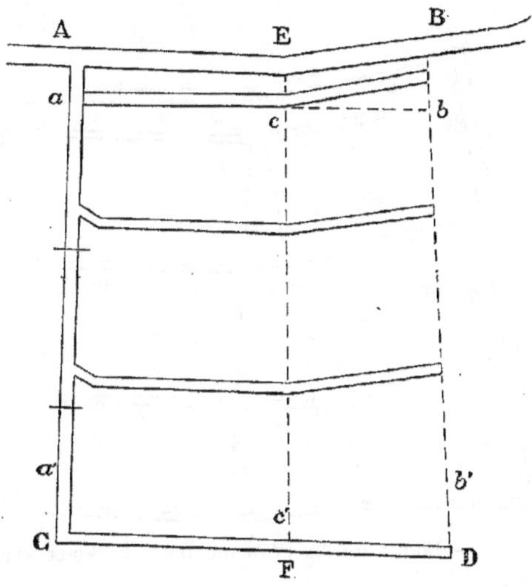

Fig. 272. — Irrigation en plan incliné sur deux versants.

étant donnée la pente naturelle du pré, devaient être tracées obliquement, ce qui occasionnerait une irrigation irrégulière, les planches n'ayant ni la même forme ni la même pente, on donnera aux premières planches seulement la pente régulière, et on laissera à celles avoisinant la rigole d'écoulement toute l'irrégularité de la pente.

Règle générale, on formera autant de divisions dans le plan incliné qu'il y a de pentes, et on établira chaque division séparément. Les planches n'ont jamais plus de

15 mètres de longueur et 4 mètres de largeur (1). Plus longues, elles seraient plus coûteuses, difficiles à établir et deviendraient l'objet d'une surveillance continue. Plus larges, à moins de disposer d'une forte pente et de beaucoup d'eau, les planches seraient irrégulièrement arrosées et gazonnées. A la tête de chaque planche, c'est-à-dire de 15 en 15 mètres, une rigole de répartition

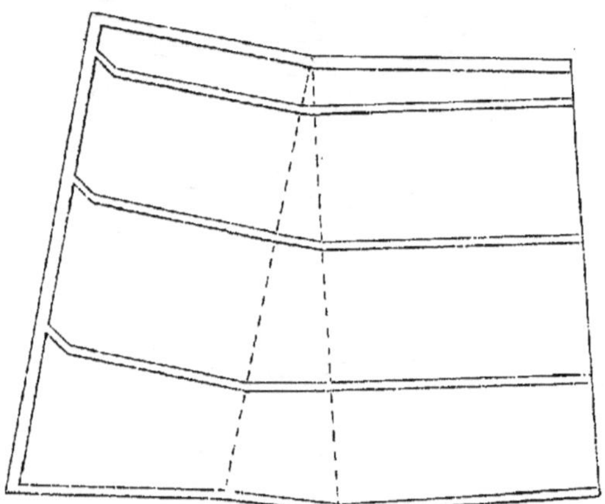

FIG. 273. — IRRIGATION EN PLAN INCLINÉ SUR TRIPLE VERSANT.

donne à volonté de l'eau fraîche à chaque rigole de déversement. Pour faciliter l'accès de l'eau, ces rigoles font au point d'intersection un coude de quelques centimètres, et le radier des rigoles de déversement est légèrement plus élevé ($0^m,03$) que celui des rigoles de répartition, afin que le sable grossier, ou la vase n'y pénètre pas. Pour une largeur de $0^m,16$ les rigoles de déversement ont une profondeur de $0^m,03$ à $0^m,04$. Plus elles ont d'inclinaison dans les prairies, et plus le gazon

(1) Villeroy et Müller, *loc. cit.*, p. 141.

croît vigoureusement, sans crainte des gelées en hiver.

L'irrigation par planches est celle qui consomme la moindre quantité d'eau; mais il convient de raviver l'eau des planches inférieures, au moyen du canal d'amenée. En tous cas, à moins de 4 pour 100 de pente, Villeroy et Müller considèrent qu'il n'y a pas lieu d'installer un pré pour l'irrigation en planches (1).

Le système des planches simples sert ordinairement à compléter celui des planches en ados que nous décri-

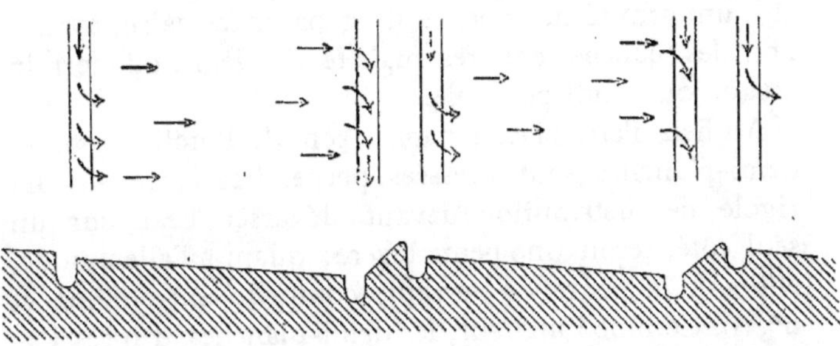

FIG. 274. — IRRIGATION PAR PLANCHES SIMPLES (VOSGES); PLAN ET COUPE.

vons plus loin, quand certaines parcelles sont trop petites, ou à pente trop prononcée; il est rarement appliqué seul, à moins que le terrain n'offre une série de pentes partielles se succédant sans interruption et susceptibles d'un nivellement continu dans des conditions économiques. M. Boitel n'en fait pas moins la remarque que, dans les Vosges, les planches en ados, à cause des frais de main-d'œuvre qu'elles exigent pour leur établissement, sont remplacées couramment par des séries de planches à une seule pente, disposées suivant l'inclinaison naturelle du terrain. Ces plans inclinés sur

(1) *Loc. cit.*, p. 142.

lesquels il importe de répartir l'eau aussi également que possible, sont représentés en coupe et en plan dans la figure 274 (1).

b. **Demi-planches.** — Quand il reste dans un terrain, quelques parties trop peu étendues pour former des planches entières, ou lorsque la pente dépasse 2 à 3 centimètres par mètre, de façon que l'on ne puisse pas établir facilement à l'amont des ailes recevant l'eau par déversement, on a recours aux demi-planches, ou à de véritables planches ayant une seule aile (fig. 275).

L'uniformité de la pente n'est pas nécessaire, comme pour les planches entières, mais le nivellement du terrain est toujours indispensable.

Au lieu d'être placées dans le sens de l'inclinaison, les demi-planches sont dressées perpendiculairement. La rigole de distribution devant déverser l'eau sur un seul côté, reçoit une pente légère ; quant à l'aile unique, elle suit la pente du terrain, comprise entre $0^m,02$ et $0^m,10$. Comme longueur, les demi-planches, d'après Pareto, ont de 30 à 90 m., et comme largeur de 3 à 25 m. (2).

Les rigoles de déversement et d'égouttement sont tracées en ligne droite ou en ligne courbe, la courbure de la surface du terrain pouvant être plus grande que pour les planches entières. Les rigoles de déversement qui puisent l'eau dans la rigole principale, à l'aide de petites vannes, ont une largeur de $0^m,25$, et du côté d'aval, un léger rebord qui force l'eau à se répandre uniformément; pour éviter les pertes d'eau, il faut toujours les tenir à 20 centimètres au moins du bord du talus. Plusieurs rangées de demi-planches peuvent ainsi être placées les unes au-dessus des autres, quoique cette disposition ne soit guère usitée.

(1) A. Boitel, *loc. cit.*, p. 538.

(2) *Loc. cit.*, t. I, p. 149.

Les colatures, d'une largeur de $0^m,25$, commencent à une petite distance des rigoles de déversement; elles suivent d'abord la pente du terrain, puis, avec une légère

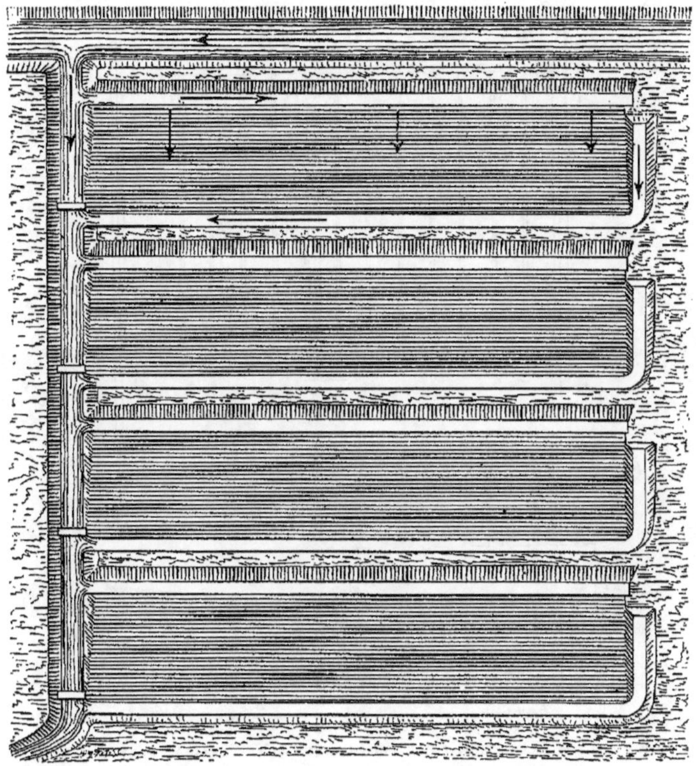

Fig. 275. — Irrigation par demi-planches.

inclinaison, le pied de la planche, vers la rigole de distribution la plus proche à laquelle chacune aboutit, en un point qui précède l'amorce d'une nouvelle rigole déversante. Il y a ainsi reprise d'eau, comme pour les rigoles de niveau; seulement, dans ce dernier système, les colatures sont normales aux rigoles de déversement, au lieu d'être presque entièrement parallèles.

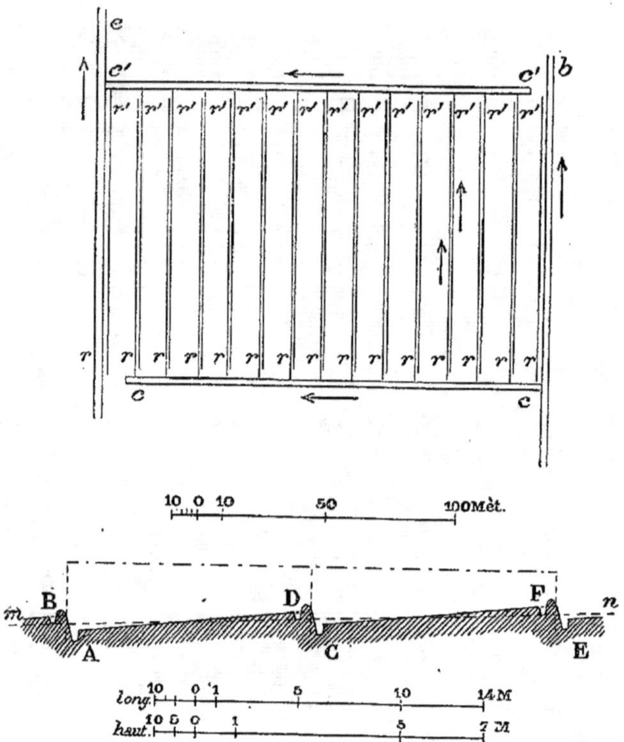

FIG. 276. — IRRIGATION PAR DEMI-PLANCHES (NIVERNAIS); PLAN ET COUPE DE DEUX DEMI-PLANCHES.

Pareto donne le croquis d'une application de l'irrigation par demi-planches (fig. 276), dans lequel *b* représente la rigole principale; *cc*, une rigole de distribution; *c'c'*, une colature; *e*, le colateur principal; *rrrr*, les rigoles de déversement; *r'r'r'r'*, les rigoles d'égouttement. Les flèches indiquent la direction de l'eau, et la coupe de deux demi-planches montre la disposition des rigoles et la pente du sol. Ce système ainsi exécuté dans la propriété Montalembert (Nivernais), a donné les meilleurs résultats (1).

La colature d'une planche supérieure, comme on peut le voir dans la coupe de la figure 276 (2), est séparée de la rigole déversante de la planche immédiatement inférieure par une banquette de $0^m,50$ de largeur, dont le sommet est de $0^m,10$ en contre-haut du pied de la planche supérieure.

c. **Doubles ados.** — Lorsque le terrain offre peu de pente et que le sous-sol retient l'eau, de façon à le rendre marécageux ou malsain, ce n'est plus par planches, ni par demi-planches, mais par ados que l'on installe l'irrigation en plan incliné. Grâce aux ados, en effet, ou aux billons dont les rigoles versantes occupent les arêtes supérieures, et les colateurs, les arêtes inférieures, on obtient sur les terrains plats, en créant des pentes artificielles, les mêmes effets que sur les terrains en pente naturelle; mais avec une consommation d'eau plus considérable.

Si l'on compare une prairie disposée pour l'arrosage continu, à plat (fig. 277 A), avec la même prairie installée pour l'arrosage en ados (fig. 277 B), on reconnaîtra à première vue que cette dernière disposition, pour une même vitesse d'écoulement sur la superficie du pré, augmente la consommation d'eau dans une énorme proportion (3). Dans le premier cas, l'eau s'épanche par

(1) *Loc. cit.*, t. III, p. 1040.

(2) La ligne ponctuée *m n* indiquant la surface primitive du terrain dans la coupe (fig. 276), B et D représentent les rigoles de déversement; A, C et E, les colatures.

(3) Vidalin, *Journ. agric. prat.*, 1874, t. II.

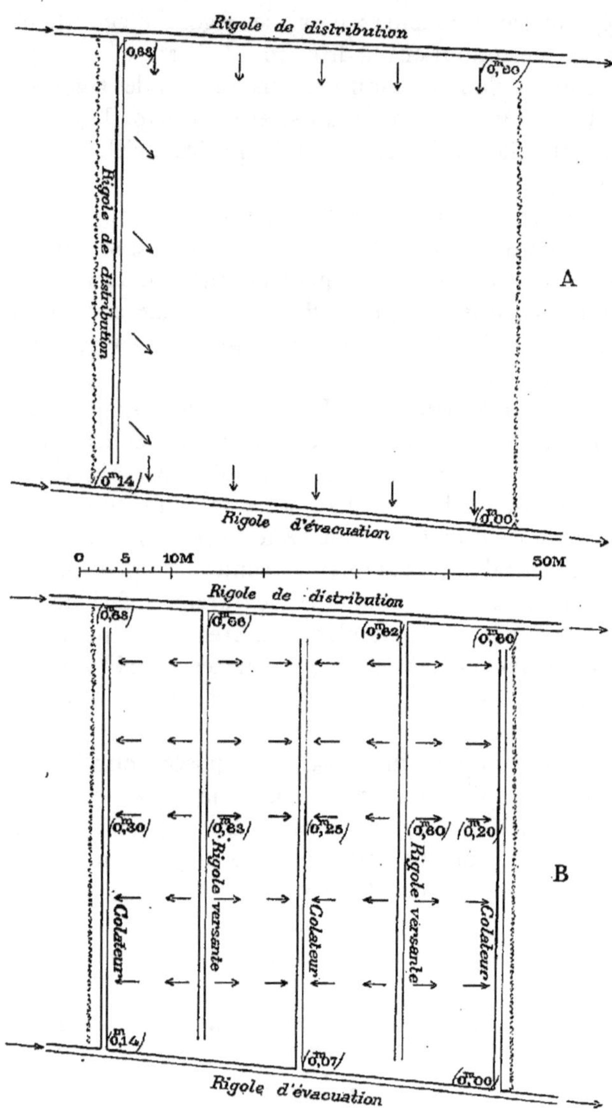

FIG. 277. — A, PRAIRIE ARROSÉE A PLAT ; B, MÊME PRAIRIE ARROSÉE PAR ADOS.

le bord d'une seule rigole longue de 40 mètres, tandis que dans le second, elle se déverse sur le bord de deux rigoles, longues chacune de 50 mètres; ce qui représente un développement total de 200 mètres et quintuple la consommation d'eau. En rapprochant deux fois plus les rigoles versantes des ados, pour obtenir un arrosage plus actif, on consommerait deux fois encore plus d'eau. Ce procédé n'est donc utilement applicable que là où l'agriculture dispose abondamment de sources et de canaux.

Très répandue dans les contrées à prairies, la méthode des planches en ados est la plus précise de toutes sous le rapport de l'uniformité de la distribution de l'eau et de l'égouttement du terrain, pendant les intervalles de chômage; mais comme elle exige de fortes dépenses et des courants d'eau copieux et constants, elle convient surtout à des prairies à surface peu inclinée, et à production intensive. Les plaines de la Lombardie en offrent de nombreux et remarquables exemples, notamment pour les prés d'hiver, ou *marcites*, que nous décrivons plus loin. Elle est bien représentée aussi dans les Vosges, arrondissement de Saint-Dié, d'où elle s'est propagée dans la Moselle, la Meurthe et l'Ain. La Suisse, la Belgique et la Hollande la pratiquent également. Dans les comtés du midi de l'Angleterre; Hampshire, Berks, Wilts, Gloucester et Dorset, les prairies en adossement ont été longtemps arrosées par les eaux des rivières Itchin, Kennet, Avon, etc., mais la culture des fourrages verts permettant de nourrir les bêtes en mars et en avril, sans recourir aux prairies irriguées, cette méthode qui exigeait un capital de premier établissement de 1,200 à 1,800 francs par hectare, a été peu à peu délaissée (1). En Allemagne, l'irrigation par planches, in-

(1) Ph. Pusey, *Journ. Roy. Agric. Soc. of England*, 1849, vol. X.

troduite et perfectionnée aux environs de la ville de Siegen, sur la rive droite du Rhin, s'est développée beaucoup depuis le siècle dernier, en raison même de l'importance qu'a prise la production du fourrage. La méthode de Siegen, propagée par les maîtres irrigateurs, s'est acquis une réputation, assurément méritée, en raison de l'art avec lequel le sol est nivelé, dressé, et arrosé conformément aux règles scientifiques.

d. **Ados larges.** — La planche en ados, nous l'avons déjà montré (fig. 190), représente un prisme triangulaire dont le cube s'obtient en multipliant la moitié de la hauteur par la largeur et par la longueur. Lorsque l'ados ou le prisme est étroit, une seule rigole placée le long de l'arête suffit pour arroser les deux versants; lorsqu'il est large, chaque versant est parcouru en outre par une rigole de déversement; ce qui fait trois rigoles de déversement pour les larges ados. Ces dernières planches se rapprochent le plus des plans inclinés simples; leur établissement se justifie, le sol étant sec, s'il n'y a pas assez de pente pour des planches ordinaires, et trop peu d'eau pour des planches en ados étroits.

Plus on donne de pente aux deux versants, jusqu'à atteindre celle de 4 pour 100, plus on peut espacer les rigoles d'irrigation. A une pente de 4 pour 100 correspond d'ordinaire, dans un terrain de perméabilité moyenne, une rigole d'irrigation pour une largeur de 5 à 6 mètres (1). En admettant que la planche ait 20 mèt. de largeur totale, il y aura ainsi, outre la rigole courant sur la crête, deux autres rigoles partageant chacun des versants en deux parties, soit quatre parties, ou plans, pour toute la planche.

Les deux plans supérieurs sont arrosés par la rigole

(1) Villeroy et Müller, *loc. cit.*, p. 153.

du milieu et les deux plans inférieurs par les rigoles intermédiaires qui reçoivent l'eau à volonté des branchements verticaux de la rigole supérieure. Les trois rigoles de déversement doivent être parfaitement horizontales, quelle que soit la longueur des planches, jusqu'à 100 mètres, et même au delà.

Comme plus une planche est longue, plus elle a de largeur, et plus il faut d'eau pour l'arroser, il arrive, quand on dépasse certaines dimensions, que l'on fait de la rigole supérieure une rigole principale et de chaque versant un plan incliné auquel s'appliquent les observations que nous avons précédemment exposées.

De toutes manières, pour assurer l'écoulement des colatures, il convient d'assigner à chaque planche, du côté du pignon, un peu plus de hauteur et de pente.

Les frais d'établissement des planches larges sont très élevés. En effet, pour donner sur 25 m. de largeur une pente de 4 pour 100 à chaque versant, le calcul indique une hauteur de $0^{m},50$ pour l'arête du billon; c'est-à-dire un mouvement de terres considérable, d'autant plus coûteux que les terres devront être jetées plusieurs fois à la pelle, ou transportées au moyen d'attelages.

Les planches larges pèchent presque toutes par l'inclinaison des versants. On les fait trop plates afin de ménager la dépense, et on obtient ainsi, une construction défectueuse. Villeroy observe qu'elles deviennent de plus en plus rares; comme disposition favorable du sol, il donne en plan et en coupe la figure d'une planche large, avec rigole principale au milieu, et deux rigoles de déversement (fig. 278). Dans cette figure, *aa* représente la rigole d'amenée; *b*, la rigole alimentaire de l'arête; *cc*, *cc*, les rigoles verticales de répartition; *d d*, *d d*, les rigoles de déversement; *e e*, les rigol es d'écoulement; *f*, le fossé colateur; *g*, le pignon de la planche. Les deux triangles dont les points *k k* sont les sommets indiquent l'augmentation de pente qui a été reportée sur le plan inférieur de chaque versant.

Perels (1) admet pour les grands ados une largeur variable de 16 à 30 mètres; les rigoles de distribution ont à l'origine, de $0^m,20$ à $0^m,24$ de largeur au fond.

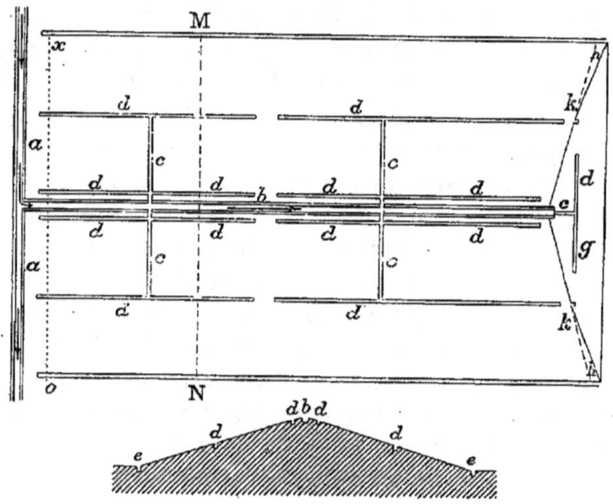

Fig. 278. — Plan et coupe suivant MN d'une planche en larges ados.

et se réduisent à $0^m,16$ à l'extrémité, pour une profondeur comprise entre $0^m,15$ et $0^m,20$. Les colatures ont une profondeur de $0^m,20$, une pente minima de un demi pour cent, et une largeur croissante de l'origine jusqu'à l'extrémité.

e. **Ados étroits.** — Les ados étroits dont les versants sont arrosés par une seule rigole suivant la ligne de faîte, sont installés sur autant de planches, pour une

(1) *Handbuch der Landw. Wasserbaus*, p. 612.

même rigole alimentaire, que le terrain le permet. Cette dernière rigole longe la tête des ados dans le sens de la plus grande pente et alimente les rigoles de déversement, tandis qu'une rigole de colature longe le pignon des ados et recueille les eaux d'égouttement de chaque double versant.

Quand la rigole alimentaire offre une inclinaison trop prononcée, on la partage en plusieurs biefs, et chaque bief distribue l'eau à un ensemble de planches formant un compartiment d'irrigation.

La figure 279 représente en plan et en coupes la disposition partielle d'un compartiment dans lequel EE désigne la rigole alimentaire; G H, la rigole de colature; *r r r*, les rigoles de déversement; *v v v*, les rigoles d'égouttement au pied des versants de chaque ados. Une coupe en travers indique le profil suivant A B, et une coupe en long, le profil suivant C D. Il est facile de voir par la section transversale que les remblais des ados sont fournis par les déblais en forme de V, faits entre deux ados, de manière à se compenser sans transport de terre.

Cette compensation résulte de ce que la hauteur au-dessus du sol primitif est égale à la profondeur au-dessous, et que les pentes sont les mêmes pour chaque versant.

Largeur. — Les inclinaisons ont une grande importance pour le succès de l'irrigation par ados. D'après l'expérience acquise dans les Vosges, en Angleterre, dans le Milanais, la largeur des plans inclinés, ou de chaque aile, variant de 4 à 5 mètres, leur inclinaison est fixée au douzième ou au quinzième de cette largeur (1). Lorsque le terrain est très perméable, la pente des planches n'est que le vingtième de leur largeur. Sur les

(1) Polonceau, *loc. cit.*, p. 104.

terres grasses et argileuses, elle est plus forte que sur les terres légères et sablonneuses.

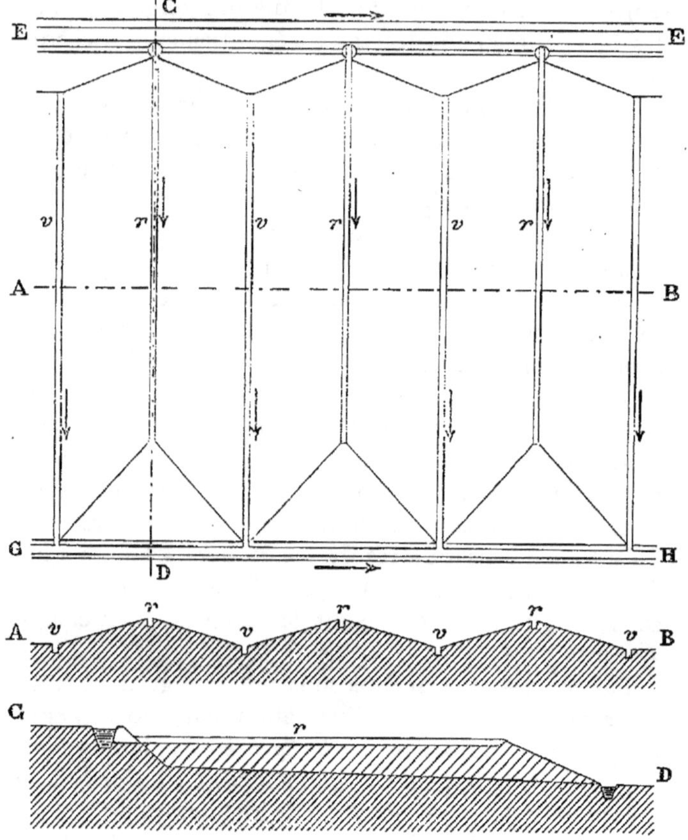

FIG. 279. — PLAN ET COUPES D'UNE PLANCHE EN ADOS ÉTROITS.

Nadault de Buffon (1) constate que, dans des cir-

(1) *Journ. agric. prat.*, 1880, t. I.

constances exceptionnelles, la largeur du double ados a été portée jusqu'à 50 mètres, mais en règle générale, pour les terres fortes, elle est de 15 à 16 mètres, et pour les terres meubles, de 10 à 12 mètres. Du reste, la largeur, qui dépend du degré de perméabilité du sol, varie aussi d'après les accidents du sol irrigué.

Les Allemands font intervenir dans la détermination de la largeur des planches, la question de sécheresse et de perméabilité. Plus le sol est humide et marécageux, plus les planches doivent être étroites. Pour un terrain sec, avec sous-sol perméable, la planche peut avoir 12 mètres de largeur, soit 6 mètres à chaque aile; mais pour un terrain humide et tourbeux, elle ne doit pas excéder 4 mètres, soit 2 mètres par aile. L'avantage qu'il y a, dans le doute, à construire plutôt des planches étroites que des planches larges, résulte de la plus grande facilité et de l'économie d'établissement des ados étroits.

Schenk compte que, sur une largeur de 5 mètres, les frais ne s'élèvent qu'à la moitié de ce qu'ils seraient pour une largeur de 8 mètres, et au quart de ce qu'ils seraient pour une largeur de 12 mètres (1). Perels indique la largeur des ados comme mesurant en moyenne 10 mètres; 12 mètres est un maximum et 6 à 7 mètres un minimum, dans les sols peu perméables (2).

Pareto pose comme limites extrêmes, 4 mètres dans les terres perméables, 30 mètres dans les terres argileuses, soit 2 et 15 mètres pour chaque aile, tandis que Keelhoff, dans la Campine, admet 10 mètres pour les sols sablonneux et 16 mètres pour les sols compacts, soit 5 et 8 mètres pour chaque aile.

(1) Villeroy et Müller, *loc. cit.*, p. 145.
(2) *Loc. cit.*, p. 612.

On regarde comme essentiel, en France, que la largeur de chaque aile soit un multiple entier de ce que l'on appelle l'*andain*, c'est-à-dire de la largeur sur laquelle la faux coupe l'herbe : de telle sorte que dans les Vosges, où l'on emploie la petite faux, l'andain étant de $1^m,90$, l'aile de chaque planche doit avoir pour largeur $3^m,80$ ou $5^m,70$; dans l'Ain et ailleurs, où les grandes faux sont en usage, l'andain étant de $2^m,20$, la largeur de chaque aile devra être de $4^m,40$ ou $6^m,60$. Au surplus, une même planche peut offrir une largeur variable d'une extrémité à l'autre, quand la forme du terrain l'exige. Perels rapporte aussi qu'il faut donner comme largeur aux ados un multiple de l'andain, de $1^m,80$ à 2 mètres. On a alors pour

	mèt.		mèt.
4 largeurs d'andain..................	7.20	à	8.00
Largeur de la rigole de déversement..	0.20	à	0.25
Largeur d'une colature, c'est-à-dire de 2 moitiés..........................	0.20	à	0.25
Ensemble..................	7.60	à	8.50

soit en moyenne 8 mètres.

Les conditions si variées de nature et de configuration des terrains, de régularité des arrosages, de facilités d'entretien et surtout d'économie dans la dépense de l'eau, qui est indispensable dans certaines contrées, font qu'il ne saurait y avoir de règle générale.

Hauteur. — La hauteur des ados est en rapport direct avec leur largeur. Plus une planche a de hauteur, relativement à sa largeur, et plus elle offre de pente. Ainsi pour une hauteur de $0^m,48$ et une largeur d'aile de 4 mètres, l'ados aura une pente de $0^m,12$ par mètre. A l'extrémité de chaque planche, près du pignon, la pente est maintenue un peu plus forte, en raison même de celle que doit avoir la rigole d'écoulement. Comme pente moyenne, pour des prés non humides, on peut admettre de 5 à 10 pour 100.

Pareto estime que la hauteur des ados doit être un maximum dans les terrains très perméables. Pour une planche de 30 m. de largeur, le maximum étant de $0^m,60$ et le minimum de $0^m,30$, les ailes auront une pente de 4 et de 1 centimètre par mètre. Pour une planche de 6 mètres de largeur, $0^m,20$ et $0^m,25$ de hauteur correspondront à des pentes des ailes de $0^m,065$ et $0^m,025$ par mètre.

La figure 280 représente le profil transversal d'une

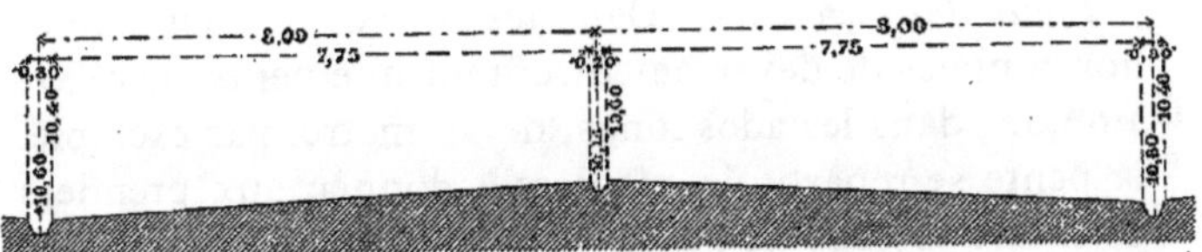

Fig. 280. — Profil d'une planche en double ados étroit (Berri).

planche en double ados étroit, montrant l'inclinaison et la largeur des ailes, ainsi que le profil des rigoles. Cette planche fait partie de l'irrigation de Saint-Laurent sur Baranjon, exécutée par Pareto dans le Berri (1).

Longueur. — Pour la longueur des planches, il y a tout autant de variations en pratique, que pour leur largeur et leur hauteur, car elle est également subordonnée à la nature et à la pente du terrain. La longueur en effet doit être d'autant plus courte que la pente est plus forte et le terrain plus perméable; dans ce dernier cas, il vaut mieux établir deux compartiments avec remploi d'eau que d'en faire un seul trop long.

Puvis admet des longueurs de 100 et de 200 mètres (2);

(1) *Loc. cit.*, t. III, p. 1030.

(2) *De la méthode d'irrigation des prés des Vosges*, 1846.

tandis que Keelhoff, qui a construit des ados variant entre 6 et 150 mètres de longueur, admet comme plus convenable une longueur de 25 à 30 mètres. Pareto ne pense pas, malgré de nombreux exemples et ce qu'en dit Puvis pour les Vosges, que l'on doive dépasser 80 à 90 mètres : si la pente est assez forte pour exiger que la longueur soit moindre de 40 mètres, les ados ne s'appliquent qu'avec désavantage. En Lombardie, où la méthode est pratiquée avec une véritable perfection, la longueur atteint dans certains cas jusqu'à 100 mètres; mais s'il y a tant soit peu de pente, elle ne dépasse guère 40 mètres.

Pente des rigoles. — Dans les ados courts, les rigoles horizontales de déversement offrent une pente de $0^m,01$ à $0^m,02$; dans les ados longs, de 30 mètres par exemple, la pente se répartit de manière à donner aux premiers 15 mètres $0^m,045$ de pente, et aux 15 autres mètres une parfaite horizontalité qui arrête un écoulement trop rapide vers le pignon des planches.

La pente des rigoles d'écoulement n'a pas autant d'importance. Comme elles ne commencent d'ordinaire qu'à 1 mètre de distance de la rigole d'amenée, on donne à l'ados la forme d'un talus triangulaire en tête de chaque rigole d'écoulement, comme en A (fig. 281); ou bien, au-dessous de la rigole principale, et parallèlement avec elle, le terrain étant très humide, on dispose une petite colature qui empêche l'eau de s'infiltrer dans les ados, comme en B (fig. 281).

Les rigoles de déversement et d'écoulement sont toujours droites; il n'en est pas ainsi de la rigole principale et du fossé colateur qui peuvent être courbes, en suivant sur le sol une ligne de niveau, ou à faible pente, à laquelle les premières rigoles sont normales. Le profil en long des rigoles de distribution et de colature offre partout la même profondeur; leur pente qui peut être très faible, mais uniforme, est d'un demi-millimètre par mètre. Quant à leur profil transversal, variable suivant la quantité d'eau qu'elles doivent recevoir, il va en diminuant de largeur, depuis l'origine jusqu'à l'extré-

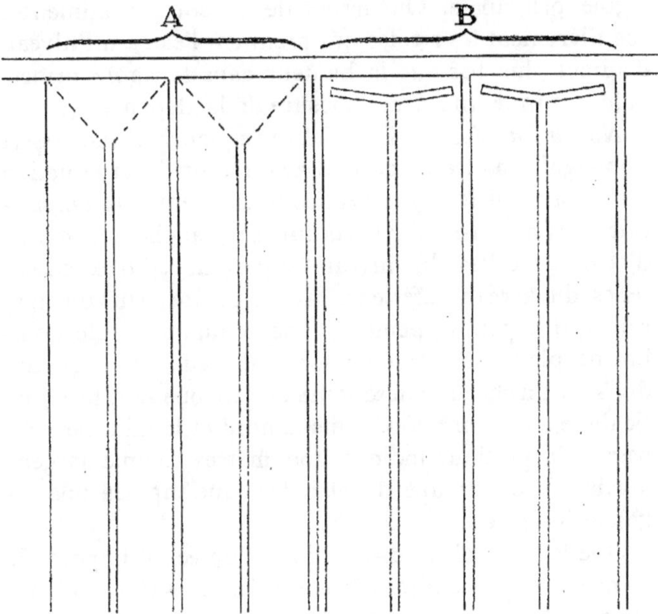

Fig. 281. — Dispositions des rigoles d'écoulement en tête des ados.

mité, les deux bords restant exactement au même niveau.

La rigole d'amenée établie en remblai pour pouvoir fournir l'eau aux rigoles de répartition placées sur l'arête des planches, permet de donner à celles-ci, au-dessus du fond de la rigole principale, une hauteur qui décroît progressivement. Ainsi, la rigole principale destinée à arroser 10 planches, ayant une profondeur de $0^m,50$, et les rigoles de répartition $0^m,15$, la première de ces rigoles aura son fond à $0^m,45$ plus haut que le fond de la rigole principale; c'est-à-dire qu'elle prendra l'eau à la surface; la seconde rigole aura son fond à $0^m,40$; la troisième à $0^m,35$, et ainsi de suite jusqu'à la dixième qui aura son fond de niveau avec celui de la rigole principale. On arrive de la sorte à alimenter régulièrement les rigoles qui prennent l'eau à un niveau d'autant plus bas que la hauteur dans la rigole principale diminue au fur et à mesure de la dépense.

Nombre d'ados. — Le nombre de planches que dessert une rigole maîtresse dépend avant tout de la situation du terrain. Si le sol a beaucoup de pente, il ne saurait convenir d'établir beaucoup de planches, à moins d'abaisser celles du niveau supérieur et d'exhausser celles du niveau inférieur. Au contraire, sur un terrain qui a peu de pente, on peut augmenter le nombre de planches, mais en formant deux ou plusieurs divisions, à chacune desquelles on attribue sa rigole particulière d'alimentation. Dans le nord et le midi de l'Espagne, la pratique indique 200 mètres comme largeur maximum du groupe de planches que supplée une rigole principale.

Quelle que soit la disposition adoptée, il importe de ménager à l'extrémité inférieure des ados (fig. 282) un chemin AA, suffisamment large pour le passage des voitures qui enlèvent le foin. On peut lui donner une légère pente qui permette de l'arroser en plan incliné, en utilisant la rigole d'écoulement *bb*; alors le colateur principal est installé en *cc*.

Travaux et distribution. — C'est à la fin de l'automne, ou au commencement de l'hiver, que se font les travaux des ados, consistant dans l'enlèvement des gazons et l'établissement des planches, en partie à la charrue, et en partie à l'aide des ouvriers terrassiers qui emploient la bêche, la pelle ou l'écobue. Les Vosgiens et les Piémontais excellent dans ce genre de travail. Quand on a recours à la charrue, il ne faut pas moins de 5 à 6 labours pour donner aux planches le bombement néces-

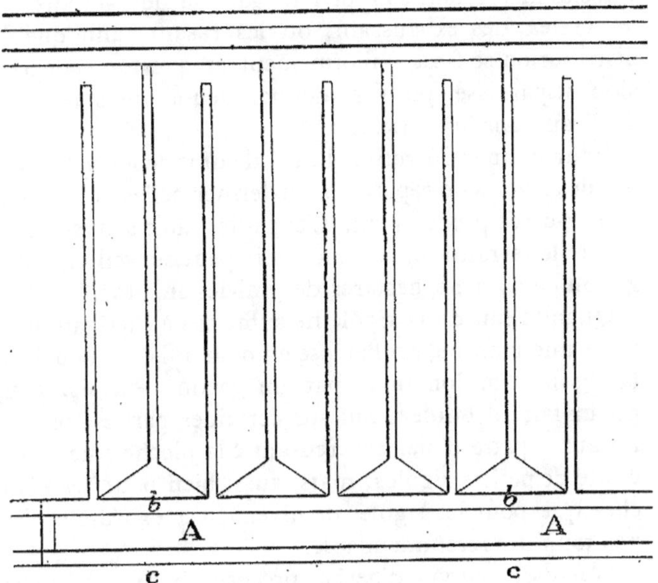

Fig. 282. — Chemin d'accès d'une planche en ados.

saire, et plusieurs coups de rouleau pour égaliser la surface des ailes.

Les talus bien réglés, on les laisse reposer pour qu'ils reçoivent les pluies favorables au tassement. C'est seulement après ce tassement que l'on gazonne les ailes, par un temps pluvieux, en serrant bien et battant les gazons; ou bien l'on sème, après avoir arrosé et répandu les engrais, préalablement mélangés au râteau avec la terre.

L'été suivant, les gazons étant bien fixés, ou les graines ayant pris bonne racine, on arrose pour abreuver les ailes, en faisant déborder avec une grande abondance les rigoles par leurs doubles bords. Si le déversement est tant soit peu inégal, on devra redresser les crêtes, les exhaussant, ou les rasant, afin que la distribution se fasse uniformément et que toute dépression disparaisse, pouvant donner lieu à une stagnation de l'eau dans les versants.

Pour donner ou retirer l'eau, il suffit de lever les vannes des rigoles de répartition et fermer celles de la colature, ou réciproquement. L'eygadier doit souvent parcourir le terrain; on estime qu'il peut surveiller l'irrigation de 25 à 30 hectares de prairies en ados.

Quand l'eau de la rigole ne suffit pas à l'irrigation de toute une planche, on l'arrose en deux fois, en bouchant la rigole à mi-longueur par un gazon. Parfois, pour mieux faire déborder l'eau sur certaines parties, on établit une patte d'oie, en creusant à la pioche une demi-étoile de petites rigoles; mais, aussi bien pour les planches que pour les rigoles de niveau, cet expédient n'est pas toujours recommandable.

L'arrosage en vue d'herbes précoces, bonnes à faucher ou à pâturer au printemps, commence au mois d'octobre. Si le temps est beau et doux, on n'arrose que la nuit; l'herbe profite le jour des influences de l'air et du soleil. S'il gèle, on arrose constamment pour garantir l'herbe de la congélation, et à défaut d'un volume d'eau suffisant, on n'arrose constamment qu'une partie. Il vaut mieux ne pas arroser du tout que de suspendre l'irrigation pendant qu'il gèle. Quand il y a beaucoup de neige au printemps, on arrête les arrosages; en été, on arrose suivant les besoins, mais surtout pour abreuver la terre, et après chaque fauchaison.

Dispositions diverses. — Le terrain étant très large, il convient d'installer deux séries de planches, placées en équerre par rapport à la direction du canal alimentaire (fig. 283).

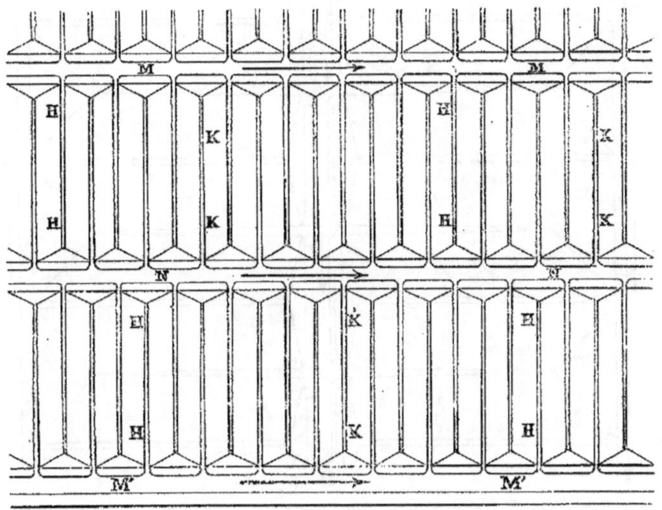

Fig. 283. — Double compartiment de planches en ados étroits.

M M étant le canal de la rangée supérieure, si on peut établir celui de la rangée inférieure sur le bord opposé, en M' M', le canal d'écoulement N N, placé entre les deux rangées, servira à la fois à l'égouttement des deux compartiments.

Une autre disposition, employée dans la Campine belge (fig. 284), consiste à diriger les planches perpendiculairement à la rigole principale, suivant la pente du terrain, lorsqu'elle est peu considérable. Les planches, disposées symétriquement à droite et à gauche de chaque rigole principale, ne sont limitées dans leur longueur que par la nature du sol; les rigoles d'écoulement peuvent être communes à deux séries de planches consécutives, ou rendues indépendantes pour chaque série;

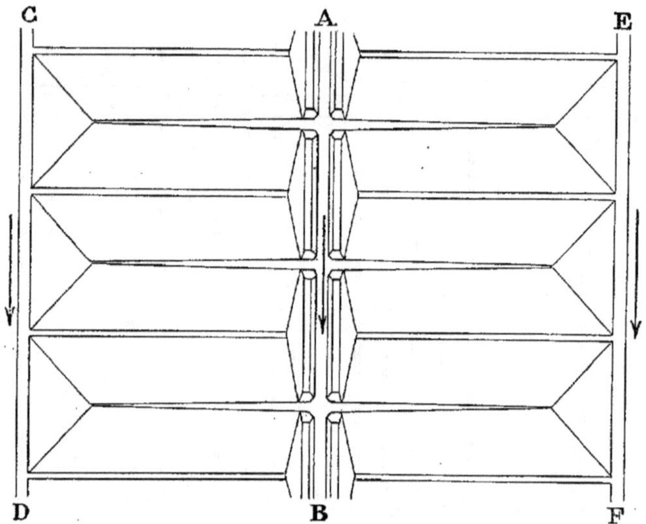

Fig. 284. — Double compartiment de planches en ados étroits, perpendiculaires a la rigole d'amenée.

enfin, l'intervalle entre deux colateurs indépendants peut être affecté comme chemin praticable aux voitures, pour l'enlèvement des fourrages.

Dans les terrains à pente insensible, comme on en rencontre sur les dépôts d'alluvions, au fond des vallées, la rigole alimentaire coulant dans le sens de cette faible pente (fig. 285), on peut lui adosser une série de planches qu'elle desservira directement, et en détacher, comme branchement d'amont, une rigole parallèle, à l'aide de laquelle s'alimentera une autre série de

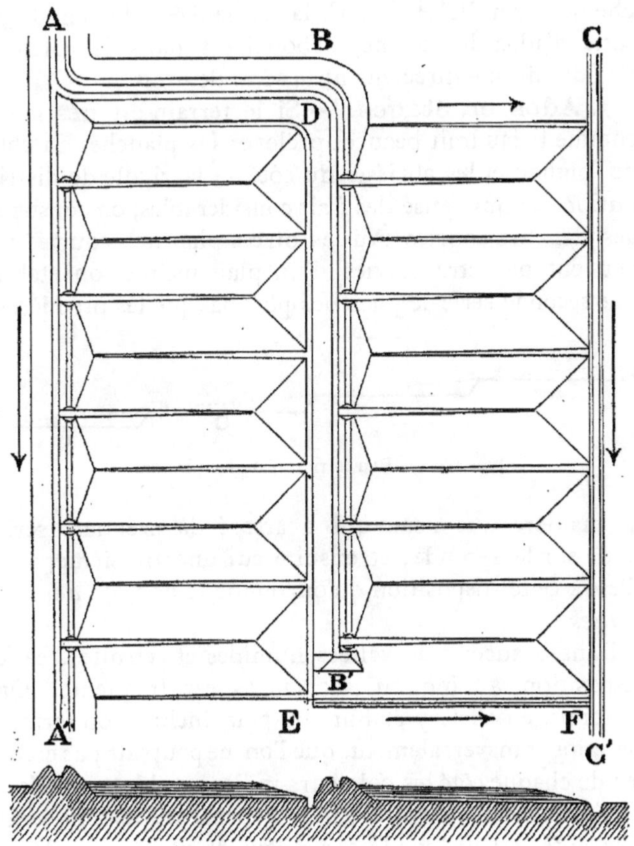

FIG. 285. — DOUBLE COMPARTIMENT DE PLANCHES EN ADOS ÉTROITS, ALIMENTÉ DIRECTEMENT ET PAR BRANCHEMENT.

planches disposées comme les premières. Les figures 284 et 285 montrent le plan de ces dispositions en terrain presque horizontal. Dans la figure 284, A B indique la rigole principale, C D et E F, les colateurs. Dans la figure 285, A A′ est la rigole principale; B B′ le branchement parallèle; D E F, la rigole d'écoulement de la série d'ados de gauche, débouchant dans le colateur CC′ qui draine directement la série de droite.

f. **Ados en étages.** — Si le terrain est très long, comme il faudrait beaucoup élever les planches du côté du pignon et les abaisser du côté de la rigole de distribution, ce qui cause des frais considérables, on construit des planches courtes. Au cas où ces planches courtes ne peuvent pas être suivies d'un plan incliné, on établit une seconde série de planches plus bas que les premières,

Fig. 286. — Disposition d'ados en étages.

de manière que l'eau qui a arrosé la première série coule sur la seconde, et ensuite sur une troisième, etc. C'est à cette disposition qu'on donne le nom de *ados en étages.*

Dans beaucoup de vallées humides et étroites, cette disposition à cinq ou six étages est fréquente. On voudrait, en effet, y établir un plan incliné, ou former des ados transversalement, que l'on ne pourrait pas creuser de chaque côté les colateurs indispensables pour l'assainissement des terres. Aussi, la pente du terrain étant suffisante, est-on conduit, à défaut de plans inclinés, à construire une suite d'ados placés en étages, comme le fait voir le croquis (fig. 286). La ligne ponctuée indiquant la pente naturelle du terrain, les ados A, B, C, D, chacun en ligne horizontale, sont arrosés les uns après les autres, moyennant le barrage successif des rigoles d'irrigation, à partir de l'étage supérieur.

Pour éviter que l'eau, tombant d'un ados sur l'autre, ne creuse la rigole, on garnit le fond et les parois de pierres, à l'endroit de la chute; les pierres du fond ont une inclinaison en rapport avec la hauteur de la chute et le volume d'eau débité (fig. 287) (1).

Même en terrain plat, les planches ne pouvant recevoir une longueur indéfinie, à cause de la difficulté que l'on éprouve à les établir et à les arroser, doivent être souvent rompues par des étages. Nous montrons plus loin des applications remarquables de cette disposition dans les marcites milanaises.

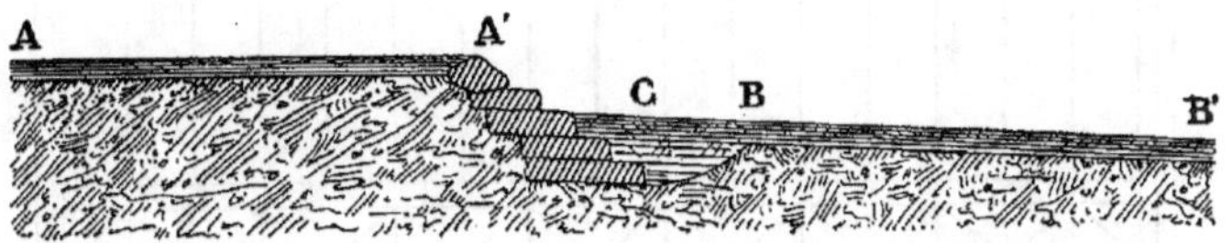

FIG. 287. — PROFIL EN LONG D'UN RESSAUT POUR ADOS EN ÉTAGES.

Il nous suffira de rappeler que, quelque bien construite qu'elle soit, une planche de 40 mètres de longueur a besoin de deux fois plus d'eau que deux planches de 20 mètres, étagées, pour lesquelles la même eau en reprise sert deux fois. Aussi remédie-t-on à l'inconvénient de trop longues planches, en adoptant une disposition semblable à celle que représentent les figures 288 et 289. C'est en quelque sorte une installation par étages, dont la seconde partie, dépourvue de rigole de distribution, reçoit l'eau de la première, à l'aide des rigoles en ailes, *a, a, a,* qui reprennent l'eau de la colature princi-

(1) Dans la figure 287 montrant la coupe en long d'un ressaut, A A' est la rigole de déversement de l'étage supérieur; B B' celle de l'étage inférieur, et C le petit bassin dans lequel s'amortit le choc de la chute d'eau.

pale pour la reporter sur le milieu de l'ados. Le profil

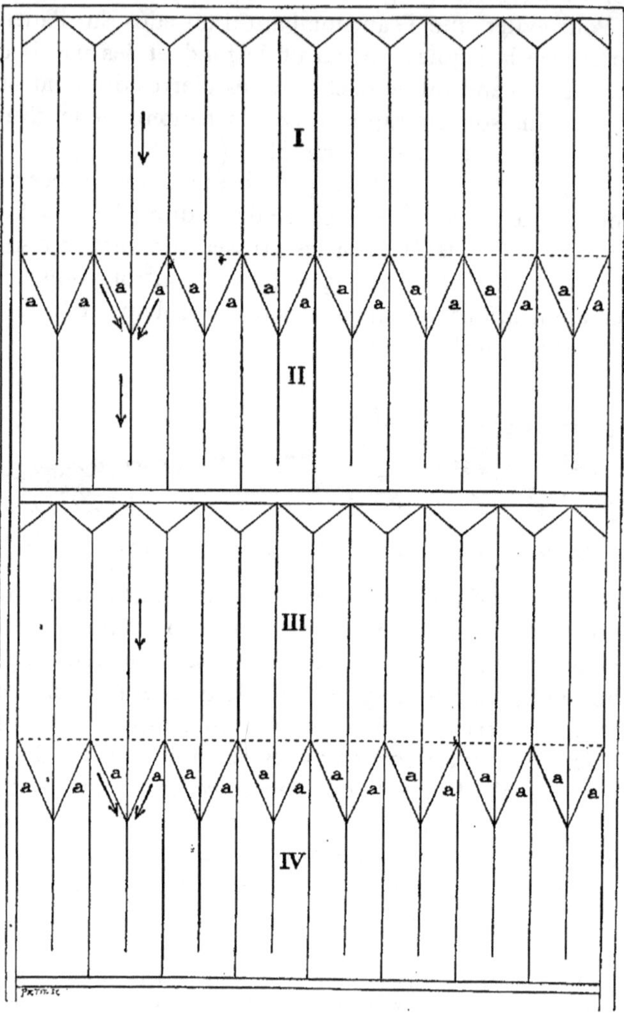

FIG. 288. — DOUBLES ADOS EN ÉTAGES AVEC RIGOLES EN AILES (SIEGEN).

en long (fig. 289) montre l'installation en gradins de trois planches consécutives I, II, III, dont celle du milieu, II, est arrosée par reprise d'eau.

A Ratiboritz, en Bohême, 58 hectares de prairie ont été disposés, pour la plus grande partie en ados étagés, et pour le reste, en rigoles de niveau (*hangbau*), d'après les plans de Dünkelberg (fig. 290). La longueur des planches adossées est très variable. Dans la partie inférieure, elles ont en étage jusqu'à 450 mètres, et les ados alternent de telle sorte que le colateur sert de rigole de distribution pour l'étage suivant. La pente des rigoles de déverse-

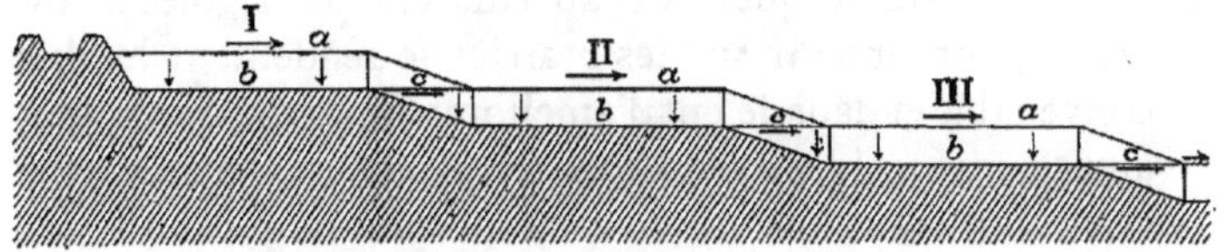

Fig. 289. — Profil en long de doubles ados en étages avec rigoles en ailes (Siegen).

ment est de 1 pour 1,000; celle des colateurs de 4 à 5 pour 1; profondeur $0^m,40$; largeur au fond de $0^m,30$ à $0^m,40$. Grâce à ces dimensions, la surface n'est pas perdue pour le gazon; les voitures et les faucheuses fonctionnent sans que des ponts de passage soient nécessaires.

L'eau fournie au canal d'amenée par l'Aupa, à raison d'un mètre cube par seconde, est utilisée quatre à cinq fois par reprise; elle n'exige pas de grande manœuvre de vannes. La pente étant faible, l'écoulement est uniformément réglé dans les rigoles par des mottes, ou par des planchettes.

Les frais de cette installation, y compris les nivellements les plus importants, se sont élevés à 80 francs par hectare dans les parties dressées en rigoles de niveau, et à 200 francs pour les planches étagées (1).

Dans la figure 290 qui montre le plan des prairies irriguées de Ratiboritz, les traits pleins correspondent aux colateurs, et les parties *a, a, a,* aux terrains disposés suivant la méthode des rigoles de niveau ; A représente un chemin ; B B′ la route de Ratiboritz à Zlic ; *c c′ c″* un autre chemin qui longe la rivière Aupa.

Améliorations dues au fractionnement des ados et des zones de déversement. — Sans recourir au système des gradins, il y a le plus grand intérêt, dans les méthodes combinées de l'irrigation par déversement, à fractionner les longueurs des ados, comme à diminuer les largeurs des zones sur lesquelles l'eau ruisselle par rigoles de niveau, pour obtenir sur les prairies le rendement le plus convenable et dans le but d'améliorer l'apport qu'elles font aux terres arables, l'exploitation étant rationnellement conduite. Nous ne voulons citer qu'un exemple des avantages ainsi réalisés.

C'est dans le domaine de Labreheux, dépendant de l'exploitation agricole de Cirey (Meurthe-et-Moselle), que Chevandier père avait installé l'irrigation de 23 hectares de prairies sur d'anciens défrichements faits dans des portions de forêts basses et marécageuses, connues sous le nom de *fanges.* Le sol appartenant au grès vosgien est composé d'une couche argilo-siliceuse qui repose sur un sous-sol argileux. Ces prairies étaient arrosées d'après la méthode de déversement ; une partie de 8 hectares, par des rigoles dans lesquelles l'eau avait à parcourir 100 mètres environ jusqu'à la limite inférieure ; une autre partie de 15 hectares, par des billons en ados. Les billons avaient une largeur variant de $7^{m},60$ à 8 mètres, avec une pente transversale de $0^{m},011$ à

(1) Dunkelberg, *Der Wiesenbau in seinen landw. grundzügen*, Braunschweig, 1877

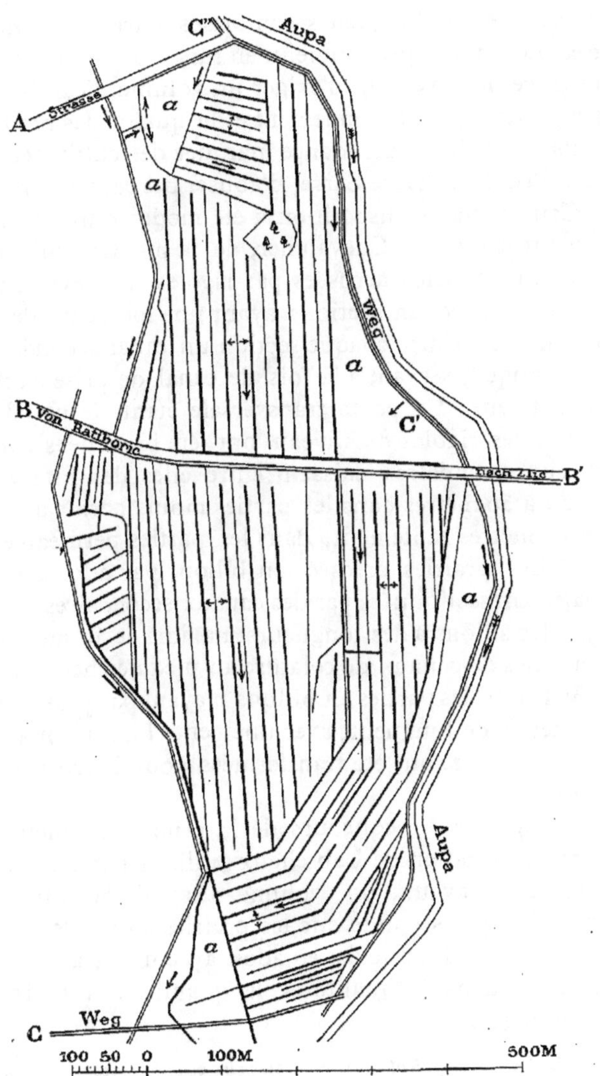

Fig. 290. — Plan des prairies en ados étagés de Ratiboritz (Bohême).

$0^m,020$, et des longueurs comprises entre 20 et 150 mètres. Les billons présentaient, en raison de ces longueurs, le grave inconvénient d'exiger un volume d'eau hors de proportion avec le rendement et la qualité des produits. Telle était alors la tendance marquée des cultivateurs de la vallée de la haute Sarre, d'abuser des eaux d'arrosage.

Cette ancienne disposition a été modifiée très heureusement par M. E. Chevandier, de la manière suivante :

1° Les prairies arrosées par rigoles de déversement ont été divisées en sections ayant une longueur de 80 à 100 mètres. Entre chaque section un canal secondaire a été pratiqué, servant à la fois de canal de prise d'eau et de colateur. La pente transversale étant de $0^m,03$ par mètre, des rigoles de niveau ont été branchées sur les canaux secondaires, laissant entre elles des intervalles de 30 à 50 mètres dans les parties moins perméables, et de 15 mètres seulement, dans les parties perméables.

2° Les prairies arrosées en billons par ados ont été également sectionnées par des canaux secondaires, ramenant les sillons à des longueurs maxima de 50 mètres, et pourvues de canaux de colature au pied de chaque zone.

3° Enfin, les parties en billons n'ayant pas plus de 10 à 15 mètres de longueur, avec une pente longitudinale de $0^m,01$ à $0^m,02$, ont été transformées pour l'arrosage par rigoles.

A l'époque du concours de la prime d'honneur, en 1877, l'irrigation de Labreheux utilisait régulièrement, après ces travaux, un volume d'eau de 50 litres par hectare et par seconde sur les prairies en rigoles, et de 100 litres sur les prairies en ados, avec une grande amélioration dans la qualité et la quantité des fourrages produits (1).

(1) *Exploitation agricole de Cirey ; Mémoire pour le concours à la prime d'honneur*, Nancy, 1877.

Applications des ados aux prairies.

1. Marcites d'Italie. — Les prairies naturelles dans l'Italie du Nord, se divisent en prairies d'été, *prati irrigatori semplici,* et en prairies d'hiver, *prati iemali*, ou *marcitorii,* ou plus simplement encore *marcite.* Les dernières destinées à fournir de l'herbe fraîche pendant tout l'hiver, sont arrosées depuis octobre, ou décembre, jusqu'en mars, en y faisant couler continuellement une nappe d'eau d'une température assez élevée pour y entretenir la végétation. Elles se rencontrent principalement sur les territoires de Milan, de Lodi, de Pavie, en Lombardie; de Verceil et de Novare, en Piémont. Les eaux d'hiver (*iemali*) sont quelquefois fournies par les canaux, mais la plupart du temps, par les sources (*fontanili*) dont nous avons parlé en détail (1). La température des eaux de ces sources, qui descend rarement au-dessous de 8 degrés centigrades en hiver, varie entre 10 et 12 degrés, et permet à une nappe constante de 10 ou 12 millimètres de faire produire à la prairie marcite de cinq à six coupes, dont trois ou quatre en hiver, représentant ensemble de 60,000 à 100,000 kil. d'herbe fraîche par hectare et par an.

Les marcites sont toutes irriguées suivant la méthode des planches à ados étroits, pour que l'eau n'ait pas le temps de se refroidir. Les rigoles de niveau, en admettant que chaque rigole reçût directement l'eau à la température initiale, ne seraient guère applicables dans des plaines à relief aussi peu accidenté, où l'eau chaude d'hiver abonde, à bas prix.

Le sol parfaitement nivelé une année à l'avance, et nettoyé de toutes plantes à racines vivaces et traçantes, est fumé au mois d'avril, labouré, et ensemencé en maïs,

(1) Tome I, liv. V, p. 422.

pour la culture duquel les sarclures répétées continuent le nettoiement des mauvaises herbes. Après la récolte du maïs en octobre, on rompt de nouveau la terre, et on la laisse en friche labourée jusqu'à la fin de janvier, époque à laquelle, à moins de frimas et de neiges, on commence les travaux de la marcite pour profiter de la main-d'œuvre qui est à meilleur marché en hiver.

Le *camparo* (eygadier), chargé des travaux, commence par tracer la rigole principale (*roggia adacquatrice*); puis il détermine la longueur des ados (*ale*), dont la largeur, en Lombardie, est comprise pour les terres perméables entre 5 et 6 mètres; il fixe par des piquets la direction des rigoles de distribution (*roggetti* ou *maestri*) et des rigoles d'écoulement (*scolatori*). On pratique alors un deuxième labour, suivi du passage de la herse, pour bien diviser la terre, et à la fin du mois de février, ou au commencement de mars, on laboure une troisième fois; puis on procède aux adossements.

Dans chacun de ces labours, la terre est relevée par la charrue du côté des piquets qui jalonnent les rigoles de distribution, et conformée en ados. Pour les terres légères, trois labours suffisent à l'ameublissement de la couche arable et au nettoiement du chiendent qui étoufferait le ray-grass.

Lorsque la pièce en prairie est trop étendue, ou bien si l'on recule devant la dépense à faire pour la niveler complètement, on fractionne la rigole principale en biefs de 20 à 25 mètres de longueur, suivant la configuration du terrain, et on dispose les ados séparément pour chaque niveau. D'après Saglio (1), on cherche à niveler de façon à obtenir une pente générale de 0,20 pour 100, et quand cette pente ne peut pas être réalisée

(1) *Inchiesta agraria; Monografia di Pavia*, 1882.

à cause du niveau de la pièce, on dispose des colateurs secondaires, ou des petites digues, en nombre suffisant pour faire servir les eaux par reprise (*ripiglio*).

La rigole principale est creusée suivant une ligne aussi droite que possible, aux dimensions qu'exige le volume d'eau à débiter. La section, large de $0^m,50$ et profonde de $0^m,60$ à l'origine, va progressivement en diminuant jusqu'à l'extrémité. Le fond offre une pente assez forte vers le canal d'amenée pour que, lorsqu'on vide celui-ci, les rigoles se vident aussi. Le talus est incliné, afin que les bords résistent mieux au courant des eaux, sans s'élargir. Dans le cas d'une rigole partagée en biefs, les vannes sont munies d'un orifice qui fait passer l'eau lentement de l'un à l'autre. La largeur de ces orifices (*bocche*) va en décroissant : si la première en amont a $0^m,170$ de largeur, par exemple, la deuxième aura $0^m,130$; la troisième $0^m,10$, etc. Ces bouches droites que le courant corrode et agrandit sont parfois remplacées par des rigoles en demi-cercle.

Les rigoles de distribution ont une largeur, indiquée par deux cordeaux, qui est proportionnelle à celle des ailes; elle est souvent de $0^m,44$ pour $0^m,22$ de profondeur. Les déblais des rigoles, jetés de droite et de gauche, servent à donner aux ailes la pente exacte que comporte la nature du terrain.

La pente des ados est comprise d'ordinaire entre $0^m,015$ et $0^m,020$ par mètre; mais elle est plus forte dans les terres argileuses. La hauteur au milieu des planches correspond à $0^m,15$ et $0^m,20$, et la longueur varie, d'après le sol, entre 60 et 80 mètres; elle atteint exceptionnellement 120 et 150 mètres. Berra recommande, dans ses instructions pour l'établissement des marcites (1),

(1) *Dei prati del basso Milanese detti a marcita,* Milano, 1822.

de ne pas donner aux planches plus de $7^m,50$ à 9 mètres de largeur, et 8 à 10 fois la largeur comme longueur. La pente des ailes est de $0^m,03$ pour 1. Suivant Pollini (1), les ados dans les marcites de la Lomelline ont une largeur de 6 à 12 mètres et une pente de $0^m,015$ à $0^m,020$; mais d'après Saglio (2), dans l'arrondissement de Pavie, la pente ordinaire est de $0^m,03$ par mètre, pour une largeur de 6 à 7 mètres donnée aux ados. Quand on doit arroser avec des eaux fraîches, dites *crude*, la pente est augmentée. La rigole colatrice offre des dimensions réduites à l'origine, qui vont en augmentant jusqu'à atteindre à l'extrémité $0^m,40$ en gueule, et $0^m,30$ de profondeur.

La construction ordinaire d'une marcite est indiquée par la figure 291, dans laquelle AB est la rigole principale (*adacquatrice*); CD, le colateur principal (*scolatore maestro*); EF, EF, les rigoles de distribution (*roggette*); GH, GH, les rigoles d'égouttement (*scolatori*). Les flèches indiquent, tant sur le plan que sur la coupe, le mouvement de l'eau (3).

Toutes les rigoles de distribution s'arrêtent à une distance de $2^m,50$ à 3 mètres de la limite inférieure, marquée par le colateur principal. C'est dans cet espace réservé que se font les charrois des engrais et du fourrage; entre les deux opérations, on arrose le chemin de culture par des petites rigoles provisoires. Avant d'atteindre le colateur principal, les colatures passent sous terre, pour laisser ce chemin libre.

Quand il s'agit d'un pré arrosé, au lieu d'un champ arable à convertir en marcite, on laboure à l'automne,

(1) *Inchiesta agraria; Monografia della Lomellina*, 1882.

(2) *Loc. cit.*, 1882.

(3) *Italian irrigation by Baird Smith. Journ. Roy. Agric. Soc. of England*, 1863, vol. XXIV, p. 188.

en long et en large, après le pacage des bestiaux, et on laisse en friche jusqu'au printemps suivant pour y semer du lin, ou du maïs. La seconde année, on sème de l'avoine, ou du froment, et au printemps, le mélange de graines de ray-grass et de trèfle.

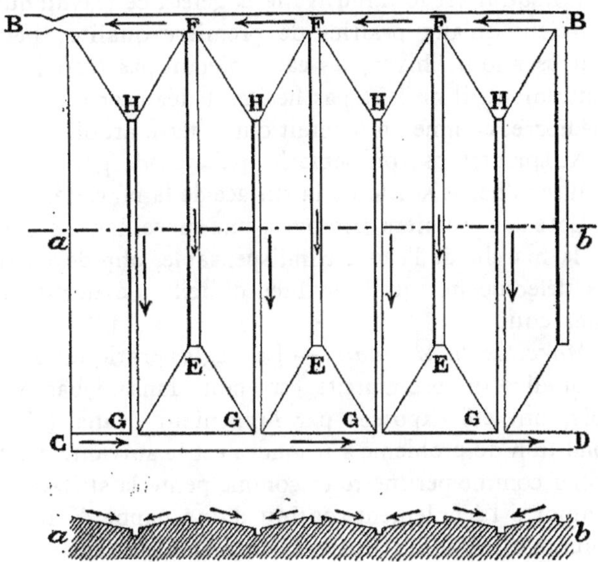

FIG. 291. — PRAIRIE MARCITE; PLAN ET COUPE SUR *ab*.

Pour ne pas perdre pendant si longtemps la récolte de fourrage, on peut tracer dès la fin d'octobre, sur le pré en transformation, les rigoles que l'on creuse aussitôt, afin d'amener les eaux et de reconnaître le niveau. Cela fait, on enlève la croûte de gazon sur une épaisseur de $0^m,008$ à $0^m,01$, en petits carrés, pour les transporter dans la partie du pré qui n'a pas à être nivelée. On nivelle alors le reste du terrain en vue des adossements, et sur les ailes des ados, on replace les mottes de gazon en les rejoignant le plus exactement possible. On donne ensuite un nouveau coup d'arrosage pour corriger les inégalités, et après égouttement, on comble les fuites avec de la terre grasse en poudre, qui sert en même temps au régalage.

Lorsqu'il est terminé avant la gelée, ce travail qui ne convient qu'aux prairies de première qualité, permet d'arroser tout l'hiver, les eaux n'étant pas trop froides. Autrement, il ne faut pas hésiter à défoncer une prairie médiocre, comme on le ferait d'une terre arable.

Au printemps, on sème le mélange de graines pour égaliser l'herbe sur toute la surface de la marcite.

Lors des premiers arrosages, une surveillance attentive de la marche de l'eau est indispensable, afin de corriger les défectuosités qu'il est bien difficile d'éviter du premier coup.

Marcites du Milanais. — Les règles pratiques d'après lesquelles un pré marcite est établi dans le bas Milanais, ont été exposées par l'ingénieur Mansi (1). La condition du problème à résoudre est la suivante : déterminer comme périmètre et comme pente la surface que comporte l'écoulement continu d'une nappe d'eau d'un volume minimum, constant, mais suffisant pour empêcher la congélation.

Soit un volume d'eau disponible de 6 onces, pour une surface de 12 hectares et demi à dresser en marcite, que représente le rectangle ABCD (fig. 292), on donne à la rigole principale AB (*adacquatrice maestra*) une largeur au fond de 1 mètre, une profondeur de $0^{m},70$ et l'on partage le rectangle en six compartiments (*scomparti*) à l'aide d'une rigole principale perpendiculaire *a b c d* (*fuga*), et

(1) *Sui prati marcitorii e la irrigua coltivazione lombarda*, Milano, 1864, p. 22.

de deux rigoles transversales *ebf* et *gch*, dites *adacqua-*

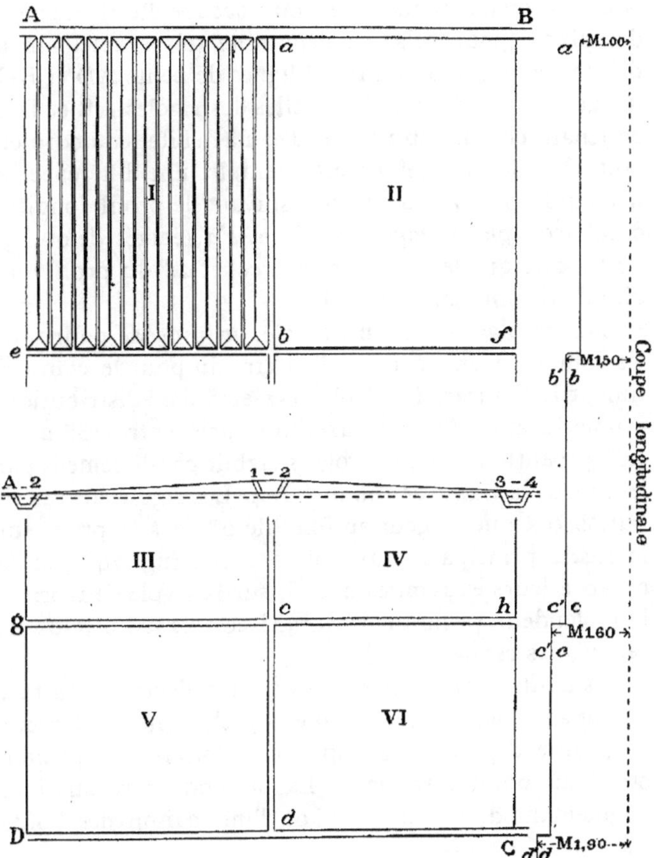

FIG. 292. — PLAN D'UNE MARCITE ÉTAGÉE; COUPE LONGITUDINALE ET COUPE TRANSVERSALE D'UN ADOS SUR LA RIGOLE DE REPRISE.

trici in rispiglio, ou de reprise, qui ont 0m,70 de largeur au fond et autant de profondeur. Ces rigoles recueillent les eaux d'irrigation et les conduisent dans le colateur principal DC.

Les compartiments tracés, on s'occupe du nivellement des plans; pour cela, on détermine très exactement la différence de niveau entre les lignes de pente AD et BC, dirigées du nord au sud, et celles des rigoles AB et DC, en tenant compte du volume d'eau à débiter et à écouler. Soit, dans le cas choisi pour exemple, une différence de niveau de $0^m,90$, on dispose suivant le profil longitudinal trois plans étagés *ab*, *b'c* et *c'd*, étagés de $0^m,30$, c'est-à-dire que les hauteurs *bb'*, *cc'* et *dd'* du profil longitudinal sont égales à $0^m,30$.

Chaque plan étant ainsi nivelé, on procède pour tous les compartiments comme il va être dit pour le compartiment I. On trace les rigoles 1-2 et 5-6 de distribution, à une distance d'axe en axe, qui varie entre $13^m,20$ et $14^m,40$; entre ces deux rigoles s'établit parallèlement par le milieu, la rigole de colature 3-4. Les rigoles de distribution ont une largeur au fond de $0^m,50$ à la prise, sur la rigole principale, aux points 1 et 5 (fig. 293), et de $0^m,40$ à leurs extrémités 2 et 6, sur la rigole de reprise; la profondeur variant entre $0^m,35$ et $0^m,25$. Le talus de ces rigoles est de 45 degrés.

Les bords sont alignés, dressés et solidement battus. Quant aux colatures, telles que 3-4, elles ont une largeur croissante depuis $0^m,25$ au point d'origine 3, jusqu'à $0^m,45$ au point extrême 4. La profondeur va aussi en augmentant de $0^m,10$ à $0^m,30$, l'inclinaison des bords étant de 45 degrés.

On trace autant de rigoles de distribution et de colatures qu'il en faut pour utiliser la longueur AB de la rigole d'amenée, en ayant soin de faire coïncider le plan des colatures avec celui des rigoles extrêmes *A e* et *a b*.

Les ados résultant de ce tracé, dont le détail est donné

(fig. 293), comprennent un triangle supérieur (*stomaco*) 1-3-5, appuyé sur la rigole principale; un triangle inférieur correspondant *e*-2-4 (*pavione*), appuyé sur la rigole de reprise; et deux trapèzes 1-2-*e* et 1-3-4-2 (*ale*). Comme niveau, ces parties de l'ados ont entre elles des rapports définis. Ainsi, la base du triangle 1-5 est dans la même relation, eu égard au niveau de la rigole entière AB, que les rigoles de distribution 1-2 et 5-6; et le sommet 3 du triangle supérieur est situé au-dessous du niveau de la base 1-5, de la quantité que l'on assigne comme pente à l'aile.

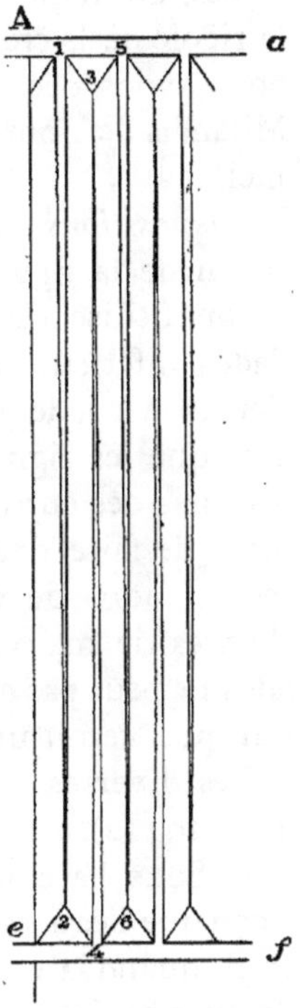

Dans lafigure 293, le plan d'eau 1-2-5 est supérieur de $0^m,20$ au plan 2-4-6, qui est lui-même plus élevé de $0^m,10$ que le plan d'eau de la rigole de reprise *e b f*; soit ensemble une différence de niveau de $0^m,30$, entre la rigole principale AB et la rigole dereprise *e b f*.

La coupe transversale d'un ados indique la profondeur respective des colatures *A* 2 et 3-4 par rapport à la rigole de distribution 1-2, et au plan d'eau de la rigole de reprise (fig. 292).

Fig. 293. — Détail des ados (fig. 292).

Pour régler l'eau courante et maintenir le niveau de la nappe sur la marcite, l'eau se dirigeant de A en B, on établit en *a* deux vannes, l'une sur la rigole principale et l'autre sur le colateur *a b*. Aux points d'intersection *b* et *c*, on établit également des vannes doubles.

La disposition qui vient d'être décrite d'une marcite à plans étagés, répond au cas le plus fréquent dans la pratique, pour lequel les eaux abondantes sont utilisées par reprise. Il arrive encore que, les planches étant trop larges, on divise les versants par une rigole qu'alimente la rigole de la crête. Cette installation revient à celle que nous avons décrite des larges ados, qui reçoit dans le Milanais le nom de *a maschio e femmina* (mâle et femelle).

Dispositions diverses. — Quand, au lieu de la disposition de la figure 291, on supprime le colateur général et on utilise directement la rigole de déversement de l'ados inférieur comme rigole colatrice de l'ados supérieur, on coude deux fois celle-ci à angle droit, de façon à ce que les lignes d'ados soient dans le prolongement les unes des autres; mais ce système a le grave inconvénient de faire dépendre la régularité d'alimentation du second ados de celle du premier; ce qui double les chances de mauvais fonctionnement; de plus, le second ados ne peut pas avoir la même longueur que le premier, puisqu'il reçoit un volume d'eau moindre (1).

Les diverses variantes sont représentées dans la figure 294 (2).

1. Sous l'accolade X, l'installation est pratiquée de façon que l'eau se dirigeant dans la rigole principale de A en B, quand la vanne B est fermée, circule dans les rigoles de distribution *a*, *a*, *a*, jusqu'à leurs extrémités fermées 1 et 2. Après s'être déversée sur les ados *b b b*, elle gagne les rigoles d'écoulement *c c*, qui la conduisent dans les rigoles de distribution d'un niveau inférieur, *d d;* d'où elle se déverse sur les ados *e e*, pour s'écouler finalement

(1) A. Hérisson, *loc. cit.*, p. 158.

(2) Michel, *les Prés marcites du bas Milanais ; Journ. agric. pratique*, 1837, t. I, p. 205.

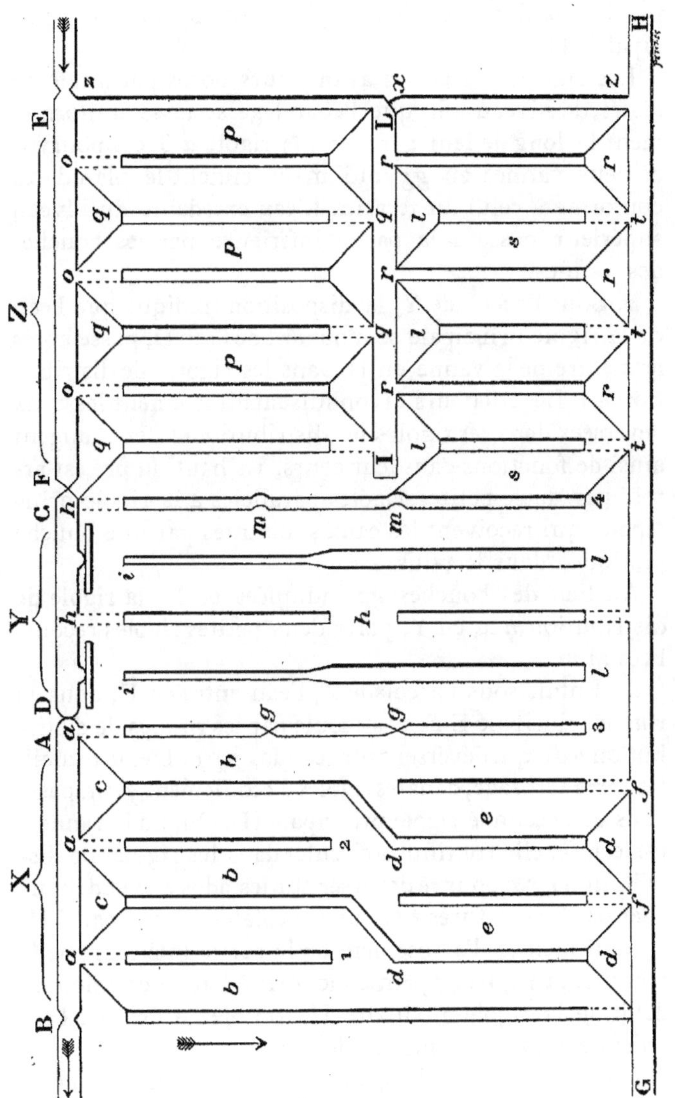

FIG. 294. — PRAIRIES MARCITES DU MILANAIS ; DISPOSITIONS DIVERSES.

par les rigoles d'écoulement *f f*, dans le colateur principal G H.

Les rigoles *a* 1 et *a* 2 ayant leurs bords parfaitement réglés de niveau afin que l'épandage se fasse uniformément le long de leur parcours, la rigole *a* 3 est pourvue de deux vannes en *gg* qui maintiennent le plan d'eau conforme à celui du terrain. L'eau excédante du niveau supérieur passe à la partie inférieure par les bouches des vannes.

2. Sous l'accolade Y, la disposition indique que l'eau de la rigole principale se mouvant de C en D, passe après fermeture de la vanne en D, dans les rigoles de distribution *hh*. Les colateurs *i i* conduisent directement les eaux déversées dans les rigoles de distribution *l l* et changent ainsi de fonctions dans leur cours. Le haut du pré est arrosé par deux petites rigoles parallèles à la rigole principale, qui reçoivent les eaux suffisantes par une bouche pratiquée dans le talus.

Au lieu des bouches *gg* indiquées en X, la rigole de distribution *h* 4, en Y, porte deux petites rigoles recourbées *m m*.

3. Enfin, sous l'accolade Z, l'eau entre en E, dans la rigole principale E F, et s'écoule par les rigoles de distribution *o o o* qui déversent sur les ados *p p p*. L'eau recueillie après arrosage, dans les rigoles d'écoulement *q q q*, passe dans une seconde rigole principale IL. Quand la vanne *x* est fermée, elle continue à circuler dans les rigoles de distribution *r r r* pour se déverser sur les ados *s s s* et déboucher par les colatures *t t t* dans le colateur principal G H.

Pour faciliter l'arrosement de la partie inférieure de la marcite, la rigole *z z* peut concourir à l'augmentation du débit de la rigole auxiliaire IL, ou bien à évacuer l'excédent des eaux, au moyen de la vanne *x*.

Les parties pointillées, au commencement et à la fin

des rigoles, indiquent les chemins dont l'emplacement est réservé pour le passage des charrettes.

Dans le tableau qu'il a présenté du coût de l'aménagement des terrains, suivant les divers systèmes d'irrigation, Perels cite celui des marcites comme compris entre 375 francs par hectare, lorsqu'il y a peu de terrassements à faire, et 1,250 francs. Tout dépend évidemment des circonstances locales du nivellement, mais on peut estimer en moyenne les frais d'installation entre 700 et 800 francs.

2. Prairies de la Campine. — Les irrigations par ados ont prévalu en Campine. La nature du terrain, la forme de son périmètre et la disposition de la surface déterminent la distribution la plus convenable des séries d'ados.

D'après les profils en travers, levés sur les champs à arroser, on arrive à fixer sans difficulté l'emplacement des rigoles principales, de leurs embranchements et des systèmes d'ados qu'elles doivent desservir. La figure 295 représente le plan des canaux d'irrigation et d'égouttement, et des chemins d'exploitation, exécutés sur une partie de la commune d'Arendonck (1).

Le tracé et les dimensions des rigoles principales qui prennent naissance sur le canal, à l'aide de prises d'eau en aqueduc, changent selon la nature du terrain et la surface arrosable. Leur profil en travers est toujours formé d'un plafond horizontal dont la pente varie entre $0^m,30$ et $0^m,40$ par kilomètre, et de deux berges avec inclinaison de 3 de base pour 2 de hauteur. Leurs dimensions sont calculées en vue d'un débit par seconde, de 3 litres d'eau par hectare à arroser.

Pour l'établissement des ados en prairie, la disposition

(1) Hervé Mangon, *Études sur les irrigations de la Campine*, 1850.

la plus convenable et la plus généralement adoptée, est indiquée par la figure 296.

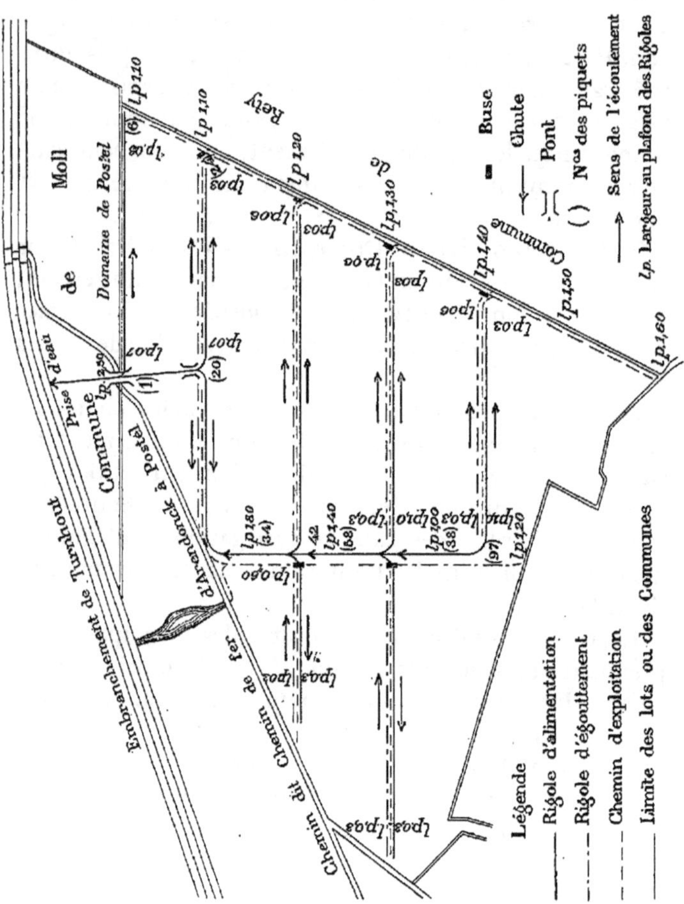

Fig. 295. — Plan des irrigations de la commune d'Arendonck (Campine).

Le terrain est divisé en compartiments de $67^{m},30$ de largeur et d'une longueur variable, suivant la distance des rigoles principales et des colateurs. Au milieu de chaque compartiment, et dans le sens de sa longueur, est creusée la rigole de distribution, embranchée sur la rigole principale. L'alimentation se fait au moyen d'une buse en bois, de $0^m,20$ d'ouverture.

Le plafond de la rigole de distribution offre une pente de $0^m,002$ par mètre; sa largeur est de $0^m,70$. La crête

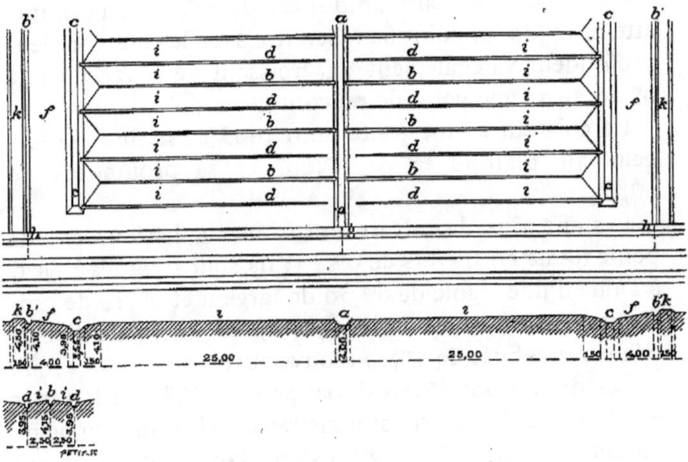

FIG. 296. — PLAN, COUPES EN LONG ET EN TRAVERS D'UN COMPARTIMENT DE PRAIRIE EN ADOS (CAMPINE).

est établie à $0^m,20$ en contre-haut du plafond, à son origine. Les talus sont inclinés à 3 de base pour 2 de hauteur. Lorsque la pente naturelle du terrain dépasse celle qui est assignée à la rigole, on rachète la différence des deux pentes par le partage de la longueur de la rigole en biefs que séparent de petites chutes.

Les ados ont 25 m. de longueur sur 5 m. de largeur; la pente de chaque versant est de $0^m,20$ pour $2^m,50$ de largeur.

Les rigoles de déversement creusées autant que possible perpendiculairement à la rigole de distribution, ont $0^m,25$ de largeur à l'origine. Leur plafond, horizontal, ou incliné de $0^m,0005$ par mètre, est établi à $0^m,10$ au-dessous de la crête de la rigole de distribution; leur profondeur est de $0^m,65$.

Les rigoles d'égouttement sont parallèles à celles ed déversement et leurs crêtes sont horizontales, à $0^m,20$ en contre-bas. Leur largeur qui est de $0^m,15$ à l'origine, atteint $0^m,30$ au point de rencontre avec le colateur; leur profondeur va également en croissant de $0^m,10$ jusqu'à $0^m,25$ au même point de rencontre.

Le colateur a une pente de $0^m,003$ au moins; sa largeur au plafond est de $0^m,60$, et sa profondeur de $0^m,40$.

Les chemins de culture ont 4 m. de largeur et une pente totale en travers de $0^m,25$; ils sont irrigués à part, à l'aide d'une rigole de $0^m,30$ de largeur et $0^m,10$ de profondeur, communiquant avec la rigole principale d'amenée par une buse de $0^m,10$ d'ouverture.

Les digues ont $1^m,50$ de largeur et $0^m,30$ de hauteur au-dessus de la partie supérieure du chemin irrigué de communication. Ces digues sont plantées d'aulnes qui servent de clôture et d'abri entre les différents compartiments d'ados.

Les dispositions indiquées sont variables quant à la largeur et à la longueur des ailes, mais surtout quant à l'inclinaison des surfaces arrosées. La figure 296 indique une pente de $0^m,08$ qui est rarement dépassée; mais cette pente est souvent réduite; les ailes ne présentent parfois qu'une pente en travers de $0^m,02$ à $0^m,03$ par mètre.

Le choix de l'inclinaison qui donnera, dans des circonstances déterminées, les résultats les plus satisfaisants, est, comme le remarque Hervé Mangon, « un problème

« fort complexe; il en est ainsi du reste de tous les « problèmes agricoles, si importants à résoudre, et cependant « si légèrement étudiés jusqu'à présent (1). »

Des expériences comparatives peuvent seules résoudre une question qui n'est pas arbitraire, mais dont les lois ne sont pas établies.

D'après Keelhoff, la distance fixée à $61^{m},60$ entre deux rigoles de distribution, se répartit ainsi qu'il suit : (2)

	mèt.
Largeur de la rigole de distribution..........	1.00
Longueur de la rigole de déversement........	23.50
Distance de l'extrémité de la rigole de déversement à la rigole d'écoulement..............	1.50
Largeur totale de la rigole de colature.........	1.50
Largeur du chemin d'exploitation.............	3.00
Rigole de déversement pour l'arrosage du chemin....................................	0.30
Banquette plantée d'arbres avec talus..........	1.00
Second chemin d'exploitation.................	3.00
Rigole de déversement pour l'arrosage du chemin....................................	0.30
Largeur de la rigole de colature du 2e compartiment..................................	1.50
Distance de cette rigole à celle de déversement..	1.50
Longueur de la nouvelle rigole de déversement jusqu'à la rigole de distribution suivante...	23.50
Total.................. mètres	61.60

Suivant les données que Hervé Mangon a recueillies sur place, les travaux préparatoires de l'irrigation (chemins, rigoles principales, etc.), exécutés par les ingénieurs de l'État belge, en Campine, atteignaient 129 fr. par hectare; le défoncement du sol à $0^{m},60$ de profondeur avait coûté 120 fr.; les terrassements pour l'exécution des ados, de leurs rigoles, 80 fr., et l'entretien des ados et des ri-

(1) *Loc. cit.*, p. 69.
(2) J. Keelhoff, *Traité pratique*, etc., 1856.

goles pendant la première année, 25 fr.; ce dernier article s'est réduit à 10 fr. dans les années suivantes.

La journée d'ouvrier terrassier était payée en moyenne de 1 fr. à 1 fr. 15; la fouille et le jet à la pelle, régalage compris, coûtait 0 fr. 15 le mètre cube; tandis que la fouille, avec transport à un demi-relai, coûtait 0 fr. 23.

La Société d'irrigation de la commune d'Arendonck, a dépensé pour l'établissement des ados, par hectare :

	fr.
Terrassements des ados y compris régalage.	200.00
Défoncement avant semis..................	20.00
Plantations pour abris.....................	17.00
Branchements entre les rigoles............	3.00
Total........................ francs	240.00

Keelhoff donne l'estimation moyenne suivante, pour la construction d'un hectare en planches adossées :

	fr.
Tracé des travaux et enlèvement des gazons pour en déduire le profil................	10.00
Défoncement du sol à $0^{m}.60$ de profondeur.	150.00
Travaux de nivellement et de terrassement.	60.00
Parachèvement des ados et des chemins d'exploitation..........................	30.00
Mise à niveau des rigoles de déversement, etc.	50.00
Total.................... francs	300.00

d. LES IRRIGATIONS EN PAYS DE MONTAGNES.

Suisse et Pyrénées. — Dans l'application des irrigations par déversement aux pays montagneux, on trouve, comme en Suisse et dans les Pyrénées, de longues rigoles offrant une large section, une pente douce, et débordant sur toute leur longueur. D'après leur disposition, ces rigoles sont à peu près parallèles et divisent les prairies en zones de largeur à peu près égale, quand la pente est uniforme (fig. 297). Pour arroser une zone comprise entre deux rigoles, on remplit la rigole supérieure et on y arrête l'eau au point voulu à l'aide d'une vannette.

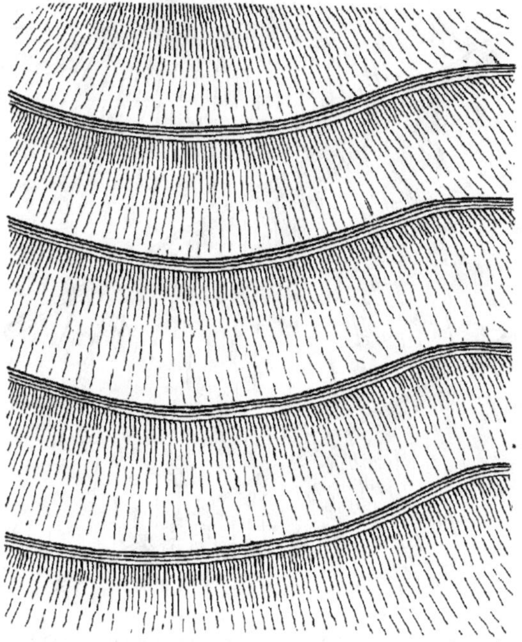

FIG. 297. — IRRIGATION DE PRAIRIES EN MONTAGNE (SUISSE ET PYRÉNÉES).

La pente de la rigole étant seulement suffisante pour que l'eau puisse atteindre son extrémité, il y a déversement par-dessus le bord d'aval. La zone inférieure est baignée à peu près également, et ce qu'elle n'absorbe pas est recueilli par la rigole située immédiatement au-dessous, où l'eau reste jusqu'à ce qu'on la remplisse à son tour.

Par cette disposition, on est obligé de laisser couler l'eau assez longtemps avant que chaque zone soit bien baignée, et de réduire la largeur des zones, en multipliant les ri-

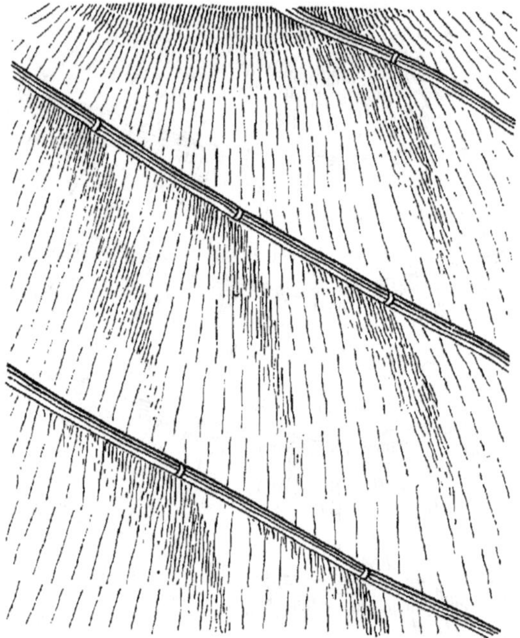

Fig. 298. — Irrigation de prairies en montagne (Vosges).

goles à grande section qui font perdre du terrain, entravent le travail et la circulation.

Vosges. — Ailleurs, notamment dans les Vosges, on trouve des rigoles à pentes fortes, de $0^m,010$ à $0^m,020$ par mètre et même davantage, tracées en écharpe dans les prairies, et pourvues d'eau en abondance. On y fait déverser l'eau par des gazons, ou des planchettes, placés consécutivement en des points très rapprochés, afin de forcer l'eau à couler sur les zones inférieures. La figure 298 indique les arrêts qui causent les déversements successifs par petites nappes d'eau dans les rigoles inclinées.

On reproche avec raison à cette disposition de satisfaire une seule des conditions de l'irrigation, à savoir : de donner à la fois beaucoup d'eau sur des points déterminés, au lieu de baigner à la fois une grande étendue. Les courants de peu de largeur ayant trop de vitesse, l'eau délave le sol qui ne peut être enrichi par les engrais ou les limons. La main-d'œuvre nécessitée par le changement des arrêts mobiles est considérable, le volume d'eau aussi ; et dans les parties inférieures de la prairie, il y a surabondance d'eau produisant des herbes grossières et des plantes aquatiques.

Malgré ce qu'elle offre d'imparfait et de grossier, par rapport au système perfectionné qui consiste à remplacer les coupures irrégulières par des rigoles de niveau, la méthode des Vosges est pratiquée encore sur beaucoup de pentes; on la regarde comme la plus convenable jusqu'à ce que l'on soit parvenu à niveler les prés, ce qui exige beaucoup de travail et de temps.

Pays divers. — Sur la pente rapide des montagnes, l'établissement d'un canal de distribution pour tout un pré présente en effet des difficultés inhérentes à la consistance du sol et à la pente. On est souvent forcé de donner au fossé une grande profondeur, afin que la paroi d'aval puisse avoir une largeur nécessaire, non seulement pour la solidité, mais pour le sentier sur lequel chemine l'eygadier. Quand le sol est exposé à des éboulements, il faut construire une muraille qui soutienne la paroi d'amont du fossé. Plus les pierres ou dalles sont longues et s'élèvent haut, plus elles consolident les terres; les intervalles sont remplis par de plus petites pierres enfoncées profondément, et le tout est recouvert de gazon qui forme un talus régulier.

Si dans les grandes canalisations une chute de $0^m,0001$ par mètre est suffisante, elle sera évidemment plus forte dans les prairies en montagne (1). Les rigoles alimentaires ont généralement une pente de $0^m,005$ pour une largeur de $0^m,40$ à $0^m,60$ et une profondeur de $0^m,15$. Parfois, en terrain voisin des bois, les rigoles exposées à l'engorgement par les feuilles mortes, offrent $0^m,01$ de déclivité.

Pour rendre l'arrosage aussi égal que possible, au lieu de faire déverser directement les rigoles alimentaires par des saignées et des barrages en gazon, on pratique des petites rigoles presque horizontales, avec une pente de $0^m,001$, une profondeur de $0^m,03$ et une longueur de 10 mètres au plus, qui épanchent sur toute leur étendue une mince nappe liquide dont l'effet persiste.

Les rigoles alimentaires sont espacées de 6 à 8 mètres, mais si l'intervalle devait être plus grand, il conviendrait d'intercaler des rigoles de retour qui ramènent l'eau suivant la pente, en sens inverse du courant primitif.

La figure 299 indique en plan et en profil transversal, un pré de montagne desservi par les fossés de répartition *a a* et *b b* qu'alimente l'eau de la source *c*. Le fossé de répartition *b b* reçoit en outre l'eau qui vient du fossé supérieur, après l'arrosage de la zone intermédiaire; *d d* sont des rochers; *e*, un fond ou baissière; *f*, la souche d'un arbre abattu; *g g*, les rigoles d'irrigation. Au-dessous du fossé *b*, un chemin *h* pour les voitures sert à enlever le foin de l'étage supérieur; il est disposé de manière à être arrosé et fauché. L'étage inférieur est arrosé par des rigoles de niveau *k k*, branchées sur les rigoles verticales *i i*.

(1) F. Vidalin, *Journ. agric. prat.*, 1880, t. I, p. 264.

Beaucoup de prés de la commune de Gerhardsbrunn sont ainsi disposés (1). Les rigoles verticales ne correspondent pas toujours directement les unes aux

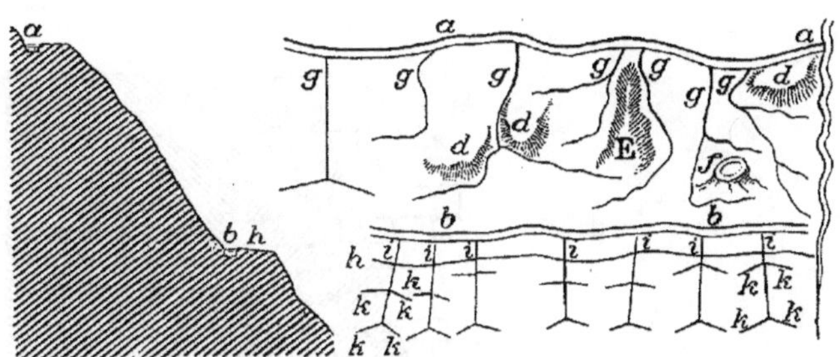

Fig. 299. — Irrigation d'une prairie en montagne a Gerhardsbrunn; profil transversal et plan.

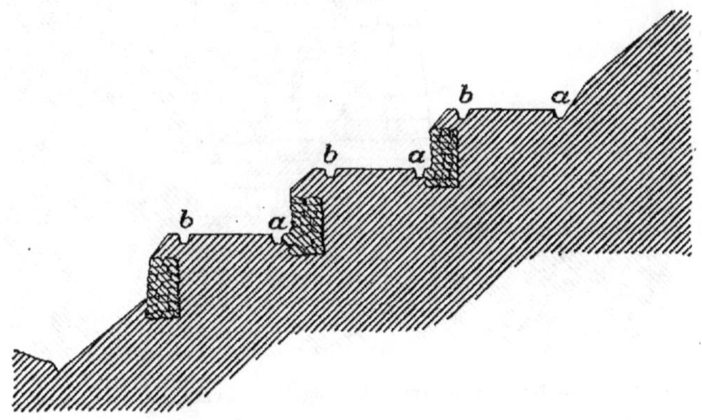

Fig. 300. — Profil d'un coteau en terrasses avec murs de soutènement.

autres pour une même rigole de répartition, afin d'éviter les affouillements que causeraient les eaux sous d'aussi fortes pentes.

(1) Villeroy et Muller, *loc. cit.*, p. 103.

Terrasses arrosées. — Pour d'autres cultures que celle des prairies, notamment pour les arbres fruitiers, les vignes, etc., les coteaux à pentes rapides sont souvent aménagés en terrasses que soutiennent des murs

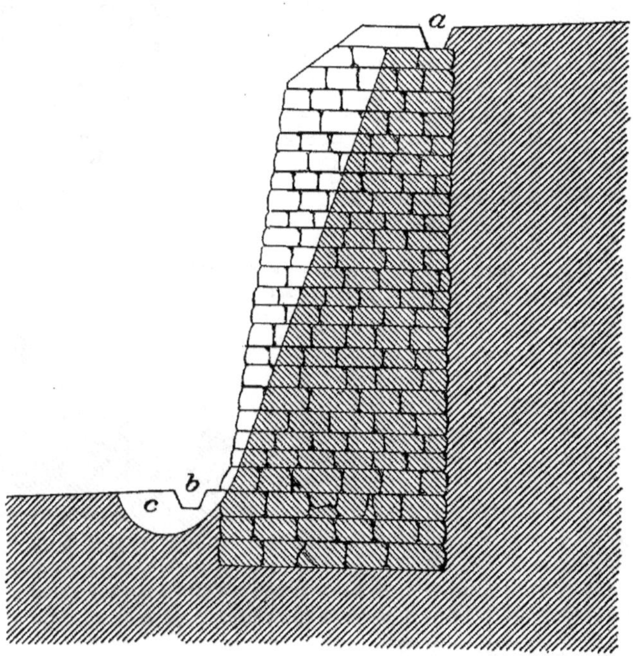

FIG. 301. — MUR DE SOUTÈNEMENT (fig. 300) AVEC BASSIN ET RIGOLE.

en pierres sèches et qu'irriguent des eaux de source, ou de ruisseau. La figure 300 montre en profil un coteau avec une succession de terrasses ainsi étagées; et la figure 301, le détail d'un mur de soutènement en coupe à travers une rigole qui recueille les eaux de la terrasse supérieure.

Chaque terrasse présente une très légère pente du côté de l'aval; elle comporte généralement deux rigoles principales; l'une *a*, au pied du mur de soutènement portant l'eau d'arrosage; l'autre *b*, sur le bord opposé, recevant les colatures qu'elle transmet à la terrasse immédiatement inférieure. Pour éviter l'affouillement que produirait la chute de l'eau d'une terrasse à l'autre, un petit bassin, *c*, est creusé dans le sol, qui amortit la chute par l'eau qu'il contient ; *b* est la rigole de distribution qui reprend l'eau dans le bassin.

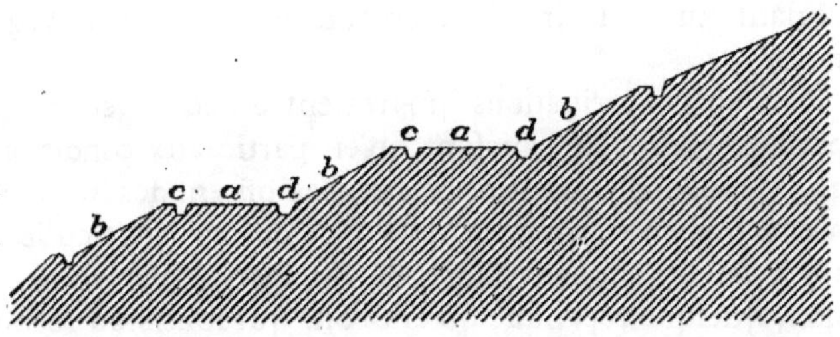

Fig. 302. — Profil d'un coteau en terrasses avec talus gazonnés.

Quand les pierres manquent pour construire les murs de soutènement, et que le sous-sol du coteau n'est pas en roche solide, on sépare les terrasses *a a* (fig. 302) destinées aux plantations, par des talus gazonnés *b b*. Les rigoles de colature *c c*, de chaque terrasse *a a*, dressées à niveau parfait, arrosent par déversement les talus; et la rigole de reprise au pied de chaque talus *d d* se transforme en rigole d'arrosage pour la terrasse suivante (1).

(1) C. de Cossigny, *loc. cit.*, p. 97 et Perels, *loc. cit.*, p. 536.

III. LES IRRIGATIONS PAR SUBMERSION.

Dans les irrigations par déversement, quel que soit le procédé usité, par rigoles de niveau ou inclinées, par planches simples ou en ados, les conditions du meilleur emploi des eaux se trouvent réalisées, sous le rapport de leur mouvement et de leur aération, de leur reprise, de la facilité de distribution et d'égouttement, enfin, de la limitation de la nappe qui baigne les plantes sans les soustraire aux influences atmosphériques, mais en réglant au contraire la température du sol et la végétation.

Les autres irrigations qui restent à décrire sont imparfaites; elles ne satisfont qu'en partie aux conditions qui viennent d'être énumérées et elles offrent des inconvénients qui en restreignent l'usage à des cas particuliers. Il en est notamment ainsi de l'irrigation par submersion, quelque répandue qu'elle soit, qui consiste à recouvrir la surface d'une couche d'eau plus ou moins épaisse et à la laisser séjourner un certain temps, avant de la faire écouler, pour submerger le plus souvent une nouvelle surface en aval.

En terrain plat, les travaux d'aménagement qu'exige la submersion sont simples et peu considérables. Il suffit de régler la surface pour aplanir les aspérités et combler les cavités, et d'établir un bourrelet de terre, ou digue, sur les bords du champ afin d'y retenir l'eau qui débouche à la partie supérieure. C'est donc une méthode essentiellement économique, eu égard à son installation, qui offre des avantages réels lorsque l'on ne dispose pas d'eau d'une manière continue. Le premier avantage est de fournir des arrosages uniformes; le second, d'utiliser la totalité de l'eau qui est absorbée entièrement par le sol, sauf la fraction qu'entraîne l'évaporation; le troisième, de permettre avec des eaux troubles ou limoneuses d'enrichir le sol à chaque arrosement par les matières en suspension; le quatrième, d'assurer la destruction des animaux nuisibles qui sont noyés.

En regard de ces mérites, les principaux défauts consistent en ce que les plantes sont submergées, la surface est coupée par des digues qui entravent la culture, et la consommation d'eau est beaucoup plus grande dans un temps donné, que par les méthodes de déversement.

Pratiquées dans le midi de la France, en Italie, en Espagne, pour les céréales, les jardins, les arbres fruitiers et récemment pour la vigne, les irrigations *en couverture,* comme on les désigne, sont les seules qui conviennent d'ailleurs à la culture du riz, développée en Piémont, en Lombardie et sur quelques points de l'Espagne, de même qu'en Asie.

A. SUBMERSION NATURELLE.

La submersion qui est le produit de l'art, est fréquemment aussi l'effet de causes naturelles. « Des pays d'une immense étendue sont fertilisés par des submersions périodiques, sans lesquelles la terre serait frappée d'une stérilité absolue. Telle est l'Égypte, fécondée par les crues régulières du Nil; tels sont les llanas, les pampas, les steppes de l'Amérique méridionale que l'on doit considérer comme les plus grands pâturages qui soient à la surface du globe (1). » C'est aux débordements périodiques d'un grand nombre de fleuves et de rivières que sont dues les excellentes prairies de certaines vallées à surface unie, où le défaut de pente rendrait coûteuse l'irrigation par déversement.

(1) Boussingault, *Économie rurale*, 2e édit., 1851, p. 242.

Les zones comprises entre les digues et l'étiage du Rhône, sur le parcours d'Avignon à la mer, que l'on désigne sous le nom de *segonaux,* sont submersibles temporairement dans toutes les crues ordinaires et moyennes, qui ont lieu utilement pendant les mois d'hiver. Toutes les récoltes; céréales, luzernes, vignes, mûriers, etc., y prospèrent sans engrais et presque sans culture. Aussi, malgré les dommages des inondations d'été, les terres des *segonaux* valent de 2,500 à 3,000 francs par hectare, tandis que les *garrigues*, situées en dehors des digues, et qui sont exceptionnellement submergées au cas d'inondation, valent au plus 300 francs, autant que des landes improductives.

Les prairies qui bordent la Saône, submergées presque tout l'hiver, ne laissent rien à désirer quant à la quantité de leurs fourrages. La vallée de cette rivière, depuis les environs de Gray jusqu'à Châlon-sur-Saône, et de ce point jusqu'à Lyon, présente plus de 250 kilomètres en pente douce sur lesquels les submersions s'opèrent naturellement et fertilisent un ensemble de prairies constituant un des principaux centres de production fourragère de l'est de la France.

Chaque année les submersions hivernales se renouvellent dans des conditions diverses, mais presque toujours favorables à l'agriculture. Les conditions essentielles qui caractérisent la permanence de cette source de fertilité sont, d'une part, des pentes longitudinales très faibles, dont la moyenne est comprise entre $0^{m},40$ et $0^{m},45$ par kilomètre et des pentes transversales assez sensibles pour que les eaux d'inondation rentrent d'elles-mêmes dans leur lit, au printemps.

En dehors des inondations des affluents de la région supérieure, tels que l'Amance et le Saulon (Haute-Marne), la Vingeanne (Côte-d'Or), la Grône (Loire), l'Ognon et le Doubs, qui sont d'autant plus favorables aux prairies que leur pente est plus forte, les débordements ordinaires de la Saône, de Gray à Lyon, s'étendent sur un périmètre de plus de 60,000 hectares couverts presque complètement de prairies naturelles.

Quoique un peu trop argileuses par nature, les eaux des crues sont assez fertilisantes pour que l'on estime la plus-value qu'elles procurent aux prairies au-dessus de 120 francs par hectare et par submersion (1). Il est vrai que, survenant au printemps ou en été, les inondations sont parfois nuisibles et même désastreuses, mais outre qu'elles se produisent très exceptionnellement dans ces saisons, toute tentative pour modifier le régime du fleuve par des digues transversales, ou longitudinales, qui élèveraient le plan d'eau et augmenteraient la vitesse, ne ferait qu'aggraver une situation grâce à laquelle les immenses prairies de la Saône conservent le bénéfice d'un amendement naturel représentant plus de la moitié de leur valeur.

M. Boitel n'en pense pas moins, contrairement à Nadault de Buffon, que ce magnifique groupe de prairies naturelles, s'étendant sur 200,000 hectares, pourrait, comme dans les vallées de la Moselle et de la Meuse, s'améliorer au plus haut degré par l'irrigation, au lieu de la submersion; « jamais, au plus fort de l'été, et par « les plus longues sécheresses, on ne voit la Saône, « la plus constante et la plus gracieuse des rivières par « la limpidité et l'abondance de ses eaux, laisser ap- « paraître le long de son parcours des sables nus et des- « séchés, comme le font la Loire et tant d'autres fleuves; « son débit est d'une régularité exceptionnelle (2). »

(1) Nadault de Buffon, *Hydraulique agricole*, p. 434.
(2) *Loc. cit.*, p. 561.

Au lieu de se maintenir par le limonage qu'opèrent les débordements de la rivière et de ses affluents, les prairies submersibles, avec le concours des arrosages continus et réguliers qui doubleraient et tripleraient leur rendement, s'amélioreraient surtout au point de vue de la qualité des foins. Dans d'autres vallées, comme celles du Rhône, de la Seine, de la Garonne, de la Loire, qui ne sont submersibles que dans des circonstances tout à fait exceptionnelles, la prairie naturelle a cédé la place à d'autres cultures.

En somme, fait observer M. Boitel, les conditions des prairies submersibles paraissent être les mêmes pour toutes. « C'est la rivière et la température qui font l'abon-« dance ou la pénurie de la récolte. Si la rivière dé-« borde en hiver, et si le printemps est chaud et hu-« mide, le foin est abondant et de bonne qualité. Le « limonage d'hiver vient-il à manquer; le printemps est-« il froid et sec; le troupeau communal a-t-il détérioré « les herbages par les temps humides de l'automne; dès « lors, la récolte est mauvaise et peu productive pour « l'exploitant (1). »

B. SUBMERSION ARTIFICIELLE.

Il y a lieu de distinguer deux modes de submersion artificielle. Si l'on ne dispose pas en temps voulu du volume d'eau d'arrosage qui conviendrait pour l'irrigation par déversement, on a recours à la submersion fixe, c'est-à-dire que l'eau contenue par la digue qui ceint la prairie, après avoir séjourné pendant un certain temps, beaucoup plus long en hiver qu'en été, est complètement évacuée; c'est le cas des *Stauwiesen* de

(1) *Loc. cit.*, p. 574.

l'Allemagne. Ou bien, quand on dispose d'une plus grande quantité d'eau, l'eau d'arrosage après avoir atteint le niveau normal dans la prairie endiguée, s'écoule au fur et à mesure de l'arrivée de l'eau fraîche, le niveau restant constant : c'est le cas du *Stauberieselung*, ou de la submersion avec écoulement.

Dans le premier procédé, l'eau chargée de limons, appliquée à des terres sablonneuses ou légères, laisse se précipiter les matières en suspension et consolide le terrain; c'est surtout pour les limonages avec des eaux troubles que les avantages de la submersion ainsi pratiquée se réalisent, sur des terres à mettre en prairie. Dans le second procédé, on obtient que les plantes en hiver soient protégées contre la gelée; les limons se déposent en moindre quantité et l'air n'est pas aussi complètement intercepté, au profit des mauvaises plantes.

Dispositions générales. — La meilleure disposition consiste dans la division du terrain en compartiments à l'aide de digues. Chaque compartiment alimenté par le canal d'amenée retient les eaux et permet en les écoulant latéralement d'arrêter, quand cela est jugé nécessaire, la submersion qui égalise l'humidité dans le sol.

Dans les terrains plats, ou à sous-sol imperméable, on donne aux compartiments les plus grandes dimensions. Il en est ainsi quand la pente, à partir du point où l'arrosage commence, est de $0^{m},001$, la surface pouvant être proportionnelle au volume d'eau employé. On a calculé que des rigoles latérales débitant de 80 à 100 litres par seconde pour les terres labourées, et de 150 à 200 litres pour les autres terres, sont suffisantes.

Quand l'eau pénètre dans les compartiments par plusieurs ouvertures, les compartiments peuvent également offrir plus d'étendue, car l'inégalité dans l'absorption dépend de la durée de la submersion, suivant le degré de perméabilité du sol. L'eau peut encore être admise dans plusieurs compartiments à la fois par une seule ouverture; auquel cas, ils seront plus petits. En admettant un débit du canal d'amenée, de 100 litres par seconde, les compartiments devraient occuper respectivement dans les deux cas, une surface de 20 et de 40 ares.

La submersion sans compartiments donne lieu à de grosses pertes d'eau. Il est encore facile dans le jour, quand il s'agit de terres arables, de régler de temps à autre le courant d'eau, soit en creusant à la charrue des sillons avant l'ensemencement, soit en manœuvrant les vannes des rigoles d'amenée; mais la nuit, la surveillance est impossible (1).

La figure 303 montre la disposition d'une prairie à trois compartiments, étagés suivant la pente qu'indique la coupe par *ef* du plan. L'eau introduite par la vanne A se bifurque à droite et à gauche, le long des fossés, jusqu'à la vanne de décharge B. Ces vannes sont assez larges pour permettre de couvrir le terrain d'eau en peu de temps et de l'évacuer rapidement. CC, CC, indiquent les petites digues installées transversalement entre les deux côtés de la digue d'enceinte : elles sont bordées à l'amont par des petits fossés DD, DD, en pente régulière, depuis leur milieu jusqu'aux fossés d'enceinte, et pourvues à chaque extrémité de petites vannes de décharge. La pente totale des terrains étant de $1^m,20$ à $1^m,50$, de l'amont à l'aval, chacune des deux digues correspond à une hauteur de 30 à 40 centimètres en sus des 40 premiers centimètres qui sont la mesure de la nappe inférieure.

(1) O' Meara, *loc. cit.*

Une variante est indiquée dans la figure 304. Le cours d'eau *a b* est dérivé dans le canal alimentaire *a d* par l'écluse *a*, et arrêté par la vanne en *d*. De ce canal alimentaire part un canal de distribution *f* qui donne l'eau à deux compartiments de droite, et à deux compar-

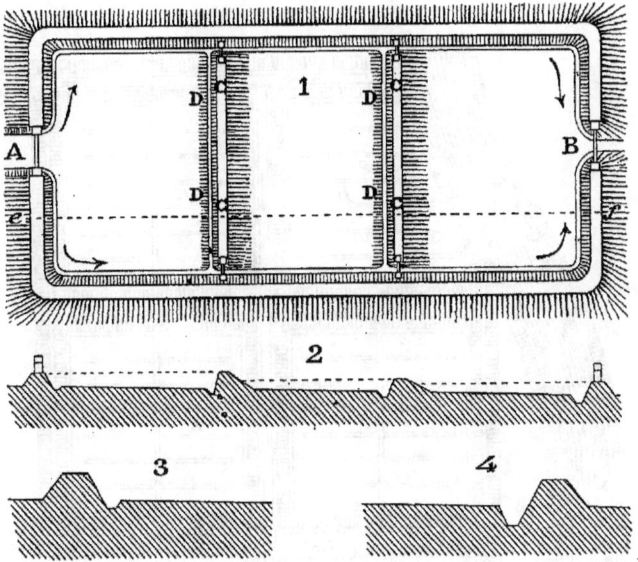

Fig. 303. — Prairie endiguée pour submersion ; 1, plan ; 2, coupe sur *ef* ; 3 et 4, coupes de la digue en amont et en aval.

timents de gauche, *h h*; chaque compartiment est pourvu de colateurs qui se réunissent dans un drain principal *g*, retournant au cours d'eau. Les flèches indiquent du reste la direction que suivent les eaux, et les vannes, les points par lesquels elles peuvent être admises ou évacuées dans chaque compartiment (1).

(1) Perels, *loc. cit.*, p. 584.

Dans d'autres installations, le canal d'amenée traverse les compartiments successifs suivant la pente du terrain, en faisant en même temps l'office de colateur; ou bien, on établit un ou deux canaux d'amenée qui longent les compartiments sur les deux côtés, et on ménage un colateur en aval.

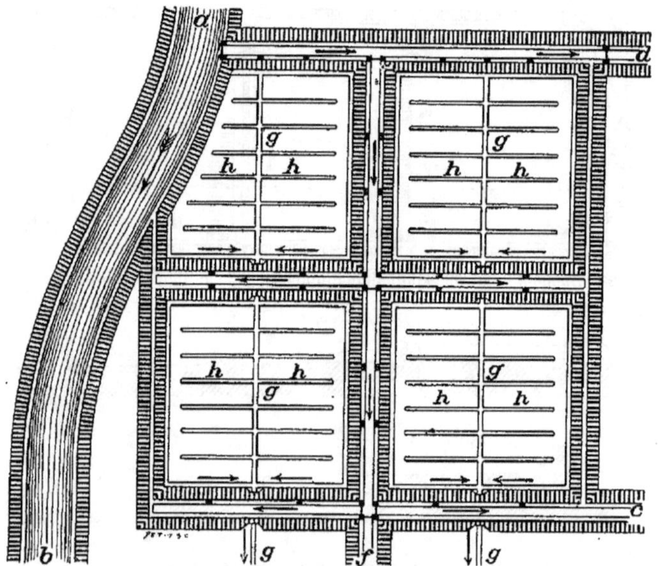

FIG. 304. — PRAIRIE ENDIGUÉE POUR SUBMERSION.

Schwerz a donné d'une prairie submergée, partagée en planches par des fossés, la disposition représentée dans la figure 305.

Le ruisseau *f* coule le long de la pièce et donne l'eau par une écluse *g* qui alimente le canal de dérivation *i i*. L'enceinte de la prairie est formée des digues *e e e*. Une vanne *c* admet l'eau en *m* dans la rigole de distribution, d'où elle se répand à droite et à gauche dans les fossés *l l l* séparant les planches *k k k*. Le canal d'écoulement *n* étant fermé par la vanne *h*, l'eau monte et couvre successivement toute la surface des planches

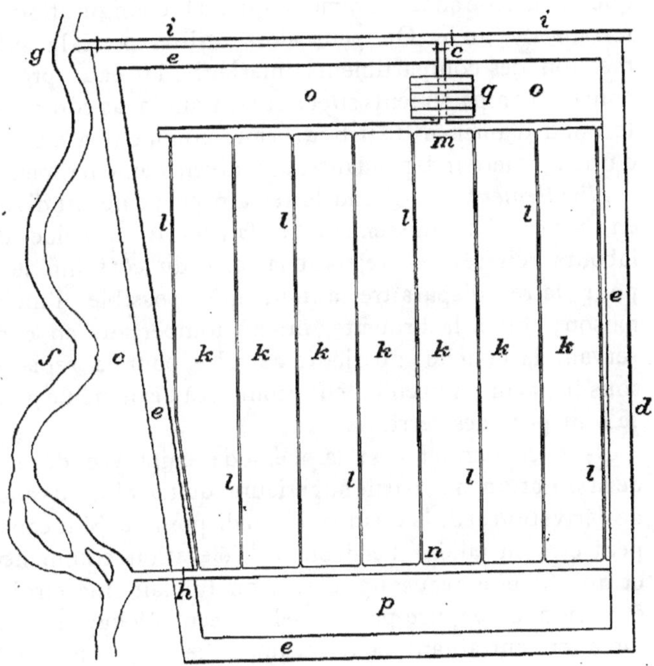

FIG. 305. — PRAIRIE SUBMERSIBLE, PARTAGÉE EN PLANCHES.

qui ont une largeur de 5 à 6 mètres. En *q* se trouve un petit pont de service au-dessus de la bande de terrain *o o*, qui est submergée à part, de même que la bande *p*.

Dans plusieurs parties de l'Allemagne, où le procédé recommandé par Schwerz est généralement employé, on fait des planches qui n'ont que 5 à 6 mètres de largeur, séparées par une rigole. La longueur, mesurée dans le sens de la pente, est aussi parfois plus grande que 50 mètres; mais il est préférable de borner à 50 mètres la longueur d'un compartiment et d'étager plusieurs compartiments les uns au-dessus des autres, que l'on arrose successivement, quand la configuration du terrain s'y prête. On peut alors utiliser pour la submersion des compartiments inférieurs, les eaux provenant des compartiments supérieurs. Dans le cas contraire, le canal d'amenée distribue l'eau, comme il a été dit, d'une manière indépendante, aux divers compartiments.

Nivellement. — Quand le terrain en pente est divisé en zones, l'aplanissement se fait, soit à l'aide de labours réitérés, en rejetant la terre du côté inférieur pour faire disparaître autant que possible l'inclinaison; soit à la brouette, ou au tombereau, en conservant la couche supérieure de terre pour la replacer sous le gazon; soit enfin, en recourant à l'eau même pour le transport des terres.

Dans ce dernier cas, la méthode employée dépend de la situation, à la partie supérieure, du terrain, du canal de dérivation et de la quantité d'eau disponible. Si le canal peut être installé à l'endroit où l'élévation commence et qu'il débite beaucoup d'eau, on lui fait une étroite et profonde coupure par laquelle l'eau s'échappe avec force, en entraînant la terre ameublie que l'on jette à la pelle dans le courant. Des clayonnages arrêtent la masse de terre ainsi délayée aux points où l'on en a besoin et empêchent qu'elle ne soit transportée plus loin. La disposition du terrain le permettant, on parvient ainsi à peu de frais, dans l'Allemagne du Nord, à établir des prés d'alluvion artificielle, connus sous le nom de *Schwemmwiesen* (1).

(1) Villeroy et Müller, *loc. cit.*, p. 171.

Le terrain à niveler, ou à combler, dans la figure 306, est bordé par le ruisseau *d*, que l'on commence par endiguer sur la rive attenant au terrain (1). Un canal est dérivé assez en amont du ruisseau pour qu'il offre le minimum de pente entre la prise et le point d'issue; il est généralement tracé de façon à pouvoir servir plus tard

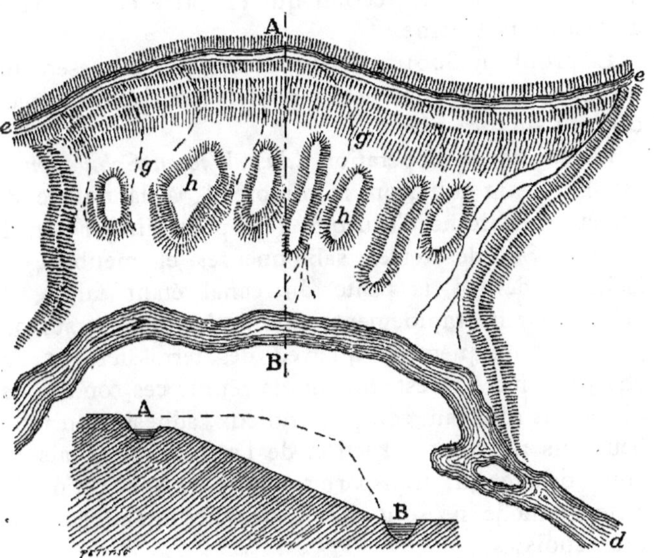

Fig. 306. — Nivellement par atterrissement d'une prairie submersible (*Schwemmwiese*).

de rigole de distribution, quand le terrain nivelé doit être mis en pré. L'eau du canal *e e* débouche sur le sol par des rigoles aussi nombreuses que possible, suivant les directions des lignes pointillées *ggg*, et en volume tel que l'affouillement s'effectue. Des ouvriers habiles dirigent à la bêche le courant des rigoles qui entraînent la

(1) Perels, *loc. cit.*, p. 634.

terre meuble, soit en le modérant, soit en l'arrêtant, par des petits bourrelets, ou des fascinages, tant que la surface n'est pas nivelée. Les monticules *h h h* entre les rigoles sont réservés jusqu'à la fin pour pouvoir régaler la surface dans les parties basses. Quand une section est nivelée, le canal d'amenée est poussé plus avant; on endigue alors la section qui est prête et l'on passe à la section voisine.

Le profil (fig.306) montrant le travail du terrassement, indique en ligne ponctuée la pente primitive et le plan définitif du pré nivelé.

Le succès de l'opération (*das Wiesen-Schwemmen*) est lié avant tout, on le comprend, à la nature du sol et au volume d'eau que l'on peut diriger sur le terrain. Sur des terres sablonneuses et meubles, ou faciles à déliter, la pente du canal étant faible, le déblai marche rapidement, plus rapidement et surtout plus économiquement qu'avec des terrassiers et des charrois, mais il est difficile de réunir ces conditions. Si les sols sont tant soit peu argileux, adhésifs, ou tourbeux, ils résistent à l'action de l'eau et ne se laissent point délayer, ni transporter. Aussi les applications de cette méthode ne sont-elles restreintes qu'à des localités choisies.

Digues. — Le premier point à considérer pour l'installation de la submersion en prairie, est l'épaisseur d'eau qu'on pourra donner. D'après Pareto, cette épaisseur ne devant pas excéder de 30 à 40 centimètres, on a ainsi la limite pour fixer la plus forte pente à donner au terrain. Avec une pente, en effet, de $0^{m},001$ par mètre, qui éloigne les digues de 30 à 40 mètres l'une de l'autre, le terrain est mouillé, sans que la couche d'eau dépasse le maximum fixé plus haut.

Pour une pente plus grande, on s'expose à donner à

la digue une hauteur considérable; en outre, l'eau près de la digue présente une grande profondeur, tandis qu'à l'extrémité opposée elle couvre, à peine le sol. Soit une pente de 4 mètres, sur une longueur de 100 mètres, il faudrait pour que l'extrémité de la prairie fût couverte de $0^m,50$ d'eau, que la digue eût une hauteur de $5^m,50$, afin de ne pas être débordée. De pareilles digues, appliquées à des compartiments forcément peu étendus, seraient trop coûteuses pour ne pas leur préférer l'irrigation en plan incliné.

Les digues qui limitent les compartiments sont construites d'ordinaire, en donnant 1 ou 1,5 de base pour 1 de hauteur à leurs talus. Polonceau conseille de leur attribuer 20 centimètres de largeur au sommet, et de faire leurs talus à 45 degrés; c'est-à-dire qu'on leur donne autant de largeur que de hauteur. Il ajoute qu'il convient, en établissant la digue sur le bord extrême du terrain où elle forme clôture, surtout si on la couronne d'une haie, de mettre le fossé en dedans pour deux motifs : le premier, c'est qu'il facilite l'égouttement; le second, c'est que le talus étant raccordé en pente douce et arrondie avec le sol de la prairie, il se fauche aussi facilement. Pareto pense que le talus ainsi établi ne profite pas de l'irrigation, et adopte le profil (fig. 307) établi à l'instar de celui d'une demi-planche, avec 10 et 15 de base pour 1 de hauteur à son talus intérieur; ce qui fait perdre moitié moins de terrain.

D'après la hauteur maximum de $0^m,40$ fixée pour la couche d'eau, les digues ne peuvent avoir plus de $0^m,50$ à $0,^m55$, et une largeur à la crête, de $0^m,35$; ce qui laisse comme plus grande largeur à la base $9^m,15$, en admettant une pente intérieure de 15 pour 1, et une pente extérieure de 1 pour 1. L'emploi du niveau d'eau est regardé comme nécessaire pour bien tracer ces digues (1).

Quant à leur construction même, si on travaille sur une prairie préexistante, on a soin de lever le gazon et de le conserver pour gazonner d'abord la digue sur le talus extérieur qui est rapide et exige une couverture serrée; Les petites digues peuvent se commencer à la charrue, en adossant au besoin plusieurs fois. Pour prendre la terre à une moindre distance, au cas où cela est nécessaire, il a été conseillé de creuser un fossé de ceinture, qui longe extérieurement le pied des digues (2).

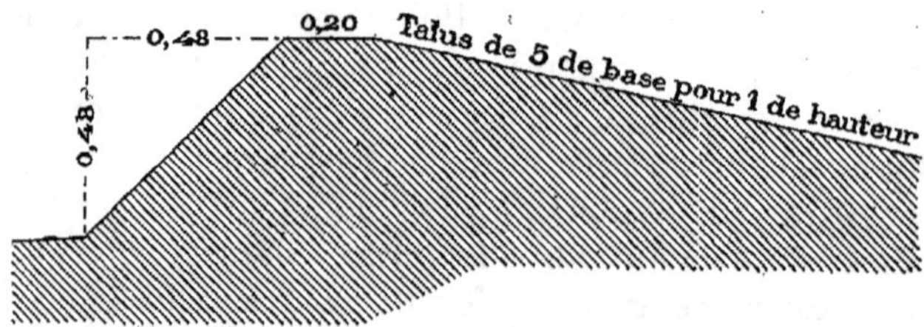

FIG. 307. — PROFIL D'UNE DIGUE DE SUBMERSION (PARETO).

Mode de distribution. — Chaque rigole traversant un compartiment est munie de deux buses, l'une en haut, et l'autre en bas, qui assurent le jeu des vannes. Pour donner l'eau, il suffit alors de fermer la buse d'aval et d'ouvrir la buse d'amont; on laisse l'écoulement se faire jusqu'à ce que l'eau ait atteint une épaisseur de $0^m,02$ à $0^m,04$ à la digue supérieure, et par suite $0^m,14$ à $0^m,17$ à la digue inférieure. Il n'y a plus dès lors qu'à maintenir ouverte la vanne d'amenée, de façon à remplacer l'eau qui s'évapore, ou qui s'infiltre. C'est la

(1) Pareto, *loc. cit.*, t. Ier, p. 162.
(2) Schwerz, *Traité d'agric. prat.*, et Polonceau, *loc. cit.*, p. 98.

méthode qui exige le moins de temps et de surveillance pour l'irrigation.

D'après Schwerz, les avantages et les inconvénients de la submersion des prés, par rapport à l'arrosage de déversement, sont les suivants :

Par l'inondation on peut mieux et plus complètement mettre une prairie à l'abri d'une température défavorable. L'établissement et l'entretien des prés inondés sont en général moins coûteux. L'eau chargée d'un bon limon a plus de temps pour se déposer. Les animaux nuisibles aux irrigations ne résistent pas aux inondations ; il en est de même des plantes grossières des terrains arides et ingrats : genêts, bruyères, bugranes, etc.

Par contre, beaucoup de bonnes plantes périssent par une inondation prolongée ; l'herbe est moins résistante aux intempéries ; elle ne profite pas des alternatives de journées chaudes et de pluies fertilisantes. Le foin est de qualité très inférieure. On ne peut pas inonder jusqu'au moment de la floraison, comme on peut arroser. Enfin, pour inonder un pré rapidement et tout entier, il faut consommer plus d'eau que pour arroser.

De ces considérations Schwerz conclut que si on a le choix entre l'irrigation et l'inondation, il n'y a pas à hésiter dans la préférence à donner à l'irrigation ; « toutefois, avec des prés tourbeux, ou sur un sol très perméable à l'eau, la submersion peut être plus avantageuse. »

Coût d'installation. — Comme compte des dépenses à faire pour installer un hectare de prairie submersible dans la Campine, Keelhoff donne le détail suivant :

	fr.
Tracé des travaux.............................	4
Défoncement du sol à la bêche, à $0^m.60$ de profondeur..	150
Terrassements pour des compartiments de 50 m. de longueur sur 50 m. de côté, en moyenne.........	75
Creusement de la rigole et construction des petites digues..	15
Parachèvement des travaux......................	20
Plantations pour abris...........................	7
Buses en bois..	8
Total................................ francs	279

Si l'on ajoute le prix des engrais, de l'achat de la graine, de l'ensemencement et du régalage du pré, la dépense totale, pour la création d'un hectare, s'élève à 735 francs.

Pareto estime que la dépense d'installation des digues, des rigoles, des vannes, et des terrassements, pour un hectare de prairie à submersion stagnante, varie entre 115 et 190 francs (1). Hess, qui s'est attaché à améliorer, dans le Lunebourg, la méthode par submersion, avec renouvellement d'eau (*stauberieselung*), évalue la dépense pour de grandes irrigations de 50 hectares, la hauteur d'eau aux digues inférieures étant d'environ $0^m,50$, et la largeur des digues, de 1 mètre à $1^m,50$, à 75 francs seulement par hectare, pour les digues, les vannes et les bondes (2).

L'établissement d'une prairie submersible dans l'arrondissement d'Avignon, représente une dépense de 240 francs par hectare, pour le travail de la terre à bras; et quand la charrue peut fonctionner, dans des terres de bonne qualité, de 66 francs seulement. Le travail consiste à ameublir le sol, à le niveler, et à le di-

(1) Pareto *loc. cit.*, p. 584.

(2) Hess; *die Bewässerungs Anlagen im südlichen theile der Laudrostei Lüneburg*, etc.; *Hannover*, 1883.

viser en compartiments à l'aide de bourrelets de 0^{m},20 environ de hauteur, perpendiculaires au fossé d'arrosage. L'espacement de ces bourrelets est très variable, suivant l'inclinaison du terrain. Dans les terrains plats, il a de 16 à 20 mètres; on le réduit à 5 mètres et même jusqu'à 2 mètres, lorsque la pente est de 3 à 4 centimètres par mètre. L'eau du fossé d'amenée est déversée dans chaque compartiment qui s'inonde, jusqu'à ce que chaque point de la surface ait été atteint par les eaux.

En tenant compte des autres frais, à savoir :

	fr.
Semence, 162 kil	86
Engrais	600
Ensemencement	18
Menus frais	13
Soit ... francs	717

l'installation de la prairie a été payée, dans le cas du travail à bras, 957 francs par hectare, et dans le cas de la charrue, 783 francs (1). Les trois premières années, les récoltes sont bonnes, parce que l'on a soin de mêler à la graine des herbes qui produisent de suite; mais les herbes du fond finissent par les étouffer.

Applications de la submersion.

Terres arables. — La submersion, il y a lieu de le rappeler, est un procédé applicable non seulement aux prairies et aux rizières, mais encore aux terres arables.

La disposition que l'on rencontre le plus souvent en Lombardie, comme en Piémont, consiste en un champ rectangulaire dont l'un des grands côtés est bordé en

(1) Conte, *Annales des ponts et chaussées*, 2e série, t. XX, 1851, p. 537.

bourrelet par la rigole d'amenée, et l'autre, par le colateur. Le champ est nivelé horizontalement avec une précision suffisante, quoiqu'il offre une légère pente de la rigole vers le colateur. Quand on veut arroser, on ferme la rigole en aval par une vanne, ou par un barrage de gazon; l'eau remplit la rigole et se déverse par-dessus le bord dressé horizontalement, jusqu'à ce que la nappe atteigne le colateur; alors on arrête l'arrivée, de façon à ne perdre ni engrais ni eau.

Nous citerons comme applications spéciales de la méthode de submersion, celles d'une prairie dans le Berri, d'un vignoble dans les Bouches-du-Rhône et des rizières en Italie.

Submersion de prairies. — Dans la figure 308 représentant une prairie alimentée par des eaux de source, A B C est le canal d'amenée, qui sert également de colateur; *a a a* indiquent les petites digues qui partagent le pré en compartiments submersibles alternativement ou simultanément. Les rigoles d'égouttement *b b b* sont tracées par des lignes pleines. A chaque digue, le canal d'amenée est fermé par une vanne de fond formant déversoir.

Si l'eau est assez abondante pour submerger tous les compartiments à la fois, elle passe par-dessus les vannes, et demeure en mouvement; si, au contraire, on manque d'eau, on irrigue les compartiments à la suite, en faisant passer l'eau du premier dans le second, par l'ouverturedes vannes de fond (1).

Submersion de vignobles. — Le Mas-de-Ramplan, commune de Saint-Audiol (Bouches-du-Rhône), dont le plan est donné (fig. 309), a été créé en vignoble, de manière à pouvoir être périodiquement submergé, d'après

(1) Pareto, *loc. cit.*, t. III, p. 1033.

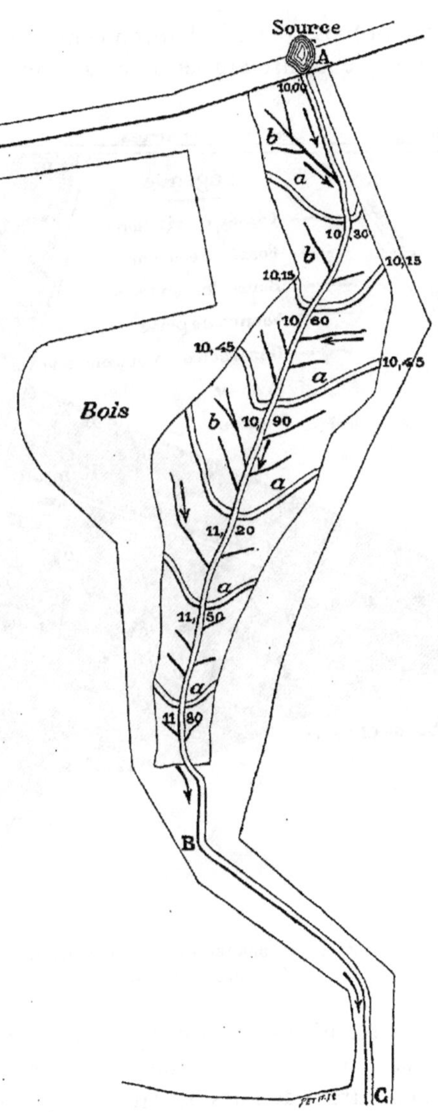

FIG. 308. — PRAIRIE IRRIGUÉE PAR SUBMERSION DANS LE BERRI.

le système proposé par M. Faucon contre le phylloxéra.

Le terrain de nature argileuse, présentant de grandes

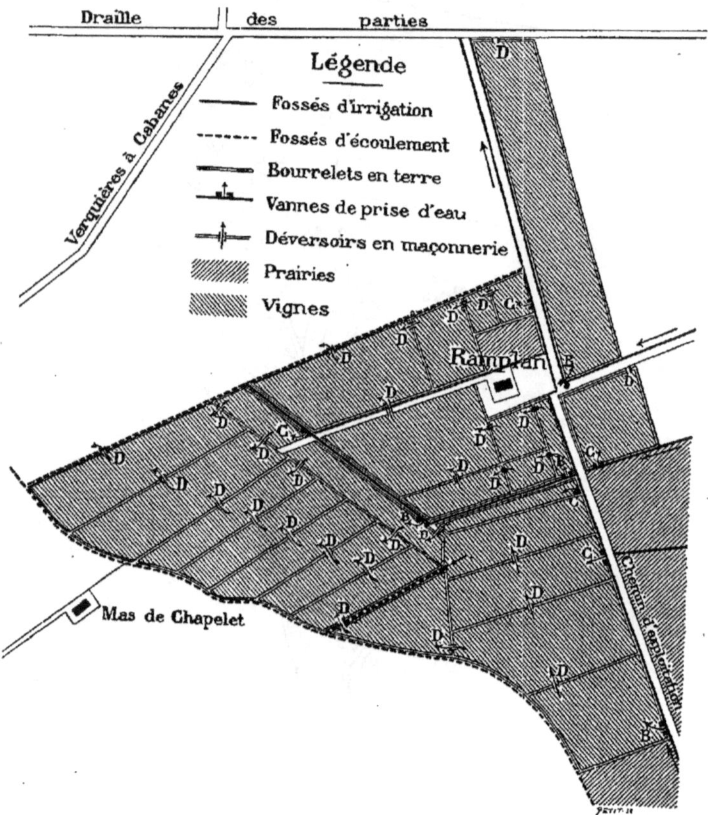

FIG. 309. — IRRIGATION PAR SUBMERSION DU VIGNOBLE MAS-DE-RAMPLAN (BOUCHES-DU-RHÔNE).

inégalités, a été nivelé et défoncé à bras pour arracher les racines. Toutes les parcelles ont été divisées en planches, entourées de forts bourrelets que représente la coupe (fig. 310); ils sont capables de contenir les eaux pour la submersion parfaite.

Les eaux amenées par une roubine dérivée de la première branche septentrionale du canal des Alpines, arrivent dans toutes les parties des planches au moyen de plusieurs martelières et déversoirs (fig. 311 et 312), qui font passer les eaux d'une planche à l'autre, en maintenant le niveau nécessaire dans les planches supérieures. Les vignes ont été ensuite plantées en trous,

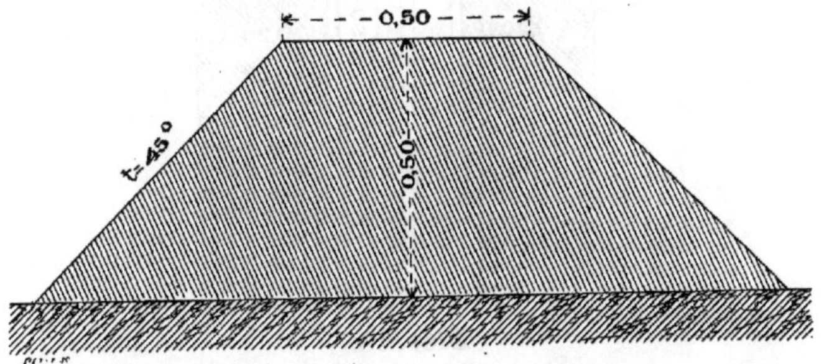

Fig. 310. — Digue de submersion au Mas-de-Ramplan (fig. 309).

dits trous de loup, à 1 mètre de distance suivant les lignes, et avec espacement de 2 mètres entre les lignes.

Comme prix de revient à l'hectare, cette installation représente, d'après les comptes de MM. Lagnel et Gérin :

	fr.
Déblaiement du terrain	30
Griffonnage pour ameublissement	12
Nivellement, construction des bourrelets et des chemins	300
Griffonnage et roulage	12
Labour, hersage et roulage	54
Défoncement à la charrue et au louchet à $0^m.45$	170
Façons à la herse, au rouleau et au griffon	12
Déversoirs au nombre de cinq	25
Une martelière et une vanne en tôle (posées)	25
Total. francs	640

Les frais d'achat, de préparation et de plantation des boutures de vigne, s'élevant à 145 francs par hectare, doivent être augmentés des dépenses de direction des

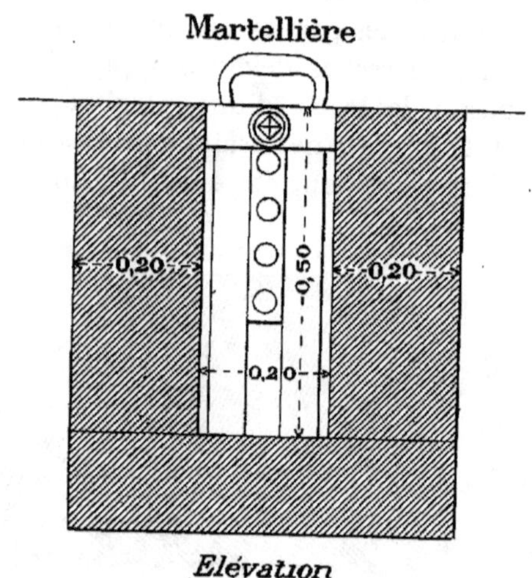

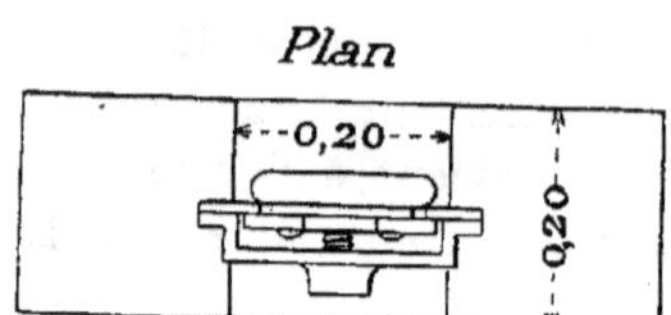

FIG. 311. — MARTELIÈRE POUR SUBMERSION AU MAS-DE-RAMPLAN (fig. 309).

travaux et des engrais, pour obtenir le montant exact du coût de premier établissement d'un vignoble submersible (1).

Au Mas-de-Fabre, exploité par M. Faucon, la dépense

(1) Barral, *les Irrigations dans les Bouches-du-Rhône*, 1876, p. 127.

supplémentaire par hectare de vigne, dans la première

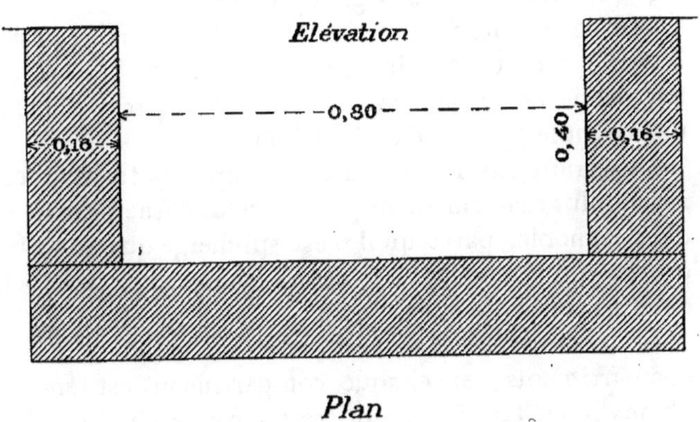

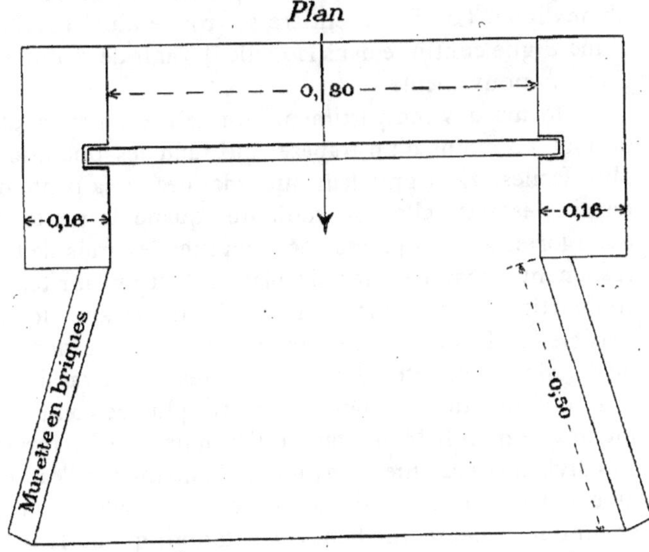

FIG. 312. — DÉVERSOIR DU CANAL AU MAS-DE-RAMPLAN (fig. 309).

année de la plantation, où l'on applique la submersion, n'aurait été que de 353 francs. Nous aurons occasion de revenir plus loin (livre X) sur le traitement par la submersion des vignes phylloxérées (1).

Submersion des rizières. — Le riz exige la submersion presque continuelle du sol, et sa culture qui fait partie de certains assolements, offre par cela même un exemple très usité de la méthode.

Le terrain sur lequel on établit une rizière doit être nivelé plus exactement encore que celui d'une prairie, ou d'un vignoble, parce qu'il n'est submergé que sous une couche uniforme d'eau, et cette couche est variable pendant la croissance de la plante.

Le terrain étant choisi en pente, on établit plusieurs compartiments, et chaque compartiment est entouré d'une digue. La rizière entière se trouve ainsi enceinte d'une digue continue dans laquelle il s'agit de maintenir l'eau en mouvement.

La forme des compartiments est celle d'un rectangle, ou tout au moins d'un trapèze, qui rend les opérations plus faciles. Leur grandeur subordonnée à la pente du terrain, est naturellement moindre, quand la pente est assez forte; ce qui permet de diminuer les frais de terrassement. Quand en terrain plat, le lieu est abrité, les compartiments peuvent avoir plusieurs hectares de superficie (2). Les usages locaux varient quant au nombre de divisions à adopter. Dans les rizières du Novarais, de la Lomelline, du Milanais, on trouve plus de compartiments que dans le Mantouan, le Véronais et le Ferrarais. Les divisions présentent l'avantage de maintenir l'eau en mouvement continu et de lui conserver le degré de fraîcheur que réclame une bonne végétation; quand le pays n'est pas boisé, ou exposé à l'action des vents, elles em-

(1) Voir tome I, liv. VI, p. 693.

(2) Dans le Novarais, un compartiment moyen offre de 2 à 3 hectares de superficie. A Valgioja, une rizière de 7 hectares ne comprend aucune digue.

pêchent que la surface de l'eau ne soit trop agitée, ou ne forme des vagues qui déracinent les plantes.

Les digues, selon que les rizières sont permanentes ou temporaires, sont de deux sortes. Les unes persistent pendant toute la durée de la rizière; les autres ont une durée annuelle, puisqu'elles sont détruites par les labours. Leurs dimensions varient d'après la nature et la configuration topographique du terrain.

Sur un fond uni et peu déclive, la hauteur est de $0^m,50$ à $0^m,60$; l'eau dans les rizières ne devant jamais dépasser $0^m,50$, sur les fonds à rampe prononcée, les digues ont jusqu'à $0^m,65$ pour la partie en aval, et de $0^m,15$ à $0^m,20$ pour la partie en amont. La largeur en tête atteint jusqu'à $0^m,60$, quand les digues doivent servir de chaussée pour la visite et les opérations de la rizière. On les sème le plus souvent en herbe qui utilise le sol.

Les digues de retenue laissent communiquer les compartiments entre eux par des vannes de fond, et dans le cas où l'eau est en mouvement, par des déversoirs. Dans la partie basse, un canal est ménagé pour recevoir les colatures et écouler l'eau lorsque l'on met la rizière à sec, ou que l'on baisse le niveau de la nappe.

La figure 313 montre le plan d'une rizière à six compartiments (1). L'eau est fournie par le canal d'amenée A A' A'' qui, au moyen des vannes V V' V'', alimente les compartiments R R' R''. Ceux-ci communiquent entre eux par des vannes de fond ; une fois baissées, elles forment déversoir et permettent à l'eau de rester en mouvement. Une partie de chaque vanne étant mobile, le seuil du déversoir s'élève ou s'abaisse, suivant l'épaisseur de la couche d'eau que l'on veut maintenir sur le fond de la rizière. BB est un ruisseau servant de colateur pour les eaux

(1) Pareto, *loc. cit.*, t. III, p. 1039.

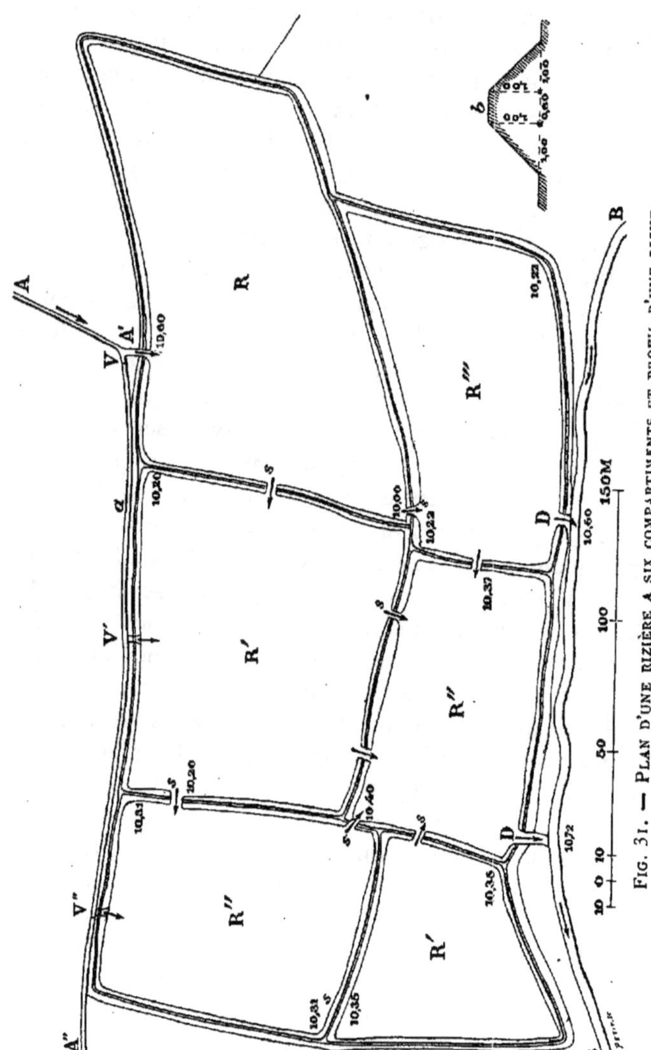

FIG. 31. — PLAN D'UNE RIZIÈRE A SIX COMPARTIMENTS ET PROFIL D'UNE DIGUE.

déchargées par les vannes DD. Le profil d'une des digues est représenté en *b*.

Les flèches indiquent le sens dans lequel l'eau circule entre les compartiments.

Dans la figure 314, une rizière en sol accidenté, dépendant des domaines de Sambuy (Piémont), est représentée

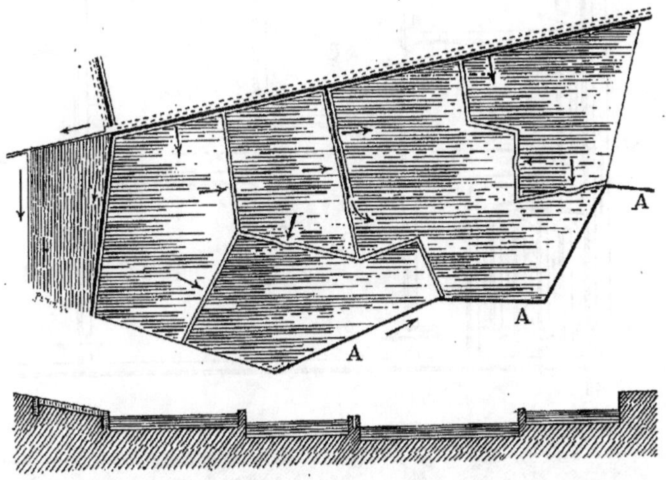

Fig. 314. — Plan et coupe d'une rizière a cinq compartiments, en sol accidenté (Piémont).

en plan et en coupe (1). La surface est divisée en cinq compartiments à fond horizontal, par des digues (*argilnelli*) qui ont de $0^m,50$ à $0^m,60$ de largeur à la base. La communication pour l'eau courante est établie à l'aide des petites ouvertures (*tagli*) dans les digues; la profondeur de la nappe dans tous les compartiments est de $0^m,11$.

L'eau d'écoulement est recueillie par le canal (*cavetto*) AAA, l'eau d'alimentation étant fournie par une rigole

(1) Heuzé, *l'Agriculture de l'Italie septentrionale*, 1864, p. 246.

maîtresse (*cavo maestro*) qui débouche à travers le chemin limite de la rizière, au nord. D'après la coupe, indiquant la disposition par étage des compartiments, le plus grand au centre est de $0^m,10$ et $0^m,13$ plus bas que les compartiments externes.

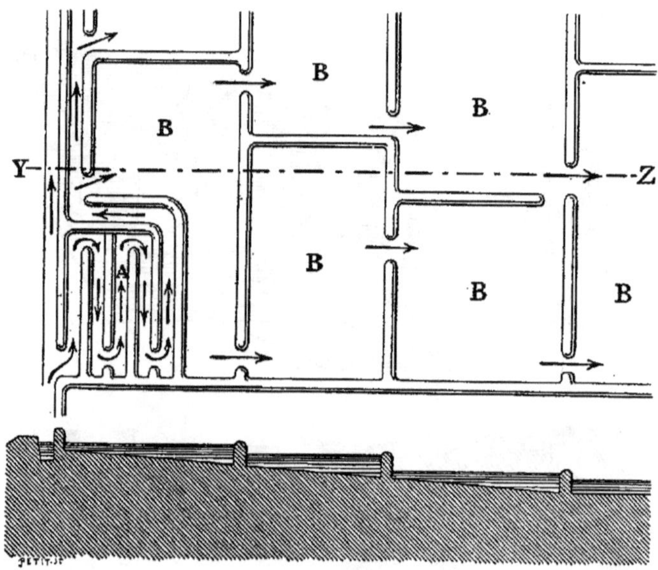

FIG. 315. — PLAN ET COUPE SUR YZ D'UNE RIZIÈRE AVEC *Caldana* (VERCEILLAIS).

Une autre rizière du Verceillais est montrée en plan et en coupe suivant YZ, dans la figure 315. Elle se distingue de la précédente en ce que les compartiments de forme rectangulaire, étagés suivant la pente du terrain, sont précédés d'un compartiment spécial (*caldana*), A, dans lequel l'eau trop froide venant des canaux s'échauffe avant de pénétrer dans les carrés (*piane*) B B B, où végète le riz. Le parcours de l'eau froide dans la *caldana*, entre les digues qui servent de chicanes, est le plus souvent d'une cinquantaine de mètres (1).

c. LIMONAGE ET TERRAGE.

La submersion offre une application des plus utiles et des plus fructueuses, pour l'amendement des terres et des prés, par le limonage.

Nous n'avons pas à revenir sur les avantages que présentent comme fertilisants dans la plupart des sols, les limons et les vases dont presque tous les cours d'eau sont chargés, à des époques qui correspondent aux pluies périodiques et aux crues des torrents (2). Les irrigations d'hiver sont le plus souvent des limonages, les eaux étant alors troubles, par suite des parties les plus divisées et des détritus les plus ténus, enlevés aux terrains supérieurs, qu'elles charrient.

Indépendamment des principes fertilisants que renferment les limons, il y a souvent le plus grand intérêt à en couvrir des terrains naturellement infertiles, ou à les terrer, pour en faire des sols arables : on peut encore les laisser déposer en couches minces sur les prés déjà anciens qu'ils consolident, ou bien enfin les amener sur les terrains marécageux dont ils changent la nature, en élevant leur niveau.

Comme amendements, les limons fournis par les eaux calcaires conviennent le mieux aux terrains siliceux ou argileux; réciproquement, les limons provenant des terrains argileux sont les meilleurs pour les terrains calcaires et siliceux.

(1) Voir tome I, liv. IV, *Température des eaux*.

(2) Voir tome I, liv. III, *Alluvions;* et liv. IV, *Les eaux et les limons d'irrigation*.

Les eaux des rivières étant chargées dans la saison d'hiver, à bien peu d'exceptions près, des principes les plus essentiels à la végétation, il n'y a guère de sol, épuisé ou non par la succession des récoltes, qui ne tire un grand profit des submersions hivernales. En dehors des prairies ou des terres arables, appelées à s'enrichir des éléments en suspension, ou dissous dans les eaux, les terrains pauvres, épuisés, ou naturellement improductifs, trouvent dans le dépôt de ces eaux de précieux moyens d'amendement, qui peuvent décupler leur valeur.

Trois conditions sont essentielles pour obtenir du limonage des résultats satisfaisants : 1° il faut que les eaux aient une faible vitesse pour ne transporter que des limons fins, et non des sables, ou des galets; 2° le sol doit être en pente douce, de façon à ce que la vitesse de l'écoulement soit elle-même très modérée; 3° il ne doit pas y avoir de stagnation, de crainte de dommages pour la salubrité.

C'est surtout en hiver, quand les eaux sont les plus froides, que les submersions sont à la fois fertilisantes et inoffensives pour la plupart des plantes agricoles, au premier rang desquelles se placent celles des prairies et des herbages. D'ailleurs, c'est pendant les mois d'hiver que les débits des cours d'eau sont le plus abondants et qu'ils peuvent servir à l'agriculture, sans soulever de contestations avec les usines, ou les riverains. La plupart des plantes, en été, avec des eaux d'une température de 15 à 18°, quand la végétation est active et le soleil absorbant, ne peuvent pas résister d'ailleurs à la plus petite durée d'une submersion. Même en hiver, la durée, ou l'interruption des submersions limoneuses, doit toujours se régler de manière à ne pas excéder des limites convenables, dès qu'il s'agit de récoltes en terre.

Dans les irrigations par submersion, le limonage est

facile, l'eau trouble pouvant être retenue dans les compartiments jusqu'à ce qu'elle soit redevenue claire. Par le déversement, au contraire, la pente des canaux d'amenée doit être calculée de façon à ce que le limon ne se dépose pas dans les rigoles et les razes, avant d'avoir coulé sur le terrain. Il importe par conséquent, dans ce dernier cas, que le débit soit faible et lent pour que le courant diminue de rapidité et que le limon tenu en suspension se précipite, avant d'avoir gagné les colatures.

Pour n'avoir que des limons fins, c'est-à-dire exempts de graviers et de cailloux, comme c'est le cas pour les eaux torrentielles, les vannes des prises d'eau sont fixes à la partie inférieure; et les planchettes de la partie supérieure seulement sont enlevées, suivant la hauteur de l'eau et le besoin de l'arrosage.

Sur les terrains plats, ou en pente très douce, il suffit d'une digue qui les entoure, pour limoner avec des eaux troubles; sur ceux en pente moyenne, comme dans les vallées, on établit entre les digues d'enceinte des levées horizontales, transversalement à la pente générale du terrain, afin de les diviser en autant de compartiments plats, qui s'étagent les uns au-dessus des autres. C'est la disposition que représente la figure 316. Les levées et les fossés très évasés dont le déblai a été utilisé y sont indiqués en plan et en coupe. Leur écartement dépend de leur élévation et de la pente du terrain. Il importe que la nappe d'eau contenue entre deux levées ait au maximum, c'est-à-dire à l'aval, la hauteur d'une levée, et au minimum, à l'amont, la moitié de cette hauteur (1).

Chaque levée étant pourvue à l'endroit le plus bas du terrain qu'elle traverse d'une large buse à clapet, on ouvre pour donner l'eau trouble toutes les buses, à

(1) Polonceau, *Des eaux relativement à l'agriculture*, p. 186.

l'exception de la dernière en aval, et lorsque le terrain est couvert jusqu'au couronnement de la dernière levée, on ferme la buse d'admission. Quand l'eau s'est à peu près éclaircie, on ouvre de nouveau les buses successivement, en commençant par celle d'aval.

Dans le plan d'une irrigation par submersion et li-

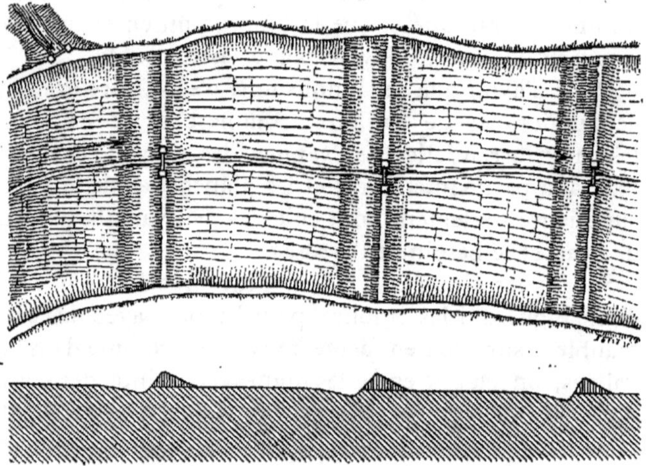

FIG. 316. — LIMONAGE PAR SUBMERSION.

monage (fig, 317), les eaux sont fournies par le canal d'amenée AA, d'où les trois vannes V, V', V'' leur donnent accès dans les compartiments C, C' et C^{IV}. Les compartiments C'' et C''' reçoivent les eaux des compartiments situés au-dessus. Les fossés de colature *r r r* dirigent les eaux par les colateurs *b b b* dans le canal d'écoulement BB. Des vannes de fond sont placées aux points où les colateurs traversent les digues tracées sur le plan, au pied des talus (1).

(1) Pareto, *loc. cit.*, t. III, p. 1039.

Application aux grèves. — La création de prairies

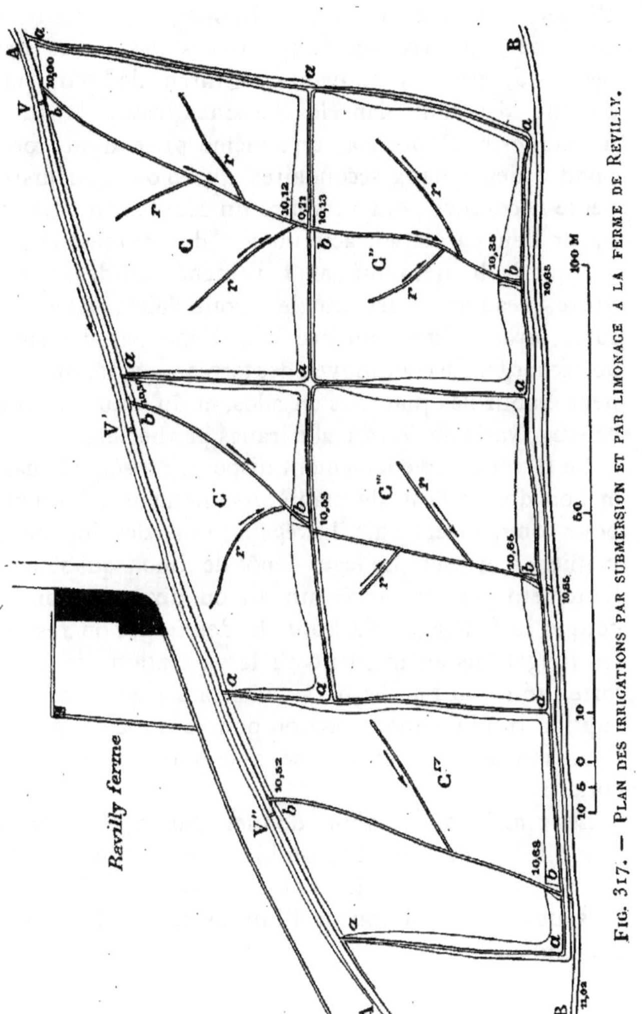

FIG. 317. — PLAN DES IRRIGATIONS PAR SUBMERSION ET PAR LIMONAGE A LA FERME DE REVILLY.

sur les grèves de la Moselle, qui a signalé comme bien faiteurs de la région les agronomes Dutac, Naville, Binger, etc., est due à des limonages provenant des eaux de cette rivière. Les surfaces gazonnées fixant les lits de graviers mouvants, résultent de l'écoulement continu des eaux dans les bassins divisant la surface à conquérir. Pour cela, une même prise d'eau correspond à des canaux secondaires qui n'ont que juste la pente nécessaire pour produire un écoulement. La prise ayant lieu par la surface, ou par des vannes de fond, suivant la hauteur du canal d'amenée au-dessus de la grève, l'eau parcourt tout le terrain laissé à l'état naturel, avant d'être ramenée à la rivière par des rigoles de décharge. Le coût moyen des terrassements, quand on peut établir des planches en ados, et du creusement des canaux, varie de 600 à 1,200 francs par hectare.

Le terrain convenablement disposé, on sème le gazon et l'on donne l'eau de manière seulement à humecter, pour commencer; puis, la végétation se développant, de manière à arroser. Le léger dépôt de limon qui se forme lentement permet, après un an ou dix-huit mois, de couper le fourrage. Au bout de deux ans, on restreint les irrigations au moment où la végétation est la plus forte, afin que l'herbe ne se détériore pas; cette interruption dure un mois environ pour chaque coupe, tant pour sécher le sol et l'herbe, que pour enlever la récolte.

Les prairies ainsi établies donnent par an, en moyenne, 5,000 kilog. de foin et 2,500 kilog. de regain (1). Toujours s'améliorant, elles ont en certains endroits au-dessous d'elles, une couche d'humus de plus de $0^{m},30$ de profondeur.

(1) Barral, *Irrigations*, etc., 1862, p. 480.

Entre Épinal et Charmes, la vallée s'est complètement transformée sur 25 kilomètres. « Les bestiaux et les engrais qui y faisaient défaut surabondent, et leur puissante influence s'est fait sentir de proche en proche sur le territoire environnant. Des communes qui retiraient quelques centaines de francs de la vaine pâture, presque sans valeur, sur de grandes étendues de graviers blancs, ont 5 à 6,000 francs de revenu... La pratification des grèves de la Moselle est un des beaux exemples qu'on puisse citer du bienfait à retirer des submersions avec des eaux particulièrement riches, pratiquées avec discernement (1). »

d. COLMATAGE.

Quand la submersion a pour but de créer une couche arable d'une épaisseur de 0m,30 à 0m,50, sur des landes et des graviers, ou d'atterrir les bas-fonds de marais insalubres par des dépôts successifs ou continus, pendant un certain nombre d'années, elle prend le nom de *colmatage,* et comme telle, est soumise à des règles et à des pratiques qui s'écartent de celles du limonage; nous n'avons pas à les examiner en traitant des irrigations.

Tandis que le limonage et le terrage consistent en effet, à laisser sur le sol quelques millimètres de sédiments terreux ou vaseux, et à fournir des éléments de fertilité, consommés incessamment par les récoltes, le colmatage vise la formation de remblais véritables, au moyen d'encaissements calculés pour recevoir les eaux d'un niveau supérieur, d'après la masse de matières dont il sera possible d'obtenir le dépôt dans un temps déterminé. Le résultat de la bonification amenée par le

(1) Nadault de Buffon, *Des submersions fertilisantes,* 1867, p. 388.

colmatage dépend des procédés employés, tant pour accélérer et répartir uniformément le dépôt, que pour assurer un libre débouché aux eaux claires à travers les terrains inférieurs. Ainsi défini, le colmatage ne rentre pas dans le cadre des irrigations agricoles; nous nous bornerons donc à signaler, comme pratiquée sur une petite échelle, une application aux garrigues dans le Vaucluse.

Application aux garrigues. — Pour le colmatage des garrigues caillouteuses, aux environs d'Avignon, M. Thomas a employé les eaux du canal Crillon, à raison d'une dérivation de 400 litres par seconde.

Le terrain à limoner étant entouré d'un fossé isolant, destiné à recevoir les infiltrations, on a exécuté à l'aide des déblais une chaussée de 0m,70 de hauteur, et on a découpé le terrain en autant de zones que séparent des levées dont la hauteur diminue dans le sens de l'écoulement des eaux. Le compartiment le plus rapproché du canal d'amenée ayant été le premier colmaté, a été isolé des autres, et ainsi des suivants, jusqu'à ce que le terrain entier ait été comblé.

Dans les compartiments où la pente faisait défaut, les levées intercalaires se trouvant de niveau, on a fait arriver les eaux par les deux extrémités opposées du terrain, et le choc des deux vitesses opérait la précipitation des limons. La nappe d'eau, de 0m,50 d'épaisseur au moins, afin d'éviter les émanations insalubres, doit passer avec une plus grande vitesse dans les compartiments dont le colmatage avance, pour empêcher la stagnation. Il a été possible, en disposant d'eaux limoneuses pendant quatre mois, de combler chaque année 3 hectares de garrigue, grâce à cette installation dont le plan est donné figure 318.

AA désigne le canal d'arrosage; BB le canal d'écoulement; *b c c b* le fossé de colature ayant servi à établir la digue d'enceinte; *b*, *b'*, *b''*, *b'''*, *b*iv, les levées transversales qui découpent le terrain en compartiments a a', a'' a''', a^{iv} a^{v}, de plus en plus petits, au fur et à mesure qu'ils se rapprochent du canal d'écoulement. Le couronne-

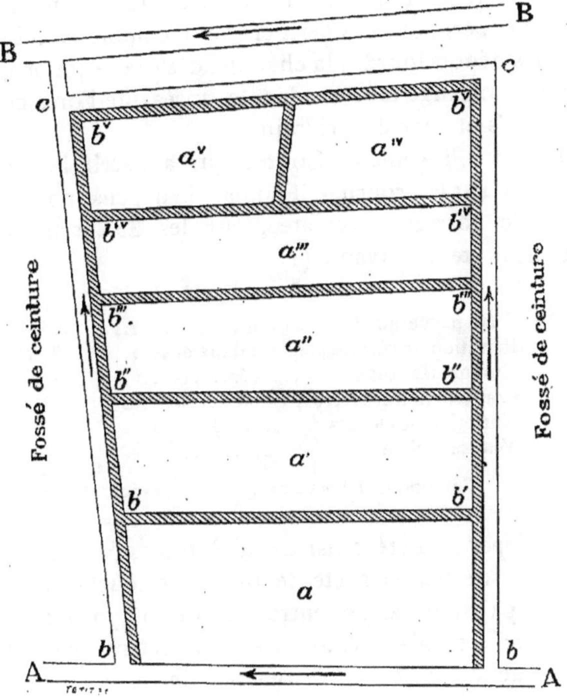

Fig. 318. — Plan d'une garrigue en colmatage (Vaucluse).

ment de la levée b' b' est de 0m,50 au-dessus du terrain; celui de b'' b'' est à 0m,10 en contre-bas, et ainsi de suite, de telle sorte que le terrain conserve une inclinaison générale de a vers a^{iv}. La dernière levée b b est placée à 4 ou 5 mètres du canal d'écoulement; dans la partie où la pente favorise l'écoulement des eaux pluviales, les charriages annuels amènent la terre nécessaire.

Les compartiments *a a' a''* étant les premiers, reçoivent les dépôts les plus grossiers, tandis que ceux de queue reçoivent les dépôts les plus ténus ; mais à la fin de l'opération, ces derniers sont comblés à leur tour par des dépôts lourds ; la charrue, dès que le limonage est achevé, mélange tous ces dépôts, après que l'on a comblé les fossés et nivelé le terrain.

D'après l'ingénieur Conte, qui a décrit l'opération exécutée sur la propriété Thomas, la dépense pour 3 hectares de garrigue colmatée, sur les 43 hectares déjà traités, a été la suivante (1) :

	fr.
Taxe payée au canal Crillon	150
Privation de récolte pendant deux ans......	300
Curage des fossés.........................	100
Construction des fossés ; 1.500 m. c. à 0 fr. 30.	450
Entretien des levées......................	150
Mise en culture...........................	150
Total pour 3 hectares.........francs	1.300

La dépense a été ainsi de 433 francs par hectare de terrain, sur lequel a été déposée une couche de limon d'une épaisseur variant entre $0^{m},50$ et $0^{m},70$. Des grèves caillouteuses valant 1,200 francs l'hectare peuvent, en conséquence, être converties en terres à blé valant 7,000 francs, moyennant une dépense de 450 francs en nombre rond par hectare ; la terre ainsi colmatée est susceptible de donner 7 ou 8 récoltes consécutives de céréales, sans fumure.

Sur les terrains en pente, des bassins calculés aux dimensions voulures pour absorber rapidement les

(1) *Annales des ponts et chaussées*, 1851,

eaux limoneuses de la surface, peuvent s'échelonner, de façon à être comblés par des dépôts fertilisants que l'on enlève régulièrement, et à laisser des eaux claires disponibles pour l'arrosage. Ce système appliqué en grand, fait remarquer Nadault de Buffon (1), permettrait de prévenir, ou tout au moins d'atténuer sensiblement les effets des débordements de certains cours d'eau.

C'est à Testaferrata, intendant de l'ancienne famille Ridolfi, que l'on doit l'invention et les perfectionnements de la méthode des limonages en montagne (*colmate di monte*), que le marquis Côme Ridolfi a minutieusement exposée (2). Elle consiste dans la construction, au pied des petits vallons des Apennins, déjà affouillés par les eaux, de digues en terre peu élevées qui arrêtent les limons charriés par les eaux. Au fur et à mesure que la couche limoneuse augmente, on élève la digue, ou bien on en établit une nouvelle en arrière, de manière à transformer par des soins assidus, les ravins et les fondrières en terrasses sur lesquelles la culture peut s'installer.

Dans la province de Volterra, ce que l'on appelle *guadagne* vise à peu près le même but que les *colmatages*. Les *guadagne* représentent, en effet, des puisards creusés à travers les fossés d'écoulement, où se déposent les limons entraînés par les eaux sur les pentes rapides. Une fois ces puisards remplis, on les vide pour répandre les limons comme engrais sur les champs (3).

Les grandes opérations de *terrement*, décrites par Thaër, en vue de créer un nouveau sol dans les contrées sablonneuses et dans les bruyères des duchés de Luneburg et de Brême; les magnifiques travaux d'assainissement du val di Chiana, entre Arezzo et Orvieto, remon-

(1) *Cours d'hydraulique agricole*, t. IV, 1588.

(2) *Giornale agrario Toscano*, 1828 et 1829.

(3) M. Mazzini, *Inchiesta agraria; la Toscana agricola*, vol. III, part. I.

tant au seizième siècle; la bonification des maremmes de Toscane, à Piombino, Scarlino, Grosseto, Orbitello; les comblées du Lamone, près de Ravenne; de l'Idice et Quaderna, dans la province de Bologne, etc., rentrent dans le cadre des entreprises de colmatage dont l'exécution repose sur des règles spéciales, que nous n'avons pas à indiquer. Le nom des savants italiens les plus célèbres est attaché à ces immenses travaux, depuis Galilée, Castelli, Toricelli et Cassini, jusqu'à Ximenès, Ricasoli, Fossombroni, Manetti, etc., et l'illustre hydraulicien français, de Prony, qui en a rendu compte en France. L'Italie, par l'importance des sommes dépensées, par l'autorité des ingénieurs et le succès des opérations entreprises, est restée la terre classique des colmatages, comme des irrigations.

IV. LES IRRIGATIONS PAR INFILTRATION.

a. RIGOLES OUVERTES.

Les irrigations par infiltration s'exécutent, suivant la configuration du sol, au moyen d'eaux qui coulent ou qui dorment dans de petits canaux, sans qu'on les laisse déborder. Au contraire, elles sont toujours tenues à quelques centimètres au-dessous de la surface du sol, dans lequel elles pénètrent en s'infiltrant à travers les bords et le fond. L'infiltration repose ainsi sur le principe de la perméabilité du sol, et par cela même, la méthode est la moins parfaite de toutes, car en consommant à peu près autant d'eau, elle n'assure pas l'humectation uniforme du terrain.

Si l'eau est courante dans les tranchées ou rigoles, l'arrosage est moins défectueux que si elle est stagnante, mais alors le terrain est en pente, et les autres systèmes sont préférables. Le véritable avantage que l'infiltration présente est de permettre d'irriguer des terrains trop élevés pour pouvoir recevoir l'eau d'une autre manière. C'est seulement sous ce rapport qu'elle s'utilise pour l'arrosage des prairies; en dehors des prairies, elle s'applique toutefois en grand à l'irrigation des champs de céréales, des plantes sarclées, des prairies artificielles, etc., où les déversements sont impraticables parce qu'ils délaieraient, ou entraîneraient les terres ameublies par la charrue et les engrais. Elle se prête encore à toute une série de cultures spéciales, telles que la vigne, l'olivier, l'oranger, les jardinages, etc., disposés sur des versants, ou sur des terrasses, que l'eau courante ne pourrait atteindre assez profondément. Enfin, et ce n'est pas là une des applications les moins utiles à propager, l'infiltration permet, sur les terrains arides ou en friche, sables ou graviers, d'installer des cultures productives; de capter les eaux pluviales, pour les répandre, soit sur les terres cultivées, soit dans les forêts, dans le but de repeuplement, ou d'amélioration du régime des eaux.

Dispositions générales. — La nature du sol est plus importante que la configuration du terrain pour la réussite de l'arrosage par infiltration ; on devra donc écarter les sols imperméables qui exigeraient un trop grand rapprochement des rigoles, avec perte d'une grande surface, et les sols trop perméables qui réclameraient aussi des rigoles très rapprochées, en même temps qu'une trop grande consommation d'eau.

L'expérience seule peut guider l'irrigateur dans le choix de la distance à laquelle il convient de placer les rigoles pour que la terre se trouve humectée dans un temps donné. Cette donnée connue, la disposition la plus efficace des rigoles sur le terrain, consiste à leur donner la pente suffisante pour assurer l'écoulement de l'eau. Dès lors, le canal d'amenée et les rigoles pourront être tracées de niveau, de manière à assurer une inclinaison uniforme et une hauteur d'eau de 8 à 10 centimètres inférieure à la surface du sol. La largeur se trouve déterminée d'après la pente et la quantité d'eau que doit recevoir chaque rigole, la profondeur étant variable.

Dans les exemples que nous donnons des irrigations par infiltration les mieux entendues, il sera facile de reconnaître que les dispositions de rigoles sont très diverses, sans que le mérite des unes par rapport aux autres puisse être discuté contradictoirement, à cause de la nature variée des sols. Tandis que dans tel terrain en pente, les rigoles à peu près de niveau prennent l'eau dans un canal d'amenée, à l'une de leurs extrémités, et la rendent à un colateur à l'autre extrémité; dans tel autre terrain, les rigoles parcourent le sol en lacet, avec une pente très légère et servent à la fois de canal d'amenée et de colateur. Ailleurs, les rigoles, sur un sol à faible inclinaison, sont dirigées suivant la pente, au lieu d'être sensiblement de niveau.

Dans l'irrigation à eau stagnante, la rigole de colature étant supprimée, les rigoles sont tracées à niveau parfait sur un terrain incliné; tandis que sur un terrain presque plat, elles sont disposées parallèlement en ligne droite, ou bien, suivant des lignes sinueuses, non parallèles. « Le caprice, dit Pareto, est presque le seul guide qu'on suit dans le tracé de ces rigoles, qui, dans les terrains assez perméables de la vallée du Rhône, sont placées jusqu'à une distance moyenne de 5 mètres; l'infiltration paraissant marcher bien (1). »

Cette irrigation, d'un travail facile, est souvent trop

(1) *Loc. cit.*, t. Ier, p. 168.

coûteuse par le grand nombre de rigoles qu'il faut creuser pour obtenir un résultat satisfaisant. Quant au mode de donner l'eau, il est des plus simples. La vanne de la rigole d'amenée étant ouverte, on laisse couler dans les rigoles jusqu'à ce que le terrain soit imbibé, et l'excédent regagne le fossé des colatures; ou bien, si les rigoles sont à eau stagnante, celle-ci ne rejoint pas le collecteur, mais s'infiltre tout entière dans le sol.

Nous examinerons successivement quelques applications du système aux cultures sur labour, aux prairies, aux terrains en friche, aux céréales, et aux cultures arbustives et potagères.

Cultures sur labour. — Quand les champs en céréales, ou en racines, sont en pente très douce et presque de niveau, il suffit d'ouvrir sur le sommet des billons ou des planches, des rigoles longitudinales dont l'extrémité est fermée en aval; les eaux en s'infiltrant, descendent de chaque côté dans les sillons où l'on assure l'écoulement en creusant un peu plus profondément vers l'aval. Si les champs au contraire offrent des pentes prononcées, on établit les rigoles en travers, en les traçant de niveau sur toute leur étendue; il en résulte que les rigoles forment des courbes telles que les indique la figure 319. Des rigoles alimentaires RR sont établies de deux en deux billons, TT représentant les rigoles d'infiltration. A chaque rencontre de ces rigoles, il y a un arrêt formé d'un gazon ou d'une planchette, afin que la première rigole horizontale une fois remplie, l'excédent d'eau passant par-dessus l'obstacle remplisse la seconde, et ainsi de suite, sans aucune manœuvre.

Ces rigoles ne s'exécutent qu'après les travaux de labour, d'ensemencement et de hersage; pour une pente très forte, on évite de pratiquer des sillons de séparation, et même convient-il, dans les terrains légers, de gazonner le fond de ces sillons en forme de rigoles concaves; elles sont alors permanentes et l'on n'a plus chaque année à renouveler, après les façons du sol, que les rigoles transversales.

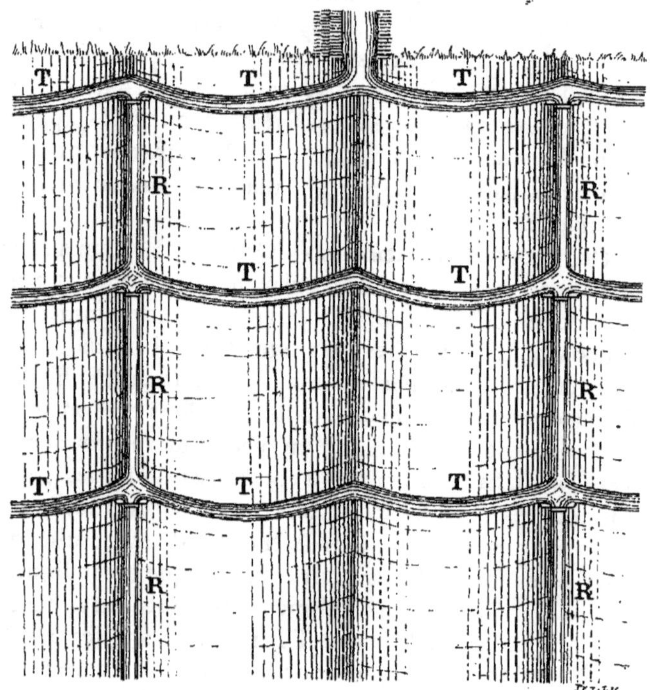

Fig. 319. — Irrigation par infiltration des cultures sur labour.

Les arrosages destinés à amollir la terre avant le labour, ou l'arrachage des racines, se font exactement comme ceux pour les céréales. On met l'eau deux ou trois jours auparavant, afin que l'humectation se fasse et que la terre se ressuie.

Arrosage à la raie. — L'arrosage à la raie, appliqué aux terres labourées, présente un cas particulier de celui par infiltration. Il ne s'en distingue que lorsque les dérayures étant parallèles à la rigole d'arrosage, l'eau se déverse en même temps qu'elle s'infiltre.

Soit (fig. 320) le plan d'une pièce labourée, que desservent un canal d'amenée venant de A, des rigoles d'arrosage B C et D E et une rigole d'écoulement C E;

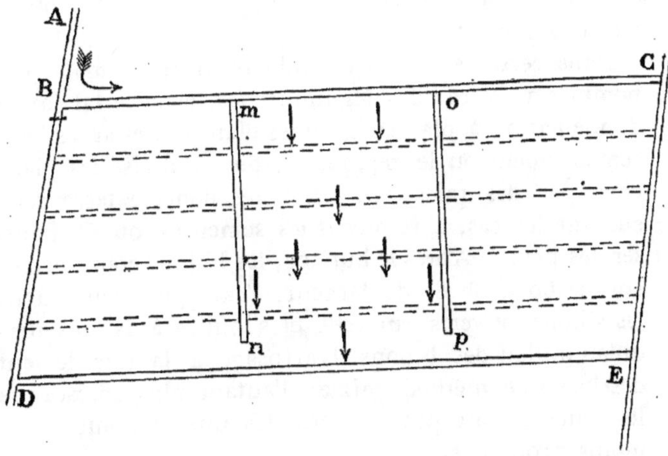

FIG. 329. — PLAN D'UN CHAMP INSTALLÉ POUR L'ARROSAGE A LA RAIE.

on établit en *mn* et *op* deux bourrelets en terre de $0^m,10$ à $0^m,15$ de hauteur, et de $0^m,20$ à $0^m,25$ de largeur, qui partagent la pièce en trois parcelles : ces bourrelets traversant les sillons laissés ouverts par la charrue, les interceptent aux points de croisement. Dès lors, quand on donnera l'eau, par exemple, à la parcelle, du milieu *m n o p*, elle remplira les dérayures, puis débordera successivement de chacune d'elles sur le billon situé au-dessous, et ainsi l'eau pourra se répandre uniformément sur la parcelle, d'autant mieux que les sillons sont horizontaux. Au cas où sur le terrain en pente légère, l'eau se porterait vers une extrémité de la raie, on devra par de petites mottes de terre, placées de distance en distance dans les raies de labourage, régulariser l'épandage.

Pour l'arrosage à la raie, les sillons sont tracés à une distance qui varie de $1^m,20$ à 3 mètres; ils sont orientés de façon à recevoir une pente de $0^m,08$ à $0^m,25$ par 100 mètres.

Dans certaines cultures industrielles; du maïs, des pommes de terre, des légumineuses, etc., le labour se donne parfois à plat, en grandes planches, et après l'ensemencement ou le repiquage, on subdivise les planches par des raies peu profondes dont la terre sert, suivant les cas, à recouvrir les semences, ou à rehausser les plants. Après le buttage, les billons étant formés sur $0^m,60$ à $0^m,80$ de largeur, l'eau qui circule dans les sillons ouverts ruisselle et s'infiltre à la fois jusqu'au milieu des billons. L'arrosage à la raie devient dès lors une méthode mixte; d'autant plus efficace que les raies seront plus proches les unes des autres, et moins profondes.

Le volume d'eau dont on dispose détermine l'emploi des sillons, soit pour arroser le sol superficiellement par voie de ruissellement, soit pour le pénétrer par infiltration souterraine.

Si les sillons sont tracés perpendiculairement à la rigole d'arrosage, il suffit de faire déborder l'eau de cette rigole pour qu'elle s'introduise dans les sillons, mais alors il importe que l'entrée de chaque sillon soit régulièrement amorcée sur la rigole. On préfère, dans ce cas, creuser une seconde rigole de distribution *bc* (fig. 321), parallèle à la rigole permanente, pour la durée de la culture; cette rigole temporaire, large et plate, n'a que $0^m,10$ de profondeur. Elle permet d'irriguer le champ par parties, suivant la disposition de la vanne mobile et du barrage en *m*, de la rigole de dis-

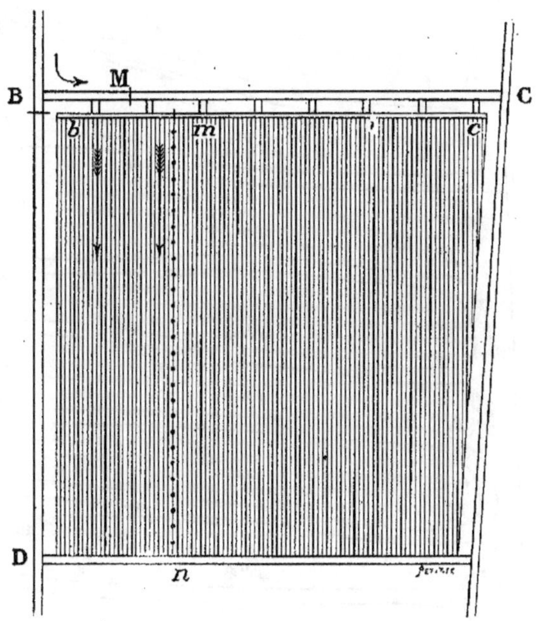

Fig. 321. — Variante dans l'installation de l'arrosage a la raie.

tribution. L'eau arrivant par les deux premières coupures, se répand sur l'espace B D *m n*.

La disposition des raies est susceptible d'un grand nombre d'autres variantes, qui permettent l'application à tous les terrains et aux pentes les plus fortes que puissent admettre les terres labourées.

Terres en friche. — Pour l'infiltration des terrains en friche, terres incultes ou graviers, Polonceau (1) indique une disposition analogue à celle de

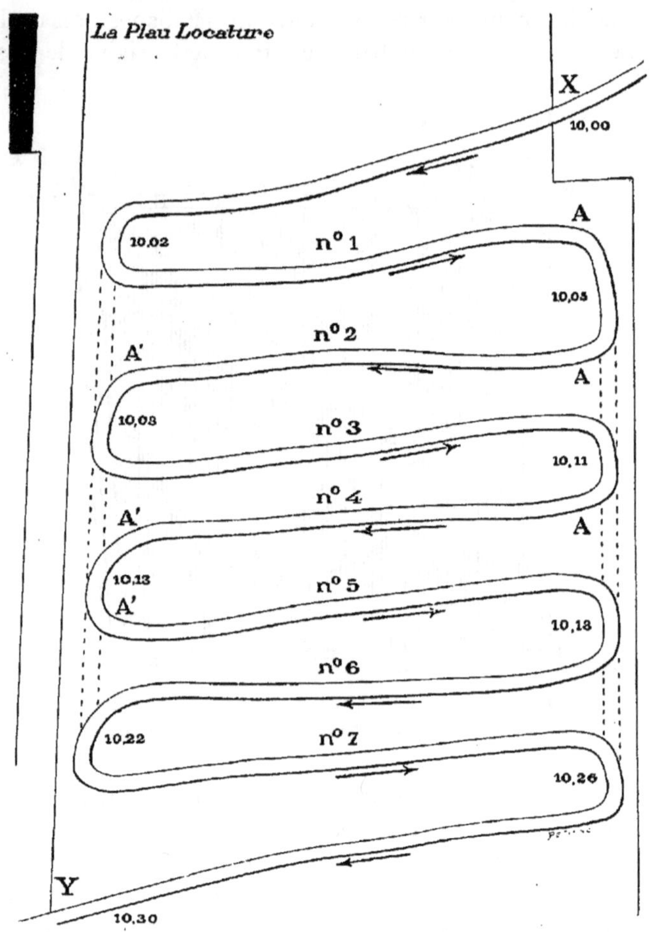

FIG. 322. — PLAN D'UNE PRAIRIE IRRIGUÉE PAR INFILTRATION (PROVENCE).

(1) *Loc. cit.*, p. 156.

la figure 322, d'après laquelle on creuse en travers de la pente des rigoles horizontales, larges et profondes, avec une pente au fond d'un millimètre par mètre, pour que l'eau puisse facilement atteindre leurs extrémités; on fait communiquer ces extrémités par des rigoles AA, A'A', rapides, dirigées suivant la pente du terrain, de façon que les fossés transversaux 1, 2, 3, 4, 5, 6 et 7 se remplissent successivement. Il suffit pour cela de former à chaque coude une gouttière dans le gazon, ou de placer une planchette qui facilite l'écoulement du trop-plein dans la rigole inférieure.

Dans les sols très raboteux ou caillouteux, la pente des fossés d'infiltration peut être portée à 2 et même à 3 millimètres par mètre.

Prairies. — Des diverses dispositions s'appliquant à des terres en nature de pré, indiquées par Pareto (1), nous nous bornerons à citer celle d'une prairie, la Plau-Locature, en Provence (fig. 322), où une rigole unique sert à l'amenée, à la distribution et à l'écoulement de l'eau. Cette rigole est dirigée en lacet pour racheter une différence de niveau de $0^{m},30$ entre le point d'origine en X et celui de l'issue en Y. L'eau de source ainsi utilisée par infiltration est recueillie pour l'arrosage d'autres terrains.

Cultures arbustives et potagères. — C'est par infiltration que sont arrosés dans les climats chauds, les vergers et les pépinières, les arbres fruitiers, les jardins potagers et fleuristes. Sur des surfaces quelque peu étendues, consacrées à ces mêmes cultures dans les pays du nord, il est aussi souvent utile de recourir au système d'infiltration, au lieu de l'arrosage à bras et au tonneau.

Vergers et pépinières. — La situation et la confi-

(1) *Loc. cit.*, p. 1034.

guration du terrain déterminent le meilleur mode d'établissement des rigoles dans les vergers, quand on dispose d'une quantité d'eau suffisante.

Pour les pépinières, le terrain est divisé en carrés que séparent de petites digues; on élève dans chaque carré à peu près de niveau, des ados, en prenant la terre

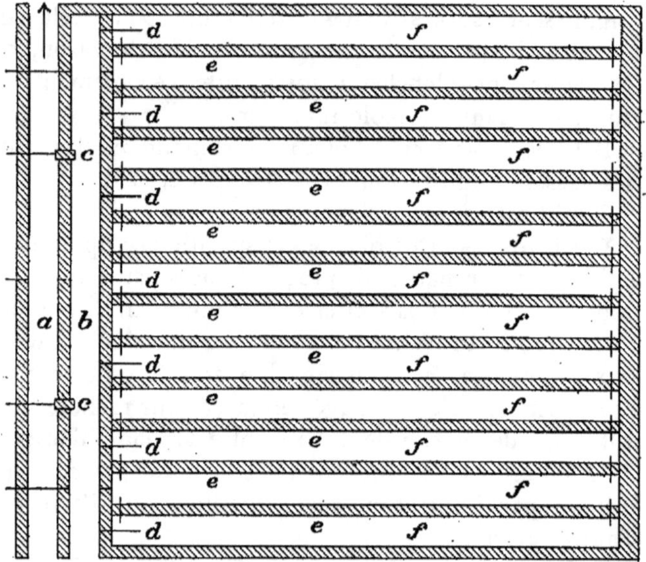

FIG. 323. — PLAN D'UN CARRÉ DE PÉPINIÈRE IRRIGUÉ PAR INFILTRATION.

de chaque côté, ce qui forme le long de ces ados une rigole dans laquelle l'eau se répand, et sur le bord desquels on plante ou l'on repique les pieds, de manière que l'eau n'en baigne que les racines. Quand le terrain est assez humecté, on ferme les ouvertures pratiquées pour l'admission de l'eau, en même temps qu'on en ouvre d'autres pour arroser plus loin (1).

(1) Carrière, *les Pépinières*, 1862, p. 31.

Dans la figure 323 représentant un carré de pépinière, l'eau du conduit principal *a*, passe dans le conduit secondaire *b*, par les vannes *cc*, puis entre dans le carré par les ouvertures *d d d*, établies dans la digue; elle se répand ensuite dans les intervalles, ou rigoles *f f f*,

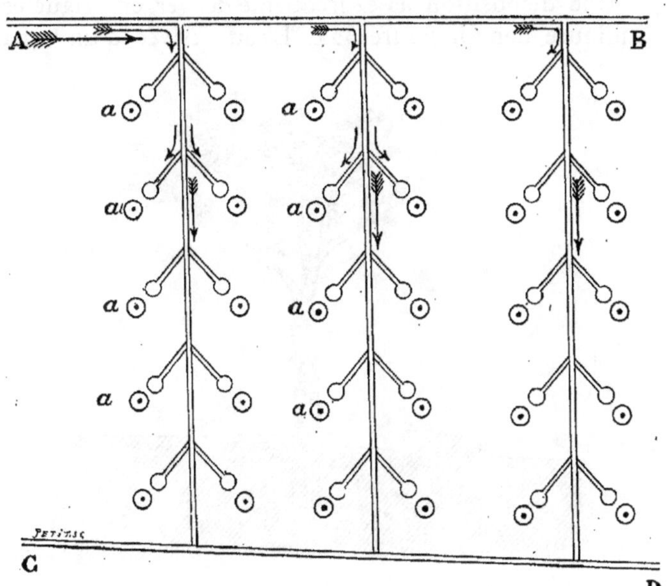

FIG. 324. — PLAN D'UN VERGER IRRIGUÉ PAR INFILTRATION.

placées entre les ados *e e e*. De chaque côté de ces ados et sur leurs bords les plants sont repiqués. Pour établir une communication plus rapide entre toutes les parties, on pratique de petites ouvertures dans les ados, à leurs extrémités, ou aux points indiqués par des traits. Il y a lieu de surveiller la marche de l'eau avec beaucoup de soin, afin de boucher au fur et à mesure les parties suffisamment arrosées. Suivant la température, le degré de sécheresse de l'air, du sol et des jeunes plants, on répète l'arrosage aussi souvent qu'il est nécessaire; mais en ayant soin, le lendemain, ou le surlendemain, de donner un binage pour ouvrir la terre tassée et fendillée.

Une disposition assez fréquente de verger irrigué est indiquée dans la figure 324. L'eau dérivée d'un canal

FIG. 325. — RIGOLE CIRCULAIRE POUR L'ARROSAGE PAR INFILTRATION DES ARBRES EN VERGER.

A B est amenée par des rigoles parallèles entre les rangées d'arbres *a a a*. De chaque rigole part un branchement conduisant à un trou pratiqué près du pied des arbres. Un colateur C D situé au bas du terrain sert à l'égouttement des eaux.

Le trou indiqué près du pied des arbres (fig. 324), est remplacé avantageusement par une fosse, ou rigole circulaire, dont le déblai forme bourrelet autour du pied, du côté le plus bas, si le terrain est en pente (fig. 325).

La figure 326 montre l'installation d'un verger, faisant suite à un pré du domaine, le Guy, qu'arrosent des rigoles de niveau. Le canal d'amenée *a c b* alimente un canal secondaire *c d*. Les rigoles de distribution *m m* donnent l'eau par des branchements aux trous creusés près de chaque arbre. Dans la figure annexe, *n* est un branchement sur la rigole *m*, et Q la fosse de l'arbre. Le lacet que décrit chaque rigole de distribution passe entre les rangées d'arbres et irrigue la surface par infiltration, tandis que dans chaque fosse il entre une plus grande quantité d'eau pour l'imbibition des racines (1).

Orangers et citronniers. — Dans la province de Palerme, les orangers en terrains plats sont plantés à 5 mètres d'intervalle le long des banquettes en dos d'âne que séparent des fossés dans lesquels circule l'eau d'arrosage. Le niveau de ces fossés est réglé de façon à ce qu'ils soient légèrement inclinés en sens opposé au canal d'amenée. Sur un côté seulement de chaque banquette, les arbres sont disposés en ligne, à distance égale, et reçoivent l'eau des rigoles par infiltration. Chaque rigole est soigneusement curée avant l'arrosage, qui dure depuis le printemps jusqu'à l'automne, en se renouvelant tous les 8 jours dans la première année de la plantation; tous les 15 jours jusqu'à la huitième année; puis tous les 22 jours (2). L'arrosage par infiltration est considéré comme plus efficace que l'arrosage direct; l'humidité reste emprisonnée autour des racines et l'évaporation est notablement ralentie.

(1) Paréto, *loc. cit.*, t. III, p. 1039.

(2) Alfonso Spagna, *Memoria sulla coltivazione degli agrumi*, Palermo, 1869.

Dans les terrains en pente, pour empêcher que l'eau

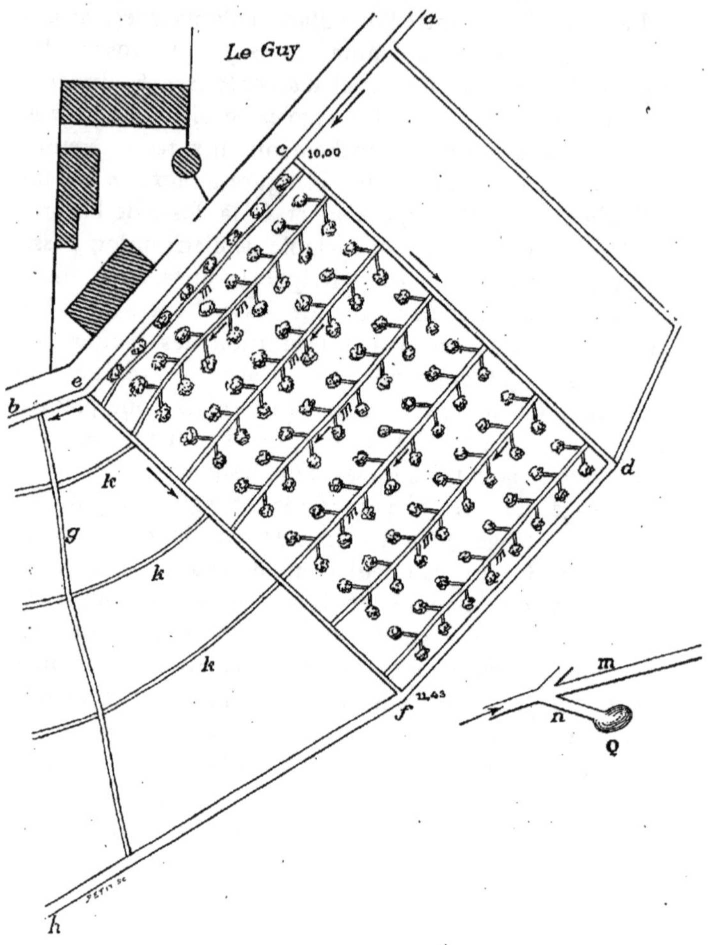

Fig. 326. — Plan d'un verger irrigué.

n'atteigne trop rapidement le point bas, sans saturer les

rigoles, on établit celles-ci de façon que chacune reste fermée à l'extrémité opposée, par rapport à celle qui suit. Il en résulte que l'eau circule par chicanes et parcourt toute la série des rigoles avant d'arriver au bout de l'orangerie. Cette disposition usitée dans les collines, aux environs de Palerme, est connue sous le nom de *alla trapanese*. Le nombre des rigoles s'accroît en raison de la pente du terrain et du volume d'eau disponible. Les meilleurs vergers de Monreale sont installés, en outre, pour qu'à chaque pied d'arbre, dans le but d'économiser l'eau, un bassin ou *conca* maintienne plus longtemps l'humidité. C'est surtout pour les citronniers cultivés en espalier, que les *concas* sont nécessaires; ces arbres redoutent davantage encore les effets d'une sécheresse prolongée.

Dans les deux dispositions, des vannes ou bondes placées sur le canal d'amenée, permettent de donner l'eau à la fois, à deux ou trois rigoles d'infiltration. Les eygadiers sont tenus de cheminer pieds nus dans les rigoles pour la manœuvre des vannes; s'ils devaient marcher sur les banquettes, ils les tasseraient au détriment de la perméabilité des terres. Chaque année, on change le tracé des rigoles, pour ne pas appauvrir la même partie du terrain.

La figure 327 représente une plantation d'orangers en terrain plat et en terrain incliné; TT est la digue dont toute plantation est entourée, après avoir labouré et fumé; II désigne le canal d'amenée; XX, YY, les vannes ou prises d'eau dans le canal; AA, les banquettes; BB, les rigoles ou fossés; Z, le point de décharge de l'eau d'arrosage.

Arbres en terrasse. — En Toscane, les terrasses qui s'étagent les unes au-dessus des autres, d'autant plus étroites que la pente est plus rapide, sont supportées, comme il a été dit (1), par des murs de gazon feutré ou de *pellicie*, bordés à la partie supérieure et parallèlement, de fossés d'écoulement qui servent au besoin à l'arrosage des gazons et des terres labourables, mais surtout, des arbres plantés sur les gradins. Cette installation des cultures donne lieu à des travaux considérables de défrichement et de terrassement. Comme plus il y a de

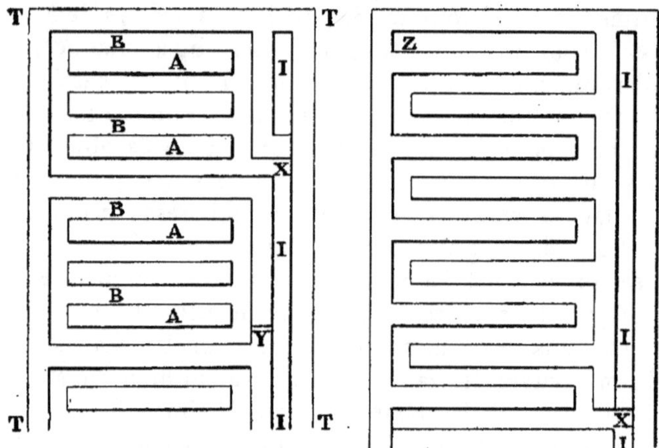

FIG. 327. — IRRIGATION DES PLANTATIONS D'ORANGERS EN TERRAIN PLAT ET EN TERRAIN INCLINÉ, A PALERME.

fossés sur une pente rapide, plus il faut élever les gradins et les murs de gazon, les champs n'ont d'autre écoulement que la rigole qui en fait le tour et se décharge dans le colateur tracé le long de la pente; ce mur n'a guère plus de 6 pieds de hauteur. Quand le terrain, au contraire, est en pente douce, chaque champ de la terrasse est entouré d'une rigole, outre le colateur, et le mur de gazon n'a que trois pieds de hauteur (2).

(1) Voir p. 481.
(2) Simonde, *Tableau de l'agriculture toscane*, 1801, p. 109.

Dans le val de Nievole, on a soin d'élever les gazons un peu plus haut que le terrain, en sorte que les eaux forcées de s'écouler par le côté, s'arrêtent plus longtemps et agissent par infiltration et par submersion.

Sur les collines des environs de Florence et de Prato, où le sol est très pierreux, les murs des terrasses sont construits en pierres sèches; mais ils n'offrent pas l'avantage de produire du foin, comme les murailles de gazon; en outre, ils ont besoin de réparations, tandis que les racines des herbes donnent de la solidité et entretiennent la chaleur et l'humidité nécessaires pour la maturité des fruits et des raisins.

Les terrains en pente rapide comportent des colateurs plus rapprochés que les plaines; « on les tire en général, dit Simonde, à 50 ou 60 pieds de distance, afin que chacun d'eux contenant moins d'eau, celle-ci ne mine pas le terrain et ne forme pas des torrents dans les grandes pluies. »

La culture des collines toscanes, assainies et arrosées, comporte sur les pentes raides, moins bien exposées, l'olivier; sur celles tournées au midi, ou à une orientation favorable, la vigne; au milieu des terrasses, les arbres fruitiers, les mûriers et les grains; sur les murs en gazon, l'herbe pour le bétail. Nous indiquons, (fig. 328) la disposition des collines à gradins avec leurs diverses cultures, qui rappelle celle de la figure 302.

Jardins potagers. — L'irrigation des potagers et des jardins, quand on dispose d'eaux de source, de réservoirs, ou même de canaux, que l'on peut faire circuler dans des rigoles, est la seule applicable à des surfaces quelque peu étendues, et la seule appliquée dans les pays du midi.

Les hortolages sont partagés en carrés par de petits chemins, et chaque carré étant cultivé en planches, on peut installer l'irrigation de manière qu'il soit entouré par des rigoles profondes de $0^m,30$, et larges de $0^m,40$ à $0^m,50$. De ces rigoles principales partent des rigoles secondaires, tout à fait superficielles, qui passent entre les planches et baignent la terre par infiltration, en même temps qu'elles servent pour écoper l'eau destinée à baigner la surface.

Cette installation est indiquée dans le plan du potager

FIG. 328. — CULTURES EN TERRASSE AVEC ARBRES ARROSÉS (TOSCANE).

attenant à la Filandière (fig. 329), dans lequel l'eau venant de *a b* circule dans la direction des flèches autour des compartiments et des planches, et s'écoule par le fossé de colature *d e* (1). Une disposition du même genre, pour un jardin clos de murs (fig. 330), est basée sur l'emploi d'une noria qui puise dans un puits P l'eau déversée dans deux rigoles recourbées à angle droit. L'une se dirige à gauche vers *a*, l'autre se dirige à droite vers *c*, et de ces deux points partent deux autres rigoles

(1) Pareto, *loc. cit.*, t. III, p. 1040.

principales qui divisent les pièces en deux parties égales;

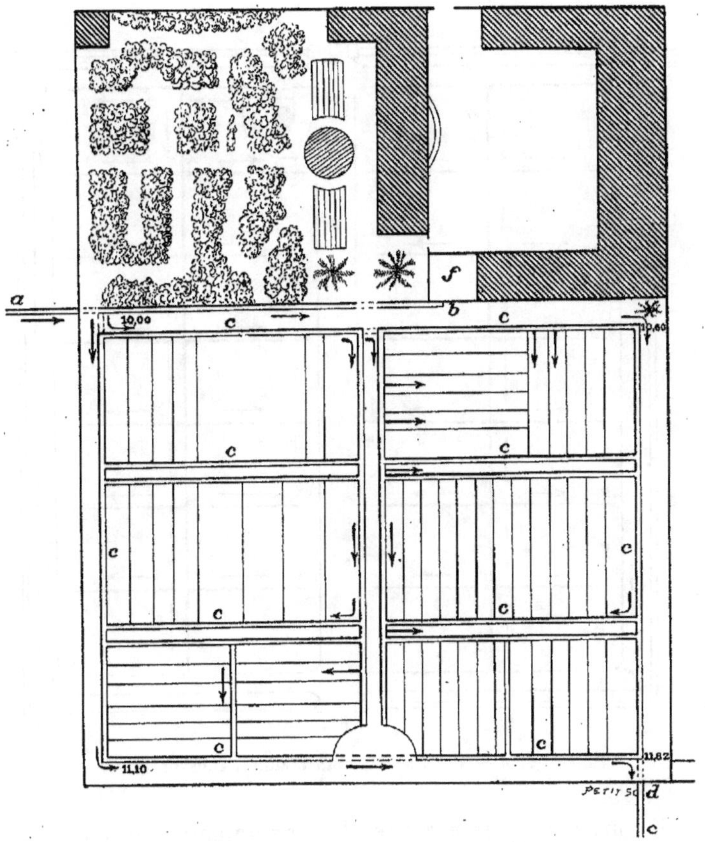

FIG. 329. — PLAN D'IRRIGATION D'UN POTAGER, TERRE DE LA FILANDIÈRE.

deux petites rigoles permanentes *c f* et *g h*, longeant les plates-bandes, le long des murs de clôture, servent à l'arrosement des plantes, ou des espaliers (1).

Les rigoles peuvent être creusées simplement dans la terre; mais comme la perte par absorption est grande,

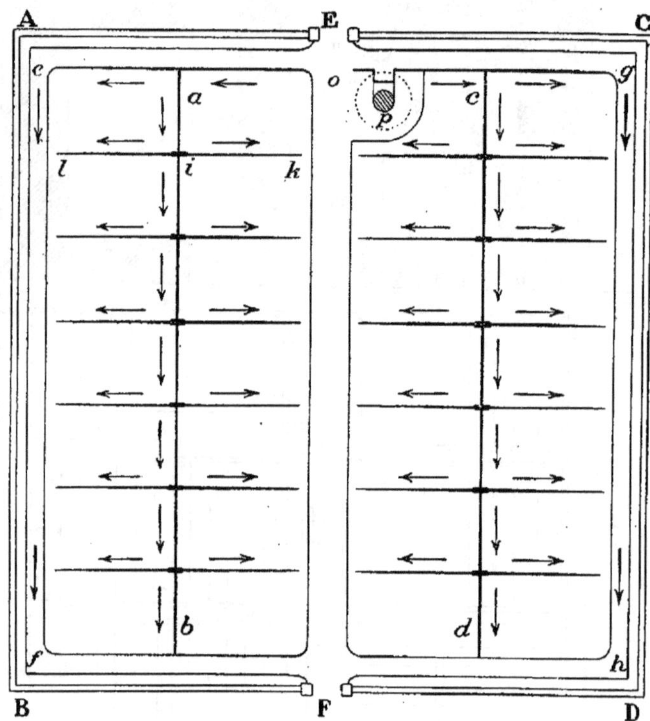

Fig. 330. — Plan d'un jardin irrigué, clos de murs.

il convient, pour épargner la consommation d'eau, d'établir les rigoles maîtresses de répartition, telles que *a b*, *c d*, en pierre, en brique ou en poterie, offrant des

(1) C. de Cossigny, *loc. cit.*, p. 81.

parois étanches. Le réseau de rigoles et de sillons ne fonctionnant pas à la fois, mais l'arrosage devant au contraire s'appliquer sur divers points distants les uns des autres, l'eau est dirigée à l'aide de gazons, ou de pelles formant vannes, par les fossés principaux dans les rigoles secondaires.

Cultures maraîchères. — C'est dans la culture des légumes en grand que l'infiltration réalise ses merveilles; elle seule permet sur une surface donnée d'obtenir la plus grande quantité de matières nutritives. Le sol ne se reposant jamais, une récolte succédant immédiatement à l'autre, on a des légumes frais pendant toute l'année sans interruption.

Dans les pays du midi, l'infiltration pour les légumes se pratique d'une manière excessivement simple. Le terrain est divisé en planches fort étroites, relevées sur les deux bords et légèrement creusées au milieu. Chacune de ces planches est séparée par un intervalle de $0^m,30$ à $0^m,40$ formant rigole, bouché à l'une de ses extrémités, de sorte que l'eau entrant dans la première rigole, au sommet de la pente du terrain, circule entre toutes les planches et s'infiltre. Les rigoles d'arrosage se tranchent dans le sol, sans autre préparation que d'aplanir les parois à la bêche, en leur donnant un talus suffisant pour prévenir les éboulements (1).

Aux environs d'Avignon, deux cultures qui occupent une grande surface, ne doivent leur réussite, comme dans les hortolages célèbres de Cavaillon, qu'à l'arrosage par infiltration; celles des melons et des artichauts.

Le terrain est divisé en billons peu élevés que séparent les rigoles; chaque billon présente deux ados (fig. 331 A) dont un plus raide, qui n'est pas en culture, et l'autre

(1) *Maison rustique du dix-neuvième siècle*, t. V, p. 16.

moins incliné vers la rigole, qui reçoit près du sommet les artichauts *a a*, et au bas, les melons *m m*. Tandisque les artichauts trouvent dans un sol profond et humide les conditions les plus favorables à leur végétation, les melons qui ont germé sous l'influence d'un premier

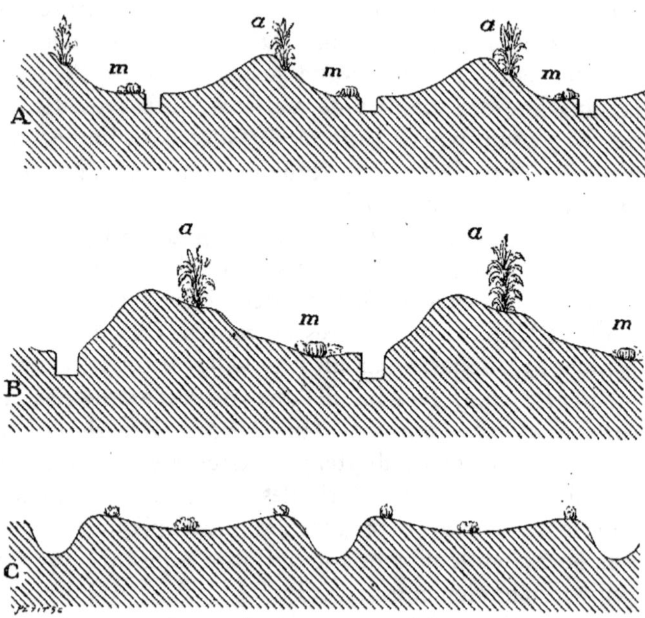

Fig. 331. — Cultures maraîchères en Provence.

arrosage, sont recouverts de la terre extraite d'une seconde rigole creusée en recul de la première, pour l'arrosage par infiltration (fig. 331 B), et se développent à leur tour dans une terre ameublie et fraîche, hors du contact de l'eau. Quand la récolte a été faite, on relève l'ados où les melons ont végété pour rétablir les billons dans leur forme première et recommencer l'année suivante (1).

Dans les jardins des environs de Marseille, les planches qui divisent les carrés, occupées tantôt par les mêmes espèces, tantôt par des espèces différentes, ont une largeur variable, mais toujours telle que leur arrosement puisse se faire par infiltration; leur forme est légèrement concave (fig. 331 C); au centre, les espèces les plus durables; sur les bords, celles qui disparaissent et se succèdent plus rapidement.

La culture du cresson est basée sur l'infiltration par eau courante, dans des conditions spéciales. Selon que l'on dispose de plus ou moins d'eau, on ouvre dans le terrain une série de rigoles larges de $1^m,50$ à 2 mètres, que séparent des intervalles de même largeur, profondes de $0^m,40$. La longueur et la direction de ces rigoles plates dépendent du terrain; quant à la pente, elle doit avoir au moins $0^m,002$ par mètre. Les rigoles communiquent entre elles par des conduites souterraines, et le débit de l'eau se règle au moyen de vannes, de façon à ce que le niveau se maintienne dans la cressonnière à 10 ou 12 centimètres, tout en assurant la circulation constante. Quand il doit geler, le cresson est submergé, la vanne de décharge étant fermée; mais aussitôt après, l'eau est complètement évacuée et remplacée par l'eau courante.

Le plan de la cressonnière des Trois-Fontaines, près de Gonesse, qui occupe une surface de 10 hectares, est donné dans la figure 332. A B C D représentent les sources qui alimentent les fosses ou rigoles à cresson; E, la rivière; F, un moulin; *b b*, la route; HH, le chemin d'exploitation de la cressonnière comprenant 200 fosses.

(1) Leclerc-Thouin, *Cultures jardinières de la Provence; Journ. agric. prat.*, 1839-40, t. III, p. 356.

et fournissant aux halles de Paris 200,000 douzaines

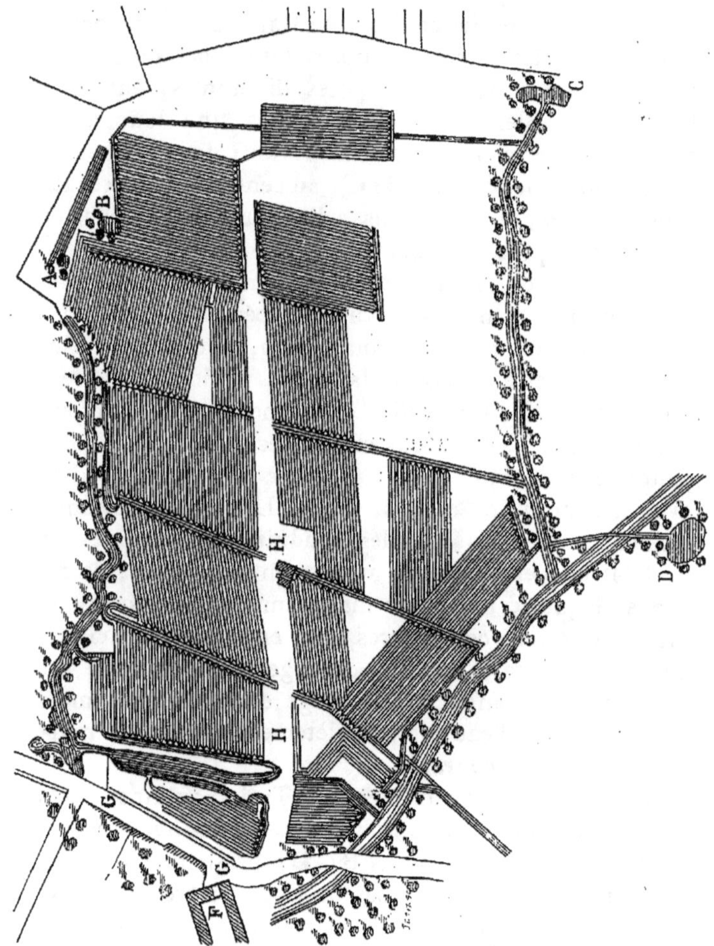

Fig. 332. — Plan de la cressonnière des Trois-Fontaines, près de Gonesse.

de bottes de cresson par an (1).

(1) *Les Cressonnières artificielles; Journ. agric. prat.*; 1887, t. I, p. 672.

b. RIGOLES A EAUX PLUVIALES.

L'application des rigoles à la collecte des eaux pluviales, pour irriguer les terres, est des plus importantes au point de vue de l'agriculture, comme du régime des eaux. On ne saurait trop faire d'efforts pour la propager, notamment dans les pays de montagnes, où elle permet de créer sur des terrains entièrement improductifs, non seulement des prairies à une coupe et des pacages excellents, mais encore d'arrêter la dégradation des versants, d'empêcher de nouveaux ravinements, de régulariser les crues et d'atténuer ainsi les effets désastreux du débordement des cours d'eau.

Comme méthode d'irrigation, si on peut l'appeler ainsi, puisque l'arrosage ne peut être donné aux époques qui le réclament et qu'on n'est pas maître de l'eau, elle consiste dans l'établissement de rigoles de niveau, plus larges et surtout plus profondes que celles de déversement. Ces rigoles forment réservoir et laissent pénétrer l'eau dormante dans le sol, par infiltration à travers les bords et le fond; elles peuvent également recevoir l'eau par des conduites à pente forte n'ayant d'autres fonctions que de les alimenter.

C'est l'irrigation la plus facile à établir; car la configuration du sol est indifférente, aussi bien que sa nature. Elle s'accommode de toutes les pentes au delà de 10 centimètres, dans les terrains perméables, et de 15 centimètres, dans les terrains argileux.

Les considérations que nous avons présentées sur l'absorption et la perméabilité des terres (1) offrent, pour l'humectation par ce système, un intérêt pratique. Si

(1) Voir tome I, livre II, p. 57.

dans certains terrains les rigoles de niveau conservent les eaux pluviales pendant plusieurs jours, dans d'autres, tels que ceux de la formation oolitique, l'infiltration s'opère en 12 et 24 heures, après en avoir régularisé la répartition et l'absorption. On peut donc affirmer que tous les sols peuvent être améliorés par les rigoles, sans qu'il soit nécessaire d'exécuter des travaux dispendieux de terrassement. Aussi bien, quand le terrain est coupé par des ravins, les rigoles qu'on établit servent à les combler.

Le tracé et l'établissement des rigoles à eaux pluviales sont les mêmes que pour les rigoles de déversement. La seule différence consiste dans les dimensions plus grandes du profil en travers, dont un exemple est fourni (fig. 333) par les irrigations de Saint-Pierre-du-Mont. Dans une autre application, à la Motte-Beuvron, en Sologne, le terrain étant imperméable, les rigoles d'infiltration ont $1^m,50$ en tête et $0^m,40$ de profondeur. On les construit généralement d'après le profil des rigoles ordinaires; mais dans les deux exemples cités, elles sont pourvues d'un bourrelet qui sert à déverser les eaux. C'est suivant la crête de ce bourrelet que l'on nivelle la tête des piquets pour le tracé.

La distance des rigoles entre elles, dans le plus grand nombre des cas, varie entre 25 et 30 mètres; mais elle peut être moindre, de $17^m,50$ par exemple, pour 1 mètre d'ouverture, comme dans l'opération exécutée par Chevandier, près de Sarrebourg (Vosges); ou bien plus grande, soit de 60 mètres, suivant le projet Polonceau, applicable au bassin de la Saône. Lorsque la surface du sol est régulière, on les éloigne, et dans le cas contraire, on les rapproche.

Les colateurs sont beaucoup plus espacés que les rigoles; ils restent presque toujours fermés par des gazons; c'est seulement lorsque les grosses pluies durent longtemps qu'on ouvre les colateurs pour ne pas noyer le terrain. Autrement, l'irrigation s'opère toute seule, quand il pleut, et n'exige d'autre entretien que celui des bourrelets. Il arrive pourtant que les rigoles d'eaux pluviales reçoivent d'autres eaux provenant de sources ou d'étangs, auquel cas elles doivent être réglées par des vannes, comme dans les autres méthodes.

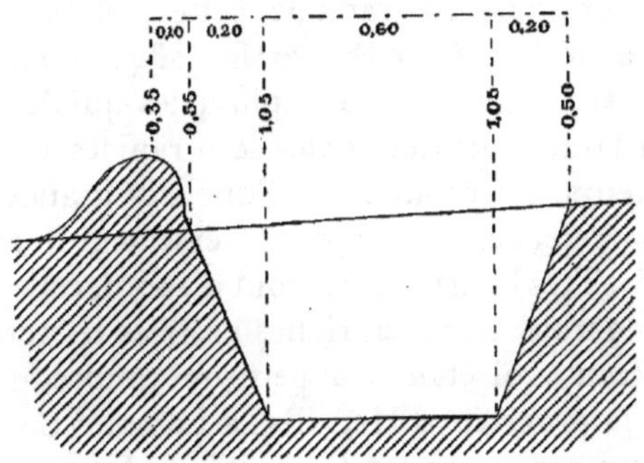

Fig. 333. — Profil d'une rigole à eaux pluviales.

Nous considérerons comme application des eaux pluviales les cas de prairies et de cultures arrosées sur des terrains en forte pente ou arides, et ceux de terrains incultes, en friche ou en gravier.

Prairies. — D'ancienne date déjà, des irrigations en prolongement des pluies ont été installées avec succès, par M. Mathieu, sur de vastes prairies dans des terrains très inclinés du lias, aux environs de Clamecy (Nièvre). L'ingénieur en chef, de Saint-Venant, auquel on doit d'avoir montré (1) que c'était là un puissant moyen de diminuer les inondations, a exécuté également près de Vendôme, un système de rigoles de niveau, à

(1) *Mémoires sur la dérivation des eaux pluviales*, etc., 1856.

faible pente, placées à des distances variables et destinées à recueillir au loin les eaux des terres cultivées venant des niveaux supérieurs, pour les déverser sur les prairies. Les champs étant divisés en zones de niveaux différents, depuis le sommet des pentes, les eaux pluviales et superficielles sont retenues à chaque étage au profit de la culture.

La terre de Saint-Pierre-du-Mont, dans le Nivernais, offre un exemple en grand de cette installation dont le croquis a été donné par Pareto (fig. 334); *a a a* désignent des rigoles de niveau à eaux pluviales qui déversent par leur bord inférieur. Les pentes sont rapides, et il n'y a pas de colateurs. Le profil exact d'une des grandes rigoles, avec bourrelet régulateur du déversement a été indiqué (fig. 333). Très bien exécutés tout d'abord, ces travaux ont permis de transformer en riches prairies les terres sèches d'un coteau, qui étaient à peu près improductives (1).

Dans la propriété d'Hervilly, à Lamotte-Beuvron (Sologne), un pré entier est humecté par les eaux pluviales d'après ce système auquel on ne peut reprocher, à cause de la forte pente des terrains, les mêmes défauts que ceux attribués aux irrigations par infiltration ordinaire.

Un exemple remarquable de ce qui peut être obtenu à l'aide des eaux de ravin, a été plusieurs fois cité (2) : celui réalisé par Hauducœur, maire de Bures, près d'Orsay (Seine-et-Oise). Sur un terrain de 6 hectares en pente très rapide et en friche, fournissant un très maigre pâturage, que l'on ne pouvait labourer parce qu'il était trop graveleux, ni fumer à cause de la mauvaise qualité du sol et de l'entraînement de l'engrais par les pluies, Hauducœur, grâce aux rigoles en pente

(1) Pareto, *loc. cit.*, t. I, p. 173, et t. III, p. 1033.
(2) Polonceau. *Des eaux relativement à l'agriculture*, p. 157.

douce, traversant horizontalement le terrain, l'a converti en excellentes prairies qui, sans être fumées, donnent d'abondantes récoltes de bonne qualité.

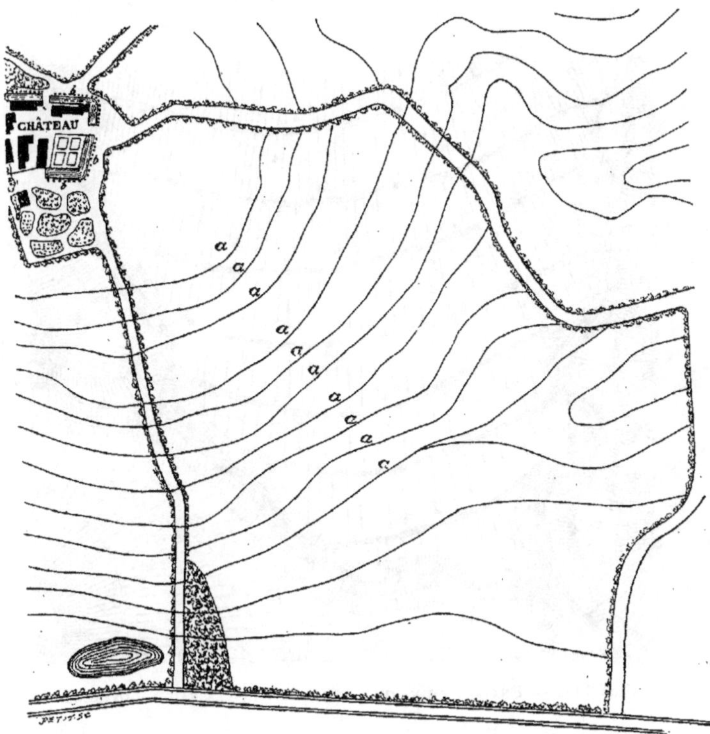

FIG. 334. — IRRIGATIONS PAR RIGOLES A EAUX PLUVIALES, A SAINT-PIERRE-DU-MONT (NIVERNAIS).

Le terrain (fig. 335), bombé dans son milieu, est bordé à droite et à gauche de deux ravins à pente forte et à cascades, où les eaux arrivent en abondance, avec une grande vitesse, à la suite des pluies. Le lit de ces ravins a été partagé en plusieurs sections égales par des barrages formés de deux ou trois rangées de grosses pierres avec enrochements. Sur le bord des bassins formés ainsi par les barrages du ravin de droite, une tranchée a été

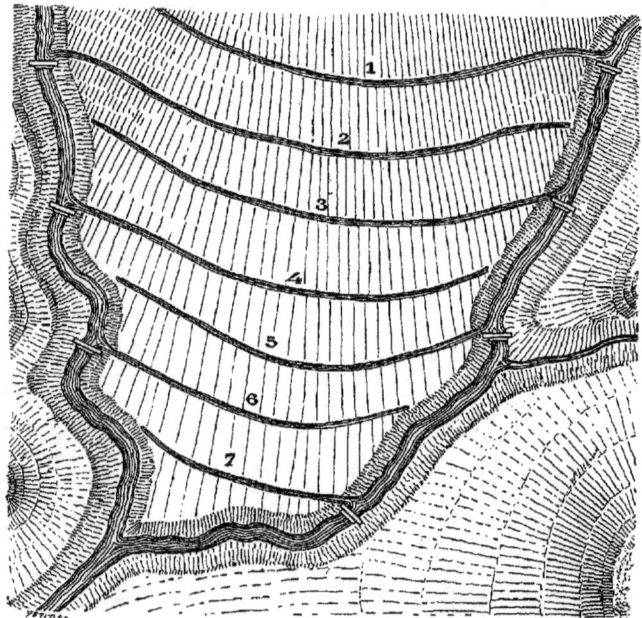

Fig. 335. — Prairie en ravin, irriguée par les eaux pluviales.

ouverte, plus basse que le sommet des barrages, et à la suite de la tranchée, une large rigole horizontale.

Quatre rigoles 1, 3, 5 et 7 ont été dérivées de même du ravin de droite, et trois rigoles, 2, 4 et 6 du ravin de gauche. Lorsque les crues arrivent, les eaux entrent dans la première retenue de droite pour gagner la rigole 1, et dans la première retenue de gauche pour gagner la rigole 2; elles remplissent ces rigoles, passent par dessus les premiers barrages pour arriver aux seconds barrages et s'écouler dans les rigoles 3 et 5, et ainsi de suite.

Le trop-plein des rigoles de droite peut déborder dans celles de gauche, et vice versa, au moyen de rigoles de communication, lorsque l'un des ravins donne beaucoup plus d'eau que l'autre. Il est également facile, au cas où l'eau est en excès, de pratiquer des petites saignées dans le bord des rigoles pour obtenir des déversements sur les zones intermédiaires, de façon à réunir l'effet du déversement à celui de l'infiltration.

Un autre terrain de 12 hectares, en pente forte et en friche, formant le flanc d'un ravin et ne donnant qu'une maigre pâture à moutons, a été transformé en une prairie excellente par Belan, neveu de Hauducœur, moyennant l'établissement de trois rigoles horizontales captant les eaux pluviales du plateau supérieur (1).

Cultures sur labour. — Le même système a été encore appliqué par M. Le Play, dans son exploitation de Ligoure où les champs ont été délimités, suivant le niveau, en différentes zones consacrées par l'assolement à des cultures différentes. Les rigoles y recueillent les eaux pluviales en excès pour les conduire, avec celles des sources, aux prairies (2).

Chaque rigole, d'après l'emplacement approximatif qu'elle doit occuper dans le réseau, est nivelée en plaçant les jalons nécessaires tous les 20 mètres; puis on laboure la bande sur 1 mètre de largeur, en se guidant sur le cordeau qui relie les piquets. Les terres remuées par la charrue sont mises en remblai et forment la banquette que l'on tasse et que l'on gazonne. Dimensions

(1) Polonceau, *Note sur les débordements des fleuves*, etc., 1847; note, p. 37.

(2) Voir tome I, liv. IV, *Limons et eaux de drainage*, p. 358,

et espacement des rigoles sont subordonnés au volume d'eau et à la pente du terrain. L'espacement toutefois, pour ne pas entraver les labours, doit être maintenu entre 70 et 150 mètres; quant à la pente, elle est comprise entre 0m,003 et 0m,002, pour éviter d'une part l'ensablement, et d'autre part, le ravinement. Une pente intermédiaire de 0m,008 à 0m,010 convient aux terres labourées.

Pour une largeur de 2 mètres sur 0m,30 de profondeur, y compris 0m,15 de banquette, les rigoles à sec peuvent servir de chemins de transport entre deux champs limitrophes.

Dans la propriété de Ligoure, les champs en culture offrent les pentes indiquées (tableau XV) par rapport aux rigoles 1 à 4 qui desservent la prairie du Grand-Pré, et la rigole 5 qui alimente un ancien pacage.

Tableau XV. — *Rapport des pentes des rigoles et des champs irrigués* (domaine de Ligoure).

Rigoles.	Désignation du champ.	Superficie du champ.	Pente par mètre du champ.	Pente par mètre de la rigole.	CULTURES EN 1874.
		hectares	m.	m.	
N° 1.	Baudeau, n° 1.	2.00	0.04	0.01	Betteraves fumées, suivies de froment.
N° 2.	— n° 2.	2.00	0.10	0.02	Maïs fourrage fumé, suivi de froment.
N° 3.	Meniéras, n° 1.	0.25	0.03	0.09	Pommes de terre fumées, suivies d'avoine.
N° 4.	Grande-Touille.	4.00	0.10	0.05	Trèfle sur froment.
N° 5.	Pazat.	8.00	0.06	0.01	Froment sur parties de terre fumées.

L'application de Ligoure indique nettement ce que l'on pourrait retirer dans beaucoup de districts, pour les prairies et les cultures arrosables, des eaux d'égouttement, chargées de limon plus ou moins riche.

Atténuation des crues. — Parmi les moyens que Polonceau (1) a proposés et défendus avec beaucoup de compétence et de fermeté, dans le but de diminuer le volume des crues et de rendre plus facile et moins dispendieux le maintien des grandes eaux, le premier s'applique à tous les terrains en pente prononcée, qui dominent et bordent les gorges, les vallons des montagnes et les parties supérieures des vallées. C'est celui qui « consiste à creuser sur toutes les pentes, des fossés horizontaux, larges et profonds, fermés à leurs extrémités, pour recevoir et retenir les eaux pluviales à leur point de départ, et les empêcher de descendre rapidement sur ces pentes, comme elles le font dans l'état naturel. Les eaux retenues dans ces fossés étagés les uns au-dessus des autres, à des distances qui seront déterminées pour chaque localité, ne pourront descendre aux vallons que très lentement, après s'être infiltrées dans le sol; elles n'arriveront donc aux grandes vallées que fort longtemps après la chute des pluies. Les fossés pourront avoir généralement 1 m. de largeur moyenne sur $0^{m},50$ de profondeur, et contiendront par conséquent un demi-mètre cube d'eau par mètre courant. » La figure 336 indique le profil de l'un de ces fossés.

Outre que ces fossés diminuent la vitesse de descente des eaux au passage de chaque gradin; qu'ils maintiennent l'humidité nécessaire sur les terrains arides; qu'ils les enrichissent par les vases et les limons, autrement perdus pour eux; et qu'ils contri-

(1) *Loc. cit.*, p. 15.

buent à augmenter le produit des sources, ils peuvent être établis dans tous les terrains, quelle que soit la nature de leur culture, même quand ils sont en labour, en empêchant les eaux d'entraîner les terres que la charrue a mobilisées.

L'exécution de ces fossés consiste en terrassements simples et faciles à exécuter; elle n'exige aucun travail d'art, parce que lorsqu'en les creusant on rencontre un obstacle quelconque, ruisseau, chemin, ou rocher, on n'a qu'à les interrompre, pour les reprendre du côté opposé.

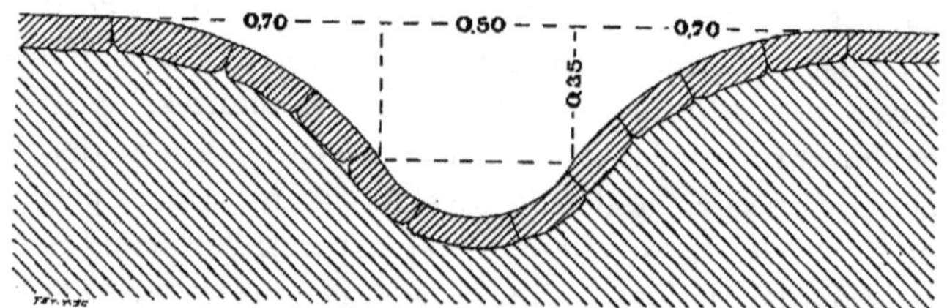

Fig. 336. — Profil du fossé Polonceau pour capter les eaux de surface.

Dans le calcul que Polonceau a présenté des dépenses auxquelles entraînerait l'application de son système de rigoles dans le bassin de la Saône, compris entre la chaîne du Jura et celle des Vosges, il évalue à 2 millions d'hectares les terrains en pente prononcée sur lesquels on pourrait l'établir. En supposant les rigoles espacées de 66^{m},66 au maximum, pour une surface de 100 hectares, il y aura 15 rigoles de 1,000 mètres chacune, offrant ensemble 15,000 mètres de longueur, soit à raison d'un demi-mètre cube d'eau par mètre courant, 7,500 mètres cubes, et comme dans 2 millions d'hectares, il y a 20,000 fois 100 hectares, la surface totale des terrains en pente du bassin pourra, au moyen des rigoles, retenir 150 millions de mètres cubes. Sur base du prix le plus élevé de 20 centimes par mètre courant de rigoles, la dépense s'élèverait au maximum à 30 francs par hectare pour retenir 75 mètres cubes de chaque crue.

Bois et forêts. — Dans les montagnes des Cévennes plantées de châtaigniers, les fossés de niveau sont utilisés depuis longtemps pour recevoir les eaux météoriques et les diriger vers les ravins. Les *valats,* comme on appelle ces tranchées, creusés de distance en distance, écoulent les eaux, qui à droite, qui à gauche, sur les croupes des montagnes, sans leur laisser creuser des sillons profonds, jusque dans les ravins où elles sont retenues par des *rascassas*, ou pierrées formant barrage. Dans ces sortes de réservoirs primitifs, les eaux déposent la terre qu'elles charrient et servent à l'arrosage des étages boisés ou en prairie. Il suffit, pour que le système fonctionne, d'entretenir les *valats* nettoyés (1). Celui des *guadague,* usité en Toscane, dont nous avons fait mention en traitant du limonage, remplit le même but.

Les résultats constatés pendant plusieurs années par Chevandier, dans les vastes forêts de Cirey (Vosges), dont 700 hectares faisaient partie de son exploitation agricole, ont démontré, dans des circonstances identiques de sol et de climat, l'influence des eaux sur la végétation des diverses essences, sapins, chênes et hêtres. Ainsi, pour des sapins d'un âge variant entre 80 et 100 ans, l'accroissement moyen annuel en bois sec, a été :

	kil.
Dans les terrains fangeux de..................	1.80
Dans les terrains secs de.....................	3.40

(1) Chaptal, *Mém. de la Soc. centr. d'agriculture, sur la manière de fertiliser les Cévennes.*

Dans les terrains humectés par les eaux pluviales de 8.20
Dans les terrains arrosés par les eaux courantes de 11.60

Les observations faites sur les chênes et les hêtres ont confirmé celles constatées pour les sapins.

D'après ces données, Chevandier a appliqué et décrit (1) une méthode peu coûteuse pour utiliser les eaux pluviales en forêt, en s'opposant à leur écoulement sur les pentes rapides. Elle consiste à établir des séries de larges fossés sans issue, qui arrosent par infiltration les surfaces boisées. Ces fossés tracés à niveau parfait partagent les versants en zones de 12 à 15 mètres de largeur. Au prix de 0 fr. 07 par mètre courant, ils représentent une dépense moyenne de 40 francs par hectare, largement compensée par l'accroissement du bois. Toute l'eau qui s'écoule de l'une des zones dans les fossés qui drainent, profite à la zone suivante, de manière à répartir uniformément l'humidité sur les versants.

Les forêts renfermant souvent des sources, ou des ruisseaux utilisables pour l'irrigation, on peut toujours, à l'aide de rigoles horizontales, ou en pente très douce, mais alors tracées en écharpe, recueillir leurs eaux ainsi que celles des pluies, pour les faire infiltrer sur les parties plus rapides, généralement moins boisées, et qui en ont le plus besoin. On parvient de la sorte, non seulement à assainir les forêts, à préparer les reboisements, mais encore à améliorer le régime des eaux, des vallées inférieures.

C'est surtout pour retenir les eaux et les empêcher de laver le terrain, dans le cas de semis et de jeunes

(1) *Recherches sur l'influence de l'eau*, etc.; *Annales forestières*, t. III, pp. 490 et 705.

plants auxquels il faut conserver l'humidité suffisante, que l'aménagement des eaux pluviales par des fossés horizontaux, larges, profonds et en gradins, ou par des réservoirs dans les gorges, ou les plis du terrain, donne des résultats satisfaisants.

c. — CONDUITES SOUTERRAINES.

L'irrigation par conduites souterraines est appliquée de longue date à des cultures spéciales, ou pour utiliser certaines eaux fertilisantes, dans des cas particuliers. Lorsque le volume d'eau dont on dispose est faible, que le sol est trop perméable, que l'on veut économiser le terrain consacré aux rigoles à ciel ouvert et les frais de leur entretien, que l'eau coûte cher, ou qu'elle est chargée de principes fertilisants, on emploie cette méthode avec quelque succès, mais seulement pour des cultures très lucratives. En général, la dépense considérable qu'exigent l'installation et l'entretien des conduites souterraines a fait renoncer au mode d'infiltration par le sous-sol.

Le drainage dont la pratique s'est étendue à beaucoup de pays, a permis de reprendre, dans des conditions déterminées, l'emploi de la méthode, en utilisant les drains. Les eaux provenant de l'égouttement du sol ou des prairies irriguées ont été mises ainsi à profit pour arroser d'autres surfaces par humectation, et même par déversement.

Nous nous proposons d'examiner sommairement quelques-unes des applications des conduites souterraines.

Dès le commencement du siècle, Fellemberg avait fait établir dans ses établissements agricoles à Hofwyl, près de Berne, des irrigations par conduites souterraines, pour humecter les prairies en temps sec, lorsque la terre spongieuse des marais se fendillait, ou tant que le gazon n'était pas encore assez feutré pour permettre l'arrosage superficiel. Les rigoles souterraines servaient à deux fins; à écouler les eaux comme des drains, ou à les retenir pour l'humectation; à cet effet, elles étaient coupées de place en place par un massif de glaise, traversé lui-même par un drain servant de communication et pouvant se fermer à l'aide d'un tampon mobile. Pour faire remonter l'eau, il suffisait de boucher au tampon le tuyau situé au-dessous de la place à humecter, et l'eau venant par la rigole, s'élevant jusqu'à niveau, s'introduisait par infiltration dans le sol. Les savants rapporteurs de l'exploitation d'Hofwyl regardaient cette méthode d'irrigation, dès 1810, comme trop dispendieuse et ne présentant pas de grands avantages (1). Les parties fertilisantes que l'eau charrie sont précipitées et perdues; dans les terres argileuses, l'effet est presque nul, et dans les terres légères également.

Chadwick, secrétaire du premier *Board of Health* (conseil général de salubrité), reprit en 1839 l'idée de Fellemberg et préconisa l'arrosage des prairies par infiltration, à l'aide de tuyaux de poterie où circuleraient les liquides des égouts et des vidanges, dans le but de fertiliser la couche inférieure du sol arable. Mais cette idée ne tarda pas à dévier en système d'aspersion, par suite des efforts de Smith, de Deanston, membre influent du même *Board of Health.* Smith proposait en effet « d'arroser à l'aide de tuyaux ajustés bout à bout « et munis d'une lance à l'extrémité, sous une pression « de 40 mètres de hauteur, partout où l'irrigation par « les moyens ordinaires ne pourrait pas s'établir (2). »

(1) *Rapport à Son Exc. le Landamman et à la diète des Cantons suisses sur les établissements agricoles Fellemberg, à Hofwyl*, par Heer, Crud, Meyer, Tobler et Hunkeler, Paris-Genève, in-8°, 1808.

(2) A. Ronna, *De l'utilisation des eaux d'égout en Angleterre*, 1866, p. 65.

Nous mentionnons plus loin le système tubulaire devenu un moment l'objet d'une vogue très grande pour la distribution sur le sol des engrais liquides.

L'ingénieur Duponchel, favorable à l'irrigation souterraine qui tend à soulever la terre pour l'aérer, au lieu de la tasser comme font les arrosements superficiels, a appliqué en 1851, à l'esplanade de Montpellier, un système consistant en une conduite étanche formée de tuyaux de poterie de $0^m,08$ de diamètre, posée à 1 mètre de profondeur dans le sol et parallèlement à chaque rangée d'arbres. En face de chaque arbre part un branchement de $1^m,50$ de longueur, allant jusqu'aux racines et simplement bouché par un tampon en terre cuite, qui laisse un vide annulaire par lequel l'eau peut s'échapper. Des robinets d'arrêt de $0^m,06$ de diamètre divisent la conduite en cinq tronçons de 100 mètres de longueur, rachetant ensemble une pente de 3 mètres. Un robinet spécial permet la vidange du dernier tronçon. La manœuvre consiste à ouvrir successivement chaque robinet, après que les arbres du tronçon ont été suffisamment humectés, et finalement le robinet de vidange (1).

Seppage en Californie. —En Californie, à cause de la grande perméabilité du sol et du prix élevé de l'eau, la plupart des vignes et des vergers occupant de grandes surfaces sont irriguées à l'aide de conduites souterraines. Cette méthode a même reçu le nom spécial de *seppage*.

Clay signale dans son rapport à la Commission anglaise d'enquête sur l'agriculture (2), une vigne de 120 hectares, située à Daviesville, près de Sacramento, où le procédé du *seppage* est installé en grand. Comme

(1) *Annales des ponts et chaussées*, t. XIII, 1857.

(2) *Royal Commission on agricultural interests*, 1881 ; *Reports of the assistant commissioners*, p. 819.

l'eau ne pouvait pas être amenée par des canaux jusqu'au vignoble, sans entraîner des frais énormes, une machine à vapeur fut placée sur les bords du cours d'eau pour mouvoir une pompe qui élève l'eau à raison de 120 hectolitres par minute, dans un réservoir d'où elle est conduite par des tuyaux en ciment. De ces tuyaux de $0^m,20$ de diamètre partent parallèlement de plus petits drains, à la distance de 5 mètres les uns des autres. Sur les drains sont disposés, tous les 5 mètres, des orifices qui laissent échapper l'eau. Les conduites sont enfoncées à $0^m,60$ dans le sol, et comme la pente a été bien exactement calculée, l'infiltration s'effectue uniformément. Clay observe cependant que les points extrêmes, faute de bouches de dimensions suffisantes, ne sont pas aussi complètement arrosés, et que les vignes n'y sont pas aussi luxuriantes.

Le prix de l'installation, machine, réservoir et tuyaux compris, a été de 850 francs par hectare pour les 40 premiers hectares, et s'est abaissé à 500 francs pour le reste du vignoble. Dans une contrée où le raisin a un débit inusité, une dépense pareille est tout à fait justifiée par les bénéfices de la production.

O'Meara a également exposé le système employé à los Angeles, en Californie, par M. Hamilton, pour l'arrosage des orangers (1).

Les tuyaux en ciment de Portland sont placés à une profondeur de 50 à 60 centimètres au-dessous de la surface, parallèlement aux rangées d'arbres. En face de chaque arbre, le tuyau est pourvu d'une bonde à orifice conique de 6 à 9 millimètres de diamètre, à travers laquelle l'eau trouve une issue. Chaque bonde est enveloppée par un tuyau vertical s'adaptant libre-

(1) *Loc. cit.*; *Bullet. Minist. agric.*, 1885.

ment à la partie supérieure de la conduite principale et débouchant à la surface. Ce tuyau vertical protège la bonde et permet l'inspection de l'orifice. Quant aux tuyaux de distribution, ils communiquent avec le réservoir par des robinets que l'on ouvre, ou que l'on ferme, suivant les nécessités de l'arrosement. L'eau ne remontant pas jusqu'à la surface, s'infiltre jusqu'aux racines, sans qu'il se forme de croûte au soleil et que l'évaporation fasse subir de trop grandes pertes d'eau.

La dépense est évaluée en moyenne à 500 francs par hectare. Les tuyaux s'installent au moyen d'une machine très simple qui permet à trois hommes de mettre en place 500 mètres par jour.

De Savignon complète cette description en indiquant que pour l'irrigation des vergers et des vignes en Californie, les tuyaux ont $0^m,10$ de diamètre et sont placés à $0^m,80$ de profondeur. Les regards établis de distance en distance, peuvent être ouverts ou fermés à volonté, moyennant un obturateur garni d'une tige qui dépasse le sol et règle l'écoulement (1).

V. LES IRRIGATIONS PAR ASPERSION.

La méthode par aspersion est celle que pratique surtout la culture jardinière; c'est l'irrigation horticole par excellence.

La submersion est peu employée en horticulture; car beaucoup de plantes potagères ne supportent pas que leur pied trempe dans l'eau d'arrosage, même si elle est claire. Quant à l'eau trouble, particulièrement l'eau argileuse, elle est nuisible à toutes les cultures sur planches;

(1) *Bull. Min. agric.*, 1882.

c'est pour ce motif que l'on a recours à l'arrosage sur billons.

Outre que l'infiltration exige des quantités d'eau qu'il serait impossible de distribuer aux végétaux sans établir des canaux et des rigoles, elle ne permet pas, comme l'aspersion, de mouiller les tiges et les feuilles, et de rendre aux plantes, après les longues journées de soleil, la vigueur qui convient à leur végétation et assure leur maturité.

D'ailleurs, les avantages précieux dont sont dotées certaines localités, sous le rapport des eaux vives ou des canaux, ne se rencontrent pas dans tous les terrains consacrés au jardinage; l'aspersion s'impose alors, soit comme arrosage à bras, soit comme arrosage par tonneaux, ou par tuyaux.

Arrosage à bras. — L'arrosage à bras s'opère à l'écope, ou à l'arrosoir. Dans l'un et l'autre cas, il est indispensable que les rigoles transportent l'eau à portée du jardinier, pour lui éviter des parcours et une fatigue inutiles, en plus du travail opiniâtre auquel il doit se livrer. Ces rigoles sont souvent revêtues en maçonnerie, en ciment, ou simplement en terre glaise battue. Dans les parties qui n'ont pas besoin d'arrosage, les rigoles sont remplacées par des conduits de briques, rectangulaires ou triangulaires, qui peuvent être dirigés en ligne droite à travers le terrain, dans le but d'alimenter les bassins et les tonneaux où le jardinier plonge ses arrosoirs.

Les arrosoirs sont de formes différentes (fig. 337); ceux qui conviennent spécialement à la culture maraîchère ont une gerbe large, percée de trous assez grands pour laisser échapper l'eau sous forme de grosse pluie. Les arrosoirs à côtés plats sont en raison de leur forme plus faciles à transporter que les arrosoirs cylindriques, ou à ventre arrondi. La disposition de l'anse rend à poids égal leur charge plus légère. Avec les arrosoirs anglais, la forme aplatie et la position horizontale de la gerbe permettent de régler mieux la distribution pour les végétaux en pleine terre

D'après Ysabeau (1), les maraîchers des environs de Paris arrosent le sol calcaire qu'ils exploitent, à raison de 3 arrosoirs de 12 litres de contenance par mètre carré; mais certaines cultures exigent bien au delà de 36 hectolitres par are.

FIG. 337. — ARROSOIRS CYLINDRIQUE ET PLAT, A ANSE.

Dans les localités où il n'est pas possible d'avoir des rigoles à eau courante pour l'arrosage; où l'installation de conduites spéciales avec cuves en pierre, assez rapprochées, recevant l'eau à l'aide de robinets, est trop dispendieuse, on a recours à une installation plus primitive, adoptée d'ancienne date par les maraîchers parisiens. Cette installation consiste en tonneaux cerclés en fer, goudronnés et enterrés le long des plates-bandes, qui dépassent de $0^m,20$ la surface du sol. Les tonneaux communiquent entre eux par un conduit continu qui règne le long de chaque rangée. Chaque tonneau est relié,

(1) *Maison rustique du XIXe siècle*, t. V, p. 16.

séparément avec ce conduit, au moyen d'un tuyau en grès avec ajutage. L'eau puisée en A par un manège ou manivelle (1), est versée dans le premier tonneau B, et de là circule dans le conduit qui permet d'emplir à volonté le nombre de tonneaux en rapport avec les besoins du service (fig. 338). Chaque tonneau muni de sa cannelle, est disposé dans une cavité carrée que recouvre une planche mobile (voir le détail fig. 338).

Des bassins en ciment, à l'épreuve de la gelée, remplacent avantageusement les tonneaux; leur bord dépasse le sol de $0^{m},50$.

Écope. — L'écope ou la pelle allongée, est l'instrument usité dans quelques localités pour l'aspersion des légumes. C'est avec une véritable dextérité que, dans les hortillonnages d'Amiens, les jardiniers enlèvent l'eau avec leur pelle à long manche, et la font retomber sous forme de pluie sur les planches de leurs potagers.

L'hortillonnage de la vallée de la Somme qui occupe plus de 100 hectares, en amont et en aval d'Amiens et des communes voisines, est basé sur l'exploitation des marais tourbeux ou *aires,* depuis la plus haute antiquité. Ces *aires* sont séparées les unes des autres par des canaux qui servent à la fois de rigoles d'arrosage, de clôtures et de voies de communication pour les bateaux-pirogues qui portent les mannes de légumes à la ville. Les canaux de 2 m. de largeur s'étendent d'un bras à l'autre de la Somme; quant aux aires, d'une longueur indéterminée, elles ont une largeur de 3 ou 4 mètres au plus, c'est-à-dire la largeur que l'on peut arroser au moyen d'une pelle, ou d'une écope, en puisant l'eau dans le canal.

Avant de donner les premiers labours au mois de

(1) Voir tome I, liv. VI, p. 555.

mars, on cure les canaux où se jettent tous les déchets de légumes pour qu'ils s'y décomposent, et avec les

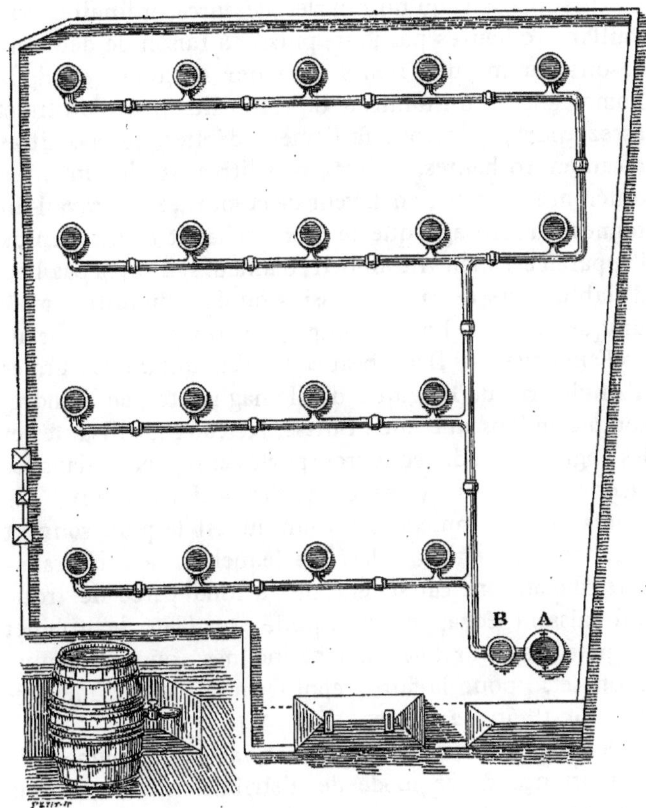

FIG. 338. — INSTALLATION DES MARAICHERS DE PARIS POUR L'ARROSAGE A BRAS.

vases on recharge les aires, ou on redresse les berges.

Arrosage au tonneau et à la pompe. — L'arrosage à bras est absolument impraticable sur un terrain d'une grande étendue, exigeant une grande masse d'eau souvent renouvelée. Dans ce cas, le tonneau substitué à l'arrosoir et à l'écope peut rendre de grands services.

En supposant qu'un ouvrier de force ordinaire, travaillant 10 heures par jour, puisse, à raison de deux arrosoirs par minute, remplir et vider 14,400 litres; deux hommes avec un tonneau de 1,200 litres, sur un trajet assez court, pourront facilement débiter 48,000 litres d'eau en 10 heures, soit 24,000 litres par homme. La différence est telle, en faveur de la journée de travail du tonneau d'arrosage, que le prix d'achat et d'entretien de l'appareil est bien vite amorti; d'ailleurs, il n'y a pas lieu d'établir dans ce cas des bassins ou des conduites, mais uniquement une bonne pompe pour remplir le tonneau.

Tonneaux. — Dans beaucoup d'exploitations rurales d'Angleterre, de Belgique, d'Allemagne, etc.; en Flandre, comme en Toscane et en Suisse, les eaux fertilisantes et les engrais liquides sont transportés et répandus dans les champs par des tonneaux attelés à des chevaux, des bœufs ou des mulets. Le tonneau est le plus souvent posé sur un chariot derrière lequel on a mis transversalement une caisse en bois, à fond percé de trous qui laissent échapper le liquide; ou bien, le robinet projette l'eau sur une planche inclinée, ou un champignon, etc., pour la faire rejaillir en pluie sur une largeur de $1^{m},50$ à 2 mètres.

Des dispositions nombreuses et variées témoignent de l'importance de ce mode de distribution. Nous nous contenterons d'indiquer, parmi les types de tonneaux usités en Angleterre, celui de Coleman et Morton, avec pompe et distributeur annexes (fig. 339), dont le cube varie de 400 à 1,000 lit.; et celui employé par Vidalin (1)

(1) *Journ. agric. prat.*, 1858, t. I, p. 342.

pour l'arrosage direct à l'aide des liquides de vidange (fig. 340); il est muni de son entonnoir, d'une vanne pour

Fig. 339. — Tonneau arroseur avec pompe (Coleman et Morton).

Fig. 340. — Tonneau arroseur, système Vidalin.

la sortie, d'un levier régulateur et d'une planche servant à la dispersion du liquide. Le cintrage de l'essieu permet d'abaisser le centre de gravité, d'augmenter la stabilité, et de pouvoir gravir les pentes en pays de montagnes. La contenance est d'environ 600 litres. Le tonneau de Carbonnier-Pauchet (Oise), connu sous le nom de pneumatique-arroseur, est construit en forte tôle, et le système d'arrosage laisse fort peu à désirer, quelle que soit la disposition du terrain, le liquide étant toujours très également répandu dans la largeur du train des roues (fig. 341).

Une des plus récentes innovations consiste dans la vi-

FIG. 341. — TONNEAU PNEUMATIQUE-ARROSEUR.

dange des tonneaux d'arrosage par le milieu. A cet effet, une cloison intérieure (fig. 342) s'étend dans le sens de la longueur, entre la circonférence et le centre du tonneau où elle se recourbe. La première moitié du contenu se vide naturellement vers le centre, tandis que pour vider l'autre moitié, on fait tourner le tonneau cylindrique à l'aide d'un pignon qui engrène avec un segment denté extérieur. En outre, le tonneau étant suspendu très bas sur le châssis en fer, acquiert une stabilité qui permet de monter les côtes. Le tonneau Reeves, établi d'après cette innovation, a mérité le prix dans les épreuves du concours de Bedford, en 1874 : sa contenance est de 450 litres (1).

Pompes. — Les pompes d'arrosage avec réservoir, montées sur brouette, ou sur chariot, appartiennent à de nombreux types que nous n'avons pas l'intention de décrire. Les pompes Noël offrent une grande solidité, en même temps qu'elles sont très simples ; dans le type (fig. 343) le rendement à l'heure varie entre 9,000 et 12,000 litres ;

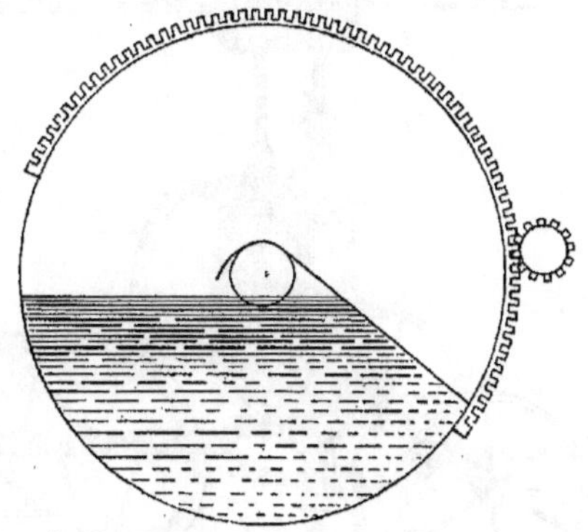

FIG. 342. — CROQUIS DU TONNEAU REEVES, VU EN COUPE.

l'aspiration s'opère à l'aide de tuyaux en caoutchouc à spirale (2). Les pompes Samain (fig. 344) à système rotatif, montées sur brouette en fer à une seule roue, pour des contenances de 2,000 à 3,000 litres, et sur brouette en bois, jusqu'à 9,000 litres, rendent également de bons services. La pompe Beaume, spéciale pour l'arrosage, donne un rendement à l'heure de 2,500 litres, avec une projection de 17 mètres horizontalement, ou de 12 mètres en hauteur.

(1) *Journ. Roy. Agric. Soc. of England.*, vol. X, 1874, p. 675.

(2) Les pompes Noël à large débit, dites à quadruple effet, ont été représentées fig. 143, 144 et 145, tome I, livre VI.

Nous n'aborderons pas les détails de ces appareils, pas plus que des lances, des batteries arroseuses sur roulettes, ou sur supports, etc., qui sont d'un usage journalier pour l'arrosage des pelouses, des espaliers et des plates-bandes, et nous nous contenterons d'indiquer quelques résultats des essais d'épandage des engrais liquides et des eaux d'égout dans les fermes.

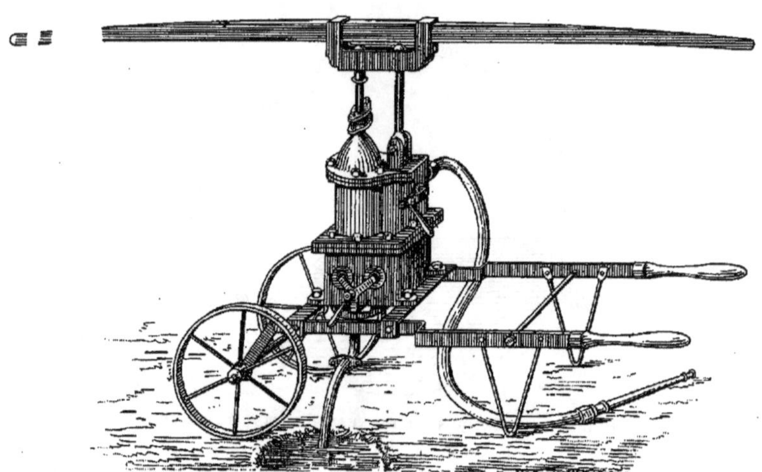

FIG. 343. — POMPE D'ARROSAGE NOËL.

Système tubulaire — L'irrigation par aspersion a reçu en agriculture un développement inusité, mais de peu de durée, quoiqu'il ait causé beaucoup de ruines, à la suite des efforts tentés en Angleterre pour introduire le système tubulaire, dit de Kennedy. Ce système consistait dans la distribution des engrais liquides, des eaux des égouts et des vidanges des villes, à l'aide de jets fonctionnant par des tubes flexibles, armés de lances et recevant les liquides de réservoirs supérieurs dans lesquels ils étaient envoyés au moyen de machines.

Dès 1842, Henry Thimpson, de Clitheroe, substituait au système d'épandage par chariot, préconisé par le *Board of Health,* une conduite flexible qui pouvait avoir 750 m. de longueur, formée de bouts de tuyaux en toile, ayant chacun 27 mètres, que l'on ajustait les uns à la

FIG. 344. — POMPE ROTATIVE SUR BROUETTE, SYSTÈME SAMAIN.

suite des autres, selon les besoins. Peu de temps après, Harvey, de Glasgow, cédant aux instances de Smith de Deanston, installait sur les terres de sa ferme un système tubulaire, en partie souterrain, en partie mobile à la surface, pour utiliser les vinasses de sa distillerie et les purins de sa vacherie. Vers 1848, ce fut le tour d'un agriculteur éminent, Huxtable, de Sulton-Waldron, d'introduire sur l'une de ses terres le transport souterrain au moyen de tuyaux en poterie, et la projection à la lance des engrais liquides. En 1849 seulement, à l'instigation de Chadwick, s'établit à Myer-Mill, dans l'Ayrshire, par les soins du fermier F. W. Kennedy, le système complet qui a conservé son nom (1).

Dès lors, de nombreuses exploitations rurales appartenant aux agronomes les plus renommés : marquis d'Ailsa, duc d'Argyle, lord Stratalhan, Mechi, lord Essex, duc de Sutherland, lord Grey, Telfer, Littledale, Neilson, etc., appliquèrent le système Kennedy sous toutes ses formes. Les municipalités de Fulham (Londres), de Rusholme (Manchester), Watford, Alnwick, Rugby, Lochend (Édimbourg), ne tardèrent pas à généraliser le procédé pour utiliser le débit des égouts dont les eaux fertilisantes se trouvaient plus ou moins désinfectées par l'épandage sur le sol. En 1857, une trentaine de fermes étaient arrosées par aspersion tant en Angleterre qu'en Écosse.

En France, après quelques applications, bientôt abandonnées dans l'Orne, le Pas-de-Calais, etc., le système tubulaire fut essayé sur la ferme de Vaujours, en 1857, par Moll, pour l'épandage des liquides de vidanges de Paris. Malgré la subvention et les marques d'intérêt données à cet essai par la Ville de Paris et par le ministre de l'agriculture, la Société de Vaujours dut se liquider quelques années plus tard, après avoir dépensé un capital de plus de 200,000 francs en tentatives infructueuses, sur environ 90 hectares (2).

Nous n'avons pas à retracer ici les causes de l'insuccès général du système tubulaire. Les dépenses d'installation et les frais de distribution et d'entretien, hors de toute proportion avec la plus-value que l'on devait attendre d'une irrigation absolument incomplète, sur

(1) Barral, *Irrigations; Engrais liquides*, etc., 1862, p. 502.

(2) A. Ronna, *loc. cit.*, p. 68.

de grandes surfaces, suffisent pour les expliquer. Autant l'engouement avait été vif pour le système, devenu l'objet de publications nombreuses, d'instructions détaillées et de comptes-rendus pleins de brillantes promesses, autant la déception fut profonde, dès qu'il fallut faire entrer en ligne de compte l'intérêt du capital dépensé et les frais d'aspersion. Partout où c'était possible, l'irrigation ordinaire fut reprise; ailleurs, on dut passer par profits et pertes les machines, les réservoirs, les pompes, les tuyaux et les lignes volantes.

Ferme de Rugby. — A Rugby, où les égouts débitent par jour environ 1,000 mètres cubes, correspondant à une population de 8,000 âmes, les tuyaux nécessaires à l'arrosage de 190 hectares de prairies furent posés sur 9 kilomètres de longueur, soit 47 mètres environ par hectare, dans la ferme Newbold-Grange, propriété de M. Walker, qu'exploitait M. Congreve. Ces tuyaux avaient $0^m,152$ de diamètre et leurs branchements $0^m,076$. Les robinets au nombre de 66, représentaient une prise pour 3 hectares; à chaque robinet se liait une conduite en gutta-percha de $0^m,070$ de diamètre et de 127 mètres de longueur, que complétaient deux lignes volantes de 90 mètres de longueur.

Cette installation (fig. 345) exécutée en 1853 d'après les prescriptions du *Board of Health,* avait coûté en tout 75,000 francs, ou 395 francs par hectare. M. Walker, le propriétaire concessionnaire des eaux, évaluait la dépense annuelle à 12,500 francs par an, dont la moitié pour la distribution seulement, en dehors de l'intérêt du capital de premier établissement.

Les mille mètres cubes par jour ne pouvant servir à arroser que 4 hectares, à raison de 250 mètres cubes par hectare, il fallait consacrer 47 jours à l'irrigation des 190 hectares, c'est-à-dire attendre 47 jours avant de

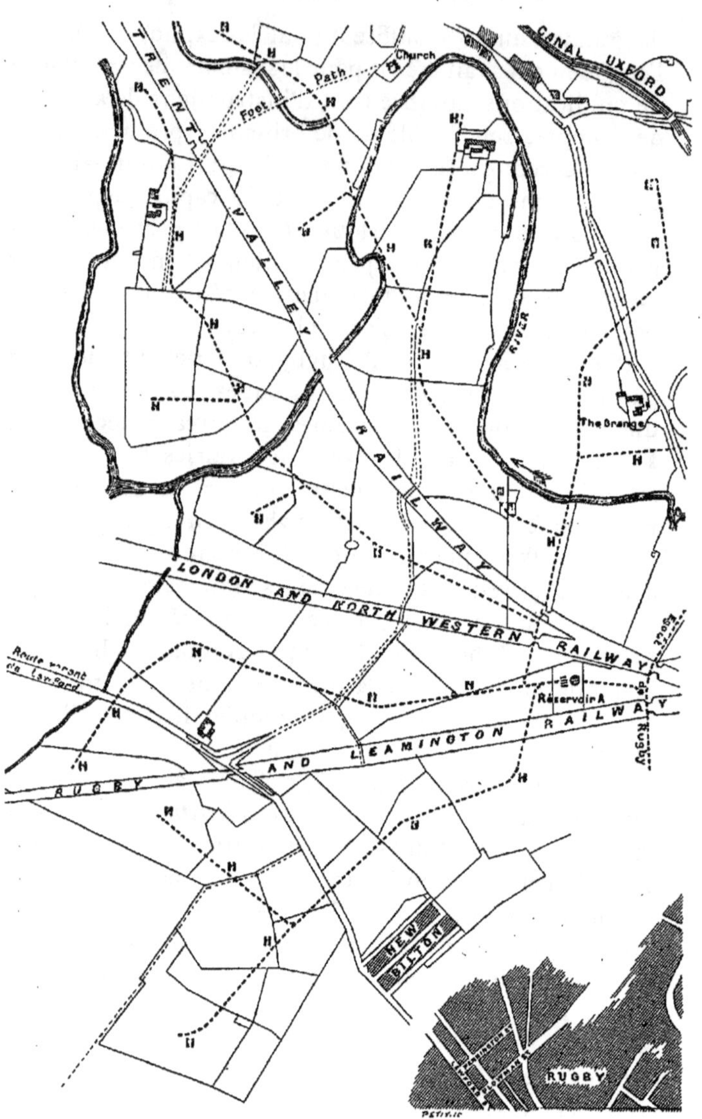

FIG. 345. — PLAN DE LA FERME DE RUGBY INSTALLÉE POUR LE SYSTÈME TUBULAIRE.

pouvoir répéter l'arrosage sur un hectare; le volume d'eau correspondant à peine à $0^m,02$ de pluie.

L'égout de Rugby avait été construit pour diriger les eaux dans la rivière Avon; mais à moins de pluies d'orage, ou d'un empêchement imprévu, il débouchait sur la ferme, dans un réservoir en briques, de $15^m,20$ de diamètre et de $1^m,66$ de profondeur. De ce réservoir, une machine à vapeur de 12 chevaux de force, faisant marcher une pompe ordinaire de $0^m,30$ de diamètre et $0^m,60$ de course, refoulait les eaux dans les tuyaux souterrains, à une élévation de beaucoup supérieure au niveau de la plus grande partie du terrain situé à 6 mètres de hauteur.

Les tuyaux en fonte, de $2^m,70$ de longueur et $0^m,076$ de diamètre intérieur, s'emboîtaient les uns dans les autres au moyen d'un renflement à l'une des extrémités. Des robinets permettaient de diriger sur telle ou telle branche l'eau qui jaillissait par les prises. A cet effet, un tuyau courbe partant de la conduite souterraine et formant chaque prise (A, fig. 346), était fermé, quand on n'arrosait pas, au moyen d'une soupape à boulet que la pression intérieure forçait à appuyer contre l'orifice extérieur, recouvert d'une plaque de fonte *c*, vissée avec des écrous. Quand on devait arroser, un tube flexible *a* était placé dans un collier *b* (B, fig. 346) sur une tubulure avec plaque de recouvrement *c'*, remplaçant celle en *c*, et destinée par son rebord à repousser le boulet de la soupape pour permettre à l'eau de jaillir.

Plus tard, on enleva ces soupapes sujettes à s'obstruer, et on laissa libres les orifices; les robinets n'étaient tournés qu'au moment de l'arrosage, et les pompes ne marchaient plus que sur un signal donné. Le tuyau flexible était alors simplement disposé sur une embouchure qu'on substituait au couvercle *c* (C, fig. 346).

Pour distribuer le liquide, on pouvait attacher au bout des 127 mètres de tuyaux de $0^m,070$ de diamètre, deux autres longueurs de 91 mètres chacune, formées de tuyaux de $0^m,038$ de diamètre. Des embrasses à écrou servaient à rabouter les tuyaux de $0^m,070$, divisés en longueurs de 18 mètres. Les tuyaux flexibles en toile durant trop peu de temps, on les remplaça par des tuyaux en gutta-percha plus résistants, sauf pendant

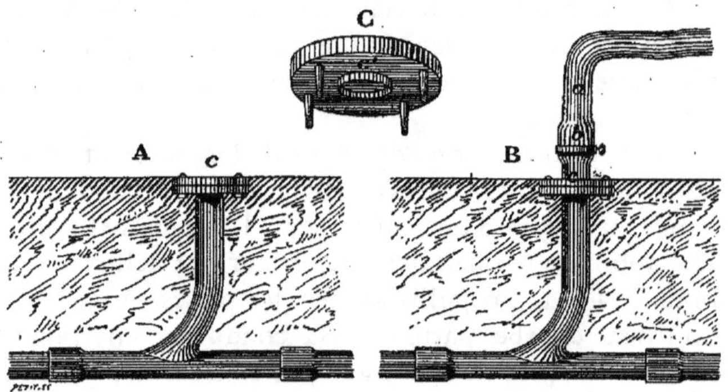

FIG. 346. — DISPOSITION ET DÉTAIL DES PRISES D'EAU A RUGBY (fig. 345).

les chaleurs. L'inconvénient des tubes flexibles, en quelque matière qu'ils aient été établis, consistait dans leur engorgement aux points de jonction avec les tuyaux d'aspersion de plus petit diamètre.

Les dépenses d'épandage, à raison de 1,136 mètres cubes annuellement, au prix de 62 fr. 50 par hectare, non compris l'intérêt du capital d'établissement, le loyer des eaux, le coût du charbon, de la culture, etc., n'étaient pas couvertes par le produit.

Le plan (fig. 345) indique les terrains de l'exploitation de Rugby que traversent trois voies ferrées, Trent-Valley, London et North-Western, et Rugby à Leamington, bordés au N.-E. par le canal d'Uxford. Le tracé des conduites à partir du réservoir A, qui reçoit les eaux d'égout de la ville, indique la situation des prises H, H, H, H, où se branchaient les tuyaux et les lignes volantes (1).

M. Walker renonçant au système tubulaire, appliquait le procédé d'irrigation Bickford, dès 1860, à 160 hectares. En raison du faible volume des eaux disponibles, 1,500 à 2,500 mètres cubes par hectare et par an, et de la mise en pâture des prairies après la première coupe de fourrage, il est difficile d'évaluer exactement le produit dû au changement de méthode d'arrosage; mais M. Walker estimait au double le rendement et le prix de l'hectare.

C'est sur six hectares des prairies de Rugby que Sir J. B. Lawes a fait, pour la commission d'enquête du Parlement, les essais que nous avons résumés sur la composition des eaux, avant et après l'irrigation (2). Ces essais qui ont duré trois ans, de 1861 à 1864, ont donné lieu à des conclusions d'un grand intérêt quant aux effets des eaux employées à diverses doses, pour le rendement des prairies arrosées (3).

A partir de 1868, la municipalité de Rugby a entrepris à son compte l'arrosage par déversement sur 20 hectares appartenant à la ferme Walker, et sur 6 autres hectares, en utilisant les eaux de reprise. Les 26 hectares semés en ray-grass ont donné, dès la première année d'exploitation un excédent de bénéfice net qui, malgré les fortes dépenses d'installation, a suffi pour assurer le succès de

(1) H. Austin, *Report on the means of utilizing the sewage of towns*, 1857.

(2) Voir tome I, p. 106, et A. Ronna, *Rothamsted*, 1877, p. 113.

(3) *Third Report and appendices of the R. Commission on the sewage of towns*, London, 1865.

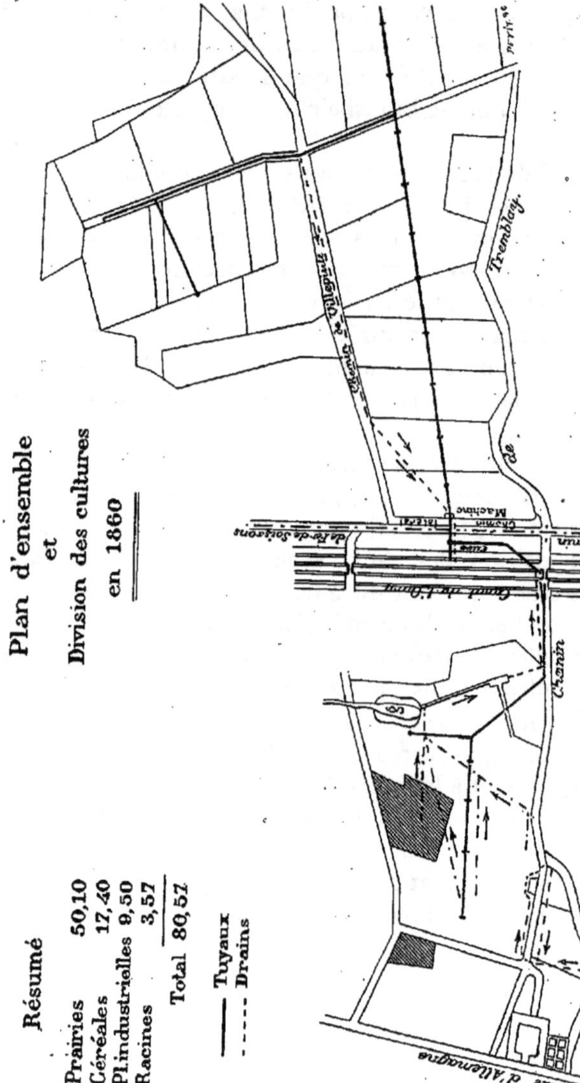

Fig. 347. — Plan de la ferme de Vaujours, installée pour le système tubulaire.

l'opération; les eaux d'égout sont d'ailleurs complètement épurées (1).

Ferme de Vaujours. — La terre de Vaujours, prise à bail en 1857 par Moll, dans le but de démonstration de l'emploi des vidanges de Paris par le système tubulaire, comparé à l'épandage au tonneau, comprenait, au milieu de la forêt de Bondy, une surface en clairière de 89 hectares (fig. 347). Sur cette surface, 14 hectares étant cultivés en prairies composées, et 32 hectares en prairies artificielles, le reste était attribué aux céréales, aux racines et à diverses plantes industrielles.

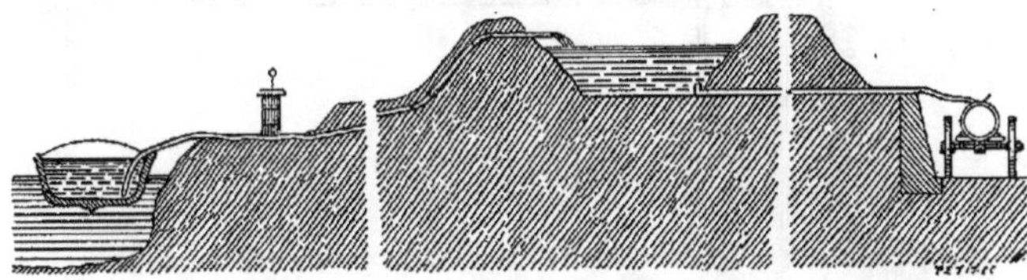

FIG. 348. — FERME DE VAUJOURS; INSTALLATION POUR L'ARROSAGE AU TONNEAU.

L'engrais liquide amené par bateau sur le canal de l'Ourcq qui traverse la ferme, était vidé à Sevran, dans un grand réservoir de 250 mètres cubes, formé par un remblai de terre (fig. 348). Du côté du canal, une pompe à manège puisait l'engrais dans le bateau, et du côté opposé du réservoir, les tonneaux venaient se remplir en se plaçant sous un robinet de fond. En dehors de cette installation, une pompe Letestu, mue par une locomobile de la force de 6 chevaux, pouvant élever 25 m. cubes par heure à la hauteur de 40 mètres, alimentait une cuve distribuant l'engrais aux conduites établies sur 1,950 mètres de longueur (rive droite) et

(1) A. Ronna, *Égouts et irrigations*, 1872, p. 176.

sur 1,100 mètres (rive gauche); en tout 3,050 mètres de tuyaux en tôle bitumée, de $0^m,108$ de diamètre. Les prises, établies de distance en distance étaient fermées par un robinet-boisseau en fonte, du diamètre de $0^m,081$, représenté dans la figure 349. La tête courbe de ce robinet rendue pivotante à l'aide d'un presse-étoupes, on lui appliquait par un raccord à baïonnette la conduite

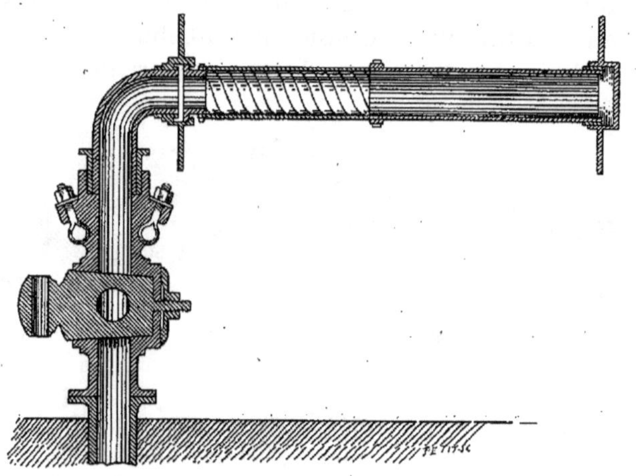

Fig. 349. — Ferme de Vaujours; robinet-boisseau a tête pivotante.

mobile servant à faire l'épandage à une distance de 200 mètres du tuyau principal. Cette conduite mobile comportait par élément, en *a*, un demi-raccord en bronze; en *b*, un joint flexible; en *c*, un tuyau de tôle de 8 mètres de longueur; et en *d*, le second demi-raccord en bronze. La manœuvre de la conduite, formée de ces éléments, se faisait comme l'indique la figure 350.

Pour les parties de la ferme que ne pouvait atteindre l'arrosage à la lance, on recourait au tonneau (du type

Moreau), muni d'un champignon de distribution. Ce tonneau s'alimentait par un tuyau vertical tenu debout à l'extrémité de la conduite mobile, à l'aide d'un hauban de trois perches (fig. 351).

L'installation de tout le système exécutée sous la direction de l'ingénieur en chef Mille, s'est élevée à

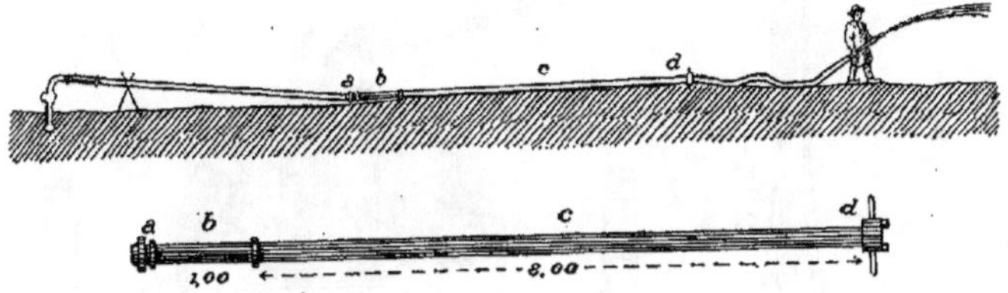

FIG. 350. — FERME DE VAUJOURS; LANCE D'ARROSAGE ET MANŒUVRE.

45,700 francs, se répartissant de la manière suivante :

	fr.
Terrassements, tunnels, puits et cuve de 60 m.	8.600
Pompes, robinets, locomobiles et transmission.	9.300
Tuyaux (3.000 m.); 4 vannes pour l'arrêt; 12 robinets à clapets; 12 robinets à boisseau; conduite mobile, etc.	24.200
Bateau jaugeant 40 m. et 3 tonneaux	2.300
Surveillance et frais	1.300
Total.....francs.	45.700

La dépense revenait ainsi à 519 francs par hectare. Les exercices depuis 1857 n'ayant été clos qu'avec des pertes démontrées, non compris celle de tous intérêts pour un capital d'exploitation de 150,000 francs, dont 30,000 francs en subventions, le système a dû être abandonné et la Société de Vaujours s'est liquidée en 1861, après avoir établi qu'au prix de 2 fr. 75 par hectare pour l'aspiration et l'épandage à la lance de quatre mètres cubes, dont un d'engrais de vidange et trois d'eau de mélange, ce mode de distribution n'était pas viable (1).

Système Browne. — Malgré ces insuccès, en 1872, une compagnie anglaise, *British Rivers Irriga-*

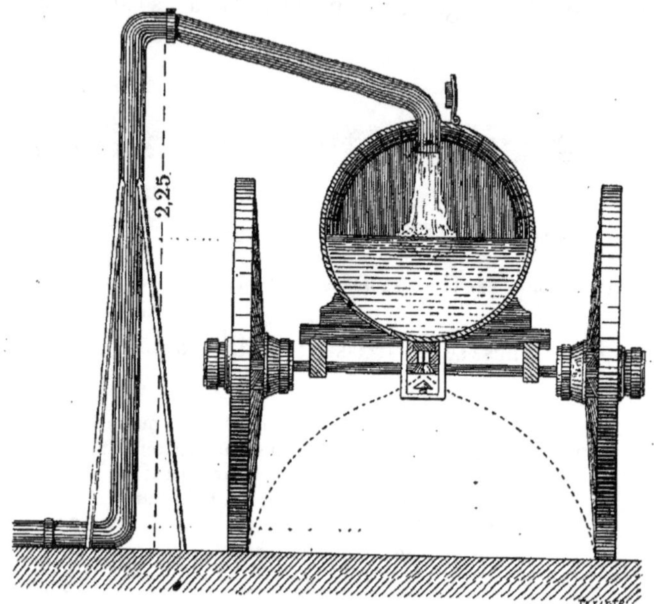

FIG. 351. — TONNEAU D'ARROSAGE MOREAU, ET TUYAUX DE CHARGEMENT, A VAUJOURS.

tion, remettait au jour une méthode d'irrigation due à Isaac Browne, qui rappelait en tous points le système tubulaire. D'après cette méthode, le sol se comportant tel qu'il est, c'est-à-dire sans nivellement, sans billons, ni planches en ados ou rigoles, est sillonné à la

(1) *Société pour l'application des engrais liquides par le système tubulaire. Comptes rendus des exercices 1857 à 1860.*

surface, suivant des lignes parallèles, espacées de 9 à 10 mètres, par des tuyaux en plomb de $0^m,38$ de diamètre. A la distance de $0^m,75$, ces tuyaux sont percés de trois ou quatre orifices, et le liquide refoulé par une pompe à vapeur s'en échappe à une hauteur de 3 à 4 mètres pour retomber en pluie sur le sol. Une pression correspondant à 7 ou 8 mètres d'eau donne aux jets une portée de 6 mètres, qui permet d'arroser le terrain entre les lignes parallèles, et de dégager en chasse les tuyaux, en cas d'obstruction.

Des essais tentés à Stoke-Park (Windsor) et à Stortford, il n'est rien résulté qui pût engager à propager un procédé basé sur une première dépense d'environ 1,800 fr. à l'hectare, du fait seul de la canalisation. Quoique la valeur des tuyaux de plomb fût toujours réalisable commercialement aux trois quarts du prix d'achat, et que le système n'exigeât aucune dépense spéciale d'entretien et de manœuvre, il n'a pas tardé à rejoindre dans l'oubli le système Kennedy (1).

VI. MÉTHODES COMBINÉES DE DRAINAGE ET D'IRRIGATION.

Dans toute irrigation bien disposée, les colateurs représentent les drains à ciel ouvert, destinés à l'égouttement de la surface sur des points et dans des directions soigneusement définis. C'est seulement dans le cas de terrains marécageux, ou naturellement humides, reposant sur un sous-sol plus ou moins imperméable, que le drainage avec des tuyaux souterrains s'impose, notamment pour les prairies; mais ce drainage même est difficilement conciliable avec les exigences de l'irrigation ordinaire.

(1) A. Ronna, *Utilisation des eaux d'égout par le système Browne*, *Journ. agric. prat.*, 1872.

Par le drainage, en effet, la couche végétale au-dessus du plan des tuyaux, ne reprenant plus son état de cohésion primitive, s'assèche et se fissure, de telle sorte que les eaux d'irrigation se frayent des passages pour gagner rapidement les drains et s'absorbent en pure perte, ou bien, elles obstruent les drains. Cet inconvénient déjà grave pour les plus petites rigoles d'arrosage, se manifeste avec plus d'intensité encore pour les rigoles de distribution qui traversent les lignes de drains. On a cherché à y remédier de diverses manières; soit en donnant aux drains ordinaires une pente assez grande, d'au moins $0^m,01$ par mètre, pour chasser les matières qui s'introduiraient dans les tuyaux; soit en recourant à des conduites étanches, munies de tuyaux verticaux par lesquels l'eau arrive en vertu du principe de l'équilibre des vases communiquants; soit enfin, en évitant la rencontre des drains avec les canaux et les rigoles d'arrosage.

Dans les prairies drainées, deux procédés ont été essayés; le premier consiste à faire servir les drains, placés à 7 ou 8 centimètres seulement au-dessous du gazon, à l'épandage de l'eau par les joints des tuyaux et par des trous expressément pratiqués au voisinage de la couche où pivotent les racines, au lieu, comme dans le drainage proprement dit, à son enlèvement. Outre qu'il n'y a pas de terrain perdu, l'arrosage peut s'effectuer au printemps, sans crainte des gelées de nuit; avec des engrais liquides, s'il est jugé opportun. La charrue-taupe facilite la pose des tuyaux à une aussi faible profondeur et permet de les multiplier économiquement, autant qu'il est nécessaire.

L'autre procédé consiste à disposer une certaine quantité de drains suivant les lignes de plus grande pente et à les faire aboutir dans un tuyau collecteur transversal, au milieu duquel un autre tuyau vertical, en bois d'aulne, en terre cuite, etc., laisse l'eau monter et couler dans une rigole principale au moyen de laquelle on peut arroser au besoin la surface. A chaque collecteur transversal correspond ainsi une rigole principale de déversement. Pour suspendre l'arrosage il suffit d'ouvrir devant chaque rigole de décharge, le drain collecteur transversal (1). Les tuyaux verticaux constituent des regards munis de bondes que l'on manœuvre d'une manière différente, selon que l'on draine sans irriguer, que l'on irrigue sans drainer, ou que l'on retienne l'eau à un niveau donné dans le sol, afin qu'elle agisse par infiltration; soit enfin, que l'on arrose avec des eaux troubles ou des eaux claires.

Quoi qu'il en soit de ces procédés, dont nous indiquons plus loin quelques applications, leur principe vient apparemment à l'encontre de celui de l'irrigation ordinaire, qui repose sur le filtrage de haut en bas, dans le sol, et sur l'absorption par ce dernier des éléments en dissolution et en suspension dans l'eau qui le pénètre. L'acide carbonique, d'ailleurs, en se dégageant pendant le ruissellement à la surface, se décompose partiellement par les feuilles des plantes et est absorbé, pour l'autre partie, par le sol perméable. L'oxygène, après avoir donné lieu aux phénomènes de combustion qui expliquent les effets fertilisants de l'arrosage, est moins abondant dans l'eau qui a filtré à travers le sol, que dans l'eau d'écoulement superficiel; tandis qu'à l'inverse, l'acide carbonique et l'acide sulfurique augmentent. Par l'infiltration de bas en haut, les matières limoneuses, argiles et calcaires, ne se précipitent plus mécaniquement, et quand un peu de potasse est absorbé, c'est dans le sous-sol.

(1) Abel Corbière, *Journ. agric. prat.*, 1852, t. XVI, p. 447.

Si donc la conclusion de König se vérifie, à savoir, que l'emploi de l'eau est d'autant plus parfait que la végétation est plus active, et que les principes nutritifs sont directement absorbés par les plantes (1), c'est qu'il doit y avoir dans l'action oxydante et épurante du drainage combiné avec l'irrigation, le moyen de fournir à la végétation les éléments nécessaires, par l'eau souterraine qui s'infiltre dans la couche végétale, ou qui se déverse par intermittence à la surface. Cette question très complexe, étudiée comparativement par König et Böhmer sur divers procédés d'irrigation associés au drainage, reviendra plus loin quand nous aurons à traiter de la consommation d'eau.

Les objections pratiques contre les systèmes combinés ne sont pas moins sérieuses. En présence d'avantages plutôt théoriques, tels que le maintien de l'eau dans le terrain à un niveau capable de mettre les récoltes à l'abri des excès d'humidité et de sécheresse; la régularité et l'économie de la distribution de l'eau dans le sol; la possibilité d'employer des eaux fertilisantes, etc., les inconvénients subsistent, à savoir : le coût des drains, surtout quand ils doivent être étanches et munis d'appareils spéciaux; l'obligation d'arroser aux mêmes points; la complication du service; les frais d'entretien, etc. On ne saurait nier que dans le système qui exige, outre l'établissement des tranchées, la pose de conduites étanches suivant la plus grande pente, quand il s'agit d'assèchement, et suivant l'horizontale avec pente artificielle, quand il s'agit d'arrosage, on doit hésiter devant la dépense de regards-vannes, quelque simples qu'ils puissent être, communiquant avec les colateurs et entre eux, à l'aide de bondes de divers systèmes (2). Cette dépense est

(1) Voir tome Ier, p. 96.
(2) *Journ. agric. prat.*, 1817, t. XXVII, p. 266.

évidemment très onéreuse pour des prairies où l'on ne recueille que des foins de qualité souvent moyenne, sinon médiocre.

a. MÉTHODE PETERSEN.

Plusieurs procédés combinant l'emploi du drainage et de l'irrigation ont été proposés et appliqués, parmi lesquels ceux connus en Allemagne sous le nom de méthodes Petersen et Abel.

C'est dans la Silésie et le Schleswig-Holstein que la méthode Petersen, dont on a fait beaucoup de bruit dans le monde agricole, s'est d'abord développée, pour se répandre ensuite dans quelques autres provinces allemandes où elle est restée en vogue. Ses applications aux prairies, aux jardins et aux terres cultivées en pays plat, semblent avoir réussi lorsque le sol n'est pas très perméable. Il suffit que le terrain offre une pente suffisante pour faire arriver l'eau à $0^m,45$ de profondeur; excepté dans les prairies où la profondeur doit atteindre $0^m,66$.

Installé d'abord par l'inventeur sur ses propres prairies de Wittkiel, dans le Schleswig, le système Petersen comporte deux espèces de drains. Les drains principaux de $0^m,11$ à $0^m,12$ de diamètre sont placés à $0^m,80$ de profondeur; les drains secondaires, branchés à $0^m,08$ environ au-dessous des précédents, ont une pente de $0^m,03$ par 20 mètres et une largeur qui varie entre $0^m,035$ de l'extrémité au milieu, et $0^m,045$ du milieu au point d'embranchement. Ces drains secondaires sont disposés à une distance de 5 à 6 mètres, suivant la nature du terrain.

Le système se distingue des autres en deux points: l'appareil de fermeture, placé à la jonction des drains secondaires et du drain principal, qui permet d'arrêter à volonté le jeu des drains; et la direction même des drains suivant la plus grande pente, quand il s'agit des collecteurs, et suivant les lignes de niveau, quand il s'agit des drains secondaires.

Comme conditions indispensables, le système ainsi défini exige que le terrain puisse être drainé, c'est-à-dire qu'il y ait pour l'eau qui s'écoule une différence de niveau suffisante, et qu'elle puisse être amenée à la

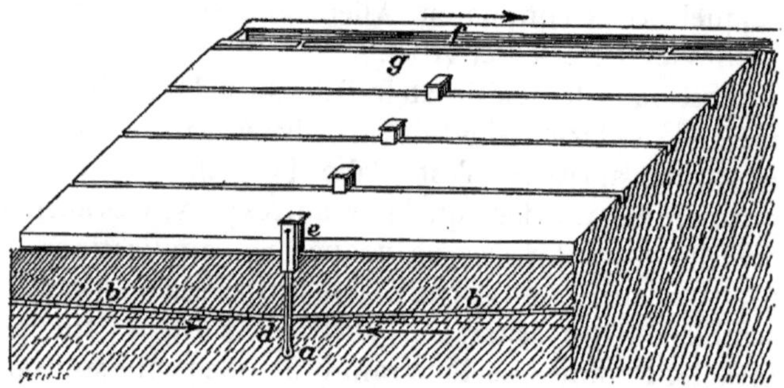

Fig. 352. — Vue perspective de l'installation du système Petersen.

surface, bien qu'en quantité moindre que pour l'irrigation par déversement.

Dans la figure 352 la disposition du système Petersen est indiquée en perspective. F désigne le canal d'amenée; *g* une rigole de déversement, l'irrigation se faisant par planches; *b b* les drains secondaires, dirigés horizontalement vers le drain principal *a*. En *d* se trouve la fermeture spéciale pour arrêter l'écoulement, ou bien le laisser s'opérer en plein, ce qui, grâce à l'introduction de l'air à volonté dans les pores du terrain, nitrifie les matières organiques; en même temps que les matières minérales sont rendues assimilables pour les besoins des plantes. Un avantage essentiel consiste dans une dépense d'eau des plus faibles, de 10 à 20 litres par seconde et par hectare. D'après Turrentin, elle peut se réduire à 12 litres (1).

L'eau s'écoulant d'un niveau est reprise par le suivant, moyennant la fermeture d'un tampon, placé plus loin, qui la fait remonter dans le sol au niveau voulu, tandis que l'eau superficielle servant à l'arrosage pénètre de haut en bas, mais en moins grande quantité. Les drains secondaires sont disposés horizontalement suivant les lignes de niveau, en vue d'obtenir une hauteur d'eau égale partout, lors de la fermeture.

L'appareil qui règle l'arrivée de l'eau dans les drains principaux a été d'abord exécuté par Petersen, sous forme d'un manchon prismatique, en planches brutes, de 1 mètre de longueur sur $0^m,20$ à $0^m,25$ de côté, descendu perpendiculairement en terre jusqu'au drain et relié avec lui à la partie inférieure par un tuyau horizontal également en bois, de 1 mètre de longueur, dans lequel l'obturation a lieu par un tampon. Une tige fixée à peu près vers le milieu du tampon, à l'une des parois du manchon, dépasse au jour pour permettre la manœuvre; elle est maintenue dans une échancrure du couvercle.

Ce mode de fermeture a souvent varié depuis. Petersen a substitué ainsi au tampon en bois, un cône de terre cuite, garni de zinc (fig. 353). L'ingénieur de Trèves, Knipp, a imaginé de son côté un obturateur en fonte, garni d'une rondelle de cuir fort, fonctionnant dans un manchon également en fonte, à la partie inférieure (fig. 354). Raumer (2) a établi enfin une soupape qui paraît être la plus usitée : nous donnons le dessin de la partie inférieure du manchon; élévation et coupe

(1) C. Turrentin, *Der Wiesenbau nach der neuen methode. Petersen*, Schleswig, 1864.

(2) Raumer, *Das Petersen'sche Be-und-Entwässerung system*, Berlin, 1870.

(fig. 355). De nombreux systèmes dus encore à Veergard, à Toussaint, à Weig, etc., témoignent de la difficulté pratique d'obtenir un appareil résistant, durable, hermétique et facile à manœuvrer sûrement.

La légende des différents regards que nous venons de mentionner est la suivante :

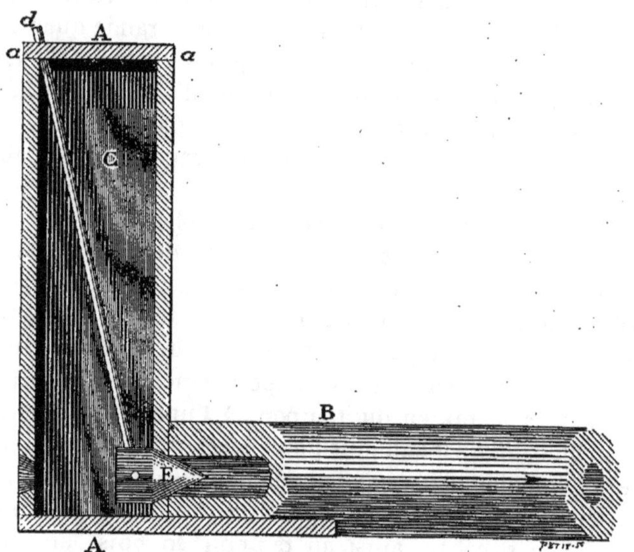

Fig. 353. — Regard Petersen a tampon conique.

Regard Petersen (fig. 353); coupe verticale :

AA, manchon ou caisse en planches brutes;
B, tuyau en bois entrant dans le drain principal;
C, intérieur du manchon;
E, tampon conique en terre cuite, bordé de zinc;
aa, couvercle du manchon;
d, tige de manœuvre du tampon.

Regard Knipp (fig. 354); coupes verticales; obturateur en fonte ouvert et à demi ouvert :

KK, partie supérieure en bois du manchon;

O O, partie inférieure en fonte du manchon;
E, obturateur en fonte avec rondelle de cuir fort;
L, tige en fil de fer manœuvrant l'obturateur;
M, anneau servant à accrocher la tige à la hauteur voulue.

Regard Raumer (fig. 355); élévation et coupe verticale :
ee, drain principal;
c, drain secondaire;
g, soupape à boulet avec sa chaîne.

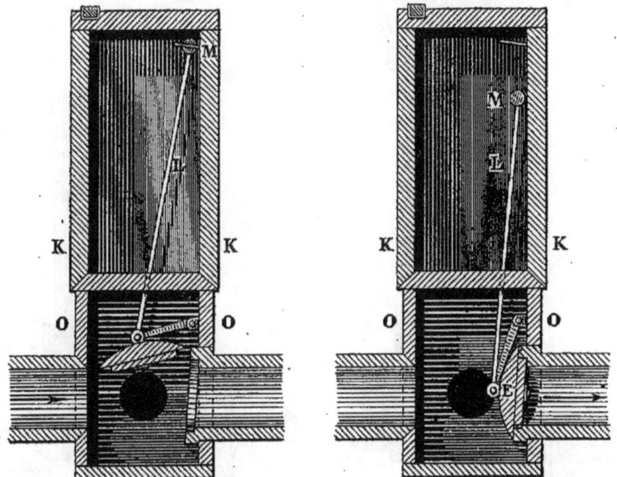

Fig. 354. — Regard Knipp a obturateur en fonte.

Le nombre de regards à installer sur le drain principal dépend de la pente du terrain; il n'est pas nécessaire d'en placer à chaque croisement des drains secondaires. Même en cas de pente faible, ces drains ne doivent pas être écartés de plus de 12 mètres; quant à leurs dimensions et à leur profondeur, elles sont déterminées par les conditions ordinaires du drainage.

Petersen attache la plus grande importance à la préparation du terrain et à la nécessité d'aérer le sol toutes les 24 heures, pour faciliter l'action oxydante et épurante de l'eau qui, dans le sous-sol, exige des précautions spéciales, suivant les matières dont elle est chargée.

En pratique, l'installation du système s'opère comme il suit : à l'automne, on procède aux travaux de drai-

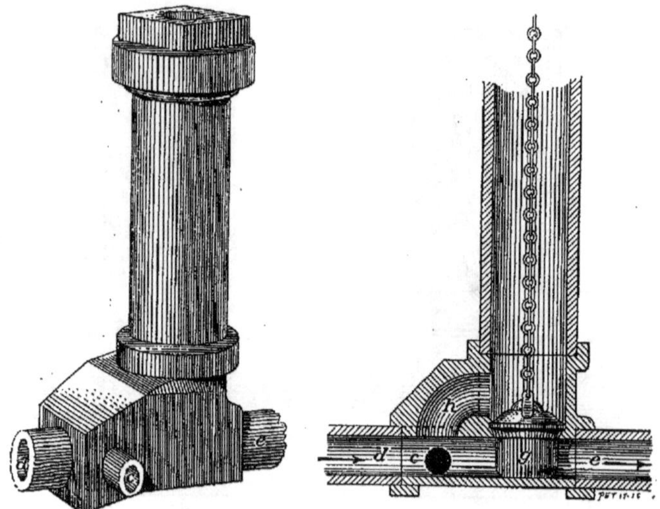

Fig. 355. — Regard Raumer, avec soupape a boulet.

nage pour qu'avant l'hiver le terrain drainé puisse être labouré et mécaniquement ameubli. Quand le terrain est très humide, on choisit la saison la plus sèche pour exécuter les travaux. Les soupapes et les regards sont placés en même temps que les drains. Au printemps, on exécute les nivellements et le régalage des terres, en les réduisant autant que possible d'après l'étude du projet; puis, on creuse les canaux et les rigoles d'arrosage. Dans le but d'obtenir un sol très poreux et ameubli, Petersen a conseillé de semer d'abord des plantes, ou espèces pivotantes et à feuilles, qui concourent à sa division. Pour les prairies, la consommation de graines qu'il indique comme semence, s'élève de 40 à 50 kil. par hectare, mais certains mélanges ne comportent que 30 à 40 kil.

Deux recommandations de l'agronome de Wittkiel son importantes à noter. La première a pour objet d'éviter de faire directement monter l'eau du sous-sol dans la couche arable; il importe au contraire de la rassembler dans les tuyaux à soupapes pour qu'elle s'écoule de nouveau par le haut sur la planche suivante, ou sur le terrain limitrophe. Fuchs fait observer (1) qu'en brevetant en 1861 le regard avec tampon conique (fig. 353), Petersen a caractérisé sa méthode; ce que les écrivains qui l'ont décrite ou modifiée ne semblent pas avoir compris. La seconde instruction a pour but d'empêcher que l'eau ne reste stagnante. Il faut, en conséquence, toujours veiller à la renouveler afin que le sol soit aéré, et ne pas trop arroser pendant la première année; un pré nouvellement installé ne comporte pas de pacage, ni de charrois.

Le système d'arrosage est simple, on ferme les soupapes sur le point où l'on veut de l'eau; celle qui a pénétré dans les drains, arrêtée par la fermeture, s'échappe par les interstices des tuyaux, et en peu de temps imbibe la terre jusqu'à la surface. Quand une planche est suffisamment baignée, on passe à la suivante, en opérant de la même manière par la fermeture de la soupape suivante.

Pour soutirer l'eau, ou drainer, on ouvre au contraire tous les appareils, et l'eau s'écoule des drains secondaires dans le drain principal, conduisant au cours d'eau ou au puisard.

(1) E. Fuchs, *Der Petersenche Wiesenbau*, Berlin, 1885, p. 100.

Suivant que les terrains sont naturellement drainés, ou bien en prairie, le système se modifie. Dans le dernier cas, le sol n'est pas défoncé, mais le gazon est découpé sur l'emplacement des drains et des rigoles, et remis en place. Quand on arrose par submersion, au lieu de recourir au déversement, les compartiments sont endigués, d'après la variante introduite par Weig (1).

Dans les nombreuses applications du système ordinaire, les résultats ont été favorables sur les terrains qui ne pouvaient se passer de drainage, c'est-à-dire à peu près imperméables, et pour des installations bien faites et bien conduites.

Les frais d'entretien des rigoles et des drains, d'après Hilmer-Suderburg, ne s'élèveraient pas à plus de 15 francs par hectare et par an.

Quant à la dépense de premier établissement, elle est beaucoup plus forte que dans l'irrigation naturelle, mais moindre que dans l'irrigation par planches en ados. Le drainage étant complet, on obtient les mêmes produits en consommant moins d'eau que par l'irrigation ordinaire appliquée à des terres non drainées; toutefois une surveillance continue est indispensable, surtout lorsqu'il s'agit de surfaces un peu étendues.

D'après une série d'exemples détaillés par Fuchs, le rendement moyen des prairies Petersen serait de 2,900 k. de foin par hectare. Nous citons ci-après quelques-uns des rendements obtenus :

	Tonnes de foin par hectare.
Prairie de deux ans, première coupe..............	2.730
— de trois ans, première coupe.............	3.120

(1) E. Fuchs, *loc. cit.*, p. 174.

—	de six ans; par un été sec (1868), l'eau étant en faible quantité, et le regain laissé pour pâture...............................	2.400
—	de 5.800 m. carrés, à Rögen (Schleswig), installée en juin 1867, après deux années; produit de deux coupes................	1.400
—	à Wittkiel (1871), en une coupe (minimum).	1.600
—	à Stirpe, près de Münster, rendement double en foin de qualité meilleure que celui des prés ordinaires.	
—	de Werl (Westphalie) installée par Martensen..................................	2.200
—	à Stodkow, près de Turek (Pologne); 3 coupes.	2.400

Au point de vue de la qualité du foin obtenu, il résulte des essais faits par le professeur Omler, en 1873, que le rapport des substances azotées aux substances non azotées est le suivant :

		Rapport.
Herbe des prés Petersen, à Wittkiel...	A......	1 : 5.1
	B......	1 : 3.6
	C......	1 : 3.4
— d'un pré Petersen, près de Sandbock........................	D......	1 : 5.6
— d'un pré naturel sur le même terrain......................	E......	1 : 7.8
— d'un pré naturel, près de Cappeln.	F......	1 : 10.4
	G......	1 : 7.8
	H......	1 : 7.0

Enfin, comme installation, nous citerons l'exemple de l'irrigation exécutée sur la prairie de Wersingawe, en Silésie, d'une contenance de 7 hectares 15 ares et 43 mètres carrés. C'est le dernier travail auquel Petersen ait pris part personnellement; le projet daté du mois d'octobre 1882, ayant été mis à exécution par son associé Thomsen. Le plan (fig. 356) montre la disposition générale du système. La prairie de Wersingawe est divisée en deux parties nos 1 et 2, pourvues chacune d'un drain

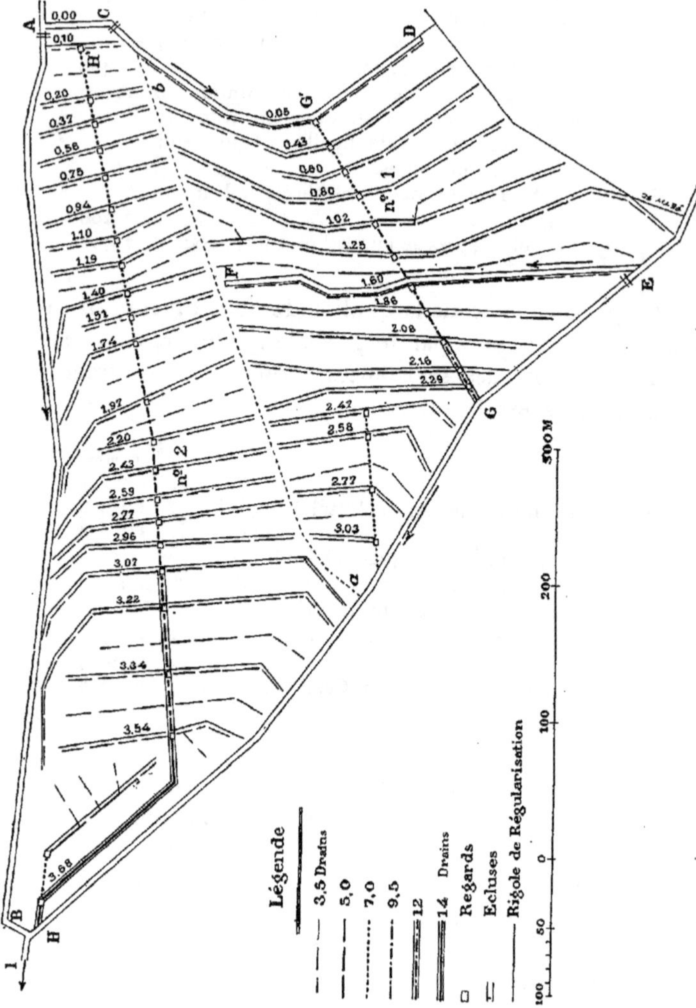

Fig. 356. — Installation du système Petersen sur la prairie de Versingawe (Silésie).

principal, ou collecteur GG' et HH'; une rigole de régularisation *a b* sépare les deux parties du pré supérieur. Le canal d'amenée figuré de A en B, porte en A une écluse qui alimente la rigole de distribution A C D; et en C, une vanne pour l'arrosage du compartiment n° 2; la rigole d'écoulement E G H, avec écluse en E, alimente la rigole de distribution E F pour l'arrosage du compartiment n° 1. La sortie des eaux a lieu en I. Les cotes indiquent les niveaux et les différentes ponctuations des lignes ou drains dont le diamètre varie entre $0^m,035$ et $0^m,14$.

Les dépenses d'installation de la prairie Wersingawe ont été les suivantes (1) :

	fr.
Tuyaux de drainage : 18.500 environ..........	612.50
Tranchées, pose des drains et comblée........	740.00
Soupapes au nombre de 38.................	155.60
Caisses en bois pour regards et soupapes, à 2 fr. 50 l'une............................	95.00
Tuyaux coudés : 14 m......................	175.00
Pose des soupapes..........................	71.30
Nivellement du terrain, environ.............	1.375.00
Canaux d'amenée et rigole de régularisation..	81.20
Rédaction du projet, plans et devis...........	350.00
Ciment, matériaux divers et frais imprévus..	19.40
	3.675.00
Et en y comprenant 450 francs pour la graine et l'ensemencement, soit..................	450.00
Ensemble.........francs.	4.125.00

Elles représentent 576 francs par hectare. Dans la prairie de Lodenau, près de Rothenburg (Oberlansitz), d'une superficie de 47 hectares 66 ares, la dépense comprenant les frais de labour, de fumure et d'ense-

(1) E. Fuchs, *loc. cit.*, p. 200.

mencement, s'est élevée à 918 fr. 50 par hectare. Dans le domaine d'Oldenstadt, une prairie de 4 hectares a coûté, pour son établissement tout compris, 950 francs par hectare.

Méthode Rérolle. — Rérolle, professeur à l'école d'agriculture de la Saulsaie, a proposé un système analogue à celui de Petersen, reposant sur l'emploi des tuyaux ordinaires de drainage, assemblés d'une manière étanche, et munis de tuyaux verticaux dont l'écartement maximum était égal à celui des tranchées entre elles. Les joints étanches s'obtenaient à l'aide d'un moule à rondelle de bitume. Pour pouvoir utiliser l'eau en la ramenant plusieurs fois à la surface, des regards-vannes en bois étaient placés sur les collecteurs, de telle façon qu'on pût les ouvrir ou les fermer à volonté, au moyen d'un bondon conique. L'orifice du collecteur fermé, l'eau remontait à la surface et tombait dans une rigole d'irrigation. Les collecteurs étaient établis suivant les courbes de niveau avec pente artificielle, et les drains d'asséchement suivant la ligne de la plus grande pente (1).

Les regards-vannes exécutés en mortier de ciment, comprenaient deux tuyaux verticaux juxtaposés x v, (fig. 357), communiquant à la partie supérieure A par un ou plusieurs trous que l'on bouchait à volonté, et à la partie inférieure par deux orifices V et S; l'orifice S étant toujours ouvert, celui en V pouvait se fermer et s'ouvrir à l'aide d'un bondon conique.

Pour faire une irrigation souterraine, on ouvrait l'orifice V du regard destiné à fonctionner, et on fermait les orifices V des autres regards, de telle sorte que l'eau prenant dans tous les regards sensiblement le même niveau se répandait dans les drains qui irriguaient par infil-

(1) Barral, *Irrigations; Engrais liquides*, p. 466

tration. Pour faire une irrigation superficielle, on procédait d'une manière inverse, l'eau s'écoulant par les orifices, de A dans le tuyau Y, et remontant pour se déverser en nappes minces dans les rigoles de distribution par des regards spéciaux (1).

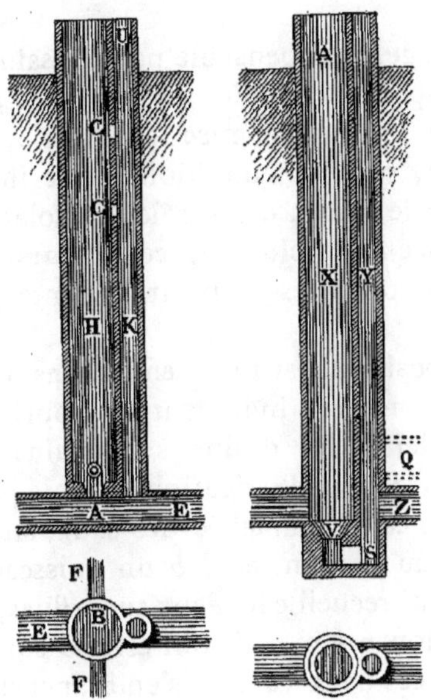

Fig. 357. — Méthode Rérolle ; coupe et plan des regards-vannes.

Quelque ingénieux que puisse être le système Rérolle, on comprend que la dépense de conduites étanches, de regards-vannes conformes aux deux modèles représentés (fig. 357), et les frais de manœuvre et d'entretien, ne

(1) Un des regards, dans la figure 357, se compose de deux tuyaux verticaux juxtaposés K et H, communiquant chacun par un orifice avec le collecteur E. Le trou du tuyau H étant fermé par un bondon conique, les deux tuyaux communiquent entre eux à diverses hauteurs en C C, les drains F F débouchant en H.

lui aient pas valu aucune application en France, malgré l'engouement dont le système Petersen a joui en Allemagne.

b. DRAINAGE ET DÉVERSEMENT COMBINÉS.

Le drainage, indispensable pour assainir les terrains à sous-sol peu perméable, ne peut être associé à l'irrigation de la surface mise en prairie, ou en terres labourables, qu'à la condition d'être installé dans ce but spécial ; le réseau des rigoles de colature peut alors être remplacé par celui des collecteurs qu'alimentent les drains secondaires, suivant la pente principale du terrain.

Cette disposition est représentée dans la figure 358 ; les lignes ponctuées indiquent les courbes de niveau ; les traits pleins, les drains souterrains; et les traits doubles, les rigoles d'irrigation.

Soit *c a* le canal d'amenée des eaux, situé à la partie supérieure du terrain, et *d b* un ruisseau à la partie inférieure, qui recueille les eaux superflues, deux canaux de distribution *a b* et *c d* sont établis sur les lignes de faîte, et sur ces deux canaux s'embranchent, à droite et à gauche, une série de rigoles d'irrigation *l l l*, tracées avec une pente moyenne de $0^m,002$ à $0^m,003$ par mètre. Entre les deux canaux de distribution *a b* et *c d*, un drain collecteur principal *e f*, dirigé dans le thalweg, aboutit en *f* dans un autre collecteur, parallèle au ruisseau et débouchant en *k*. D'autres drains, *g g g*, placés en amont de chaque rigole d'arrosage, à une distance variant entre $1^m,50$ et 2 mètres, mais offrant plus d'inclinaison, reçoivent l'eau des plus petits drains. *h h h*, dirigés suivant la plus grande pente. Les extrémités en

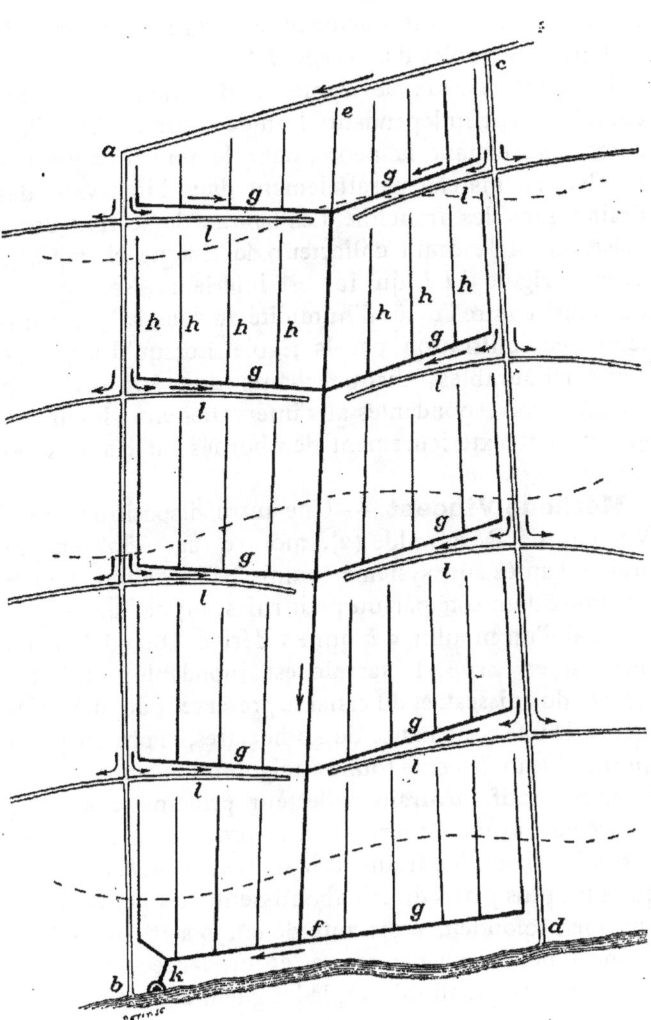

FIG. 358. — PLAN D'UNE PRAIRIE DRAINÉE, AVEC IRRIGATION PAR RIGOLES DE DÉVERSEMENT.

amont de ces drains s'arrêtent à environ 2 mètres de distance des rigoles d'arrosage, *l l l*.

Les deux réseaux de rigoles et de drains sont ainsi complètement indépendants l'un de l'autre. L'eau d'arrosage descendant la pente, dans le sens indiqué par les flèches, marche parallèlement dans l'intervalle des drains, sans les franchir. Les bandes de terrain comprises entre le drain collecteur de chaque champ *g g g*, et la rigole *l l l*, qui lui est inférieure, sont garanties ainsi contre l'excès d'humidité du sous-sol, et maintenues en infiltration par la rigole. Lorsqu'il s'agit de terres labourables, chaque champ doit être divisé en planches correspondantes aux intervalles entre les drains qu'accusent extérieurement des bornes ou d'autres repères (1).

Méthode Vincent. — Une autre disposition due à Vincent, de Regelwalde (2), montre (fig. 359) un pré drainé d'après son système soumis à l'irrigation. Le pré est limité d'un côté par un petit ruisseau; de l'autre, par le canal d'un moulin *a b* qui en dérive. Quand le ruisseau est en crue, le terrain est inondable, mais les écluses du ruisseau et du canal le préservent des débordements. D'une contenance de 40 hectares, le pré est presque de niveau, la pente totale atteignant seulement $0^m,20$. Pour ce motif, le drain collecteur principal *c d* a été creusé en travers du terrain, à la profondeur de $1^m,50$, afin qu'il reçoive les drains secondaires *e*, *f*, *g*, *h*, dans lesquels les plus petits drains aboutissent. Ces petits drains ont une profondeur croissante de $0^m,90$ à $1^m,10$ qui leur donne l'inclinaison nécessaire, et une largeur de $0^m,03$. Eu égard à la quantité d'eau, la longueur des petits drains

(1) Perels, *loc. cit.*, p. 607, et C. de Cossigny, *loc. cit.*, p. 141.

(2) L. Vincent, *Bewässerung und Entwässerung der wiesen und acker*, Berlin, 1882.

(montrés en lignes pointillées) a été fixée à 60 mètres, et la distance entre eux, à 22^{m},60.

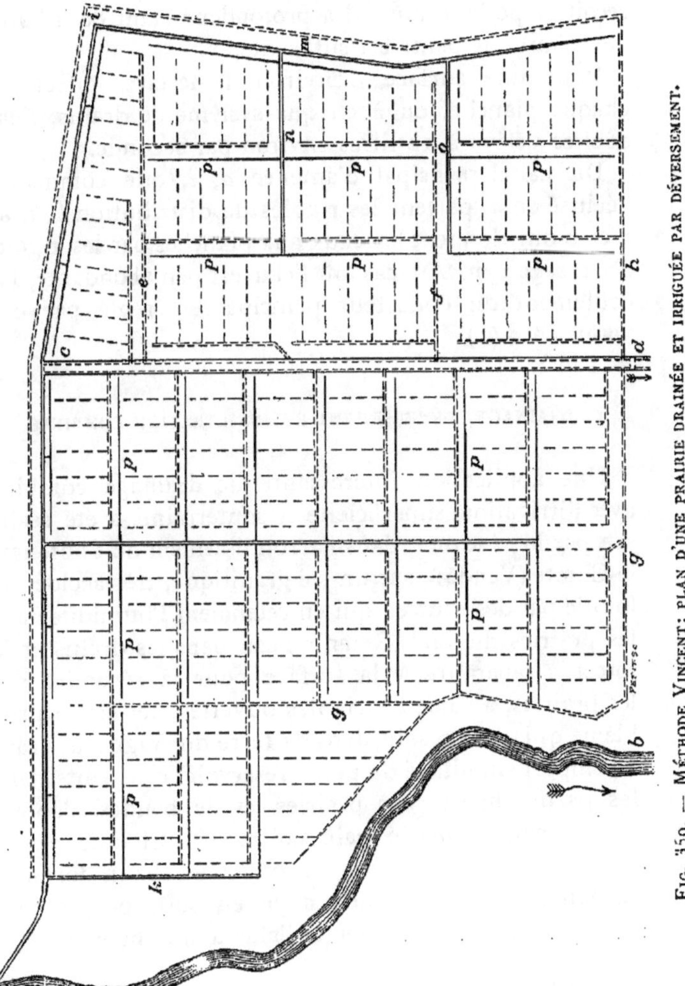

Fig. 359. — Méthode Vincent; plan d'une prairie drainée et irriguée par déversement.

Les planches, d'après les dimensions mêmes des petits drains, ont 70 mètres de largeur et 150 mètres de longueur. Chaque drain secondaire, de $0^m,05$ à $0^m,08$ de largeur, reçoit 6 petits drains. La profondeur étant de $1^m,40$ à l'extrémité, la pente est suffisante.

Pour une surface d'environ 1 hectare, affectée à chaque planche, ou à chaque système de drains, l'eau débitée s'élève à 12 litres environ par seconde.

Du canal principal d'amenée *a*, *i*, que commande l'écluse en *a*, partent les rigoles de distribution *k*, *l*, *m*, *n* et *o* qui donnent les eaux aux planches par les rigoles d'arrosage *p*, *p*. Au cas où l'eau est peu abondante, l'écoulement du collecteur principal est réglé par une vanne en *d* (1).

c. DRAINAGE, DÉVERSEMENT ET INFILTRATION COMBINÉS.

Une application intéressante de drainage combiné avec l'irrigation superficielle et souterraine, a été réalisée par M. Jacquet, dans l'arrondissement de Fontenay-le-Comte (Vendée), sur un sol granitique, très accidenté, fouillé par des sources qui entretenaient l'humidité dans les prairies du fond. Retenir l'eau dans les drains et la forcer à reparaître à la surface pour la répandre sur les prairies, à l'aide de rigoles ouvertes, tel est le problème qui a été résolu dans la terre du Vigneau, grâce à l'emploi simultané de petits réservoirs construits dans les parties hautes des prairies et de bondes adaptées à des regards dans le drain collecteur. Chaque regard de $0^m,20$ de côté en bas et $0^m,35$ en haut, formant entonnoir, surmonte une auge en bois, percée d'un trou qui peut se fermer à l'aide d'une bonde; cette

(1) Perels, *loc. cit.*, p. 615.

auge elle-même est assujettie sur le drain collecteur en maçonnerie. Il en résulte que l'eau continuant à arriver par le drain dans le regard, la bonde étant haussée, s'y élève jusqu'à ce qu'elle le remplisse complètement, et se déverse à droite et à gauche dans les rigoles d'arrosage, disposées à la hauteur du pré. Il s'opère ainsi une double irrigation : sur gazon, par l'eau qui passe au-dessus du regard ; et sous gazon, par l'eau qui remplit les drains en amont et imbibe le sous-sol (1).

Si la pente est convenable et d'une certaine étendue, la même eau peut ainsi servir à l'arrosement autant de fois qu'il y a de regards munis de leurs bondes, au moyen desquelles on arrose, ou l'on dessèche avec la plus grande facilité.

Dans la figure 360 représentant le plan d'un des prés Vigneau, d'une contenance de 2 hectares 70, drainé d'après la méthode ordinaire, A R E est un réservoir situé au point le plus élevé, qui recueille les eaux d'une petite source et des niveaux supérieurs. Ce réservoir, de $1^{m},50$ de profondeur, se vide par une bonde O, dans le drain maçonné R R S servant à l'irrigation. A chacun des points O, O de ce drain est placée une bonde d'où partent, à droite et à gauche, des petites rigoles de déversement, désignées en lignes ponctuées sur le plan. A l'un des points O le drain maçonné se bifurque et l'auge reçoit deux bondes qui se touchent. Ces bondes font monter l'eau à la surface du pré, ou la laissent s'écouler par l'un ou par l'autre des drains maçonnés ; en R, ou en C.

Le trop-plein du réservoir s'épanche par deux déversoirs Q et P dans deux rigoles A F B et P H qui limitent le pré à l'est et à l'ouest. Un drain transversal F R, F R, admet quatre petites sources sur son passage,

(1) Barral, *loc. cit.*, p. 455.

moyennant des bondes qui communiquent avec des rigoles d'arrosage. Enfin, deux drains collecteurs O V et F C conduisent dans deux réservoirs V et F les eaux d'un pré

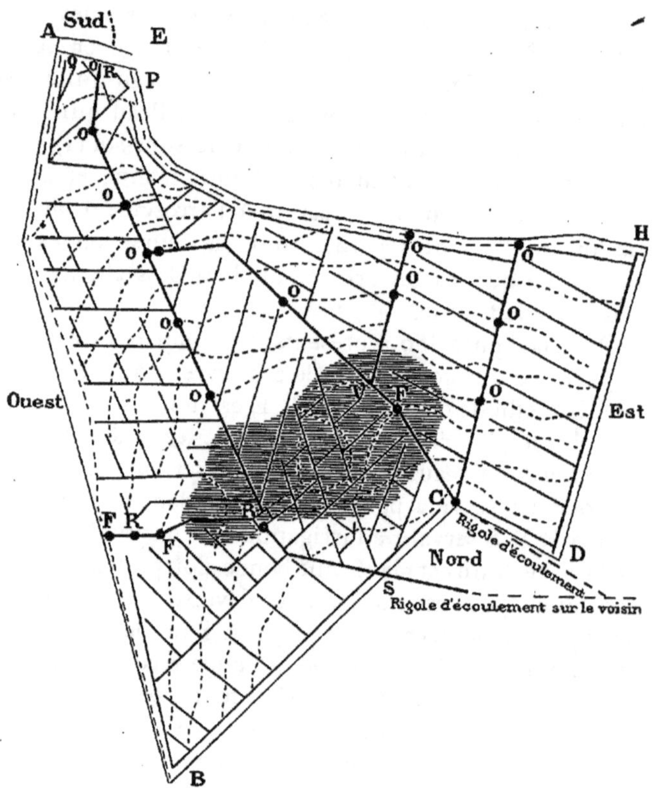

Fig. 360. — Prairie du Vigneau drainée et irriguée sous gazon et sur gazon.

supérieur, qui rendaient marécageuse la partie centrale de la prairie, désignée par des hachures.

Les résultats ont été si satisfaisants, au point de vue

du rendement des coupes et du regain, que 15 hectares de prés ont été successivement aménagés de la même façon dans la terre du Vigneau, en remplaçant les drains maçonnés par des tuiles courbes, placées à $0^{m},95$ de profondeur, et recouvertes de pierres concassées.

La dépense s'est élevée pour un pré de $2^{h},70$ à 1,268 fr. 50; elle se décompose de la manière suivante :

	fr.
550 m. de drains maçonnés, matériaux compris, à 0 fr. 60 par mètre	333.00
$94^{m}.50$ de maçonnerie à $0^{m}.60$ d'épaisseur, matériaux compris, pour 3 réservoirs, à 1 fr. 50 par mètre	142.75
Déblai de 218 m. cubes de terre pour les trois réservoirs, à 2 fr. 25 le m. cube	43.7
Dix auges et bondes pour les réservoirs et les regards à 2 fr. 25	42.75
Pose des bondes et confection des regards, à 0 fr. 75 l'un	14.25
2.765 m. de drains ordinaires, tuiles en place et terre retournée, à 0 fr. 10 par mètre	276.50
28 m. cubes de pierres cassées, conduites et placées à 3 fr	84.00
Épandage et transport des terres en trop	50.00
H D, drain collecteur de 106 m. de longueur; $0^{m}.90$ de profondeur, et $0^{m}.60$ de largeur, avec aqueduc comblé à $0^{m}.60$ du fond en pierres cassées	36.55
Total	1.268.50

soit pour travaux, à 470 francs en nombre rond, par hectare. Si l'on ajoute à ce coût les frais de 20 mètres cubes de chaux mis en compost avec la terre, de râtelage des terres et d'ensemencement, la dépense totale a atteint 670 francs par hectare.

TABLE DES MATIÈRES

DU TOME SECOND.

LIVRE VII.

LES CANAUX.

LIVRE VIII.

JAUGEAGE ET DISTRIBUTION DES EAUX.

I. JAUGEAGE.

II. PARTITEURS.

III. MODULES.

IV. UNITÉS DE MESURE ET MODES DE DISTRIBUTION.

LIVRE IX.

LES SYSTÈMES D'IRRIGATION

I. DISPOSITIONS ET TRAVAUX PRÉPARATOIRES.

V. LES IRRIGATIONS PAR ASPERSION.

VI. MÉTHODES COMBINÉES DE DRAINAGE ET D'IRRIGATION.

FIN DE LA TABLE DES MATIÈRES.

BIBLIOTHÈQUE DE L'ENSEIGNEMENT AGRICOLE

OUVRAGES PUBLIÉS

Prairies et Herbages, un volume de 759 pages avec 120 figures dans le texte, par M. Boitel, inspecteur général de l'Enseignement agricole.

Les Plantes vénéneuses considérées au point de vue de l'empoisonnement des animaux de la ferme. — Volume d'environ 500 pages, avec 60 figures dans le texte, par M. Cornevin, professeur à l'École vétérinaire de Lyon.

Les Engrais : Tome I, comprenant l'alimentation des plantes, les fumiers, les engrais de villes et les engrais végétaux. — Volume de 570 pages, avec figures dans le texte, par MM. Muntz et A.-Ch. Girard.

Les Engrais : Tome II, comprenant les engrais azotés et les engrais phosphatés. — Volume de 600 pages, par MM. Muntz et A.-Ch. Girard.

Les Méthodes de Reproduction : croisement, sélection, métissage, par M. Baron, professeur à l'École vétérinaire d'Alfort.

Le Cheval considéré dans ses rapports avec l'économie rurale et les industries de transport, par M. Lavalard, administrateur de la Compagnie générale des Omnibus.

Les Irrigations : Tome I. Les eaux d'irrigation et les machines; par M. Ronna, membre du Conseil supérieur de l'Agriculture.

Les Irrigations : Tome II comprenant les canaux et les systèmes d'irrigation, par M. Ronna.

Ouvrages sous presse :

Législation rurale, par M. Gauwain, maître des Requêtes au conseil d'État.

Pour paraître incessamment :

Les Maladies virulentes des Animaux de la ferme, par M. le Dr Roux, directeur du laboratoire de M. Pasteur, avec une préface de M. Pasteur.

Agrologie française, par M. Boitel, inspecteur général de l'Enseignement agricole.

Les Semences agricoles, par M. Schribaux, directeur de la station d'essai de semences à l'Institut Agronomique.

La Viticulture pratique, par M. Pulliat, professeur à l'Institut Agronomique.

La Richesse agricole de la France, par M. Tisserand, conseiller d'État, directeur au Ministère de l'Agriculture.

Les Maladies des Plantes, par M. Prillieux, inspecteur général de l'Enseignement agricole.

Les Industries agricoles, par M. Aimé Girard, professeur au Conservatoire des Arts-et-Métiers et à l'Institut Agronomique.

TYPOGRAPHIE FIRMIN-DIDOT. — MESNIL (EURE).

www.ingramcontent.com/pod-product-compliance
Lightning Source LLC
LaVergne TN
LVHW011937220826
846092LV00001B/23

9782019686284